MITTEILUNGEN

der

Geographischen Gesellschaft in Hamburg

Bd. XLI.

Im Auftrage des Vorstandes herausgegeben

von

Prof. Dr. Bruno Schulz

Mitglied des Vorstandes.

Mit 72 Textfiguren und 41 Tafeln.

HAMBURG

Friederichsen, de Gruyter & Co. m. b. H.

1930

MITTEILUNGEN

der

Geographischen Gesellschaft in Hamburg

Bd. XLI.

Im Auftrage des Vorstandes herausgegeben

von

Prof. Dr. Bruno Schulz
Mitglied des Vorstandes.

Mit 72 Textfiguren und 41 Tafeln.

HAMBURG
Friederichsen, de Gruyter & Co. m. b. H.
1930

Druck von J. J. Augustin in Glückstadt und Hamburg.

Inhalt.

Verzeichnis der Abbildungen.

Berichte über Reisen in Mittelamerika[1])

von

Franz Termer, Würzburg.

(Mit einer Karte auf Tafel 1 und 8 Abbildungen auf Tafel 2 bis 5).

VII. In den Gebirgen des nordöstlichen Guatemala.

Die Zentralkordillere Guatemalas nimmt ihren Ausgang von sanften Erhebungen im Departament Quiché, die bald danach im Osten zu der kammartigen, 2500 m hohen Sierra de Chuacús ansteigen. Ihre weitere Fortsetzung in östlicher und nordöstlicher Streichrichtung bildet die Sierra de las Minas, die im Norden und Süden von parallelen, breiten und tiefen Tälern begleitet ist. Sie folgen Bruchlinien und werden von den Flüssen Polochic und Motagua nach dem Amatique Golf entwässert. Der nordöstliche Ausläufer des letztgenannten Gebirges, allgemein als Sierra del Mico bekannt, dacht sich bis auf 500 m Seehöhe ab, gipfelt aber unmittelbar vor seinem Abfall zum Meere nochmals in rund 1200—1500 m. Durch diesen Klotz wird der Anschein hervorgerufen, als wenn sich am Amatique Golf ein besonderer Gebirgskomplex fände, was auch die Veranlassung gewesen ist, diesen Teil mit der besonderen Benennung Cerro San Gil von dem übrigen Gebirge abzutrennen. Der schmale Streifen Küstenlandes zwischen dem San Gil und dem Meer wird von niedrigen, flachen Bodenwellen eingenommen, die keine besondere Bezeichnung tragen.

Sierra de las Minas und Sierra del Mico müssen heute noch als die unbekanntesten Gebiete Guatemalas bezeichnet werden, was um so sonderbarer anmutet, als in den begleitenden Paralleltälern zwei der wichtigsten Verkehrsstraßen des Landes hinziehen und diese Talsenken schon seit langer Zeit besiedelt worden sind. Im Gegensatz dazu sind die beiden Gebirge unbesiedelt, ohne daß bisher festgestellt worden ist, ob sie es bereits in der vorspanischen Zeit waren. Ihre Unwegsamkeit wird jedoch damals wie heute den Menschen von

[1]) Die vorliegenden Berichte bilden Fortsetzung und Schluß der Berichte in: Mitteilungen der Geogr. Ges. in Hamburg, Band XXXVIII, S. 1—55, Bd. XXXIX, S. 1—63, Bd. XL, S. 9—42.

ihnen fern gehalten haben, der es vorzog, in den breiten Tälern sich niederzulassen. Dort legte er seine Kultstätten an, deren Ruinen noch heute sowohl im Motaguatal wie in der Nähe des Polochic-Flusses Bewunderung erwecken. Ganz besonders unwegsam muß der mittlere Teil der Sierra de las Minas sein. Denn blickt man etwa von einem Punkte auf den Hängen des Polochictales gegen Süden, so wird das Auge gefesselt durch ein tief zertaltes, aus einer großen Zahl von Rücken und gratartigen Kämmen zusammengesetztes Hochgebirge von fast alpin anmutenden Formen, das bald von kegelförmigen, bald mehr plateauartigen Gipfeln überragt ist. Es ist dieses eines der eindrucksvollsten Gebirgspanoramen, die Guatemala aufzuweisen hat.

Über die Sierra de las Minas führt kein Weg von einem in das andere Tal. Dagegen überschreitet ein schon in der indianischen Zeit begangener Pfad die Sierra del Mico auf ihrem niedrigsten Paßeinschnitt bei Los Amates, der in der Kolonialzeit zu einer der bedeutendsten Handelsstraßen ausgebaut wurde und als solche bis in die 80er Jahre des vorigen Jahrhunderts Geltung hatte. Auf ihm bewegte sich der Güter- und Personenverkehr von dem Hafen Izabál am gleichnamigen See ins Motaguatal und weiter zur Landeshauptstadt hinauf. Nachdem unter englischem Einfluß schon 1859 eine Verbesserung des Verkehrsweges eingeleitet und besonders auch 1869 auf die Anlage einer Eisenbahn gedrungen worden war, wurde 1884 durch den Präsidenten Justo Rufino Barrios der nach ihm benannte Hafen am Amatique Golf gegründet und damit das Los des kleinen Binnenhafens Izabál besiegelt. Nachdem auch der Sitz der Regierung des Departaments Izabál nach Puerto Barrios verlegt worden war, sank Izabál zu einem unbedeutenden, ungesunden Dörfchen herab, das nach dem Zensus von 1921 nur 120 Einwohner zählte (Puerto Barrios: 2200). So ist auch der alte Paßweg heute vernachlässigt und wird außer von den Bewohnern des Dorfes Izabál nur noch von den wenigen Pflanzern benutzt, die in den letzten Jahren kleine Kaffeeplantagen an den nördlichen Abhängen der Sierra del Mico zum Izabál-See anlegten. Vor einiger Zeit wurde auch ein neues Bahnprojekt besprochen, das die gegenwärtig entstehenden Bananenplantagen im südlichen Polochic-Tal mit der Nordbahnlinie verbinden sollte. Die technischen Schwierigkeiten des Baus und die hohen Kosten haben jedoch wieder davon Abstand nehmen lassen.

Daß diese Gebirge auf den vorhandenen Karten äußerst mangelhaft zur Darstellung kommen, bedarf auf Grund des Vorhergesagten keines weiteren Hinweises. Bei der Sierra del Mico tritt noch erschwerend für die Erkenntnis der Topographie das dichte Urwaldkleid hinzu, das bei Fernblicken bei dem an sich nur niedrigen Gebirge überhaupt keine Einzelheiten erkennen läßt und wohl auch dazu Anlaß gab, auf den Karten eine einfache Kette einzutragen. Der Abfall zum Motaguatal gehört in weitem Umfange, wie mir mitgeteilt wurde, der in amerikanischen Händen befindlichen Nordbahn. Doch konnte ich keine Auskunft darüber erhalten, ob etwa die Verwaltung die dem Motaguatal benachbarten Teile gelegentlich erkunden ließ.

Wie schon bemerkt breitet sich im Nordosten des Cerro San Gil ein aus tertiären Kalken bestehendes Hügelland aus, das in jungtertiärer Zeit einer Faltung unterlag. In die von W bzw. WNW nach E bzw. ESE streichenden flachen Falten hat sich der Ausfluß des Izabálsees ein antezedentes Tal geschaffen, dessen senkrecht abstürzende Kalkfelsen eine Fülle allerdings schlecht erhaltener Fossilien enthalten und einige Faltenschenkel erkennen lassen (vgl. Mitt. Geogr. Ges. Hamburg Bd. XXXIX S. 35). Das Hügelland, dessen Erhebungen etwa 250 bis 300 m erreichen mögen, ist im Inneren unbewohnt. An der Küste dagegen halten sich punktweise Cariben auf, die sich am Rio Dulce aufwärts bis an den Izabál See ausgedehnt haben und zum Teil schuld daran sind, daß die prächtige Szenerie des urwaldbekleideten Felscañons gerodete Stellen aufweist (vgl. auch K. Sapper, Mitt. geogr. Ges. Würzburg, III/IV. Jahrg. (1929) S. 171ff.). An der seeartigen Erweiterung des Golfete und an den Nebenflüssen des Rio Dulce gesellen sich zu den Cariben sowohl Kekchí-Indianer wie Ladinos (Mischlinge im allgemeinen), die ein kümmerliches Leben durch Fischfang und Bananenanbau fristen. Ihre Jagdpfade führen vom Rio Dulce nicht weit gegen den San Gil in die Wälder hinein. Fragt man die Leute nach ihren Kenntnissen über das Hinterland aus, so reicht diese in den besten Fällen nicht über eine Strecke von 2 Tagesmärschen hinaus. Wie mir versichert wurde, soll ein heute fast ganz verwachsener Fuß-, pfad vom Rio Lámpara um den Nordostfuß des San Gil nach Santo Tomás am Amatique Golf führen, der einige Hütten von Ladinos miteinander verband. Sie sollen aber nicht mehr vorhanden sein.

Im inneren Winkel der Amatique-Bucht tritt der San Gil mit seinen Ausläufern unmittelbar an das Meer heran, das hier von einer Steilküste begrenzt wird. Urwald verhüllt sie wie die Ufer des Rio Dulce. Gleitet man aber hier in einer bedrückenden Ruhe auf einem spiegelglatten grünen Gewässer durch eine schweigende Natur, so wird dort der Gegensatz zwischen dem üppigen, nie betretenen Urwald mit seinen kletternden und schlingenden Gewächsen, den mächtigen Laubbäumen und den weitausladenden Palmen auf der einen Seite und dem immer bewegten Meere auf der anderen um so reizvoller, das seine Wogen mit hohen Gischtwolken an den grünen Felshängen bricht. Diese Erhebungen von annähernd 300—500 m Meereshöhe bestehen aus löchrigen, graublauen Kalken mit zahlreichen Kalkspatadern. Sidney Powers, der ähnliche Bildungen im Motaguatal etwa 7 engl. Meilen aufwärts von Puerto Barrios an der alten Bahnlinie beobachtete, teilt sie dem Karbon zu, ohne aber anzugeben, ob sich diese Behauptung auf Fossilfunde oder nur auf Vergleichung des Gesteinshabitus mit ähnlichen Bildungen im Polochictal stützt. (Notes on the Geology of Eastern Guatemala and Northwestern Honduras, in Journ. of. Geol., Chicago 1918, vol. XXVI S. 507—523). Aufgeschlossen sind dieselben Kalke auch bei Santo Tomás in der inneren Bucht von Amatique, aber sie führen an dieser Stelle keine Versteinerungen. —

So war es denn schon seit längerer Zeit meine Absicht gewesen, diesen Gebieten eine besondere Reise zu widmen. Da eine solche gerade dort mehr als in den übrigen Gegenden Guatemalas von der Witterung abhängig ist, so mußte eine Zeit gewählt werden, in der die größte Wahrscheinlichkeit gegeben war, daß einige regenlose Tage auftreten würden. Ist doch jenes Gebiet durch seine hohen über das ganze Jahr verteilten Niederschläge ausgezeichnet, die nur von der zweiten Hälfte des April bis Anfang Mai von niederschlagsarmen und einigen regenfreien Tagen begleitet sind. Freilich fällt in ihnen auch der Wasserspiegel der kleineren Flüsse, so daß sie zum Vorwärtskommen nur auf kurze Strecken benutzbar sind. Andererseits aber hat der niedrige Wasserstand den Vorzug, in den Flußbetten besser die Aufschlüsse zu beobachten, und da die Flüsse im San Gil-Gebiet an sich nur kurzen Lauf haben, so fällt dieser Nachteil für das Vordringen zum Fuß des Gebirges nicht zu schwer ins Gewicht.

Sobald ich daher von meiner Reise durch Honduras und Salvador (vgl. Mitt. Geogr. Ges. Hamb. Bd. XL (1929)) nach Guatemala zurückgekehrt war und die Ostertage durch einen kurzen Besuch der Umgegend von Tecpán ausgefüllt hatte, begab ich mich mit der Nordbahn von der Stadt Guatemala nach Puerto Barrios. Es dürfte kaum einen Fremden geben, dem dieser Ort in besonders angenehmer Erinnerung geblieben ist. Die meisten Reisenden verbringen nur einige Stunden in dem wenig komfortablen Hotel, das den einzigen Vorzug genießt, an einer der Seebrise ausgesetzten Stelle unmittelbar am Ufer zu liegen. Bei heftigem Nordsturm aber, wie er in den Monaten Dezember bis Februar öfter auftritt, kann die kühle Luft in den jedem Luftzug zugänglichen Zimmern dem durch die Hitze verweichlichten

Reisenden verhängnisvoll werden, wofern er nicht selbst wärmende Decken bei sich führt. Der Hafenplatz zerfällt in zwei voneinander durch eine sumpfige Wiese getrennte Teile. In dem einen, mit den Bahn- und Hafenanlagen in der Mitte, herrscht das fremde Element vor; dort erheben sich die modernen, aus Zement erbauten und abgedrahteten Bürohäuser und Kaufläden der United Fruit Company und das hölzerne Regierungsgebäude mit der Hafenkommandantur. In dem anderen östlich davon tummelt sich dunkelfarbiges Volk von Cariben und Antillennegern inmitten schmutziger, elender Bretterbuden, aus denen einige chinesische Warenhäuser sich hervorheben. Kurz darauf beginnt wieder Sumpf und Dickicht mit Mangroven, die unangenehme Gerüche von sich geben. Will man landeinwärts einen Spaziergang unternehmen, so bleibt nur der Weg auf der Bahnlinie, der an üblen Öltanks vorüber zur großen Funkenstation der nordamerikanischen Bananenkompagnie führt. Ich war daher froh, als Herr Ritter, Geschäftsführer im Hotel, mir das Anerbieten machte, ihn auf einer Motorbootfahrt nach Osten von Puerto Barrios zu begleiten. Wir landeten in einer kleinen Bucht der Mangleküste, an der die Hütte eines Caribennegers sichtbar war. Er betrieb eine kleine Gerberei unter Ausnutzung der leicht zu erreichenden Manglerinde und verdiente sich mit dem bescheidenen Handwerk ein für seine Verhältnisse hübsches Geld. Ein paar Bananen und einige Fruchtbäume dienten neben dem Fischfang dem Unterhalt der Familie.

Um die Mittagszeit bei lebhafter Brise nach dem Hafen zurückgekehrt, erwartete mich dort bereits ein Motorboot, das mir die Verwaltung der Verapaz-Eisenbahn entgegengeschickt hatte. Es hatte mich mit dem Gepäck nach Livingston zu bringen, von wo die geplante Expedition in den Cerro San Gil ihren Ausgang nehmen sollte.

Wir machten aber einen Umweg, da ich die innere Amatiquebucht wenigstens flüchtig kennen lernen wollte, und fuhren in knapp einer halben Stunde nach Santo Tomás, das einst als Hafen der Vorgänger von Puerto Barrios gewesen war. Heute zählt es rund 150 Einwohner, zeigt noch die früher großzügig gedachte Anlage mit einem breiten Dorfplatz, den das Vieh heute als Weide benutzt, einige grau angestrichene Holzhäuser und Reste eines alten Forts, vor dem ein gebrechlicher Landungssteg von dem geringen Verkehr Zeugnis ablegt. Unmittelbar dahinter erhebt sich das urwaldbedeckte Gebirge, so daß die Lage des Ortes landschaftlich viel reizvoller als die von Puerto Barrios ist. Nur zeichnet sich das Klima durch weniger günstige Eigenschaften aus, zumal der Wind von der See nicht mehr so ungehinderten

Zutritt in den innersten Winkel der Bucht hat, als zu dem freier gelegenen Puerto Barrios. In der trostlosen Einsamkeit des kleinen Platzes erinnert man sich sogleich an das tragische Schicksal, das seine zeitweiligen europäischen Bewohner hat in ein Massengrab sinken lassen. War Santo Tomás doch der Punkt, an dem ein unüberlegtes und sinnloses Siedelungsunternehmen in den 40er Jahren des vorigen Jahrhunderts europäische Bauern zur Niederlassung veranlaßte. Schon nach kurzer Zeit setzte der Kampf mit dem ungesunden Klima und tropischen Krankheiten ein, denen hunderte von Einwanderern erlagen und die viele andere zu schleunigem Verlassen des Ortes zwangen. Von belgischer Seite in die Wege geleitet und unter der Oberaufsicht der belgischen Krone stehend, zählte die Kompagnie unter den Neuankömmlingen außer Belgiern auch manche Deutsche. Noch heute leben einige Nachkommen dieser Belgier in Santo Tomás, hochgewachsene blonde Menschen, die sich anscheinend akklimatisiert haben.

Die weitere Fahrt an der Felsküste entlang bietet reizvolle Szenerien mit Felsenriffen und Inseln. An einer „Las Escobas" genannten Stelle ist eine Bananenpflanzung angelegt in deren Nähe das Trinkwasserreservoir für Puerto Barrios liegt. Eine durch die Bucht gelegte Rohrleitung bringt das Wasser zu dem Hafenort. Im übrigen ist das ganze Gelände der inneren Bucht menschenleer. Unsere Ausfahrt erfolgte längs der Nordküste, die flach ist und Mangrovendickicht besitzt. Sie gehört bereits zu dem niedrigen Hügelgelände, das sich zum Rio Dulce und Sarstoon hinzieht. Eine kuppenartige waldbedeckte Anhöhe namens „La Romana" soll nach Aussagen der umwohnenden Cariben „Kohle" enthalten. Ich konnte die Stelle nicht besuchen, glaube aber auf Grund der Befunde der späteren Durchquerung des San Gilgebietes, daß es sich um Braunkohlen handelt.

Durch dichte Schwärme von Pelikanen glitt das Boot bei mäßigem Wellengang dicht an der Küste haltend nach Livingston, wo ich wiederum die herzlichste Aufnahme in dem Hause des deutschen Konsuls, Herrn P. Doescher, fand. Dort wurde die beabsichtigte Expedition im Einzelnen besprochen, und Herr Doescher leistete mir dabei sowohl was Verproviantierung wie Auswahl von Begleitern anbetraf, jegliche Unterstützung. Schon bei früheren Aufenthalten in Livingston war der Plan eines Vorstoßes in den bisher nie betretenen San Gil von uns erörtert worden und man hatte mich darauf aufmerksam gemacht, daß ein solches Vorhaben wesentlich von der Beschaffung geeigneter Träger abhängen würde. Diese stößt aber gerade in der Gegend von Livingston auf Schwierigkeiten, weil dort nur

Cariben wohnhaft sind, ein seegewohntes Fischervolk, das größeren Reisen ins Innere abgeneigt ist. Die Leute sind jedoch wegen ihrer größeren physischen Leistungsfähigkeit wie auch wegen ihres freundlicheren und anhänglicheren Wesens den Indianern vorzuziehen, besonders wenn es sich um Märsche in den küstennahen Urwäldern handelt. Infolgedessen wurde schon vor meiner Ankunft in Livingston nach brauchbaren Leuten gesucht; doch konnten nur zwei für das Vorhaben gewonnen werden. So sah ich mich denn veranlaßt, nach Ersatz für die noch fehlenden 3 oder 4 Träger zu suchen und fand keine andere Möglichkeit, als in der deutschen Plantage des Herrn Gregg am Rio Dulce notgedrungen um Überlassung von Kekchíindianern aus seinem Arbeiterbestande zu bitten. Herr Gregg kam mir in der bereitwilligsten Weise entgegen und willigte sogar darin ein, daß sein Sohn, Herr Richard Gregg, ein trefflicher Jäger und mit den Verhältnissen des Urwaldes aufs Beste vertraut, mich begleitete, was auch aus dem Grunde sich als um so besser erwies, als er nicht nur der Brotherr der mitgenommenen Träger war, sondern auch deren Sprache, das Kekchi, vollkommen beherrschte.

Nachdem die wichtige Trägerfrage sich so günstig erledigt hatte, wobei nur abzuwarten blieb, wie sich die beiden Cariben mit den Kekchíindianern unterwegs vertragen würden, begab ich mich nochmals nach Livingston zurück und erledigte die nötigen Vorarbeiten. Dazu gehörte auch das Einziehen von Erkundigungen über das Gebirge selbst. Aber was darüber von den Mischlingen und Cariben an dem Südufer des Rio Dulce und des Golfete zu hören war, gab keinerlei Auskunft über das Terrain. Allgemein hieß es, das Gebirge wäre verzaubert (encantado), und ein alter Caribe an der Mündung des Rio Juan Vicente versicherte sogar, daß es oben auf dem Gebirge Spuren einer früheren Niederlassung gäbe, Reste einer Rodung mit wildwachsenden Orangen, Aguacaten u. a. Fruchtbäumen, die der Teufel da oben einst besessen hätte, ehe der Herr Jesus Christus geboren wäre. Es blieb schließlich nur der Ausweg persönlich nach einer Stelle zu suchen, die am geeignetsten zum Anmarsch zu sein schien. Da die Hänge des San Gil nach dem Golfete zu steil abfallen und soweit sich bei dem Waldkleid wahrnehmen läßt, auch sehr stark zerschluchtet sind, so entschieden wir uns zu einer Anmarschroute vom Rio Juan Vicente her, die zwar länger war, da sie durch das flache Schwemmland am südlichen Rio Dulce führte, aber dafür nachher sanfter geneigte Rücken der Gebirgsausläufer erwarten ließ, die zum Hauptkamm hinaufzuleiten schienen. Wesentlich blieb dabei, einen solchen Flankenvorsprung zu gewinnen, der auch tatsächlich gegen die Haupterhebung sich erstreckte.

Am 27. April 1928 war endlich alles soweit geregelt, daß ich mit den beiden Cariben Virginio und Custodio und dem Gepäck den Rio Dulce aufwärts nach der Finca „Sankt Hubertus" des Herrn Gregg fahren konnte, wo die einzelnen Lasten zusammengestellt wurden. Alles ging vortrefflich vonstatten, und die Leute waren mit Eifer bei der Sache. Am 28. April brachen wir dann insgesamt zwei Europäer und 6 Farbige von Sankt Hubertus auf und ließen uns im Boot nach dem südlichen Ufer des Rio Dulce zur Mündung des Rio Juan Vicente übersetzen, dessen gemeinsame Befahrung im Februar des gleichen Jahres Karl Sapper näher beschrieben hat (Mitt. geogr. Ges. Würzburg, 1929, S. 173f.). In der kleinen Caribensiedelung La Bacadía gingen wir an Land, wo sich uns das Haupt der Familie, der alte Pio Escobar, flintenbewaffnet anschloß, um uns auf schmalem Pfade zunächst einen halben Tag in seinem Jagdrevier landeinwärts zu führen. Der Fußpfad war anfangs gut zu begehen, wurde dann aber mehr und mehr verwachsen und machte das Überqueren zahlreicher 1—2 m tief eingesenkter Bäche notwendig, bis er nach etwa 2 Stunden den Rio Juan Vicente selbst erreichte, an der im Februar zuvor die Flußfahrt mit Professor Sapper ihr Ende gefunden hatte. Nirgends war anstehendes Gestein zu entdecken. Der Fluß führte als Gerölle eine Menge von Quarzen, Tonschieferbrocken und Kalkstückchen sowie Spuren von Kohle. Schon früher hatte man mir mitgeteilt, daß im Gebiet des Rio Juan Vicente und seines Nebenflusses Carbonera Kohle vorkommen sollte. Wir verfolgten den Pfad inmitten prachtvoller Corozopalmenbestände und schnitten mehrere Windungen des Juan Vicente ab. Als wir ihn wieder erreichten, begleitete ihn auf beiden Ufern dichtes Gebüsch von sogenannter Caña Brava (auch Tañil genannt), was uns veranlaßte in dem Flußbett selbst weiter zu marschieren. Derartige Strecken mit wildem Rohr bezeichnen die gewöhnlichen Überschwemmungsgebiete dieser Tieflandsflüsse. Unser Begleiter Don Pio verabschiedete sich hier von uns und gab uns noch alle guten Ratschläge, wie wir uns im Walde zu verhalten hätten. Als wir wieder eine Flußbiegung vor uns sahen, verdüsterte sich der Himmel plötzlich, und schon begann der nachmittägliche Gewitterguß auf uns niederzuschütten. Wir schlugen daher unter jungen Corozopalmen unser Lager auf, die mit ihren bis zu 10 m langen Wedeln einen gewissen Schutz vor dem Regen bildeten und außerdem wenig Unterholz und Unkraut zwischen sich duldeten, so daß ohne längere Arbeit das Zelt aufgestellt werden konnte. Die Leute errichteten sich aus Blättern der Corozos einfache schräg gestellte Schirme, die man „champas“ nennt, wobei zu bemerken war, daß die Indianer und die Cariben sich gesonderte Behausungen für die Nacht zurecht machten. Das blieb später auf der weiteren Expedition als Regel bestehen. Man kochte und aß gemeinsam, schlief aber getrennt voneinander. Am folgenden Tag hatte der Pfad ein Ende, so daß nunmehr das Schlagen des Weges seinen Anfang nahm. Herr Gregg und ich gingen an der Spitze, ersterer mit dem Buschmesser arbeitend, ich selbst die Route mit Kompaß, Aneroid und durch Schrittzählen aufnehmend. Der Wald zeigte hier noch immer Spuren ehemaliger Anwesenheit von Menschen. Chiclesammler hatten manche der Chicozapotebäume angezapft; ihre Rinde trug noch die spitzwinklig nach unten zu laufenden Einschnitte; oder aber man sah hier und dort noch verwachsene Lichtungen, in denen früher Mahagonibäume gestanden hatten. Jetzt nahm sie ein Dickicht von Bambusen ein, das immer umgangen werden mußte, da ein Durchschlagen zu mühsam und zeitraubend gewesen wäre.

Ich hatte im Vertrauen auf die Angaben des alten Pio Escobar eine Südostrichtung gewählt, da zu erwarten stand, daß wir in dieser einen der früher gesichteten Sporne des Gebirges erreichten würden. Als wir daher am Mittag an dem Rio Carbonera mit seinem schmutzig grauen Wasser anlangten, folgten wir ihm parallel mehrere Stunden, bis er zu stark nach Osten abbog. Da aber an dieser Stelle kein günstiger Übergang vorhanden war, so kehrten wir ein Stück zurück, um etwas unterhalb eine geeignete Stelle zu finden. Dort entstand ein gewisser Streit unter den Leuten. Da es schon später Nachmittag war, so wollten die Indianer unter keinen Umständen zurückgehen, sondern an Ort und Stelle übernachten; die Cariben dagegen waren für meinen Plan, bis es Streit gab, wer Recht hätte. Schließlich half ein Machtwort, von Gregg ins Kekchí übersetzt, nach, so daß die ganze Kolonne nach Verlust schöner Zeit wieder in Bewegung kam. Als wir dann an dem Flußübergang eintrafen, wollten die Cariben am diesseitigen Ufer Lager beziehen. Nun aber triumphierten die Indianer und gingen einfach aufs andere Ufer, wobei sie das Gepäck der beiden Schwarzen bei sich trugen, so daß diese nun notgedrungen hinterher kommen mußten. Am Abend war am Feuer die Lage etwas gereizt und gespannt; die Leute sonderten sich voneinander und hielten Beratungen ab. Und wirklich trat am nächsten Morgen der eine der Kekchíes, ein redegewandter Mann, auf Gregg zu und erklärte rundheraus, daß die Indianer nicht mehr weiter in den ihnen unbekannten

Wald vordringen würden. Die Lasten wären zu schwer, der Weg zu weit; kurz sie wollten wieder nach Hause zurückkehren. Da waren es die beiden Schwarzen, die Treue hielten und erklärten auf alle Fälle weiterzugehen. Wie man bei Indianern in solchen Fällen nur mit Ruhe und Besonnenheit etwas ausrichten kann, so auch in diesem Falle. Wir machten ihnen ohne weiteres das Zugeständnis, daß sie umkehren könnten, daß aber dann ihnen das Gefängnis winken würde; außerdem wären sie aber kontraktbrüchig und hätten überhaupt kein Anrecht auf Entlohnung für die bisher geleisteten Dienste. Die Unterhaltung wurde in aller Ruhe und Gemächlichkeit geführt, da hitziges Auftreten nur geschadet haben würde. Schließlich zogen sich die vier Indianer zur Beratung zurück. Die Meinungen waren unter ihnen geteilt, und zuguterletzt, nach Verlust weiterer Zeit, willigten sie ein weiterzugehen. Es war die einzige schwierige Lage auf der Expedition. Wie es auch sonst bei Indianern als Reisebegleitern oft zu beobachten ist, werden an den ersten beiden Marschtagen Schwierigkeiten und Verzögerungen beim Vorwärtskommen zu machen versucht, bis dann alles sich eingespielt hat und vor allem die Leute sich auch so an den Herren gewöhnt haben, daß ihnen selbst das Unternehmen eine gewisse Freude bereitet.

Wir befanden uns noch im flachen Schwemmland, das der Carbonera in einem 1 m tiefen Bett durcheilte. Gelbbraune Lehmhänge waren an beiden Ufern bis zu 5 m Höhe aufgeschlossen. Abseits des Flusses wurde der Wald von von niedrigen Bodenwellen durchzogen. Auf diesen liegen grobe Quarzknauern in Menge. In den Seitenbächen sind mehrfach in die Lehme Bänke einer bröckligen jungen Braunkohle eingelagert. Sidney Powers beschreibt schon diese Vorkommen (s. o.) und erwähnt dabei die in den Tonen und Ligniten enthaltenen Fossilien, die reichhaltig begegnen. Er weist ihnen pliozänes bis pleistozänes Alter zu, macht außerdem darauf aufmerksam, daß die gleichen Bildungen auch an den übrigen Flüssen südlich des Rio Dulce auftreten. Von einer gestörten Lagerung, wie sie S. Powers berichtet, ist am Carbonera nichts zu bemerken. Die Bänke lagern dort sämtlich horizontal.

Ganz allmählich steigt das Alluvialland gegen den San Gil an. Nachdem wir die letzten menschlichen Spuren, Reste einer vor Jahren einmal erbauten Champa, in der Nähe unseres Lagerplatzes vom zweiten Tage gefunden hatten, zwängten wir uns durch den Wald gegen Südosten weiter vorwärts und kamen bald an einen größeren Fluß mit klarem Wasser, der wahrscheinlich der Oberlauf des Juan

Vicente war. Wir durchwateten ihn und erreichten gegen ESE einen sanft ansteigenden Rücken, dem wir nun aufwärts folgten, in der Hoffnung den von uns gewünschten Aufstieg erreicht zu haben. Am Abend lagerten wir schon in 330 m Seehöhe in frischerer Luft und von Mücken unbelästigt. Vor uns nach Norden lag ein breites Tal, die Sicht nach W war durch den Wald gehemmt. Am 4. Tage folgten wir dem Rücken weiter ansteigend durch einen Wald mit Chiclebäumen, Gummibäumen, Mahagoni und dem sogenannten Palo de Vaca. An einer Bachrinne fand sich das erste allerdings stark zersetzte Gestein, das sich bei besserer Erhaltung später als Phyllit erwies. Unsere Hoffnung am 5. Tage den Hauptkamm zu erreichen wurde zunichte. Denn ein tiefes Tal mit steil geböschten Hängen aus Tonschiefern tat sich vor uns auf, was bewies, daß wir in dem dichten Wald die Richtung des Spornes verloren haben mußten. Wir kletterten mit den Lasten abwärts, an Wurzeln uns haltend, die Lasten zum Teil mit Stricken herablassend, bis wir an dem namenlosen Fluß standen, der in Richtung gegen Süden und Südwesten eilte. Sein Bett lag in dunklen Kalken von großer Härte, die voll von schlecht erhaltenen Stielgliedern von Krinoiden waren, so daß also die Folge der Tonschiefer auf jenen Kalken auflagerte. Dieser Fund war um so beachtenswerter, als bisher über den geologischen Bau dieses ganzen Gebirges nur vage Vermutungen bestanden. Sappers geologische Karte (Pet. Mitt. 1899, Erg. Heft 127) zeichnete hypothetisch Kalk dort ein mit vorgelagerten tertiären Bildungen und einem schmalen Band von Serpentin. Während das Tertiär sich in der angegebenen Zone als vorhanden erwies, fehlte aber der Serpentin. An seiner Stelle standen Phyllit und Tonschiefer an, während der Kalk später als Karbon, soweit es der Erhaltungszustand der Fossilien erlaubte, bezeichnet wurde. Diese Feststellung des geologischen Aufbaus ist um so interessanter, als sie fast ähnliche Folgen zeigt, wie sie im Gebiete der Cockscomb Mountains in British Honduras festgestellt worden sind.

Wir folgten dann dem Flußbett aufwärts in Nord- und Nordostrichtung, hatten aber dabei an einigen Stellen mit erheblichen Schwierigkeiten im Vorwärtskommen zu kämpfen. Denn je weiter nach Norden, um so mehr schnitt sich das Tal in die Kalke ein und wies im Bett mehrfach ausgekolkte Schächte (Pozos) von einigen Metern Tiefe auf, die mit den Lasten nicht zu passieren waren, so daß kein anderer Ausweg blieb, als an den steilen Felswänden entlang zu turnen und die Lasten mit Seilen zu sichern. Die Gerölle zeigten jetzt nur noch Kalk der gleichen dunkelgrauen Farbe mit einer Menge von Krinoidenstielgliedern, ein Zeichen, daß der Hauptkamm des San Gil aus demselben Material bestehen mußte. Ich war entschlossen dem Fluß soweit als möglich aufwärts zu folgen, sah mich aber dann an einer Klamm mit steilen Felswänden, durch die das Wasser mit starker Strömung hindurchschoß, veranlaßt wieder am Gehänge hinauf zu klettern. Da jegliche Sicht mangelte und in der Vermutung, daß uns das westliche Talgehänge zu weit von dem Hauptkamme abbringen würde, wählte ich das östliche, was, wie sich erst später ergab, ein Fehler war. Unter nicht geringen Mühen schafften wir, nachdem erst ein Pfad gehauen war, die Lasten hangaufwärts, gewannen aber auf der Höhe des neuen Rückens nicht den geringsten Durchblick durch den Wald. Dennoch war dieser im allgemeinen lichter, als die an den vorhergehenden Tagen passierten Bestände. Sehr zahlreich traten die von den Kekchí-Indianern als „halauté“ bezeichneten Palmen auf, deren Palmkohl, leicht im Feuer gewärmt, eine schmackhafte Zukost zu unseren täglichen Reismahlzeiten bildete. Das Tierleben in diesen Wäldern höherer Teile des Gebirges war für Urwaldgebiete reich zu nennen. Waren wir in den tiefen Lagen im Bereich des Unterlaufes der Flüsse nur selten der großen Guacamayo-Papageien, ab und zu einem Hokkohuhn ansichtig geworden, hatten dafür um so zahlreicher die schmalen, sauber gehaltenen Pfade der großen Blattschneiderameisen und deren große, rotgefärbten kahlen Erdhaufen beobachtet, so trafen wir jetzt auf eine Fülle von Wildschweinspuren. Diese in größeren Herden die Wälder durchstreifenden Tiere benutzten die schmalen Kämme als Wechsel, so daß sich darauf verhältnismäßig leicht fortkommen ließ. Wir schossen sowohl Exemplare des Jabalí (Dicotyles torquatus) als des Coche de monte (Dicotyles labiatus)[1], deren Suhlen gewöhnlich an solchen Stellen der Kämme lagen, die leichten Einschartungen entsprachen. Auffallend spärlich war die Zahl der von uns gesichteten Schlangen; während der ganzen Expedition waren es nur deren fünf, sämtlich kleinere Exemplare, teils giftiger teils ungiftiger Art nach Angabe der Eingeborenen. Wiederum sehr häufig waren Hokkohühner, deren Lockrufe oft zu hören waren, und endlich traten Affen in großer Menge auf, so daß die Sierra del Mico ihren Namen durchaus zu Recht trägt. Beide Gruppen des mittel-

[1]) In der lateinischen Benennung ist hier den Angaben Eduard Seler's gefolgt. Stoll bezeichnet umgekehrt das Jabalí als Dicot. labiatus und das Coche de monte als Dic. tayaçu (= Dic. torqu.) [Guatemala (1886) S. 197]. Beide latein. Nomenklaturen werden öfter verwechselt (Friederici, Hilfswörterbuch für den Amerikanisten (1926) s. v. jabalí).

amerikanischen Affen, Klammerschwanz- (Ateles sp.) und Brüllaffe (Mycetes sp.), waren vertreten. Die ersteren verfolgten uns in kleinen Trupps von 4 bis 6 Tieren stundenlang unter lautem pfeifenden Lärm, ließen sich bis dicht über unsere Köpfe an den Bäumen herab und belästigten uns des Nachmittags beim Lageraufschlagen durch Beschmutzen des Gepäcks, bis ein Schreckschuß aus der Pistole sie verscheuchte. Im Anfang, als wir die ersten Greifschwanzaffen zu Gesicht bekamen, vermochten die Indianer Herrn Gregg dazu, ihnen sein Gewehr zu leihen. Sofort wurde auf drei Tiere, die zutraulich in die Nähe der ihnen bisher unbekannten menschlichen Wesen sich begeben hatten, eine häßliche Jagd veranstaltet, wenn überhaupt dieser Ausdruck hier am Platze ist. Sie mußten noch niemals Schüsse gehört haben. Denn obwohl gleich beim ersten ein Affe zu Tode getroffen vom Baume herabfiel, blieben dennoch die übrigen sitzen und schauten neugierig auf uns herab. Da wir an jenem Tage für die Leute kein Fleisch hatten, so wurden auch die anderen beiden Geschöpfe heruntergeholt, sogleich abgehäutet und, ohne ausgeweidet zu werden, auf einem aus dünnen Ästen hergerichteten Rost über einem offenen Feuer gedörrt. Als dann aber am nächsten Tage trotz dieser Prozedur das Fleisch übergegangen war und von den Leuten fortgeworfen wurde, verbot ich je wieder ohne besondere Erlaubnis auf Affen zu schießen. Von sonstigen Tierspuren waren recht viele von Tapiren zu bemerken, ohne daß wir selbst einen Vertreter gesichtet oder gar zum Schuß bekommen hätten. Von Jaguaren, die nach Angabe der Cariben im Gebirge zahlreich sein sollten, sahen wir überhaupt nichts, beobachteten aber Hirsche und die größeren Nager, die man als „guatusa“ bezeichnet (Agutí = Dasyprocta sp.). Die Flüsse waren im Oberlauf voll von großen forellenartigen Fischen, die jeden Köder anbissen, der ihnen zugeworfen wurde. So hatten wir denn im ersten Teil des Vormarsches nicht unter Nahrungsmangel zu leiden, konnten uns vielmehr eine abwechslungsreiche Küche leisten.

Nachdem wir somit am 2. Mai das Tal des zum Izabálsee entwässernden Flusses verlassen hatten und wieder zu einem Rücken aufgestiegen waren, folgten wir diesem durch dichtes Unterholz in Südostrichtung, öfters als vorher durch Bambusgestrüpp behindert. Es gab darunter stachelbewehrten wie auch stachellosen Bambus. Dieser wird von den Kekchí als „amaí“ bezeichnet und zum Herstellen von Flöten benutzt. Daneben wuchsen schöne Exemplare von Mahagoni und dem Palo Leche de Vaca, der beim Anschneiden der Rinde einen süßlich schmekkenden Saft absondert. Eine Menge von Lianen bildete über uns ein wirres Rankenwerk, manche mit bösen Stacheln bewehrt, andere wieder uns nützlich, da sie viel Wasser enthielten. Sie sind als „chaparros“ bekannt und dienen im Urwald als Ersatz für fehlendes Wasser. Zwei Mann müssen zur gleichen Zeit mit schnellen kräftigen Hieben die Liane an zwei Stellen durchschlagen, worauf man sich das aus der einen Schnittfläche quellende Wasser in den Mund träufeln läßt. Es hat einen sehr erfrischenden Geschmack und ist angenehm kühlend.

Die Formation der Tonschiefer blieb nun wieder die allein herrschende. An einer Bachschlucht ließ sich auch ihr Streichen und Fallen als ostwestlich mit 65° gegen NE feststellen. Die Höhe des Rückens blieb sich gleich, stets in 550 bis 600 m Seehöhe, so daß wir vom Hauptkamm abgekommen sein mußten. Schließlich stießen wir an diesem Nachmittag auf eine etwas lichtere Stelle, an der ein geeigneter Baum Herrn Gregg zu einer Umschau von seinem Wipfel veranlaßte. Der Hauptkamm des San Gil lag schon im NNW, von uns getrennt durch tiefe Täler, während nach ENE am Horizont das Meer in der Bucht von Amatique sichtbar wurde. Ein Vorstoß von hier zum Hauptkamm hinüber bedingte die Überwindung eines schwierigen, stark zertalten Geländes und daher voraussichtlich längere Zeit. Wir sahen unsere noch vorhandenen Lebensmittel durch und fanden, daß sie noch für drei Tage ausreichen konnten. Hatten wir uns doch im Vertrauen auf die Angaben der Leute in Livingston und der Anwohner des Golfete auf einen Gesamtmarsch von höchstens einer Woche verproviantiert. Dieser Grund veranlaßte mich endlich, den höchsten Gipfel des San Gil aufzugeben, und nun möglichst schnell zum Motaguatal zu kommen, wo wir an irgend einer Stelle auf die Nordbahnlinie stoßen mußten und sicher sein konnten, Hütten oder womöglich eine Plantage der United Fruit Company anzutreffen.

So ging es denn jetzt in möglichst gerader Ostrichtung weiter, wobei die Möglichkeit bestehen blieb, den östlich streichenden Rücken weiter zu folgen und zeitraubende Abstiege in Talschluchten zu vermeiden. Gegen Abend dieses Tages bemerkten wir zur Linken im NE ein breites Tal, das sich gegen NE öffnete und vermutlich dem Rio San Francisco angehörte, dessen Mündung in der Amatique Bucht gelegen ist. Demnach mußten wir auf der Wasserscheide zwischen Motagua und jenem ihm parallel strömenden Flusse angelangt sein. Hatte ich gehofft, daß wir am andern Tage schon ins Motaguatal blicken würden, so sah ich mich darin getäuscht. Die Karte gibt zwar nur einen Rücken dort an. Aber in Wirklichkeit waren es noch deren zwei, so daß wir noch den 4. und 5. Mai zu marschieren hatten, ehe wir in dieses absteigen konnten. Kurz nach dem Aufbruch am 5. Mai wechselte die Formation. Die Tonschiefer wurden von Kalken abgelöst, die ungeschichtet, löcherig und dunkelgrau waren, keine Fossilien zeigten, auch keine Krinoidenreste wie im Inneren des Gebirges, und wie an der Amatiquebucht von Kalkspatadern dicht durchzogen wurden. Steile Kuppen und kesselartige Senken traten an die Stelle des fortlaufenden Rückens, Wasser hörte auf oder fand sich nur in ungenießbarem Zustand in Pfützen. Infolge dieses Geländes waren Umwege notwendig, doch ließ sich die Hauptrichtung innehalten. Endlich kamen wir an den Abfall des Kalkgebirges zum Motaguatal und sahen unter uns die weite Ebene mit den Bananenhainen der amerikanischen Kompagnie. Wir brauchten nicht lange nach einem Abstieg zu suchen. Ein kleiner Bachriß gab uns die Richtung an, erforderte aber noch manches Kletterkunststück mit den Lasten, was an die Leute hohe Anforderungen stellte. Doch in der Nähe menschlicher Siedlungen und mit der Aussicht der Beendigung eines ihnen beschwerlichen Unternehmens waren sie willig bei der Sache. Als wir den Grund der Schlucht erreicht hatten und dort ein paar hundert Meter gewandert waren, machte mich Herr Gregg auf einen abgebrochenen Zweig aufmerksam und behauptete, daß dort vor etwa einem halben Jahr ein Jäger gewesen sein müßte. Ich lachte ungläubig darüber. Aber er hatte recht. Denn bald danach fanden sich die Spuren eines früher ausgehauenen Jägerpfades, „piquete“ im Spanischen, dem wir nun folgten. Um die Mittagszeit des 5. Mai gelangten wir an einen größeren Bach, an dem ein Fußweg mit frischen Spuren seinen Anfang nahm. Neugierig, wo wir aus dem Walde herauskommen würden, gingen wir ihm nach, kamen an aufgegebenen kleinen Bananenhainen vorüber und an ein Maisfeld und trafen schließlich eine im Bau befindliche Hütte mit einigen Mestizen. Das Erstaunen war groß, als uns die Leute in unserem wenig ansprechenden Äußeren von dem Gebirge herabkommen sahen, und mißtrauisch hörten sie die ersten Fragen an, die wir nach dem Namen des Platzes und einer größeren in der Nähe befindlichen Siedlung stellten. Es ergab sich, daß wir in Cayuga (90 m) angelangt waren, also an der Stelle, wo der Motagua am nächsten an die Sierra del Mico herantritt, so daß wir nunmehr nicht noch einen Marsch durch die heiße Talaue vor uns hatten. Zwischen 4 und 5 Uhr nachmittags langten wir in dem Dorfe an und hatten Gelegenheit noch den Abendzug nach Puerto Barrios zu besteigen.

War es uns somit nicht geglückt, den höchsten Punkt des San Gil zu ersteigen, so hatte dennoch die Expedition wichtige neue Erkenntnisse über den geologischen Aufbau des Gebietes zwischen Motaguatal und dem Rio Dulce erbracht. Dazu kam, daß bei der erfolgten Routenaufnahme zum ersten Mal ein Bild von der Topographie des Gebietes entworfen werden konnte, soweit ein solches in einem so unübersichtlichen Waldgelände erhalten werden kann. Es zeigte sich, daß der San Gil eine Sonderstellung im Bereiche des Zuges der Sierra de las Minas und Sierra del Mico einnimmt, wobei zukünftigen Untersuchungen vorbehalten bleiben soll, in größerem Zusammenhang die Bedeutung dieses Gebirges mit Hinsicht auf die Gebirge von Britisch Honduras zu erörtern. Leider ist es mir für den Rest meines Aufenthaltes in Guatemala nicht mehr möglich gewesen, eine Durchquerung der Gebirgszüge zwischen dem Rio Dulce und dem Sarstoon vorzunehmen, wie beabsichtigt war, ein Unternehmen, das nur unter den gleichen Voraussetzungen möglich ist, wie sie oben für den San Gil geschildert wurden. Wesentlich zu berichtigen sind die bisherigen Höhenangaben über den San Gil. Sie sind zu hoch, wenn etwa dafür 1800 bis 2000 m angegeben werden. Auch das Bild des Gipfels in dem älteren Werke von William F. Brigham (Guatemala, the Land of the Quetzal, New York 1887, S. 59) ist übertrieben hoch gezeichnet. Die Seekarten geben leider keine Daten über ihn an, obwohl sie die übrigen markanten Punkte im Umkreis der Amatiquebucht verzeichnen. Nach meinen Schätzungen auf Grund der von uns erreichten Höhen, deren Maximum bei ca. 750 m lag, dürfte der Hauptgipfel etwa 1200—1500 m Seehöhe erreichen. Die Expedition hat aber auch für künftige Fälle gezeigt, daß bei der erheblichen Zertalung des Gebirges, die durch das dichte Waldkleid nach außen hin nicht in die Erscheinung tritt, bei Vorstößen mit einer längeren Zeitdauer gerechnet werden sollte, um dadurch nicht eine vorzeitige Aufgabe zu veranlassen. Auch dürften sich nach meinen Erfahrungen für solche Zwecke Cariben als die besseren Begleiter empfehlen gegenüber den weniger leistungsfähigen und oft unwilligen Indianern, die noch dazu aus entfernteren Gebieten stammen und mit der dortigen Gegend nicht vertraut sind. Man müßte denn jahrelang eingearbeitete Leute haben, wie sie K. Sapper auf seinen Expeditionen zur Verfügung standen.

Am 6. Mai 1928 kehrten wir mit einem Motorboot der United Fruit Company nach Livingston zurück, wo mir in dem Hause von Konsul Doescher zwei Ruhetage vergönnt waren. Für die mannigfaltigen Beweise weitgehenden Entgegenkommens bei meinen Reisen in jener Gegend Guatemalas und die stets mir gewährte Gastfreundschaft ist es mir ein besonderes Bedürfnis ihm und seiner Gattin an dieser Stelle meinen aufrichtigen Dank auszusprechen.

Der weitere Plan war der, im Anschluß an die Erkundung des San Gil auch der Sierra de las Minas einen Besuch zu widmen. Da aber die notwendige Zeit für eine Durchquerung in den bisher gänzlich unbekannten Gebieten nicht mehr zur Verfügung stand, ferner der Eintritt der Regenzeit immer näher rückte, so wollte ich wenigstens dem leichter erreichbaren westlichen Teil dieses Gebirges noch Aufmerksamkeit schenken, zumal dort als Basis die Stadt Salamá benutzt werden konnte. Um aber auf einem mir bisher noch nicht bekannt gewordenen Wege dorthin zu gelangen, wählte ich die Strecke über den Izabál See und das Polochictal, dessen nördliche Begrenzung dabei besucht werden konnte. So fuhr ich am 9. Mai in einem besonders zur Verfügung gestellten Motorboot nochmals von Livingston den Rio Dulce aufwärts, genoß zum letzten Male seine prächtigen Szenerien mit dem breiten Golfete und dem jetzt schon in Regenwolken versteckten San Gil zur Linken. Wir steuerten dann in den Izabál See hinein und hielten auf das Nordufer zu, wo ich das Dorf Estor (8 m) besichtigen wollte. Dort hatten nämlich im Jahre 1927 Bohrungen auf Petroleum stattgefunden, die damals zu übertriebenen Hoffnungen im Lande Anlaß gegeben und eine Aktiengesellschaft ins Leben gerufen hatten. Nur 100 m vom Ufer entfernt lagen von Unkraut überwuchert Maschinenteile und ein Traktor, ein großer Erdbagger stand verlassen unter einem Holzdach, und zwei oder drei eiserne Brunnenrohre zeugten von den in den allerersten Anfängen stecken gebliebenen Bohrungen, die natürlich völlig ergebnislos geblieben waren. Ist doch der geologische Aufbau des Untergrundes aus Serpentin mit einer dünnen Decke von jungen Seeabsätzen von vornherein aussichtslos für das Antreffen von Erdöl. Das Beispiel zeigt aber, mit welchem Leichtsinn kostspielige Unternehmungen ins Werk gesetzt werden, die für den Kenner der Verhältnisse von Anfang an als Schwindelmanöver sich erweisen; nur daß in solchen Fällen niemals das Urteil wirklich unbeeinflußter Sachverständiger eingeholt wird. Ich lernte später bei einer Reise in El Salvador dort einen gleichen Vorfall kennen.

Estor bietet weiter keine Besonderheiten; es liegt auf einer 2 m hohen Uferterrasse aus Sanden und Schottern, in denen Serpentine häufig auftreten. Sie stammen aus dem nördlich des Dorfes sich erhebenden Gebirge der Sierra de Santa Cruz, über das bisher nur wenig bekannt geworden ist. Verkehr und Handel halten sich in bescheidenen Grenzen. Ersterer richtet sich auf einem von Indianern begangenen

Pfade nordwestlich nach Cahabón, letzterer wird nur von dem Kramladen eines Einheimischen bestritten. Das neue gut gebaute Haus wurde von Don Julio Rodriguez mir bereitwilligst zur Unterkunft überlassen. Von der luftigen Veranda des oberen Stockwerkes bot sich ein freier weiter Blick über den See, der an Fläche dem Bodensee nahekommt, und auf die Sierra de las Minas. Interessant zu beobachten war dabei das plötzliche Auftreten einer frischen Seebrise aus Osten, die erheblichen Wellengang mit Schaumkronen hervorrief. Sie begann unvermittelt um 4.30 Uhr nachmittags und hörte bereits nach 20 Minuten ebenso unvermittelt wieder auf. Wie mir von den Bewohnern des Dorfes versichert wurde, soll das plötzliche Aufkommen des Windes aus der Ostrichtung um die Nachmittagszeit zu den regelmäßigen Witterungserscheinungen dort gehören.

Noch vor Sonnenaufgang fuhren wir am 10. Mai von Estor ab und genossen auf dem See ein selten schönes Schauspiel eines Sonnenaufganges in der feuchtigkeitbeladenen Atmosphäre mit einer von mir nie wieder wahrgenommenen Strahlenbrechung und einem Farbenspiel des leicht bewölkten Himmels und der Wasserfläche, die einen intensiven perlmutterartigen Glanz annahm. Kurz vor der Einfahrt in das sumpfige bewaldete Delta des Rio Polochic erhob sich die Sonne und nahm mit einem Schlage der Landschaft den eigentümlichen Reiz jener dem Auge nur selten gebotenen Farbtöne. Den spiegelglatten Fluß mit seinen zahlreichen Windungen aufwärts gleitend, an seinen Kiesbänken vorüber mit den sich darauf sonnenden Alligatoren, von denen ich in 3 Stunden 14 zählte, und in der tiefen Stille einer zur Hälfte vom Menschen noch unberührten Natur kamen wir schließlich nach einer 6 stündigen Flußfahrt an den Endhafen Panzós (40 m), von wo aus ich mit einem entgegengeschickten Reittier am Nachmittage in dreistündigem Ritt zur Plantage Chulác (630 m) mich begab, die der in Cobán ansässigen Firma Sapper & Co. gehört. Der vortrefflich gehaltene Weg führt von Panzós durch Serpentingebirge mit mächtiger rötlicher Verwitterungsdecke ansteigend in einer gerodeten, aber von Buschwerk eingenommenen Landschaft in die Kaffeezone, die sich den Abhängen im Norden des Polochictales entlang zieht. Die ersten Kaffeehaine liegen in 500 m Seehöhe, während die Zentrale der Plantage selbst in ca. 600 m gelegen ist. Bis dicht vor dem Eingang der Finca zeigt das Gelände den gleichen Aufbau aus wenig fruchtbarem, tief zu einem roten Lehm zersetzten Boden, der danach von Kalken abgelöst wird. Damit nimmt aber auch das Relief sogleich die unruhigen Formen eines verkarsteten Geländes an: steile Kuppen, tiefe Erdfälle, die zum Teil so große Ausmaße besitzen, daß in ihnen Kaffeehaine angelegt werden konnten. Stellenweise hat man den Urwald noch stehen lassen, wo die Hangböschungen zu steil zur Anlage von Kulturland sind, wogegen weiter nördlich auf benachbarten Plantagen (z. B. Sepamác) überhaupt aller Wald abgeschlagen wurde, und da man dort auch die Kaffeehaine ohne Schatten anlegte, so steht die Landschaft in einem starken Kontrast zu dem üppigen Aussehen des Polochictales. Herr Hagemann, der Verwalter der Plantage, zeigte mir alle Einzelheiten des Kaffeebaus in jener Gegend, der in seiner technischen Durchführung in vieler Beziehung manche Unterschiede gegenüber der pazifischen Küste des Landes aufweist. Interessant waren mir auch die Einblicke in die Arbeiterverhältnisse der Alta Verapaz und das gute Verhältnis, das zwischen den deutschen Angestellten und den Eingeborenen bestand. Herr Hagemann ritt dann mit mir zu einer Nebenpflanzung namens Mayucvuá (640 m) in deren Nähe in einer Höhle vor kurzem eine Anzahl von Altertümern gefunden worden war. Es handelte sich um Stücke von Mayakeramik, einige große Räuchergefäße mit figürlichen Darstellungen, bemalte Scherben oder solche mit Ritzmustern und menschliche Schädelreste, Dinge, wie sie an mannigfachen Punkten der Alta Verapaz ans Tageslicht gekommen sind. Im Unterschied zu Funden aus der westlichen Provinz (namentlich zu der berühmten Fundstelle von Chamá) zeigten die Stücke von Mayucvuá einen roheren Stil.

Am 13. Mai verließ ich Chulác und ritt über die Plantagen Sepamác (690 m) und Sepacuyté (1020 m) sowie Secamsín (1020 m) nach dem Dorfe Senahú (1000 m), ein Weg, der das Kalkgebirge der Sierra de Mayucvá durchzieht. Das Gebiet ist seit längerer Zeit schon unter Kultur genommen. Neben dem Kaffeebau widmet man sich der Viehzucht, die besonders auf der Finca Sepacuyté, Herrn Champeney gehörig, getrieben wird. Von Senahú wurde am Nachmittag in einem letzten Anstieg der Paß (1550 m) erreicht, dann folgte der Abstieg nach der Finca Actelá (890 m), die der deutschen Firma Gerlach & Co. gehört. Hier fand ich bei dem Verwalter, Herrn Büchsel, in einem schönen neuen Hause die herzlichste Aufnahme und sah, mit welcher rührigen Arbeit diese bedeutende Plantage ausgebaut worden war. Ein für Automobile angelegter Weg verbindet sie mit der nächsten Bahnstation La Tinta im Polochic-Tal, so daß hier die in der Alta Verapaz schwierige Frage eines möglichst schnellen Transportes des Kaffees an die nächste Verkehrsbasis vorzüglich gelöst ist.

Außerordentlich eindrucksvoll ist von der Finca der Überblick über die am südlichen Talgehänge aufsteigende Sierra de las Minas, wohl eines der schönsten Gebirgspanoramen des Landes. Deutlich tritt dabei der Unterschied in den Profilformen zwischen den westlichen und östlichen Teilen dieses Hochgebirges hervor. Zusammenhängende Höhenzüge lösen sich von der Höhe von La Tinta nach Osten in ein aus Einzelgipfeln mit tiefen Tälern abwechselndes Gebirge auf, das, wie oben angedeutet, heute noch zu den unwegsamsten Gebieten Guatemalas zu zählen ist.

Da die Regenzeit näher rückte, hieß es eilen, wenn noch der Vorstoß auf die westliche Sierra de las Minas durchgeführt werden sollte. Infolgedessen wählte ich von Actelá den kürzesten Weg über die Fincas Moccá (1080 m), Las Camelias (780 m) und Los Alpes (980 m), in der mich Herr Merkle willkommen hieß, weiterhin durch niederschlagsärmeres, kiefernbestandenes Hügelland nach Tucurú (550 m) und Popabáj (950 m), womit die Hauptstraße der Alta Verapaz von Cobán nach Panzós erreicht war. Auf die von der pazifischen Küste mir hierher entgegengesandten Reit- und Packtiere wartend, unternahm ich mit dem Verwalter, Herrn Rohrmann, einen Ausflug auf die Höhe des nördlichen Talgehänges, wo an einem Punkte Naxumbál, eine Reihe alter Erdhügel sich findet, die unter Benutzung eines Talspornes ehemals als Kultstätte und Verteidigungspunkt dienten. Sie scheinen auch noch in spanischer Zeit benutzt worden zu sein. Die Indianer dieses Teiles des Polochictales sind heute in der Mehrzahl Kekchíes, die aber erst vor nicht allzu langer Zeit aus anderen Teilen der Alta Verapaz einwanderten. Früher waren dort die Pokomchíes ansässig, die gegenwärtig aus der Umgegend des Dorfes Tucurú verschwunden sind. Sie wohnen jetzt nur noch in dem oberen Polochictal bei Tamahú und in der Gegend von Tactíc sowie in dem Tal des Rio Panimá und Purulhá. Es läßt sich also auch hier eine Ausbreitung des Kekchí-Elements feststellen, wie sie früher für die Gebiete am nördlichen Izabál See, am Rio Dulce und Sarstoon sowie für British Honduras vermerkt wurde. Die Gründe sind sowohl sozialer wie politischer Art. Es ist die Neigung des Indianers nach Selbständigkeit und Loslösung aus den Fesseln des Arbeitszwanges wie auch das Bestreben den häufigen Belästigungen von Seiten der Regierung sich zu entziehen, die die Leute zur Abwanderung veranlassen.

Infolge einer Verzögerung in der Nachsendung des Gepäcks sah ich mich zu längerem Aufenthalt als beabsichtigt in Popabáj genötigt und konnte erst am 18. Mai nach Salamá aufbrechen, das man über Tactíc auf der alten Paßstraße vom zentralen Guatemala zur Alta Verapaz durch die dürren Kiefernwälder und die unfruchtbare Serpentinzone der Zentralkordillere erreicht. In Salamá hatte ich die Freude, im Hause von Herrn A. Gebhard, Herrn Richard Gregg wieder zu treffen, der sich nun auf der weiteren Reise anschloß.

Salamá (1000 m), als Hauptort des Departaments Baja Verapaz von einiger Bedeutung, liegt reizlos in einem jener weiten Hochbecken, die in die Zentralkordillere eingelagert sind (Abb. 1 auf Taf. 2). Niederschlagsarm, mit dünnem Vegetationskleid bedeckt, in dem xerophile Gewächse vorherrschen, sind diese Becken die Zentren der Strauchsteppenlandschaften. Ihre charakteristischen Gewächse sind 3—4 m hohe Schirmakazien, besonders aber Kalebassenbäume (Crescentia sp.), die in der einheimischen Sprache „jícara“ oder „palo de moro“ genannt werden, wovon die Pflanzenformation auch als „jicarál“ bezeichnet wird. In der Nähe von Salamá sah ich auch den „piñón“ genannten Baum, dessen geritzte Rinde einen blutartigen roten Saft hervorquellen läßt. Es ist jene Euphorbiazeenart (Croton draco), die schon in dem heiligen Sagenbuch der Quiché-Indianer, dem Popol Vuh, eine Rolle spielt, wie auch der Kalebassenbaum dort mit dem Mythus verbunden ist, ein Zeichen vielleicht auch dafür, daß der Ursprung dieser Sagen und Mythen nicht so sehr in dem westlichen Quichégebiet um das alte K'umarcaáh (Utatlán) und das moderne Santo Tomás Chichicastenango, dem Fundplatz des Popol Vuh-Manuskriptes, zu suchen ist als vielmehr in den östlichen Teilen, d. h. den Beckenlandschaften um Rabinál und Cubulco, die den gleichen Charakter landschaftlicher Art wie die Umgegend von Salamá tragen.

Salamá stand in den Tagen des damaligen Aufenthaltes unter dem Zeichen einer von der Regierung angeordneten Kampagne gegen Heuschreckenschwärme, die, wie in den letzten Jahren so auch 1928, wieder in großen Massen in Guatemala eingefallen, bzw. deren vorher abgelegte Eier nun zur Entwicklung gelangt waren. Hielten sich die Tiere, chapulín landesüblich genannt, sonst gewöhnlich mehr in den tieferen Landesteilen der pazifischen Küste oder in den wärmeren Tälern des Landesinneren auf, so waren sie jetzt auch in höhere Gebiete gelangt und machten nun sogar die Umgebung von Salamá unsicher. In solchen Zeiten hat die Regierung das Recht, Leute zwangsweise zur Bekämpfung der Plage auszuheben. Sie geschieht mit sehr einfachen Mitteln in der Art, daß eine Kolonne von 50 bis 100 Mann unter Anführung eines berittenen Offiziers mit leeren Blechkisten, Holzklappern und anderen Lärminstrumenten zu den Klängen einer Militärkapelle des Morgens aus der Stadt hinausmarschiert und, in das

Schadengebiet gelangt, sich auf die Felder begibt und durch Lärmen die Tiere zum Auffliegen veranlaßt. Sie fliegen von dem Platz natürlich nur auf, um sich in einiger Entfernung aufs Neue im benachbarten Gebiet niederzulassen. Auch meine beiden Diener (mozos), die einen Rasttag zum Herumlungern benutzt hatten, wurden aufgegriffen und mußten den ganzen Tag in der Gluthitze auf den Feldern mit leeren Benzinbehältern umherlaufen, was ihrer Faulheit zwar abhalf, ihrem Herren aber einen weiteren Aufenthaltstag in dem Ort kostete.

So kamen wir denn erst am 20. Mai aus der Stadt fort, in der wir uns der angenehmen Gastfreundschaft des Herrn Gebhard in seinem geräumigen zweistöckigen Hause hatten erfreuen dürfen, in dessen Hof prächtiger Wein an den Wänden emporrankte; eine Erinnerung an die Zeit, als man in Salamá erfolgreiche Kultivierungsversuche mit dieser Pflanze gemacht hatte. Wir ritten zunächst gegen ENE über eine dürre Strauchsteppe mit hohen Kakteen (Cereus sp.) und niedrigen rundlichen Kugelkakteen (Echinocactus sp.), vorüber an kleinen Landgütchen von Mischlingen, die, weil in unmittelbarer Nähe fließenden Wassers gelegen, wie grüne Oasen aus der monotonen Landschaft abstachen. Neben dem Anbau von Orangen widmen sich die Mestizen der Anlage kleiner Kaffehaine, betreiben daneben aber hauptsächlich Viehzucht. In einem schmalen Tal stieg der Pfad steil zu dem Randgebirge des Beckens auf und erreichte durch Glimmerschiefer in 1660 m die Paßhöhe von Chocuyú, vor der man ein kleines Stück von Kalken quert. Die Vegetation steht in scharfem Gegensatz zu dem Becken. Anstelle der dürren Vegetation breiten sich in dieser Höhe Laub- und Nadelholzwälder aus, Bromelien und Tillandsien („paxte“ genannt) zeugen von der hohen Luftfeuchtigkeit. Von Ansiedlungen war nichts mehr zu bemerken. Stundenlang zog sich der Weg einsam durch den herrlichen Höhenwald, wie er für die Zentralkordillere selten anzutreffen ist. Erst am frühen Nachmittag erreichten wir eine kleine Farm „La Vega“ (1530 m), die Herrn Gebhard in Salamá gehört. Er hat die Absicht, dort Viehzucht zu treiben. Wir quartierten uns in dem noch im Bau befindlichen Wohnhaus ein, worauf ich die Zeit zu dem Besuch einer altindianischen Ruinenanlage benutzte, die aus mehreren Erdhügeln bestehend sich unmittelbar östlich der Farm auf einer Flußterrasse erhebt. Eine rohe Untersuchung der Anlage ergab das Vorhandensein von Scherben und Obsidiansplittern in den oberflächennahen Erdschichten der künstlichen Bauwerke. Sie gehören in die häufig im Hochlande anzutreffende Gruppe einfacher Hügelanlagen, die sich um einen oder mehrere Höfe lagern.

Eine eingehendere Untersuchung dieses Ortes wäre um so erwünschter, als gerade über die archäologischen Verhältnisse dieses Teiles der Sierra de las Minas bisher nichts bekannt ist. Dabei wäre festzustellen, ob die Anlage auf die mexikanisch redenden Pipil von Salamá zurückgeht oder den Pokonchí zuzurechnen ist, die nördlich davon im Gebirge anzutreffen sind.

Von La Vega ab behält die Waldlandschaft ihren Charakter bis Chilascó bei. Das Gelände steigt dabei allmählich an und vor Erreichen des genannten Ortes führt der Weg über eine Hochfläche, die von kleinen Mooren eingenommen wird. Die Glimmerschiefer sind zu einer Verebnungsfläche abgetragen worden, die nach Norden zum Rio Matanzas sehr steil abfällt, im Süden aber von einem höheren Rücken gegen das Mótagua-Tal getrennt wird. Der Weiler Chilascó (1900 m) liegt in einer flachen Talmulde, die nach Norden entwässert. Wiesenland dehnt sich in dem feuchten Tal zu beiden Seiten des Flusses aus, Mais- und Weizenfelder finden sich erst in einiger Entfernung vom Orte. Dieser wird bewohnt von Mischlingen mit deutlichem Negereinschlag. Er soll nach der Meinung der Bevölkerung von Salamá durch die Negersklaven eines großen Gutes von Mönchen bei San Jerónimo im Becken von Salamá herrühren, die nach Aufhebung der Klöster sich in die abgelegenen Gebirgstäler zurückzogen. Der Ruf dieser Mischlinge ist nicht gut. Noch lebt im Gedächtnis die Erinnerung an einen Krieg gegen sie fort, der von einer der Landesregierungen gegen sie geführt wurde, weil sie sich Überfälle und Räubereien auf die benachbarte Bevölkerung hatten zu Schulden kommen lassen. Es sollen dabei die meisten Einwohner von Chilascó umgekommen sein. Heute ist aber die Einwohnerschaft, wie ich erfahren habe, durchaus entgegenkommend und hilfsbereit, was sich in erfreulicher Weise offenbarte, als ich wegen der Stellung von Trägern für den Vorstoß auf den Hauptkamm der Sierra de las Minas beim Bürgermeister vorstellig wurde. Es meldeten sich sogar mehr Leute als notwendig waren, die auf solche Weise ihrer Jagdlust nachzukommen hofften.

Am 22. Mai brachen wir dann südöstlich auf, marschierten durch Maisfelder, in die Heuschrecken eingefallen waren, für die Höhe von 1900 m eine Seltenheit, und gelangten nach $2^1/_2$ Stunden an den Fuß des dicht bewaldeten Kammes. Ein schmaler Jägerpfad führte aufwärts, so daß das Vorwärtskommen nicht durch Wegschlagen verzögert wurde, bis wir nach 3 Stunden die Höhe des Kammes bei 2420 m erreichten. Dort stand Serpentin an, der den Kamm in weiterer Ausdehnung zusammensetzt. Da keine günstige Stelle zum Lagerplatz zu finden war, stiegen wir auf der südlichen Seite gegen das Motagua-Tal ein Stück abwärts und mußten bald durch eine frische Rodung des Urwaldes. Das Klettern auf den glitschigen, schräg hangabwärts liegenden mächtigen Stämmen verlangsamte das Tempo erheblich. Nach einem kurzen Aufenthalt durch eine der giftigsten Schlangen jener Gegend, dem kleinen unscheinbaren Tamagáz, auf den der Führer der Kolonne erfolgreich Jagd machte, erreichten wir eine in Nähe fließenden Wassers gelegene Stelle, an der eine verfallene Hütte stand. Während Herr Gregg mit der Mehrzahl der Leute das Aufschlagen des Lagers überwachte, brach ich sogleich mit zwei Leuten auf, um nochmals auf den Kamm zu steigen und diesem etwas nach Westen zu folgen. Wir schlugen uns durch dichtes Bambusgestrüpp die steilen Serpentinhänge aufwärts durch und fanden oben einen stellenwesie nur 12 m breiten, gratartigen Kamm, der vollständig mit hohen immergrünen Laubbäumen bedeckt war. Eine Fülle vor langer Zeit durch Windbruch gefällter Stämme bedeckte ihn kreuz und quer, oft schon innerlich verfault, so daß man beim Betreten durch die Rinde durchbrach. Ausblicke ins Motaguatal ließen sich gelegentlich finden, woraus wir feststellen konnten, daß wir uns über dem Dorf San Agustín befanden. Nach Norden war keine Sicht zu erhalten, wohl aber nach Süden, wo sich am Horizont der mächtige Gipfel des Vulkans Jalapa erhob. Wir stiegen darauf südlich ab und erreichten schon in der Dunkelheit das Lager.

Das Ergebnis dieses Vorstoßes war der Nachweis, daß sich der hohe Kamm der Sierra de las Minas aus Serpentin aufbaut, der, wie am Nordabhang zu beobachten, mit geringer Mächtigkeit kristallinen Gesteinen auflagert. Wie groß die Mächtigkeit im Einzelnen ist, ließ sich mangels jeden Aufschlusses weder am nördlichen noch am südlichen Abfall des Kammes feststellen. Bacheinschnitte in 2200 m Höhe zeigten noch Glimmerschiefer in zersetztem Zustande. Erst bei der Paßhöhe, die von den Leuten aus Chilascó „Cumbre de Timiluya" genannt wurde, trat in 2420 m Serpentin anstehend auf. Hieran knüpfen sich interessante Fragen nach den Beziehungen dieses Vorkommens zu den Serpentinen des Motaguatales und der Baja Verapaz, die auch Licht auf die verwickelten tektonischen und morphologischen Verhältnisse der westlichen Sierra de las Minas zu werfen vermögen. Auf sie wird an anderem Ort und in anderem Zusammenhang zurückzukommen sein.

Da ich mir bei der Begehung des Kammes beim Wegschlagen durch das Zurückprallen einer mit Stacheln besetzten Liane eine Verletzung des rechten Auges zugezogen hatte, die vermutlich durch Absondern eines ätzenden Saftes zu einer schmerzhaften Entzündung führte, so mußte ich am folgenden Tage von einem Vorstoß auf dem Kamm nach Osten Abstand nehmen und den Rückweg nach Chilascó antreten. Wir kehrten von dort auf einem anderen Wege über die Weiler Santa Cruz (1850 m) und Santa Barbara (1560 m), sowie das Dorf San Jerónimo (1000 m) nach Salamá zurück, dabei die ausgedörrte Ebene des Beckens querend, die bei künstlicher Bewässerung in ein ergiebiges Kulturland umgewandelt werden könnte. Als in der Kolonialzeit das große Kloster in San Jerónimo blühte, waren die Ländereien in der Umgegend mit Zuckerrohr- und Maisfeldern bestanden, die durch ein ausgedehntes Netz von Kanälen bewässert wurden. Mit der Aufhebung des Klosters verfielen diese Anlagen, deren Reste man heute noch an mehreren Stellen beobachten kann. Vor einigen Jahren bemühte sich fremdes Kapital um die guten Ländereien, mußte aber vor dem Einspruch nationaler Kreise von dem Plan Abstand nehmen. Da das Gelände eben ist, so bietet sich auch die Möglichkeit maschineller Bearbeitung der Felder mit Pflug und Traktor, welche beide Herr Gebhard in Salamá auf ihm gehörenden Ländereien mit Erfolg erprobt hat. Auf ihn gehen auch mancherlei Experimente mit dem Anbau neuartiger Kulturgewächse für diese Gegend und der Versuch des sogenannten Trockenfarmens zurück. Die Ergebnisse, die mir Herr Gebhard zeigte, versprachen in Zukunft noch gute Erfolge.

Nach einiger Besserung meines Auges besuchte ich noch eine Bachschlucht im SSE von der Stadt Salamá, die den Namen Orotapa trägt und in der angeblich Gold gefunden sein sollte, wie überhaupt viel von Goldvorkommen in der Umgebung von Salamá geredet wird. In der erwähnten Schlucht stehen chloritisierte Gneise mit Quarzadern an.

Am 26. Mai brachen wir von Salamá auf, um uns auf einem mehrtägigen Ritt über die Zentral-und Südkordillere nach der pazifischen Küstenabdachung zu begeben. Der Fordwagen des Herrn Gebhard brachte uns bis unmittelbar zum Eingang des Dorfes San Miguel Chicáj (900 m), wo einer der letzten Regengüsse einen tiefen Graben in dem aus vulkanischen Lockermassen bestehenden Boden ausgewaschen hatte. Dort bestiegen wir die Tiere und ritten über eine 1600 m hohe Querkette auf gleichem Wege, den ich schon 1927 zu Fuß zurückgelegt hatte, nach Rabinál (970 m). Ein heftiges Gewitter lehrte uns, daß die Regenzeit begonnen hatte. Ich widmete daher nur noch einen Tag dem Besuch der mir von früher her bekannten Ruinen des Cajyup (Mitt. Geogr. Ges. Hamburg, Bd. 39 (1928) S. 49ff.) und benutzte den Rest der Zeit zu einer Sprachaufnahme des in Rabinál gesprochenen Quiché-Idioms, das auch jetzt in San Miguel Chicáj gesprochen wird, wo es das früher dort übliche Pokonchí verdrängt hat. Schon O. Stoll hat in dem Anfang der 80er Jahre des vorigen Jahrhunderts das westliche Becken von Salamá als zum Sprachgebiet des Quiché gehörig bezeichnet; seitdem hat es an Ausbreitung zugenommen. Gegenüber dem Quiché der Altos in Westguatemala zeigt das Idiom von Rabinál gewisse lautliche und lexikalische Abweichungen, die aber nichts Ungewöhnliches darstellen. Denn, wie schon O. Stoll hervorhebt, (Zur Ethnographie der Republik Guatemala, 1884, S. 101) gibt es allenthalben zwischen benachbarten Orten lokale Unterschiede der Sprachen, die man heute noch überall bemerken kann.

Am 28. Mai gelangten wir in einem Vormittagsritt nach Cubulco (990 m), wo uns das übliche Nachmittagsgewitter ans Haus fesselte, das bis zur 9. Abendstunde anhielt. Dann ging es am 29. Mai auf dem gleichen Pfad wie 1927 südwestlich auf die Zentralkordillere hinauf, wo wir dann aber scharf nach Süden abbogen und in 2200 m die Paßhöhe erreichten. Nach $10^1/_2$ stündigem Ritt sahen wir uns am Motaguafluß, stiegen auf seinem Südufer nochmals steil aufwärts und lagerten bei einigen Hütten, Las Escobas (1270 m) genannt, nachdem wir insgesamt 12 Stunden unterwegs gewesen waren. Am 30. Mai kamen wir, früh aufbrechend, über San Martín Jilotepeque (1840 m) (s. Mitt. geogr. Ges. Hamb. Bd. 39 (1928) S. 44ff.) nach Chimaltenango (1740 m) und trafen am 31. Mai in Antigua (1500 m) ein, von wo wir im Automobil zur Plantage San Andrés Osuna abgeholt wurden.

Die folgenden Wochen verbrachte ich an der pazifischen Küste, besuchte einige mir bis dahin noch nicht bekannt gewordene Plantagen und Ruinenplätze, unternahm einen Ausflug nach Quiriguá und eine Besteigung des Vulkans Pacaya. In der zweiten Hälfte des August erfolgte nochmals ein Besuch des Indianerfestes in Pologuá, um die dortigen Schlangentänze (Mitt. geogr. Ges. Hamb., 1928, S. 62) zu sehen. Sie wurden aber in diesem Jahre nicht aufgeführt, wie überhaupt bei allen Festen der Eingeborenen in jenem Jahre zu bemerken war, daß die bisweilen erheblichen Kosten für diese Veranstaltungen von den Gemeinden herabgesetzt wurden. Eine knappe Maisernte hatte eine Verteuerung der indianischen Lebensverhältnisse hervorgerufen, die in anerkennenswerter Weise zur Einschränkung kostspieliger Vergnügungen führte. Vielfach wurden auch nicht mehr die Tanztrachten für teures Geld aus Leihinstituten, wie üblich, entnommen, sondern man behalf sich bei den Maskentänzen mit Zivilkleidung und einfachen Holzmasken.

Im September 1928 unterbrach ich den Aufenthalt in Guatemala auf zwei Monate, um an dem Mitte dieses Monates in New York stattfindenden internationalen Amerikanistenkongreß teilzunehmen. Im Anschluß daran wurde es mir durch das hochherzige Entgegenkommen der Central American Plantations Corporation und der Familie Schlubach ermöglicht, eine Reise über Buffalo und Chicago nach den Weststaaten zu unternehmen. Dabei besuchte ich von Colorado Springs aus den Pikes Peak, die Goldminen von Cripple Creek sowie den Gran Canyon des Colorado Flusses, ehe die Rückreise von San Franzisko über Los Angeles und Mazatlán nach Guatemala angetreten wurde. Am 22. Oktober landete ich wieder in San José und begab mich nach San Andrés Osuna, um eine neue Reise nach der Republik El Savador vorzubereiten, vor der noch am 3.—4. November eine Besteigung des Vulkans Agua von Antigua über das Dorf Santa Maria (2060 m) ausgeführt wurde.

VIII. Reisen in der Republik El Salvador.

Im März und November 1928 und im Februar 1929 habe ich mich in El Salvador aufgehalten, das erste Mal von Hoduras an der nördlichen, die beiden anderen Male von Guatemala an der westlichen Grenze diese Republik betretend. Infolge eines regelmäßigen Automobilverkehrs auf vorzüglichen Landstraßen ist die Einreise von Guatemala her heute bequem und schnell, da man in der Trockenzeit die Strecke von der Stadt Guatemala bis nach Santa Ana in 9—10 Stunden zurücklegen kann. Der Weg führt ständig durch die offene Landschaft Ostguatemalas, wie sie schon früher geschildert wurde (Mitt. geogr. Ges. Hamburg, Bd. 40 (1929) S. 20f.). Man verläßt Guatemala Stadt noch in der Dunkelheit auf der breiten Landstraße nach Puerta Parada (1930 m), die bald östlich der Stadt die Umrandung des Valle de las Vacas hinaufzieht. Bei Tagesanbruch treten küstenwärts die Vulkane hervor, die mit Ausnahme des Chingo die schönen Kegelformen der westlichen Nachbarn vermissen lassen. Bei der Plantage Cerro Redondo (1080 m) [1]) erhebt sich der niedrige regelmäßige abgestumpfte Kegel des Vulkans gleichen Namens, der in

[1]) Nach Messung der internat. Eisenbahn Kommission 3551 engl. Fuß.

seinem Krater Kaffeehaine trägt. Dann wird die Landschaft einförmiger, belebt von Einzelhöfen der Mischlingsbevölkerung, die in diesen Landesteilen fast ausschließlich die Bewohnerschaft zusammensetzt. Südöstlich von der Departamentshauptstadt Cuilapa (900 m) wird der Rio de los Esclavos bei dem gleichnamigen Weiler auf der aus der Kolonialzeit stammenden steinernen Brücke überschritten und danach ein höherer Rücken des jungeruptiven Gebirges, die „Cuesta de la Conora", überquert. Die Häufigkeit der Siedelungen nimmt ab. Azacualpa (1340 m), einst berüchtigt wegen seiner diebischen Bevölkerung, ist das einzige Dorf, bevor die Stadt Jutiapa (890 m) in breiter Ebene erreicht ist. Auf sie folgt gegen die Landesgrenze eine Landschaft mit zahlreichen kleineren Vulkanen, die sich in der Umgebung von Asunción Mita erheben. Am Fuße des Chingo und Víboras liegt anmutig der See von Atescatempa, dessen östlichem Ufer die Straße folgt. Kurz darauf wird die Grenze überschritten, und es beginnt nunmehr eine moderne makadamisierte Chaussee bis zur Stadt Santa Ana (640 m).

In einem erheblichen Gegensatz dazu steht die Einreise von Norden nach Salvador. Im März 1928 war ich wochenlang durch die menschenarmen Strauchsteppen und Kieferwälder von Westhonduras gezogen. Oft hatte sich tagsüber am Wege nur ein einsames Haus gefunden, mit Mühe und Not hatte man etwas Kost erhalten. Armut zeichnete sowohl das Land wie die Bewohner aus. 2 Tage hatte der Abstieg von dem 2200 m hohen Gebirge im Norden des Lempa-Tales zu diesem Flusse auf schattenlosen, steinigen, schlechten Wegen in Anspruch genommen. An der Übergangsstelle lag eine Fähre, deren Lenker zugleich die Paß- und Zollrevision ohne Schwierigkeiten unter Mithilfe seines des Lesens kundigen Sohnes vornahm. Dann änderte sich mit einem Schlage das Bild. Auf dem südlichen zu Salvador gehörenden Ufer blickten überall Hütten aus grünen Orangen- und Bananenhainen hervor, die Wege waren belebt, bald fanden wir uns auf neu angelegter Automobilstraße, begegneten Kraftwagen, Ochsenkarren, Reitern und Fußgängern und fanden allenthalben freundliche Worte im Gegensatz zu den wortkargen Hondureños.

Dieser Eindruck dichter Besiedelung, von Regsamkeit und Betätigung bleibt bestehen und wird noch mehr verstärkt, je weiter der Reisende in das Landesinnere oder in die südlichen Teile an der pazifischen Abdachung gelangt. In der Nähe der größeren Städte setzt morgens und abends eine Wanderung ganz erheblicher Menschenmengen von oder nach ihren in der Umgebung gelegenen Behausungen ein, die überraschend wirkt.

Mit einer Fläche, die um ein Geringes größer ist als die der Provinz Westfalen, aber mit einer Bevölkerungsdichte von fast 78 auf den qkm, ist El Salvador der kleinste und zugleich am dichtesten bevölkerte Staat Mittelamerikas. Die hohen stark zerschnittenen Gebirge, wie sie in Guatemala auftreten, fehlen hier und damit auch die prächtigen Naturszenerien dieser Republik. Vielmehr ist das Land niedrig, offen und daher schon von Natur aus geeigneter für eine dichtere Besiedelung. Der größte Teil Salvadors liegt zwischen Höhengrenzen von 200 und 800 m Seehöhe und hat daher bei einer verhältnismäßig größeren Niederschlagsarmut gegenüber den gebirgigen Landschaften Guatemalas ein im allgemeinen gedeihliches Klima für den Menschen. Nur die tiefen Gebiete an der pazifischen Küste und das Tal des Lempa-Flusses zeichnen sich durch tropisch heißes, ungesundes Tieflandsklima aus, ohne aber den immerfeuchten üppigen Urwald in dem Ausmaß zu tragen, wie er für die atlantische Abdachung Mittelamerikas charakteristisch ist.

Bis auf enger umgrenzte Gebiete im Nordwesten und Nordosten mit sedimentären Gebirgen ist Salvador ein Land vulkanischer Bildungen. Im Norden ziehen sich westöstlich streichende Züge jungeruptiver Massengebirge hin, die Höhen bis zu 1500 m erreichen. Das Gebiet zwischen ihnen wird von vulkanischen Ablagerungen eingenommen, die teilweise große Mächtigkeit erreichen und verebnend auf das ursprüngliche Relief gewirkt haben. Sie werden von Aschen und hellen Bimssanden zusammengesetzt, in deren lockeren Verband die Wasserläufe tiefe Schluchten (barrancos) und Rinnen eingenagt haben. Besonders im Oberlauf der Küstenflüsse ist die Erosion beträchtlich, und da gerade in diesem Gebiet die Hauptsiedelungs- und Verkehrszone des Landes liegt, so ergeben sich vielfache Erschwerungen des Verkehrs, die bei Anlage der Eisenbahnlinien kostspielige Umwege oder Kunstbauten notwendig gemacht haben. In den nördlichen Gebieten, so etwa im Departament Cabañas finden sich noch größere zusammenhängende Stücke der aufgesetzten Ebenen, so daß der Verkehr hier leichter von statten geht, aber bei der verhältnismäßig dünnen Besiedelung eine untergeordnete Rolle spielt. Vermöge ihrer Neigung mit der Zeit sich zu verfestigen und tuffartige Beschaffenheit anzunehmen, eine Bildung, die landesüblich als „talpetate“ bezeichnet wird, geben sie auf größere Strecken wenig ertragreiche Böden für die landwirtschaftliche Nutzung ab, zumal sie wasserdurchlässig sind und andererseits in den lange dauernden Trockenzeiten durch ihre Porosität tief hinein austrocknen. Infolgedessen tragen solche Flächen namentlich im Norden des Landes vorzugsweise Strauchsteppen mit xerophilen Gewächsen und bedecken sich mit einer niedrigen grünen Grasnarbe nur in den Regenzeiten. Umwandlungen innerhalb dieser Ablagerungen infolge postvulkanischer Ausscheidungen finden sich an einigen Stellen verstreut. So traf ich bei dem Weiler Miraflores (80 m) südöstlich von San Miguel ein größeres Kaolinlager, das innerhalb verwitterter Jungeruptiva (Andesit oder Basalt ?) und Bimssteinlapilli auftritt. Tonige Bildungen innerhalb der gleichen Massen sind häufig und werden in der Nähe von Ilobasco (720 m) einer lokalen Töpferei nutzbar gemacht. In der Umgegend dieses Ortes sind mehrfach innerhalb der Lockermassen Reste von Mastodonten gefunden worden, wie Ähnliches auch aus Guatemala bekannt ist.

So bietet der geologische Bau Salvadors wenig Abwechslung, so daß der Reisende, vertraut mit den verwickelten geologischen und tektonischen Verhältnissen Guatemalas und des spanischen Honduras hier weniger ergiebige Arbeitsfelder und Anregungen finden wird. Dagegen werden ihm die Vulkane des kleinen Landes dankenswerte Forschungsobjekte darstellen, die nicht nur wegen mannigfacher Tätigkeitsäußerungen in naher Vergangenheit oder in der Gegenwart interessant sind, sondern auch indirekt durch ihre Bedeutung für klimatische, siedelungs- und wirtschaftsgeographische Fragen einen beherrschenden Einfluß in dieser Republik besitzen.

Solche Gründe bewogen auch mich, im November 1928 nochmals nach Salvador zu reisen, nachdem der erste Besuch im März 1928 sich auf die nördlichen und westlichen Gebiete beschränkt hatte. Schnell gelangte ich mit dem Kraftwagen von der Stadt Guatemala nach Santa Ana, von dort mit der in englischem Besitz befindlichen Eisenbahn über Sitio del Niño (470 m) und Quezaltepeque (420 m) nach der Hauptstadt San Salvador (650 m). Sobald man die Landesgrenze überschritten hat, fällt im Gegensatz zu Guatemala die Bettelei an den Landstraßen und Bahnstationen auf, ein Zeichen der dichten Bevölkerung, zugleich aber auch des geringen Anteils reinblütiger Eingeborener an ihrer Zusammensetzung. Denn in den dicht besiedelten Indianergebieten Guatemalas habe ich Bettelei nur in solchen Fällen kennen gelernt, wo die betreffenden Orte an den jetzt von amerikanischen Touristen besuchten Straßen liegen, besonders in dem nahe der Landeshauptstadt Guatemala gelegenen Antigua, das von Fremden in den letzten Jahren immer stärker besucht wird. In Salvador ist demgegenüber seit längerer Zeit die reinblütige indianische Bevölkerung zahlenmänig gering und beschränkt sich nur mehr auf Enklaven innerhalb der Mestizenbevölkerung, so im Südwesten in der Umgebung von Sonsonate und in den östlichen Teilen jenseits des Lempa Flusses.

Wiederum machte die Hauptstadt San Salvador auf mich den regsamen, sauberen Eindruck, den ich schon beim ersten Besuch empfangen hatte. Die mit erheblichen Kosten durchgeführte Asphaltierung der Straßen, die Kanalisation, der rege Verkehr an Kraftfahrzeugen und Fußgängern verfehlen nicht, die Stadt gegenüber ihren Rivalinnen in den Nachbarstaaten günstig hervortreten zu lassen. Prunkvolle Zementpaläste von Banken und Klubhäusern sind nach dem verheerenden Beben vom Jahre 1917 entstanden, wogegen die Privathäuser in der Mehrzahl aus gestampftem Blech grauer oder heller Farbe bestehen, die dem Stadtbild dadurch etwas Eintöniges verleihen, besonders wenn man sich in die Außenquartiere begibt. In diesen findet sich unter anderem auch ein neu erbautes und modern eingerichtetes Krankenhaus und ein elegantes Villenviertel. Eine asphaltierte Landstraße führt westlich aus der Stadt nach Santa Tecla (910 m), an der häufig besuchte Golfplätze und Klubräumlichkeiten liegen. Auch ein weiträumiges Hippodrom mit Sportplätzen findet sich im Nordwesten mit herrlichem Blick auf den Vulkan San Salvador und seinen Nachbarn, den Boquerón. Die Fremdenkolonie der Hauptstadt zählt neben Amerikanern, Franzosen und Engländern auch mehrere Deutsche, die in den größeren Handelshäusern deutscher Firmen tätig sind, während der Deutsche in der Plantagenwirtschaft im Lande in den Hintergrund tritt. Nur das Haus Deininger nimmt darin eine geachtete Stellung ein. Neben ihm ist die ebenfalls in der Plantagenwirtschaft interessierte Firma Meardi zu nennen, die, italienischer Herkunft, besonders im Osten Salvadors Besitzungen hat. Sonst ist Grund und Boden und dessen landwirtschaftliche Nutzung so gut wie ganz in den Händen landeseinheimischer Besitzer, die sich dem Kaffeebau widmen. Der Anbau von Zuckerrohr ist nicht unbedeutend, besonders auch im ländlichen Kleinbesitz, dagegen tritt die Balsamgewinnung zurück, und die einst reiche Holzausbeute der Küstenwälder liefert heute nur verschwindend geringe Werte der Ausfuhr. Unter den wissenschaftlichen Instituten der Hauptstadt ist die Universität zu nennen mit einer besonders an rechtswissenschaftlichen Werken gut ausgestatteten Bibliothek. Ferner das unter der trefflichen Leitung des Herrn Pedro S. Fonseca stehende Observatorio Nacional mit meteorologischem und seismologischem Institut. Letzteres sollte nach außerhalb der Stadt verlegt werden; das neue, aus Zement errichtete Gebäude wurde mir in entgegenkommender Weise gezeigt.

Von der Hauptstadt begab ich mich mit der amerikanischen Eisenbahn nach San Miguel, eine Fahrt von $8^1/_2$ stündiger Dauer, die, weil sie in die heißen Tagesstunden fällt, zumal in der Trockenzeit lästig wird. In zahlreichen Schleifen und Kehren überwindet die Bahn die Barrancolandschaft östlich der Hauptstadt und tritt bald nach der Stadt Cojutepeque in das Tal von San Vicente ein, das der Vulkan gleichen Namens imposant überragt. Ich hatte im März 1928 den Weg von hier nach Cojutepeque (880 m) und San Salvador reitend zurückgelegt und dabei diese Stadt näher kennen gelernt. Sie lehnt sich an den Vulkan Cojutepeque östlich an und zeigt wie alle salvadoreñischen Landstädte ein reges Volksleben. Der Gipfel des Berges selbst ist zu einem Stadtpark umgewandelt, von wo sich lehrreiche Rundblicke in die Lockermassenlandschaft der Umgebung des Sees von Ilopango bieten. Die Form der Barrancos zeigt dabei weniger den in Guatemala häufigen Typ enger cañonartiger Schluchten, sondern eher den von Sohlentälern, die zum Talnetz des in die Südsee mündenden Rio Jiboa gehören. Frische Abbrüche und Rutschungen an den Hängen treten vielfach in dem Landschaftsbild hervor. Einzelne Rücken andesitischer Gesteine durchragen die Lockermassendecke oder sind in geringer Mächtigkeit noch von derselben überdeckt. Unter den Kulturen tritt überall der Anbau des Zuckerrohrs hervor, das auf kleinen Landgütchen der Mestizenbevölkerung angebaut wird und zum überwiegenden Teile dem einheimischen Verbrauch dient. Die Verarbeitung geschieht allenthalben mittels eiserner, zum Teil auch hölzerner Quetschen (trapiches), die von Ochsen in Bewegung gesetzt werden. Zwei Arbeiter treiben unter ständigen Rufen die Tiere an dem Göpelwerk der Quetsche an, während ein dritter die Rohrstengel in das Zahngetriebe einschiebt. Nach Westen wird die Landschaft in der Umgebung des Ilopango Sees belebt von den grünen Bananen- und Kaffeehainen kleiner Landgütchen. Fast jeder Fleck Landes ist in dieser Zone ausgenutzt.

Auf den Gipfel des Vulkans von Cojutepeque, auch Perulapam genannt (1020 m), führt eine Automobilstraße hinauf, die im Kreise ansteigend den Berg umzieht. Hierbei finden sich im Nordwesten und Westen am Fuße frische Aufschlüsse von Lava basaltischer Natur, so daß sowohl die alte Angabe von Dollfus und Montserrat (Voyage géologique dans les Républiques de Guatemala et de Salvador, 1868, S. 374) wie eine Notiz Karl von Scherzers zu Recht bestehen, die gleiches Gestein im Nordwesten und Westen beobachtet hatten. Oberhalb davon in der Mitte des Berghanges gegen Süden findet sich ein durch den Straßenbau entstandener frischer Aufschluß, der geschichtete Aschen und Lapilli mit einem südöstlichen Einfallen von 25° zeigt. Der Gipfel selbst ist ein Rest des alten Kraterwalles, der zur Hälfte zerstört ist, und zwar ist nur die westliche Hälfte erhalten.

Meine Aufnahme in Cojutepeque war damals eine meiner freundlichsten im Lande gewesen, da der Gouverneur des Departaments es sich nicht nehmen ließ, mir in Begleitung des Generals Salvador Castañeda die Sehenswürdigkeiten, die Umgebung und die Garnison des Städtchens zu zeigen, das durch seine winkligen Straßen und Gassen merkbar gegen die sonst übliche strenge Regelmäßigkeit des Grundrisses spanischer Städte abweicht. —

Nachdem die Bahn das fruchtbare Tal von San Vicente (Abb. 2 auf Taf. 2) durchfahren hat, fällt sie in das Tiefland an der pazifischen Küste ab, berührt die heiße Stadt Zacatecoluca und kreuzt innerhalb von Viehweiden und einem mit Buschwerk bedeckten Gelände auf langer eiserner Brücke den breiten Lempa-Fluß, der den sogenannten „Oriente“ von den übrigen Teilen Salvadors abtrennt. Beherrschend treten die stark abgetragenen Vulkane des Taburete, und Usulután sowie besonders der San Miguel hervor, dessen mächtigen Blocklavastrom des Jahres 1787 die Strecke berührt. Nur wenige Sträucher haben sich seitdem auf ihm angesiedelt, ein Zeichen des niederschlagsärmeren Klimas dieses Gebietes, das sich auch in gleicher Weise an den xerophilen Gewächsen der Vegetation erkennen läßt. Riesenexemplare von Cereusarten treten gerade in dieser Gegend oft auf und werden wie anderwärts als natürliche Zäune gepflanzt (Abb. 1 auf Taf. 3).

In San Miguel (120 m) fand ich dank eines Empfehlungsschreibens des Hauses Meardi die bereitwilligste Unterstützung bei den späteren Ausflügen durch Herrn A. Probst, sowie bei Herrn L. Stirnemann, und ich möchte nicht unterlassen, beiden Herren an dieser Stelle meinen aufrichtigen Dank für ihre stete Hilfsbereitschaft auszusprechen. Gerne erinnere ich mich auch des Entgegenkommens anderer deutscher und schweizer Angehöriger der kleinen Fremdenkolonie, die in dem wirtschaftlichen Leben der Stadt und des östlichen Salvador überhaupt einen beachtenswerten Rang einnimmt. Dem Kleinhandel widmen sich eine Anzahl Syrer, während Chinesen gegenüber Guatemala weniger zahlreich vertreten sind.

Ich war gerade in der Zeit der Vorbereitungen zu der alljährlich stattfindenden Messe eingetroffen, die schon in der Kolonialzeit eine der bedeutendsten in Mittelamerika war, heute aber manches von ihrer alten Bedeutung eingebüßt hat. Die Straßen der heißen Stadt füllten sich alsbald mit Verkaufsständen, in denen mancherlei Erzeugnisse kleiner lokaler Industrien, Töpferwaren aus Ilobasco, Seile, Hängematten und Netztaschen aus Agavefaser von der Gegend von Cacaopera und Guatajiagua, geschnitzte Kalebassen aus Chinandega in Nicaragua, ja sogar wollene Decken aus der indianischen Industrie des westlichen Guatemala (Totonicapán) feilgeboten wurden. Auch aus Honduras kam Volk herbei, und darunter bemerkte ich auch Lenca-Indianer, die unter den Packsäckeln ihrer Tiere Bogen und Pfeile führten. Nach langwierigen Verhandlungen mit den Leuten, in denen mich Herr Stirnemann rührig unterstützte, gelang es endlich, Stücke davon zu erwerben, die später in den Besitz des Völkerkundemuseums in Hamburg übergegangen sind. Ich fand, daß diese Indianer noch weniger umgänglich waren, als ich es bei ihren Rassegenossen in Guatemala gewohnt war, und vor allem sich nicht bewegen ließen, eine Sprachprobe mit sich aufnehmen zu lassen. Ebenso mißlang ein gleicher Versuch mit Leuten aus Cacaopera, Indianern, die dort noch eine eigene Sprache reden.

Zunächst unternahm ich am 17. und 18. November 1928 eine Besteigung des Vulkans San Miguel, der sich 1900 m über der Stadt erhebt. Ich ritt am Nachmittag von der Stadt durch Gartenland langsam ansteigend dem Berg entgegen, kam aber mit dem begleitenden Führer in der Dämmerung vom Wege ab, so daß wir erst spät zur Finca Mascota (Firma Meardi) in 600 m Höhe gelangten. Hier übernachtete ich und stieg dann am anderen Morgen um 5 Uhr zunächst bis 1300 m reitend, dann zu Fuß zum Gipfel auf, der um 8 Uhr erreicht war. Dichter Nebel hinderte jede Sicht in den Krater und auf die Ebene von San Miguel, so daß wir sogleich in das Innere des Kraters zur oberen Ringebene abstiegen. Die Hoffnung auf Besserung der Sicht erwies sich als trügerisch. Da sich selbst von der Ringebene kein Überblick mehr im Krater bot und die Sichtweite auf 10 m beschränkt blieb, so kehrte ich wieder zum Kraterwall zurück und stieg bis auf 1850 m ab, wo sich ein freier und prächtiger Blick auf die Ebene von San Miguel bis zur Bucht von Fonseca mit der Isla del Tigre und dem Vulkan Conchagua eröffnete, während im Nordosten und Norden die hondureñischen Gebirge den Horizont abschlossen. Die Aussicht war eine der prächtigsten in der Weite des Gesichtsfeldes, die ich mit Ausnahme vom Gipfel des Tajumulco in Guatemala späterhin haben sollte. Am Nachmittag zur „Mascota“ zurückgekehrt, stieg ich noch den gleichen Tag rasch zu Fuß nach San Miguel ab und langte dort nach 1¾ stündigem Marsche auf Abkürzungswegen wieder an. Infolge der noch mehrere Tage auf dem Gipfel des Vulkans liegenden Wolkenkappe, wie sie oft gerade an den Vulkanen Guatemalas zu beobachten ist, bot sich nicht nochmals die Gelegenheit die Besteigung zu wiederholen. Erst kurz vor dem Verlassen des Landes, am 22. und 23. Februar 1929, wiederholte ich sie noch einmal unter besserem Erfolg, wobei mich Herr Probst abermals auf das Beste unterstützte und versorgte. Damals ging ich von der Finca „La Granja" im Nordosten des Vulkans in 600 m Seehöhe gelegen aus und ritt über Bella Vista (830 m) an dem Lavastrom des Jahres 1844 vorüber an steilen Aschenhalden aufwärts, später über festes Lavagestein des Kegels im Wald bis 1480 m, von wo in leichtem Anstieg die gleiche Stelle des Kraterwalles wie im November 1928 erreicht wurde. Der Einblick war dieses Mal der schönste, der erwartet werden konnte; eine völlig klare Atmosphäre ließ den gewaltigen Krater in seinem ganzen Ausmaß hervortreten und die Änderungen erkennen, die seit dem letzten Besuch von fachkundiger Seite (durch K. Sapper am 25. Februar 1924) in demselben stattgefunden hatten. Die Tätigkeit hatte sich wesentlich abgeschwächt und war in den Solfatarenzustand zurück gesunken[1]). Ein Geruch nach S, an anderen Stellen SO_2 lag über der Krateröffnung, und die zahlreichen Exhalationen dieser Gase gaben zur Bildung einer bläulich opaken Dunstschicht in dem Krater Veranlassung. Ich stieg dann auf die obere und untere Ringebene ab und gewann einen vortrefflichen Einblick in den zentralen Explosionskrater. Über die näheren Einzelheiten und Beobachtungen dieses Besuches ist an anderer Stelle berichtet worden (Zeitschr. f. Vulkanologie, Bd. XIII (1930) S. 46—49).

Einen weiteren Ausflug widmete ich im November 1928 dem nordwestlich von San Miguel gelegenen Dorfe Quelepa (150 m) das durch eine schattenlose Automobilstraße mit der Stadt verbunden ist. Sie führt durch flaches, leicht ansteigendes Gelände, das vulkanische Aschen bilden. Höhenzüge im Osten und einige Bodenwellen an der Straße selbst bestehen aus verfestigten Lockermassen älterer Herkunft, die jene oben erwähnte, im Lande „talpetate" genannte tuffartige Formation bilden. Eine halbe Stunde nördlich des kleinen Dorfes hat der Rio San Esteban in jüngeren und älteren vulkanischen Lockermassen einen tiefen Barranco eingeschnitten. In diesem treten an den Steilufern auf beiden Seiten zahlreiche Scherben und Bruchstücke von Tongefäßen und Tonfiguren zu Tage, die diese Gegend als die Stätte einer alten Siedelung erkennen lassen. Seit langer Zeit sind dort wieder-

[1]) Ende Januar 1930 hat ein leichter Aschenausbruch stattgefunden.

holt wichtige Funde gemacht worden, die sowohl die Stile der Pipilstämme Salvadors wie Mayastücke und solche der im Osten Salvadors ansässigen Lenca erkennen lassen. Eine gute Sammlung sah ich in dem Herrenhause der Hacienda des Herrn Inocente Aguirre, die nur, wie alle ähnlichen Sammlungen auf dem Lande, schlecht aufbewahrt wurde. Östlich des Rio San Esteban bei dem Beneficio Canesa liegen vier größere aus Erde und Steinen errichtete alte Hügel, die fast genau nord-südlich und ost-westlich zueinander orientiert sind. Auch dort sollen bereits öfter Altertümer gefunden worden sein.

Die weiteren Pläne galten einem Besuch der Fonseca-Bucht und der Insel Conchagüita, die im Jahre 1892 leichte vulkanische Ausbruchserscheinungen gehabt haben soll, ohne daß jemals genauere Nachrichten darüber bekannt geworden wären. Ich erreichte mit der Bahn den Hafen La Unión, der in dem nahe gelegenen Cotuco einen langen aus Eisenbeton hergestellten Pier besitzt, so daß die Schiffe dort (als in dem einzigen pazifischen Hafen des nördlichen Mittelamerika) direkt an Land anlegen können, während alle übrigen Häfen nur offene Reeden sind. Leider war ein Witterungsumschlag eingetreten. Es herrschte ein schwerer Nordsturm, der jeden Bootverkehr über die Bucht unmöglich machte. Und da solche Witterungsverhältnisse mehrere Tage andauern, kehrte ich nach einigem Warten nach San Miguel zurück und unternahm von dort einen Abstecher nach der Laguna de Aramuaca (70 m), die sich nach Besichtigung als ein Maar erwies, an dessen Westseite Basalte anstehen. Die Form ist elliptisch mit der großen Achse in West-Ostrichtung, die etwa 1 km Länge besitzt, während die kleine Achse 700 m lang sein dürfte. Die Anwohner berichten von einem alljährlich eintretenden Fischsterben in der Lagune, das mit dem Auftreten von Gasen in Zusammenhang gebracht werden kann. Wahrscheinlich ist das Phänomen so zu erklären, daß inmitten der in jener Gegend stark ausgeprägten Trockenzeit der Wasserspiegel soweit sinkt, daß die Fische in tiefe Wasserschichten gelangen, die tödliche Gase enthalten (H_2S ?). Das Wasser selbst erwies sich als geruchlos und ließ keine Beimengungen am Geschmack erkennen. Auf den Karten der Republik Salvador wird ein Abfluß des Sees im Süden angegeben. Er ist nicht vorhanden, vielmehr ist nirgends ein Zufluß oder Abfluß zu erkennen. Die Umgebung des Maars besteht aus einer Fülle von Auswürflingen basaltischer Natur, Aschen und Sanden, die bei dem Dorfe Miraflores (80 m) aufgeschlossen sind. Dort findet sich auch das schon erwähnte Kaolinlager (s. S. 30), in dessen Umgebung das Anstehende zersetzt ist, so daß es fraglich bleibt, ob der Basalt noch soweit nach Osten sich erstreckt oder ob dort Andesite auftreten.

Unter der Bevölkerung des östlichen Salvador leben in kleinen Enklaven noch Reste indianischer Bewohnerschaft, die sich im Departament Morazán in der Umgebung der Orte Cacaopera und Guatajiagua erhalten haben. Während von ersterer Gegend bekannt ist, daß dort noch das Idiom des Cacaopera gesprochen wird, ist es fraglich geblieben, ob auch die isolierte und uns leider nur in geringem Umfang bekannte Sprache von Guatajiagua heute noch besteht. Um hierüber Auskunft zu erhalten, besuchte ich das genannte Dorf, das bei schnellem Reiten etwa 4 Stunden von San Miguel entfernt liegt. Der Weg führt durch heiße Strauchsteppe mit Schirmakazien, Kakteen und Kalebassenbäumen (jícaras). Talpetate (s. o.) herrscht überall vor, so daß der Landbau gegenüber der Viehzucht zurücktritt. Niedrige, steile, ihre Umgebung um etwa 50—80 m überragende kegelförmige Hügel sind in der Landschaft zerstreut und erinnern an ähnliche Gebilde, wie sie im nördlichen Teil der Republik bei Sensuntepeque auftreten. Die Frage, ob es sich bei ihnen um die Schlotfüllungen und Stiele abgetragener kleiner Vulkane oder um Staukuppen handelt, ist bei dem vorgeschrittenen Stadium der Abtragung nicht mehr eindeutig zu lösen. Andeutungen von ehemaligen Kratern sind nicht nachweisbar.

Guatajiagua (auch Guatijiagua; 340 m) ist ein größeres Dorf von angeblich 5800 Einwohnern von denen zwei Drittel reinblütige Indianer sind. Der Ort selbst ist aus zwei früher getrennten Siedlungen San Sebastián Erentique und Santago Patonstique entstanden und zeichnet sich durch eine lokale Industrie von Töpferwaren aus, die die Indianer herstellen. Die Häuser im Innern des Ortes sind aus Adobes (luftgetrockneten Lehmziegeln) mit Ziegeldach erbaut; in den Außenbezirken finden sich Ranchos (Hütten) aus Stangen mit Strohdach, die den Indianern gehören. Diese Leute sind jetzt gänzlich in ihrer Lebensweise den Ladinos (Mestizen) angepaßt. Altertümliche Gebräuche bestehen nicht mehr; Maskentänze sollen ebenfalls nicht mehr an den kirchlichen Festen aufgeführt werden. Mit Hilfe des freundlichen Bürgermeisters wurden auf meine Bitte ältere Leute ins Rathaus befohlen, um sie nach der ursprünglichen Sprache auszuforschen. Das Ergebnis war völlig negativ, da mit aller Bestimmtheit behauptet wurde, es gäbe heute niemanden mehr, der das Idiom redete. Ich möchte diese Angabe dahingestellt sein lassen. Denn die Befragten waren außerordentlich ablehnend und unzugänglich, wie ich sie niemals vorher bei den Indianern Guatemalas kennen gelernt hatte, obwohl auch dort bisweilen mancherlei Schwierigkeiten bei Sprachaufnahmen zu überwinden gewesen waren. Es ist durchaus möglich, daß doch noch unter älteren Individuen besonders in dem zum Dorf gehörigen ländlichen Distrikt einige vorhanden sind, die sich des in ihrer Jugendzeit gesprochenen Idioms erinnern. Gaben mir doch wenigstens die befragten Personen an, daß ein solches in ihren jungen Jahren vorhanden gewesen wäre. An Lokalnamen aus der Gegend vermochte ich nur einige wenige aufzuzeichnen, die überwiegend der Lencasprache angehören. Ein längerer Aufenthalt, als er mir zu Gebote stand, könnte vielleicht noch bessere Ergebnisse zeitigen.

Obwohl, wie bereits hervorgehoben, der im Norden und Nordosten von San Migual auftretende Talpetate einen wenig nutzbaren Boden abgibt, hat man dennoch versucht, ihn in irgend einer anderen Weise auszubeuten. Dabei hat er sich als geeignet zur Anpflanzung von Agaven erwiesen, die Faserstoffe liefern. Durch die freundliche Vermittlung von Herrn Alniker, des Verwalters einer der größten Agavenpflanzungen, wurde es mir gestattet, die Plantage Mayucaquín im Norden der Stadt San Miguel zu besichtigen (Abb. 2 auf Taf. 3). Mit ihren etwa 2 Millionen Agaven ist sie kleiner als die dem Hause Meardi gehörende Pflanzung El Platanar, die 3 Millionen Pflanzen haben soll. Den Anfang mit dieser Kultur machte ein landeseinheimischer Besitzer namens Letona zu Beginn des 20. Jahrhunderts, nach dem die im östlichen Salvador heimische Agavenart als Agave Letona bezeichnet worden ist. Man pflanzt Stecklinge in Beeten von mehr als 2 m Abstand so aus, daß sie in über 1—1,50 m Entfernung voneinander stehen. Nach 5—6 Jahren wird die Pflanze ertragreich. Man beginnt mit dem Schneiden der Blätter, sobald sie unter einem Winkel von 45° von der Pflanze abstehen. Noch besser aber ist es, mit dem Schnitt zu warten, bis ein Winkel von 90° erreicht ist, nur beansprucht das natürlich eine längere Wartezeit. Die geschnittenen Blätter werden in Bündeln von je 50 Stück zusammengebunden und kommen dann in die Aufbereitungsanstalt, wo sie in Quetschen mit Bronzerädern zerdrückt und gleichzeitig geschabt werden, so daß aus der Maschine die feuchten, etwas klebrigen Fasern herausgleiten. Sie werden nun nochmals gewaschen und danach an Holzkreuzen im Freien zum Trocknen aufgehängt. Dann preßt man sie in Ballen zusammen und macht sie versandfertig. Die Betriebe arbeiten mit einem erheblichen Prozentsatz von Unterhaltungskosten. Das Reinigen der Felder von dem üppigen Unkraut in den Regenzeiten, das zwei Mal vorgenommen werden muß, erfordert viele Hände, die bei den höheren Löhnen der Landarbeiter in Salvador gegenüber denen in Guatemala teuer zu stehen kommen.

Ferner ist zu berücksichtigen, daß bei dem Aufbereitungsprozeß der Fasern viel Abfall entsteht, den man bisher noch nicht weiter zu verwerten gelernt hat. Versuche, daraus einen Leim zu gewinnen, haben bisher noch keine greifbaren Ergebnisse gezeitigt. Während man in den Sisalplantagen auf der Halbinsel Yucatan auf 1000 geschnittene Agaveblätter rund 60 Pfund Fasern rechnet, beträgt diese Summe in Salvador bisher nur 35—36 Pfund, was nach Meinung von sachverständiger Seite nicht nur an der Agavenart Salvadors, sondern auch an den Bodenverhältnissen liegt. Daß die Pflanze mit jedem Boden vorlieb nimmt, mag an sich richtig sein: aber die Güte und Ertragfähigkeit der Fasern wechselt je nach der Qualität der betreffenden Böden erheblich. Die Ausfuhr der fertigen Fasern richtet sich ausschließlich nach den Vereinigten Staaten, wo sie zum Binden des Getreides verwendet werden. Im Jahre 1921 erreichte sie einen Wert von fast 26000 Dollar.

Am 1. Dezember 1928 kehrte ich nach San Salvador zurück, stattete noch der in einem Krater gelegenen Plantage Laguna des Herrn Deininger einen Besuch ab und begab mich dann am 4. Dezember nach Santa Ana, nachdem ich zuvor den Rektor der Universität, Dr. Alejandro Salazar, und den Direktor des Observatoriums, Herrn Pedro S. Fonseca, besucht hatte. Santa Ana (620 m nach der Höhenziffer an der neuen Bahnstation der interkontinentalen Linie) ist die zweitgrößte Stadt der Republik, mit lebhaftem Handel und einem ruhigen zurückhaltenden Leben, das gegen das geschäftige, lebhafte Treiben in der Hauptstadt absticht. Ein schönes, ansehnliches Theater, eine in gotischem Stil gehaltene, noch im Bau begriffene Kathedrale und einige prunkvolle Klubhäuser bilden die Sehenswürdigkeiten des bei seiner Höhenlage in angenehmer Temperatur gelegenen Ortes.

Er ist neuestens zu einem wichtigen Eisenbahnknotenpunkt geworden, da von dort aus die ältere englische Linie über Quezaltepeque nach San Salvador, andererseits die neueröffnete Strecke der amerikanischen interkontinentalen Bahn von Ahuachapán nach Metapán ausstrahlt. Letztere wurde am 1. Dezember 1928 bis zu dieser Stadt eröffnet, und neuere Nachrichten meldeten, daß die gesamte Linie bis nach Zacapa in Guatemala im Herbst 1929 fertig gestellt worden wäre. Damit hat Salvador zum ersten Mal einen direkten Anschluß an einen atlantischen Hafen des nördlichen Mittelamerika erhalten (Puerto Barrios), und es wird nunmehr von der Frachtenpolitik zwischen Bahn und Schiffahrtsgesellschaften abhängen, ob der Kaffee, Salvadors Hauptausfuhrgegenstand, den kürzeren Landweg dem längeren Seeweg durch den Panamakanal vorziehen wird. Der Hauptwert der neuen Bahnlinie ist ein strategischer, da sie erlaubt, auf schnellem Wege von den Staaten an die wichtige Fonseca-Bucht zu gelangen, auf die die Union bereits durch Verträge mit Nicaragua sich gewisse Zukunftsrechte hat einräumen lassen und die, wie oben hervorgehoben wurde, die besten Hafenverhältnisse an der pazifischen Seite Mittelamerikas bietet. Ihre Bedeutung wird noch mehr in den Vordergrund treten, sobald die Frage des Baus eines Kanals durch Nicaragua entschieden sein wird.

Infolge der günstigen Gelegenheit, schnell nach Metapán zu gelangen, reiste ich mit der Bahn von Santa Ana dorthin. Die Strecke vermittelt gute Einblicke in die großenteils einförmigen geologischen Verhältnisse des westlichen Salvador. Andesitische Rücken und Kuppen erheben sich aus einer mit vulkanischen Lockerprodukten ausgefüllten Senke, die zwischen der aus jungeruptiven Massen aufgebauten nördlichen Kordillere Salvadors und den hondureñischen Grenzgebirgen liegt und sich nach Osten zum Tal des Rio Lempa abdacht. Schluchten und Täler durchziehen diese Senke, die hauptsächlich von Strauchsteppen (Jicarales) bedeckt ist. Nur längs der Wasserläufe breiten sich grüne Haine von Orangen und Bananen aus, streben Kokos- und Königspalmen auf. Die übrige Landschaft gleicht jener des östlichen Guatemala. Klein und unbedeutend sind die Siedlungen dieser vornehmlich der Viehzucht nutzbar gemachten Gegend, überall wohnt die Mestizenbevölkerung; von Indianern findet sich keine Spur mehr. Südlich von Texistepeque mündet in die Linie von Santa Ana der Hauptstrang der interkontinentalen Strecke von der Hauptstadt San Salvador her, in einer heißen, sonnendurchglühten, durch ihre Fernblicke auf die im Norden aufsteigenden Hochgebirge nicht reizlosen Landschaft. Nördlich von San Francisco tritt die Bahn nahe an das Ostufer des Güija-Sees, überquert seinen Abfluß auf eiserner Brücke und berührt dann das gebrochene Gelände eines jungen Blocklavastromes, der sich vom Vulkan San Diego im Norden des Sees her in vorhistorischer Zeit ergossen hat.

Es folgt der liebliche kleine See von San Diego, in dessen Nähe sedimentäre Formationen auftreten. Sie bestehen aus dunklen Kalken, die mit den nördlich von Metapán sich findenden Tonschiefern, Mergeln, Konglomeraten und Sandsteinen zu der sogenannten Metapánformation gehören und zusammen mit einer kleinen Zone von Diorit im Westen von Metapán am geologischen Aufbau des Vorlandes der hondureñischen Grenzgebirge beteiligt sind. Über dieses selbst ist wenig bekannt, obwohl am Ende des vorigen Jahrhunderts die Grenze zwischen den Republiken Guatemala, Hoduras und El Salvador dort vermessen wurde. Auf dem annähernd 2000 m hohen Cerro Brujo stoßen die Grenzen der drei Staaten zusammen. Die Gegend weist verschiedene Minen von eisen-, sowie silber- und kupferhaltigen Erzen auf, die in der spanischen Kolonialzeit und noch im 19. Jahrhundert abgebaut wurden. Auf dem Hauptplatz in der Stadt Metapán (480 m) (Abb. 1 auf Taf. 4) ist ein Monument aus den verschiedenartigen Muttergesteinen und Erzproben des Minendistriktes anläßlich der Jahrhundertfeier der Unabhängigkeitserklärung 1921 errichtet worden, das in seiner Zusammensetzung ein gutes kleines geologisches Museum unter freiem Himmel darstellt und zeigt, daß das Vorkommen der Erze an die Metapánschichten und die Kalke gebunden ist. Bei San Miguel und San José im Nordosten von Metapán liegen altertümliche Hämmer, die mit Wasserkraft betrieben wurden. Sie gehören der Familie Luna, sind aber jetzt stillgelegt. Ein Grund dafür soll der Mangel an Kohle sein, nachdem infolge der weit vorgeschrittenen Entwaldung die Herstellung von Holzkohle heute auf ein Minimum herabgesunken ist. Vor einigen Jahren wurden erneut Probeuntersuchungen vonseiten amerikanischer Geologen auf Erze im Nordwesten und Westen Metapáns vorgenommen, die angeblich in den Kalken auf gold- und silberhaltige Erze stießen. Die Kalke lagern dort benachbart dem Diorit und sind kontaktmetamorph zu Marmor umgewandelt.

Ich lernte dieses Gebiet gelegentlich eines Ausfluges längs des Nordufers des Güija-Sees kennen, auf dem ich dank freundlicher Vermittlung des Herrn J. Baschal in Metapán eine Motordraisine längs der noch im Bau befindlichen Bahnstrecke benutzen durfte. Wir überquerten bei der Viehhacienda Otuco den Rio El Lance, der starken Schwankungen ausgesetzt sein soll. Da das ganze Gebiet durch einen scharf hervortretenden Gegensatz zwischen Regen- und Trockenzeiten ausgezeichnet ist, so erklärt sich auch der erheblich schwankende Wasserstand des 43 qkm großen Güija Sees (nach den neuesten Messungen des salvadoreñischen Ingenieurs Camino vom Jahre 1928). Der See soll in der Regenzeit um 12—15 engl. Fuß steigen. Von Uferterrassen, die auf einen früher höheren Wasserstand deuten würden, ist am Nordufer nichts zu beobachten. Vielmehr treten auch dort vulkanische Bildungen auf, von denen Basaltlaven sich nach Nordosten ergossen haben. Die Bahntrace bietet in ihnen gute Aufschlüsse.

Kurz vor meinem Besuch war in der Landespresse die Nachricht aufgetaucht, daß bei Metapán Öl gefunden worden wäre. Man hatte bereits einleitende Schritte zur Ausbeutung getan und trug sich mit der Absicht, eine Aktiengesellschaft dafür ins Leben zu rufen. Wie im benachbarten Guatemala war damals auch in Salvador in führenden landeseinheimischen Kreisen der Wunsch entstanden, im eigenen Lande auf Öl fündig zu werden und daran eine nationale Ausbeutung anzuschließen. Als ich bei Otuco an die betreffende Stelle von meinem unvoreingenommenen Begleiter geführt wurde, stellte sich heraus, daß man in den Basaltlaven des erwähnten Bahneinschnittes in den Abzugsgräben für das Regenwasser Wasserlachen mit öligen Schlieren bemerkt haben wollte, was den Besitzer des Terrains zu der nachfolgenden Kampagne veranlaßt hatte. Es waren angeblich Proben der verdächtigen Flüssigkeit nach der Hauptstadt zur Untersuchung abgesandt worden, die tatsächlich Öl enthalten hätten. Danach aber nun sachverständige Geologen an Ort und Stelle zu entsenden, um sich von der Unhaltbarkeit der Angaben zu überzeugen, war niemandem von den Interessenten eingefallen. Nachher ist dann die Angelegenheit im Sande verlaufen, nachdem sie noch mehrmals die Geister beunruhigt hatte. Und als ich 1929 nochmals nach Salvador kam, war ein neues Ölfieber entstanden, das sich an ähnliche unkontrollierte Gerüchte in der Gegend von Usulután und Zacatecoluca anknüpfte. Eine gewinnbringende Ausbeutung von Bodenschätzen kann sich in der kleinen Republik nur an die erwähnten Minen im Nordwesten anlehnen, die unter Anwendung moderner Gewinnungs- und Verarbeitungsmethoden eine immerhin beschränkt bleibende Ertragsfähigkeit bieten möchten. Im nordöstlichen Salvador ist auf diese Weise von nordamerikanischer Seite der Minendistrikt von Divisadero im Departament Morazán wieder in den letzten Jahren in Betrieb genommen worden. Gegenüber den Minen in Guatemala bieten jene in Salvador den Vorteil besserer Verkehrsverbindungen, da im Nordwesten jetzt die Eisenbahn, im Nordosten aber Automobilwege zur Hauptbahnlinie nach San Miguel zur Verfügung stehen.

Von dem ruhigen, verträumten Städtchen Metapán kehrte ich nach Santa Ana zurück. Das Gebiet südlich dieser Stadt, den Südwesten der Republik, hatte ich bereits im März 1928 kennen gelernt. Damals war ich mit der Bahn von San Salvador über Quezaltepeque an dem frischen Lavastrom des Boquerón vom Jahre 1917 vorbei nach Sonsonate (200 m) gereist, um in das Zerstörungsgebiet am Südhang des Vulkans Izalco zu gelangen, das im November 1926 durch einen Glutwolkenausbruch heimgesucht worden war. Herr Hermann Hecht in

Sonsonate nahm sich meiner in der liebenswürdigsten Weise an und versah mich von seiner Finca Atecosol mit Reittier und Führer. Von der durch lebhaften Handel sich auszeichnenden Stadt Sonsonate gelangt man im Kraftwagen oder mittels einer Trambahn durch dicht besiedeltes Gelände mit kleinen Zuckerrohrpflanzungen nach dem großen Dorf Izalco (450 m), das vorwiegend von Indianern bewohnt wird, den Nachkommen der alten mexikanischen Nauabevölkerung, die unter dem Namen der Pipiles in die pazifische Abdachung des nördlichen Mittelamerika bis nach Nicaragua eingewandert war. Noch heute hat sich das altertümliche Nauaidiom erhalten. Die Frauen tragen noch Huipil und Hüfttuch in der altindianischen Weise, ein ungewohnter Anblick für den Reisenden, der aus den anderen Teilen der Republik in diese Gegend gelangt. Landbau und lokale Gewerbe von Flechterei, Töpferei und Herstellung von Kalebassen bilden die Hauptbeschäftigung dieser Leute, die daneben auch das Arbeiterelement auf den tiefer gelegenen Plantagen an der Küste zusammensetzen. In unmittelbarer Nachbarschaft des Ortes liegen kleine Kaffeeplantagen, von denen ich Atecosol (470 m) besuchte. Eine Anzahl altindianischer Tumuli liegt in den Kaffeehainen zerstreut, die Funde im Pipilstil geliefert haben. Wir besuchten anschließend einen Versuchsgarten des Herrn Hecht, in dem er allerlei landeseinheimische Heilkräuter angepflanzt hatte, um davon Proben zur näheren Untersuchung in die Heimat zu senden, ein sehr begrüßenswertes Unternehmen, da wir über die Medizinalpflanzen weiter Gebiete des nördlichen Mittelamerika noch sehr unvollkommen unterrichtet sind, wogegen die Indianer eine große Anzahl derselben kennen. Da aber Herr Hecht mittlerweile nach Europa zurückgekehrt ist, so steht zu befürchten, daß dieser Garten nicht mehr versorgt wird.

In der Nahe von Atecosol finden sich schwefelhaltige kalte Quellen, die von den Umwohnern und auch von außerhalb her stark besucht werden und wegen ihrer heilkräftigen Wirkung einen guten Ruf genießen.

Am 25. März 1928 unternahm ich von Izalco aus den Ausflug nach dem gleichnamigen Vulkan. Von Atecosol stieg der Pfad steil durch Laven an den Kaffeeplantagen von El Tránsito und Mirador aufwärts, bis bei 750 m Höhe das untere Ende des Schuttfeldes erreicht war, das gleichzeitig mit der Glutwolke bzw. kurz nach derselben durch einen gewaltigen Hangrutsch an der Südflanke des Vulkans sich abgelagert hatte. Der aus Sand, Steinen, Blöcken und Lapilli gebildete Strom hatte S-förmig einen alten Lavarücken in 1100 m Meereshöhe umflossen und war dann in den tieferen Lagen durch den Wald vorgestoßen. Hier hatte er den Weiler Matasano zerstört, wobei 58 Menschen getötet wurden. Ich beging darauf das Schuttfeld bis zum Abhang des tätigen Vulkankegels und fand dort einen kleinen frischen Blocklavastrom, der zu Anfang 1927 sich ergossen haben soll. Über die Beobachtungen im Einzelnen ist von mir an anderer Stelle ausführlicher berichtet worden (Zeitschr. f. Vulkanologie Bd. XII (1929) S. 228—230).

Von dem Ausflug am Nachmittag nach Izalco zurückgekehrt, fand ich in dem Hotel eine größere Menschenmenge versammelt, die sich auf den abgelegenen zweiten Hof des Grundstückes zurückzog. Neugierig geworden, begab ich mich dorthin und fand eine kleine hölzerne Arena, um die Sitzbänke und Stehplätze alle, bis auf den letzten Platz gefüllt, errichtet waren. Man hatte sich zu Hahnenkämpfen zusammengefunden, die auch alsbald ihren Anfang nahmen, 17 Hähnen das Leben kosteten und mit blindem Eifer und hohen Wetten von den Zuschauern verfolgt wurden. Obwohl derartige Kämpfe gesetzlich verboten sind, finden sie heimlich und doch, wie dieses Beispiel zeigt, in aller Öffentlichkeit statt. So oft ich Hahnenkämpfe, auch in Guatemala, mitangesehen habe, kamen sie mir stets als ein roher Sport vor, der weit unter den Stiergefechten steht. Als ich am Abend müde nach Sonsonate zurückkehrte, hatte sich im Hotel eine das ganze Haus durchdröhnende Marimbakapelle niedergelassen, die die Hälfte der Nacht mit ihren modernen amerikanisch-europäischen Schlagern erfüllte, während an einem nahen Platz ein deutscher Wanderzirkus durch Licht und Lärm sich bemerkbar machte.

Am 26. März unternahm ich einen Ausflug nach dem Pipildorf Nauizalco (550 m), wo ich Einblick in die indianische Heimindustrie gewann. Die Frauen stellen Matten in Flechtarbeit aus einer Grasart „tule" her, bei der die Flechtstreifen mit kleinen, an dem einen Ende zugespitzten, am anderen mit einem Schlitz versehenen flachen Stäbchen aus dem Holz des Guiscoyol (einer Palmenart) ineinander gefügt werden. Die Fabrikation wird im Inneren der Hütten vorgenommen. Die Männer dagegen widmen sich im Freien dem Flechten von kleinen offenen oder großen mit Deckeln versehenen Körben, zu denen man Flechtstreifen aus dem Hartgras „Tule" verwendet. Wie bei den Matten, werden auch bei den Körben jetzt mit Anilin gefärbte Streifen eingeflochten. Von der ehemals geübten besonderen Technik einer Verzierung der Kalebassen in Batikart ist heute nichts mehr anzutreffen. Wohl aber ist es üblich durch einfaches Aufmalen die frühere Technik, die noch C. V. Hartman im Anfang des 20. Jahrhunderts beschrieb, nachzuahmen.

Nachdem ich noch einen Besuch der Küste bei dem Hafenplatz Acajutla angeschlossen hatte, kehrte ich nach Sonsonate zurück und reiste dann nach Santa Ana und Guatemala.

Von allen Ländern des nördlichen Mittelamerika muß El Salvador als das am leichtesten zu bereisende bezeichnet werden. Wie aus den vorhergehenden Mitteilungen ersichtlich ist, kann ein großer Teil des Landes mit der Bahn erreicht werden, und wo man landesüblich noch auf Reitwege angewiesen ist, findet man überall dank der Bereitwilligkeit der Landesbevölkerung und der dichten Besiedelung stets ein leichtes Vorwärtskommen. Ich möchte auch nicht unterlassen, an dieser Stelle die ständige Hilfsbereitschaft der deutschen Kreise hervorzuheben, die mir so oft entgegengebracht worden ist. Mein aufrichtiger Dank gebührt allen, die mich auf meinen Reisen unterstützt haben, besonders darunter den Herren Konsul W. Gießler in San Salvador, Adolf Probst und Louis Stirnemann in San Miguel, die auch immer ein reges persönliches Interesse an den auf den Reisen verfolgten Zielen genommen haben.

IX. Kleinere Reisen in Guatemala.

Nachdem ich Anfang Dezember 1928 aus El Salvador zurückgekehrt war, blieben nunmehr noch zwei Monate, ehe die Rückreise nach Deutschland angetreten werden mußte. Sie wurden mit einigen kleineren und einer größeren Reise ausgefüllt und sollten zum Teil mir bis dahin unbekannt gebliebene Gegenden berühren, zum Teil zur Ergänzung früherer Beobachtungen dienen. Sie führten in das zentrale, westliche und nördliche Guatemala und mußten bei der verbleibenden kurzen Zeit möglichst zusammengedrängt werden.

Am 14. Dezember 1928 hatte ich Guatemala Stadt nach Antigua verlassen und am folgenden Tage über Chimaltenango, Zaragoza und Patzitzía den neuen guten Überlandweg eingeschlagen, der zuerst als Verkehrsweg größeren Ausmaßes vom Präsidenten Rafael Carrera in der ersten Hälfte des 19. Jahrhunderts angelegt worden war. Neuerliche Verbesserungen haben aus ihm eine gute Automobilstraße werden lassen, auf der die früher tagelange Poststrecke von der Landeshauptstadt nach Quezaltenango heute in der Trockenzeit und bei gutem Wetter in 8—9 Fahrstunden im Kraftwagen zurückgelegt werden kann. Von Patzitzía zweigt nordwestlich durch die mit Maisfeldern der Cakchiquelindianer bestandene Ebene die Straße von der Westrichtung ab und steigt langsam zu der Zentralkordillere auf. An ihrem Fuße liegt auf der Ebene eine Reihe altindianischer Bauwerke und Hügel, die als „Cerros de Santa Teresa“ bekannt sind und die eine größere Menge von Altertümern geliefert haben. Das schönste Stück darunter ist ein prächtig erhaltener, kolossaler, am hinteren Ende mit Zapfen versehener Steinkopf des Gottes der grünen Federschlange, der jetzt auf dem Hof der Mühle „La Sierra“ auf dem Weg zwischen Patzitzía und Patzúm liegt. Er besteht aus Andesit und dürfte bei seinen Abmessungen etwa 5 t Gewicht besitzen. Der Besitzer der Mühle, Herr Francisco Soza, dem das einzigartige Monument gehört, hat in seinem Privathause in der Stadt Guatemala auch eine reichhaltige Sammlung von Kleinkunst, die fast sämtlich aus den Ruinen von Santa Teresa stammen sollen. Etwas nordwestlich von dem Platz erreicht man die kleine Musterwirtschaft Chirijuyú (2140 m) des Herrn Teófilo Glinz, eines Schweizers, der in jenen kühlen Höhenlagen Versuche mit dem Anbau europäischer Getreide- und Futterarten gemacht hat (Weizen und Seradella). Es sind auch erfolgversprechende Proben mit Gründüngung vorgenommen worden, die auf dem bei der jahrhundertelangen primitiven Bearbeitung ausgepowerten Boden zu günstigen Ergebnissen geführt haben. Da Viehhaltung ohne Schwierigkeiten durchführbar ist, so ergibt sich die Möglichkeit eines rationellen landwirtschaftlichen Betriebes in jener Gegend, der nur ein erhebliches Kapital bei gewinnbringendem Ausmaß erfordern dürfte. Günstig spricht auch die jetzt erleichterte Verkehrsverbindung mit den Städten Antigua und Guatemala mit, die einen verhältnismäßig schnellen Transport der Erzeugnisse an die Absatzgebiete gewährleistet.

Ein ähnliches Terrain, jedoch mehr den Nordostwinden ausgesetzt und feuchter, findet sich bei der Mühle Venezia (2120 m), die man nach einem tiefen, anmutigen Barranco mit der Mühle Helvetia erreicht. Auch dort ist die Höhenlage mit 2200 m günstig, größere Flächen ebenen Geländes, geeignet zur Bearbeitung mit Maschinen, sind vorhanden, doch müßte auch hier erst mit Hilfe größerer Kapitalmengen eine gründliche Aufarbeitung des Bodens stattfinden, um ihn ertragreich zu gestalten. Das große Indianerdorf Tecpán (2220 m) liegt in der Nachbarschaft dieses Geländes, nach dem strengen Schema der kolonialen spanischen Siedelungen erbaut. Es hat die Nachfolge der alten Hauptniederlassung der Cakchiqueles, Iximché, übernommen, das 4 km südwestlich auf einen an drei Seiten von steilen

Schluchten begrenzten Plateau angelegt war. Eine Anzahl von Pyramiden und rechteckigen Erdwerken ist sehr stark zerstört, läßt aber noch den alten Grundriß des Platzes deutlich erkennen. Die Steinpackungen der ehemaligen Pyramidenabsätze und die steinernen Paläste der Könige und Priester, haben das Material zum Bau des heutigen Tecpán hergeben müssen. In dem Altar der Kirche wurde seit der frühen Kolonialzeit ein Stück des von den Indianern in hohen Ehren gehaltenen Obsidiansteines aufbewahrt, der sich als heiliger Orakelstein in Iximché befunden hatte. Noch der Reisende Stephens sah ihn 1839 (Incidents of Travel in Centralamerica etc., London 1854, S. 311f.); als aber gelegentlich des gemeinsamen Besuches der Kirche durch Karl Sapper und mich am 18. Januar 1928 von uns danach gefragt wurde, war keinerlei Auskunft darüber zu erhalten und an der äußeren Front des Altars nichts davon zu bemerken. Wahrscheinlich wird der Stein an einer nicht sichtbaren Stelle in demselben verborgen sein. Die Eingeborenen im Ort zeichnen sich durch ihre kräftigen, gesunden Staturen aus; es sind Hochlandindianer, die noch überall ihre einheimische Sprache des Cakchiquel reden. Während die Männertrachten bis auf die altertümlichen Kostüme der Kirchenvorsteher verschwunden sind zugunsten der europäischen Muster, werden von den Frauen noch die buntgestickten Huipiles und Hüfttücher getragen. Bei dem bisweilen recht empfindlich kalten Hochlandklima werden dazu noch Überwurfhuipile angelegt, die nach Art von Ponchos weit über den Oberkörper herabfallen.

Im Norden von Tecpán steigt die Zentralkordillere in dicht bewaldeten Rücken bis zu 2900 m auf. Sie wird aus andesitischen, meist stark zersetzten Gesteinen gebildet und besitzt kleine lokale Vorkommen von Kalken, die durch den Kontakt mit den Massenergüssen stellenweise metamorphosiert sind. Solche Vorkommen finden sich bei dem Landgute Chichavác (2660 m), das dem Schweden Axel Fabian Pira gehört, sowie verstreut im Gebirge nach Osten bis in die Gegend von Poaquíl, wo sie die Indianer mittels Steinbruchbetrieben und kleiner Kalköfen gewinnen und verarbeiten. Herr Pira dagegen besitzt einen modernen größeren Kalkofen, der mittels Vergasung der Holzkohle geheizt wird. Zur Aufstapelung größerer Mengen von gebranntem Kalk kommt es nicht, da die indianischen Händler stets rege Nachfrage halten und Kalk ein häufiger Handelsartikel auf den indianischen Wochenmärkten im ganzen Lande ist.

Zur Ergänzung des Routennetzes wählte ich am 16. Dezember 1928 zur Weiterreise von Tecpán einen nordöstlichen Weg zum Tal des Rio

Motagua, nachdem mir wiederum Reit- und Packtiere von der Plantage San Andrés Osuna zur Verfügung gestellt worden waren. Bei dem Indianerdorf Santa Apolonia (2260 m) beginnt der allmähliche Abstieg zu der tiefen Talrinne des Motagua, nachdem an mehreren indianischen Weilern vorüber das Dorf San José Poaquíl (1940 m) mit Cakchiquel sprechenden Bewohnern passiert ist. Nördlich des Ortes und bei dem Fluß Tuculyá (1860 m) treten wiederum Kalke hervor, danach in kleiner Ausdehnung Granit, bis dann in steilem Abstieg durch Jungeruptiva und sie verhüllende Lockermassen vulkanischer Herkunft das Tal des Rio Nombre de Dios erreicht ist, das nahe bei den Häusern von La Garrucha (1300 m) in das enge, steilwandige Waldtal des Motagua einmündet. Darauf stieg der Weg wiederum steil auf der nördlichen Hangseite auf, bis die leicht gewellte Fläche einer Lockermassenebene erreicht war und führte auf dieser durch Kiefernwälder in gleichbleibender Seehöhe von 1650 m westlich ins Quichégebiet hinein. Nach einer im offenen Korridor eines Landhäuschens bei Choyonché (1900 m) verbrachten Nacht gelangte ich am 17. Dezember in ein von der Erosion wild zerschnittenes Gelände, das aus verlehmten Lockermassen besteht und in Verbindung mit früher beobachteten Abtragungserscheinungen eine willkommene Ergänzung für das Studium der schnellen Zerstörung dieser Gebilde bot. Bald war das Dorf Chiché (1950 m) erreicht, und damit kam ich auf den von mir bereits 1927 zurückgelegten Weg nach der Departamentshauptstadt Santa Cruz Quiché (s. Mitt. Geogr. Ges. Hamburg Bd. 39 (1928) S. 4f; 57), wo ich in gewohnter liebenswürdiger Weise von Padre Knittel aufgenommen wurde. Nochmals besuchte ich von dort aus die Ruinen von Utatlán und kam gerade im rechten Augenblick, um mit anzusehen, wie man die Stätte für den kurz darauf zu erwartenden Besuch des amerikanischen Gesandten in Guatemala herrichtete. Eine Rotte von Indianern hatte auf dem Haupthofe ein Feuer entzündet, um das in der letzten Regenzeit üppig gewachsene Unkraut und Gestrüpp zu vernichten. Der aus mehreren dünnen übereinander geschichteten Lagen von Kalk bestehende Bodenbelag des Hofes wurde natürlich bei dieser Prozedur so stark erhitzt, daß er noch weitere Sprünge erhielt, als sie bei der wahrscheinlich schon oft wiederholten Reinigungstechnik bisher entstanden waren. Und wo Unkraut sich dem Brande entzogen hatte, arbeiteten die Leute mit ihren eisernen Hacken (azadón) darauf herum, so daß der alte Estrich in größere oder kleine Brocken zertrümmert wurde. Genau das Gleiche ist auch in früheren Jahren an der oben erwähnten alten Ruinenstätte von Iximché bei Tecpán geschehen, als man aus Anlaß der Jahrhundertfeier der Unabhängigkeit (1921) die Ruinen „säubern" ließ und dabei den damals noch gut erhaltenen Belag der Höfe völlig zerstörte. Der Nachteil der beiden Stätten von Utatlán und Iximché in der Gegenwart ist ihre leichte Erreichbarkeit für den Touristenverkehr, da Automobilwege heute bis zu den Ruinen angelegt worden sind. Infolgedessen ist man vonseiten der Behörden bemüht sie in einem guten übersichtlichen Zustand zu erhalten, nimmt aber zur Erreichung dieses Zieles die untauglichsten Mittel, die den Verfall der Bauwerke nur noch beschleunigen. Die Konservierung der Altertümer im Lande ist eine heute immer dringender werdende Frage, je mehr die Republik erschlossen wird. Der Wille in den leitenden Kreisen, sie zu einer Lösung zu führen, ist aufrichtig vorhanden; nur fehlt es an den nötigen Mitteln und der praktischen Erfahrung in solchen Dingen.

Von Santa Cruz Quiché ritt ich am 18. Dezember 1928 über die Ebene von San Sebastián Lemoa und durch die waldige Barrancolandschaft des oberen Motagua an der Mühle La Unión (1840 m) vorüber nach Santo Tomás Chichicastenango (2050 m), um dort noch einmal wie im Jahre 1925 das indianische Dorffest zu studieren. Es war ein merkbarer Unterschied gegen damals zu beobachten. Der Besuch war schwächer, die Auswahl der Maskentänze und die Zahl der entliehenen Maskenkostüme war geringer, und es fehlte vor allem der Fliegerpfahl (Juego del Volador), der dem Herkommen nach alle zwei Jahre aufgeführt werden sollte (Mitt. d. Geogr. Ges. Hamburg 39 (1928) S. 54 ff. u. Taf. 16 Abb. 2). Die Verteuerung der Lebensverhältnisse für den Eingeborenen infolge der wiederholten knappen oder geradezu schlechten Maisernten in den letzten Jahren und die Notwendigkeit, dafür eingeführten Mais teuer kaufen zu müssen, hatten ihren Einfluß auf die Finanzgebarung der Munizipalverwaltungen nicht verfehlt. Sind doch auch gerade mit den mehrere Tage dauernden Festlichkeiten erhebliche Kosten für einzelne führende Persönlichkeiten unter den Eingeborenen verbunden, die von sich aus die Tänzer zu bewirten und andere allgemeine Ausgaben zu bestreiten haben. So ging denn das Volksleben anno 1928 viel ruhiger dahin als 1925, die fröhliche Ausgelassenheit war ernsten Gesichtern gewichen; man hielt sich auch nur 1—2 Tage im Dorf auf, um schnell wieder in sein Heim draußen im Wald zurückzukehren. Um so lebhafter ging es damals im Pfarrhause zu, in dem sich in altgewohnter Weise ein Kreis von Fremden und führenden Landeseinheimischen um den immer gastlichen Tisch des Padre Roßbach versammelt hatte, unter ihnen auch der amerikanische

Gesandte. Während im Pfarrhause ein ständiges Gehen und Kommen herrschte, draußen Raketen zischten und Bomben knallten, wurde mir mitgeteilt, daß sich dicht beim Dorf ein Zauberplatz der Brujos befände, an dem noch ein altes Steinidol verehrt würde. Ich machte mich sogleich auf den Weg und fand etwa 20 Minuten vom Dorf entfernt auf einer Anhöhe im Walde einen im Halbkreis gesetzten Steinhaufen, in dessen Mitte eine 1,10 m hohe, aus Andesit gehauene Figur stand. Sie hielt die Arme über der Brust gekreuzt und trug als Schmuck einen menschlichen Trophäenkopf mit nach unten hängendem Haarschopf. In ihrer Haltung, dem Brustschmuck, dem nach oben spitz zustrebenden Kopf erinnerte sie an die Kunst von Chaculá im nordwestlichen Guatemala. In dem Altarkreis standen niedrige Steinkreuze, alte Handwalzen von Maismahlsteinen, Keulenknäufe aus alter Zeit und andere Reste von Altertümern, die in der Nähe gefunden sein mußten. Vor dem Idol fand sich der Brand- und Räucheraltar, aus Erde aufgehäuft und mit Kiefernadeln ringsum belegt; auf ihm schwelte noch die Glut eines vor kurzem angefachten Opferfeuers. An einem größeren Steinblock neben dem Idol zeugten Spuren von zerflossenem Wachs, daß darauf Kerzen abgebrannt worden waren, von denen noch ein Bündel intakt als Weihgabe vor dem Bilde niedergelegt war. Die Indianer nennen das Idol „Paxcual-abáj" (sprich x wie sch), was einfach „Pascual-Stein" bedeutet. Pascual ist ein christlicher Deckname für das alte heidnische Idol, dessen eigentlicher Name nicht verraten wird oder vielleicht auch nicht mehr unter den heutigen Indianern bekannt ist.

Nach herzlichem Abschied vom Padre in der Morgenfrühe des 20. Dezember ritt ich zur Zentralkordillere südwärts hinauf, erreichte bei Los Encuentros (2500 m) die Kammhöhe und gelangte über Sololá (2080 m) an den Atitlán See (Abb. 2 auf Taf. 4) bei Panajachel-Monterey (1560 m) (Mitt. Geogr. Gesellsch. Hamburg 40 (1929) S. 9 ff.). Ich wählte danach den mir noch nicht bekannten Uferweg über Santa Catarina nach San Antonio Palopó (1570 m), der die herrlichsten Panoramen auf das Südufer und die Vulkane bietet, während zur Linken die steilen Hänge des Nordufers jäh emporstreben. Auf steilem, schlechtem Reitweg wurde von San Antonio Godínez (2120 m) erreicht, ein armer Weiler von wenigen Hütten, ausschließlich von Mestizen bewohnt. Unmittelbar östlich zerschneidet der Oberlauf des Rio Madre Vieja tief die aufgesetzte Ebene von Lockermassen und Bimssanden, den man bei der kleinen Hacienda von Los Chocoyos (1880 m) überschreitet. Am östlichen Talhang war bereits der neue Weg im Bau, der von Patzún direkt über Godínez an den Atitlán See führen soll. In Patzún (2180 m) übernachtete ich in dem landesüblichen Hotel und gelangte in einem 12 stündigen Ritt am 22. Dezember über Patzitzía und San Pedro Yepocapa an die pazifische Abdachung nach San Andrés Osuna (750 m).

Nachdem dort die Weihnachtstage verbracht worden waren, unternahm ich vom 30. Dezember 1928 bis 2. Januar 1929 einen Ausflug auf die Atitlán Vulkane (Abb. 1 auf Taf. 5), die am besten von San Lucas Tolimán (1560 m) erstiegen werden. Mit den Herren Dr. Seier und G. Rodig von der deutschen Schule in Guatemala, die sich dem Ausflug anschließen wollten, traf ich in San Lucas Tolíman zusammen. Der Aufstieg führte durch alte Lavaströme, durch Maisfelder, die bis zu einer Höhe von 2780 m reichen, nachher durch Gestrüppdickicht und unterholzreichen Wald zum Krater des Nordgipfels (3020 m). Von dort stiegen wir südwestlich durch den Wald abwärts und fanden in 2940 m Höhe schwach dampfende Solfataren mit reichlicher Schwefelabsonderung. Die Indianer des Dorfes Santiago Atitlán holen den Schwefel von dort, um ihn auf den Märkten zu verhandeln. Durch eine leichte Einsattelung ist der nördliche vom südlichen Gipfel des Tolimán getrennt, in der überhängende Felswände eine Grotte bilden. Herabtropfendes Wasser läßt Lachen unter dem überhängenden Felsdach entstehen, die aber in der Trockenzeit verschwunden waren und nur einen Schlammpfuhl zurückgelassen hatten. Er war der Sammelplatz für verwildertes Rindvieh, das auf dem Tolimán in den Wäldern umherstreift. Eine stattliche Heerde trafen wir an, die sichtlich unter dem Wassermangel zu leiden hatte. Südlich des Tolimán erfolgte der Abstieg durch dichtes Gestrüpp mit Bambus in den tiefen Sattel, der zwischen dem Tolíman und dem schlanken Kegel des Atitlán eingesenkt ist. Dort liegen wiederum Maisfelder (2550 m) mit einigen Strohhütten der Indianer, die sie während der Saat- und Erntezeiten bewohnen. Ein prächtiger Blick öffnet sich von dort nach Osten auf das Acatenango- und Fuego-Massiv, das sich in seiner ganzen imposanten Größe dem Auge darbietet.

Nachdem wir eine kalte Nacht in einer Hütte verbracht hatten, in der die Temperatur um 6 Uhr morgens auf 7° C herunterging, stiegen wir auf einem sehr steilen Waldpfad an der Nordflanke des Atitlán empor und betraten in 3250 m die waldlosen Aschen- und Schlackenhalden des Gipfels. Bei 3430 m fand sich die erste Stelle mit Aushauchungen von Wasserdampf, der keinerlei Beimengungen wahrnehmen ließ, und nach insgesamt $3^3/_4$ stündigem Steigen war der Gipfel des Vulkans erreicht (3525 m) (Abb. 1 auf Taf. 5), der von Auswürflingen, Lavafelstrümmern, größeren Blöcken, Schlacken und Lapilli bedeckt ist. Dabei fand sich auf dem östlichen Teile des Gipfels eine gegen Nordwesten geneigte und geöffnete Mulde, bedeckt mit den beschriebenen Felstrümmern, die der Rest eines alten Kraters sein dürfte. Weder Dollfus und Montserrat (1866) noch die beiden amerikanischen Vermessungsingenieure Macomb und Rowan (1892), noch T. Anderson (1907) haben diesen Punkt hervorgehoben, sondern sprechen nur von dem nach Südwesten eingesenkten jungen Krater von etwa 200:250 m Durchmesser und 40 m Tiefe. An seiner Südwand treten schwache Exhalationen von Wasserdampf aus. Und auf dem Kraterrücken im Norden fanden sich in parallelen, nordwest—südost streichenden Spalten, deren ich sieben zählte, weitere schwache Wasserdampfaushauchungen niedriger Temperatur. Leider war das Thermometer unbrauchbar geworden, so daß sie nicht näher bestimmt werden konnte. Die Übersicht über die pazifische Küstenabdachung ist die umfassendste von allen Vulkangipfeln Guatemalas; dagegen verdecken die benachbarten Feuerberge die Sicht nach Osten und Westen, während hinwiederum der Blick nach Norden auf das Kordillerenland lehrreiche Übersichten über die Anordnung dieser Ketten und die zwischen ihnen eingebetteten ausgefüllten Senken bietet. Spät am Abend kehrten wir in völliger Dunkelheit auf teilweise steinigem Pfad nach San Lucas zurück, von wo ich mich noch in der gleichen Nacht nach der nahen Finca Santo Tomás begab, wo mir der deutsche Verwalter, Herr Juan Asmus, bereitwilligst Unterkunft gewährte. Ehe ich nach San Andrés Osuna zurückkehrte, besuchte ich noch die Kaffee- und Zuckerplantage San Gerónimo Miramar (870 m), die oberhalb des Dorfes Patulúl (330 m) liegt.

Die Umgebung ist reich an Ruinen aus der vorspanischen Zeit, die sich besonders auf den schmalen Riedeln der in geringem Abstand fast parallel fließenden Küstenflüsse finden. Eine solche Gruppe hatte ich bereits im November 1928 bei der Finca El Potosí (520 m) kennen gelernt, wo Grabungen eine Anzahl von Scherben und Tonköpfchen im Pipil-Stil zutage gefördert hatten. Überhaupt ist die pazifische Abdachung gerade in dem Abschnitt der als „Costa grande“ und „Costa Cuca“ bekannten Gegend nach den Überresten zu urteilen einstmals sehr dicht besiedelt gewesen. Eine größere Anzahl solcher meist aus Erdhügeln und Erdpyramiden bestehenden Anlagen hatte Herr Max Vollmberg während seines 8jährigen Aufenthaltes beobachtet und in vielen von ihnen Steinreliefe entdeckt, von denen er Zeichnungen anfertigte. Die Originale derselben sind von ihm laut brieflicher Mitteilung an das Forschungsinstitut des Völkerkunde-Museums in Berlin übergeben worden, wo sie bearbeitet werden sollten. Es wäre sehr zu wünschen, daß diese äußerst interessanten Bildwerke bald der Allgemeinheit zugänglich gemacht würden, da sie wertvolles Material für die in ihren Zusammenhängen noch keineswegs erforschte alte Küstenbevölkerung Guatemalas liefern.

Auf der Plantage San Andrés Osuna widmete ich noch wenige Tage einer Grabung, die ergänzendes Material zu früheren Ausgrabungen lieferte, und reiste dann nach Quezaltenango, um von dort über San Marcos die Finca El Porvenir (1100 m) zu erreichen. Auf dem Wege zur Küstenabdachung bei dem Landgut La Lucha (2700 m) findet sich ein größeres Obsidianvorkommen mit Übergängen in Bimsstein, das zum Bereich der Ausläufer des Tajumulco-Vulkans gehört. Bei Porvenir selbst aber steht Granit an, der in Gneisgranit übergeht, und auch Aplite treten dort auf. Diese Gesteine gehören dem Sockel des Tajumulco an, wo sie durch die weitvorgeschrittene Erosion bloß gelegt sind. Die aus der Landschaft herausragenden Rücken sind zum Teil Granit, der zu einem sandigen Grus zersetzt ist, zum Teil, besonders nach Osten, Andesite.

Von Porvenir bestieg ich am 8. und 9. Januar den Vulkan Tajumulco auf steilem, schlechtem Reitwege, der gestattet, noch über die kleine Jagdhütte Todos Santos (3120 m) hinaus bis zu einer Höhe von 3600 m zu reiten. Ein prachtvoller Urwald der Tierra fria versöhnt mit dem die Tiere stark anstrengenden Pfad. Bestände mächtiger Tannenarten (pinabete), wie sie in gleichem Wuchs auf den hohen Kämmen des Kettengebirges nur selten zu bemerken sind, wechseln ab mit Kiefern, bis der Wald bei 4000 m seine Grenze findet. Die Besteigung des Hauptgipfels (4210 m) bietet keinerlei Schwierigkeiten. Er trägt einen fast kreisrunden, etwa 60 m tiefen Krater, der im Südosten eine niedrige Scharte besitzt, ist erfüllt mit Sand und Asche und bedeckt mit großen Blöcken festen Lavagesteins, die von den Kraterwänden abgestürzt sind. Mehrfach sind an denselben Windschliffe zu beobachten. Auf dem Kraterboden maß ich um 9.30^{h} am eine Schattentemperatur von $5{,}5^{0}$ C, während das Thermometer in der Sonne $13{,}5^{0}$ C anzeigte. Wasserdämpfe oder andere Aushauchungen waren nirgends zu bemerken. Auf dem Kraterwall im Norden, von dem sich eine herrliche Aussicht über den Westen Guatemalas und die benachbarten Teile von Chiapas mit dem Vulkan Tacaná bietet, liegen indianische Opferplätze mit Holzkreuzen, die aber zur Zeit meinesBesuches seit längerem nicht aufgesucht zu sein schienen.

Am 10. Januar 1929 kehrte ich nach Quezaltenango zurück und benutzte den 11. und 12. Januar zu einer Fahrt nach Huehuetenango, um dort die neueren Restaurierungsarbeiten in den Ruinen von Zaculeu (Mitt. Geogr. Gesellsch. Hamb. 38 (1927) S. 8) zu besichtigen. Sie wurden auf Veranlassung der Landesregierung im Jahre 1927 vorgenommen und bestanden darin, daß man die eine der größeren Pyramiden frei legte und auf ihrer Plattform ein Tempelgebäude erbaute, ohne Anhaltspunkte zu haben, ob tatsächlich einst ein solches Bauwerk auf der schmalen Plattform gestanden und ob es die nach Analogie yukatekischer Tempel konstruierte Gestalt besessen hatte. Bei den Arbeiten waren auch Tongefäße mit Zackenornamenten und kupferne Armringe gefunden worden, die jetzt im Rathause von Huehuetenango aufbewahrt werden.

Von Quezaltenango gelangte ich dann am 13. Januar über Totonicapán nach Santa Cruz Quiché, wo ich mit den Herren Teófilo Glinz und W. Lengemann zusammentraf, da wir die folgende Reise in die Zona Reina nach Nordguatemala gemeinsam unternehmen wollten. Am 14. Januar saßen wir im Sattel und schlugen nach San Miguel Uspantán den gleichen Weg ein (Abb. 2 auf Taf. 5), den ich im Januar 1927 gewählt hatte (vgl. Mitt. Geogr. Ges. Hamburg Bd. 39 (1928) S. 5—13). Wir trafen dort am 15. Januar ein, statteten den Ruinen von Bacaméb einen kurzen Besuch ab und brachen am folgenden Tage aus dem stillen Dorfe in östlicher Richtung auf, dem Hauptweg folgend, der seit langer Zeit am Fuße der Cuchumatanes entlang von Chiantla nach Cobán führt. Leicht abwärts sich neigend inmitten von Kiefernwäldern leitet der Weg durch Tonschiefer und Kalke an kleinen Zuckerrohr- und Tabakfeldern vorüber zum Dorf Chicamán (1500 m), um dann immer östlich sich zum Tal des Rio Chixoy hinabzuschlängeln. Wir aber bogen nach Nordosten ab, stets an den Abhängen der östlichsten Ausläufer der Cuchumatanes uns haltend. Lichter Kiefernwald mit verstreuten Einzelhütten von Mestizen wechselte ab mit kleinen Weilern wie Chipáj (1500 m) mit einigen altindianischen Erdhügeln und La Laguna (1580 m) mit Zuckerrohranbau. War bis dahin der Reitweg gut gewesen, so änderte sich das zum Schlechten, je weiter wir nach Nordosten kamen und damit bereits die niedrigeren Partien des Gebirges betraten. Der Einfluß des feuchten Nordostpassates macht sich hier noch auf der Südabdachung bemerkbar, so daß nicht die scharfen Unterschiede zwischen Luv und Lee bestehen wie in den westlichen Teilen der Cuchumatanes (vgl. Mitt. Geogr. Ges. Hamburg Bd. 39 (1928) S. 18). Bald wurde der Pfad ein Morast, in dem die

Tiere nur langsam vorankamen. Bei der Kaffee- und Zuckerrohrplantage San José El Soche (1350 m) ging es steil die Flanke des Gebirges gegen das Durchbruchstal des Chixoy aufwärts, bis in einer Höhe von 1830 m der Ausläufer des Gebirges überschritten wurde. Durch einen quer über den Weg gefällten riesigen Baum war es notwendig einen zeitraubenden Umweg durch das Dickicht zu machen, was uns erst mit Anbruch der Dunkelheit an das Ziel dieses Tages, den Weiler Tiritiból (1330 m), gelangen ließ. Ungemein großartig wirkt von dieser Höhe der Blick in das gewaltige Durchbruchstal des Chixoy Flusses, dessen Flanken noch überwiegend mit Urwald bedeckt sind. Hier und dort blicken steile bloße Felswände am östlichen Hang aus dem Wald hervor, die dem Bilde etwas Pittoreskes verleihen. Das völlige Zurücktreten menschlicher Tätigkeit im Landschaftsbilde macht einen der Hauptreize dieser oft mit Regenwolken verhangenen Landschaft aus.

Nach einem erbärmlichen Nachtlager in zugiger Stangenhütte, wozu sich in der Nacht noch ein tüchtiger Regenguß gesellte, brachen wir anderntags zur Zona Reina auf, die vom Chixoytal durch einen von ihm zerschnittenen Gebirgszug getrennt ist. Es folgte der schlechteste Weg, den ich abgesehen von den Gegenden des nördlichen Chiapas jemals im Lande angetroffen hatte. Er bestand auf weiten Strecken nur aus einem breiigen Schlamm in den die Tiere bis an den Bauch einsanken und der geradezu gefährlich dadurch wurde, daß in dem Schlamm und daher unsichtbar tiefe Felslöcher in dem gewachsenen Boden vorhanden waren, die manchen Sturz von Maultier und Reiter an jenem Tage veranlaßten und uns zwangen, längere Strecken zu Fuß zu gehen, was ein Turnen um und über die Schlammstellen erforderte. Dafür kamen wir aber in einen üppigen Urwald warmgemäßigten Landes mit Pflanzenarten, wie sie der pazifischen Abdachung fehlen, in ein immerfeuchtes Gebiet, das zu allen Jahreszeiten Niederschläge empfängt und daher fast immer schlechte Wege besitzt. Nach $6^1/_2$ stündigem „Ritt" war das Gebirge überquert; wir fanden uns in dem Kalkgebiet der Zona Reina mit ihrer dünnen Besiedelung und den wenigen noch im Anfangsstadium steckenden Plantagenunternehmungen. Es ist bereits früher auf die Bedeutung der Zona Reina vom wirtschaftlichen Standpunkt hingewiesen worden (vgl. Mitt. geogr. Ges. Hamb. Bd. 39 (1928) S.30f.). Der Eindruck, den ich jetzt von ihrem östlichen Teil erhielt, bestätigte den früheren aus dem Westen des Gebietes. Die gleichen niedrigen Kalkrücken mit ihrer Wasserlosigkeit, die feuchten, bisweilen sumpfigen Wiesen auf den abgeholzten Senken, wie sie sich bei

La Palmera (750 m) finden, die gleiche dünne Bevölkerung und derselbe Mangel an guten Verkehrsverbindungen und genügenden Arbeitern. Ein paar Hütten bezeichneten den Weiler Lancetillo (750 m) an einem der wenigen dauernd fließenden Bäche, dem Rio Cuatro Chorros, wo auch eine kleine Garnison sich aufhielt. Verschiedentlich bemerkte man in der Umgebung altes Rodungsland, das aufgegeben war und an den traurigen Überresten von Bananenstauden und künstlich gepflanzten Agaven das Schicksal manches Unternehmens verkündete. In La Palmera zeigte sich der Boden wohl zu feucht für den Kaffeebau, denn man hatte die Kaffeehaine nicht mehr gepflegt und sich mehr auf die Viehzucht eingestellt. Bei Sacchí (670 m) kreuzten wir den Weg, den ich im Februar 1927 von La Taña nach Chamá benutzt hatte, überquerten nochmals einen 870 m hohen Kalkzug mit Dolinen und stiegen danach in die Mulde von Chiguatál (680 m) ab, in der die Herrn Glinz gehörende Kaffeeplantage gleichen Namens liegt. Ihr Verwalter, Herr Klahr, ein echter Pionier in jener entlegenen Gegend, empfing uns in dem einfachen Wohnhaus, und führte uns später in den recht guten Kaffeehainen umher, die bei weitem die besten waren, die ich in der Zona Reina gesehen hatte. Die Aufbereitung der Ernte geschieht hier natürlich in primitiver Art. Das Trocknen wird auf tragbaren Holzgestellen vorgenommen, um bei den täglich einsetzenden Regengüssen schnell dieselben ins Trockne bringen zu können. Der Kaffee ist von guter Qualität und wird ohne Schwierigkeiten in Cobán zum Verkauf für den Export gebracht. Chiguatál hat auch ferner den Vorzug einer günstigeren Verkehrslage als die Plantagen der westlichen Zona Reina. Während von dort der Kaffee über die schlimmen Gebirgspfade des Cerro Putúl nach Nebáj oder Uspantán geschafft werden muß, von wo er noch tagelangen Transport bis zur Bahnlinie an der pazifischen Küste nötig oder aber bei Fortschaffen nach der Alta Verapaz das gebrochene Hügelgelände der Zona Reina von Westen nach Osten zu passieren hat, bietet Chiguatál die Möglichkeit, ihn in rund 4 Stunden bei den heutigen Wegverhältnissen bis an den Chixoy zu bringen, so daß er in zwei Tagen von der Finca am Absatzmarkt in Cobán eintreffen kann. Sollte sich das Projekt einer Fähre über den Chixoy bei Chamá verwirklichen lassen, so würde damit der Warentransport wesentlich erleichtert werden, da die Flußpassage in der heutigen Weise des Übersetzens in schmalen Einbäumen bei der immer erheblichen Strömung und der reichlichen Wassermenge des Flusses in der Regenzeit manche Schwierigkeiten, auch selbst Gefahren in sich birgt.

Überrascht war ich, auch in diesem Teil der Zona Reina mehrere alte Hügel zu finden, die auf dem Gebiete von Chiguatal liegen. Es zeigt sich somit, daß dieses ganze Gebiet bis an den Rio Coopóm einst besiedelt war und zwar von einer Bevölkerung, die in ihrer Kultur mit jener ident gewesen ist, deren hohe künstlerische Leistungen wir in den bemalten Gefäßen aus Chamá bewundern. Systematische Grabungen in diesem Gebiet würden noch zu aufschlußreichen Ergebnissen über die Mayabevölkerung Nordguatemalas führen.

Am 19. Januar waren wir abermals aufgebrochen und ritten ostwärts dem Rio Chixoy zu, an den Herr Klahr mit vieler Mühe einen neuen Weg bauen ließ. Wir gelangten an die gleiche Stelle zum Übersetzen, Pacalá genannt, die ich 1927 benutzt hatte (310 m). Ein Indianer mit seinem Sohn bediente das Kanu, das uns und das Gepäck auf das östliche Ufer brachte, während die Tiere teils schwimmen mußten, teils an einem Halfter vom Einbaum aus hinüberbugsiert wurden. An der heute verfallenen und fast aufgegebenen Finca Chamá (360 m) ritten wir vorüber, um noch am Abend zur Hacienda Sachál (570 m) zu kommen und dort zur Nacht zu bleiben. Am 20. Januar trafen wir in Samác (1320 m) ein, wo uns unser liebenswürdiger Wirt, Herr Helmerich, mit der Nachricht überraschte, daß seit zwei Tagen ein Aufstand im Lande ausgebrochen wäre und daß die Regierung Truppen ausheben und andere Requisitionen vornehmen würde. Wir vermochten zunächst dieser Mitteilung keine allzu große Bedeutung beizumessen, wurden jedoch schon am folgenden Tage beim Ritt von Samác nach dem nahe gelegenen Cobán eines Besseren belehrt, da auf den Landstraßen keine Indianer, überhaupt nur wenige Weiber zu sehen waren. Das tägliche Kommen und Gehen vor den Toren der Landstädte zum Markt war einer auffälligen Stille gewichen. Da wir insgesamt mit drei Dienern und 12 Tieren unterwegs waren, so wurden wir doch etwas besorgt, als wir nunmehr an den Ernst der in Aufruhrfällen üblichen Requisitionen und persönlichen Beschränkungen dachten. Als wir auf dem großen Platz in Cobán eintrafen, wimmelte es dort von Soldaten und frisch ausgehobenen Milizen, die in Zivil waren und nur durch kleine Stoffmarken auf den Ärmeln als reguläre Truppen erkennbar wurden. Verwunderte Blicke folgten uns, als wir in dem kleinen Hotel abstiegen, und es dauerte auch nur wenige Minuten, als wir durch Polizisten aufgefordert wurden, uns dem Jefe político (Regierungspräsident) vorzustellen. Das alles geschah freundlich und ohne Aufhebens zu machen, so daß wir wie gewöhnliche Zivilisten in das Amtsgebäude gelangen konnten. Man fragte uns nach dem Woher und Wohin und bedeutete uns, das zum Betreten eines anderen Regierungsbezirkes Pässe notwendig wären. Unser Plan war gewesen, von Cobán nach Rabinál und später nach Guatemala Stadt zu reisen. Jetzt ließ sich überhaupt im Augenblick kein solcher fassen. Telegraphenverbindungen waren unterbrochen, wilde Gerüchte sickerten durch und kein Mensch wußte, wo der Herd des Aufruhrs lag. Nur das wurde sicher, daß das Nachbardepartament der Baja Verapaz mit seiner Hauptstadt Salamá an dem Putsch beteiligt war: und Rabinál, unser nächstes Ziel, lag gerade in diesem Bezirk. Nach kurzer Überlegung wurde beschlossen, auf jeden Fall nach Rabinál zu reisen, nur dabei einen wenig begangenen und weiteren Weg durch das Tal des Rio Negro zu wählen. In Rabinál bestand die Möglichkeit, genauere Nachrichten über die Zustände auf den Plantagen an der Küste zu erhalten und außerdem befanden sich in dem Dorf Niederlassungen der beiden großen Plantagen San Andrés Osuna und Concepción, wo wir uns im Notfall längere Zeit aufhalten konnten. Es muß besonders hervorgehoben werden, daß uns die Behörden in jeder Weise freundlich und zuvorkommend entgegenkamen, und ich möchte hier besonders betonen, daß auch die weitere Reise trotz der bewegten Zeiten in jeder Beziehung gut ablief, was für einen Reisenden mit Erinnerungen an die Revolutionszeit in Deutschland mit ihren persönlichen Belästigungen und ihrer öffentlichen Unsicherheit und der Lebensgefahr für gänzlich Unbeteiligte in dem krassesten Gegensatz stand. Und wie oft hört man diese kleinen Länder mit ihren Indianern und Mestizen als Gebiete von Willkür und roher Gewalt bezeichnen!

Nach einem kurzen Besuch in Chimáx bei Familie Schilling brachen wir am Nachmittag von Cobán auf und ritten über Santa Cruz nach San Cristobal Cajcój, wo wir in der Dunkelheit eintrafen, vor dem Ort einer Patrouille in die Hände fielen und erst nach Absendung eines Boten auf die Erlaubnis des Ortskommandanten zum Betreten des Dorfes warten mußten. Wir verbrachten den Abend im gastlichen Haus von Herrn Waldemar Thiemer und saßen am frühen Morgen des 22. Januar wieder im Sattel, um die weite Strecke bis Rabinál sicher in einem Tagesritt zurückzulegen. Bald südlich von San Cristobal erreichte der Weg eine Paßhöhe (1520 m), unter der das gewaltige Tal des Rio Negro — wie dieser Teil des Rio Chixoy genannt wird — tief eingesenkt sich hinzog. Nach einem Abstieg von 780 m kamen wir an den Fluß bei der Zuckerrohrfinca San Joaquín (740 m) und folgten dem östlichen Ufer. Das Tal verengerte sich und zeigte einen prächtigen Durchbruch durch einen

Kalkriegel des Belejúb Gebirges. Brausend schoß der grünblaue Fluß durch die enge Klamm, deren Felswände arm an Vegetation waren, bedeckt mit verdorrtem braunem Gras, mit Kakteen und anderen Sukkulenten. Wir waren in die zentrale Trockenzone eingetreten, die in so großem Gegensatz zu der feuchten Nordabdachung der nördlichen Gebirge steht. Ein riesiges Felsentor öffnete das Tal bei Santa Ana (740 m), wo von Osten der Rio Carchelá in den Rio Negro einmündet. Helle vulkanische Lockermassen sind im Tal abgelagert worden, die als eine 50 m-Terrasse am Südhang hervortreten. Südlich des Carchelá beginnt die öde Serpentinzone mit ihrer spärlichen Vegetation, in der zahlreiche Fächerpalmen auffallen. Nach Überschreitung des Passes von Tocoyito (1580 m) stiegen wir zum Rio Salamá (930 m) ab und erreichten mit anbrechender Dunkelheit das Dorf San Gabriél (ca. 1000 m), ohne in dasselbe einzureiten. Etwa 1 km südwestlich schon beim Anstieg zur letzten Gebirgsschranke dieses Tages begriffen, wurden wir von Indianern umzingelt, die uns im Auftrage des Ortskommandanten nach San Gabriél zurückholen sollten. Nach langen Auseinandersetzungen einigte man sich endlich, uns ziehen zu lassen, so daß wir gegen 10 Uhr nachts in Rabinál ankamen.

Wir blieben bis zum 24. Januar in dem Dorf, und ich stattete noch den mir bisher unbekannt gebliebenen Ruinen von Xeocóc-Buena Vista einen Besuch ab, die in ihrer Ausdehnung und der Zahl von Gebäuden und Pyramiden zu den ausgedehntesten gehören, die das Hochland Guatemalas besitzt. Sie liegen auf einem langen schmalen Bergsporn in ausgezeichneter Verteidigungsstellung und gruppieren sich in eine Anzahl von Gebäudekomplexen, die sich um Höfe anordnen. Gewöhnlich liegt in ihrer Mitte eine wohl erhaltene Stufenpyramide, deren abgeschrägte Unterbauten noch vielfach den alten Kalkverputz tragen. Wo er zerstört ist, zeigt sich die Aufmauerung aus dünnen Platten der am Ort anstehenden Gneise. Alfred P. Maudslay hat diese Stelle besucht und einen kleinen Teil der Ruinen im Grundplan aufgenommen (A Glimpse at Guatemala, London 1899, S. 101-104 mit Plänen). Ich selbst hatte leider auch nicht mehr die genügende Zeit, um die sämtlichen Gebäudekomplexe aufzunehmen, sondern mußte mich mit den 5 südlichen Gruppen begnügen. Die erste Beschreibung dieser Stelle verdanken wir dem Abbé Brasseur de Bourbourg, der sie in einem Briefe an die „Gaceta de Guatemala“ vom 9. Juli 1855 veröffentlichte (abgedruckt in „Anales de la Sociedad de Geografía é Historia de Guatemala, T. VI (1929) S. 55—59). Eine genaue archäologische Untersuchung würde noch wichtige Ergebnisse an dieser Stelle und den benachbarten Ruinenplätzen des Beckens von Rabinál zeitigen.

Am 25. Januar brachen wir von Rabinál auf, nachdem der Aufstand, der sich besonders im Westen des Landes abgespielt hatte, schnell von der Regierung unterdrückt worden war, und gelangten in zweitägigem Ritt über El Chol und Sarsál am 26. Januar nach der Hauptstadt Guatemala.

In den noch verbleibenden Wochen bis zu meinem Aufbruch aus dem Lande besuchte ich nochmals die Ruinen von Quiriguá, um die dort von der Landesregierung vorgenommenen Erhaltungsmaßnahmen zu besichtigen. Dann ging es zum letzten Mal an die pazifische Küste nach San Andrés Osuna und zur Plantage El Baúl, auf der kurz vorher neue wichtige Funde bei Anlage von Zuckerrohrfeldern geborgen worden waren. Sie stellten in ihrem Stil sehr auffällige Stücke dar, die das Rätsel der Bevölkerung dieses Platzes keineswegs lösten. Auch eine sehr wichtige und hochinteressante Hieroglypheninschrift war auf einem Lavablock entdeckt worden, die mir der Verwalter, Herr Julio Sálas, bereitwilligst zeigte und die ich noch in aller Eile wenigstens photographieren konnte. Dann ging es zurück zur Hauptstadt, wo die Vorbereitungen zur Abreise getroffen wurden. Am frühen Morgen des 20. Februar reiste ich von Guatemala nach Santa Ana und San Salvador, blieb noch eine Woche in dieser Republik und unternahm währenddessen die oben beschriebene Exkursion auf den Vulkan von San Miguel. Am 27. Februar schiffte ich mich von dem Hafen La Libertad auf dem Motorschiff „Balboa" der schwedischen Johnson Linie ein. Nach einer prachtvollen Seereise längs der pazifischen Küste des südlichen Mittelamerika durch den Panama-Kanal und schließlich das Karibische Meer traf ich nach 4 wöchentlicher Fahrt in Plymouth ein. Ein eintägiger Aufenthalt in London erlaubte noch eine schnelle Besichtigung der eben ausgestellten neuen Funde des Britischen Museums aus Britisch Honduras: dann erreichte ich am 28. März Hamburg. —

X. Schluss.

So haben sich die Reisen insgesamt auf den Zeitraum von $3^1/_2$ Jahren erstreckt. Ihr Verlauf im Einzelnen wird aus der beigegebenen Karte der Reisewege (vgl. Tafel 1) ersichtlich. Gewiß gehören heute die Länder des nördlichen Mittelamerika nicht mehr zu den geographisch unbekannten des amerikanischen Doppelkontinentes. Und dennoch ist hervorzuheben, daß trotz grundlegender geographischer und geologischer Arbeiten von deutscher Seite (K. Sapper, K. von Seebach), dennoch eine Fülle von Kleinarbeit, von ergänzenden Studien und Beobachtungen vorhanden ist. In dem schwierigen Gelände, bei den komplizierten geologischen und tektonischen Verhältnissen, bei der immer vorauszusetzenden Zufälligkeit geeigneter neuartiger Beobachtungen können die noch ungelösten Probleme nur auf Grund eines langen Aufenthaltes und mancher wiederholten Begehung derselben Gebiete ihrer Aufhellung näher gebracht werden. Dabei sind jene Länder wiederum geographisch doch noch nicht so erschlossen, daß der Reisende nun etwa daran denken könnte, nur der Verfolgung eines bestimmten Problemes sich widmen zu können. Er wird sich in die Notwendigkeit versetzt sehen, zuerst einen Überblick über die stark von einander abweichenden Verhältnisse der Landesnatur, des Klimas, der das Bodenrelief gestaltenden Kräfte und Agentien zu gewinnen; vor allem aber eine brauchbare Grundlage aller physisch-geographischen Untersuchungen sich in Form einer Karte zu verschaffen. Noch weit mehr aber setzen die Studien über die anthropogeographischen und auch die wirtschaftsgeographischen Verhältnisse einen langen Aufenthalt voraus, da zu ihrer Durchführung außer der Kenntnis der Landes- und dieser oder jener Eingeborenensprache auch Vertrautheit mit der historischen Vergangenheit, dem Volkscharakter der heterogenen Bevölkerung und der modernen mitzuerlebenden Einpassung jener Länder in den europäisch-nordamerikanischen Rahmen der heutigen Weltwirtschaft und Technik unerläßlich sind.

Hieraus erhellt das äußerst wechselvolle Bild, das den Reisenden in jenen Gebieten erwartet. So haben sich denn auch die Reisen in erster Linie auf die Gewinnung von neuem Material zur physischen Geographie des nördlichen Mittelamerika und zur Verbesserung der bisherigen Karten erstreckt. Dank des langen Aufenthaltes ist es aber darüber hinaus auch möglich gewesen, anthropogeographischen und wirtschaftsgeographischen Fragen nachzugehen, und zwar in Verbindung mit Studien über die Ethnographie der heutigen indianischen Bevölkerung jener Länder. Hatte doch das Völkerkunde-Museum in Hamburg den besonderen Wunsch geäußert, Sammlungen über die heutige und die vergangene Kultur der Mayavölker anzulegen und entsprechende Untersuchungen anzustellen. Wo sich daher Zeit und Gelegenheit finden ließen, ist diesem Wunsche Rechnung getragen worden. Eine Sammlung von modernen Stücken und Resten älterer Herkunft konnte für das Museum angelegt werden, wozu auch die Aufnahme eines Filmes über das gegenwärtige Indianerleben kam. Aufnahmeapparat und Material wurden mir von dem Museum zur Verfügung gestellt.

Guatemala und El Salvador sind heute aufstrebende Staaten. Die moderne Zeit hat in ihnen Eingang gefunden und breitet ihren Einfluß im Landesinneren immer weiter und schneller aus. Der Fortschritt im Verkehrswesen, in der Anwendung technischer Errungenschaften von Licht und Kraft, von Flugzeug und Radio ist unverkennbar. Und trotzdem macht es gerade einen besonderen Reiz aus, daneben noch so manches Überbleibsel aus einer alten Zeit zu finden, eine Lebenshaltung weiter Bevölkerungskreise auf dem platten Lande, die sich in nichts von jener in den Zeiten älterer Reisender unterscheidet. Nur wenig abseits von den modernen Verkehrswegen stehen wir in der Vergangenheit und werden auch als Reisende gezwungen, uns der alten Weise der Fortbewegung mit Reittier oder zu Fuß zu bedienen und damit erst wirklich die Schwierigkeiten kennen zu lernen, die nicht nur in der Landesnatur, sondern auch in den Gebräuchen und den Lebensanschauungen der Bewohner, besonders der Indianer, beruhen. Auch hier ist wieder persönliche Einpassung des Fremden notwendig, die nicht in der kurzen Zeit weniger Monate erworben werden kann, sondern die selbst bei individueller Anpassungsfähigkeit lange Zeit der Übung und des Verstehens bedarf.

Sind aber einmal solche Schranken zwischen dem Landesfremden und dem Einheimischen geschwunden, dann wird ersterer immer mit Freude an jene herrlichen Länder und ihre gastfreien, zuvorkommenden Bewohner zurückdenken. Und so möchte ich auch hier Worte aufrichtigen Dankes an die Landesbehörden der drei Republiken Guatemala, El Salvador und Honduras aussprechen, für die gastfreie Aufnahme in ihren Ländern und für die stets hilfsbereite Unterstützung in meinen Arbeiten.

Dankbar gedenke ich noch einmal hier aller jener Deutschen und Schweizer, die meine Arbeiten in so weitgehendem Maße unterstützt haben und die ich als Freunde habe schätzen lernen dürfen. Ihre Namen sind oft in den vorangegangenen Berichten genannt worden. Tiefsten Dank schulde ich dem Hause Schlubach, Thiemer & Co. in Hamburg, der Central American Plantations Corporation in New York und der Familie Schlubach selbst, durch die in erster Linie die Durchführung der Reisen und Studien in dem umrissenen Umfange ermöglicht worden ist. Und endlich gedenke ich in aufrichtiger Dankbarkeit des deutschen Gesandten in Guatemala, Herrn Dr. von Kuhlmann und seiner Gattin sowie der Herren Dr. H. Goebel, G. Hurter und General-Konsul D. E. Sapper, die mit warmem Interesse und steter Hilfsbereitschaft meine Reisen und meinen Aufenthalt in den schönen Ländern gefördert haben.

New Orleans und das Mississippidelta.

Von

Bruno Dietrich, Wien.

(Mit 12 Textfiguren und 4 Abbildungen auf Tafel 6 und 7).

Das Deltaland ist das Land der Mitte des südlichen Teiles des sogenannten Mittelwestens der Union. Topographisch, im Relief aufgefaßt, liegt die Wurzel dieses Deltas am mittleren Mississippi. Von der schmalen Tieflandbucht bei Memphis, etwa bei der Einmündung des Arkansas dehnt sich das tiefe Land bis zur weiten Küstenebene der „Coastal Plain" und bis hinein in die fingerförmig wachsenden Arme des Deltas im engeren Sinne.

Die Abgrenzung der Gulf Coastal Plain ist topographisch, geologisch und morphologisch bedingt.

So wie das eigentliche tiefe Land sich von der atlantischen Küstenebene ausgehend, um die Appalachen herumschwingt, bis tief nach Norden zu den Ozark Mountains reicht, zieht seine Grenze an den Ouatschita Mountains um die kleine Hebungszone des Llano Burnet Uplift, einer Bruchlinie folgend, zum mittleren Rio Grande del Norte.

Das ist topographisch eine ausgesprochene Grenze. Ihr Rahmen wird gebildet entweder durch ausklingende Gebirge oder den Anstieg des tiefen Landes nach Norden. Die Landschaft selbst ist eine flache schiefe Ebene, die als Landform kaum merklich in den Golf übergeht. Auch morphologisch hebt sich das Deltaland deutlich von seiner Umgebung ab. Geschlossene alte Gebirgsformen der west-appalachischen Rümpfe begrenzen es im Nordosten. Alte Einzelgebirgsgruppen liegen im Nordwesten und schließlich steigt eine schwach ausgeprägte Bruchstufe im Westen an. Dieser Formenkreis umrahmt die Deltaschuttebene, wobei Schutt im weitesten Sinne gemeint ist.

Geologisch deckt sich die Formengrenze des Deltalandes mit der Grenze des Tertiärs gegen die Aufragungen der alten Gebirgsstöcke vom Rumpfcharakter der Appalachen.

Die Grundlage der eigentlichen Deltabildung ist zeitlich post-eocaen anzusetzen. Das Eocaen selbst weist nach den neuesten Untersuchungen des Geological Survey mindestens vier Haupttransgressionen auf, die sämtlich bis fast in die Gegend des heutigen Cairo vordrangen. Sie sind etwa durch die geschlossenen oder insularen Reste der alten Landmassen begrenzt.

Die Verbindungslinie der Städte S. Antonio, Dallas, Texarkana, Little Rock, Cairo, Tennessee River und Montgomery wiederholt in großen Strichen den Grenzsaum der Transgressionen.

Die eigentliche Deltabildung setzt erst post-eocaen ein. Bis zum ausgehenden Tertiär ist die Ausdehnung, d. h. das Wachstum des Deltalandes einem steten Wechsel von Meeresvordringen und Hinausschieben des Deltas ausgesetzt gewesen. Die Tendenz, die im Diluvium und von da an bis heute sich durchgesetzt hat, ist das Wachstum ins Meer. Küstenseen, Strandseen, Wasserstellen zwischen den Deltaarmen verlanden oder werden abgeschlossen und bleiben als Zeichen früherer Küstensäume hinter dem wachsenden Land zurück. Die Küstenströmungen und Strandversetzungen, Nehrungen und Küstenhaken helfen den Vorgang verstärken. Die eigentlichen Arme des Deltas sind längst weit ins Meer hinausgereckt und wachsen pro Jahr um 150—300 m weiter hinaus.

Das Mississippi-Delta-Land ist Ebene. Erhebungen bis zu 150 m kommen kaum und nur in den sogenannten Bluffs, den Hügelabfällen an den Ostufern des Stromes bei Baton Rouge vor.

Nördlich von New-Orleans zieht in annähernd ost-westlicher Richtung diese Hügelzone der Bluffs, die aus gelbrotem, lößähnlichem Material bestehen. Es dürften Aufwehungen auf den Boden der Küstenebene sein. Erst weiter im Norden wird das Land hügelig bis zu einem Auf und Ab von 150 m in der rolling topography der Amerikaner.

Die Küste selbst ist flach, lang ausgezogen aus feinem Sand, immer mit Ausnahme der marschig-sumpfigen Wasserzone der Deltaarme. Westlich vom Delta liegt, fast unzugänglich, ein Landschaftsgemisch von Sand- und Marschcharakter, östlich ein schmaler Saum von schneeweißem Strande vor dem Gelbkiefernwald. Hier entstanden Biloxi, Paß Christian, Golf Port, die Modebäder an der Golf-Riviera.

Das eigentliche Mündungsgewirr aber ist in feinen Fäden von Nehrungen ausgezogen.

In der Ebene ist zonenförmig die Schichtenfolge vom Eocaen bis zur Gegenwart erhalten. Die Gesamtmächtigkeit dürfte etwa 800—900 m im Mittel betragen. Diese Ebene wird unbeschadet ihres Gesamtcharakters als Flachland, namentlich in den weiten baumlosen Flächen, von Kleinformen, den sogenannten Mounds oder, wenn sie noch kleiner sind, den Pimpels unterbrochen. Diese mounds sind flach gerundete Hügel verschiedener Größe mit Variationen von der Sabineerhebung bis zu kleinsten Hügelchen. Für alle charakteristisch ist die sogenannte Domform. Gelegentlich der großen Ölskandale im Jahre 1928 ist noch ein anderer bezeichnender Name — teapot, d. h. Teetopf, aufgetreten.

Diese Dome sind Salzgebirge im geologischen Sinne. Topf- oder domförmige Steinsalzmassen, durch eine Kappe von Anhydrit geschützt, sind durch die mittleren und jüngsten Tertiärschichten (Sand, Ton, lignitführende Schichten, marine und terrestre Sande und Grande mit sich nehmend) nach oben aufgebläht, so daß die Form ihrer Kappe oder Kalotte an der Oberfläche wiederholt wird.

Abgesehen vom engsten Delta zieht sich dieses Gebiet in weitem Bogen um den Golf westlich der Mississippi-Mündung. Viele Dome liegen so tief oder sind so durch spätere Aufschüttungen an der Oberfläche ausgeglichen, daß sie als Form keine, wohl aber als Wirtschaftsobjekt eine bedeutende Rolle spielen.

Das Klima (Figur 1).

Die süd-nördliche Anordnung des Deltalandes als eines Stückes des amerikanischen Mittel-Westens macht es eigentlich selbstverständlich, daß klimatische Einflüsse in Richtung des Stromlaufes zu erwarten sind. Im Sommer stark, im Winter abgeschwächt, wirken die vom Golfwasser zum Lande bewegten Luftmassen. Die Einflüsse aus dem Norden sind verhältnismäßig schwach. Erwähnt sei als Maß dafür die Tatsache, daß die Nordwirkung sich im Höchstfalle in 10 Tagen mit Frost bemerkbar macht. Sonst aber dominiert im Klima die Südlage.

Aus einem 53jährigen Mittel ergeben sich für New Orleans

als Mitteltemperatur .... 20,7° C
als Januartemperatur .... 13,6° C
als Julitemperatur .... 29,0° C
und sommerliche Einzeltemperaturen,
die häufig .... 38,0° C erreichen.

Im Vergleich zu ähnlich hohen Temperaturen im Südwesten der U.S.A. etwa in Arizona, wo Temperaturen von 42—45° C vorkommen, erscheinen die Werte für die Julitemperaturen in New Orleans gering.

Aber New Orleans und der Kern des Deltas liegen am und im Meere, sind stark feucht, so daß in der Zeit vom Juli bis Oktober das Klima etwa den Bedingungen in einem Treibhause verglichen werden kann. Das ist eigentlich die größte klimatische Hemmung des Landes. Die

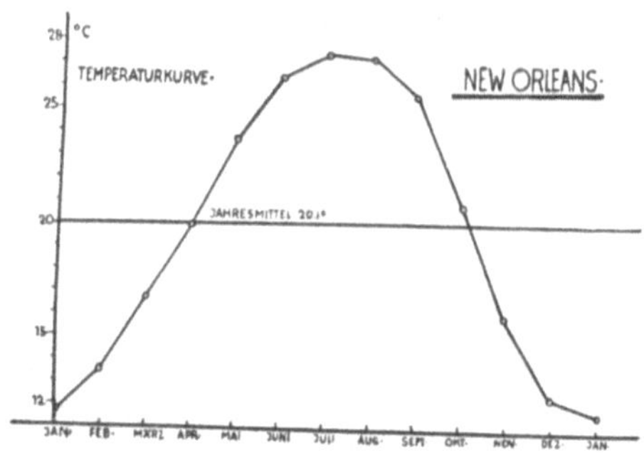

a) Der jährliche Gang der Temperatur in New Orleans.

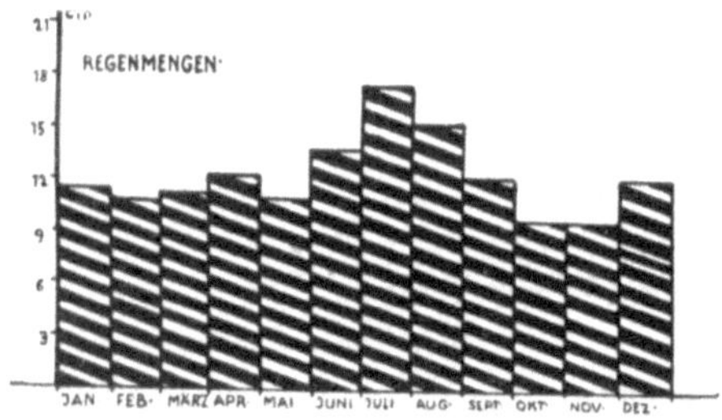

b) Verteilung der Niederschläge in New Orleans.

Figur 1. Ein Vergleich der beiden graphischen Darstellungen zeigt deutlich das Zusammenfallen der Maxima von Temperatur und Niederschlägen von Juni bis September. Diese Periode ist zugleich die des größten Feuchtigkeitsgehaltes der Luft und der größten Hemmungen für den Arbeitsmenschen.

Arbeitskräfte erlahmen, die Arbeit ruht, langsam schleichen die Menschen durch die Straßen; Mattigkeit liegt auf allen und zwingt zur Ruhe. Das Leben erwacht erst wieder um die Jahreswende, wenn die Wandlung des Klimas etwa im Sinne zum Rivierenklima erfolgt ist.

So wie das Wachstum des Landes im Ganzen genommen zonenförmig zum Golf hinstrebt und wie das Klima in der gleichen Weise immer subtropischer wird und gleichsam durch die Rivierazone zur eigentlichen Klimaregion des Golfes führt, so auch die V e g e t a t i o n, die Naturlandschaft, so weit diese noch vorhanden ist.

Die Randzonen des Deltas sind im Pflanzenkleide grundverschieden. Im Westen klingt alles ins trockene Prärieland aus, im Osten gürtelt der Gelbkiefernwald das Delta.

Das weite Stromland, die Großaue des Mississippi, trägt subtropischen Vegetationscharakter stromaufwärts nach Norden. Wildwasserarme, alte Wasserstagnationszonen liegen mit ihrem Vegetationsgewirr wie eine breite Galerie zu beiden Seiten des Stromes, wenn nicht Deiche dem Strome eine bestimmte Bahn gewiesen haben. Das Überschwemmungsland ist eine breite selbständige Naturlandschaft, eine Gefahrenzone zugleich. Breit und schmutzig-gelbgrau ziehen die Wasser durch dieses Land. Auch ohne die Störungen durch Ausuferungen und Überschwemmungen ist die Kraft des Stromes so stark, daß bislang keine Brücke dem Wasserdrucke zu widerstehen vermochte. In der Tat fehlt südlich Memphis, d. h. auf 1000 km Stromlauf, jegliche Brücke, und der Fährverkehr ist die normale Form der Stromüberquerung.

Die verschiedenen Vegetationsformationen folgen sich zur Stromniederung, wie auch zum Delta derart, daß die beiden großen Gruppen Trockenvegetation und Wald den Außenrahmen bilden, im Osten bis an den Fluß oder die Küste Wald bleiben und auch im Westen in der Regel in Wald ausklingen. Die Küsten sind weiß.

In der Mitte vollzieht sich fast unmerklich die Wandlung von Feuchtwald mit Lianengewirr, mit immer dichter werdendem Palmenunterholz zum Dickicht des eigentlichen Deltas. Die Kiefern sind dort längst durch Sumpfbäume, besonders Cypressen abgelöst. Schließlich wird das Pflanzenkleid zum undurchdringlichen Wall. Eingeschaltet zwischen den Stromarmen und dem sonstigen Wassergewirr liegt oberhalb des Hochwasserniveaus trocken die Hartgras-Steppe mit einzelnen Bäumen oder Baumgruppen.

Boden, Klima und Vegetation geben in ihrem Zusammenklingen ein buntes Bild natürlicher Einzellandschaften. Auf der einen Seite überwiegt das Zuviel an Wasser. Das gilt für die Strommündung und für die feuchtluftschweren Küstensäume im eigentlichen Delta, für die Treibhauszone. Das sind die Landschaften der heute allerdings schon stark eingeengten Malariagefahr. Auf der anderen Seite, das heißt in den Landschaften der etwas höher gelegenen Teile der Coastal Plain, trägt durchlässiger trockener Boden nur noch Kiefernwald.

Verkehr.

An dem Übergange zum eigentlichen feuchten Delta liegt New Orleans. Durch Flachland führt der Weg zur Stadt. Sparrige Bäume, im Sumpfe stehend, von oben bis unten mit Tilantien behängt, sind durch Lianen verknüpft und bilden ein oft unentwirrbares Netz. Fächerpalmen in großen Mengen und Mannigfaltigkeit vervollständigen das Bild dieser Küstenlandschaft durch die der Weg zur Hauptstadt des Südens führt.

Selbst die größten Schienenwege haben keine Brücke. In Teile zerlegt werden die Züge über den Strom transportiert. Mississippidampfer mit Doppelschornsteinen nebeneinander und hohem Etagenbau transportieren gerade so wie vor 50 Jahren Waren und Menschen. Erst in der Zone von Süd-Louisiana ist der Riesenstrom durch Deichbauten in eine feste Bahn gezwungen und dies auch nur in seinem Hauptverkehrsarm.

Bodenart und Klima sind die Ursachen, daß der Vater der Ströme, der Mississippi, in seiner letzten Laufstrecke kaum noch Wasser empfängt. Die in dem gewaltigen Einzugsfächer gesammelten Wasser werden hier von der Natur in einen mächtigen Strom zusammengefaßt. Andererseits weist das hydrographische Bild systematisch nach Süden, weist deutlich auf den Golf hin. So wäre die Ausnutzung des billigen Wasserweges eigentlich eine von Natur gegebene Selstverständlichkeit gewesen, jedoch sind die Ansätze zur Mississippi-Groß-Schiffahrt 1830—1860 im Zeitalter der Eisenbahnen zurückgedrängt, ja abgetötet worden. Die Eisenbahnkonkurrenz war stärker als die Macht der Anhänger des Groß-Schiffahrtsweges. Der Bürgerkrieg und die Abschaffung der Sklaverei haben den Süden in eine Stellung zurückgedrängt, die den Eisenbahngewaltigen helfend zugute kam. Das Schienennetz in seiner großen Struktur ist immer transkontinental, d. h. ost-westlich gerichtet gewesen und erst in der Konkurrenz mit etwa auftauchenden Schiffahrtsideen, nord-südlich ergänzt worden. Nur ganz im Süden, im eigentlichen Delta, war die Eisenbahn noch nicht rentabel. Hier ist die Küste stets so lange frei vom Schienenweg geblieben bis die Nutzung eines neuen Badestrandes, einer neuen Badesiedlung oder andere wirtschaftliche Gründe wie neue Erdöl-, Erdgas- oder Schwefelfunde die Anlegung von Spezialbahnen erheischten. Sonst aber ist der Strom die alleinige Zugangsstraße in das Land geblieben. Wer von draußen vom Meer kommt, muß erst 150 km durch Sumpfland, das von Leuchtfeuern besetzt ist, fahren, bis er den Pulsschlag Amerikas in seinem Südhafen verspürt.

Die wirtschaftliche Struktur des Deltalandes.

Im Anfange der wirtschaftlichen Nutzung des Deltalandes, das wir etwa mit dem Staate Louisiana identifizieren wollen, steht der Wald. Als die ersten Weißen ins Land kamen (spanische und französische Eroberer), dürfte, abgesehen von den Sümpfen und Prärien der Küsten und des Deltas im engeren Sinne das große Deltaland nördlich New Orleans ein geschlossenes Waldgebiet gewesen sein. Von den Tagen der ersten Holznutzung bis heute ist der Wald eine der Wirtschaftshauptquellen des Landes gewesen. Die Hauptbestände sind Gelbkiefern des Trockenlandes und die Cypressen der Sumpfregionen. Dazu kommen noch viele andere, insbesondere Laubholzarten. Um 1870, als die Nord-Ost-Staaten bereits ihre großen Holzvorräte durch Raubbau fast aufgebraucht hatten, war die Gelbkiefer des Südens führend auf den amerikanischen Märkten. Damals begann auch die Entstehung der

Holzindustrie. Selbstverständlich war sie der Zeit entsprechend zunächst auf Rundholz und Schnittholz eingestellt. Schon 1909 war ein gewisser Höhepunkt erreicht, als die Gelbkiefer auf dem Weltmarkte eine Rolle spielte. 1920/21 liefern die Südstaaten allein 34—42 % des Holzschlages in U. S. A. Gegenwärtig flaut diese Vormachtstellung ab, und es vollzieht sich ein allmählicher Umschwung. Die Gelbkiefer weicht heute schon auf den Handelsplätzen der U. S. A. der Douglasfichte von der Nord-Westküste. Die Ursache dieser kommenden Wandlung liegt in der Wirtschaftsform begründet, die im wesentlichen Raubbau ist. Zeit zur Ergänzung des immer schneller abnehmenden Holzbestandes hat sich im Deltalande bislang niemand genommen.

Im Jahre 1925 war Louisianas Holzwirtschaft, insbesondere die Schnittholz- und die Papierstoffgewinnung bereits auf die modernsten Bedürfnisse eingestellt. Trotz aller Ausfuhr konnte Louisiana für den eigenen Staat fast eine halbe Million Tons Papier liefern. Zweifellos würde eine systematische Wiederaufforstung des geschlagenen Waldes die jährliche Holzstoffproduktion enorm steigern können. Sonst aber wird Louisiana seine starke wirtschaftliche Stellung in der Holzproduktion allmählich einbüßen. Das gilt von der Gelbkiefer genau so wie von der Cypresse.

Aber noch besitzt Louisiana die größte Sägemühle der Erde bei Bogalusa. Insgesamt dürften die beiden Deltastaaten Louisiana (350) und Mississippi (800) etwa 1200 Sägemühlen besitzen. Noch sind die Anteile Louisianas an der Holzwirtschaft der U. S. A. sehr erheblich. Louisiana liefert 6,9 % des Schnittholzes der U. S. A. und wird nur noch von den Staaten Washington und Oregon übertroffen.

An der gesamten Holzproduktion der U. S. A. ist Louisiana wie folgt beteiligt:

Gelbkiefer (Yellow Pine)	20,1 %
Cypresse	37,5 %
Red Gummi (Eukalyptusart)	24,1 %
Tupelo (Nyssa villosa)	55.5 %
Esche (Ash)	19,5 %
Cottonwood (kanad. Pappel)	9,4 %
Edelhölzer	36,4 %

Dazu kommen erhebliche Mengen von Rohgummi, Kiefernharz, Holzkohle und dem sogenannten Spanish Moss (Tilantia), das zum Füllen von Matratzen usw. verwendet wird. Heute ist der Wald zum großen Teile gerodet und nur wenig ursprünglicher Wald geblieben. An seine

Stelle ist die Kulturlandschaft getreten. Dazu sind weite Gebiete des Graslandes und schließlich die Trockenlandschaften des Westens mit einbezogen worden. Das Land ist in Nutzung genommen.

Die Landnutzung in Louisiana.[1])

Fläche: 29061760 acres .... 125625 km²
davon: 34,2 % genutztes Land (Farmland),[2])
12,9 % unter Pflanzbau,
8,4 % ursprünglicher Wald,
34,1 % geholztes und ungenutztes Land,
14,8 % Marsch-Sumpf-Land
8,5 % Wasser.

$^2/_3$ des Landes ist nur zu $^1/_5$ oder $^1/_{10}$ mit Bodenkulturen bedeckt und im ganzen stehen nur $^1/_3$ des genutzten Landes unter Pflanzbau (vgl. Figur 2).

Die Wirtschaftszonen.

Wie überall in den U. S. A. haben die verschiedenen kulturellen Einstellungen der Farmer, ihre aus der Heimat mitgebrachten Methoden der Bodenkultur, ein gewisses Probieren und schließlich eine auf Erfahrung gestützte Anpassung an die Klima- und Bodenverhältnisse zur Folge gehabt.

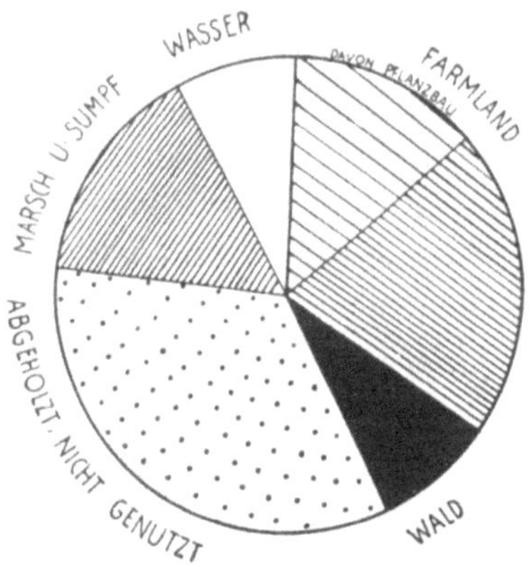

Figur 2. Der Anteil der Natur- und Kulturlandschaften an der Gesamtfläche des Staates Louisiana. Trotz der gesteigerten Plantagenwirtschaft stehen vom gesamten Farmland nur ein Drittel unter Pflanzbau. Weite Gebiete sind abgeholzt und noch nicht in Pflanzkultur genommen.

Die Wirtschaftsgürtel rund um das Delta im engeren Sinne sind stets geblieben, aber deren Dimensionen sind oft, namentlich im Norden verschoben worden. Ausgehend vom engsten Delta reihen sich die Gürtel der Reisfelder, der Zuckerrohrplantagen, der Baumwollplantagen und der Maisfelder nordwärts aneinander, verzahnen sich aber sehr stark und greifen oft inselförmig in andere Gürtel hinein.

Namentlich hat sich dieses Wirtschaftseinpassen in das Land, zu-

[1]) Nach Berichten der Louisiana State University.
[2]) Nach World Almanac für 1930 nur 30,4 %

gleich gehemmt durch klimatisch begünstigte Schädlinge, in der Ausdehnung und Verschiebung der Baumwollzonen gezeigt. Die wirtschaftliche Folge ist eine stete Schwankung im Anteil der Baumwollfelder an der gesamten Fläche der Pflanzenkulturen des Deltalandes gewesen.

So hat sich der Anteil der Anbaufläche im Staate Louisiana von 52% (1889), zu 28% (1909), zu 40% (1924), zu 42% (1927) geändert.

Auch die übrigen Zonen der Pflanzungen sind starken Veränderungen unterworfen gewesen, die sich im wesentlichen in einer Einengung der Zuckerrohrplantagen gezeigt hat.

Neuerdings sind besondere Versuchsstationen (Experimental stations) eingerichtet worden, die dem Farmer auf Grund des Studiums der klimatischen Eignungen des Landes eine Hilfe in der Auswahl für den Pflanzenbau geben sollen. Das gilt besonders für Baumwolle und Zuckerrohr. Hier arbeiten wissenschaftliche Erkenntnis und praktische Wirtschaft vorbildlich Hand in Hand. Aber diese Idee ist im Mississippilande neu. Ein Jahrhundert und mehr ist probiert worden, und so mancher Farmer wird auch heute noch auf eigene Faust weiterprobieren.

Ganz allgemein ergibt sich für Baumwolle, auf Grund des Klimas als Zeit der Aussaat Ende März bis Anfang Mai. Die früheste Aussaat geschieht im Alluvialgebiet der Mississippitalaue. Geerntet wird im Deltalande ab August. Eine wesentliche Steigerung in der Intensität der Baumwollwirtschaft hat seit der systematischen Kontrolle der tierischen Schädlinge eingesetzt.

Die Baumwollzone ist, wie alle Zentren und Zonen der Produktion in U. S. A. nach Westen verschoben worden. Die Westwärtsbewegung, die seinerzeit am Südostfuße der Appalachen mit der Baumwollkultur begann, ist längst über den Mississippi nördlich New Orleans westwärts gewandert und mit ihr der Neger als Pächter und Farmer. Nirgends erreicht die Baumwollzone die eigentliche Küste. Sümpfe, Sumpfdickicht und die reinen Dünenlandschaften der Küstenregion sind eine natürliche Hemmung und damit grenzbestimmend für die Baumwollkulturen geworden.

Die große Westwärtsbewegung der Baumwollkultur hat auch das Wirtschaftsschicksal der Stadt New Orleans eine Zeit lang beeinflußt. Nach Savannah an der atlantischen Küste war New Orleans zeitweise der größte Baumwollhafen der Erde. Der Aufstieg der Texasbaumwolle und die Tatsache, daß südlich Memphis keine einzige Brücke den Mississippi überquert, dürften die Ablösung New Orleans durch Galveston als nunmehrigen größten Baumwollhafen der Erde bewirkt haben.

In den Baumwollgürtel, den „cotton belt", greift von Norden her mit starken Anteilen an der Bodenkultur der Maisbau ein, dessen Kerngebiet allerdings weit im Norden des Mittelwestens liegt. Daran schließt sich nach Süden in einem breiten Bogen um das eigentliche Delta ziehend, die Region der Zuckerrohrfelder (vgl. Figur 3).

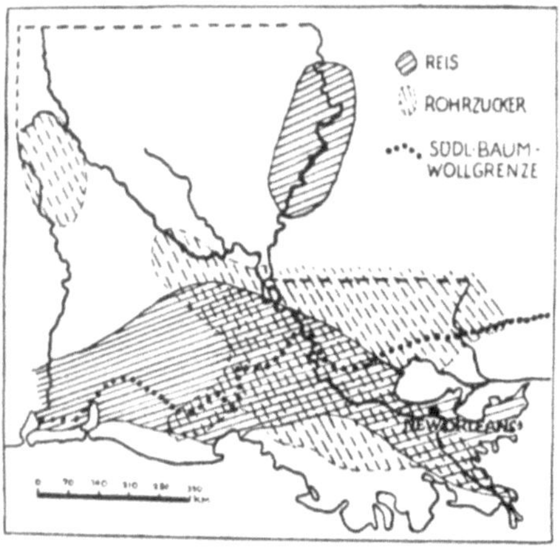

Figur 3. Die Wirtschaftszonen des Mississippilandes.

Reis- und Zuckerrohrgebiete greifen im engsten Delta ineinander und sind nur weiter nördlich in den Flußgebieten isoliert. Die Reisfelder sind in ihrer Ausdehnungsmöglichkeit beschränkt. Die südliche Baumwollgrenze meidet das eigentliche Küstengebiet.

Das prächtige Gelbgrün der in Büscheln stehenden Rohre ist ein integrierender Bestandteil des Farbenspiegels im Landschaftsbilde. Neben Riesenpflanzungen liegen Felder kleineren Ausmaßes, insbesondere der neuen Farmen und vor allem der Negerfarmen. Die Baumwollkulturen haben die Flächen der Zuckerrohrplantagen stark eingeengt; trotzdem liefert die gesamte Produktion des Südens so große Mengen, daß in New Orleans die größte Zuckerraffinerie der Erde entstehen konnte. Bemerkenswert ist, daß in jüngster Zeit Zuckerrohr aus Java eingeführt worden ist, weil es gegen Kälterückfälle widerstandsfähiger ist und einen größeren Gehalt an Zucker besitzt. Den Abschluß nach Süden bildet das Gebiet der Reiskulturen. 1926 standen in Louisiana 495 000 acres unter künstlicher Bewässerung. Diese wird maschinell vorgenommen und kostet etwa $^1/_5$ des Erntegewinnes.

Wenn man nach dem Anteil der Flächengröße und nicht nach dem Wert der Pflanzungsprodukte urteilen wollte, würde Baumwolle und Mais an erster Stelle stehen. Wenn man zudem bedenkt, daß von dem sogenannten Kulturland etwa nur $^1/_3$ wirklich unter Anbau steht, dann ergibt sich folgende Verteilung der Hauptbodenprodukte in % des wirklich bebauten Landes:

	Baumwolle:	Mais:	Beide:
1879	45%	39%	84%
1899	40%	40%	80%
1909	27%	44%	71%
1919	34%	38%	72%
1924	40%	32%	72%
1927[1]	42%	31%	73%

Von der in Kultur genommenen Pflanzbaufläche des Jahres 1927 entfallen auf Baumwolle 42%, auf Mais 31%, auf Reis 12,8% und auf Zuckerrohr 3,2% (vergl. Figur 4).

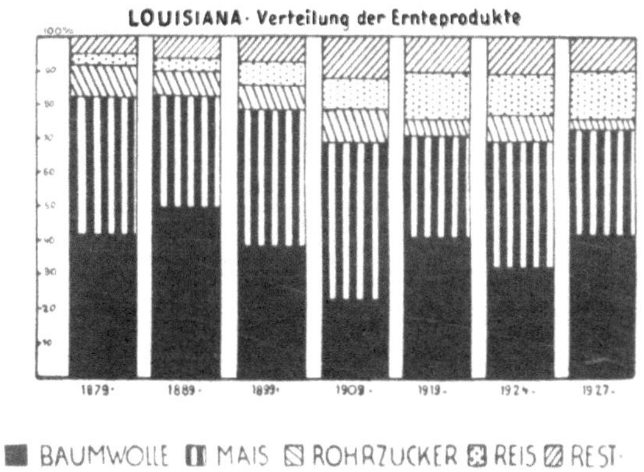

Figur 4. Der Vergleich der vier hauptsächlichen Ernteprodukte Louisianas über 48 Jahre zeigt die überragende Stellung im Anteil von Baumwolle und Mais, die Zunahme der Reisfelder und den Rückgang der Zuckerrohrplantagen.

Man sollte meinen, daß in einem Lande mit soviel Grasland, mit Steppen und mit Rodeland eine großzügige Viehzucht, sei es zum Zwecke der Fleisch- oder der Milchgewinnung oder für die Aufzucht von Zugtieren, entstanden sei. Dem ist nicht so! Die Viehhaltung nimmt beständig ab und wird durch die Steigerung der Baumwollpreise zwangsläufig verringert. In diesem Falle dreht es sich also nicht um geographische Ursachen. Die meisten Farmen haben nur Saisonarbeiter, und es bleibt, namentlich für die vielen kleinen Farmer keine Zeit, während der Jagd nach dem Baumwolldollar Viehfutter und besonders Heu zu schaffen. Infolgedessen ist das sonst so reiche Deltaland ein Zufuhrland von Nahrungsmitteln geworden. Dieser unerwartete Zustand geht so weit, daß selbst Gemüse aller Art nicht nur aus dem Mittel-Westen, sondern auch aus Kalifornien und Florida nach New Orleans eingeführt werden müssen. Das Gleiche gilt für Obst.

[1]) 1928 wurde das Areal für Baumwolle auf annähernd 50% erhöht.

Trotz dieses offenbaren allgemeinen Mangels an Nährfrüchten sind einzelne Landschaften vollkommen auf Gemüse oder auf Obst eingestellt, so die Feigen in der Waupclinelandschaft südlich Alexandria und besonders das Erdbeerland um Hammond, nordwestlich vom Lake Pontchartrain.

Die abnehmende Tendenz für die gesamte Viehhaltung (vgl. Fig. 5) ist bereits aus dem Vergleich der Zahlen für 1925 und 1929 für das Deltaland (Louisiana und Mississippi) ersichtlich.

	1925	1929	Abnahme
Rinder	1 493 000 Stück	1 420 000 Stück	73 000 Stück
Milchkühe	598 900 ,,	577 000 ,,	21 000 ,,
Schweine	1 174 000 ,,	1 166 000 ,,	8 000 ,,
Schafe	227 000 ,,	148 000 ,,	79 000 ,,

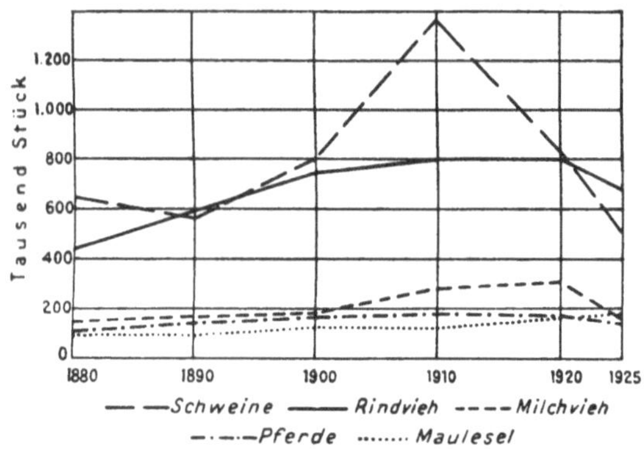

Figur 5. Der Niedergang der Viehwirtschaft. Die Kurven zeigen, wie seit dem Jahre 1910 die gesamte Nutztierhaltung zu Gunsten der Ausdehnung der Baumwollplantagen zurückgeht.

Die Baumwollgewinnung als Dominante der Bodenkultur, dieses größte Aktivum des Deltalandes, hat ein Land mit den großzügigsten natürlichen Möglichkeiten der Wirtschaft in einseitige Nutzung und damit in wirtschaftliche Abhängigkeit gebracht. Es ist fast der Weg zum one crop country mit allen seinen Gefahren beschritten worden.

Eng mit der Frage der Nutzung des Landes ist das Bevölkerungsproblem verbunden. Voran steht das Negerproblem.

Wenn der Südosten und Süden der Union als schwierigstes Problem das Negerproblem haben, so hat es das Deltaland des Mississippi im besonderen. Im Süden sind es zwei Fragen, die das Problem zusammensetzen: Der Landbesitz der Neger und das soziale Problem.

Unter den 13 Staaten mit ausgesprochener Negerbevölkerung nehmen die beiden Deltastaaten Louisiana und Mississippi mit die erste Stelle ein. Trotzdem die Zahl der Neger in den letzten 20 Jahren hinter der der Weißen zurückgeblieben ist, hat die Zahl der Negerfarmer um 19,6% gegen nur 9,5% der Weißen zugenommen, d. h. wirtschaftlich nimmt der black belt zu.

	Weiße:	Neger:	Anteil der Neger in %
Louisiana	1096611	700257	39,0%
Mississippi	853962	935184	52,0%
Deltaland (1920[1])	1950573	1635441	45,6%

75,8% der Bewohner des Deltalandes gehören zur ländlichen Bevölkerung. Seit 1910 nimmt die ländliche Negerbevölkerung ab.

Zum Bevölkerungsproblem gehört das damit eng verbundene Farm-Problem. — Land ist in genügender Menge da, so daß das Kulturland theoretisch ohne besondere Schwierigkeiten um das 1½fache vermehrt werden könnte. Die Hemmungen liegen nicht im Kapitalmangel, sondern im Arbeiterproblem. Mit der Entstehung neuer Industrien, wird der Zug in die Industrie mit ihren höheren Löhnen immer stärker und das führt dann zur Abwanderung in die Städte und damit zur Landflucht. Eine zweite Hemmung liegt im Großgrundbesitz der sogenannten Großplantagen. Die Methode der Farmwirtschaft ist das Pachtsystem; wenigstens überwiegt dieses System. Gemessen an der Zahl der prozentuellen Anteile der Pächter an der Gesamtzahl aller Farmen ergibt sich folgendes Bild:

	Louisiana:	Mississippi:
1880......	36,4%	—%
1900......	58,0%	66,1%
1920......	57,1%	66,1%
1925......	60,1%	68,5%

Das gilt in gleicher Weise für weiße und farbige Farmer.

Die Hauptsysteme der Pacht sind die folgenden:

1. Der Besitzer gibt während der Aussaat dem Pächter Nahrung und Kleidung, der Pächter gibt die Arbeit und der Ertrag wird zu gleichen Teilen aufgeteilt.

2. Der Besitzer liefert Land, Samen, Dünger und erhält ein Drittel des Gewinnes, der Pächter liefert Tiere und Maschinen und erhält zwei Drittel des Gewinnes,

3. Der Pächter zahlt ein Viertel der Baumwollernte als Pacht.

4. Es wird Bargeld als Pacht gezahlt.

---

[1]) Am 1. 7. 1928 Zunahme um 155000 Einwohner.

Ganz allgemein beginnt der neue Farmer in der Regel als Pächter. Die natürliche Folge ist, daß der Pächter kein besonderes Interesse an Erziehung oder sozialen Problemen hat und im wesentlichen nur auf das Endresultet, den Dollar, lossteuert. Aber gerade dieses Letztere hilft dem Neger in seinem Aufstieg. Vom neutralen Gesichtspunkt aus bleibt die Frage offen, wie man sich dazu stellen soll. Aber das Deltaland ist ein Teil der Union, und die Lösung des Negerproblems wird in den U. S. A. nicht vom Gefühlsstandpunkt oder dem der Philanthropie behandelt werden und noch stehen die Vereinigten Staaten auf dem Standpunkt, der durch die schwarz-weiße Kulturgrenze bezeichnet ist und der den Neger nur auf dem Papier zum gleichberechtigten Staatsbürger macht. Mit jedem Dollar, den der Negerpächter oder -Farmer verdient, mit der wachsenden Zahl der Negerbevölkerung in den Südstaaten, mit der Zunahme der Schulen, erwacht im black belt das Negerbewußtsein. Der zahlenmäßig deutliche Rückgang der Mulatten im Verein mit den vorhergenannten Tatsachen erhöht den Druck der schwarzen Bevölkerung, dessen Tendenz gegen die schwarz-weiße Linie gerichtet ist.

Pflanzenbau und Viehhaltung bedeuten nur einen Teil der wirtschaftlichen Nutzung des Landes.

Mit der Auffindung der Salzdome sind die Südstaaten in starkem Maße als Salz- und Schwefelproduzenten in Erscheinung getreten (vgl. Figur 6). Wenn auch bereits in den Tagen des amerikanischen Bürgerkrieges das Steinsalz von Louisiana bekannt war und genutzt wurde, so ist es erst dem letzten Jahrzehnt vorbehalten gewesen, eine gesteigerte Salznutzung in die Wege zu leiten. In St. Martin Parish ist bei 1130 m die Sohle des Steinsalzes noch nicht erreicht. Die Produktion betrug:

1922 ...... 435621 t
1924 ...... 400586 t
1927 ...... 606110 t

Fünf Millionen Tonnen Salz sind bereits gefördert; der Vor-

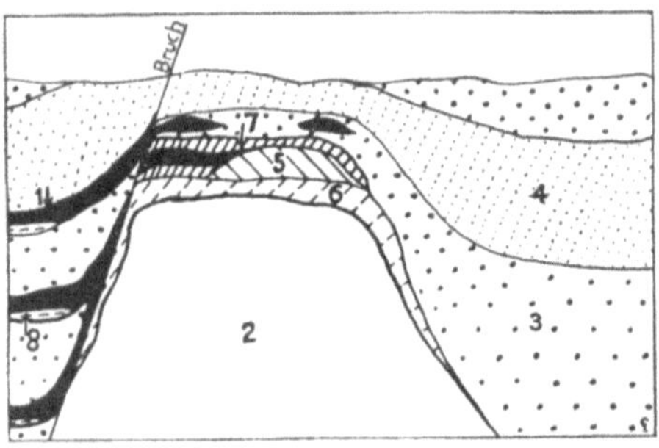

Figur 6. Typischer Salzdom aus Louisiana.
1 Ölsand, 2 Steinsalz, 3 Sand und Muschelschalen, 4 Sand, Muschelschalen und Lehm, 5 Schwefel, 6 Anhydrid, 7 Kalkstein, 8 Randwasser.
Sämtliche Salzdome des Mississippilandes sind Salzgebirge oder Salzquellungen; nur selten sind sie oberflächlich wahrnehmbar. Alle sind Fundstätten für Erdöl.

rat Louisianas wird auf 50 Milliarden Tonen geschätzt. Auch die Schwefellager sind in der Regel an die Kalotten der Salzdome gebunden. So dürfte in Calcasieu Parish eines der größten Schwefellager der Erde liegen, das bei 34 % Schwefelgehalt etwa 35 m mächtig ist und von dem bis jetzt in Ganzen seit dem ersten Abbau im Jahre 1894 mehr als 10 Millionen Tonnen Schwefel abgebaut wurden. Dieses und neue Lager in anderen Domen haben den U. S. A. in der Schwefelgewinnung der Erde die führende Stellung verschafft. Die Gewinnung geschieht entweder durch Schmelzen, Dampflösung, Heißwasser oder Heißluft. Ebenfalls zum größten Teile an das Vorkommen der Dome gebunden, ist die Produktion von Erdöl und Naturgas. Die Erdölproduktion Louisianas ist etwa in dem Maße gesteigert worden, wie die der benachbarten großen Erdölfelder von Texas und Oklahoma. Bezeichnend für die Reichhaltigkeit der Öllager des Deltalandes ist die Tatsache, daß z. B. im Jahre 1925 von 4668 Bohrungen, 3300 mit Erfolg auf Erdöl fündig gewesen sind. Die Produktionssteigerung zeigt unsere Tabelle.

1902......	548 617	Barrels
1910......	6 841 000	,,
1920......	35 649 000	,,
1924......	20 194 000	,,
1927......	22 818 000	,,
1928......	21 626 000	,,

Louisiana besitzt die größte Erdölraffinerie der Erde.

Das nordwestliche Ölgebiet Louisianas ist besonders gasreich und hat infolge seiner starken Produktion dem Deltalande die vierte Stelle unter den Gasproduzenten der Union gegeben. Das Monroe Gas Field dürfte zu den größten der Erde gehören.

Naturgasproduktion.

1918......	45 869	Millionen	Kubikfuß
1924......	159 569	,,	,,
1927......	1 370 000	,,	,,

Ein Gesamtbild Louisianas als des wesentlichen Bestandteiles des Deltalandes und somit des eigentlichen Deltastaates zeigt, daß es sich hier um eine wahre Schatzkammer von natürlichen Hilfsquellen handelt. Die Wälder liefern Kiefern, Cypressen und Edelhölzer. Dazu kommt Erdöl, Erdgas, Schwefel und Steinsalz. Ferner werden die Bodenarten als solche, nämlich Sand, Kies, Ton und auch Lignit genutzt.

Jagd und Fischerei aus dem Bereich der tierischen Nutzung gesellen sich zu der im einzelnen dargestellten Bedeutung der Bodenkultur und der Nutzung der Bodenfläche.

Wenn auch in Bezug auf die Pelzwirtschaft manche Tiere, wie der Bison und der Wapitihirsch der Vergangenheit angehören, so sind doch noch Schwarzbären, wenn auch in geringer Zahl vorhanden. Der Reichtum an Vögeln ist unendlich. Unter den Pelztieren, deren Stückzahl pro Jahr etwa auf sieben Millionen angegeben ist, steht an erster Stelle die Moschusratte und das Opossum. Von der Moschusratte werden durchschnittlich pro Jahr $6^1/_4$ Millionen Stück erlegt, so daß heute Louisiana der führende Pelzstaat der U. S. A. sein dürfte.

Neben der Pelztierwirtschaft spielt die Fischerei eine von Jahr zu Jahr zunehmende Rolle in der Wirtschaftsstruktur des Deltalandes. das am Fischfang, der für die Golfstaaten im Jahre 1927 auf 200 Millionen Pfund geschätzt wurde, den Hauptanteil hatte. Die Grundlage ist nicht allein durch die Lage am Meere gegeben, sondern vielmehr durch den großen Reichtum an großen und kleinen Deltawassern, an Lagunen, kleinen Seen und Bayous. Neben den Fischen sind es hauptsächlich Krebstiere, Schildkröten und etwa 22000 Stück Alligatoren, die die jährliche Ausbeute darstellen. Wenn man den Berichten der Wirtschaftsorganisationen Louisianas glauben darf, so liegen im Deltagebiet die größten Austernbänke der Erde, die jene der Staaten Maryland und Virginia an Fläche und an Qualität übertreffen.

Die Erhaltung der natürlichen Hilfsquellen Louisianas und zugleich die Erziehung zum Wissen über diese Quellen liegt in den Händen der Staatsregierung von Louisiana. Sie wird in geschickter Weise von den einzelnen Handelskammern insbesondere der von New Orleans propagiert.

New Orleans.

Wissenschaftlich und geistig laufen alle Fäden des Deltalandes in New Orleans, der Stadt im Mississippi-Delta zusammen.

New-Orleans ist die große Stadt des vereinsstaatlichen Südens, an der Wurzel des Mississippi-Deltas gelegen. Rein der Lage nach muß man, wenn man die großen Seehandelsemporien des Landes nennt, New-Orleans im gleichen Atemzuge wie die großen Hafenstädte des Nordostens und des Westens nennen.

Die Stadt, die 1928 unter Einbeziehung der mit ihr wachsenden

Vororte auf mehr als 500000 Einwohner geschätzt wurde, hat im Gegensatz zu anderen Großstädten des Landes eine wechselvolle historische Vergangenheit gehabt. Jedoch haben die historischen Wechselfälle im Verein mit der vom Standpunkt des Neuengländers peripheren Lage die Entwicklung von New Orleans gehemmt. Sie haben New Orleans seit einem Menschenalter in eine Art Konkurrenz- und Kampfstellung wirtschaftlicher Natur gezwungen, die die Ursache in dem lange vernachlässigten Süden der Union hat.

Die Stadt und mit ihr der Süden des Landes haben fünfmal den Besitzer gewechselt. Jedesmal sind der Physiognomie des Landes, der Bevölkerung neue Züge aufgeprägt worden. Es ist kein Verschmelzungsprozeß im Sinne des Nordens möglich gewesen, da die Eindrücke in der Regel jahrhundertelange waren.

Die spanischen Konquistadoren Alvarez de Pineda (1519), Pamphilio de Narvaez (1528) und Hernandez de Soto (1542), waren die ersten, die sich im Küstenlande der Indianerbesiedlung niederließen. Dann kam die große Leere. Die punktförmigen Ansätze spanischer Kultur konnten dem starken Druck der Urbevölkerung nicht standhalten; sie siechten dahin, bis im Jahre 1673 Marquette und Joliet vom Gouverneur von Canada ausgeschickt wurden, den großen Strom zu suchen. Sie kamen nur bis zur Mündung des Arkansas. Ihnen folgte der Franko-Canadier La Salle, der im Jahre 1682 im Namen des Königs von Frankreich, unterstützt vom Marineminister Pontchartrain, die Kontrolle über das Mississippi-Delta und das Hinterland bis St. Louis übernahm. Was unter dem Sonnenkönig begonnen, wurde unter Louis XV. fortgesetzt. Das Land wurde christianisiert, nicht zuletzt durch die Ursulinen, die 1734 hierher kamen. Fortgesetzte Kriege mit den unruhigen Natchez-Indianern hemmten die Weiterentwicklung, bis schließlich im Juli 1769 die Spanier erneut ins Land kamen und die französische Flagge herunterholten. Neben den französischen Stadtvierteln wuchsen neue mit spanischer Architektur in die Höhe. Die Kreolen kamen durch absolute Gleichstellung zu ihrem Recht.

Nur einmal noch trat Frankreich für 21 Tage als Besitzer auf den Plan, dann setzte die vereinsstaatliche Geschichte ein.

Um 1712 wurde die Konzession für Louisiana von Antoine Crozet erreicht. Damals, 1718, wurde New Orleans gegründet.

Die Geschichte Louisianas als Staat.

Selten ist mit einem Staatsraum so gehandelt worden wie mit Louisiana. Das ist „The Louisiana Purchase“ (vgl. Figur 7 bis 10).

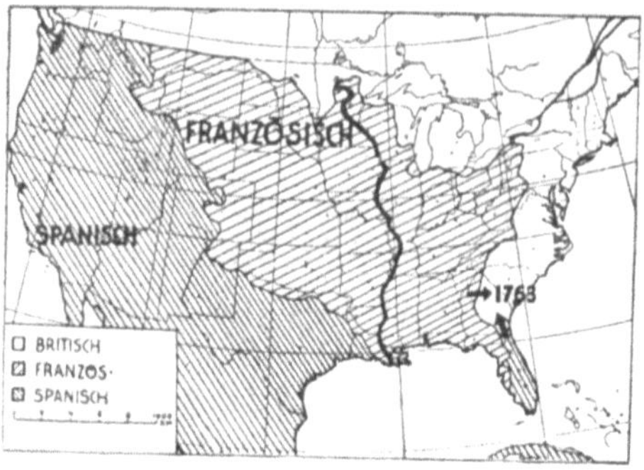

Figur 7. Französische Kulturperiode.

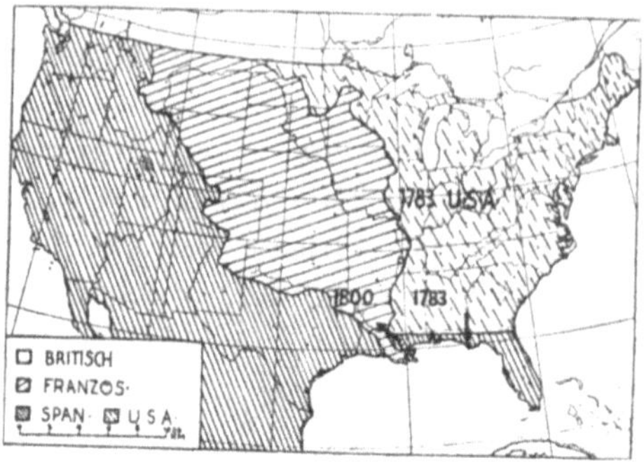

Figur 8. Spanische Kulturperiode mit französischem Einfluß.

Figur 9. Einfluß der Union.

Figur 10. Der Staat Louisiana.

Figur 7—10. Die Bedeutung des Mississippilandes im Rahmen der historischen Entwicklung der U. S. A. und der Wechsel der Kultureinflüsse

Mit La Salles Entdeckung der Mississippi-Mündung am 9. IV. 1682 wurde dieses Gebiet in das größere Frankreich, nach Ludwig XIV. Louisiana genannt, einverleibt. Das Land umfaßte damals mehr als das Einzugsgebiet des Mississippi ohne allerdings die großen Seen zu tangieren. Somit setzt im eigentlichen Deltalande schon damals, wenn auch in den Formen der Pionierkultur, französischer Einfluß ein. Am 10. II. 1763 wird auf Grund des Vertrages von 1762 Louisiana östlich des Mississippi an Spanien abgetreten und sofort an Großbritanien weitergegeben. New Orleans, das auf dem östlichen Flußufer liegt wird britisch, jedoch nur nominell, ohne wesentliche Einflüsse auf die Stadt.

In der Tat, das zeigen unsere Karten nicht, ist Spaniens Anspruch auf die Verlängerung Floridas, d. h. das Land östlich des Mississippi, südlich vom 31. Parallel, unwidersprochen geblieben. Dementsprechend ist der schmale Streifen mit New Orleans und östlich davon in den spanischen Kulturkreis einbezogen worden. Offiziell hat Britannien dieses erst 1783 anerkannt. Diese Zugehörigkeit hat zwar nur kurze Zeit gedauert; jedoch ist der Kultureinfluß Spaniens ein besonders nachhaltiger gewesen.

Bereits am 1. X. 1800 überließ Spanien das Land der Golfküste südlich des 31. Parallel an Französisch-Louisiana. Inzwischen war der frühere britische Besitz in der heutigen Union verloren gegangen und 1783 die United States of America begründet worden.

Die Folge war endlich, daß Frankreich, mit Ausnahme eines kleinen Oststückes der Golfküste, das bei Spanien verblieb seinen Besitz am 30. IV. 1803 an die Vereinigten Staaten abtrat.

Damit kam der große Mittelwesten, die Hoffnung auf das einstige Groß-Frankreich an die Union, und das Schicksal von New Orleans wurde in einen neuen Kulturrahmen eingepaßt. Es war neu hinzugekommen, lag fern im Süden der Union, die mit ihrer eigenen politischen und wirtschaftlichen Konsolidierung beschäftigt war und litt ein Jahrhundert darunter. Der westliche Teil des Deltalandes blieb zunächst spanisch, als ein Teil des heutigen Texas.

Das Jahr 1819 brachte neue Territorial-Veränderungen und damit veränderte Kultureinflüsse. Spanien gab 1819 Florida auf, ebenso das Weststück des Deltalandes und erhielt dafür Land am Fuße des Felsengebirges — und — verlor alles dieses durch die mexikanische Unabhängigkeitserklärung im Jahre 1819.

Die letzten territorialen Abrundungen der U. S. A. sind bekannt. Texas wurde 1845 annektiert, der Nordwesten 1846 besetzt und das Plateau sowie Californien 1848 von Mexiko zediert und endlich 1853 durch Vertrag abgerundet.

So ist das Schicksal Louisianas, im engeren Sinne also des Deltalandes, eng verbunden mit dem Aufbau der Union.

Aber eines ist sicher: Der ständige Wechsel der politischen Zugehörigkeit hat die Kultureinflüsse nicht eben so schnell umzustellen vermocht. Das ging viel schwerfälliger vor sich. Ehe die Amerikanisierung des Deltalandes wirklich begann, waren die beiden Vorkulturen, die französische und die spanische, im Wechsel miteinander verflochten und haben dem Lande, insbesondere der Stadt New Orleans ihr Gepräge gegeben und vor allem die Physiognomie des Stadtkernes bestimmt. Die Beeinflussung aus den Zeiten der französischen und der spanisch-amerikanischen Vergangenheit konnten durch die Geschichte der letzten 125 Jahre noch nicht verwischt werden. Damals, zu Beginn des 19. Jahrhunderts, bis kurz vor der Louisiana Purchase, d. h. bevor die Amerikaner kamen, hatte das Land um New Orleans die erste große Blütezeit. Damals lag über den Plantagen reicherSegen, ohne wesentliche Arbeit der Weißen, ein Land der Wohlhabenheit, des Genusses und der Ruhe. Alles das wurde nach der Zeit des ersten Periode des Bürgerkrieges und der Abschaffung der Sklaverei anders.

Vielleicht ist die Ursache des Nachklingens der Vergangenheit bis in die Gegenwart einer wirklich tiefen Beeinflussung zu verdanken, vielleicht aber ist die bewußte Vernachlässigung des Südens an der Erhaltung schuld. Darüber können auch die Wolkenkratzer nicht hinwegtäuschen. Allerdings geht heute, seit einem Menschenalter, der Wandel schneller vor sich. Vielleicht mehr aus dem Grunde, weil sich New Orleans mehr als Hafenstadt amerikanisch fühlt und auf sich selbst gestellt als „the Nation's Second Port" sich schnell entwickelt und entwickeln will.

Aber die Entwicklung der Wolkenkratzer, die im wesentlichen auf die City beschränkt ist, liegt zugleich im Raume des franko-spanischen Stadtkernes. Draußen, an der Peripherie der Stadt können jederzeit hemmungslos Paläste, Villen und Bungalos entstehen. Aber gerade im Stadtkern, in der City, wo die Stadt an den Raum zwischen Stromkurve und Pontchartrain-See gebunden ist, da ist die Neukonstruktion, die die wirtschaftliche Amerikanisierung des Südens bedeutet, an die Zertrümmerung der Vergangenheit gebunden.

New Orleans ist die Groß-Stadt des Südens mit mehr als einer halben Million Einwohner. Davon sind ein Viertel Farbige (26%) und ein Fünftel Neger. Trotz aller großen und interessanten Propaganda, die wie immer mit Riesenzahlen für die nahe Zukunft operiert, bleibt New Orleans die Südstadt. Die Bevölkerung besteht zu etwa 50% aus eingeborenen Weißen, zu etwa 25% aus Weißen, die fremdgeborene Eltern haben oder selbst fremdgeboren, d. h. Einwanderer sind.

Der Eindruck von der Stadt ist wesentlich anders, als der irgend einer amerikanischen Stadt. Wie ein mächtiger Strich teilt die Kanalstraße den Stadtkern. Breit zieht diese Hauptstraße bis zum Hafenviertel herunter. Wolkenkratzer sind bereits vorhanden und zum Teil im Bau begriffen. Wollte man von einer Himmelslinie, wie sonst in Amerika, sprechen, so würde diese hier besonders stark auf und ab schwanken. — Selbst in der Hauptstraße stehen engbrüstige, schmale, schlicht gebaute, ein- und zweistöckige Häuser neben den gewaltigen Klötzen der Hochhäuser. Diese Hochhäuser selbst bleiben mit wenigen Ausnahmen in bescheidenen Ausmaßen. Die meisten dürften 20 Stockwerk nicht überragen.

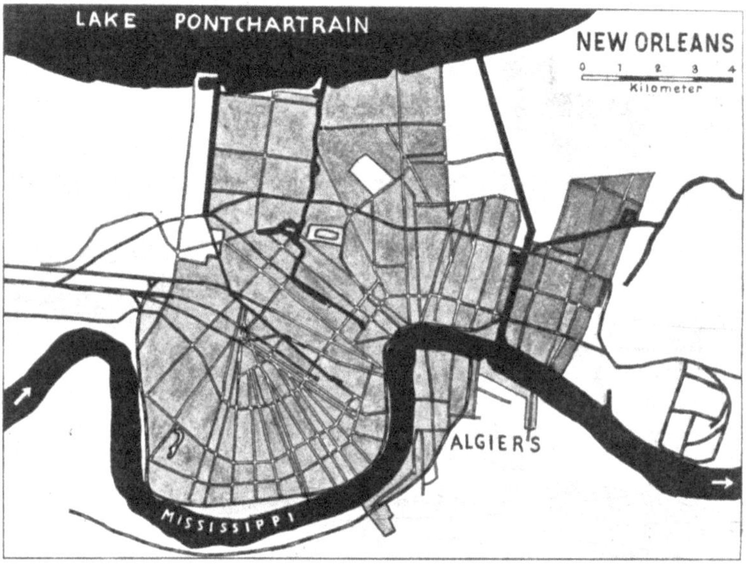

Figur 11. Stadtplan von New Orleans.

Die ursprünglich im Mississippi-Mäander aufgebaute Stadt ist bis an den Lake Pontchartrain gewachsen. Die City und der Haupthafen liegen im Mäander. Die Vorstadt Algiers ist Negerstadt.

Am Ende der großen Hauptstraße liegt der Hafen. Hier ist alles neu und amerikanisch, so weit es nicht die Wohnräume angeht. Es gibt meines Wissens keinen einzigen Einzelstaat, der mit so geschickter Hand und kluger Voraussicht wie Louisiana in Bezug auf seinen Hafen von heute und morgen verfahren ist. Der Hafen ist nämlich dem Staate als Eigentum vorbehalten. Ihm gehören auf einer Länge von 20 km des eigentlichen Hafens die Werften, Lagerhäuser und Elevatoren. Das bedeutet, daß der Staat Louisiana im Handel ein bedeutendes Machtwort zu sprechen hat und jederzeit in der Lage ist, Ausuferungen in der Initiative der Privatunternehmungen in gesunde Bahnen zu lenken. Die Gesamtlänge des Hafens am Mississippi beträgt 66 km. Dazu kommen noch 17 km Hafenlänge am Industriekanal, der den Strom mit dem Lake Pontchartrain verbindet und ungeheure Ausdehnungsmöglichkeiten des Hafengeländes durch die künftige Hafenplanung (vgl. Figur 12).

New Orleans ist unbestritten der beste Hafen an der Golfküste und zugleich der Hafen der U. S. A. für Zentral-Amerika. Die Wassertiefe an den Kais beträgt 10—24 m; die Fahrtiefe in Strommitte bei New Orleans etwa 65 m. Die Zugangsstraßen in den Deltaarmen sind mit Hilfe der Bundesregierung für den Seeverkehr verbessert worden. Der

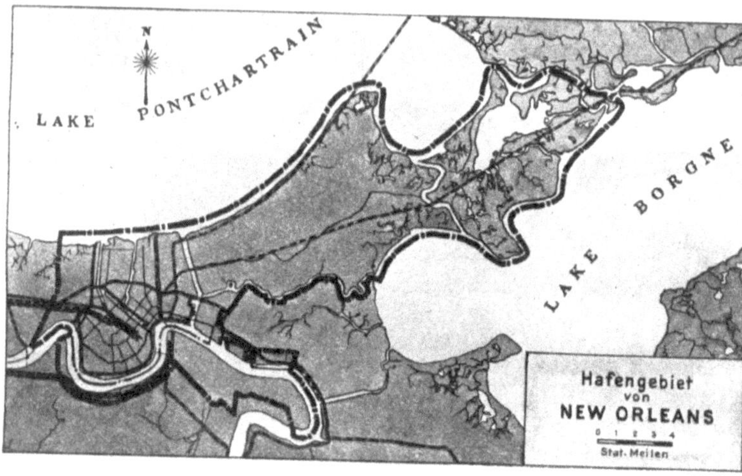

Figur 12. Das Gebiet der künftigen Großhafenstadt New Orleans.

Das schwarz umränderte Gebiet zeigt im Vergleich zum heutigen Stadtgebiet die künftige Stadt- und Hafenfläche. Die Hafenanlagen der Zukunft werden durch bereits vorhandene Kanäle an das Hafengelände des Mississippi angeschlossen.

Schiffahrtsweg im Süd-Paß ist jetzt 10,5 m, im Südwest-Paß 8 m und im Pass à Loutre 2 m tief. Es ist geplant die Tiefe der Fahrrinne der beiden erstgenannten Zugangsstraßen auf 10 resp. 12 m bei Niedrigwasser zu halten.

Theoretisch ist der gesamte Mittelwesten, d. h. das wirtschaftliche Einzugsgebiet des Mississippi, Hinterland für den Hafen New Orleans, dessen Seetonnage über 9,5 Millionen Tonnen, dessen Küsten- und Flußschiffstonnage 3,5 Millionen Tonnen und damit insgesamt im Jahre 1928 etwa 13 Millionen Tonnen betrug.

New Orleans wurde der Südhafen für den Mittelwesten der Vereinigten Staaten; jenes Gebiet, in dem 80% des Weizens, 87% des Mais, 97% des Eisenerzes, 96% der Kohlen, 62% der Baumwolle,

53% des Holzes, 75% des Viehes, 97% des Schwefels und 70% des Erdöles der Vereinigten Staaten produziert werden. So sagen diejenigen, die die Handelslage und die Interessen der Stadt zu vertreten haben. Es ist dabei viel Zukunftsmusik mit eingeschlossen. An den Produktionszahlen des Hinterlandes soll nicht gezweifelt werden. Aber — die starke privatwirtschaftlich organisierte Konkurrenz der Eisenbahnen unterband bislang die Auswirkung der überaus günstigen Verkehrslage der Stadt New Orleans. Der Mississippi wurde nicht die erwartete Hauptverkehrsader der Mitte. Die Bahnen zogen den Verkehr nach Osten. Selbst heute gibt es südlich Memphis noch keine Brücke über den Strom, und trotzdem fließt der trockene Verkehr mit Fähren quer zur Stromrichtung. Die geographische Brückenlage der Stadt am Riesenstrom ohne Brücken hat den trockenen Verkehr der Bahnen und Automobile in eine schmale Zone zusammengefaßt. Abgesehen von der Southern Pacific befinden sich 11 Eisenbahngesellschaften in dieser geographischen Zwangslage, den ost-westlichen Verkehr über den Mississippi mit Hilfe von Fähren bewerkstelligen zu müssen. So erscheint es selbstverständlich, daß, so weit die natürlichen Landschaften es gestatteten, zu beiden Seiten des Mississippi eine verhältnismäßig engmaschige Struktur entstand (Süd—Nord). Eine wirklich großzügige Bündelung des Schienenverkehrs ohne die Hemmung des Fährverkehrs ist erst in Texas und zwar in der Großstadt Houston im Hinterlande von Galveston möglich gewesen.

Im Gegensatz zu jenen Enthusiasten, die die Entwicklung der Stadt New Orleans für geradlinig halten, bleibt die hemmende Tatsache einer durch Jahrzehnte hindurch befolgten Politik der Vernachlässigung des Südens bestehen. Das Zeitalter des großzügigen Ausbaues des dem Staate Louisiana gehörenden Hafens und der Entwicklung der Hochhäuser ist jung im Vergleich zum Nordosten des Landes.

Millionen Dollars werden alljährlich aufgewendet, um der Halbmillionenstadt ein amerikanisches Gesicht zu geben. Es bildet sich eine eigene Handels- und Finanz-City, deren Bedeutung eng mit der Chamber of Commerce verknüpft ist. Die sogenannten „altspanischen" und „französischen" Quartiere der Stadt werden langsam zu historischen Raritäten herabentwickelt. Die Technik und die Schnellentwicklung amerikanischen Stils kommen zur Geltung.

Wer nur die Canal-Street, mit ihrer Breite von 57 m die wirtschaftliche Schlagader der Stadt, sieht, bekommt vom Verkehr zweifellos ein ungenaues Bild. Vier Straßenbahnwagen laufen hier, aber nur hier, nebeneinander. Das dürfte in den U. S. A. vereinzelt dastehen.

Aber so wie sich die Gegensätze im Aussehen der Häuserblocks und die Charaktere der Stadtviertel hart im Raume begegnen, so flaut auch der große Verkehr jenseits der Canal-Street ab und löst sich in Einzelwege auf.

Es fehlt nicht das Aufdringliche im Stadtbilde, aber vielleicht kommt das auf die Einstellung an. Die Sucht, so schnell wie möglich und mit allen Mitteln vollwertig amerikanisch zu werden, hat nicht nur Kauf- und Geldpaläste aufschießen lassen, sondern auch in der Reklame gleichen Schritt mit dem Norden, besonders mit New York, halten wollen. So wird die Straßenfassade und mit ihr die ,,Landschaft Straße" kitschig. Die Reklame tritt in den Vordergrund. Kinos verwirren den Eindruck, den die baulichen Reste alter Kultur besitzen. Die Stadt wächst, sie strebt in einer architektonisch kleinen Villen- und Gartenstadt in die Breite. Draußen, jenseits des Stromes aber wächst die Negerstadt Algiers.

Die Vorstädte, das neue New Orleans außerhalb der City, sind Villen-Vororte. Breite, asphaltierte Avenuen mit Palmen besetzt, sind durch Holz- oder auch Steinvillen in oft sympatischem Stil charakterisiert. Mitten in dieser neuen Stadt liegt die Tulane Universität, eine Hochburg der Tropenmedizin und der Erforschung der Volkskulturen Mittelamerikas. Daneben hat ein berühmtes Frauen College (The H. Sophie Newcomb Memorial College) großen Anteil an der geistigen Förderung der Stadt.

Das Deutschtum, das schon vor dem Weltkriege eine nur unbedeutende Rolle spielte, ist auch heute noch nicht von wesentlicher Bedeutung geworden. Hafenstädte, wie New Orleans, zumal mit einer stark romanischen Vergangenheit sind zwar nicht — und das liegt in ihrem internationalen Charakter — dem Deutschtum abhold, aber sie hatten bislang keine Zeit, sich besonders dafür zu interessieren.

Neben den Bildungsstätten der Weißen gibt es eine Neger-Universität (Loyola University). Diese ist das Wahrzeichen der kommenden Expansionskraft der schwarzen Rasse, eine Stelle, an der das Negerbewußtsein systematisch großgezogen und gefördert wird.

In punkto Neger bietet New Orleans in seinem Stadtbilde eine Anomalie. Auf dem Papiere sind alle Rassenangehörigen gleichberechtigte Staatsbürger. Das gilt für die eigentliche Stadt, in der sie notwendigerweise geduldete Bürger sind, in der ihnen aber Führerstellen vorenthalten sind.

Draußen, jenseits des Weichbildes der Stadt, ist der Gegensatz zwischen ,,Weiß" und ,,Schwarz" unüberbrückbar.

Aber im Negerviertel der Stadt sind die Farbigen frei. Ebenso, wie in den zahllosen Kleinsiedlungen des Landes, in denen das Negerelement überwiegt, d. h. wo der Mensch armselig im Delta wohnt. Schmutzstarrend stehen oft die modrigen, verwitterten Holzhäuser im durchfeuchteten subtropischen Busch. Aber auch hier kommt der Wandel durch die moderne Straße und die Autos, dessen Demokratisierung es auch bei den Negern zum Teil schon zum Volkseigentum gemacht hat.

New Orleans nimmt in Bezug auf die Stellung der Neger insofern eine Sonderstellung ein, als die anderen Städte des amerikanischen Südens sich von den Gepflogenheiten des Landes nicht unterscheiden, wo eine scharfe Trennung von „Schwarz" und „Weiß" auf der Straße, in der Straßenbahn, in den Wartehallen, in der Eisenbahn, in den Restaurants usw. vorgenommen wird. So weit ich es bei mehrfachem Aufenthalte in New Orleans beobachten konnte, scheint diese strenge Scheidung in dem engen Raume der Stadt durch ein stillschweigendes Übereinkommen aufgehoben zu sein. Aber der Neger fühlt, namentlich in einer Stadt, in der er ein Viertel des Bevölkerungselementes darstellt, in der er eine eigene Universität besitzt, den Druck der weißen Oberschicht. Aus diesem Grunde geht der Neger seinen eigenen Weg, erzieht sich seine Führer, zunächst für den Süden, und wird — um amerikanisch zu sprechen — eine Intelligenzgefahr für den Norden.

Am Rande der Stadt liegt der Audubon-Park, dessen Eichen mit Tilantien behängt sind und daneben der große städtische Friedhof, der unamerikanischeste, den ich in der gesamten Union gesehen habe. Während alle anderen Friedhöfe Riesenflächen ohne Grabhügel sind und nur einfache Steinplatten die Gräber andeuten, macht nur der Regierungsfriedhof in Arlington bei Washington eine Ausnahme. Ein ganz anderes Bild bietet der Anblick der Friedhöfe in der ehemals romanischen Welt, wie z. B. in Kalifornien. Aber das tritt alles zurück gegen den Friedhof von New Orleans mit seinen blendend weißen Marmorbildwerken unter azurblauem Himmel.

Während andere Hafenstädte vom Range und der Größenordnung New Orleans neben dem Handel und dem Geldwesen auch den ebenso schnellen Aufstieg ihres Geisteslebens ihrer Entwicklung angepaßt haben, ist in New Orleans auf diesem Gebiete der Gegensatz zu alt eingeführter und moderner Kulturauffassung ein starkes Hemmnis für die Entwicklung gewesen.

So lange die Baumwolle in New Orleans die kaufmännische Einstellung in den Vordergrund stellte, hat niemand über andere Fragen der Zukunft besonders nachgedacht. Dann aber, mit dem Verluste der Vorrangstellung als Baumwollhafen kam die Umstellung und mit wachsender Bevölkerung das neue Völker- und Rassenproblem. Die Neger als Sklaven und später um die Jahrhundertmitte, als Freie, gesellten sich zu dem französisch-spanisch-vereinsstaatlichen Bevölkerungsgemisch. Neben die romanische trat innerlich und äußerlich die amerikanisch-vereinsstaatliche Kultur.

Neben der eigentlichen Negerstadt Algier, mit ihren einfachen Holzhütten auf Steinstelzen, liegt die Negerstadt im Stadt-Kern unmittelbar an der Hauptstraße. Die Häuser sind im Stil noch altspanisch, und dazwischen sind nach Verfall zwei- bis dreistöckige Baracken eingeschaltet worden. In diesem Stadtviertel herrscht Schwarz in allen Schattierungen. Hier ist der Neger frei und lebt ungezwungen.

Der Alkohol, soviel er auch verboten sein mag, löst hier sehr schnell den angenommenen Firnis der sogenannten äußeren Kultur und es bleibt der hocherotische Naturmensch mit ungezügelten Naturtrieben zurück.

Die französische Kultur, wenn auch im Absterben begriffen, hat sich gewisse Merkmale im Stadtbilde erhalten. Zwar sind altfranzösische Häuser verhältnismäßig selten geworden, aber der französische Gemüse- und Geflügelmarkt ist heute noch ein typisches Stück Stadtwirtschaft, das sich kaum verändert in die Gegenwart hinübergerettet hat.

Deutlich und die Physiognomie ganzer Teile der Innenstadt bestimmend, ist Spanish town, d. h. die spanische Stadt. Der Stil der Häuser, die balkongeschmückten Fassaden sind typisch spanisch im Aussehen, in der Sorglosigkeit der Behandlung, die den Verfall bewußt nicht aufhält. Es soll noch hundertprozentige Spanier geben. Man sagt so. Aber es dürfte damit ebenso sein wie mit den hundertprozentigen sonstigen Amerikanern. Es gibt bekanntlich so viel hundertprozentige Amerikaner, daß die Mayflower, die seinerzeit die ersten Kulturpioniere nach New York brachte, vertausendfacht hätte werden müssen, um das glaubhaft zu machen, — so dürfte es wohl auch mit den Altspaniern in New Orleans sein.

Das heiß pulsierende Blut der romanischen Rasse, hat hier spanisch-französische Mischung erfahren. Das sieht man auch an den Volkstypen im Straßenbilde.

Im goldenen Zeitalter der Stadt war New Orleans überwiegend spanisch, die Stadt romanischer Lebenskunst, romanischen Geistes und romanischen Baustiles, der sich in den Landhäusern draußen auf den großen Plantagen überall wiederholt. Jedoch das gehört alles der Vergangenheit an.

Neue Blutmischungen sind hinzugekommen, wie der Besuch von New Orleans zeigt. Es ist eine Hafenstadt mit dem unleugbaren „Sichausleben" der Seefahrer. Das ist auch heute noch so, wo, wie in jeder anderen Hafenstadt, eine Unterwelt von Menschen vorhanden ist, — der Anhang der Seeleute. Über dieser Hefe der Menschheit, die keinem großen Hafen erspart ist, stand, wenn auch schon angekränkelt und dekadent, die spanische Kultur mit Haltung über dem Sumpf. — Aber in alles das griff mit Riesenschritten der wirtschaftliche Amerikanismus ein, der heute zu New Orleans gerade so gehört, wie die neu aufstrebende amerikanisch umkonstruierte City.

Die Bevölkerungszunahme der Stadt ist langsamer als in den anderen Großstädten vor sich gegangen, aber sie ist stetig geblieben.

1860	169 000	Einwohner	1900	287 000	Einwohner
1870	191 000	„	1910	339 000	„
1880	216 000	„	1920	387 000	„
1890	242 000	„	1929	500 000	„

Den stärksten Impuls aber gibt der Stadt ihre, mit allen Mitteln moderner Propaganda und moderner Nutzung arbeitende Handelskammer und es gilt für New Orleans ihr Wahlspruch:

„What New Orleans makes, that makes New Orleans."

Das eigentliche Delta.

Den Abschluß des Deltalandes bildet das stark verzweigte Mündungsgebiet des Mississippi, dessen Arme stetig wachsend in den Golf hinausrücken. Es ist schwierig, eine richtige Abgrenzung für das eigentliche Deltaland, d. h. für das allerjüngste Schwemmland des Riesenstromes zu finden.

New Orleans, 150 km von dem längsten Mündungsarm entfernt, liegt mitten im Delta, dessen Wurzeln wir etwa in der Breite von Baton Rouge anzusetzen haben. Zwischen 29° und 30° nördlicher Breite, letzteres die Klimalage von New Orleans andeutend, liegt das Delta, seine seenreiche Wurzel sowohl wie seine vielen Arme und Wasserrisse, hier Bayous genannt.

Nur wenn man in Längs- und Querprofilen das Delta durchquert, erkennt man seine Eigenart. Sie liegt in der subtropischen Vegetationsformation, die rund um den mexikanischen Golf an die nordamerikanische Landschaft angelehnt erscheint.

Gewiß geben die Bilder aus dem Audaubonpark in New Orleans mit Palmen und mit Eichen, die mit Bärten von Tilantien wie mit Schleiern behängt sind, eine Vorstellung vom Süden, aber sie sind kein wahres Bild der Deltalandschaft. Die überall und oft aufdringlich gezeigten Bilder der feudalen Badeorte östlich des Deltas, wie Gulfport, Pass Christian und Biloxi, aber auch Sabine und schließlich Galveston, westlich davon und schon zu Texas gehörend, liegen in Landschaften, die schon nicht mehr zum eigentlichen Delta gehören.

Die Charakterlandschaft des Deltas beginnt in dem Raume der schmalen, subtropischen Büsche und Sümpfe, die sich nördlich New Orleans entwickeln (Abb. 1 auf Taf. 6). Für diese Landschaft, die sich zwischen den Kulturlandschaften hinzieht, sind verkehrshemmende Bayous (Abb. 1 auf Taf. 7) charakteristisch, die die breite Talaue wie mit einem Brackwassernetz durchziehen. Der beginnende subtropische Charakter der Pflanzenwelt wird durch Lianen und undurchdringliche Niedergebüsche in der Galeriewaldzone im Bereich der Überschwemmung ausgedrückt. Es ist außerordentlich schwer, ein klares Bild dieser, im Vergleich zum Delta, schmalen Nordzone zu erhalten. Das gilt in weit größerem Maße für das eigentliche, ungangbare Delta. Man hat deshalb zur Kartierung mittels Flugzeugen greifen müssen, um so durch Hunderte von Aufnahmen ein ungefähres Bild des Landes zu erhalten.

Der Weg von New Orleans ins Delta führt zunächst an Farmen entlang, die an der Rückseite der Deiche liegen. Die Farmer selber, sowohl die Besitzer wie ihre Arbeiter, sind dort überwiegend Neger. Zum Teil hat wohl das Vorhandensein dieser Farmen Veranlassung zur Anlage einer leidlich guten Straße ins Delta gegeben. Wesentlicher waren andere Gründe, insbesondere die Hoffnung auf Erschließung von Bodenschätzen im Deltaland.

So stößt eine Autostraße soweit wie möglich in das undurchdringliche Pflanzenwerk nach Süden vor. Zahlreiche Deltaseen und Sümpfe, manchmal von offenem Grasland unterbrochen, reichen bis dicht an den Weg, der sich durch sie hindurchwindet, bis endlich auch diese einzige Verkehrsmöglichkeit aufhört.

Um weiter in die Welt der Deltaarme vordringen zu können, bleibt nur noch das Canoe, mit dessen Hilfe man auf den Bayous unter dem Gewirr der Pflanzendächer bald auf schmutzigbrauner Fahrrinne, bald auf offenen Sümpfen die wahre Deltalandschaft kennenlernen kann. Etwas nördlich von einem der großen Deltaseen, dem Lake Charles, liegt die letzte menschliche Siedlung stelzbeinig und schmutziggrau mit dem stolzen Namen Barataria. Dann ist man in einer anderen Welt, dem eigentlichen Delta.

Die Deltalandschaft ist dreietagig (Abb. 2 auf Taf. 6). Die Plattform ist der Sumpf mit seinem Gras, seinen weißen Froschbissen, grellblauen Lilien und den in Gebüschen zusammengefaßten Fächerpalmen. Ein Durcheinander von Leben, in das verfaulte, verdorrte Baumstümpfe, Binsen und Rohr knickend, wirr hineingestürzt sind. Das ganze ein feuchtes Netz mit graubraunen Wassertümpeln.

Bayous oder natürliche Kanäle gliedern das Sumpfland. Langsamer Tod und frisches, grünes Leben, das aus dem Schmutz aufstrebt, erzählen vom Lebenszyklus der Vegetation. Werden und Vergehen im ewigen Wechsel wird hier zum Leitmotiv der Landschaft (Abb. 2 auf Taf. 7).

Die zweite Etage sind Sumpfbäume in Größen, wie wir sie aus unseren Wäldern kennen, Laubbäume, hier und da Cedern. Nur die Baumkronen sind grün. Da, wo die Bäume dicht bei dicht stehen, sind die Kronen winzig. Die Stämme sind grau, morschiggrau, und die Zahl der Äste, die bereits abgestorben sind, ist groß. Tilantien hängen überall wie Fahnen an den Ästen. Die Zahl dieser Zöpfe ist oft so groß, daß der Baum dahinter fast verdeckt ist. Dazu kommen die Lianen, die alles miteinander verwirken und verwirren.

Darüber stehen als dritte Etage die Riesen der Vegetation. Manchmal in Gruppen, oft einzeln, recken sie ihre Kronen über die graue zweite Etage hinaus. Auch sie sind von unten bis oben mit den Tilantienbärten, hier Spanish Moss genannt, behängt, etwa so, wie wir daheim unsern Weihnachtsbaum mit Lametta behängen. Silbergrau wird der Grundton dieser Vegetationswand.

Dann wechselt das Bild. Weite offene Hartgrasflächen sind eingeschaltet. Einsam stehen Baumgruppen auf ihnen. Dann wieder schließt sich das Pflanzengewirr und liegt in mattem Licht.

Es ist eine Landschaft, die, wenn man tagelang in ihr lebt, grausame Größe entfaltet und schwermütig wirkt.

Auch die Tierwelt schweigt hier, kriecht und schleicht. Schlangen ziehen unheimlich still ihres Weges auf dem schwanken Sumpfboden der Unterschicht; Alligatoren liegen still wie Baumstümpfe in der Sonne, die Schnauze auf dem Wasser, mit Augen, die unendlich gleichgültig dreinschauen. Hier und da eine Schildkröte, die auf einem im Wasser liegenden morschen Baumstamm ihren Kopf gegen die Sonne reckt, als ob sie sich aus dem Schmutz und Sumpf für Momente hinaussehnte.

Und doch sind auch hier in dieser Einsamkeit die Vorboten künftiger Ausbeutung an der Arbeit. Schwere Sprengschüsse unterbrechen die Stille. Seismotrupps sind an der Arbeit, um auf Grund ihrer Schütterdiagramme Salzdome und ihre randlichen Erdöllager aufzuspüren. Auch hier wird der Moloch Geld die Naturlandschaft zertrümmern und Bohrtürme in den Sumpf oder ins Wasser stellen; der technische Mensch und die Masse Geld werden hier, wenn Texas' und Oklahomas Erdölquellen schwächer werden sollten, neue Wälder von Bohrtürmen im Eiltempo hinsetzen. Wege auf Pfahlrosten werden dann das Delta durchziehen und dieses Land einsamer und gewaltiger Naturgröße wird, ein neues Opfer des wirtschaftlichen Amerikanismus, zertrümmert werden.

Neuere Literatur über das Deltaland.

Bennet, H. H.: The soils and agriculture of the southern states. 399 S., New York 1921.

Berry, E. W.: Erosion intervals in the eocene of the Mississippi embayment. U. S. Geol. Surv. 1915. (P. M. 1923, Ref. H. Waldbaur.)

A Near Century of Public Service In New Orleans. Blain, Hugh M. 8vo. New Orleans, La.: New Orleans Public Service, Inc. The story of the origins and progress of the city's street railway, gas and electric services 1927 (ohne Jahreszahl).

Bond Frank: Historical Sketch of „Louisiana" and the „Louisiana Purchase", Washington DC. 1912. 8⁰. 14 S.

Bushnell, D. I.: Native villages and villages sites east of the Mississippi. 111 S. Washington 1919. (P. M. 1923, Ref. F. Krause.)

Bushnell, D.: Native cemetries and forms of burial east of the Mississippi. 160 S. Washington 1920. (Referat P. M. 1923.)

Campbell, E.: New Orleans in early days. The G. Rev. New York 1920. (P. M. 1923.) Internationale Bergwirtschaft. 8⁰. 8 S. The Gulf Coast Oilfields of Southeast Texas and Southwest Louisiana.

Campbell, E.: New Orleans at the time of the Louisiana purchase. The G. Rev. New York 1921. (P. M. 1923.)

Cass Frank T.: New Orleans, the Nations Second Port, the South's greatest City. New Orleans 1925. 55 S.

Mc. Combs, C. A.: The Present Status of Navigation on the Lower Mississippi River. 10 S. Econ. Geogr. Worcester, Mass. 1925.

Deussen A.: Geology and underground waters of the southeastern part of the Texas coastal plain. 365 S. Washington 1914. (P. M. 1923.)

— Geology of the coastal plain of Texas west of Brazos River. 4⁰. 139 S. Washington 1924. (P. M. 1924, Ref.)

Dietrich, Bruno: U. S. A. — Das heutige Gesicht. Breslau 1926. S. 117/126.

Eskew Garnett L.: Mississippi Steamboats, The Pageant of the Packets. A book of American Steamboating. 311 S. New York 1929.

Franz, Alexander: Die Kolonisation des Mississippitales bis zum Ausgange der französischen Herrschaft. Eine kolonialhistorische Studie. Leipzig 1906. 464 S.

Gerhard Hermann: Die volkswirtschaftliche Entwicklung des Südens der Vereinigten Staaten von Amerika von 1860 bis 1900. Halle 1904. 99 S. 8⁰.

Harris Gilbert D.: Underground Waters of Southern Louisiana, with Discussions of their uses for Water Supplies and for Rice Irrigation by M. L. Fuller. Washington 1904. 8⁰. 98 S.

v. Gontard, P.: West vom Mississippi. 189 S. Berlin 1928.

Graves, Ralph A.: Louisiana, Land of Perpetual Romance. The Nat. Geogr. Mag. 1930 S. 393/482.

Haas: The Mississippi problem. Annuals of the Assoc. of Am. Geogr. 1929.

v. Halle, Ernst: Baumwollproduktion und Pflanzungswirtschaft in den Nordamerikanischen Südstaaten. I. Bd.: Die Sklavenzeit. 369 S. II. Bd.: Sezessionskrieg und Rekonstruktion. 669 S. Leipzig 1906.

Hannemann M.: „Mounds" und „Pimples" in der Küstenebene von Texas und Louisiana. P. M. 1928 S. 218/224.

— Die Seehäfen von Texas, ihre geographischen Grundlagen, ihre Entwicklung und Bedeutung. Frankfurt a. M. 1928. 8⁰. 270 S.

Holmes Co. D. H. Great Days in New Orleans History 1803—1926. New Orleans 1926. 39 S.

Industrial New Orleans, A Survey. Published by New Orleans Association of Commerce. 1926. 8⁰. 32 S.

Irion V. K.: A Brief Survey Of The Natural Resources Of Louisiana. Published by the Departement of Conservation New Orleans Court Building 1926. 8⁰. 48 S.

Kemper, J.: Floods in the valley of the Mississippi. 255 S. New Orleans 1929.

King Grace: New Orleans The Place and the People. New York 1925. 8⁰. 402 S.

Krey F.: Structural reconnaissance of the Mississippi valley area from Old Monroe, Missouri, to Nauros, Illinois; Urbana 1924.

Lewis H.: Das illustrierte Mississippital. 4⁰, 431 S., Leipzig 1923. (Ref. P. M. 1923.)

Louisiana Agriculture, Progress and Opportunities, Climate and Reforestation. Louisiana State University and Agricultural and Mechanical College. Division of Agricultural Extension W. R. Perkins, Director. 1926. 8⁰. 60 S.

Louisiana Agriculture Progress and Opportunities. III. Fruits and Vegetables. Louisiana State University and Agricultural and Mechanical College. 1926. 8⁰. 142 S.

— Agricultural Conditions, General Crops and Livestock. Louisiana State University and Agricultural and Mechanical College. Division of Agricultural Extension W. R. Perkins, Director. July, 1926. 8⁰. 141 S.

Louisiana 1925—1926. Issued by Departement of Agriculture and Immigration. Harry D. Wilson, Commissioner, Baton Rouge. 8⁰. 275 S.

Southwest Louisiana. Its Agricultural and Industrial Developments and its Potential Wealth Along Southern Pacific Lines. Issued by J. T. Monroe General Passenger Agent. New Orleans, La. 8⁰. 32 S.

Lummis Charles F.: Our Spanish Southwest. Flowers of our lost Romance. Boston 1929. 288 S.

Marshall R. B.: Spirit Leveling in Mississippi 1901 To 1915, inclusive. Washington 1926. 8⁰ 80 S.

Mattison G. C.: Aerial Survey Of The Mississippi River Delta. Washington 1924. 8⁰. 16 S. (P. M. 1927. Ref.)

The Beautiful Mississippi Gulfcoast. Illinois Central. (Eisenbahngesellschaft-Propagandaschrift). 8⁰. 32 S.

Müllerried F. K.: Von der Erdölgeologie des Küstenlandes der U. S. A. am Golf von Mexiko und der Tagung der A. A. P. G. im Frühjahr 1924 in Houston (Texas). Geolog. Auskunftsblatt — der Geologe. Leipzig 1926. S. 907/909.

Nearing, S.: Black America. 275 S. New York 1929.

New Orleans News, Bureau of. Wöchentliche Nachrichten über: New Orleans growing. New Orleans 1926. (Als Manuskript gedruckt.)

New Orleans, The Growth of. What Being Done To Help. A Report of 1926 Activities of the Bureaus and Commitees and of New Orleans Association of Commerce. New Orleans. 72 S.

New Orleans, Port Handbook of. (Board of Commissioners of the Port of New Orleans) New Orleans 1926.

New Orleans The Port of — Louisiana. Port Series No. 5 Washington. D. C. 1924. Hsg. vom War Department Corps of Engineers. U.-S. Army.

Rowland, Dunbar: A Symposium On The Place Of Discovery Of The Mississippi River By Hernando De Soto. 8vo.

Saxon Lyle: Old Louisiana. 388 S. New York, 1929.

Schertz Helen P.: A Walk Through French Town in Old New Orleans. Published by The New Orleans Journal. New Orleans 1925.

Seventh Biennial Report of the Department of Conservation of the State of Louisiana. 1924—1926. Published by the Department of Conservation, New Orleans. 8⁰. 302 S.

Shaw, E. W.: The mud lumps at the Mouths of the Mississippi. 4⁰. 99 S. Washington 1914. (P. M. 1923, Ref. K. Henning.)

Simpich, Frederick: The Great Mississippi Flood of 1927. 46 S., Ec. Geogr. 1927. Worcester, Mass.

Smies E. H.: Soil Survey of Sabine Parish, Louisiana. Washington 1922. 8⁰. 62 S.

Staub Walther: Über die Verbreitung der oligozänen und der älter-neogenen Schichten in der Golfregion des nordöstlichen Mexiko. S.-Abdr. aus Eclogae geologicae Helvetiae, Vol. 21, No. 1, 1928. Basel. 8⁰. 21 S.

Stephenson W., W. Logau u. G. Waring: The Ground-water resources of Mississippi. VII. u. 515 S. Washington 1928.

A Survey of New Orleans and the New Orleans Industrial Zone. By Industrial Bureau, New Orleans Association of Commerce. 8⁰. Als Manuskript gedruckt. 30 S. 1928.

Tousley, Albert S. Where Goes The River. 8 vo. Iowa City. Iowa: The Tepee Press. An account of a canoe trip from the source of the Mississippi River to the Gulf of Mexiko. (etwa 1927 ohne Jahreszahl).

United States, Surface water supply of the —. 1923. VII. Lower Mississippi River basin. Washington 1928.

Vance Rupert B.: Human Factors in Cotton Culture. A Study in the Social Geography of the American South. 346 S. Chapel Hill, N. C.: University of North Carolina Press. 1929.

Verril, G. Hyatt, Great Conquerors of South and Central Amerika. New York 1929.
Villier, M. de: La découverte du Missouri et l'histoire du forêt d' Orléans d' après des documents inédits. Paris 1926.
— History of the foundation of New Orleans, 1717—22. Louisiana Hist. Quart. 1920 (P. M. 1923).
— Documents concernant l'histoire des Indiens de la région orientale de la Louisiane. Paris 1922. (P. M. 1924. Ref.)
Winston J. E. and R. W. Colomb: How the Louisiana Purchase was financed. Repr. from the Louisiana Historical Quarterly. New Orleans 1929.

Ergebnisse einer Studienreise nach Südtunesien im Jahre 1928.

Von

S. Passarge, Hamburg.

(Mit 14 Textfiguren und 16 Abbildungen auf Tafel 8—15).

Die Aufsätze P. Borchardts über Atlantis[1]), deren Lokalisierung in Südtunesien und die Auffindung der Plato-Stadt[2]) daselbst veranlaßten eine Studienreise, die in bereitwilligster Weise von der Hamburger Geographischen Gesellschaft und der Hochschulbehörde finanziert wurde. Dafür sei an dieser Stelle beiden Körperschaften mein aufrichtiger Dank abgestattet.

Ende September traf ich in Tunis ein, wo ich nach jeder Richtung die Unterstützung der französischen Gelehrten und Behörden fand, so daß die Durchführung der Aufnahmen anstandslos erfolgen konnte. In Udref fand ich — geradeso wie die Herren Herrmann und Borchardt — bei Herrn Lehrer Teste liebenswürdigste Aufnahme, und am 6. X. 1928 begannen die Aufnahmen in der Umgebung von Udref, die bis zum 14. X. sich hinzogen. Sie erstreckten sich auf das Gebiet zwischen der Mündung des Wadi Melah und der Wasserscheide zwischen den Schotts Hamēma und Fedjedj. Da die vorhandene Karte 1 : 100 000 mit Isohypsen von 25 m Abstand[3]) in keiner Weise genügte, so war ich genötigt, mit Kompaß und Schrittzählen, sowie mit Hilfe einfachen Krokierens eine Skizze anzufertigen. Figur 1 zeigt eine stark vereinfachte, sehr schematische Übersicht, in der übertrieben die wichtigsten Oberflächenformen herausgearbeitet worden sind. Wie wenig die Karte 1 : 100 000 genügt, zeigt die Tatsache, daß der Gallalhügel garnicht, das Wadi Melah aber punktiert eingetragen ist. Da das Gebiet von Draa Udref und Kat Hammamat, sowie die Kalksteingebirge im N. und S. nicht besucht worden sind, sind die daselbst gemachten Eintragungen mit einem Fragezeichen als unsicher gekennzeichnet worden.

---

[1]) Pet. Mittlg. 1927.

[2]) Pet. Mittlg. 1928.

[3]) Diese Karte ist als Taf. 3 in Pet. Mitt. 1927 erschienen und möge dem Leser als Unterlage dienen.

1. Morphographie.

Die Schottsenke (Tafel 8, Abb. 1 u. 2) wird im N und S von Bergketten eingefaßt, die überwiegend der Ob. Kreide angehören und 150—175 m Meereshöhe erreichen. Sie ragen steil aus einem Flachland auf, das von der Südkette in einem einfachen Stufenabfall (Figur 1 u. 2) zur Schottsenke herabsteigt, während auf der Nordseite dieser die 75—85 m hohe Platte des Draa Udref und Hammamat — in Zukunft

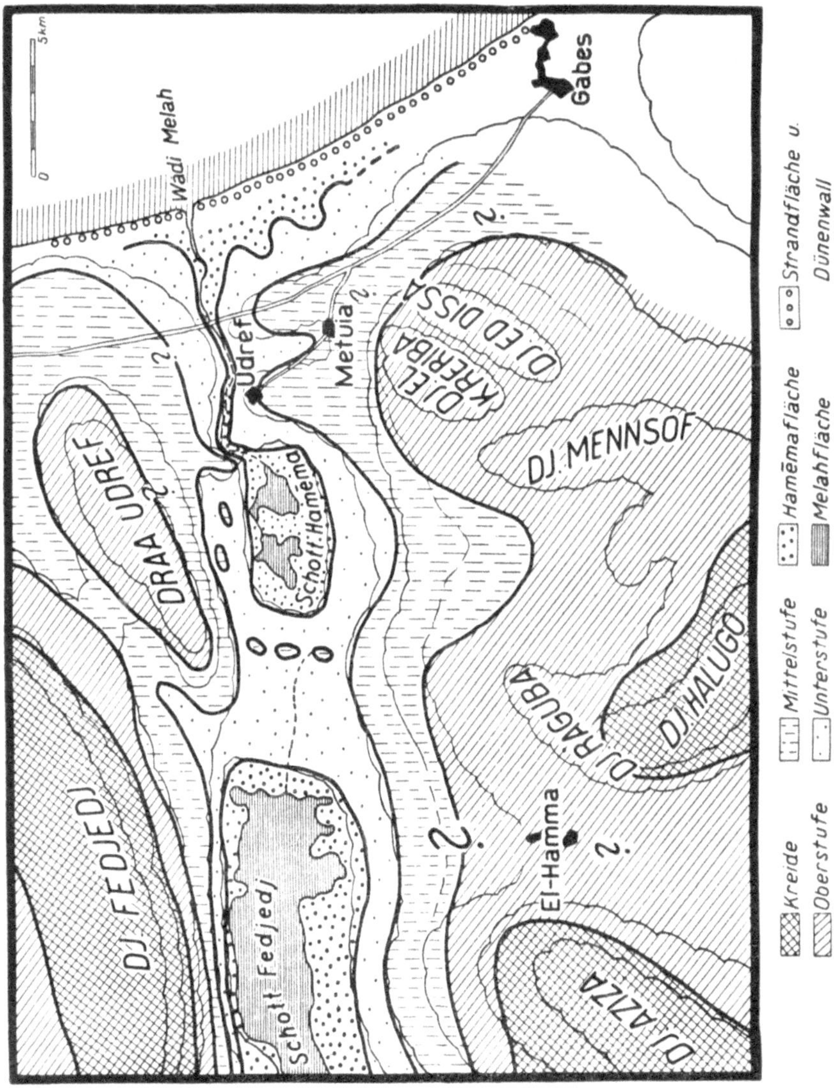

Fig. 1. Orographische Skizze der östlichen Schottregion.

Draa-Platte genannt — sich vor die Nordkette legt. In dem Flachland zwischen den Bergketten lassen sich nicht immer klar, aber doch im großen und ganzen — folgende Stufen unterscheiden, die auf der Karte garnicht, in der Natur aber ganz gut heraustreten (Tafel 8, Abb. 1 u. 2).

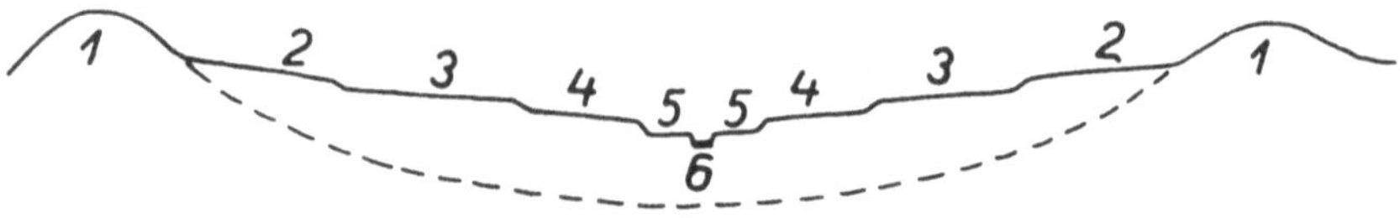

Fig. 2. Schematischer Querschnitt durch den Terrassenaufbau der Schottsenke bei Udref.

1 Kreideberge
2 Oberstufe
3 Mittelstufe
4 Unterstufe
5 Hamēmafläche
6 Melahfläche

Die Oberstufe lehnt sich an die Bergketten an. Die Meereshöhe der gegen die Schotts geneigten Oberstufe liegt wohl zwischen 100 und 70 m wie auch die Draa Platte. Die Draa Platte und die WNW von Gabes sich 100 m hoch erhebenden Dj. Kreriba und Dissa gehören der Oberstufe an. Diese Höhen sind von denKreideketten losgelöst, nehmen also eine selbständigere Stellung ein.

Die Mittelstufe liegt zwischen 60 und 50 m auf der Platte und 40—35 m an ihrem Fuß. Sie trennt in der Form einiger Inselplatten das Schott Hamēma von dem Schott Fedjedj, und springt bei Udref und an der Bahnbrücke mit Ausläufern nach N. vor. Nördlich von Udref tritt sie mit ca. 40 m Mh. nahe an das Wadi Melah heran, mit dem Vorsprung des Ain Hanasch sogar ganz dicht an den Ausfluß dieses Wadis aus dem Schott. Infolge solcher Ausbildung des Randes der Mittelstufe entsteht das Becken des Schott Hamēma mit der Bucht von Gallal westlich Udref und der „Brückenbucht“ östlich von Udref. Die Brückenbucht wird im O von einem niedrigen Riegel abgeschlossen den das Wadi Melah in enger Pforte (100—200 m) quert (vgl. Figur 3).

Innerhalb des Hamēmabeckens liegt die Unterstufe als eine etwa 40—35 m hohe Platte, die mit buchtig zerschnittenem, in Zungenplatten aufgelöstem Band die eigentliche Schottebene einfaßt und unter Senkung auf ca. 30 m in die Ebene der Gallalbucht übergeht. Diese setzt sich unter Absinken auf ca. 15 m bis zum Brückenriegel fort (Brückenbucht).

Der Boden des eigentlichen Schott Hamēma — Hamēmafläche —, den die ausgefranste Platte der Unterstufe umfaßt, beginnt im W. als Ebene von ca. 35 m Mh. und senkt sich bis zum Ausfluß des Wadi Melah bis auf rund 25 m. Im Verlauf dieses Wadis setzt sie sich in der Längsstufe zu beiden Seiten des Melahbettes bis zur Brückenpforte fort. Auf dem Nordufer des Wadi Melah fehlt diese Längsstufe oft ganz, da der Bach gegen das Nordufer drängt und einen Prallhang geschaffen hat, den die Unterstufe bildet.

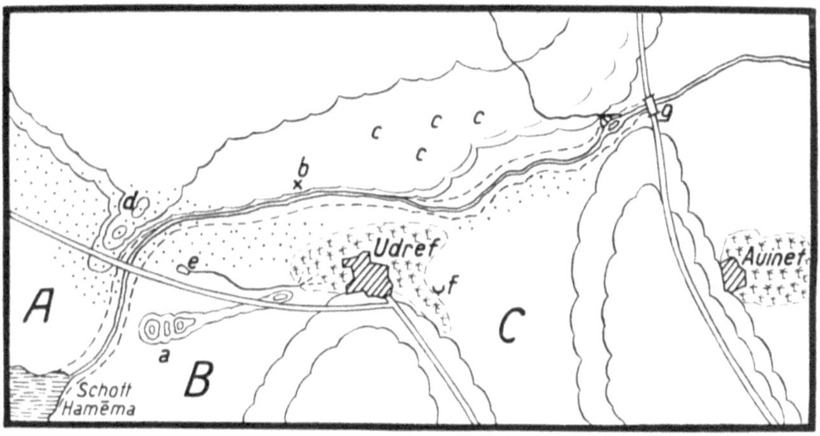

Figur 3. Die Umgebung von Udref.

A Hamēmafläche
B Gallalbucht
C Brückenbucht

a Gallalhügel
b Scherbenkliff
c Schugaff
d Ain Hanasch u. die „Kinosahara"
e Bu Ischak
f artesischer Brunnen
g Brücke

Das Bachbett des Wadi Melah entwickelt sich aus Rinnsalen, die in den Boden des Schott Hamēma eingeschnitten sind und sich innerhalb dieses zu zwei Salzpfannen erweitern — der Sebkret el Melah im Osten und der Sebkret Makrescherme im Westen. Abb. 1 auf Tafel 8 gibt einen Überblick über einen Teil der Stufen.

Trockenbetten, die von den Bergketten bzw. der Draa-Platte herabkommen, vervollständigen das orographische Bild. Die Küstenabdachung am Unterlauf des Wadi Melah ist genau so wie das Schott-Hamēma-Becken gebaut (Figur 1). Die Mittelplatte weicht mit Annäherung an die Küste nach NO bzw. SO zurück, die Unterplatte als Boden des „Brückenbeckens" geht östlich der Brücke in die breite „Küstenplatte" über, die gleichfalls bald nach NO bzw. SO abbiegt. Aus der Längsstufe des Wadi Melah entwickelt sich die „Küstenebene", in die die Rinne des Wadi Melah eingeschnitten ist. An der Melah-Mündung trennt ein ca. 2—300 m breiter, 10—15 m hoher Dünenwall die Salzlehmfläche von dem Sandstrand der Küste. Diese Ebene bildet eine gegen die „Brückenpforte" gerichtete halbmondförmige Bucht — augenscheinlich eine ehemalige Meeresbucht, von der die Sebkret er Rahia der letzte Rest sein dürfte. Die Oase Auinet liegt am Rande der auslaufenden Mittelstufe, vielleicht auch die Oase Wadi el Melah (NW der Mündung).

2. Geologischer Aufbau.

Der nachfolgende Abriß ist, da ja in der kurzen Zeit eine geologische Kartierung nicht möglich war, nicht nur lückenhaft, sondern auch stark hypothetisch. Immerhin dürften die Grundzüge der Wirklichkeit annähernd entsprechen. Die mitgebrachten Proben hat Herr Prof. Rose in seinem Institut freundlichst untersucht, ihm sei hiermit dafür der beste Dank ausgesprochen[1]).

Von den Atlasketten ebenso wie von dem Ksurgebirge, das das Küstengebiet von dem Ighargharbecken trennt, sind große Massen von Schutt herabgekommen. Auf dem Wege von Gabes nach Matmata und nach Medinine quert man diese von dem Gebirge sich abdachenden Schuttmassen. Am Fuß jener sind Blöcke von Kopfgröße und noch größere keine Seltenheit, nach der Küste hin wird das Material feiner, aber Gerölle bis zu Faustgröße bleiben erhalten. Zwischen Sfax und Gabes hält sich die Bahn in der Nähe der See in großem Abstand vom Gebirge, und demnach beobachtet man überwiegend gelbbraune Lehme, in denen Kalkkrusten — oder sind es Gipskrusten ? — unter der Oberfläche verbreitet sind. Man wird wohl kaum mit der Annahme fehl gehen, daß auch die Bergketten, die die Schottsenke einfassen, von einer Schuttböschung umgeben sind, und der Gedanke liegt nahe, daß die „Oberstufe" dieser Ablagerung aus grobem Schutt entspricht. Der geologischen Übersichtskarte nach sind sogar Dj. Kreriba und Dissa im N, sowie die Draa-Platte Diluvium — d. h. wahrscheinlich aus Geröllmassen aufgebaut, und dann entsprächen sie in der Tat der „Oberstufe" (Figur 4).

Ganz unbekannt ist der Bau der Draa-Platte und der im NW von ihr gelegenen Senke. Diese ganze Senke zwischen der Südkette und der Draa-Platte besteht aus einer Gipsmasse — von der Mittelstufe bis zur Sohle des Wadi Melah. Eine Gliederung dieser Gipsmasse stößt auf erhebliche Schwierigkeiten.

[1]) Eine Beschreibung der Proben wird Herr Prof. Rose noch veröffentlichen.

Den Boden des Schott Hamēma bildet an der Oberfläche ein trockener, bläulich-grauer toniger Gips, der sich wegen der abgeschiedenen Gipspartikel sandig anfühlt. In Rinnsalen tritt unter ihm ein nasser, blauschwarzer, toniger Gipsbrei zutage, der sich leicht mit der Hand formen läßt. Beim Austrocknen verwandelt er sich in den bläulichgrauen „sandigen" tonigen Gips. Es handelt sich also um dieselbe Ablagerung, die an der Oberfläche ausgetrocknet ist. Diese Ablagerung ist eine Salzpfannenbildung, und zwar ist der erste Gedanke der, daß es eine Bildung im heutigen Schott ist.

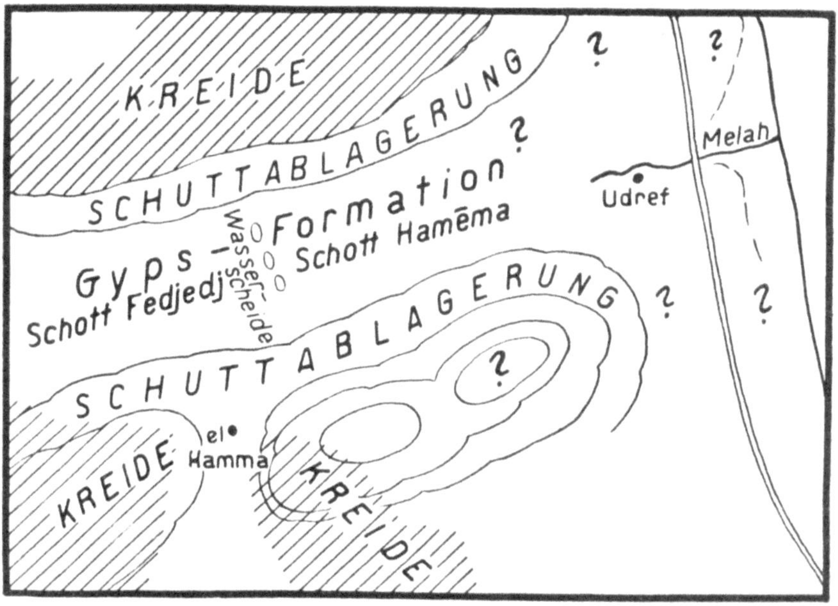

Fig. 4. Geologische Skizze der östlichen Schottlandschaft.

Die mit ausgefranstem Rand die Hamēmafläche begrenzende „Unterstufe" besteht überwiegend aus gelbbraunen Gipslehmen, in denen aber auch weiße Gipstuffe in Stöcken aufzutreten scheinen. Ein guter Aufschluß wurde nicht beobachtet. In den tief in die Platte der Unterstufe eingreifenden Buchten und talförmigen Niederungen aber kommt — meist freilich durch Flugsande verdeckt — der bläulichgraue tonige Gips zum Vorschein. Ganz augenscheinlich liegt dieser unter den gelbbraunen Gipslehmen.

Die isolierten Platten auf der Wasserscheide zwischen Schott Hamēma und Fedjedj — Mittelstufe — bestehen aus weißem Gipstuff, der an bis kopfgroßen Kalkstein- und Sandsteingeröllen der Kreideformation örtlich reich ist. Solche Gerölle finden sich auch in dem Gipston der „Unterstufe". Auch hier fehlen Aufschlüsse, aber die zahllosen Stücke von weißem Gipstuff sprechen für das Vorhandensein einer Gipstuffdecke in der Mittelstufe.

Begeben wir uns nun zum Ausfluß des Wadi Melah aus dem Schott Hamēma! Letzterer läuft spitz zu, und eine in dem blauschwarzen Gipston eingeschnittene Rinne wird zum Bett des Melahbaches; die Oberfläche des bläulichgrauen Gipses aber geht in die Längsstufe des Wadi Melah über, eingefaßt von der „Unterstufe". Diese ist am Ende des Schotts und im Bereich der Gallalbucht derartig mit Flugsand überzogen, daß nirgends gute Aufschlüsse zu finden sind. Nur der auf der Unterstufe gelegene Quellteich Ain bu Jschak liegt im blauschwarzen Gipsbrei, der also augenscheinlich die Unterlage der Unterstufe bildet. Auf der Nordseite des Wadi Melah aber hat der nach N drängende Bach einen langen Kliffrand geschaffen, der fast ununterbrochen bis zur Brückenpforte reicht und meist gute Aufschlüsse enthüllt.

Die Kliffwände bestehen überwiegend aus gelbbraunem Gipslehm, der aber erhebliche Faziesbildungen zeigt. Z. T. ist er ungeschichtet, ungebankt, zellig infolge von Ausscheidung von Gips, auch durchsetzt von Gipskristallen, die z. T. faustgroße Rosetten bilden (Tafel 9, Abb 1). An anderen Stellen ist er geschichtet und zwar flach gelagert. Gerölle von Kalkstein und Sandstein der Kreide bis Hühnerei- oder gar Faustgröße bilden hier parallele Lagen, dort erfüllen sie die ganze Gipsmasse ohne irgend welche Anordnung, wie die Steine in Moränen. Örtlich kommen auch kurze gelbbraune Sandsteinbänke mit Kreuzschichtung vor, so W der Bahnbrücke und ebendort weiße Salzabscheidungen.

Entlang des ganzen Melahbettes liegt unter dem gelbbraunen Gipslehm der blauschwarze Gipsbrei (Tafel 9, Abb. 2), dessen obere Lage trocken und blaugrau ist. Er ist aber streckenweise von Flugsand überlagert, der namentlich auf den Längsstufen des Wadi Melah, die aus dem blauschwarzen Gipsbrei bestehen, eine Kupstendecke bildet (Tafel 10, Abb. 1).

Der gelbbraune Gipslehm nebst dem aus blauschwarzem Gipsbrei bestehenden Kliffuß, bildet die „Unterstufe" nördlich des Wadi Melah. Das Kliff selbst fällt entweder mit ca. 5—10 m hoher Wand steil zum Bett des Wadi Melah ab, z. T. bildet der blauschwarze Gips eine Vorstufe, während der gelbbraune Gipslehm mit flacherer Böschung zurückweicht und dann zuweilen mit Flugsand bedeckt ist. Die Oberfläche der Unterstufe nördlich des Wadi Melah steigt langsam nach N an und geht mit deutlichem Aufstieg in die Mittelstufe über. Diese nun besteht aus dem weißen Gipstuff, der in zahlreichen Gruben aufgeschlossen ist, da man ihn zum Brennen zwecks Herstellung von Mörtel benutzt. Demgemäß scheint hier der gleiche Aufbau wie im Schott Hamēma vorzuliegen: von unten nach oben der blauschwarze, der gelbbraune, der weiße Gips.

In der Gallalbucht gibt es nun zwei Erhebungen, die besondere Aufmerksamkeit verdienen: den Sporn von Ain Hanasch und den Gallalhügel (Fig. 3).

Zwischen der Fläche des Schott Hamēma und dem nach N gerichteten Wadi Melah liegt ein merkwürdiges Gebilde, die „Kinosahara", so genannt, weil eine Kinogesellschaft sie zu Aufnahmen in der „Sahara" benutzt hat. Es ist ein mit Flugsand bedeckter, in Zeugenhügel aufgelöster Rücken von weißem Gipstuff (Tafel 10, Abb. 2). Diese Hügel werden von einer Gipskruste bedeckt und besitzen deshalb Tafelform. Der eine dieser Hügel heißt Ain Hanasch — Schlangenquelle. Seine Gipfelbank ist schalenförmig eingesenkt und ähnlich einer künstlichen Tränkstelle geformt. In der Mitte der Schale geht ein 1 m tiefer Schacht durch die fußdicke Kruste im weißen Gipssand hinab — daher wohl der Name „Ain", denn eine Wasserquelle kann dort oben nie vorhanden gewesen sein, wohl aber muß — vor dem Graben des Loches — nach Regen eine Wasserpfütze gestanden haben.

Dieser in Tafelberge aufgelöste Gipstuffsporn entspricht augenscheinlich dem Gipstuff der Mittelplatte, liegt aber wohl dem Niveau nach tiefer. Der Gallalhügel, an dem Borchardt den Mittelpunkt der Plato-Ringstadt sieht, besteht aus genau den gleichen Gipslehmen mit Geröllmassen und auch gelbbraunen Sandsteinschichten wie das Melahkliff. Aber in dem Gallalhügel liegt dieser Gipshorizont erheblich höher — mindestens um 10 m. Dieser ganz isoliert die „Unterstufe" der Gallalbuchtebene überragende Hügel hat wohl ca. 40 m Mh., also die Höhe der Mittelstufe. Das Gestein ist aber das der Unterstufe.

Die die Gallalbucht im Süden umrandende Platte entspricht mit 50—60 m Mh. der Mittelstufe und tritt mit dem 40 m hohen Sporn von Udref nahe an das Wadi Melah heran. Auf seiner Spitze liegt der Ort Udref — am höchsten die Schule — und im Halbmond umgibt ihn die auf der Unterstufe gelegene Palmenoase (Tafel 11, Abb. 1). Dieser Sporn besteht aus dem weißen Gipstuff, der aber interessante Faziesverhältnisse aufweist. Nahe der Schule — südwestlich — finden sich zahlreiche Gruben, die zwecks Gipsgewinnung angelegt worden sind. Es zeigt sich, daß sich der weiße Gipstuff überraschend schnell — auf ein

Dutzend Schritte hin — aus reinem feinem Tuff in solchen mit zahllosen Geröllen verwandelt (Tafel 11, Abb. 2). Diese Gerölle sind harte Kreidekalksteine und -sandsteine, die bis kopfgroß werden. Außerdem aber gehen beide Gipstuffarten auf wenige Schritte hin in gelbbraune Gipslehme über, die je nachdem, keine bis sehr zahlreiche Gerölle enthalten. Genau so wie die gelbbraunen Gipslehme des Melahkliffs sind auch diese Gipslehme reich an Gipsschnüren, Gipsplatten, Gipsnetzen. Die Gerölle „schwimmen" übrigens im Gips.

Also die gelbbraunen Gipslehme der Unterplatte, die an dem Melahkliff zusammenhängend entwickelt sind, die den Gallalhügel zusammensetzen, der nach seiner Höhe der Mittelstufe angehört, kommen bei Udref innerhalb der Mittelstufe als Fazies des weißen Gipstuffes vor, der für die Mittelstufe das charakteristische Gestein zu sein schien!

Die Oberfläche des Udrefspornes besteht aus dem mit Geröll bedeckten Gipstuff, der oft zutage tritt. Sie senkt sich nach O zu einer sehr flachen, von dem SO-Ende der Udref-Oase eingenommenen Einmuldung. Jenseits dieser (östlich) hat die französische Regierung einen 42 m tiefen Brunnen gebohrt, aus dem blauschwarzer Gips herausgekommen ist. Oberflächlich haben diese Massen eine gelbbraune fingerdicke (Verwitterungs ?-) Kruste. Östlich des Brunnens steigt die Platte von weißem Gipstuff an, der in Brüchen aufgeschlossen ist (Tafel 12, Abb. 1). Dieser Gips ist hier als kompakte dicke Bankmasse ausgebildet, die als Baustein abgebaut wird. Auf der Oberfläche liegt nur Kreidekalksteingeröll in 2—3 cm dicker Schlammkruste als Folge energischer Abspülung durch Wolkenbrüche.

Die Gipstuffplatte setzt sich nach NO in der Richtung auf die Brücke fort, aber durchsetzt von einer Mulde, in der die Oase von Metuia liegt. Die Platte ist z. T. überreich an Kalksteingeröll, so daß ich einen Hügel, von dem aus ich ein Panorama aufgenommen habe, „Schotterhügel" nannte. Gelbbrauner Gipslehm kommt aber auch vor. Wir sind damit in das kleine „Brückenbecken" gelangt. Der Boden ist dort meist mit Flugsandkupsten bedeckt, in denen aber auch kleine Lehmflächen — Sebkhas en miniature — liegen (Fig. 3).

Die Südplatte nähert sich westlich der Brücke bis auf 255 Schritt dem Melahbach, den ein steiles Kliff auf der Nordseite begrenzt. Dieses Kliff ist eine zusammenhängende, 5—6 m hohe Wand aus blaugrauem bis gelbgrünlichem Gipston, über dem Flugsand liegt. Auch weißer Gipstuff kommt an einer Stelle des Kliffs zum Vorschein. Der Aufbau westlich der Brücke war an zwei Stellen von oben nach unten folgender:

a) ½ m blaugrauer, sich sandig anfühlender Gips, graugefleckt durch porphyrische Gipspartikel von einigen Millimeter Größe, überkrustet von bitter schmeckenden, wulstig-kugligen Rinden — das ganze wohl Salzpfannenbildung.

b) Blauschwarzer Gips, entsetzlich bitter.

Etwas westlicher folgender Aufschluß auf 3 m hohem Kliff: Oben $^3/_4$ m weißer Gipstuff, sandig sich anfühlend, darunter sandig sich anfühlender grauer Gips. Ganz unten der blauschwarze Gips.

Hier liegt also weißer Gips über dem blaugrauen, anscheinend aus ihm sich entwickelnd. Es besteht also kein grundsätzlicher Gegensatz zwischen den drei Gipsarten!

Etwas weiter westlich (Figur 5):

a) Bläulichgrauer, sich sandig anfühlender Gips, $^3/_4$ m.

b) Graue, mürbe, schiefrige Sandsteine, ½ m

c) Heller grünlichgrauer Sand mit Kreuzschichtung, ½ m

d) Graugrünlicher Gipssand, 1 m

b) ist eine sich schnell auskeilende Bank — vielleicht ehemaliger Dünensand.

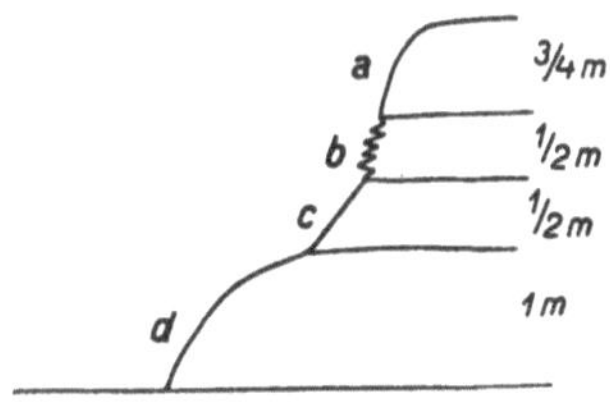

Fig. 5. Das Kliff westlich der Brücke.

a Bläulichgrauer Gips
b Grauer Sandstein
c Grünlichgrauer Sand
d Graugrünlicher Gipssand

Hier, im Bereich dieser bläulichgrünlichen bis blauschwarzen Gipslager, erfolgt der Durchbruch des Wadi Melah gegen die Küstenebene hin. Oberhalb dieser Durchbruchsstelle hat sich das Wadi Melah in viele Arme geteilt, die mit Halophytensumpf erfüllt sind. Gleichzeitig kommt aus NW ein sich in ein Netzwerk zahlreicher Arme auflösendes Nebenwadi, das zusammen mit dem Melah einen 8—10 m hohen Hügel einschließt. Auf seinem platten Gipfel zeigt ein $^3/_4$ m tiefes Loch nur Sand. Der Boden der Arme in obigem Netzwerk besteht aus dem bläulichgrünlichen Gips. Das Wadi Melah und das ,,Netzwerkwadi" haben sich augenscheinlich vor der Enge westlich der Brücke gestaut. Bei Hochwasser steht wohl dort ein Stauwasserteich. Die Gipsablagerung aber muß einer sich nach O fortsetzenden Sebkha angehört haben! Das Melahbett hat westlich der Brückenenge auf der Südseite eine breite, von zahlreichen alten Armen durchsetzte Längsstufe, die allmählich zum Boden der ,,Brückenbucht" (Unterstufe) ansteigt.

Die Unterstufe geht nach Osten in die ,,Küstenplatte" über, die weiterhin durch Buchten ausgefranst und in Zeugenplatten aufgelöst wird. An dem Ufer des in diese Küstenplatte eingeschnittenen Melahbettes sind genau dieselben bläulich-grünlichen und gelbbraunen „Lehme“ aufgeschlossen, wie am Kliff innerhalb des Brückenbeckens. Ich sage „Lehme“, weil ich leider keine Proben gesammelt habe, und die Diagnose daher unsicher ist. Vermutlich sind es dieselben Gipslehme, wie im Bereich der Unterstufe.

Südlicher kreuzte ich auf dem Wege von der Melah-Mündung nach Auinet die Zeugenplatten, die sehr geröllreich sind, wie es auch die Oberfläche der Mittelstufe zu sein pflegt.

Die Längstufe geht in die aus „gelbbraunen Salzlehmen“ bestehende „Küstenebene“ über, die sich, von einem Netz flacher Spülrinnen durchzogen (Tafel 12, Abb. 2), gegen den Dünenwall der Küste und gegen das breiter gewordene Bett (100—200 m) des Wadi Melah neigen. Vor dem Dünenwall wird der Bach zu Salzsümpfen mit Salzpflanzen gestaut, erreicht also nicht das Meer; höchstens bei Hochwasser.

Zum Schluß noch ein Wort über die Flugsande. Diese sind fast überall zu finden, aber im allgemeinen nur in dünner Decke und lückenhaft, besetzt mit Zwergsträuchern, die Kupsten entstehen lassen. Im Hamēmabecken liegt zwischen der Mittel- und Unterstufe ein breiter Kupstengürtel, der nach Osten hin in die „Kinosahara“ übergeht. In der Gallalbucht nehmen die Flugsande wohl den größten Teil des Bodens ein und häufen sich südlich des Wadi Melah, zwischen dessen Austritt aus dem Schott und Udref zu einem Kupstenfelde an (Fig. 3).

Die Westwinde sind die stärksten, die Seewinde die konstantesten. Der Riegel von Udref bildet eine merkwürdige Windscheide. Westlich von Udref — in der Gallalbucht — liegen die Sandzungen östlich der Zwergbüsche, östlich des Riegels dagegen auf deren Westseite. Zwischen Udref und der Küste sind also die Seewinde, westlicher die Westwinde für die Wanderung des Sandes bestimmend.

3. Landschaftskundliche Verhältnisse.

Die Schottsenke südlich des Atlas nebst dem Ighargharbecken kann wohl als ein besonderes Landschaftsgebiet aufgefaßt werden. Innerhalb dieses Flachlandes bildet die Schottregion mit den großen Salzpfannenbecken ein Landschaftsgebiet zweiter Ordnung, und in diesem wäre der äußerste Osten mit der Abdachung zur Syrte wohl eine Landschaft für sich. Sie sei östliche Schottlandschaft genannt. Die Platte von Draa zerlegt aber diese Landschaft in die Mulde von

Dahret el Hamar im N und in die „Udrefbucht“ im S. Der Durchmesser der östlichen Schottlandschaft ist zwischen den beiden Bergketten ca. 25 km, zwischen der Wasserscheide (Fedjedj-Hamēma) und dem Meere ca. 18 km.

Die Kalkstein-Ketten, die die Schottlandschaft umfassen, sind wegen ihrer Armut an Pflanzen „Wüste“ — also Kalkstein-Wüsten-Ketten und -Stöcke zu nennen. Die Schottsenke selbst, als Ganzes genommen, ist ein Zwergstrauch-Salzsteppen-Flachland, zerfällt aber doch im Bereich der „Östlichen Schottlandschaft“ in einige Teillandschaften zweiter Ordnung: in den Halbmond der Ober- und Mittelstufe, in das Hamēma-Becken mit der Gallal- und Brückenbucht und in die Küstenebene.

Die Ober- und Mittelstufe sind Zwergstrauchsteppen-Platten, die Oberstufe mit Kalkschutthamada, die Mittelstufe mit Kalkgeröllhamada über Gips, oder mit Gipstuff- oder Gipslehmboden. Flächen von Flugsand mit Kupsten wirken als Landschaftsteile, desgleichen steinige Trockenbetten (Wadis).

Im Hamēmabecken — nebst der Gallal- und Brückenbucht — nimmt die Wasserscheide mit den Geröll-Gipstuffhügeln eine Sonderstellung ein. Sie geht nach W und O in die Zwergstrauch-Sand- und Gipslehm-Platte der Unterstufe über, die sich nach Norden hin in eine Kupsten-Dünen-Ebene verwandelt. Südlich von ihr aber liegt die eigentliche Sebcha, z. T. eine Zwergstrauch-Gipsebene, z. T. eine Halophyten-Gipsebene, z. T. eine nasse, blaugraue, kahle Gipsebene ohne Pflanzen.

Die „Kinosahara“, d. h. der Flugsand-Hügelrücken von Ain Hanasch mit den Gipstuff-Kranzhügeln wirkt wegen des Pflanzenmangels landschaftlich als „Wüste“ und stellt einen besonderen Landschaftsteil vor. Die Gallalbucht ist eine Zwergstrauch-Sand- und Küstenebene mit dem Landschaftsteil des Wüsten-Gipslehm-Hügels von Gallal, in dem zwei Hohlwege und der Scherbenhang des Kasr Gallal besondere kleine Landschaftsteile bilden. Besondere Landschaftsteile sind auch der Halophytensalzsumpf und der Teich von Ain bu Ischak sowie vor allem das Melahbett. In diesem bilden die von Rinnsalen durchzogenen Kupsten-Längsstufen, z. T. mit blauschwarzem Gipsboden, und ferner das Bett mit Salzteichen, Halophytensümpfen und Flugsandkupsten, sowie das teils steile, teils versandete Gipslehmkliff besondere Formbestandteile bzw. Landschaftsteile des Wadis.

Der Kupstendünenstreif zwischen dem Melahknie und der Palmenoase Udref ist gleichfalls ein besonderer Landschaftsteil wie auch die Palmenoase selbst und der Ort Udref.

Die „Brückenbucht" besitzt an Landschaftsteilen die Zwergstrauch-Sand- und Geröllebene der Unterplatte, die Oase Metuia und das Melahbett, das geradeso wie oberhalb von Udref gestaltet ist; nur die Halophytensümpfe sind stärker entwickelt (Tafel 13, Abb. 1).

Die Teillandschaft des Küstenflachlandes setzt sich zusammen aus der Zwergstrauch-Geröll- und Gipslehmplatte der Küstenstufe, aus der Zwergstrauch-Salzlehmebene der Küstenebene, aus dem Melahbett mit seinen Salzteichen und Halophytensümpfen, sowie aus dem Stauteich an der Mündung. Der Kupsten-Dünenwall und die Sandstrandebene mit Strandtümpeln und Strandwall schließen als selbständige Landschaftsteile diese Teillandschaft ab. Die Sebkret er Rahia habe ich nicht besucht, sie scheint eine Halophyten-Salztonebene zu sein, wohl mit gelegentlichen Regenseen. Diese landschaftskundliche Skizze beschränkt sich auf die von mir selbst begangenen Gebiete, kann also auf Vollständigkeit keinen Anspruch machen.

4. Vorgänge der Ausgestaltung.

In der kurzen Zeit meiner Anwesenheit ein klares Bild von den abtragenden und aufschüttenden Vorgängen zu gewinnen, war natürlich nicht möglich, allein einige Feststellungen waren doch zu machen. Die zuweilen im Winter niedergehenden Wolkenbrüche wirken auf den Gips-Salzlehmboden der Küstenebene stark abspülend. Das konnte man an dem Netz der Spülrinnen und an den flachen Erhöhungen der Zwergsträucher erkennen, dagegen nicht auf Flugsandboden, wie er große Teile des Hamēmabeckens und der Udrefbucht bedeckt. Auf der Gipsfläche der Hamēma-Sebkha selbst aber dürfte die Abspülung im Gange sein, wie ja auch das Einschneiden von Wasserrissen Tatsache ist. Das Wadi Melah drängt nach dem Verlassen des Schott Hamēma gegen die linke Seite und hat so den langen Kliffrand entstehen lassen.

Alles in allem dürfte die Flächenabspülung überall dort eine Rolle spielen, wo nicht eine dicke Geröllschicht oder Flugsand hindernd wirken. Namentlich auf der blaugrauen Gipsfläche des Schott Hamēma und auf der Küstenebene scheint sie energisch im Gange zu sein (Tafel 12, Abb. 2).

Der Wind entfaltet als Weststurm eine erhebliche Leistung. Staubmassen werden durch die Luft herbeigeführt, und die Flugsande wandern wohl überwiegend in ostnordöstlicher Richtung. Dafür spricht die Anhäufung von Kupstendünen auf der Nordseite des Hamēmabeckens und der Gallalbucht. Die Gipstuffhügel der „Kinosahara" werden von

Sandschliff bearbeitet und verdanken wohl ihm hauptsächlich ihre Formen; denn die Regen üben auf dem Sande keine Wirkung aus.

An dem Wandkliff vermißt man das Abblättern und den grusigen Zerfall in eckige Stücke, der in Trockengebieten auf Ton- und Mergelwänden im Gange zu sein pflegt. Wahrscheinlich verhindern die Gipse und Salze (Kochsalz, Bittersalz) durch Verkittung der Partikel solchen Zerfall.

5. Problemstellungen.

Die Verhältnisse sind viel zu schwierig, als daß ein lückenhaftes Begehen einzelner Abschnitte — mehr war nicht möglich — zu einer befriedigenden Erklärung führen könnte. Das war umso weniger möglich, als die kartographischen Grundlagen für die vorliegenden Zwecke völlig ungenügend sind. Selbst eine Karte von 1:100000 die möglichst die Details bringt, würde nicht ausreichen. Der Maßstab 1:25000, möglichst unter gelegentlicher Berücksichtigung von Meter-Höhenunterschieden, wäre erforderlich.

Ganz ungenügend sind ferner die geologischen Feststellungen. Ohne eine flächenhafte Kartierung und ohne sehr genaue petrographische Untersuchungen zahlreicher Proben sowie ohne Benutzung der Bohrergebnisse in Brunnen wird man kaum die Probleme der Lösung näher bringen. So bleibt denn hier nur deren Fixierung übrig. 4 Fragenkomplexe treten uns entgegen.

a) Die Stratigraphie, b) Die Tektonik, c) Die Entstehung der Oberflächenformung durch Ausräumung, d) Die Erklärung der Entstehung der Schichten. Alle 4 Komplexe bilden ein Ganzes. Ohne die Kenntnis aller Gesichtspunkte kann man die Einzelprobleme nicht lösen.

a) Die Tektonik des Gesteinsgerüstes — Kreidegebirge und Schottsenke — wird hier als gegeben angesehen Die Schuttebene am Fuß der Kreideketten ist auch leicht erklärbar Die Schuttmassen sind — geradeso wie zwischen Ksurgebirge und Küste — durch abfließendes Wasser ausgebreitet worden Im einzelnen aber gibt es dort — so vor allem in dem Küstengebiet Süd-Tunesiens — eine Fülle von Problemen, da zwischen den groben Schuttmassen Salzpfannenablagerungen, äolische Feinsande und besondere Ablagerungen, die von Hochwasserüberflutungen herrühren, auftreten.

Das Verhältnis zwischen der Schuttplatte am Fuß der Bergketten und der Gipsformation der Schottsenke ist nicht bekannt (Figur 6). Es ist möglich, daß beide gleichaltrig sind, d. h. daß während der Aufschüttung grober Schuttmassen am Fuß der

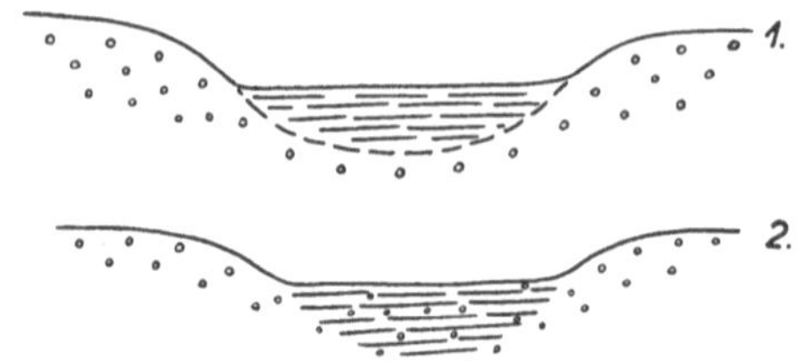

Fig. 6. Schematische Skizze des möglichen Verhältnisses zwischen Schutterrasse und Gipsformation.

1. Schutterrassen älter als Gipsformation
2. Beide gleichaltrig.

Ketten in der Mitte der Senke ein Salzsee die chemischen Abscheidungen und den feineren Detritus aufnahm. Es ist aber auch möglich, daß die Gipsmasse jünger ist, d. h. nach Aufschüttung eines Schuttpolsters in der Senke — vielleicht nach vorausgegangener Erosion eines Beckens — entstand. Wenn die Gipsformation von einer deutlichen Schuttstufe eingefaßt wird, so wäre letzteres möglich, vielleicht wahrscheinlich, gehen Schuttfläche und Gipsfläche einheitlich ineinander über, so wäre die Gleichaltrigkeit wohl bewiesen. Es fehlt aber noch an genaueren Feststellungen.

Doch nun zur Gipsformation! Bei ihr tritt das stratigraphische Problem in den Vordergrund. Solange dieses nicht gelöst ist, kann man mit Sicherheit an eine Erklärung nicht gehen. Folgende Tatsachen sind sicher:

1. Bei Udref findet ein schneller Fazieswechsel von weißen Gipstuffen ohne und mit Geröllmassen und von gelbbraunen zelligen Gipslehmen — ohne und mit Geröllmassen — statt. Handelt es sich aber um echte Fazies, d. h. um primäre Verschiedenheit der Ablagerung oder um scheinbare Fazies, indem die gelbbraunen Massen durch Verwitterung entstanden sind — à la geologische Orgeln? Diese Lücke in unserer Erkenntnis ist wichtig und schmerzlich.

2. An dem langen Kliffrand des Wadi Melah überwiegen die gelbbraunen, zelligen Gipslehme derartig, daß sie als Einheit aufgefaßt werden müssen — zusammen mit dem unter ihnen liegenden blaugrauen und blauschwarzen Gips. Denn das Wadi Melah hat das Kliff durch Seitenfurchung geschaffen, und der blauschwarze Gips kommt gleichzeitig mit dem Zurückweichen der Kliffwand an deren Fuß zum Vorschein. Innerhalb dieser gelbbraunen Gipsmasse aber gibt es echte Faziesbildungen: die gelbbräunlichen bis grauen Sandsteinbänke, die Geröllschichten, die geschichteten und die ungeschichtet-zelligen Gipslehme, auch weiße Salzlagen (W der Brücke). Die bläulichgrauen Gipse aber gehen — gleichfalls westlich der Brücke — nach oben hin in grünlichgelbliche Gipstuffe über, die gleichsam den Übergang zwischen

blaugrauem Gips und gelbbraunem Gipslehm vermitteln. Somit taucht die Frage auf: Wenn die ganze Gipsmasse — blauschwarz bis gelbbraun — eine Einheit vorstellt — und dafür spricht alles — so könnte der Farbenunterschied darauf beruhen, daß die blauschwarzen Gipse die ursprüngliche Form der im Grundwasser oder Salzsee abgelagerten Gipsmasse sind. Der blaugraue Gips entsteht tatsächlich vor unseren Augen durch Austrocknung des blauschwarzen Gipses, ist also sicher durch Austrocknung des letzteren entstanden. In dem grünlichgelben Gips aber darf man wohl den Beginn der Umwandlung des blaugrauen Gipses als Folge der Verwitterung sehen. Der gelbbraune wäre also die Verwitterungsfazies des blaugrauen Gipses. Dieser selbst wäre obendrein ein „Unterwasserboden". Daß in dem bläulichgrauen Gips (westlich der Brücke) grünlichgraue Sande und mürbe schiefrige Sandsteine — ganz wie in den gelbbraunen Gipslehmen — als Bänke auftreten, spricht für obige Auffassung. Geröllagen sind in dem blaugrauen und blauschwarzen Gips allerdings noch nicht gefunden worden. Für die Identität des blauen und gelbbraunen Gipses spräche aber doch der Umstand, daß der blauschwarze Gips an den artesischen Brunnen von Udref (Oasenostrand) neben der Platte des weißen Gipstuffes in einer Höhe liegt, die wohl der des oberen Kliffrandes am W. Melah noch überlegen ist (Figur 7).

Wie dem auch sei, blauschwarzer bis gelbbrauner Gips bilden eine zusammenhängende Ablagerung.

Der Gallalhügel (Tafel 13, Abb. 2) besteht aus genau den gleichen Gesteinen

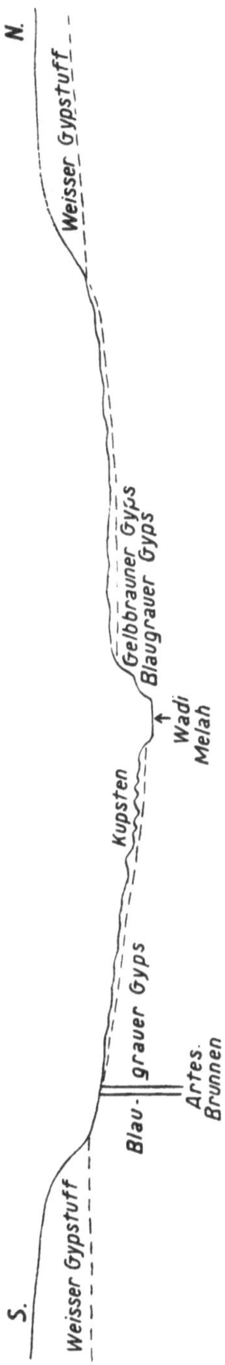

Figur 7. Querschnitt durch die „Brückenbucht" unmittelbar östlich der Oase Udref am artesischen Brunnen. Der blaugraue Gips am Brunnen liegt höher als das Kliff aus gelbbraunem Gips am Wadi Melah.

wie die Kliffwand: aus gelbbraunem Gipslehm mit zelligem Bau wegen ausgeschiedener Gipsplatten, -zellen, -rosetten, aus gelbbräunlichen Sandsteinen und Geröllmassen. Demgemäß müßte man beide vereinigen. Aber die Höhenlage ist anders. Der Gallalhügel liegt höher — im Niveau der Mittelstufe. Demgemäß müßte er dem weißen Gipstuff entsprechen, könnte also ein Fazies dieses sein. Gelbbraune Faziesbildungen kommen ja in dem weißen Gipstuff bei Udref tatsächlich vor. Also?

Allein diese gelbbraunen Faziesbildungen im weißen Gipstuff von Udref machen doch mehr den Eindruck einer Verwitterungsfazies. Wenn aber beide Gipsarten (Gallal und Melahkliff) eine Ablagerung sind, müssen tektonische Störungen vorliegen (Fig. 8). Für diese spricht auch das Vorkommen des blauschwarzen Gipses an der Quelle Ain bu Ischak, die auf der Unterstufe liegt und zwar so hoch, daß ihr Wasser zur Bewässerung der Oase Udref dient. Dafür spräche auch die Entwicklung des langen, schmalen Rückens vom Gallalhügel bis zur Oase Udref.

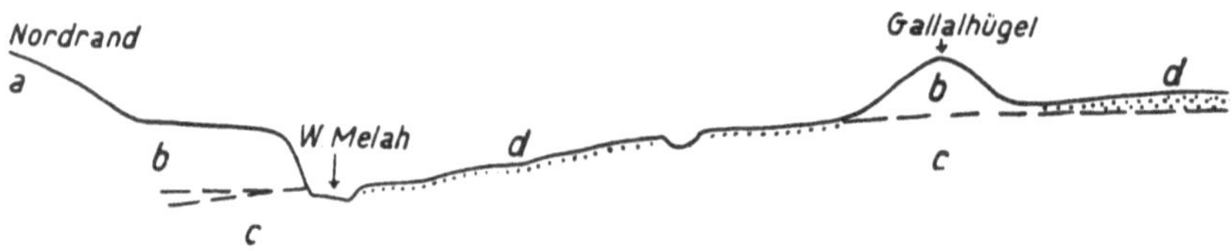

Figur 8. Querschnitt durch die Gallal-Bucht zwischen Nordrand und Gallalhügel.

a weißer Gipstuff
b gelbbrauner Gipslehm
c blauschwarzer Gips
d Flugsandkupsten.

Doch nun das Verhältnis zwischen weißem Gipstuff und gelbbraunem Gipslehm? Es bestehen zwei Möglichkeiten (Fig. 9): 1. Der weiße Gipstuff ist jünger als der blauschwarz-gelbbraune und liegt als Decke über ihm. 2. er ist älter und bildet die Umrandung einer Gipspfanne, in der jener entstand.

Eine Beweisführung für den ersten oder zweiten Fall ist mit absoluter Sicherheit nicht möglich. An dem artesischen Brunnen liegt der blauschwarze Gips neben der Platte des weißen Gipstuffes; er könnte unter diesem fortstreichen, er könnte aber auch eine Ablagerung in einer Salzpfannenbucht sein, die in den Rand der Gipstuffstufe eingriff. Nördlich des Wadi Melah liegt der Fall genau so; beide Erklärungen sind möglich. Auf der Wasserscheide Hamēma-Fedjedj und östlicher auf der Unterstufe im Hamēmabecken liegen dünne Platten von weißem

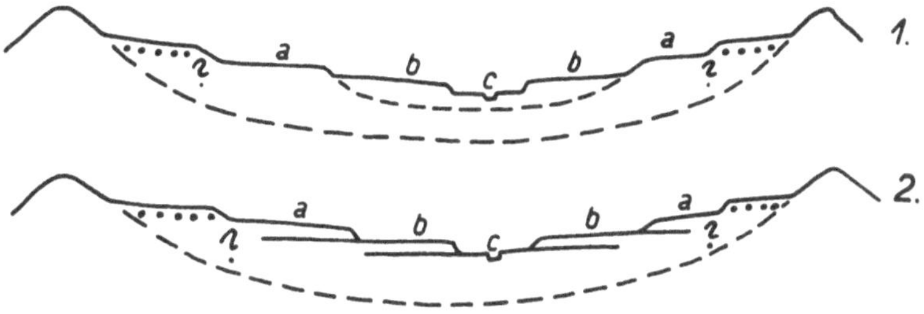

Figur 9. Schematischer Querschnitt durch die Schott-Region bei Udref.

Zwei Möglichkeiten der Gliederung der Gipsformation.

1. Der weiße Gipstuff (a) älter als der gelbbraune (b) und der blauschwarze Gips (c)
2. Altersfolge: c — b — a.

Gipstuff inselförmig auf dem gelbbraunen Gipslehm. Sie bilden gleichsam die Pfeiler einer Verbindungsbrücke zwischen den beiden im N und S gelegenen, aus weißem Gipstuff bestehenden Mittelstufen. Ganz augenscheinlich sind es Erosionsreste, die stehen geblieben sind (Fig. 10). Die Vorstellung, daß die schmale Gipstuffleiste eine Scheidewand zwischen zwei Gipspfannen gebildet hätte und zwar als tektonisch entstandener Riegel, ist wenig annehmbar. Außerdem wäre es ganz unverständlich, daß gerade an diesem schmalen Riegel, von dem doch kein nennenswertes Material herabkommen konnte, die Hamēma- und Fedjedj-Gipspfannenfläche ihren Ursprung nehmen konnte, die doch nur durch Ablagerung aus Schichtfluten entstanden sein könnten. Demnach ist die in Fig. 10 dargestellte Lagerung der Schichten auf der „Wasserscheide" am wahrscheinlichsten, zumal auch auf der Nordseite des Hamēma-Schotts Platten von weißem Gipstuff auf der Unterstufe (Gipslehm!) liegen.

Nun noch das tektonisch-stratigraphische Hanasch-Problem! Der Zeugen-Hügelzug von Ain Hanasch gehört dem weißen Gipstuff an und liegt der Meereshöhe nach zwischen Unter- und Mittelstufe. Petrographisch schließt er sich an den Gipstuff der Mittelstufe an, könnte aber auch,

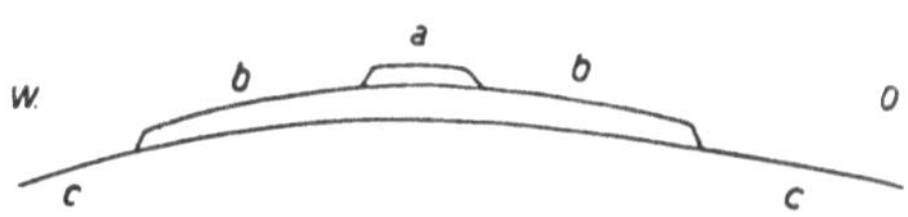

Figur 10. Schematischer Querschnitt durch die Wasserscheide von W. nach O. unter Voraussetzung der Einheitlichkeit der Gipsformation.

a Insel aus weißem Gipstuff
b Platte des gelbbraunen Gipslehms
c blaugrauer Gips.

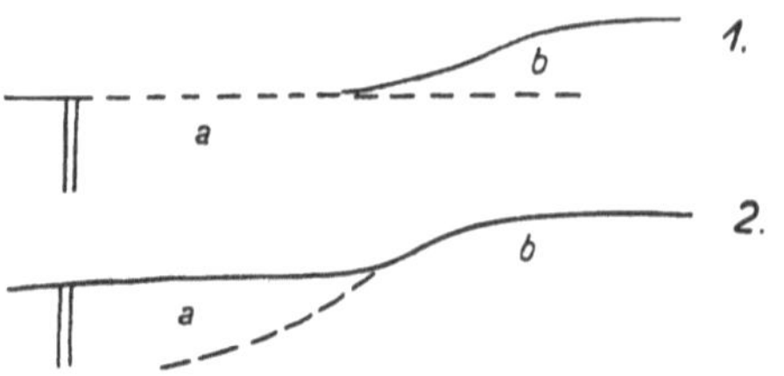

Figur 11. Schematischer Querschnitt durch den artesischen Brunnen bei Udref; zwei Möglichkeiten des geologischen Baues.

1. Blauschwarzer Gips (a) älter als weißer Gipstuff (b)
2. a jünger als b.

da sein Fuß ziemlich tief herabgeht, eine Fazies des gelbbraunen Gipslehmes sein. Der Fuß dieses Hügelzuges liegt ohne Zweifel der Oberfläche des blauschwarzen Gipses nahe — so am artesischen Brunnen. So ist denn auch hier beides möglich: Überlagerung auf dem blauschwarzen Gips oder Fazies des gelbbraunen Gipslehms (Figur 11). Schließlich könnte man aber auch an tektonische Bewegungen denken, d. h. der weiße Gipstuff des Hanaschrückens könnte tiefer gesunken sein — vielleicht im Anschluß an Bewegungen im Gallalhügel.

Man sieht also, das stratigraphische und tektonische Problem bilden beide eine Einheit. Beide müssen gelöst werden, wenn man klar sehen will. Aber auch das Problem der Erklärung der Becken ist mit jenen beiden Fragen eng verknüpft. Es tauchte schon bei der Frage auf, wie sich die Gipsformation zur Schuttplatte verhält. Ist letztere älter, so hat noch nach Ablagerung des Schuttes eine Beckenbildung stattgefunden — tektonisch oder durch Abtragung —, in der die Gipse sich ablagerten. Zerfällt die Gipsformation in eine ältere Gipstuffstufe und in eine jüngere Gipslehmstufe, so erfolgte 1. eine Beckenbildung, in der die jüngeren Gipse entstanden = Oberfläche der Unterstufe, 2. eine Beckenausbildung innerhalb der Hamēmapfanne = Entstehung der Hamēmafläche = Melah-Längsstufe, 3. eine Ausbildung der beiden Senken innerhalb der Hamēmafläche (Sebkret Melah und Sebkret Mekrescheme) nebst dem heutigen Bett des Wadi Melah. Die Beckenbildung könnte theoretisch sowohl tektonisch als ausgestaltend erfolgt sein.

Ist dieGipsmasse eine Einheit, so kommt tektonisch bestimmend nur eine Einmuldung der ganzen Senke in Frage; die Becken aber wären durch Ausräumung entstanden, wobei die Ausarbeitung der Stufen — Schuttplatte, Gipstuff, gelbbrauner Gipslehm, blauschwarzer Gipsteig — gleichzeitig vor sich gegangen sein könnte. Das Vorkommen von Platten aus weißem Gipstuff gerade auf der „Wasserscheide“ könnte zufällig sein, da im Hamēmabecken auch noch andere solcher Gipstuffplatten zu finden sind.

Daß tektonische Bewegungen bei der Formenbildung der „Östlichen Schottlandschaft" eine entscheidende Rolle gespielt haben, ist sehr wahrscheinlich. Die Kl. Syrte zwischen den Kerkenah-Inseln und Djerba macht durchaus den Eindruck eines „Einbruchs". Die Gipsmasse endet ohne natürliche Begrenzung an der Küstenebene; den Abschluß der Udref-Bucht bildet aber die Draa-Platte, die „Wasserscheide", der Osten der südlichen Kreidekalksteinketten und im Süden die diluvialen Vorposten des Dj. Dissa und Kreriba. Auch die Abdachung der Salzpfannenflächen von der Wasserscheide nach O und W weist auf eine Beteiligung der tektonischen Bewegungen hin.

Schließlich spielt bei dem Deutungsversuch der Entwicklungsgeschichte der „Östlichen Schottlandschaft" auch das Problem der Ablagerungsart der Gipsmasse eine Rolle.

Die blauschwarzen und gelbbraunen Gipse weisen mit ihrem Gehalt an tonigen Bestandteilen auf eine Zufuhr von Schlamm durch fließendes Wasser hin, während der fast reine Gips des weißen Gipstuffes chemisch niedergeschlagen sein muß. Es wäre ganz gut möglich, daß die „Östliche Schottlandschaft" — vielleicht auch die westlicher gelegene? — einst eine Einsenkung in einer Wüsten- oder Salzsteppenlandschaft war, an derem Rande der grobe Schutt der Oberstufe, in deren Tiefe aber Gipslager entstanden, denen Regenspülwasser Schlamm zuführte. Die bräunlichen Sandsteine könnten recht wohl in die Gipspfannen eingewehte Dünensande gewesen sein. Wie ist aber das Auftreten von Geröllagen und selbst dickeren Geröllmassen in der doch immerhin mehr aus Gips als aus Ton bestehenden Masse zu erklären? Es könnten Schichtfluten bzw. Torrenten die Gerölle über eine Gipssebcha in dünner Schicht verbreitet bzw. linear in Rinnen abgelagert haben. Ganz rätselhaft aber ist das örtliche massenhafte Auftreten von bis kopfgroßen Geröllen, die im weißen Gipstuff „schwimmen". Denn dieser Tuff ist so gut wie reiner Gips; Ton ist in den untersuchten Proben kaum zu finden. Dieser weiße Gipstuff ist ganz gewiß keine mechanische Ablagerung durch Schichtfluten in einer Sebcha, sondern eine chemische Bildung, nämlich in einem Salzsee, aus dessem Wasser sich der Gips abschied. Die Nähe des Mittelmeeres und das Abbrechen der Gipsformation vor der Küste lenkt die Gedanken auf den Kara Bugas und seine Gipslager. Bekanntlich bildet der Kara Bugas eine Meeresbucht mit engem Eingang. Die Verdunstung im Bereich der flachen Bucht ist so stark, daß aus dem Kaspisee dauernd ein Wasserstrom in die Bucht fließt. So entsteht eine Anreicherung der Salze und eine Abscheidung von Gipslagern in der Bucht.

Der Kara Bugas ist rund 210, die Schottregion 280 km lang. Daß einst von der — damals vielleicht noch gar nicht existierenden — Kleinen Syrte aus ein Salzsee mit schmalem Eingang den „Schottbusen" erfüllte, und daß namentlich an den Rändern sich chemisch fast reine Gipsablagerungen bilden konnten, wäre denkbar. Welche Kräfte brachten aber bis kopfgroße Gerölle in den See und zwar in der Form, daß diese im Gips „schwimmen" und ihn manchmal ganz dicht durchsetzen? Ich bin außerstande, mir von diesem Vorgang ein Bild zu machen. Eisschollen kommen nicht in Frage, auch wohl kaum schwimmende Wasserpflanzen und Holz (Wüstenlandschaft!)

Die bisherigen Untersuchungen genügen in keiner Weise, die Fragen zu klären, daß sie aber geradezu ein Aufwühlen von Problemen veranlassen, ist wohl klar. Mit allem Vorbehalt möchte ich auf folgende zwei Entwicklungsmöglichkeiten hinweisen.

1. Die Gipsformation ist geteilt, der weiße Gipstuff ist älter als der blauschwarze-gelbbraune. Dann wäre die Entwicklung folgende:

a) Nach dem Einbruch der Schottregion ein Kara Bugas mit Schuttanhäufung auf dem Lande von den Bergen her und mit der älteren Gipsabscheidung in diesem „Kara Bugas". Die Küste lag weiter im Osten.

b) Einbruch der Kleinen Syrte, tektonische Ausgestaltung der „Östlichen Schottlandschaft" mit der Draaplatte und der Hamēma-Senke.

c) Ablagerung der jüngeren (blauen und gelbbraunen) Gipsformation — mehr in einer „Sebcha" als in einem Salzsee.

d) Entstehung des heutigen Beckens des Hamēma-Schottes, bzw. Trockenlegung desselben und im Anschluß daran Ausräumung durch Spülwasser auf dem Wege durch das Wadi Melah.

Zwei Perioden sind während solcher Ausgestaltung erkennbar: die Entstehung der Hamēma-Fläche und der Längsstufe des Melah und die Entstehung der beiden heutigen Sebkrets sowie des heutigen Melahbettes. Die Senkung der Hamēmafläche von der Wasserscheide nach O und die Verhältnisse im Hanasch-Gallalgebiet lassen junge tektonische Bewegungen vermuten.

2. Die Gipsformation ist einheitlich; dann wäre folgende Entwicklung möglich:

a) Nach Einbruch der Schottsenke entstand zwischen den Schuttflächen der Randgebiete eine zentrale Sebcha mit den Ablagerungen des blauschwarzen und gelbbraunen Gipsschlammes.

b) Einbruch des Meeres und Entstehung eines „Kara Bugas" mit Abscheidung des weißen Gipstuffes. Beim Einbruch tektonische Ausgestaltung der heutigen Formen im Großen, Draa-Platte, Hamēmabucht, Dj. Dissa usw., aber vielleicht mit breiter Verbindung zum Fedjedj-Djerid. Ablagerung des weißen Gipstuffes vor allem in den Randgebieten eines „Kara Bugas“.

c) Trockenlegung des „Kara Bugas“ unter Hebung, vielleicht bei Einbruch der Kl. Syrte. Infolgedessen entweder: Ausräumung der Hamēmabucht, in der — so z. B. auf der „Wasserscheide“ und an anderen Stellen — Reste des weißen Gipstuffes in der Form von Platten sich finden, bis auf den blauschwarzen Gips.

d) Junge tektonische Störungen, die sich in der Gegend Hanasch-Gallal abspielten und vor allem zu der Neigung der Salzpfannen führten, die heute zu beiden Seiten der Wasserscheide nach O bzw. W gerichtet ist. Diese Störung muß man annehmen, da die blauschwarz-gelbbraune Gipsablagerung augenscheinlich über die „Wasserscheide“ hinweg in's Fedjedjbecken übergeht.

Interessant ist es, daß in jedem Fall — Zweiteilung oder Einheitlichkeit der Gipsformation — junge tektonische Bewegungen wahrscheinlich sind. Damit kommen wir aber zu dem Hauptproblem, das die Studienreise veranlaßt hat: zu dem Atlantisproblem!

6. Das Atlantisproblem.

Die Hauptaufgabe der Studienreise war es ja, die Borchardtschen Angaben über die Ringsysteme der Plato-Stadt und den Tempel — beide auf dem Gallalhügel — nachzuprüfen (Figur 12).

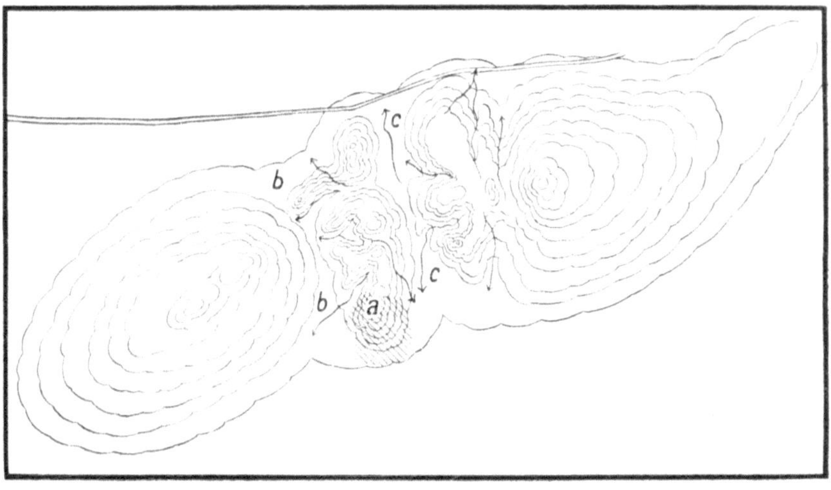

Figur 12. Der Gallalhügel.

a = Scherbenfeld und der sog. Tempel

b—b } = Hohlwege
c—c }

Der Hügel (Tafel 13 Abb. 2) besteht aus den gelbbraunen zelligen Gipslehmen nebst Schottern und Sandsteinen und unterliegt z. Z. einer Abspülung und Zerschneidung durch das Regenwasser. Er ist nur auf der N-W-S-Seite von einer flachen Niederung, die mit Sand und Kupsten erfüllt ist, umgeben. Nach ONO setzt er sich als ein langer schmaler Rücken fort, der dicht an der Oase Udref mit einer leichten Anschwellung endet. Auch dieser Rücken besteht augenscheinlich aus dem gelbbraunen Gipslehm.

Der Hügel wird von zwei Hohlwegen (Tafel 14, Abb. 1), die meist flache Hänge haben, zerschnitten. Diese beiden Hohlwege könnten recht wohl aus Kamelpfaden entstanden sein, da sie aus den Weidefeld im Süden in der Richtung auf den Quellteich Ain bu Ischak führen. Vielleicht begannen sie mit natürlichen Wasserrissen und wurden von den Füßen der Kamelherden nebst Wind und Wasser ausgestaltet. Im östlichsten Hügel ist solch ein Wasserriß in Bildung begriffen (Fig. 12).

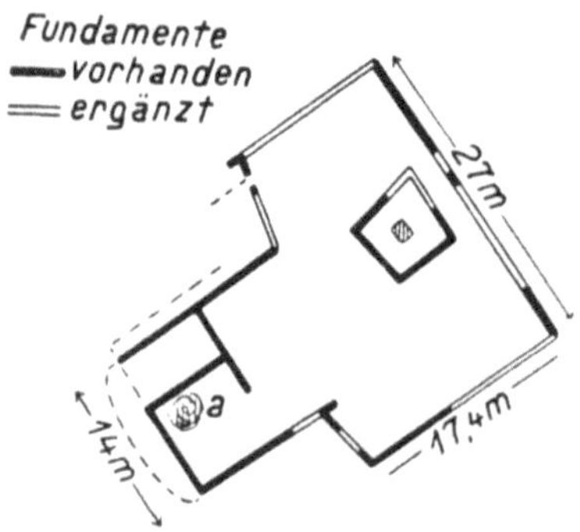

Figur 13. Grundriß des sogenannten Tempels von Gallal. a Sandkupste.

Die archäologischen Funde sind folgende. Am stärksten auf dem Südhang des Mittelhügels, aber auch sonst finden sich massenhaft Scherben (Tafel 14, Abb. 2) von Töpfen und Amphoren, ferner Ziegelplatten mit fingerbreiten Längsstreifen und an einem Querende mit einer verdickten Leiste versehen. Solche Ziegelplatten werden heutzutage noch am Fuß der Zimmerwände, auf dem Fußboden stehend, zum Schutz der leicht gebauten Wände angebracht.

Eine Aufnahme der Fundamente des „Tempels" ergab nebenstehenden Grundriß (Fig. 13). Die Fundamente (Tafel 15, Abb. 1) sind in primitiver Weise aus Stücken von weißem Gipstuff und Gipsmörtel erbaut — ganz ähnlich wie bei den heutigen Bauten der Oasendörfer. An dem Quadrat in der Mitte des „Tempels" ließ Herr Teste etwas nachgraben, und dort fand sich eine Gipstuffquader von 120:60:45 cm. Sonst sind die Mauern Gipstuff-Mörtel-Brekzie und z. T. in lose Stücke zerfallen, z. T. wohl infolge von Abspülung gar nicht mehr erhalten. Der Boden besteht aus einem an Tonscherben und Gipsstücken reichen Flugsand.

Im Bereich des Dahret esch Schugaff (Tafel 10, Abb. 1) finden sich auch Fundamente von ähnlichen Gipsbrekzienwänden, aber erheblich kleiner als bei Gallal. Es sind Systeme von Kammern kleiner Leute (Figur 14). Die archäologischen Funde entsprechen denen des Gallalhügels. Die Udrefbewohner erklärten übrigens audsrücklich, die Bauert in Schugaff und Gallal wäre anders als die jetzige— „nicht arabisch" (Tafel 15, Abb. 2).

Auf dem Scherbenkliff des W. Melah befindet sich ein Aschenhaufen von ca. 2 m Mächtigkeit mit Tonscherben, die vielleicht noch jünger sind als die von Gallal und Schugaff. So fehlen die römischen, zur Wandbekleidung dienenden Tonplatten ganz (Fig. 3,b).

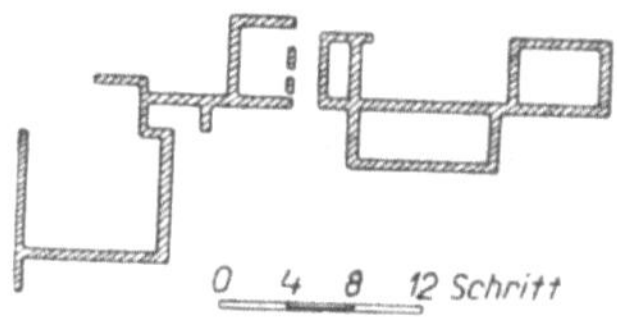

Figur 14. Fundamente von Häusern in Dahret esch Schugaff.

Kleine Silexe kommen überall vor, auch Töpferschlacken mit Gipsmandeln.

Frau Dr. Baumgärtel hat freundlichst die mitgebrachte kleine archäologische Sammlung untersucht und kam zu dem Ergebnis (vgl. Anhang), daß die Funde auf die römische Zeit bis in die Gegenwart hinweisen, nicht aber älter sind.

Die Fundamente machen einen ganz primitiven Eindruck. Ob es statthaft ist, das vorhandene Mauerwerk für altlybisch zu halten, ob aus der Form hervorgeht, daß eine altlybische Kultstätte vorliegen könnte, weiß ich nicht; ich habe darüber kein Urteil. Vielleicht wäre es doch angezeigt, einmal durch den Sand bis auf den Gipslehm zu graben und nachzusehen, ob in der Tiefe irgendwelche Reste von festen Steinbauten sich finden. Auch wird die Frage, ob der „Ring" mit der üppigeren Vegetation und den Feldern der Araber einem künstlichen Graben entspricht, wohl nur nach Anlegen eines Grabens quer durch die Senke mit Sicherheit entschieden werden können. Ich persönlich halte ihn für natürlich.

Die oberflächlichen Funde jedenfalls zeigen nichts von der hohen Kultur, der platonischen Atlantisstadt. Selbst wenn das Fundament des „Tempels" als altlibysches Heiligtum gedeutet werden müßte, so war die damalige Kultur unter allen Umständen ganz primitiv.

Mit diesem negativen Befund soll über die Borchardtschen Arbeiten und Vermutungen nicht einfach der Stab gebrochen werden. Wer den Platos-Atlantis-Bericht restlos für ein Märchen hält, wird selbstverständlich über jeden Versuch, das Atalantenland zu finden, lächeln. Wer aber es für möglich hält, daß eine Erdbebenkatastrophe von riesigen Ausmaßen, die in der Erinnerung zur Entstehung eines Märchens unter phantastischer Vergrößerung der Kulturwunder des untergegangenen Landes geführt hat, der Sage zu Grunde liegen könnte, der wird keineswegs davor zurückschrecken, nach Südtunesien zu blicken.

Die „Elephanten" beweisen, daß Plato an Afrika gedacht hat, desgleichen die Beziehungen zu Libyen. Von dort aus — Borchardt betont es — kam man wirklich über Inseln nach Tyrrhenien und konnte bis Ägypten herrschen. Einige der Namen — At, Tala, Euenor, Eumelos scheinen auf die Berbersprache hinzuweisen. Daß das Ighargharbecken einst ein an Oasen weit reicheres Land war, darf man wohl als sicher annehmen. Könnte nicht der Ruf von den wunderbaren Datteloasen in der Form der Hesperidenfrüchte in maßloser Übertreibung der Tatsachen den Anlaß zu der Sage von einem großen Kulturlande gegeben haben? Daß im Binnenland gelegene — den Seevölkern nicht erreichbare — Kulturen trotz aller tatsächlichen Primitivität von den Küstenleuten mit großer Übertreibung geschildert werden können, das zeigt uns Afrika — das Reich Abessinien, Monomotapa, Kongo, Lunda. Wenn dann eine Riesenkatastrophe mit Versinken unter den Meeresspiegel eintrat, dann konnten die glühenden Schilderungen der aufgeregten Phantasie recht wohl zu einer Verewigung in der Sage und zu Platos Märchen führen.

Nun, eingebrochen ist die Kl. Syrte in spätdiluvialer oder erst in alluvialer Zeit. — Das ist Tatsache. Die Inseln Kerkennah und Djerba bestehen aus den gleichen, von den westlichen Gebirgen stammenden Schuttmassen; sie waren einst ein Teil des Küstenflachlandes. Die Kl. Syrte ist unbedingt eine jüngere Bildung. Die Gipsmasse der östlichen Schottlandschaft endet ganz unnatürlich; sie ging bestimmt einst weiter nach O. Die ganze Ostumrandung der Gipspfanne (blauschwarzer-gelbbrauner Gipslehm) und des weißen Gipstuffes (Salzsee „Kara Bugas") ist vor der Küste abgeschnitten. Also könnte eine Katastrophe einmal eingetreten sein. Ich will nicht behaupten, daß der Eingang zu dem diluvialen „Kara Bugas" den engen Eingang in das Binnenmeer der Atalanten entspricht — er war wohl weit älter, wenn er je existierte — aber tektonische Bewegungen ließen sicher einst die Kl. Syrte entstehen.

Daß die Darstellung von Skylax, Herodot, Diodor, Plinius über den Tritonsee und den Tritonfluß ganz gut nach der Schottregion verlegt werden können, hat Borchardt ausführlicher dargelegt. Rein topographisch hat die kleine Gallalinsel eine Lage ähnlich der der Insel im Tritonssee mit dem Tempel der Athene Tritonis, und wenn die Fundamente für einen solchen Tempel sprechen sollten oder unterhalb dieses ein solcher Tempel gefunden werden sollte, so könnte sogar die Richtigkeit solcher Auffassung wahrscheinlich gemacht werden. In dem langen schmalen Rücken könnte man sogar den diodorischen engen Zugang zu der Insel — das „Nysische Tor" — erkennen. Wenn die Gallalbucht damals ein unpassierbares Sumpfland war, hätte der Damm tatsächlich den einzigen Zugang geboten! Vorläufig kann man indes nichts Sicheres aussagen.

Es sei wiederholt, es würde sich um eine Arbeit von einigen wenigen Tagen mit einigen Arbeitern handeln, wenn man den „Tempel" einmal etwas frei legen und nach unten bis auf den Gipslehm gehen würde; vielleicht kommt man dann zu einem definitiven Ergebnis. Jedenfalls steht folgendes fest:

1. Die archäologischen Funde sind jungen Datums und haben mit dem alten Libyen nichts zu tun.

2. Sollte der sog. „Tempel" altlibysch sein, so wäre er ein Bau, der einer sehr primitiven Kultur angehört, und Platos Darstellung ganz märchenhaft und phantastisch.

3. Die Erforschung des tunesischen Diluviums im allgemeinen und der Schottregion im besonderen verspricht von größtem Interesse zu werden und wäre eine sehr lohnende, aber auch sehr schwierige Aufgabe.

Weder zeitlich noch räumlich genügen die bisherigen Aufnahmen um ein wirklich klares Bild zu geben. Selbst so wichtige Fragen, wie Aufbau und Verbreitung der Gipsformation harren noch der Beantwortung. Aber die Probleme sind gestellt, und in ein überaus interessantes, geologisch, morphologisch, archäologisch wichtiges Gebiet ist ein Blick geworfen worden. Borchardts Darstellungen aber, wenn sie z. T. auch übereilt gewesen sind, haben doch unbedingt den Gewinn gebracht, auf ein Feld neuer Forschungen hingewiesen zu haben.

Zum Schluß möchte ich es nicht versäumen, den französischen Behörden und den Herren, die in Paris meine Bemühungen auf das Bereitwilligste unterstützt haben, so besonders Herrn Poinsôt und Saumagne sowie namentlich Herrn und Frau Teste in Udref, deren Hilfe und gastliche Aufnahme für mich von größter Bedeutung war, meinen wärmsten Dank auszusprechen, ebenso den Herren vom deutschen Konsulat, bei denen meine Wünsche rückhaltlose Unterstützung fanden.

Anhang: Gutachten von Frau Dr. Baumgärtel, Berlin.

Herr Professor Passarge, Hamburg, hat von seiner Reise nach Tunis, die er zum Studium der Atlantisfrage unternahm und die ihn in das Gebiet zwischen dem Schott el Djerid und dem Mittelmeer führte, eine Reihe von Scherben mitgebracht, die er mir in die Berliner Prähistorische Abteilung schickte und über die er mich um eine Äußerung bat. Die Keramik stammt von drei Fundstellen, aus Gallal, aus Schugaff und vom Scherbenkliff. Außerdem enthielt die Sendung noch eine kleine Sammlung von Scherben und Feuersteinen aus der gleichen Gegend von Herrn Borchardt aus München. Die Keramik besteht aus Gefäßresten und Bruchstücken von Ziegelsteinen. Sie ist durchweg aus gutem Ton, Scheibenarbeit und gleichmäßig durchgebrannt. Eine Reihe von Scherben aus den Aufsammlungen des Herrn Passarge sind auf gelbem Grunde braun und grün bemalt und glasiert. Es sind Reste moderner Arabergefäße. Der größere Teil der Töpferware einschließlich der von Herrn Borchardt mitgebrachten sind römische Hinterlassenschaft. Hierzu gehören die Ziegel, ferner die spitzen Bodenendigungen großer Amphoren und Reste von ihrem Rande. Unter den Scherben von Herrn Borchardt befindet sich auch ein kleines Stück von Terra sigillata. Eine andere Ware hat einen graugrünen Tonüberzug, in den ein Ornament paralleler Linien abwechselnd mit Wellenbändern eingeritzt ist. Das Vorkommen des Wellenornaments macht eine Datierung in die späte Kaiserzeit wahrscheinlich.

Die Feuersteine des Herrn Borchardt gehören ihrem Typus nach nicht zu den Keramikresten. Sie stammen aus Udref. Die bearbeiteten Klingen mit abgedrücktem Rücken und die geometrischen Silexe in der Form eines Kreissegments sind Werkzeuge, wie sie seit dem Capsien in Nordafrika vorkommen, die geflügelten und gestielten Pfeilspitzen sowie die querschneidigen mit angearbeitetem Stielchen erst seit dem Neolithikum. Eine genauere Datierung dieser Silexe, die ja Oberflächenfunde sind, läßt sich nicht geben, da die Formen der Steinindustrie in Nordafrika sehr langlebig sind, und Typen des Endcapsiens bis in die vollentwickelte Bronzezeit vorkommen können.

Elise Baumgärtel.

La Mancha.

Ein Beitrag zur Landeskunde Neukastiliens.

Von

Otto Jessen, Köln.

Vorwort.

Die Mancha Neukastiliens gilt als der ödeste Teil der ganzen Pyrenäenhalbinsel, und nur eins wird an ihr gerühmt: der Wein. Einförmigkeit, Schattenlosigkeit, Wasserarmut und ein extremes Hochlandklima sind die Hauptkennzeichen des weiträumigen, steppenhaften Landes. Dennoch ist die Mancha, die Heimat des Don Quijote, von großem Reiz. Sie ist eine echt kastilische Landschaft, mit einer durch ihre Weite und ihren Ernst eindrucksvollen Natur, und sie ist zugleich ein Gebiet ausgeprägter Eigenart mit vielen individuellen Zügen, besonders auch in bezug auf Siedlung, Wirtschaft und Wesensart der Bevölkerung.

Einige Teile des Landes waren mir schon von früheren Reisen her bekannt. Eingehender habe ich die Mancha dann auf einer Reise kennengelernt, welche ich im Jahre 1928 mit gütiger Unterstützung der Notgemeinschaft der Deutschen Wissenschaft und der Württembergischen Gesellschaft zur Förderung der Wissenschaften unternahm. Auf Grund der damals gesammelten Eindrücke und Beobachtungen ist der folgende länderkundliche Überblick entworfen worden.

Wer die Mancha bereist, wird auf Schritt und Tritt an den Roman des Cervantes erinnert. Es schien mir darum selbstverständlich, im Text gelegentlich auf ihn bezug zu nehmen. Auch meinte ich, daß in einer Länderkunde von La Mancha ein kurzer Abschnitt nicht fehlen dürfe, in welchem das Land als die Heimat des Don Quijote und Sancho betrachtet wird; denn der Roman des Cervantes ist sowohl durch die vortreffliche geographische Milieuschilderung, als durch seinen historisch-geographischen und tiefen psychologischen Gehalt von hoher geographischer Bedeutung.

O. Jessen.

Inhaltsverzeichnis.

Einleitung.

Steigt man in Madrid auf dem Bahnhof Mediodia in den Expreß der „Andaluces", der nach Córdoba—Sevilla—Huelva fährt, so ist man nach etwa 2½ Stunden Bahnfahrt in Alcázar de San Juan, im nördlichen Teil der Mancha, wo die Schnellzuglinie nach Cartagena und Alicante abzweigt. Kaum hat man den Manzanares überschritten, so öffnet sich dem Blick die weite neukastilische Hochebene, welche das Haupt und Herz Spaniens, Madrid, umgibt. In der Ferne verschwinden allmählich die Konturen der Sierra de Guadarrama. Dann nähert man sich dem Tajo. Als ein breites grünes Band zieht das gut bewässerte und angebaute Tajo-Tal durch die sonnenverbrannte, dürre, grauweiß, gelblich und braun getönte Landschaft. Durch Aufstau des Flußwassers und künstliche Bewässerung ist hier eine Flußoase geschaffen, welche, inmitten steppenhaft kahler Umgebung gelegen, mit ihren Gehölzen, Obsthainen, schattigen Ulmen- und Platanenalleen und schönen Gärten geradezu paradiesisch anmutet, besonders in der Rosenzeit, wenn alles von üppiger Blütenpracht übergossen und von Duft und Nachtigallenjubel erfüllt ist. Das ist Aranjuez, der bevorzugte Sommeraufenthalt der Katholischen Könige und die Sommerresidenz Philipps II. Neben dem Schloß und den Gärten liegt das freundliche Landstädtchen Aranjuez, ein Ort, der durch seine breiten, strahlenförmigen Hauptstraßenzüge und großen Plätze merkwürdig ist. Das Städtchen ist eine nach einem festen Plan angelegte Neuschöpfung aus dem Ende des 17. Jahrhunderts, eines der wenigen Beispiele dieser Art, die es in Spanien gibt. König Ferdinand ließ die alte Ortschaft abbrechen und eine ganz neue Stadt erbauen, die für 20000 Einwohner berechnet war, aber niemals so viele gezählt hat. Seitdem Aranjuez von den Herrschern Spaniens gemieden wurde, ist es dort still geworden, und nur die berühmten Corridas bringen gelegentlich Leben ins Städtchen. Obst- und Gemüsebau und der Fremdenbesuch bilden heute die Haupteinnahmequellen der Bevölkerung.

Bald liegt dieses buen retiro hinter uns und wieder umfängt uns die herbe, kahle Natur des kastilischen Hochlandes mit seiner Weite und Öde, den scharfen und harten Konturen seiner Berge und den zarten, von Grauweiß über Gelb und Braun bis zum leuchtenden Rotbraun mannigfaltig abgestuften Tönungen des nur selten ganz verhüllten Bodens. Aus dem kaum 500 m hoch gelegenen Tajo-Tal steigt die Bahn in einem Seitentälchen auf die Mesa de Ocaña, die sich, am Rande durch die Tajo-Zuflüsse zerkerbt, in ungefähr 720 m Höhe ausbreitet. Unmerklich kommen wir aus dem Einzugsgebiet des Tajo in das des Guadiana und unmerklich leitet die Mesa de Ocaña in die Mancha über (Fig. 1). Das Relief ist zunächst noch bewegter. Hügel aus Silur-, Trias- oder Kreideschichten erheben sich über der Ebene, und von Westen her schieben sich einige Ausläufer der Montes de Toledo bis in die Nähe der Bahn vor. Aber hinter Alcázar de San Juan wird das Land nahezu tischeben. Man glaubt auf das Meer hinauszufahren (Tafel 16, Abb. 1). Das Auge erblickt nichts als endlose Stoppelfelder, grauverstaubtes Rebengelände und Ödlandflächen mit verdorrtem Steppengras oder mit niedrigem Gestrüpp und vereinzelten Kiefern. Eine schattenlose Ebene, ohne Gärten und ohne fließende Gewässer! Über dem erhitzten Boden zittert die Luft und breitet sich eine bleigraue Dunstschicht, eine Art Hitzenebel, aus, welche die Fernsicht beschränkt, und darüber wölbt sich der wolkenlose, stahlfarbene Himmel. Wir sind im Herzen

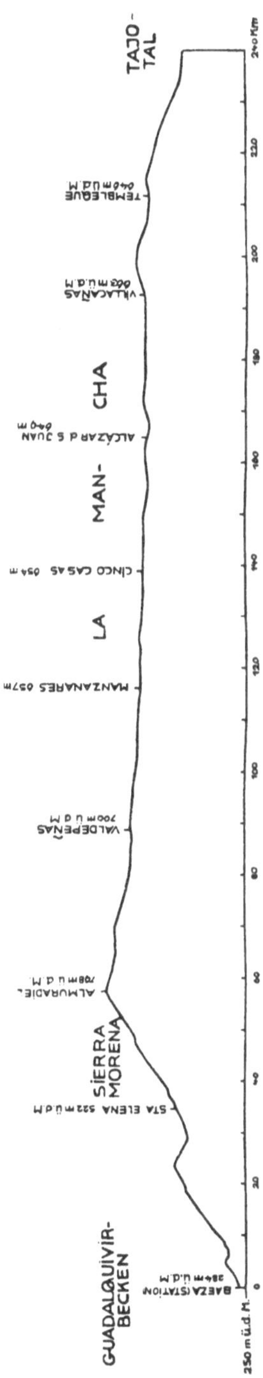

Figur 1. Schnitt von Süden nach Norden durch Neukastilien von der Sierra Morena zum Tajo-Tal, entlang der Bahnlinie Baeza-Aranjuez. 50mal überhöht.

von La Mancha. Der Zug hält bei einigen weißgetünchten Häusern; sie stehen hilflos, schattenlos, leblos in der weiten Ebene. Nicht weit von hier liegt der Ort Argamasilla de Alba, der sich rühmt, die Heimat des Hidalgo Don Alonso Quijano, des Guten, zu sein.

Von Manzanares an ändert sich das Landschaftsbild. Hier und da erblickt man kleine bewässerte Gärten; Olivenplantagen mischen sich unter die Wein- und Weizenfluren. Gebirgsrücken sieht man beiderseits der Bahn aus der Ebene emporwachsen. In der Umgebung von Valdepeñas erweitert sich die flache Mancha noch einmal buchtförmig. Aber man hat nicht mehr den Eindruck endloser Weite. Ringsum wird der Blick begrenzt durch bergiges Gelände, den Campo de Calatrava im Westen und den Campo de Montiel im Osten. Die Ebene erstreckt sich südwärts etwa bis Santa Cruz de Mudela. Dann schließt sich das Hügelland zusammen und wir verlassen die Mancha. Die Weingärten und Oliven verschwinden. Kahles, baumloses Hügelland umgibt uns. Die schuttbedeckten Hänge sind mit dürftigen Äckern, die Höhen mit niedrigem Gestrüpp bestanden oder felsig. Hin und wieder erblickt man eine zwerghaft kleine, armselige Siedlung. Wir kommen aus dem Gebiet des Guadiana in das des Guadalquivir. Die Berge werden höher und ein hoher Gebirgsrücken scheint den Weg nach Süden zu versperren. Die Bahn folgt dem trockenen Bett eines kleinen Baches und erreicht hinter Venta de Cárdenas den Paß Despeñaperros, die berühmte Pforte, welche das Hochland Neukastiliens mit Andalusien verbindet. Auf einmal entfaltet sich ein malerisches Bild (Tafel 23, Abb. 1). Der Paß verengt sich zu einem schmalen Spalt. Steile Felswände erheben sich links und rechts. Senkrecht gestellte Schieferbänke ragen wie Pfeiler und Nadeln in die Luft, und tief unten windet sich das enge, geröllreiche, mit blühendem Oleander bestandene Bett des Rio Despeñaperros. Über Brücken und durch Tunnels sucht sich die Bahn den Weg talabwärts. Hat sie den letzten der acht Tunnels hinter sich, so wird der Blick freier. Die eichenbedeckten Hänge treten zurück. Ein prachtvoller Ausblick bietet sich gegen Süden über das Hügelland des Guadalquivirbeckens hinweg auf das Bergland von Jaën, ja bis zu den Spitzen der Sierra Nevada. Aber wir lassen die Sierra Morena hinter uns und steigen immer tiefer hinab. Schließlich haben wir den Guadalquivir selbst erreicht, der in einer Meereshöhe von nur 195 m überschritten wird. Von der Paßhöhe bei Venta de Cárdenas sind wir um 500 m herabgestiegen! Eine andere Landschaft, zwar ebenfalls steppenhaft, aber von ganz anderem Gepräge als die Mancha und mit einer ganz anders gearteten Bevölkerung umgibt uns: Andalusien.

Die Landschaft, welche heute den Namen „La Mancha“ führt, hieß ursprünglich Campo Espartario, das Spartgrasfeld. Die Bezeichnung Mancha, arab. ma'ancha = ohne Wasser, gaben ihr erst die Mauren. Dieses arabische Wort ist, wie so viele andere, in den Wortschatz der kastilischen Sprache aufgenommen worden, und heute bezeichnet man in Spanien damit ganz allgemein ein „mit Buschwerk oder Waldung bedecktes einzelnes Stück Land“ (nach Tolhausen). Im übertragenen Sinn bedeutet „mancha“ der Fleck, Makel, Schandfleck.

Die von den Mauren als Mancha bezeichnete Landschaft umfaßte die große wasserarme Ebene im Südosten des neukastilischen Hochlandes. Im 14. Jahrhundert gab es neben der Landschaft La Mancha auch ein verwaltungspolitisches Gemeinwesen dieses Namens. Die Ortschaften El Campo de Criptana, Villajos (heute Wüstung), Pedro Muñoz, El Toboso, Miguel Esteban, Puebla de Almuradiel, Quintanar, Villanueva, Villamajor, Guzques Hinojoso, El Cuervo und Puebla del Aljibe hatten dem Ordensmeister von Santiago, dem Infanten Don Fadrique, Hilfe geleistet und zum Dank dafür im Jahre 1353 die Ermächtigung erhalten, unter dem Namen „Común de la Mancha“ ein Gemeinwesen, ähnlich denen von Uclés im Norden und Montiel im Süden, mit eigener Gerichtsbarkeit und dem Privileg der Abgabenerhebung zu bilden[1]). Seine Hauptstadt war die alte, wohlhabende und stark bevölkerte Stadt Campo de Criptana. In den amtlichen Zählungsberichten der Krone Kastilien des 15. und 16. Jahrhunderts führt der Bezirk den Namen „Provincia de la Mancha“. Zu Beginn des 17. Jahrhunderts, also zur Zeit, als Cervantes seinen Roman herausgab, reichte diese nach A. Blázquez aus der Gegend der Lagunen von Ruidera im Süden bis an die Wasserscheide gegen den Tajo im Norden von Corral de Almaguer. Sie besaß nur eine geringe westöstliche Ausdehnung, umfaßte also nur einen Teil der Landschaft La Mancha. Gegen Ende des 17. Jahrhunderts war die Provinz La Mancha viel größer; zu ihr gehörte auch ein großer Teil der heutigen Provinz Ciudad Real, und ihre Hauptstadt war Ciudad Real selbst. Ende des 18. Jahrhunderts bildete sie eine der 34 Provinzen Spaniens; sie war untergeteilt in „La Mancha Baja“ mit der Hauptstadt Ciudad Real und „La Mancha Alta“ mit der Hauptstadt Ocaña. Die Provinz hatte damals also eine große Ausdehnung, deckte sich aber nicht völlig mit der Landschaft. Bei der Neueinteilung des Reiches 1833 ist die Mancha als Provinz verschwunden. Hier wie

---

[1]) A. Blázquez, siehe Literaturverzeichnis 2, S. 15.

anderwärts hat man damals auf die natürlichen Einheiten keine Rücksicht genommen, sondern das landschaftlich Zusammengehörige auseinandergerissen, wohl in der Absicht, die Provinzen möglichst gleichmäßig auszustatten und nicht die eine oder andere allzusehr zu benachteiligen, wahrscheinlich auch in dem Bestreben, die Möglichkeit der Sonderstellung und Sonderentwicklung eines Landesteils zu verhindern. Die Landschaft La Mancha wurde aufgeteilt unter die vier Provinzen Toledo, Cuenca, Albacete und Ciudad Real, von denen der letzteren der Löwenanteil zufiel. Die Grenzen dieser Provinzen stoßen im Herzen der Mancha zusammen und verlaufen dort ohne jede natürliche Bedingtheit. Hätte man eine der Landschaft entsprechende Provinz La Mancha bilden wollen, wäre man allerdings auch in Verlegenheit gekommen, dafür eine passende Hauptstadt zu finden, denn wie es keinen natürlichen Mittelpunkt der Mancha gibt, so auch keinen einigermaßen zentral gelegenen Bevölkerungsmittelpunkt.

Die Mancha ist eine der zentralen, ihrer Natur nach vielleicht die kontinentalste unter den Binnenlandschaften der Pyrenäenhalbinsel. Im Südosten des Hochlandes gelegen, wird sie im Süden durch das peripherische Andalusien, im Osten durch die murcianische Randlandschaft vom Mittelmeer geschieden.

Wie bei allen natürlichen Landschaften ist es schwer, die Mancha scharf zu umgrenzen. Im Westen wird die Mancha-Ebene bei Villacañas und Herencia von den Ausläufern der Montes de Toledo und ihren südlichen Abzweigungen, weiter südlich von dem Rumpfgebirgsland jenseits des vereinigten Záncara und Gigüela und des Guadiana überragt. Der Guadiana selbst verläßt bei Alarcos, südwestlich Ciudad Real, wo er in das Silurbergland eintritt, die Mancha. Im Osten wird die Mancha von dem mesozoischen Bergland von Cuenca und der Provinz Albacete eingefaßt. Noch jenseits des Júcar gibt es Orte, die sich zur Mancha zählen (z. B. Tarazona de la Mancha), aber im Volksgebrauch wird die Landschaftsbezeichnung doch keineswegs auf das ganze Tertiärgebiet jenseits des Júcar ausgedehnt. Der im Osten der Provinz Albacete gelegene Teil der Mancha führte zu Cervantes' Zeit den Namen „Mancha de Montearagón“. Hier bildet der Steilrand der Kreidetafel, auf dem in beherrschender Lage das uralte Chinchilla de Montearagón liegt, die natürliche Grenze. Die Mauren scheinen die Mancha noch weiter nach Osten ausgedehnt zu haben, wie der Name der Stadt Almansa (Al-Mansa) andeutet. Im Norden geht die flache Mancha ohne scharfe Grenze in die Tertiärlandschaften der Mesa de Ocaña und der

Alcarria über. Im allgemeinen dehnt man sie nordwärts nicht über Villacañas—Belmonte—Alarcón aus.

Im Süden schließen sich an die Mancha zwei anders geartete Landschaften an, die aber im folgenden mit behandelt werden müssen, weil sie in enger Beziehung zu jener stehen: das Rumpfgebirgsland des Campo de Calatrava, in welches die Ebene buchtartig eindringt, und östlich davon das Schichtstufenland des Campo de Montiel, von Meseta-Charakter, wie die Mancha selbst.

Geomorphologische Zusammenhänge.

Dem geomorphologischen Bau nach kann man drei Teile unterscheiden: das alt gefaltete paläozoische Bergland in der westlichen Umrandung der Mancha und im Campo de Calatrava, das aus tafellagernden oder nur wenig gestörten Schichten mesozoischen Alters bestehende Bergland der östlichen Umrandung und des Campo de Montiel und dazwischen das mit flachliegenden tertiären Schichten ausgefüllte riesige Becken der eigentlichen Mancha (Fig. 2).

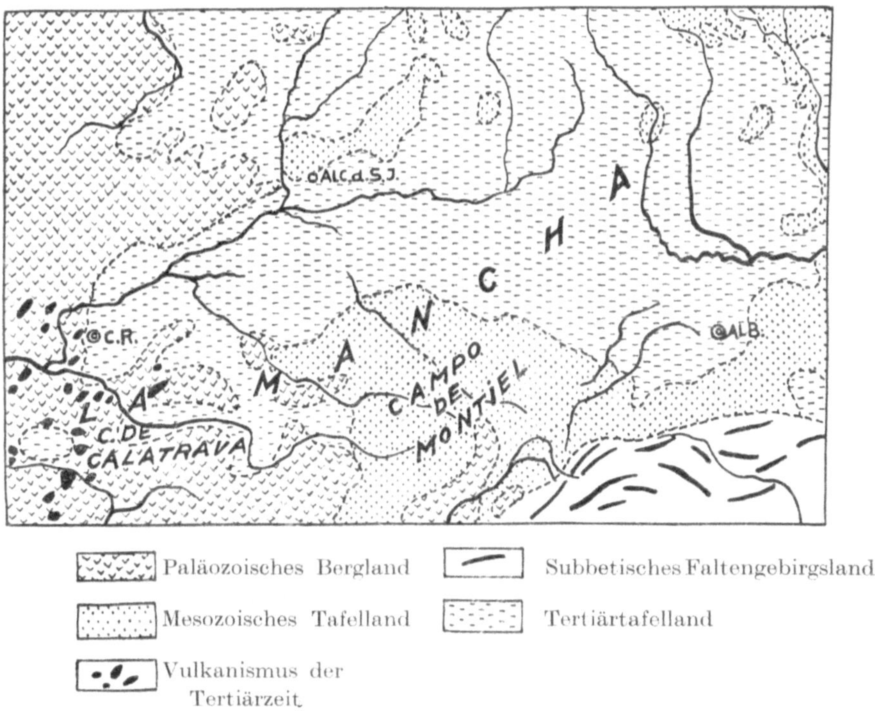

Figur 2. Geomorphologische Gliederung. Maßstab ca. 1 : 2000000.

Als ein Teil der alten iberischen Scholle hat das Land an allen Schicksalen teilgenommen, von welchen jene im Laufe der Erdgeschichte betroffen wurde. Die geologische Entwicklung ist in kurzen Zügen folgende.

Die Hauptfaltung der vormesozoischen Schichten der Iberischen Halbinsel war die variscische oder, wie die französischen und spanischen Geologen sie nennen, die „hercynische". Sie fand während der Karbonzeit statt. Die Anzeichen für eine noch ältere (kaledonische) Faltung, einen Zusammenschub in vordevonischer Zeit, sind bisher sehr spärlich[1]). Die Falten der „jungpaläozoischen Alpen" streichen an der asturischen Küste zwischen Vivero und Gijón N bis ENE und sind dort durch die Küstenbrüche quer abgeschnitten. Südwärts schwenken sie in dem „asturischen Knie" in die SE-Richtung um, und mit diesem Streichen sehen wir sie in der Gegend von León—Zamora—Salamanca unter die jungen Sedimente Altkastiliens tauchen. Auch im ganzen Südwesten der iberischen Scholle, vom Hauptscheidegebirge bis zur Sierra Morena und vom portugiesischen Schollenrand bis in die Provinz Ciudad Real, zeigen die alten Falten SE- bis ESE-Richtung. Es liegt daher nahe, diese südiberischen Faltenzüge als Parallelketten zu den asturisch-altkastilischen aufzufassen und beide mit dem dazwischen liegenden Kern aus kristallinen Schichten und alten Graniten als ein einheitliches, sehr breites, SE streichendes Gebirge zu betrachten, das nach Afrika hinüberzieht. Durch eine Beugung östlich Gibraltar hat man es mit den NNE streichenden Falten der marokkanischen Meseta in Verbindung gebracht.

R. Staub[2]) gibt den jungpaläozoischen Ketten der Pyrenäenhalbinsel einen anderen Verlauf. Er läßt sie aus Asturien unter den jungen Deckschichten Altkastiliens in beinahe östlicher Richtung weiterziehen und in der Gegend von Sigüenza um das Ostende der Sierra de Guadarrama biegen. In der Alcarria und der Mancha ist abermals ein großes Stück des alten Faltengebirges unter jungen Deckschichten verborgen. R. Staub vermutet im Untergrund derselben ein weiteres Umschwenken in die SSW-, SW- und W-Richtung. Südlich der Montes de Toledo wird dann das Streichen nordwestlich, und in dieser Richtung sollen die Falten geschlossen nach Portugal und in den Ozean hineinziehen. Das alte Faltengebirge hätte also eine große nach SE konvexe Schleife gebildet.

---

[1]) H. Stille: Über westmediterrane Gebirgszusammenhänge. Abh. d. Ges. d. Wiss. zu Göttingen. Math.-Phys. Kl., Neue Folge Bd. XII, 3. 1927. S. 49f.

[2]) R. Staub, siehe Literaturverzeichnis Nr. 33, S. 203ff.

Das interessanteste Stück der Beugung wäre durch das Mesozoikum und Tertiär der Mancha verhüllt. In der Tat finden sich im Westen der Mancha, im Campo de Calatrava und der östlichen Sierra Morena Anzeichen für ein Umschwenken.

Während nämlich im Westen der Provinz Ciudad Real, von der Sierra Morena bis zu den Montes de Toledo, das Streichen noch einheitlich SE ist, finden wir bei Herencia, wo sich die Ausläufer des Silurgebirges „La Calderina" über der Mancha-Ebene erheben, ferner bei Alarcos, südwestlich Ciudad Real, und in dem isolierten Silurgebirge östlich der Bahn Manzanares—Valdepeñas, bei San Carlos del Valle und am Juego de Bolos, NE-Streichen. Auch in der Sierra Morena ändert sich ostwärts die Richtung der alten Falten. In den Sierren de la Alcúdia ist sie ausgesprochen SE, weiter östlich ESE und E und bei Alcaraz, wo das Paläozoikum unter die mesozoischen Deckschichten taucht, ENE. Ob aber das Umbiegen im Sinne von R. Staub zu deuten ist, muß den Geologen zur Entscheidung überlassen bleiben.

Es sind fast ausschließlich silurische Schiefer, Quarzite und Grauwacken, aus welchen das jungpaläozoische Gebirge im Südwesten und Westen der Mancha aufgebaut ist. Die Faltung war, wenigstens im Campo de Calatrava, vor der letzten Phase der Oberkarbonzeit beendet, denn die oberkarbonischen kohleführenden Schichten (Ottweiler Schichten, Stéphanien) von Puertollano im Campo de Calatrava liegen fast ungestört, transgredierend und diskordant auf dem stark geneigten Silur und Devon.

Schon bald wurde das paläozoische Gebirge zur Ruine. Im Süden bildete sich als ein Ausläufer der Tethys das betische Meer. Während in der betischen Geosynklinale zur Zeit der Trias Schichten mariner Fazies zur Ablagerung kamen, zeigt die Trias der Meseta alle Merkmale neritischer, detritischer und lagunärer Bildung. In der Mancha sind weder Buntsandstein noch Muschelkalk, sondern nur die gipsreichen bunten Mergel und Tone, Dolomite und Sandsteine der Keuperformation vertreten. Sie bilden heute im Campo de Montiel eine ausgedehnte, geschlossene Schichttafel von etwa 200 m Mächtigkeit über dem stark eingerumpften paläozoischen Gebirge. Eine isolierte große Triasinsel ragt bei Alcázar de San Juan heraus; auch dort liegt die Trias diskordant auf dem zu flachen Erhebungen abgetragenen alten Gebirge, wie man an dem Bahneinschnitt südlich der Ortschaft sieht.

In der Jurazeit rückte das Meer von Osten vor; wir finden seine Ablagerungen aber nur in der östlichen Umrandung der Mancha. Weiter westwärts reichte das Kreidemeer. Kretazische Ablagerungen, Konglomerate und Sandsteine, Mergel und Kalke, umsäumen die Mancha in großer Ausdehnung im Südosten und Osten, treten inselartig aber auch im Innern der nördlichen Mancha auf, bei El Toboso, Mota del Cuervo usw.

Seit dem Rückzug des Kreidemeeres ist die Mancha nicht wieder vom Meere überflutet worden. Die Eozän-Epoche war eine Zeit starker Abtragung und Ausräumung. Im Gebiet der flachen Mancha wurden die mesozoischen Ablagerungen teilweise wieder entfernt. Im Alttertiär muß sich jene Abtragungsfläche gebildet haben, welche, obgleich später deformiert und teilweise wieder zerstört, sowohl im paläozoischen Hügelland des Campo de Calatrava als im Tafelland des Campo de Montiel deutlich erhalten ist.

Dann setzte die alpine Faltungsperiode ein. Aus dem betischen Meer im Süden der Meseta wuchs das andalusische Gebirge empor. Der nordwärts drängende afrikanische Block war es nach Ansicht von R. Staub, der aus dem Meerestrog der Tethys die mächtigen mesozoischen Schichtpakete samt ihrer Unterlage emporpreßte und übereinandertürmte und so zwischen sich und den als Widerlager dienenden alten starren Massen Europas den verschlungenen Faltenstrang der Alpiden schuf. Die Iberische Masse diente als Prellbock. Sie pflanzte den Druck nordwärts fort, und zwischen ihr und dem französischen Zentralplateau wurden, wie zwischen den Backen eines Schraubstocks, aus einem von der Tethys abgesonderten oder doch nur lose mit ihr zusammenhängenden Meeresbecken die Sedimente samt dem alten Untergrund zu einem anderen Faltengebirge, der kantabrisch-pyrenäischen Kette, emporgefaltet.

Der gewaltige Druck, dem die Iberische Masse ausgesetzt war, hat diese in den Grundfesten erschüttert und an ihr starke Veränderungen hervorgerufen. Die Meseta samt ihren randlichen Sedimenttafeln war nach R. Staub[1]) einer großartigen Vorlandfaltung unterworfen. Durch sie erscheint die heutige Großgliederung des zentralen Hochlands bedingt, und da sie uns auch den Schlüssel zum Verständnis der Entstehung, Lage und Form des Mancha-Beckens und der Richtung ihrer Entwässerung an die Hand gibt, müssen wir auf jenen Vorgang mit wenigen Worten eingehen.

Drei große Ketten, die tertiären Dislokationen, teils Faltungen, teils Brüchen oder Verbiegungen, ihre Entstehung verdanken, durchziehen die Halbinsel von Westen nach Osten. In der Mitte, in gewunde-

---

[1]) R. Staub, 33, S. 245ff.

nem Verlauf und zum Teil kulissenförmig angeordnet, die zentraliberische Kette. Zu ihr gehören die sog. Hesperischen Ketten, welche Kastilien von Aragonien trennen und teils Faltenbau vom Juratyp, teils Bruchfaltung aufweisen, und die kastilische Zentralkette, von der Sierra de Guadarrama bis zum kristallinen Gewölbe der Serra Estrella und dem Gewölbe mesozoischer Sedimente von Coimbra bis Lissabon. Südlich davon folgt das breite kristalline Gewölbe der Sierren von Toledo und Guadalupe. Diese Kette setzt sich jenseits des großen portugiesischen Bruches nach R. Staub in der Sierra Arrabida westlich Setubal fort, ostwärts im Hochland von Cuenca, aber zwischen diesem und den Montes de Toledo, im Norden der Mancha, erfährt die Kette infolge Senkung der Gewölbeachse eine Unterbrechung. Die dritte Kette bildet die Sierra Morena, von den südportugiesischen Sierren des gefalteten algarvischen Küstenstrichs bis Alcaraz, wo das Paläozoikum der Sierra Morena unter den Sedimentmantel taucht, und weiter parallel zu den betischen Ketten bis zur Mittelmeerküste in der Gegend von Gandia.

Zwischen diesen teils durch Brüche und Verbiegungen, teils durch echte Faltung aufgestauten Ketten liegen Mulden großen Stils.

Die nördliche Muldenzone, zwischen dem asturisch-kantabrisch-pyrenäischen Gebirge und der zentraliberischen Kette, ist in der Mitte, östlich von Burgos, durch die Sierra de la Demanda stark verengt und dadurch in zwei Teile zerlegt: das altkastilische Becken im Westen und das aragonische im Osten. Ersteres wird durch den Duero, letzteres durch den Ebro entwässert. Die zweite Muldenzone liegt zwischen der zentraliberischen Kette und dem Kettenzug Sierra de Guadalupe—Sierra de Toledo—Cuenca. Zu ihr gehören das Tajo-Becken Neukastiliens und das Tejo-Becken Portugals. Die Entwässerung erfolgt durch den Tajo-Tejo einheitlich nach Westen. Zwischen der letztgenannten Kette und der Sierra Morena liegt dann die Muldenzone, der das große Tertiärbecken der flachen Mancha und das Becken von Badajoz angehören. Sie wird nach Westen hin durch den Guadiana, nach Osten hin durch den Júcar entwässert. Jenseits der Sierra Morena folgt schließlich, parallel zu den drei Muldenzonen der Meseta und im Süden durch die betische Cordillere begrenzt, das durch den Guadalquivir entwässerte andalusische Becken. Auch dieses verdankt tertiären Störungen seine Entstehung. Die Sierra Morena fällt in jungen Zerrungsbrüchen staffelförmig zu ihm ab. Die Faltenketten des östlichen Abschnitts der betischen Cordillere lehnen sich in der Gegend von Alcaraz unmittelbar gegen das Gewölbe der Sierra Morena und bewirken so das Auskeilen der andalusischen Mulde.

So war die Meseta im Tertiär von großartigen Bewegungen, die wir in ihrer Gesamtheit mit R. Staub als Vorlandfaltung bezeichnen, unterworfen. Deutlich sehen wir, wie hier die alten hercynischen Strukturen durch alpine Leitlinien überschnitten werden. Geographisch ist, wie schon gesagt, jener Vorgang deswegen von großer Bedeutung, weil die großen Züge des heutigen Reliefs durch ihn bestimmt wurden. Die genannten tektonischen Ketten entsprechen, obgleich sie seitdem stark abgetragen und umgeformt wurden, den orographischen Höhenzügen, und die Muldenzonen sind, wenn die Becken inzwischen auch stark aufgefüllt wurden, noch heute die wichtigsten orographischen Depressionen des Hochlandes. Auch die allgemeine Lage der großen Entwässerungssysteme der Halbinsel und ihre E—W-Orientierung gehen letzten Endes auf jenen Vorgang zurück.

Das Becken der Mancha von Ciudad Real bis Chinchilla ist also als eine flache tektonische Mulde großen Stils zwischen zwei Gewölben aufzufassen. Deutlich erkennen wir an den letzteren die Spuren alpiner Bewegungen. In den Sierren von Toledo ist die alpine Richtung etwa W—E, sie überschneidet die hercynische Richtung. Zwischen den Sierren von Toledo und dem Hochland von Cuenca liegt die Gewölbeachsensenkung der Nord-Mancha. Die flache Schwelle des Untergrunds ist hier fast ganz durch das Tertiär des Mancha- und Tajo-Beckens verhüllt. Im Campo de Calatrava und in der Sierra Morena bis südlich Valdepeñas ist die alpine Richtung ENE. Im Campo de Montiel liegen die Triasschichten zwar im großen und ganzen horizontal, aber ich habe doch an mehreren Stellen starke Störungen, Sprünge und Verbiegungen, angetroffen, so im Tal des oberen Guadiana bei den Lagunen von Ruidera und besonders im Tal des Rio del Jardín zwischen Balazote und Robledo. Sie streichen etwa NE. An anderen Stellen liegen die Keuperschichten dagegen nahezu horizontal, so auch bei Alcaraz (Tafel 16, Abb. 2), trotz der unmittelbaren Nähe der betischen Faltenketten (Sierra de Alcaraz). Die alttertiäre Abtragungsfläche ist durch die alpinen Bewegungen stark verbogen worden; in dem Mancha-Becken wurde sie von Sedimenten verhüllt.

Das Becken der Mancha reicht ostwärts bis Chinchilla, die Muldenzone aber setzt sich, stark verschmälert, am Júcar abwärts und über das Tertiärbecken von Requena bis zur Ebene von Valencia fort. Im Westen keilt das Mancha-Becken bei Ciudad Real aus, ähnlich dem Tajo-Becken südlich der Sierra de Gredos. R. Staub nimmt als Ursache ein Ansteigen der Muldenachsen gegen Westen an. Der Guadiana durchbricht das Silurbergland des Kulminationsgebiets in stark gewundenem Lauf und wird dabei bis Aijon in die hercynische NW-Richtung gedrängt. Dann wendet er sich in scharfer Biegung dem Tertiärbecken von Villanueva de la Serena-Badajoz zu, in dem sich die Muldenzone fortsetzt.

Im Südwesten der Mancha ist schließlich noch eine Erscheinung zu erwähnen, die ebenfalls mit der Auftürmung der betischen Cordillere zusammenhängt und von den gewaltigen Zerrungen und Pressungen zeugt, denen das iberische Vorland ausgesetzt war: der tertiäre Vulkanismus im Campo de Calatrava. Basaltmassen drangen an zahlreichen Stellen empor und breiteten sich kuppen-, strom- oder deckenförmig aus. Maare wurden ausgesprengt und Tuffschichten aus Aschen, Bomben und Lapilli abgesetzt. Über ein Gebiet von etwa 3000 qkm sind nach Cortázar[1]) die Basaltvorkommen verstreut. Sie finden sich von der Sierra del Moral im Osten bis zur Gemarkung Abenójar im Westen und von Picon und Piedrabuena im Norden bis zum Rio Montoro im Süden. Die Ausbrüche erfolgten in der Miozänzeit, aber auch noch später. An verschiedenen Stellen, z. B. nördlich Alarcos, sind Miozänmergel von Tuffen überlagert.

Während der Miozänzeit wurden die großen Mulden Alt- und Neukastiliens mit Sedimenten angefüllt. Man hielt diese früher für Absätze in großen Binnenseen, aber A. Penck[2]) hat dargetan, daß es sich um kontinentale Ablagerungen, Flußaufschüttungen, Ablagerungen in Salzsümpfen usw., handelt und daß sich erst gegen Schluß dieser Periode flache Süßwasserseen von größerer Ausdehnung gebildet haben. Im allgemeinen lassen sich drei Stockwerke unterscheiden: ein unteres (Tortonien) mit Nagelfluh- und Sandsteinbildungen, ein mittleres (Sarmatien) aus gipsreichen Mergeln und Tonen und ein oberes (Pontien), vornehmlich aus Kalken bestehend. Jedoch sind diese Schichten in der Mancha nicht so regelmäßig ausgebildet wie in Altkastilien. So fehlt in der Provinz Ciudad Real die untere Etage ganz oder fast ganz, während sie in der Mancha der Provinz Cuenca überall vertreten ist und dort nicht selten eine Mächtigkeit von über 100 m erreicht. Die Gesamtmächtigkeit der Ablagerungen schwankt dementsprechend stark. In der Provinz Ciudad Real beträgt sie nach Cortázar nirgends 40 m, in der nordöstlichen Mancha, z. B. in der Gegend von Sisante, gelegentlich über 250 m.

Der Schutt stammt von den Bergländern der Umrandung. Die Ursache der starken Abtragung und Aufschüttung ist zweifellos darin

[1]) D. de Cortázar, 12, S. 297.

[2]) A. Penck, 28, S. 121ff.

zu sehen, daß durch die „Vorlandfaltung“ bedeutende Höhenunterschiede von Hoch und Tief geschaffen wurden. Der Schutt wurde aus den Hochschollen in die Großmulden transportiert und dort flach ausgebreitet. Damit verringerten sich die Höhenunterschiede, aber das Relief der Hochschollen wurde bewegter. Die von der alttertiären Abtragungsebene überspannte paläozoische Scholle des Campo de Calatrava wurde von neuem stark zertalt, und in die deformierte alttertiäre Verebnungsfläche der Tafelscholle des Campo de Montiel wurden Täler gesenkt und Schichtstufen und Zeugenberge geschnitten.

Die Sedimentfolge läßt erkennen, daß im Miozän das Klima der Mancha — wie der ganzen Meseta — eine Zeitlang sehr trocken gewesen sein muß[1]). Zu Beginn der Aufschüttungsperiode war das Klima feucht. In der Mancha der Provinzen Albacete und Cuenca lagerten die Flüsse große Massen von Schotter, Kiesen, Sanden und Tonen ab, während sie in der westlichen und südwestlichen Mancha imstande waren, den Schutt außer Landes zu schaffen. Dann wurde das Klima trocken, die Flüsse fanden keinen Ausweg mehr aus dem Land, sie versiegten in der Mancha, und am Ende ihres Laufs bildeten sich, bald hier, bald dort, sumpfige Niederungen, die sich in periodischem Wechsel mit Wasser bedeckten und in trockene Gips- und Salzwannen verwandelten. In den Depressionen bildeten sich Gips- und Salzkrusten, und darüber breiteten sich von Zeit zu Zeit lehmige und tonige, mit Gips imprägnierte Schichten, mitunter auch gipsarme Mergel und Sande. Auf diese Weise häuften sich jene für kontinentale Binnengebiete bezeichnenden gipsreichen Schichten an, die wir in der ganzen flachen Mancha, bald an der Oberfläche, bald in der Tiefe in großer Mächtigkeit antreffen (Sarmatien). Dann wurde das Klima wieder feuchter. Die kontinentale Mancha erhielt Verbindung mit dem Meer. In den Niederungen bildeten sich Süßwasserseen, in denen Mergel und Kalke zum Absatz kamen, und die Flüsse lagerten Sande und Gerölle ab. So verlandeten die Seen allmählich durch Flußanzapfung und Ausfüllung. Die Kalke der pontischen Stufe sind in der Mancha sehr verbreitet und für die Hydrographie und Bodenbewirtschaftung unseres Gebietes von großer Bedeutung. In einigen Gebieten sind sie nachträglich wieder entfernt worden. Man darf aus ihrer großen Verbreitung aber nicht schließen, daß die Mancha in pontischer Zeit von

[1]) Vgl. A. Penck, 28, S. 127f. — Ferner E. und F. Hernández-Pacheco, Aranjuez y el territorio al sur de Madrid. XIV. Int. Geol.-Kongreß Madrid 1926. Führer B 3. S. 33ff.

einem einheitlichen großen See bedeckt war. Die Wasseransammlungen bildeten sich immer nur lokal, bald hier, bald dort, und dazwischen lagen ausgedehnte trockene Weidegründe, auf denen Herden von Hyänen, Gazellen, zebraähnlichen (Hipparion) und anderen Tieren weiden konnten. Die obersten Schichten dürften bereits dem Pliozän angehören.

Während der Diluvialzeit, als sich die Häupter der Sierra Nevada im Süden und des kastilischen Scheidegebirges im Norden mit Schnee und Eis bedeckten, fand in der Mancha unter dem Einfluß eines regenreichen Klimas abermals ein starker Schuttransport statt. Auch jetzt wieder diente die Mancha-Mulde als Sammelbecken. Zwar muß im Diluvium die Iberische Scholle als Ganzes stark gehoben worden sein, aber die Eintiefung der Flüsse von den Rändern her vollzog sich sehr langsam. Die Silurberge wurden gegen die Mancha-Ebene hin von einem breiten Schuttfuß umsäumt, die bunten Keupermergel und -tone des Campo de Montiel wurden verschwemmt und als rotbraune Decke weithin über das Tertiär gebreitet. Frostsprengung, Flächenspülung und Schichtfluten müssen damals eine große Rolle gespielt haben. Die Flüsse bauten am Austritt aus dem Gebirge flache Kegel aus Schotter und Sanden auf und schleppten das feinere Material weit ins Innere der flachen Mancha. Das Gefälle war dort so gering, daß sich die Gewässer kaum eintieften und immer wieder ihr Bett verlegten. Lokal entstanden auch kleine Seen. Im Campo de Calatrava bildeten sich Quellabsätze, und der Talboden des oberen Guadiana im Campo de Montiel wurde mit Kalktuff ausgekleidet.

In nachdiluvialer Zeit wurde das Klima wieder trockener, steppenhafter, und so ist es bis heute geblieben. Die Quellen und Flüsse verarmten, viele gingen ganz ein, andere führen seitdem nur noch während der Regenzeit Wasser, ebenso wie die meisten Seen. Der Júcar und Guadiana haben sich vom Rand der Mancha her durch rückschreitende Erosion etwas stärker eingetieft,im großen und ganzen hat aber das Relief nur noch geringe Veränderungen erfahren.

So sind die wichtigsten Züge der Oberflächengestaltung aus der geologischen Vorzeit, insbesondere dem Tertiär, überliefert. Bewegungen, von welchen die Iberische Scholle zur Zeit der Auftürmung der Betischen Cordillere betroffen wurde, bestimmten die allgemeine Verteilung von Hoch und Tief. Langandauernde und intensive Umlagerungsvorgänge in und seit dem mittleren Tertiär, zeitweise unter dem Einfluß eines ausgesprochen trockenen, später, besonders während der Diluvialzeit, eines niederschlagreichen Klimas, haben die Höhenunterschiede abgeschwächt. Gehobene Teile des stark eingeebneten paläozoischen Gebirges wurden von neuem reich zertalt; die ebenfalls von einer alten Verebnungsfläche überspannten mesozoischen Tafeln wurden von den Rändern her zerschnitten und schärfer modelliert, und über das weite Becken der flachen Mancha breitete sich eine Tafel kontinentaler, fluviatiler und lakustrer Ablagerungen.

Das Relief der Mancha.

Schier endlos dehnt sich die Ebene der Mancha (Tafel 16 Abb. 1). Wenn man von Valencia, Murcia oder Andalusien nach steilem Anstieg das Hochland erreicht hat, ist man überrascht, dort oben, in einer Höhe von 700—800 m, eine Landschaft zu finden, die durch ihre Einförmigkeit und Weite an das Meer erinnert[1]). Auf drei Seiten, im Osten, Süden und Westen, ist die flache Mancha von Hügel- und Plateaulandschaften umgeben, welche sie um 100—300 m überragen. Meergleich wirkt die Mancha besonders, wenn man von dem küstenähnlichen Abfall der randlichen Höhen, der „Cuesta", etwa bei Herencia oder Chinchilla, auf die siedlungs- und baumarme Fläche hinabblickt. Große Gebiete sind ohne jede dem Auge wahrnehmbare Modellierung im Großen wie im Kleinen; selbst die meisten Flüsse sind kaum merklich eingetieft. Th. Fischer[2]) führt als Beispiel für die Ebenflächigkeit an, daß die auf dem Blatt Quintanar de la Orden (Fläche 504 qkm, mittlere Höhe 695,5 m) der spanischen topographischen Karte 1:50000 vorhandenen vier Ortschaften Quintanar, Miguel Esteban, El Toboso, Mota del Cuervo nur einen größten Höhenunterschied von 41 m aufweisen. Dasselbe gilt von anderen Gegenden. Auf Blatt 765, La Gineta, liegt fast das ganze 504 qkm große Gebiet zwischen 680 und 710 m Meereshöhe. Die ebensten Flächen finden sich im Westen und Süden von Albacete, in der Umgebung von Tomelloso und nördlich Manzanares. Man kann von Albacete auf der Landstraße nach La Gineta-La Roda oder Balazote 20 km und mehr zurücklegen, ohne die Höhe um mehr als 30 m zu ändern. Auf der 30 km langen Strecke von Argamasilla de Alba nach Socuéllamos bewegt man sich beständig zwischen 660 und 675 m Meereshöhe. Im Nordosten von Manzanares liegt eine mehrere Quadratmeilen große Fläche im Niveau von gleichbleibend 650 m Höhe.

Die Mancha bildet das größte ebenflächige Gebiet der ganzen Pyre-

---

[1]) Den Vergleich dieser Hochebenen mit dem Meer gebraucht schon Jul. Honorius (nach A. Schulten in der Real-Enzykl. der klass. Altertumswiss.)

[2]) Th. Fischer, 14, S. 605.

näenhalbinsel. Im Gebiet des Tajo ist die Tertiärtafel durch die bedeutend gefällreicheren Flüsse schon größtenteils in Plateaureste und Hügelland zerschnitten. Die Sohle der Täler liegt dort 100—200 m unter den Hochflächen. Auch die Meseta Altkastiliens ist größtenteils in Hügelzüge und Hochflächenreste zerlegt. Immerhin sind dort, sowohl nördlich als südlich vom Duero, Ebenen von großer Ausdehnung erhalten, besonders zwischen Palencia und León, in einem Gebiet, das auch seinem ganzen Charakter nach, durch die trostlose Öde und Baumlosigkeit und durch die Siedlungs- und Anbauverhältnisse, stark an die Mancha erinnert. Die mittlere Höhe der Mancha-Ebene beträgt 680—700 m; die des Tajobeckens schätzt Th. Fischer auf etwas unter 700 m, die der altkastilischen Hochebene auf etwa 800 m.

Nur dort ist das Relief etwas bewegter, wo Erhebungen aus Trias- oder Kreideschichten aus der Tertiärhülle aufragen, wie bei Alcázar de San Juan, El Toboso, Mota del Cuervo, oder Silurberge, wie bei Lillo und Corral de Almaguer. Außerdem dort, wo die Flüsse sich stärker eingetieft haben, wie in der Nähe des Júcar, des unteren Azuer und Guadiana bajo.

Ein wenig Abwechselung in die erdrückende Einförmigkeit des Landschaftsbildes bringen die „Lagunen". Es sind das ganz flache, wannenförmige Seebecken mit jahreszeitlich stark schwankendem Wasserstand. Viele, vielleicht die meisten, trocknen im Hochsommer ganz aus und bilden dann nackte, ebene Flächen, die von schneeig weißen Gipskrusten überzogen sind. Besonders zahlreich sind die „Lagunen" in der Umgebung von Villacañas, Quero, Alcázar de San Juan, La Puebla de Don Fadrique, Miguel Esteban, El Toboso, Pedro Muñoz. Hier, im Nordwesten der Mancha, gibt es nicht weniger als 30 größere und kleinere Lagunen. Die größte von ihnen, die Laguna de Retamar, 2 km nordwestlich Pedro Muñoz, ist in der Regenzeit etwa 2,8 qkm groß. Andere liegen in der Gegend von Lillo, Tembleque, Turleque, ferner südlich von Albacete, sowie im Norden und Nordwesten von Daimiel. Die Gesamtzahl beträgt mindestens 40. Die wasserarme Mancha ist, so paradox es klingt, das seenreichste Gebiet ganz Spaniens — wenigstens zur Regenzeit.

Th. Fischer hielt die Lagunas für die letzten erhalten gebliebenen Reste von großen Seen aus der Tertiärzeit und ihm folgen die spanischen Geographen und Geologen. Der Ansicht kann ich mich nicht anschließen. Zwar hat es während der letzten Phase der tertiären Aufschüttungsperiode in der Mancha Seen größeren Umfangs gegeben, aber in dem Gebiet, wo die Lagunen am zahlreichsten sind, besteht der

Untergrund vornehmlich aus den gipsreichen Schichten des mittleren Stockwerks. Die Kalke der oberen Etage, die in den Tertiärseen zum Absatz kamen, sind dort schon zum größten Teil wieder entfernt. Wo sie erhalten sind, wie z. B. bei Quero, liegen sie über dem Niveau der benachbarten Lagunen. Die Lagunen sind außerdem nicht auf Tertiäruntergrund beschränkt, sondern einige finden sich auch im Gebiet der Kreide- und Triasschichten. Aus der flußbettähnlichen Form der größeren Wannen, der oft reihenweisen Anordnung entlang breiter, ganz flacher Senken, die zu den noch aktiven Flüssen führen, und der Verbreitung diluvialen Schutts in der Umgebung der Wannen wird man schließen müssen, daß die meisten Lagunen Reste diluvialer Flußniederungen sind, die gegen Ende der Pluvialperiode streckenweise verbaut wurden. Diese Erklärung trifft allerdings nicht für alle ,,Lagunen" zu. Diejenigen, welche ringsum in Tertiärmergel eingesenkt sind, werden durch Auslaugung des sehr gipsreichen, stellenweise auch salzreichen Untergrunds entstanden sein. Einige kleine sind nichts weiter als Quellsümpfe auf einem fast ebenen Terrain. Daß die ,,Lagunen" auf gewisse Gebiete der Mancha beschränkt sind, erklärt sich aus der Natur des Untergrunds. Wo dieser aus den Kalken der pontischen Stufe besteht, versinkt das Wasser in dem durchlässigen Boden, so daß sich keine Seen bilden können.

Zur Verschönerung und Belebung der öden Landschaft tragen die Lagunas kaum bei. Sehen wir uns irgend eine von ihnen, z. B. die Laguna Larga bei Villacañas, etwas näher an (Tafel 17, Abb 1.) Sie liegt in einer 400—500 m breiten, ganz flachen talförmigen Senke, die sich im Norden verzweigt und nach Süden hin bis zur Niederung des Rio Riánsares verfolgen läßt. Zur Zeit des höchsten Wasserstandes erreicht sie eine Länge von etwa 2½ km. Im Sommer aber verdunstet fast alles Wasser, nur einige rundliche Vertiefungen von 1—1½ m Durchmesser bleiben mit einer dicken, braunroten Salzlake gefüllt. Der Lagunenboden bildet dann eine von einer weißen Gipskruste überzogene, völlig ebene Fläche. Zu oberst liegt eine von Gips inkrustierte und verfilzte dünne moosige Schicht, darunter eine etwa 1 cm dicke braunrote Kochsalzkruste und schließlich zäher schwärzlicher Schlamm. Die weiße Fläche ist, bis etwa 1½ m Höhe, von einem Streifen bläulichgrüner Salzpflanzen umsäumt, und daran schließen sich gelbe Stoppelfelder und graues Ackerland. Kein Baum, kein Strauch belebt die Ufer. Kaum 4 m liegt der Lagunenboden unter der Mancha-Ebene der Umgebung; nur im Norden erheben sich zwei etwas höhere Gipshügel. Einen ganz ähnlichen Anblick bietet die Laguna grande bei

Quero. Auch sie verwandelt sich im Sommer bis auf einige schmutzigfarbene Salzwassertümpel in eine schneeigweiße Fläche. Einen wirkungsvollen Abschluß im Norden erhält sie durch das Kalkplateau, auf dem, 15—20 m über dem Lagunenboden, Quero liegt. Die Kalkbänke sind etwa 2 m mächtig, darunter folgen die Gipsmergel des mittleren Stockwerks. Nach Südwesten hin setzt sich die Niederung der Lagune bis zu der riesenbreiten Flußebene des Rio Gigüela fort. Auch die meisten anderen Lagunen sind in der Trockenzeit ganz oder fast ganz wasserlos. Während der Herbstregen füllen sie sich nach und nach durch oberirdischen Zufluß und durch Steigen des Grundwassers. Zur Entwässerung der umliegenden Ebenen sind oftmals gegen die Wannen hin Gräben (zanjas) gezogen worden.

Einige Lagunen bleiben auch im Sommer voll Wasser, nur der Seespiegel sinkt. Teils sind sie etwas tiefer als die anderen, teils liegen sie doch so tief, daß sie den Grundwasserspiegel anschneiden. Zu diesen gehört z. B. die Laguna de Villafranca, 3½ km nordwestlich Alcázar, die ebenso wie die Laguna de las Yeguas im Niveau der benachbarten Gigüela-Niederung liegt. Ihr Boden ist im Sommer 0,5—1 m hoch mit stagnierendem, übelriechendem Wasser bedeckt; in der Regenzeit ist der Wasserstand 1½ m höher. Auch die große, in der sumpfigen Niederung am Zusammenfluß von Riánsares und Gigüela gelegene Laguna del Taray ist das ganze Jahr voll Wasser, obgleich sowohl der Riánsares als der Gigüela im Sommer hier völlig austrocknen. Sie enthält sogar Fische und ist reich an Vogelwild.

Die Entwässerung ist im nördlichen Teil der Mancha, zwischen dem Bergland von Toledo und dem Bergland von Cuenca, dem allgemeinen Gefälle entsprechend, nach Süden gerichtet. Die Wasserscheide zwischen dem Guadiana-Júcar-System auf der einen und dem Tajo auf der anderen Seite steigt von SW nach NE an. Im SW ist sie eine typische Plateau-Wasserscheide, eine ganz flache Bodenschwelle des Tertiär, die bei Lillo in etwa 720 m Meereshöhe liegt. Die aus Kreideschichten aufgebaute Sierra de Altomira, in der, nur 13 km vom Tajo selbst entfernt, der Riánsares entspringt, erreicht schon eine Höhe von 1180 m. Auch die Altos de Cabrejas, westlich Cuenca, steigen auf über 1100 m Meereshöhe an. Auf der Südseite dieses durch die Denudation aus dem Tertiärplateau herausgearbeiteten Rückens entspringt der Gigüela und nicht weit davon der zweite größere Zufluß des Guadiana, der Záncara. Die Montes Universales endlich, dieser wichtige hydrographische Mittelpunkt mit den meist aus Jurakalk hervorbrechenden starken Quellen des Tajo, Júcar, Cabriel, Guadalaviar, erreicht Gipfelhöhen bis 1840 m.

Alle die der Mancha zustrebenden Flüsse: Riánsares, Gigüela, Záncara, Júcar, fließen zunächst dem Tajo parallel nach SW und biegen dann nach S um. Obgleich der benachbarte Tajo bei Aranjuez schon bis auf unter 500 m Meereshöhe eingetieft ist, ein Niveau, welches der Guadiana sogar im Campo de Calatrava noch nicht erreicht, und auf der Mesa de Ocaña kein Hindernis im Wege ist, wenden sich der Riánsares und Gigüela nicht dem Tajo, sondern dem Guadiana zu. Die linken Seitenbäche des Tajo drängen zwar deutlich nach Süden und werden zweifellos dereinst jene zwei Flüsse anzapfen, hatten aber bisher wegen ihrer Wasserarmut nicht die Kraft dazu; auch mag die Eintiefung des Tajo zu jung sein.

Unter den Flüssen, welche der überaus sanften Abdachung gegen die Mancha folgen, ist der Júcar der weitaus kräftigste. Er durchfließt zunächst ein von quellreichen Tälern durchfurchtes und in Hochflächen (Paramos) zerlegtes Gebiet, das hauptsächlich aus Kreide besteht und den Übergang zur Tertiär-Hochebene bildet. Etwas unterhalb von Cuenca tritt er dann in diese ein. Der Júcar ist hier schon ein recht stattlicher und bei Hochwasser sedimentreicher Fluß. Er führt sogar im Sommer reichlich Wasser und ist daher imstande, die Mancha zu durchqueren, ohne zu versiegen, obgleich er dort in der Trockenzeit gar keinen Zufluß erhält und viel Wasser durch Verdunstung verliert. Der Wasserreichtum ermöglichte ihm auch, sich stärker als alle anderen Mancha-Flüsse in die tertiären Kalke und Gipsmergel einzutiefen. Das enge, gewundene, oft steilwandige Tal, mit den zahlreichen Mühlen im Grunde, dem kräftigen Grün der Ufervegetation und den künstlich bewässerten Gärten, die hier und da in den Talweitungen angelegt sind, bieten eine willkommene Abwechselung in der Monotonie der Landschaft. Für größere Siedelungen bietet der Talboden keinen Raum; sie liegen auf der Höhe des Plateaus, mitunter auch, wie z. B. Alarcón, auf einem spornartigen Vorsprung innerhalb einer Flußschlinge. Die Seitentäler sind mehr oder weniger tief ausgefurchte Ramblas, die nur zeitweilig Wasser führen. Nach kräftigen Regenfällen ist die Abtragung in den weichen Mergeln durch den Júcar und seine Seitenbäche mitunter so stark, daß die Wirkungen der Erosion direkt meßbar sind.

Einen ganz anderen Anblick gewähren die Zuflüsse des Guadiana. In breiten Niederungen, die so flach sind, daß sie sich in der kahlen, ebenen Ackerbausteppe oft nur durch die Salzgrasvegetation hervorheben, schleichen sie trägen Laufes, mit unmerklichem Gefälle, dahin. Grabenartige Vertiefungen inmitten dieser Flußebenen, mitunter von

Pappelreihen begleitet, zeigen den Weg, den das Wasser während der Regenzeit einschlägt. Im Sommer verlieren der Rio Rus, Záncara, Rio Saona, Riánsares und auch der Gigüela, der wasserreichste von allen, durch Verdunstung, Versickerung und künstliche Entnahme für Berieselungszwecke ihr gesamtes Wasser, und die riesengroße, öde Fläche ist dann mit Ausnahme einiger „Lagunen"-Tümpel völlig wasserlos. In der Regenzeit füllen sich die Rinnen, und die Flußniederungen versumpfen auf weite Strecken. Auch große Überschwemmungen kommen gelegentlich vor. Um das Ackerland dagegen zu schützen, hat man das Flußbett streckenweise vertieft und kleine Kanäle gezogen. Die nur wenige Meter und ohne scharfen Uferrand in die Meseta eingesenkten Flußniederungen haben eine Breite von mitunter über 2 km. Zu großen pfannenförmigen Sumpfflächen erweitern sie sich an dem Zusammenfluß des Riánsares und Gigüela und des Gigüela und Záncara. Junge Alluvionen sind kaum vorhanden, wohl aber sind die Senken oftmals mit diluvialem Schutt überstreut. Sonst beginnt der grauweiße Gipsmergelboden unmittelbar unter der Grasnarbe.

In der offenen Mancha biegen die Flüsse in die Richtung der Längsachse des Mancha-Beckens um: der Júcar nach Osten, die Zuflüsse des Guadiana nach Westen, bzw. Südwesten. Die Plateauwasserscheide zwischen den beiden Systemen bildet eine ganz flache, mit dem Auge überhaupt nicht wahrnehmbare Schwelle, die bei Minaya etwa 720 m über dem Meeresspiegel liegt. Der Tertiäruntergrund ist hier von einer ausgedehnten Decke rotbraunen, tonigen und geröllreichen Sandes überzogen.

Der Júcar schneidet sich auf seinem Wege nach Osten immer tiefer in die Tertiärtafel ein. Sehr malerisch ist sein Tal südlich Motilleja: zu beiden Seiten 30—35 m hohe, höhlenreiche Felswände, unten am gewundenen Fluß schattige Gehölze und grüne Gärten, hin und wieder eine alte Wassermühle oder ein Lichtkraftwerk und auf der Höhe des Plateaus Kiefernwaldungen. Weiter unterhalb, bei Valdeganga, ist das Tal schon 60—70 m tief eingesenkt; der Fluß selbst hat dort eine Breite von etwa 30 m. Diluviale Aufschüttungen hoch über dem heutigen Talboden beweisen, daß die Eintiefung erst in junger Zeit stattfand. In schönen Mäandern schneidet sich der Júcar immer tiefer in die Tafel ein (Tafel 17, Bild 2). Bei Cofrentes, wo er seinen größten Nebenfluß, den Cabriel, aufnimmt, liegt der ungangbare, schon in Triasschichten eingesenkte Talboden nur noch 300 m über dem Meeresspiegel. Dann strömt der Fluß durch ein langes, völlig verkehrsfeindliches Engtal, und bei Antella betritt er das Küstenland von Valencia.

Der aus der Vereinigung von Záncara und Gigüela entstehende Fluß, der bald so, bald so, gewöhnlich aber Gigüela genannt wird, fließt in einer breiten, schwach eingetieften, sumpfigen Talniederung am Rand der Mancha entlang nach Südwesten. Durch Zustrom von Grundwasser und einigen Quellbächen, die am Fuß des Silurberglandes austreten, wird er etwas wasserreicher. Den stärksten Zustrom erhält er aber durch den stets wasserreichen Guadiana bajo, mit dem er sich in 610 m Meereshöhe vereinigt. Eine 12 qkm große Sumpffläche mit einigen trockenen Islas breitet sich an dem Zusammenfluß von Gigüela und Guadiana aus.

Zahlreiche Bäche und Flüsse, die aus starken Quellen im Campo de Montiel entspringen, treten von Süden her in die Ebene der Mancha ein und wenden sich dann teils dem Júcar, teils dem Gigüela-Guadiana zu. Aber kaum einer vermag ungestört in oberirdischem Lauf sein Ziel zu erreichen. Fast alle versiegen durch Versickerung oder Verdunstung. Einige haben wenigstens während der Regenzeit einen oberirdischen Abfluß, andere aber verschwinden vollständig und verlieren sich in der Ebene. Der wasserreiche Rio del Jardin (Rio de Balazote) durchfließt in einem wundervoll angebauten Tal das mesozoische Tafelland und betritt bei Balazote, wo er eine üppige Huerta hervorzaubert, das Tertiärtafelland. Dann löst er sich in ein Nichts auf. Bei Albacete entsteht aus einigen Grundwassersumpfseen und -quellen ein neuer Fluß, der wasserreich genug ist, um die große Huerta von Albacete zu bewässern. Dem überschüssigen Wasser mußte durch den Kanal von Albacete ein künstlicher Abfluß zum Júcar verschafft werden. Auch der Rio de Lezuza verschwindet einfach auf der 690 m hohen Tertiärebene südöstlich La Gineta. Auf dem ganzen 504 qkm umfassenden Blatt Minaya (Nr. 741) der spanischen topographischen Karte ist nicht eine einzige, auch noch so kleine Wasserader eingetragen!

Den zum Gigüela-Guadiana strebenden Flüssen ergeht es nicht anders. Der in der Gegend von Munera aus der Vereinigung einiger Quellbäche hervorgehende Rio Córcoles schrumpft in der Mancha zu einem dünnen Faden zusammen, der in der heißen Zeit ganz ververschwindet und zur Regenzeit nur deswegen erhalten bleibt, weil ein künstlicher Graben den Abfluß ermöglicht.

Eigenartig ist das Schicksal des oberen Guadiana (Figur 3). Er entspringt aus starken Quellen im Campo de Montiel, speist die

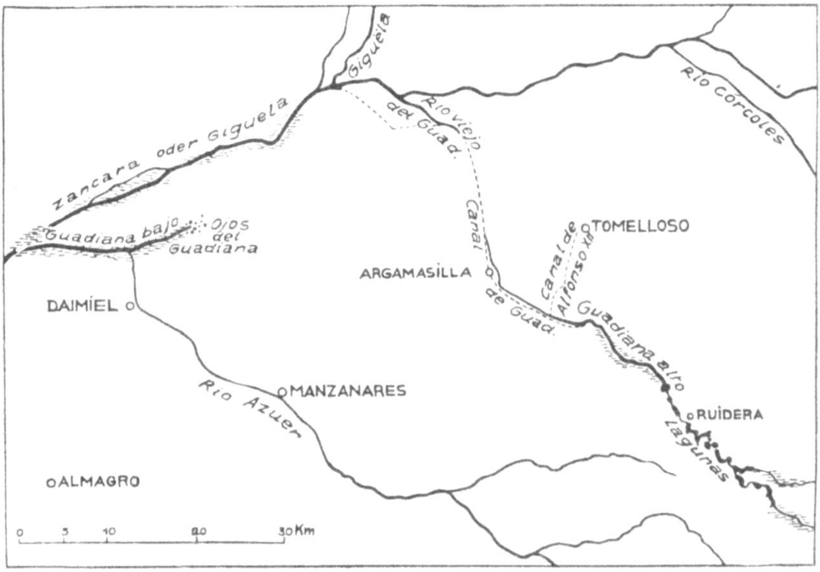

Figur 3. Der Guadiana in La Mancha.

Lagunen von Ruidera, indem er von einer Lagune in die nächsttiefere fällt, und verläßt das Bergland als ein wasserreicher Fluß. Am Eintritt in die Mancha-Ebene zweigt der Canal de Alfonso XII in Richtung gegen Tomelloso ab, der aber unvollendet geblieben ist. Der Guadiana alto selbst wendet sich gegen Argamasilla de Alba, von einem Kanal begleitet, der von ihm gespeist wird und der zum Antrieb von Mühlen und zur Bewässerung der Anlagen und Gärten von Argamasilla de Alba dient. Die Vega dieses Ortes ist eine wahre Oase in der sonnenverbrannten Einöde. Der eigentliche Fluß hat dort nur noch Grabenbreite. Er fließt in einem alten, sehr breiten und flachen Tal, das mehrere Meter hoch mit diluvialem Schotter und rotbraunem, tonig-sandigem Schutt angefüllt ist. Hinter Argamasilla wird der Guadiana immer schmächtiger; die letzten Versickerungsstellen liegen 5 km von dem Ort entfernt in 660 m Meereshöhe. Ein kleiner Graben, der aber nur nach starken Regenfällen etwas Wasser enthält, führt nordwärts, dem sehr schwachen Oberflächengefälle folgend, nach der 11 km entfernten Alameda de Cervera, wo etwas Grundwasser austritt und in einer breiten Talniederung ein neuer kleiner Fluß, der Rio viejo del Guadiana, entsteht, der mit Mühe und Not den Záncara erreicht. Dieser Rio viejo stellt die diluviale, gegenwärtig nahezu ganz außer Funktion gesetzte oberirdische Fortsetzung des Guadiana alto dar.

Der heutige Guadiana versinkt nördlich Argamasilla im Boden, soweit sein Wasser nicht schon durch Verdunstung verzehrt oder für Berieselungszwecke verbraucht ist, und mischt sich dem Grundwasserstrom bei, der in der Tiefe langsam nach Westen zieht. 36 km von den letzten Versickerungsstellen entfernt und ziemlich genau westlich von ihnen tritt in 620 m Meereshöhe, innerhalb einer weiten, flachen und sumpfigen Niederung, das Grundwasser in mehreren starken Quellbecken zutage, welche die „Augen des Guadiana (Ojos del Guadiana)" genannt werden. Das größte Becken ist 22 m lang und 18 m breit; im ganzen sollen 14 vorhanden sein. Wenn sie natürlich auch nicht allein von dem Guadiana alto gespeist werden, so darf man sie doch mit Cortázar als dessen unterirdische Fortsetzung ansprechen[1]). Auch im Volke herrscht diese Ansicht. Die Sage erzählt von einer Brücke zwischen dem Guadiana alto und den Ojos, welche 8 Leguas lang ist und auf der zahlreiche Herden weiden. Cervantes kleidet in seinem Roman das Schicksal des Guadiana in ein poetisches Gewand. Der böse Zauberer Merlin hat die schöne Dueña Ruidera mit ihren Töchtern und Nichten in Seen und ihren Stallmeister in einen Fluß verwandelt. Der Stallmeister Guadiana der Dueña entfernt sich immer mehr von den Seen und wird darüber so betrübt, daß er sich in die Eingeweide der Erde hinabsenkt. Da es ihm aber nicht möglich ist, den natürlichen Lauf seines Stromes zu verlassen, kommt er wieder zum Vorschein und zeigt sich der Sonne und den Menschen. „Dennoch zeigt er allenthalben seine Traurigkeit und Melancholie und gibt sich nicht die Mühe, in seinen Wassern wohlschmeckende und geschätzte Fische hervorzubringen, sondern kleine und hartfleischige, sehr verschieden von denen des goldführenden Tajo."

Zwischen den Versickerungsstellen und den Ojos fehlt jede Andeutung eines oberirdischen Flußbettes. Unterhalb der Ojos entwickelt sich jedoch sofort ein auffallend breites, deutlich eingetieftes, sumpfiges Tal. An der Verengung bei Zuacorta, wo die Straße Daimiel-Arenas de San Juan die Niederung quert, hat es eine Breite von etwa 300 m. Der Fluß selbst ist dort 12 m breit und enthält das ganze Jahr über viel Wasser. Bei einem nutzbaren Gefälle von 2 m und einer mittleren

[1]) Der Name Guadiana ist zusammengesetzt aus Wadi, arab. = Fluß, und der römischen Bezeichnung Anas. Fr. Regel (Landesk. d. Ib. Halbinsel, 1905, S. 51) meint, daß die Römer den Fluß Anas = Ente genannt hätten, weil er nach ihrer Ansicht wie eine Ente unter- und wiederauftaucht. Diese Deutung ist aber irrtümlich; das Wort anas ist nach Mitteilung von A. Schulten älteren, wohl iberischen Ursprungs.

Wasserführung von 2 cbm in der Sekunde ist der Fluß hier schon, 4,5 km unterhalb der Quellen, imstande, ein Kraftwerk (früher Mühle) zu treiben, das 50 PS liefert und die Orte Arenas de San Juan und Las Labores mit Licht versorgt. Das Wasser ist wundervoll klar und enthält eßbare Fische, Barben (barbos), Alsen (Cachuelos) und weiter abwärts auch Karpfen (carpas) und Krebse. Die Riedgräser, mit welchen die stets sumpfige Niederung bewachsen ist, werden zum Flechten von Matten und Stuhlsitzen verwendet.

Etwas unterhalb Zuacorta mündet von links der Rio Azuer. Er entspringt aus mehreren Quellarmen im Campo de Montiel, durchbricht den Silurrücken Sierra del Cristo—Sierra de Alhambra und bewässert die Gärten und hübschen Anlagen von Manzanares. Von hier an ist er im Sommer gewöhnlich ohne Wasser. Sein diluvial ausgeweitetes, mit braunrotem Schwemmland erfülltes Tal, das 6—7 m in die Schichtentafel eingesenkt ist, führt über Daimiel zum Guadiana.

Die Tertiärbucht von Daimiel und Ciudad Real gewährt einen freundlicheren Anblick als die offene Mancha. Die bergige Umrahmung auf drei Seiten, die ausgedehnten Olivenhaine, welche der offenen Mancha fehlen, und die vielen bewässerten Gärten mit den von hohen Bäumen beschatteten Norias und dem rieselnden Wasser mildern die Öde und Monotonie der Landschaft. Obgleich auch hier noch große tischebene Flächen vorkommen, wie z. B. zwischen Almagro und Miguelturra, ist das Gelände im allgemeinen doch etwas stärker zertalt und gewellt als in der offenen Mancha.

Der dem innersten Winkel der Bucht zustrebende Guadiana wird ein Stück nach Süden gedrängt und tritt dann in das paläozoische Bergland des westlichen Neukastiliens ein. Der erste flache Hügel aus silurischen Schiefern taucht schon bei den Ruinen der Burg Calatrava la Vieja auf der linken Seite des Flusses aus der Tertiärumhüllung auf. Die eigentliche Pforte des Berglandes öffnet sich aber südwestlich Ciudad Real bei der alten, vielumkämpften Burg Alarcos, dem römischen Laccuris, welche, auf einem felsigen Hügel über dem Fluß gelegen, diesen strategisch wichtigen Punkt beherrschte. Der Guadiana durchbricht von dort an, ähnlich dem Tajo, in langem gewundenem Lauf ein großwelliges Hügelland aus silurischen Schiefern, Quarziten und Grauwacken, das an Monotonie der Farben und Formen der Mancha-Ebene gleichkommt und sie an Öde und Siedlungsarmut noch übertrifft. Die Formen sind im allgemeinen gerundet. Verebnungsflächen, von Härtlingen überragt, sind als Reste des alttertiären Reliefs in weiter Verbreitung erhalten. Die alte Abtragungsfläche taucht ostwärts in sanfter Abdachung unter das Tertiär der Mancha. Die höheren Erhebungen streichen im Sinne der alten Faltung WNW—ESE und entsprechen meist Quarzitsätteln, die aus der Schieferhülle herauspräpariert wurden. Die an den Flanken und Kämmen hervortretenden, schwärzlich angewitterten Quarzitfelsen, die dürftige Bewachsung und das Fehlen jeden Maßstabs in Form von Bäumen oder Häusern lassen die Berge oft viel höher erscheinen, als sie in Wirklichkeit sind. Die mittlere Gipfelhöhe beträgt im Osten nur 700—800 m; die Berge überragen die Mancha-Ebene also nur um 100—200 m. Nach Westen dacht sich das Bergland allmählich ab. Der Guadiana betritt es bei Alarcos in 580 m Meereshöhe und senkt sich auf der 130 km langen Strecke bis zur Tertiärbucht von Villanueva de la Serena um etwa 300 m. Er wird zunächst in die Streichrichtung der alten Faltenzüge gezwungen, biegt aber dann rechtwinklig um und durchbricht nun einen Quarzitrücken nach dem andern. Die wechselnde Wasserführung, die Untiefen und Schnellen machen ihn als Verkehrsweg unbrauchbar, und auch das Tal ist der Engen und Windungen wegen für den Verkehr ungeeignet, wenn es auch offener und zugänglicher ist als das Tajo-Tal. Die wenigen und ärmlichen Siedlungen dieser Landschaft, die zu den ödesten und entvölkertsten Teilen ganz Spaniens gehört, liegen fast alle abseits; nur eine Mühle trifft man hin und wieder unten am Fluß.

Höher und gebirgshafter als das Bergland beiderseits des Guadiana, das geomorphologisch die westliche Fortsetzung der Mancha-Mulde bildet, sind die durch Brüche und Verbiegungen regenerierten Teile der alten Scholle im Norden und Süden. Die Sierra „La Calderina", ein Ausläufer der Montes de Toledo, erhebt sich bis 1208 m, und auch einige Sierren des Campo de Calatrava steigen bis über 1000 m empor. Der am weitesten nach Osten vorgeschobene Silurrücken, die Sierra de Alhambra jenseits des Azuer, erreicht im Juego de Bolos noch 1089 m. So wird also die westliche Mancha vor den Ketten im Norden und Süden um 400—500 m überragt. Die orographische Streichrichtung dieser Sierren geht ostwärts allmählich aus der WNW-ESE- in die W-E- und WSW-ENE- Richtung über.

Der Campo de Calatrava im Südwesten der Mancha ist landschaftlich nicht so öde und einförmig wie das Bergland weiter abwärts am Guadiana. Die Vulkanformen und die tief eingreifenden Tertiärbuchten bewirken eine größere Mannigfaltigkeit des Reliefs. Die leichtere Zugänglichkeit, die Fruchtbarkeit des tertiären Mergel- und Vulkanbodens und die Bodenschätze der Gegend haben eine dichtere Besiedlung hervorgerufen. Tafellagernde miozäne Mergelschichten erfüllen das Becken von Valdepeñas und das breite Tal des Jabalón bis Aldea del Rey. Über sie breiten sich am Fuß der Gebirge und entlang der Flüsse Schutt- und Gerölldecken diluvialen Alters. Rings von Silurbergen umschlossen ist das Tertiärbecken, welches sich in Verlängerung der Bucht von Ciudad Real zwischen Villamayor, Almodóvar del Campo und Argamasilla de Calatrava erstreckt. Seine meist von Diluvium gebildete Oberfläche liegt in 650—670 m Meereshöhe, ist eben wie die Mancha und enthält mehrere flache „Lagunen" als Reste einst viel größerer Gewässer.

Das Silurgebirge des Campo de Calatrava hat eine mittlere Kammhöhe von 800—900 m und mittlere relative Höhe von 200—250 m über den Tertiärebenen. Es herrschen im allgemeinen gerundete Formen; die Höhen sind flach gewölbt, vielmals sogar zu Hochflächen verebnet (Tafel 18, Abb. 1). Man gewinnt den Eindruck, daß ein stark eingeebnetes, von Härtlingen überragtes Gebirge gehoben und von neuem zertalt und gealtert ist. An den oberen Teilen der glockenförmig geschwungenen Hänge pflegt die Verwitterungsdecke so dünn zu sein, daß der nackte Fels unmittelbar heraustritt. Schwärzlich angewitterte Quarzitbänke ragen hier und dort felsbildend auf. Weiter abwärts sind die Hänge mit einem Trümmerwerk eckiger Gesteinsbruchstücke bedeckt, und noch weiter unten mischt sich diesem mehr und mehr rotbraune tonige Verwitterungserde bei, die oft auch weit in die Ebenen geschwemmt ist und sich dort durch ihre Farbe von dem grauweißen Mergelboden scharf abhebt.

Die jungvulkanischen Formen treten als Fremdlinge im Landschaftsbild hervor. Sie sind Glieder des in den alttertiären Rumpf modellierten jüngeren Reliefs. Vereinzelt sind Basaltkuppen herauspräpariert. Bei Puertollano ragt eine solche aus mächtigen Säulen zusammengefügte Kuppe über dem Boden des Ojailén-Tals auf.

An mehreren Stellen habe ich sehr gut erhaltene vulkanische Sprengtrichter angetroffen. Einige von ihnen seien hier genannt. Ein besonders schönes Maar ist die Laguna de Fuentillejo 3 km südwestlich Valverde, auf der rechten Seite des Guadiana (Tafel 18, Abb. 2). Sie bildet ein fast kreisrundes, allseitig geschlossenes, in paläozoische Schiefer, Konglomerate und Breccien eingesprengtes Becken von etwa 500 m Durchmesser. Der nackte, graufarbene, tischebene Boden ist im Sommer ohne Wasser. Die Gebirgsumrahmung ist auf der Südseite, wo sich der felsige Hang des Cerro „Malos Aires" erhebt, 120—150 m hoch. Im Norden ist der Felsriegel nur 40—45 m hoch. Ringsum, besonders im Nordosten, ist der Boden mit schwärzlichen, porösen Auswürflingen besät, die dort, wo sie deckenförmig auftreten, einen schokoladebraunen, sehr fruchtbaren Verwitterungsboden liefern. Das Maar, die Farben und Formen der Rumpfgebirgslandschaft, die Art des Gesteins, ferner die herbe Kahlheit der Natur und die dünne Besiedlung dieser Gegend erinnern stark an die Eifel.

Ein anderer Sprengtrichter von ähnlicher Größe liegt ½ km östlich Almodóvar del Campo in 665 m Meereshöhe. Reste bedeutender basaltischer Auswurfsmassen auf der Nordwestseite beweisen, daß auch hier nicht nur Zerstörung, sondern ebenfalls Aufschüttung stattfand. Der See im Innern der Hohlform ist in der Trockenzeit etwa 1 m, in der Regenzeit 3 m tief und ohne oberirdischen Abfluß.

Schließlich seien noch zwei maarähnliche Hohlformen halbwegs zwischen Argamasilla de Calatrava und Aldea del Rey, die Laguna de los Lomillos und die Laguna de las Carboneras, erwähnt. Sie liegen in einer talartigen Depression und sind durch eine niedrige Schwelle aus Tuffschichten voneinander getrennt. Stark denudierte Tuffbänke, die nach Nordosten einfallen, findet man auch im Osten der Laguna de las Carboneras. Sie bestehen aus Bruchstücken paläozoischer Gesteine und basaltischen, olivinreichen Auswürflingen, die durch vulkanische Asche verbacken sind. Der ebene Lagunenboden bedeckt sich im Herbst nur teilweise mit Wasser; die verlandeten Flächen dienen als Ackerland oder Weide.

Die letzten Zeugen des tertiären Vulkanismus sind die zahlreichen stark kohlensäurehaltigen Mineralquellen. Durch sie ist der Campo de Calatrava seit altersher berühmt, und manche Siedlung ist nach ihnen benannt. Das älteste, bekannteste und vor einigen Jahren in großem Stil ausgebaute Heilbad, besonders für Frauenkrankheiten, ist Fuensanta. Es liegt etwa 15 km südsüdöstlich Ciudad Real am Ausgang des Durchbruchtals des Rio Jabalón. Die große Quelle des Bades liefert 13 Liter in der Sekunde und hat eine Temperatur von 22°.

Ganz anders als im Campo de Calatrava sind die Formen der sich östlich anschließenden Landschaft, des Campo de Montiel, wo das gefaltete Paläozoikum von einer mächtigen, geschlossenen Decke flachliegender oder doch nur wenig gestörter Triasschichten verhüllt ist. Als Ganzes betrachtet ist dieses Triastafelland nichts anderes als eine die Mancha-Ebene um 200—250 m überragende Meseta. Und in der Tat sind die ausgedehnten, leicht gewellten oder völlig ebenen Hochflächen des Innern so öde und einförmig wie nur irgend ein Teil der Mancha; ja an Einsamkeit und Menschenarmut übertreffen sie diese sogar.

Der Campo de Montiel dacht sich nach Nordwesten, Norden und Nordosten hin allmählich und mit mehr oder minder deutlich ausgeprägten Schichtstufen ab. Im Süden und Südosten lehnt er sich gegen die Sierra Morena und die schon in die betische Faltung einbezogene Sierra de Alcaraz, ist aber hier durch Guadalquivirzuflüsse tief zertalt. Der höchste Teil des Campo de Montiel erstreckt sich von Südwesten nach Nordosten. Im Südwesten bildet er die Wasserscheide zwischen dem Guadiana- und Guadalquivir-System, im Nordosten die dreifache Wasserscheide zwischen Guadiana, Júcar und Guadalquivir. Weite, mit unabsehbarem, graugrünem Gestrüppdickicht oder steinigem Ackerland bedeckte Ebenen breiten sich hier in 1000—1050 m Höhe aus. Sie sind wohlkonservierte Teile der gehobenen alttertiären Abtragungsebene. Die ärmlichen Dörfer El Bonillo, El Ballestero, Viveros, Villanueva de la Fuente liegen über 1000 m hoch. Der höchste, weit nach Norden vorgeschobene Punkt dieses Gebiets ist die flache Kuppe „Los Barreros" östlich El Bonillo, mit 1101 m. Am Rande dieses aus Kalken, Sandsteinen und Dolomiten bestehenden wasserarmen Plateaus liegt in 960—1000 m Höhe ein wichtiger Quellhorizont. Hier entspringen aus starken Nacimientos alle bedeutenden Flüsse des Campo. Die Quellbäche des Jabalón, Azuer, Guadiana alto, Rio Córcoles wenden sich nach Westen und Nordwesten, die des Rio de Lezuza und Rio de Balazote nach Nordosten gegen den Júcar, und die Quellen in der Gegend von Viveros und Villanueva de la Fuente senden ihr Wasser südwärts zum Guadalquivir-System.

Etwa 100 m unter den höchsten Plateauflächen breiten sich andere, aber doch schon stärker zertalte Verebnungen aus. Große Ausdehnung erreichen sie südwestlich und südlich der Lagunen von Ruidera; ihre Höhe schwankt dort auf weiten Flächen nur zwischen 900 und 930 m (Tafel 20, Abb. 1). Den Rand dieser ebenfalls wasserarmen, steinigen Hochflächen umsäumt ein zweiter Kranz von Quellen, die über undurchlässigen Tonen und Mergeln hervorbrechen. Nach außen folgt dann eine wellige, aus bunten Gipsmergeln und Tonen mit eingeschalteten Sandstein- und Dolomitbänken aufgebaute Landschaft, welche die Ebene der Mancha nur um etwa 100 m überragt. Mit ihren sanften, gerundeten Formen, den breiten Talgründen, den Schichtstufen und den in der Nähe der Plateauränder stehengebliebenen kegelförmigen Zeugenbergen erinnerte sie mich an die Keuperlandschaft Lothringens (Tafel 19, Abb. 1). Der Rand gegen die Mancha ist nicht scharf. Mit sanfter Neigung taucht die alte Abtragungsfläche, welche sich unschwer rekonstruieren läßt, unter das Tertiär; auch ist der Rand durch diluviale Aufschüttungen verwischt.

Im östlichen Teil des Campo de Montiel sind in die Triastafel einige fruchtbare kleine Miozänbecken eingesenkt, die von Zuflüssen des Rio de Balazote entwässert werden. Über den Triasschichten liegen dort ausgedehnte Reste einer Kreidekalktafel. Auch über diese zieht die alte Abtragungsfläche hinweg.

Unter den von der zentralen Plateauwasserscheide ausstrahlenden Bächen haben die Guadalquivirzuflüsse das stärkste Gefälle. Schon bei Alcaraz ist die dort über 1000 m hohe Tafel tief zerschnitten (Tafel 16, Abb. 2). Die 150—200 m tief eingesenkten Talböden mit ihren fruchtbaren, grünen Huertas und die prachtvoll modellierten kahlen Hänge gewähren frühmorgens und spätnachmittags, wenn die Formen des Reliefs besonders scharf heraustreten und die bunten Mergel-, Ton- und Sandsteinbänke im Lichte der auf- oder untergehenden Sonne in allen Farben leuchten, ein höchst eindrucksvolles Bild. Südlich Alcaraz steigt das Plateau auf 1100—1200 m Höhe an. Im Südosten wird es von der kühn geformten, fast 1800 m hohen, quell- und waldreichen, aber einsamen Sierra de Alcaraz überragt. Die Kette streicht SW—NE und besteht hauptsächlich aus Trias. Die Faltenzüge setzen sich nach NE hin fort. Wenn man von Chinchilla nach Hellin fährt, quert man ungefähr von Pozo de Cañada an mehrere kahle, völlig baumlose, verkarstete und kammartig zugeschärfte Ketten dieses Systems. Sie sind hier teils aus Kreide-, teils aus Jurakalken oder Triasschichten aufgebaut.

Unter den Flüssen, welche der Campo de Montiel nach NE entsendet, ist der wasserreiche Rio de Balazote oder Rio del Jardín der bedeutendste. Er hat ein enges, gewundenes, oft steilwandiges und cañonartiges Tal in die Schichttafel eingetieft, das sich bei Balazote in 750 m Meereshöhe zur Mancha-Ebene öffnet. Der schmale, flußabwärts sich etwas verbreiternde Talboden ist fast eine einzige meilenlange Huerta.

Das interessanteste und landschaftlich schönste Tal des Campo, eine wahre Oase in der sonst an Reizen so armen Landschaft, ist aber das des oberen Guadiana mit den Lagunen von Ruidera, welche schon Plinius erwähnt (lagunas de Ruicidera). Mitten in die gestrüppbedeckte, wasserarme und sonnenverbrannte Hochfläche ist eine Kette schöner, klarer, türkisfarbener Seen gebettet, die wie Perlen an einer Schnur im Tal des oberen Guadiana aneinandergereiht sind (Figur 4). Die oberste, die Laguna Blanca, liegt 890 m hoch im Tal des Rio de Pinilla; 4 km talabwärts folgt in 855 m Höhe die lange, flußartig gewundene Laguna Concejo. Sie ist die erste einer 13 km langen

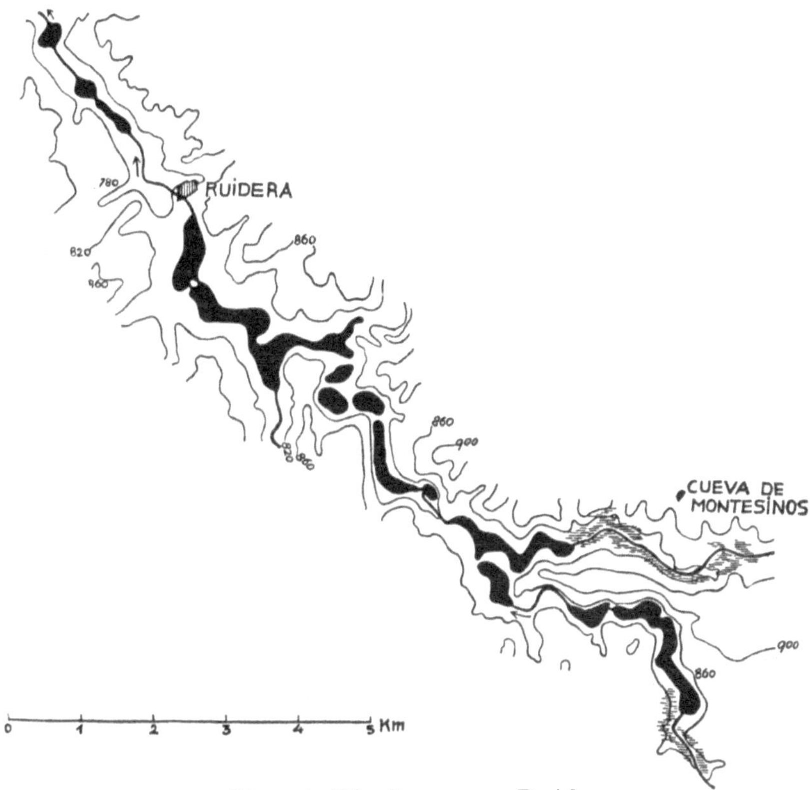

Figur 4. Die Seen von Ruidera.

Kette von 13 großen und kleinen Seen, von denen der letzte, die Laguna del Cenegal, in etwa 750 m Meereshöhe liegt. Die vierte Lagune, die fast 2 km lange Laguna San Pedro, greift in ein Seitental ein, das von dem Dorf Ossa de Montiel herabkommt. Im untersten, versumpften Abschnitt dieses Tals liegt das „Castillo de Rocafria“; nördlich davon am Rand der Hochfläche, im Gestrüpp verborgen, die berühmte Höhle des Montesinos, eine mäßig tiefe, schräg in den Berg führende Grotte mit einer Wasseransammlung am Grunde. Dort hatte Don Quijote die denkwürdige Begegnung mit dem verzauberten Montesinos und Durandarte. Als er sich mit seinem Schwert durch das dornige Gestrüpp einen Zugang zur Höhle bahnt, fliegen Schwärme von Raben, Dohlen und Fledermäusen heraus und werfen ihn zu Boden. Doch dann wagt er sich an einem 100 Ellen langen Seil in den Schlund hinab, trotz der Bitten Sanchos: „Bedenkt doch mein gnädiger Herr, was Ihr tun wollt; begrabt Euch doch nicht lebendig; laßt Euch doch nicht so wie eine Flasche hinunter, die man im Brunnen kühl erhalten will! Die Sache geht Euch ja nichts an, es ist ja nicht Euer Amt, das Loch da zu erforschen, welches schlimmer als ein unterirdischer Kerker sein muß." Als Don Quijote dann hinabsteigt, begleiten ihn die Wünsche und Gebete Sanchos: „Gott geleite dich und die Jungfrau Maria und die ganze Dreieinigkeit, du Blume, Ausbund und Blüte aller irrenden Ritter! Da gehst du hin, du Starrsinn der Welt, du stählernes Herz, du eherner Arm! Gott führe dich zurück und bringe dich wieder frei, gesund und ohne Schaden an das Licht dieses Lebens, welches du verlässest, um dich in der Finsternis zu begraben, die du aufsuchst!"

Die Sage erzählt, daß die Dueña Ruidera mit ihren sieben Töchtern und zwei Nichten von dem Zauberer Merlin in ebenso viele Lagunen verwandelt wurde, die man jetzt die Lagunen von Ruidera nennt. „Die sieben gehören den Königen von Spanien zu; die zwei Nichten aber den Rittern eines heiligen Ordens, welcher der Orden des heiligen Johannes genannt wird" heißt es im „Don Quijote". Es bezieht sich das darauf, daß zur Zeit des Cervantes die oberen Lagunen zu dem Bezirk des Campo de Montiel, die nördlichsten dagegen zum Gebiet des geistlichen Ritterordens San Juan gehörten. Der Stallmeister des Durandarte und der Dueña Belerma wurde der Sage nach in den Fluß Guadiana verzaubert. Don Quijote beklagt das Schicksal der Verzauberten: „O unglücklicher Montesinos! O schwer verwundeter Durandarte! O beklagenswerte Belerma! O tränenvoller Guadiana und ihr betrübten Töchter der Ruidera, die ihr mit euren Wassern zeigt, wie reichliche Tränen euren schönen Augen entquollen sind!"

Die Lagunen von Ruidera sind eine geographische Merkwürdigkeit. In keinem anderen Teil der seenarmen Iberischen Halbinsel finden sich auf kleinem Raum so viele ständig mit Wasser gefüllte echte Seen beieinander wie im Tal des oberen Guadiana, obgleich der Campo de Montiel zu den niederschlagsarmen Gebieten der Halbinsel gehört. Nur dem ständigen starken Zustrom von Grundwasser und aus Quellen verdanken sie ihre Erhaltung.

Eigenartig sind auch die geologischen Verhältnisse. Der Boden des Tales ist mit Kalktuff ausgekleidet, und in diesen sind die Seebecken, treppenweise untereinander, eingesenkt. Während der Trockenzeit sinkt der Wasserspiegel um einige Meter. Die oberen Lagunen sind von mehrere Meter hohen, steilen, oftmals unterwaschenen Uferwänden aus Kalktuff umsäumt. Der Niveauunterschied benachbarter Lagunen beträgt mitunter nur wenige Meter, mitunter 20 m und mehr. Die Stufen dazwischen bestehen ebenfalls aus Kalktuff. Über den mehr oder minder stark geneigten Talboden fließt das Wasser von einem See in den nächst tieferen. Wo der Bach mit einem kleinen Wasserfall über die Uferwand der nächsten Lagune stürzt, ist durch die Kalkabscheidung häufig ein schirmförmiger Vorbau entstanden. Ein Teil des Wassers fließt auch unterirdisch durch den Tuff ab.

Die Entstehung der Lagunen wird folgendermaßen zu erklären sein. In der Diluvialzeit war das Klima feuchter und kühler, die Vegetation üppiger als heute. Die kalkreichen Quellbäche des Guadiana schieden im Tal von Ruidera unter Mitwirkung der Vegetation den größten Teil des Kalkes aus, und der Boden wurde, besonders im oberen Talabschnitt, mit Tuff angefüllt. In nachdiluvialer Zeit wurde dann das Klima trockener und wärmer, die Vegetation dürftiger. Das jetzt wärmere Wasser der Bäche vermochte einen Teil des Kalktuffs wieder aufzulösen. Es bildeten sich auf dem Kalktuff-Talboden hier und da Tümpel, und diese vergrößerten sich mit der Zeit zu kleinen Seen, die zu größeren verschmolzen. Der Talboden wurde dadurch im Längsschnitt gestuft. Dieser Vorgang ist noch heute deutlich zu beobachten. Die Laguna de la Colgada ist auf diese Weise mit der Laguna del Rey, die Laguna de Cueva Morenilla mit der Laguna de la Coladilla verschmolzen. Andere sind nur noch durch einen kleinen Riegel von einander getrennt. Unterhalb der Lagunen wird ein Teil des Kalks von neuem abgesetzt.

Das bedeutende Gefälle des gestuften Talbodens wurde von altersher zum Antrieb von Mühlen ausgenutzt. Bei Ruidera befand sich früher eine durch Wasserkraft getriebene Pulvermühle. Die alten Gebäude und Anlagen, sowie der schöne, schattige, parkähnliche aber verwilderte Garten sind noch erhalten. Heute wird die Wasserkraft des oberen Guadiana zur Lichtgewinnung verwendet. Fast alle Orte der westlichen Mancha werden von hier aus mit Licht versorgt, während die der östlichen Mancha ihr Licht von den Kraftwerken am Júcar beziehen. Die Kraftwerke von Ruidera liefern insgesamt gegen 4000 PS. Der Salto de Ruipérez am oberen Ende der Laguna Tinajo hat eine nutzbare Höhe von 25 m; von dem dortigen Werk gehen die Leitungen bis Alcázar und Herencia.

Die türkisfarbenen, klaren Wasserflächen, der schneeweiße Kalktuff der Uferwände und des Talbodens, die mit rotbraunem Verwitterungsschutt oder dunkelfarbigen Blockhalden bedeckten Hänge, das fahle Graugrün oder Violett der Gestrüppformationen und das kräftige Grün einiger Gärten und Haine im Talgrund geben eine Farbenkomposition von eigenartiger Wirkung. Lägen die „Lagunen“ nicht so weltabgeschieden, so würden sie sicher ihrer Schönheit wegen viel besucht werden. Durch die neue Straße, welche von Manzanares über Membrilla, La Solana nach Ruidera und weiter nach Albacete führt, sind sie zwar jetzt leichter erreichbar, aber die nächste Bahnstation liegt etwa 35 km von der untersten Lagune entfernt und das ärmliche Dorf Ruidera bietet nur eine sehr dürftige Unterkunftsmöglichkeit.

Das Klima.

Das Klima der Mancha ist das eines steppenhaften Hochlandes. Seine wichtigsten Kennzeichen sind: starke Temperaturunterschiede zwischen Tag und Nacht und zwischen Sommer und Winter, geringer mittlerer Jahresniederschlag, Regenarmut des Sommers, Gabelung der in die kühle Jahreshälfte fallenden Regenperiode, große Lufttrockenheit (besonders im Sommer), große Heiterkeit des Himmels und starke Luftbewegung. Die zwei einzigen Stationen mit langjährigen meteorologischen Beobachtungen sind Ciudad Real und Albacete. Von diesen kennzeichnet Ciudad Real (685 m ü. M.) das Klima der westlichen, Albacete (686 m ü. M.) das der östlichen Mancha. Zum Vergleich mit dem nördlichen Neukastilien und mit der mediterranen Küstensteppe mögen die Stationen Madrid (650 m) und Murcia (45 m) dienen.

Die tägliche Temperaturschwankung ist in der Mancha, wie überhaupt auf dem iberischen Hochland, fast doppelt so groß wie in den Randlandschaften. Schwankungen von 18—20° zwischen Tag und Nacht sind keine Seltenheit! Am größten sind sie im Sommer; sie betragen dann, ebenso wie in Madrid, das ja in dieser Hinsicht berüchtigt ist, im Mittel 13—14°. Über 200 Tage im Jahr hat die Meseta Neukastiliens eine Wärmeschwankung von 12—20°.

Von dem Klima der Küstenlandschaften unterscheidet sich das des Hochlands auch durch den extremen Gang der Temperatur über das Jahr, wie die folgende Tabelle der zwanzigjährigen Monats- und Jahresmittel der Temperatur für Madrid, Ciudad Real, Albacete einerseits und Murcia andererseits erkennen läßt[1]):

Tabelle 1.

	Jan.	Febr.	März	April	Mai	Juni	Juli	Aug.	Sept.	Okt.	Nov.	Dez.	Jahr
Madrid....	*4,3*	6,6	8,6	11,3	15,2	20,3	**24,3**	23,8	19,1	12,7	8,4	4,5	13,3
Ciudad Real	*5,1*	7,7	9,6	12,4	16,2	21,3	**25,2**	24,8	19,8	13,7	9,4	5,5	14,2
Albacete ..	*4,3*	6,5	8,2	10,9	14,9	20,1	**24,4**	24,2	19,3	13,3	8,7	4,8	13,3
Murcia ...	*10,1*	11,8	13,5	16,0	19,0	22,8	**26,0**	**26,0**	23,4	18,9	14,6	10,9	17,7

Zwanzigjährige Monats- und Jahresmittel der Temperatur.

[1]) Nach A. B. Rosenstein, Lit. Nr. 32.

Murcia hat höhere Mitteltemperaturen in den Sommermonaten, vor allem aber sind die Wintermonate erheblich wärmer als auf dem Hochland. Die mittlere Jahresschwankung beträgt für Ciudad Real und Albacete 20,1°, ein Wert, der kaum von irgend einer anderen Station der Pyrenäen-Halbinsel übertroffen wird. Der heißeste Monat ist in der Mancha überall der Juli, der August steht ihm jedoch wenig nach. Gegen 60 % aller Tage im Sommer haben eine Mitteltemperatur von über 24°. Auffallend ist auf dem Hochland der starke Temperaturrückgang vom September zum Oktober. Am kühlsten sind in der Mancha, wie in der murcianischen Küstensteppe, die Monate Dezember und Januar. Während aber an der Küste im ganzen Winter die Mitteltemperatur nicht unter 10° sinkt, haben in der Mancha gegen 60 % aller Tage im Winter eine Temperatur von unter 6°. Sämtliche Monatsmittel sind für die westliche Mancha etwas höher als für die östliche und für den Norden Neukastiliens. Die mittlere Jahrestemperatur ist für Ciudad Real um etwa 1° höher als für Albacete und Madrid.

Untersucht man die Veränderlichkeit der Temperatur, d. h. die Abweichungen der Monats- und Jahresmittel der Temperatur in einzelnen Jahren von den entsprechenden Werten des zwanzigjährigen Durchschnitts, so ergibt sich, daß sie in derMancha größer ist als in der Küstensteppe. Die größten Abweichungen vom vieljährigen Mittel kommen in Murcia und Valencia im Winter, auf dem Hochland im Frühjahr oder Herbst vor, hier also gerade während der Wachstumszeiten der Vegetation. Da aber die Temperatur dann meistens höher als normal ist, treten Schäden an den Kulturpflanzen doch nur selten auf. Am beständigsten ist überall der Mai.

Noch deutlicher als in den Monatsmitteln der Temperatur kommt der exzessive Charakter des Mancha-Klimas in den Mittelwerten für die Minima und Maxima zum Ausdruck. Für die Mancha und die zum Vergleich herangezogenen Stationen Madrid und Murcia sind die mittleren Monats- und Jahresminima folgende[1]):

Tabelle 2.

	Jan.	Febr.	März	April	Mai	Juni	Juli	Aug.	Sept.	Okt.	Nov.	Dez.	Jahr
Madrid....	**-6,7**	-3,9	-3,0	-1,0	2,2	7,0	*10,3*	9,9	6,9	0,7	-3,2	-5,4	-8,0
Ciudad Real	**-6,1**	-4,0	-2,1	0,2	3,7	7,9	*11,3*	10,9	7,0	-0,8	-3,6	-4,9	-7,3
Albacete ..	**-7,5**	-4,2	-2,6	0,4	3,6	8,2	*12,7*	11,8	8,1	2,0	-2,2	-5,4	-8,6
Murcia ...	**-0,9**	0,4	2,0	5,4	8,4	12,4	*16,0*	15,8	13,3	5,9	3,0	0,2	-1,7

Mittlere Monats- und Jahresminima.

[1]) Nach A. B. Rosenstein, Lit.-Nr. 32.

und die Maxima folgende:

Tabelle 3.

	Jan.	Feb.	März	April	Mai	Juni	Juli	Aug.	Sept.	Okt.	Nov.	Dez.	Jahr
Madrid....	14,8	18,4	21,9	25,4	29,7	35,3	38,1	**38,6**	34,5	25,8	19,3	*14,5*	39,1
Ciudad Real	16,4	20,9	23,5	26,9	31,6	36,2	38,6	**39,1**	35,2	26,7	20,6	*14,8*	39,3
Albacete ..	15,0	18,5	22,4	24,2	28,3	33,7	**36,9**	**36,9**	33,0	26,0	19,7	*14,0*	37,5
Murcia ...	*21,8*	23,9	26,5	28,9	31,8	36,0	**39,1**	38,6	36,0	31,7	25,7	22,1	39,9

Mittlere Monats- und Jahresmaxima.

Während in Murcia im allgemeinen nur im Januar das Thermometer gelegentlich einmal unter 0^0 sinkt und in Alicante auch das Mittel dieses Monats über 0^0 liegt, pflegen in der Mancha in allen 5 Monaten von November bis März Fröste aufzutreten. In Ciudad Real ist sogar der Oktober nicht frostfrei. Im Dezember und besonders Januar sinkt in klaren Nächten die Temperatur gar nicht selten auf —10 bis —15^0! Auffallend niedrig ist das mittlere Jahresminimum der östlichen Mancha (Albacete —$8,6^0$). Nach Teruel (—$12,8^0$) zeigt unter allen Stationen Mittel- und Südspaniens Albacete den niedrigsten Wert. Die mittleren Maxima sind in der westlichen Mancha besonders hoch. Sie sind für Ciudad Real in allen Monaten höher als für Albacete und Madrid. Selbst in der murcianischen Küstensteppe werden in den Sommermonaten im Mittel keine höheren Wärmegrade erreicht als in der Gegend von Ciudad Real.

Die absolut höchste Temperatur während der 10 Jahre 1881—1890 betrug in Albacete $39,5^0$, in Ciudad Real $41,6^0$; die absolut niedrigste in Albacete — $21,0^0$, in Ciudad Real — $11,2^0$. Das ergibt für Albacete innerhalb dieses Zeitraums eine Schwankung der absoluten Extreme von $60,5^0$!

Für die monatlichen und jährlichen Niederschlagshöhen im Mittel der 30 Jahre 1861—1890 hat Angot[1]) folgende Werte berechnet[2]):

---

[1]) Angot, Lit.-Nr. 1.

[2]) Diese Werte sind den von Hellmann (Lit.-Nr. 21) ermittelten vorzuziehen, da letzterer sich auf eine Beobachtungsperiode von nur 18 Jahren (1865—82) stützt. Hellmann findet für Ciudad Real einen mittleren Jahresniederschlag von 405 mm, für Albacete einen solchen von nur 337 mm.

Tabelle 4.

	Jan.	Febr.	März	April	Mai	Juni	Juli	Aug.	Sept.	Okt.	Nov.	Dez.	Jahr
Ciudad Real	42	*36*	49	50	55*	30	*9**	13	39	46	49	51	469
Albacete . .	23	*20*	32	53	58*	38	*12**	15	41	39	35	35	401
Madrid	34	*28*	45	47*	45	30	*12**	*12**	33	45	47	41	419
Murcia . . .	31	*27*	32	41	38	19	8	*5**	48*	47	37	47	380

Mittlerer monatlicher und jährlicher Niederschlag.

Deutlich treten, wie in anderen Teilen Spaniens, zwei Minima und zwei Maxima des Niederschlags hervor. Die Sommermonate Juni, Juli, August sind sehr regenarm, oft ganz regenlos. Nur ein schnell vorübergehendes Gewitter bringt gelegentlich einmal einen kräftigen Regenguß. Am seltensten und spärlichsten fällt der Regen im Juli. Es folgt dann die Herbstregenzeit, die in der östlichen Mancha (Albacete), ebenso wie in der benachbarten murcianischen Küstensteppe schon im September, in der westlichen Mancha aber erst zu Anfang des Winters ihren Höhepunkt erreicht. In den Wintermonaten Januar und Februar ist der Niederschlag wiederum spärlicher; das sekundäre Minimum fällt — wie für Madrid und Murcia — auf den Februar. Dann setzen die Frühjahrsregen ein mit dem Hauptmaximum im Mai.

Das Jahresmittel des Niederschlags ist für die westliche Mancha wesentlich höher als für die östliche und nördliche. Zwar fällt von April bis September in Albacete etwas mehr Regen als in Ciudad Real, aber in den übrigen Monaten ist in Ciudad Real der Niederschlag erheblich größer. Von Nachteil für die Landwirtschaft ist, daß die jährliche Regenmenge starken Schwankungen unterworfen ist — es kommen Jahre mit nur 220—250 mm Niederschlag vor —, und daß in der Mancha, häufiger noch als in der Provinz Murcia, Dürreperioden auftreten. Zum Glück sind diese im Frühjahr, der landwirtschaftlich wichtigsten Zeit, sehr selten. Viel geringerer Verlaß ist auf das rechtzeitige Einsetzen und die Ergiebigkeit der Herbstregen.

Nach der Temperatur und dem Niederschlag kann man deutlich vier Jahreszeiten unterscheiden: den heißen und trockenen Sommer, den Herbst mit rascher Abnahme der Temperatur und reichlich Regen, den kalten und niederschlagärmeren Winter und den Frühling, die Hauptregenzeit, mit langsamem Temperaturanstieg zum Sommer. Die westliche Mancha (Ciudad Real) hat einen noch heißeren und trockeneren Sommer als die östliche (Albacete). Andererseits ist im Osten der Winter kälter und niederschlagärmer.

Im Sommer ist es auf den schattenlosen, wasserarmen Ebenen der Mancha über Tag glutheiß. Die Luft ist trocken, an Sommernachmittagen oft nur zu ein Viertel mit Wasserdampf gesättigt, außerdem fast ständig bewegt. Im Juni, Juli bis gegen Ende August regnet es nur ausnahmsweise. Nur Gewitter, die im Juni am häufigsten sind, bringen gelegentlich eine Erfrischung. Sonst ist ein Tag wolkenlos wie der andere. Das Wetter kann auf Wochen vorhergesagt werden. Angenehm sind die frühen Morgenstunden. Vor Sonnenaufgang ist es noch kühl; das Thermometer zeigt gewöhnlich nur 14—15°. Die Luft ist ganz klar, und wenn dann der gelbe Sonnenball über die Ebene wie aus dem Meere emporsteigt, bietet sich eine großartige Fernsicht, und die fernsten Bergzüge treten wunderbar plastisch hervor. Gleich beginnt die Sonne zu wärmen. Bis etwa 10 Uhr ist sie noch erträglich, aber dann beginnt sie lästig zu werden. In den Landstädtchen wird es im Sommer schon um 4 oder 5 Uhr lebendig. Die Landarbeiter ziehen dann mit ihren Eseln, Maultieren und zweirädrigen Karren hinaus aufs Feld, auf die Dreschplätze vor der Stadt, zu den Norias oder in die Weinfelder; der Hirte sammelt seine Ziegen und treibt sie auf die Stoppelfelder. Der Städter dagegen nutzt die schönen Morgenstunden nicht aus; er pflegt bis 10 Uhr oder länger zu schlafen. Wenn er sich dann erhoben hat, geht er ins Café oder Kasino, um seinen Kaffee zu trinken, die Zeitung zu lesen und sich die Stiefel putzen zu lassen. Vor den Lokalen sind im Schatten der Hauswand Stuhlreihen und Tische aufgestellt. Gegen 11 oder ½12 Uhr wird es aber auch auf der Schattenseite der Straße so heiß, daß alles sich in das Innere der Häuser verzieht, in die Büros, um zu arbeiten, oder in die kühlen, angenehmen Patios, um sich in bequemen Liegestühlen mit Hingabe dem Nichtstun zu widmen. Die Häuser sind schon seit 9 oder 10 Uhr hermetisch gegen außen abgedichtet. Jedes Fenster ist durch Jalousien und Holzläden verschlossen; hinter den Haustüren sind häufig noch Vorhänge zum Schutz gegen die Hitze und den Staub der Straße angebracht, und die Innenhöfe, die Patios, werden durch Sonnensegel beschattet. Die Straßen sind vollständig ausgestorben. Gegessen wird gewöhnlich erst um ½3 oder 3 Uhr, und nach dem Essen wird die Siesta bis gegen 5 Uhr fortgesetzt. Stundenlang sitzt der Manchego in dem schattigen Patio und tut nichts, aber auch gar nichts. Er schläft nicht, er liest nicht, er macht auch nicht den Eindruck, als ob sich sein Geist mit irgend etwas intensiv beschäftigt. Dieses Nichtstun ist weder dem dolce far niente, dem wohligen, bewußten Faulsein des Italieners, noch dem Erholungsuchen und Kräftesammeln des Mitteleuropäers ähnlich, sondern eher dem dumpfen Vorsichhinbrüten des Orientalen vergleichbar. Dumpf und stumpf, wie gelähmt durch die Hitze, sitzt er da, den Zahnstocher oder die Zigarette im Mundwinkel.

Auch auf dem Felde draußen ruht von 12 bis gegen 4 oder ½5 Uhr jede Arbeit. Es ist dann auf den schattenlosen, sonnendurchglühten Flächen in der geradezu afrikanischen Hitze einfach nicht auszuhalten. Die Landarbeiter haben sich in die Feldhütten zurückgezogen, um ihr einfaches Mahl, das gewöhnlich nur aus Wein, Brot, Käse, Zwiebeln und Tomaten besteht, einzunehmen und sich eine Zigarette nach der andern zu drehen. Über dem ausgedörrten Boden, der so trocken ist, daß die Erdschollen in ein mehlartiges Pulver zerfallen, wenn man mit dem Fuß gegen sie stößt, zittert die erhitzte Luft. Eine eigentümliche bleigraue Dunstschicht, eine Art Hitzenebel, den man Calina nennt, verschleiert die Ferne. Bis etwa 30 Grad Erhebung über dem Horizont ist die Atmosphäre durch feine Staubteilchen getrübt. Über uns aber wölbt sich der wolkenlose, stahlfarbene Himmel wie eine Metallglocke. Hin und wieder fährt ein Windstoß über die Ebene und jagt Staubwolken vor sich her. Hier und da steigen stauberfüllte Windhosen wie Fackeln in die Luft. Alles Getier hat sich verkrochen. Selbst dem Maultier, das sonst von früh morgens bis spät abends den Göpel der Noria dreht, wird unter den Feigenbäumen oder Ulmen, welche die Brunnenanlage beschatten, ein wenig Ruhe gegönnt. Am geduldigsten erträgt der Esel die Hitze. Stundenlang und unbeweglich steht er in der prallen Glut, mit gesenktem Kopf und hängenden Ohren, sein Hinterteil der Sonne zugekehrt. Gelegentlich stößt er einen herzzerreißenden Schrei aus, der sich wie das Ächzen einer schlecht geschmierten Pumpe und wie ein Protest gegen die herrschende Weltordnung anhört.

Gegen 5 Uhr wird die Hitze erträglicher, und in den Straßen der Ortschaften wird es lebendig. Türen und Fenster werden geöffnet, Verkaufsläden, Büros, Postämter usw. werden aufgemacht. Die Cafés und Casinos füllen sich nach und nach mit Menschen, natürlich nur mit Männern, denn der Spanierin verbietet es die Sitte, sich dort sehen zu lassen. Man sitzt auf der Schattenseite der Straße, trinkt seinen Kaffee, läßt sich die Stiefel putzen, liest die Zeitungen, macht ein Dominospielchen mit Geschäftsfreunden oder politisiert mit den „migos“. Straßenhändler, Schuhputzer, Zeitungsverkäufer, Orgeldreher, Bettler beginnen ihren Rundgang. Die Hausfrauen machen, begleitet von den Dienstmädchen, ihre Einkäufe. Man besprengt die Straßen und Plätze. Gegen Abend kommen auch die Feldarbeiter heim. Hochbeladene Esel trippeln hintereinander her; ein Karren nach dem andern, von 4—6

Maultieren — an der Spitze gewöhnlich ein Esel — gezogen, rattert die Straße entlang. Der Hirte treibt seine Ziegen durch die Straßen, verweilt bald vor diesem, bald vor jenem Haus und bläst auf seiner Flöte, worauf die Hausfrauen erscheinen und sich die Milch gleich in den Küchentopf melken lassen. So verödet die Straßen in der Mittagszeit sind, so belebt sind sie am Abend. Alles hält sich vor der Tür im Freien auf; Handwerker, Spartgrasflechter, Spitzenklöpplerinnen sitzen in langen Reihen an den Häuserwänden entlang. Auch die Kinder, Hunde, Schweine und Hühner verlegen das Feld ihrer Tätigkeit auf die Straße. Von 7 bis 8 oder ½9 Uhr promeniert Jung und Alt, besonders aber die Jugend, auf dem „Paseo“. Man geht langsam auf und ab, die Männer für sich und die Frauen für sich. Hier bietet sich den geputzten Frauen und Mädchen Gelegenheit, zu sehen und gesehen zu werden. Während die Menschen über Mittag einen mürrischen, verdrießlichen Eindruck machen und ziemlich wortkarg sind, werden sie jetzt lebhaft und gesprächig. Freilich, ausgelassenes Treiben, lautes Lachen und Schreien wie in den Straßen andalusischer Städte bemerkt man in der Mancha sehr selten. Der Manchego bewahrt im allgemeinen den würdevollen Ernst des Kastiliers.

Köstlich und erfrischend ist es draußen vor der Stadt zur Zeit des Sonnenuntergangs. Die Sonne sinkt tiefer und tiefer in die unteren, mit feinsten Staubpartikelchen erfüllten Schichten der Atmosphäre. Sie färbt sich grellgelb und schließlich feuerrot. Und in denselben Farben erglühen ringsum das Firmament und die klar und scharf sich abzeichnenden fernen Bergzüge. Ist dann der Sonnenball verschwunden, so mischt sich immer mehr Blau dem Rot bei und tiefviolette Schatten überziehen die Berge. Bis endlich die Nacht einen dunklen, samtenen Mantel auf der Erde ausbreitet und darüber den kristallklaren, funkelnden Sternenhimmel wölbt.

Schon bald nach Sonnenuntergang beginnt es merklich abzukühlen. Man legt wärmere Kleidung an, ja mitunter ist der Temperaturrückgang so stark, daß man vorzieht, das Innere der Häuser aufzusuchen. Aber die Straßen bleiben im Sommer die ganze Nacht hindurch belebt. Zu Abend gegessen wird erst gegen 10 Uhr. Die Verkaufsläden sind zum Teil bis 12 Uhr und länger offen, und die Cafés und Casinos schließen erst gegen 2 oder 3 Uhr nachts. Die Kinder spielen noch um Mitternacht auf den Straßen, und lärmende Musikinstrumente werden bis tief in die Nacht durch die Straßen gezogen.

So verlaufen die Tage im Sommer. Ein Tag ist wie der andere, regenlos und um Mittag höllenheiß. Wer es sich leisten kann, verbringt die heißesten Wochen an der Küste. Auf dem Felde ist dann recht wenig zu tun. Das Getreide ist Anfang Juni geerntet. Es wird im Freien aufgestapelt und im Freien gedroschen. Endlos dehnen sich die gelben Stoppelfelder; die Gräser sind verdorrt, die Bachbette ausgetrocknet, die Lagunen in stinkende Pfützen verwandelt oder ebenfalls ausgetrocknet (Tafel 17, Abb. 1). Auf den Wegen liegt eine knöcheltiefe Staubschicht, der tonige Boden ist geborsten, die Bäume haben rissige Rinden und sind dick mit Staub bepudert, ebenso wie das Laub und die Früchte des Weinstocks.

Die ersten Regen im September waschen die Landschaft rein vom Staub. Aber nur ein Teil wird fortgeschwemmt, denn das Oberflächengefälle ist gering und das meiste Wasser versickert im Boden. Die Lagunen und Bäche füllen sich allmählich mit Wasser. Der harte Boden wird durchweicht und kann für die Frühjahrssaat hergerichtet werden. Viele Pflanzen haben jetzt ihre Blütezeit. Die gelblich, bräunlich oder graugrün gefärbten Flächen erhalten einen Anflug lichten, frischen Grüns. Die Weintrauben bekommen durch die Septemberregen ihre letzte Reife. Mitte bis Ende Oktober ist die Traubenernte, eine für die Mancha, die ja zu den Hauptweingebieten Spaniens zählt, sehr wichtige Zeit. Mit dem Beginn der Herbstregen kühlt es erstaunlich schnell ab. Zwar werden über Tag noch hohe Temperaturen erreicht, aber abends wird es so frisch, daß man nicht ohne Mantel draußen sitzen kann. Schon gegen Ende Oktober treten in der westlichen Mancha gelegentlich schwache Nachtfröste auf.

Der Winter ist im Norden und Osten der Mancha bedeutend niederschlagärmer als der Herbst, und auch in der westlichen Mancha (Ciudad Real) macht sich gegen den Februar hin eine deutliche Abnahme des Niederschlags bemerkbar. Gewöhnlich herrscht klares Hochlandswetter. Der Himmel ist tagelang wolkenlos und die Fernsicht in der klaren, staubarmen Luft prachtvoll. Während der Mittags- und Nachmittagsstunden ist es angenehm warm, aber des Abends setzt eine starke Ausstrahlung und Abkühlung ein. Es ist dann empfindlich kalt, Fröste sind keine Seltenheit. Am Morgen pflegt dann alles mit dickem Reif bedeckt zu sein, und die stehenden Gewässer, sofern das Wasser nicht zu salzig ist, sind mit Eis überzogen. Aber auch über Tag kann die Luft unangenehm kalt, scharf und trocken sein, wenn der schneidende Nordwind („cierzo") oder der kalte, trockene Nordwestwind („gallego") bläst. Schneefall ist in der ebenen Mancha eine Seltenheit; etwas häufiger kommt er in den höheren Landschaften im Süden vor; aber der Schnee bleibt dort auch nur an den Schattenhängen länger liegen. Daß die Schneemassen den Verkehr hemmen, wie es gelegentlich auf den Hochflächen von Soria oder Sigüenza der Fall ist, kommt in der Mancha kaum vor. Die mittlere Zahl der Schneetage im Jahr beträgt nach Hellmann für Albacete 2,8 und für Ciudad Real 2,5 (Murcia 1,0; Madrid 3,5).

Die Frühjahrsregen setzen im März ein. Sie steigern sich bis zum Mai, und auch die Temperatur nimmt langsam zu. April und Mai sind die angenehmsten Monate des ganzen Jahres. Die sonst so öde Mancha bietet dann für kurze Zeit einen freundlichen Anblick. Aus dem dürren Steppenboden schießen frischgrüne einjährige Gräser und Kräuter hervor, die Gestrüppformationen blühen, die Weinstöcke schmücken sich mit Laub, und unter dem Wechsel von Regen und Sonnenschein schießen die grünen Saaten rasch empor. Anfang Juni setzt dann sehr schnell der Sommer mit großer Hitze und Trockenheit ein.

Das Klima der Mancha ist im großen und ganzen gesund und abhärtend, wenn auch rauh und für die Atmungsorgane gefährlich. Die Heiterkeit des Himmels ist in der Mancha noch größer als in Altkastilien. Ciudad Real hat nach Hellmann im Durchschnitt 192 heitere Tage im Jahre. Unangenehm ist die ständige und oft recht starke Luftbewegung. Sie ist im Herbst und Winter stärker als im Frühjahr und Sommer. Während der kühlen Jahreszeit sind der Westwind und Nordwestwind („gallego“) am häufigsten; mitunter bläst der scharfe Nordwind („cierzo“). In der westlichen Mancha überwiegen auch im Frühjahr und Sommer die Winde aus westlichen Richtungen. In der östlichen Mancha sind dann Südostwinde („solano“), welche in das Auflockerungsgebiet des Innern der Halbinsel hineinwehen, am häufigsten. Südwinde und Nordostwinde sind in der Mancha am seltensten.

Die starken Temperaturschwankungen führen leicht zu Erkältungen, Rheumatismus, ja Lungenentzündungen, wenn man sich nicht in der Kleidung sorgfältig dem Klima anpaßt. Der Manchego ist in dieser Beziehung sehr vorsichtig. Merkwürdigerweise ist er gegen die Einflüsse des Klimas wenig abgehärtet. Er friert genau so wie der Fremde und empfindet die Hitze noch viel stärker als dieser. Seine Kleidung ist so gewählt, daß sie besser gegen Kälte und Abkühlung, als gegen die Hitze schützt, während andererseits seine Wohnung mehr Schutz gegen Hitze als gegen Kälte bietet. Wie überall in Spanien sieht man in der Mancha, selbst im Staub und in der Hitze des Hochsommers, bei Männern und Frauen fast nur dunkle, bei der städtischen Bevölkerung schwarze Kleidung. Auch der ärmste Manchego wird im Sommer Unterkleidung und breite wollene Leibbinden tragen. Die alte Tracht der Mancha-Bevölkerung sieht man nirgends mehr. Als Kopfbedeckung dient im Sommer häufig der Strohhut, gewöhnlich aber wird die schirmlose und daher recht unzweckmäßige baskische Mütze getragen. Die Feldarbeiter binden sich ein farbiges Tuch um den Kopf, das hinten geknotet wird und dessen frei herunterhängende Enden das Genick beschatten (Tafel 32, Abb. 2). Ganz selten und nur bei alten Leuten sieht man noch die schirmlose, vorn und hinten heraufgeschlagene Mütze aus Kaninchenfell. An den Füßen trägt der Manchego Alpargatas, aber im allgemeinen nur die ärmere Bevölkerung, sonst wird, wie überall in Spanien, auf gute, saubere, ja elegante Fußbekleidung großer Wert gelegt. Die Hirten begnügen sich mit Sandalen aus Leder oder zerschnittenen Autoreifen (Tafel 33, Abb. 2). Zum Schutz gegen das dornige Gestrüpp dienen Ledergamaschen, die mit Riemen verschnürt werden. Die Frauen tragen morgens zum Kirchgang einen leichten Kopfschleier, mittags einen Hut und des Abends auf dem Paseo überhaupt keine Kopfbedeckung.

Vor dem Staub, der Hitze und der blendenden Lichtfülle der Straße flieht alles in die dämmerige Kühle des Patios (Tafel 29, Abb. 1). Dort fühlt man sich geborgen wie in einem Hafen. Anders ist es im Winter. Von November bis März ist es in den Häusern höchst unbehaglich. Durch die Türen und Fenster, die nie ganz schließen, pfeift der Wind. Die Zimmer sind hoch, luftig und ungemütlich eingerichtet, mit Steinfußböden und ohne Teppiche. Kamin- oder Ofenheizung gibt es nur in wenigen Häusern; Zentralheizung kennt man kaum, und wo sie vorhanden ist, funktioniert sie bestimmt nicht. So begnügt man sich mit dem „brasero", einem Becken aus Ton oder Metall, das mit glühenden Kohlen oder Olivenkernen und einer dünnen Aschenschicht gefüllt ist und im „Salon" aufgestellt wird. Aber die Braseros sind ungesund und ein ganz ungenügender Behelf. Voll Verzweiflung sucht man das Bett auf, aber die Bettdecken sind zu kurz und zu dünn! Es gibt in der Tat nichts Ungemütlicheres als die Mancha im Winter. Der Manchego friert sich so durch den Winter hindurch. Er schlägt sich die Capa um, wickelt sich meterlange Tücher um den Hals und bekämpft im übrigen die Kälte mit Wein, Wermut, Kaffee und der unvermeidlichen Zigarette. Im allgemeinen ist der Manchego, wie der Spanier überhaupt, gegen Hitze empfindlicher als gegen Kälte.

Die Städter und besonders die Frauen meiden im Sommer ängstlich die Sonne. Nur im Winter suchen sie sie auf, um sich zu wärmen. Man nennt das „tomar el sol". Die Gesichtsfarbe ist daher zart und weiß.

Die Landarbeiter dagegen, die sich der Hitze und Kälte aussetzen müssen, haben faltige, zerknitterte Gesichter, wie man sie auch bei anderen Steppenvölkern oder Hochlandbewohnern findet. Die Augen sind scharf zusammengekniffen und im Sommer häufig durch Lichtfülle und Staub rot entzündet.

Die Pflanzenwelt.

Die Mancha ist ein steppenhaftes Hochland kontinentalen Gepräges. Nach den klimatischen Verhältnissen kann man im Zweifel sein, ob sie als echte Steppe anzusprechen ist. Nach der von W. Köppen gegebenen Definition wäre selbst der trockene Osten keine Steppe mehr, denn es müßte in einem Gebiet mit ausgesprochener Sommertrockenheit, wie der Mancha, der mittlere Jahresniederschlag N (in cm) gleich oder geringer sein als $t + 22$ (t = mittlere Jahrestemperatur). Für Albacete aber sind $t = 13{,}3^0$ und $N = 40{,}1$ cm und für Ciudad Real $N = 46{,}9$ und $t + 22 = 36{,}2$. Trotzdem ist die Mancha nach Landschaft, Vegetation und Anbau als eine echte Steppe zu bezeichnen. Die Trockenheit ist infolge der großen Heiterkeit des Himmels, der beständigen Luftbewegung, der Baumarmut und vor allem der großen Durchlässigkeit des Bodens viel größer, als man nach der Niederschlagsmenge und der mittleren Jahrestemperatur annehmen sollte. So ist die Mancha ein gutes Beispiel dafür, daß die Abgrenzung der Steppen sich nicht so einfach errechnen läßt. Das murcianische Küstenland, welches nicht nur regenärmer, sondern auch heißer ist als die Mancha, wäre nach W. Köppen gerade eben noch als Steppe aufzufassen (N für Murcia = 38,0 cm; $t + 22 = 39{,}7$), obgleich die kahle, grauweiße Hügellandschaft zwischen Murcia und Cartagena streckenweis geradezu den Eindruck einer Halbwüste macht.

Die Steppennatur der Mancha prägt sich in der Vegetation deutlich aus. Natürliche, in ihrem ursprünglichen Zustand erhaltene Steppenformationen sind allerdings nur noch in den Campos de Montiel und Calatrava in größerer Ausdehnung vorhanden. Die Ebenen der Mancha sind in Wein- und Getreidefelder verwandelt, und wo noch natürliche Pflanzenvereine vorkommen, sind diese doch durch den Menschen und das weidende Vieh im Laufe der Jahrhunderte mehr oder weniger stark verändert worden. Das Klima hat eine doppelte Unterbrechung des Pflanzenlebens zur Folge. Die Dürre und Hitze des Sommers machen der Wachstumsperiode der Frühjahrsregen im Juni ein Ende, und das durch die Septemberregen hervorgezauberte kurze

Erwachen wird durch die schon Ende Oktober einsetzenden Nachtfröste wieder unterbrochen.

Pflanzengeographisch kann man mit M. Willkomm[1]) zwei Regionen unterscheiden. Die untere umfaßt die großen Ebenen des Tertiärtafellandes und reicht bis ungefähr 850 m aufwärts. M. Willkomm nennt sie kurz die Region der Olive und des Weinstocks. Die obere, von Willkomm als submontane Bergregion bezeichnet, umfaßt die höheren gebirgigen Teile in der Umrandung des Tertiärhochlands und reicht bis etwa 1150 m aufwärts. Darüber würde die subalpine Gipfelregion folgen, zu der die höchsten Teile der Sierra Morena gehören. Sie ist aber in unserem Gebiet nicht mehr vertreten. Betrachten wir zunächst die Pflanzenvereine der unteren Region, also der eigentlichen Mancha, soweit sie landschaftskundlich von Bedeutung sind.

Auffallend ist vor allem die Baumarmut des Tertiärtafellandes (Tafel 16, Abb. 1). Man kann fast einen halben Tag reisen, ohne einen Baum zu Gesicht zu bekommen. Den Siedlungen fehlt der grüne Ring von Gärten und Bäumen, und die Promenadestraßen der Ortschaften (Alamedas) sind von kümmerlichen, verkrüppelten Ulmen, Eschen oder Akazien eingefaßt, förmlichen Karikaturen von Bäumen, die man durch künstliche Bewässerung mühsam am Leben erhält. Schattenlos dehnen sich die endlosen Getreide- und Weinfelder. Nur an den Ufern einiger Wasserläufe (z. B. des Júcar, Gigüela, Guadiana) treten Reihen von Weiden und Pappeln, mitunter auch Ulmen, Eschen, Eichen oder Schwarzerlen, und kleine Baumgruppen auf. Die westliche und südwestliche Mancha ist baumreicher, da dort der Ölbaum besser gedeiht und auch die vielen Norias von Baumgruppen beschattet werden.

Trotzdem ist aber die Mancha nicht ganz ohne Wald. Er findet sich fast ausschließlich auf trockenem, sandigem Boden. Ausgedehnte lichte Bestände von Kiefern und verschiedenen Eichenarten, mit Buschwerk von Cistus, Retama, Heide und Spartgras auf den Lichtungen, bedecken die sandige Plateauwasserscheide zwischen dem Guadiana- und Júcarsystem. Die Bahn Alcázar—Albacete quert diesen Waldstreifen, der sich von der Provinz Cuenca bis auf das Hochland von Montiel erstreckt, zwischen Villarobledo und La Roda. Auf dem Wege von Albacete nordwärts zum Júcar kommt man durch lichte Gehölze, die aus Pinien, Eichen und Eichengestrüpp bestehen (Tafel 19, Abb. 2), und näher gegen den Fluß hin durch große ge-

---

[1]) M. Willkomm, Lit.-Nr. 38.

schlossene Pinienwälder, die auf sandigem Boden stocken. Andere als Eichen- und Pinienwaldungen habe ich nirgends getroffen. Die Kiefern überwiegen im Norden, die Eichen im Süden der östlichen Mancha.

Unter den Eichen ist die Steineiche, Quercus ilex, spanisch roble, am häufigsten. Nach ihr sind die Orte Villarobledo und Robledo (im Campo de Montiel) benannt. Viel seltener ist die Korkeiche, Quercus suber, spanisch alcornoque. Ziemlich häufig dagegen kommt Quercus ballota Desf. vor, spanisch encina, deren Früchte eßbar sind, wie wir aus dem Roman des Cervantes erfahren. Als Don Quijote und Sancho bei den Ziegenhirten weilen, nehmen sie im Schatten eines Baumes an deren Mahl teil. Zuerst gibt es gekochtes Ziegenfleisch. „Als dieser Gang an Fleisch verzehrt war, breiteten sie auf die Felle eine große Menge Eicheln, wobei sie einen halben Käse aufsetzten, der härter war, als wenn er aus Kalk gearbeitet wäre.“ Dabei wurde kräftig dem in Schläuchen mitgeführten Wein zugesprochen. Der Genuß der Eicheln begeistert Don Quijote zum Preise des goldenen Zeitalters. „In diesem segensreichen Alter waren alle Dinge gemein, keiner durfte für seinen gewöhnlichen Unterhalt etwas weiteres tun als die Hand ausstrecken, um von den starken Eichen zu pflücken, die einladend und freigebig die süße und gesunde Frucht jedermann hinreichten. Die festen Korkbäume gaben freiwillig und ohne Berührung des Beils die reichhaltige und leichte Rinde her, womit man die Hütten, die auf unbehauenen Pfählen ruhten, deckte, um sich gegen die Unfreundlichkeit des Himmels zu schützen.“ Noch an einer anderen Stelle ist von den Früchten des Eichbaums die Rede. Therese Panza schickt der Herzogin zum Dank für die Schnur Korallen und das Jagdkleid ihres Mannes einen Haufen Eicheln und einen Käse. In dem köstlichen Brief an die Herzogin schreibt sie: „Ich bin äußerst verdrießlich, so sehr ich es nur sein kann, denn in diesem Jahr hat es bei uns nicht viele Eicheln gegeben, dennoch schicke ich Euer Hoheit beinahe eine Metze, die ich selber Stück für Stück auf dem Felde eine nach der andern aufgelesen habe, auch habe ich keine größeren finden können, und ich wollte, sie wären so groß wie die Straußeneier.“

Der Wald war einst in der Mancha, namentlich in den Provinzen Cuenca und Albacete, ausgedehnter als heute. Er hat durch den Viehtrieb gelitten, und große Teile sind durch den Menschen gerodet worden, zur Gewinnung von Brenn- und Bauholz, Wein- und Weizenland. Man wird aber nicht annehmen dürfen, daß die Mancha ursprünglich ein Waldland gewesen ist. Der Kalk- und Gipsmergelboden waren von jeher baumfeindlich; nur sandiger Boden macht eine Ausnahme.

Auch die Gebüschformationen stehen mit Vorliebe auf sandigem Boden. Sie waren wohl ursprünglich noch ausgedehnter als der Wald, sind aber ebenfalls stark zusammengeschmolzen und spielen im Landschaftsbild nur noch eine geringe Rolle. An den Ufern und in den Ramblas der Flüsse gibt es mitunter dichte, schwer durchdringbare Gebüsche des Tamujo-Strauches (Securinega buxifolia) oder Buschwerk aus blaugrünfarbenen Tamarisken (Tamarix gallica). Auf sandigen Flächen kommen hier und da größere Gebüschformationen vor, die hauptsächlich aus lockeren Beständen von Retama sphaerocarpa Boiss. bestehen. Diese Retamabüsche sehen gewöhnlich ziemlich kahl und öde aus, aber im Mai und Juni, wenn sich die Zweige mit goldgelben Blüten bedecken, bilden sie einen Schmuck der Landschaft. Die Retama-Formation scheint früher viel größere Flächen eingenommen zu haben. Vereinzelte hohe Exemplare dieses Strauches sind über die weiten, unkultivierten, steinigen Ebenen verstreut, welche sich zwischen Cinco Casas und Manzanares ausdehnen. Man findet sie mitunter sogar inmitten von Kulturland, wie z. B. auf den Stoppelfeldern zwischen Cinco Casas und Tomelloso, die dadurch ein seltsam geflecktes Aussehen erhalten. Sie werden stehen gelassen, weil die Zweige als Feuerungsmaterial Verwendung finden.

Viel ausgedehnter als Wald und Busch sind in der Mancha die Gras- und Krautformationen. Diese offenen, spontanen Vegetationsformationen sind teils aus halophilen, besonders aber aus xerophilen Pflanzen zusammengesetzt[1]). M. Willkomm[2]) schildert ihren allgemeinen Charakter folgendermaßen: „Alle in den Steppengebieten vorkommenden Pflanzen sind meist so dünn über den Boden verstreut, daß dessen nackte Oberfläche, die in den Gips- und Mergelgeländen meist blendend weiß, in den kiesigen, sandigen und mit Geschieben bedeckten Ebenen der Mancha rotbraun zu sein pflegt, zwischen ihnen sichtbar ist. Da nun die halophilen, wie die meisten xerophilen Steppenpflanzen ein fahles (grauliches, gelbliches, bläuliches) Grün besitzen, wohl auch mit weißem Filz bekleidet und ihre Blüten bei deren Mehrzahl klein sind, so erscheinen die Steppenfluren selbst dann, wenn deren meiste Pflanzen blühen (im Mai bis Juni) schon in geringer Entfernung als öde, von den büschelig wachsenden Pflanzen schwärzlich gefleckte, grauweiße oder braune Flächen, deren fahle Farbe am fernen Horizont unmerklich mit der des Himmels ver-

---

[1]) Die wichtigsten findet man bei M. Willkomm (38, S. 147ff.) und E. Reyes Prosper (Lit.-Nr. 31) aufgezählt.

[2]) M. Willkomm, 38, S. 150.

schwimmt. Am ödesten und traurigsten ist die Physiognomie solcher Steppengefilde im Hochsommer, wenn der Hitzenebel der Calina alle Konturen verschleiert und auch das Blau des wolkenlosen Himmels in ein düsteres Bleigrau verwandelt. Eine Ausnahme machen die endlosen Ebenen der Mancha im Mai und Juni, wo der braune Boden noch mit einem Anflug lichten Grüns (von einjährigen Gräsern herrührend) überzogen ist und die Klatschrose (Papaver Rhoeas L.) stellenweise (auf sandigem Boden, an Straßenaufwürfen und Eisenbahndämmen, auf Feldern) in so unglaublicher Menge und so dichten Beständen vorkommt, daß man nach allen Richtungen die monotone Fläche mit großen, leuchtend scharlachroten Flecken bestreut sieht. Bald aber verschwindet die Frühlingsflora, und schon Anfang Juli erscheinen auch jene Ebenen von fern als braune, pflanzenleere Einöden."

Verdorrtes gelbes Gras bedeckt im Sommer den Boden. Das Leben ist zwar nicht ganz erstorben, aber auf wenige Arten von Stauden und Kräutern beschränkt, welche der Sommerdürre widerstehen. Durch die Herbstregen im September und Oktober werden einige Zwiebelgewächse und dikotyle Kräuter hervorgelockt, so daß die Ebenen dann hier und da einen Anflug lichten Grüns zeigen.

Auffallend ist die große Zahl von Disteln. Große Flächen sind mit einer niedrigen Distelart, die im Sommer gelbe Blüten treibt, so dicht bedeckt, daß man sie nur mit festem Schuhwerk betreten kann. Auf Stoppelfeldern und Brachland kommen ganze Bestände hoher Disteln vor. Besonders häufig ist nach M. Willkomm Onopordon nervosum Boiss., welche über mannshoch wird und undurchdringliche Hindernisse bildet, denen man respektvoll aus dem Wege geht. Im September wirbeln die Samen der Disteln wie Schneeflocken durch die Luft.

Unter den offenen Steppenformationen seien nur zwei besonders genannt: die Grassteppe der feuchten Niederungen und die Spartgrassteppe.

Die oft sehr ausgedehnten flachen Niederungen beiderseits der Flüsse, welche als Ackerland nicht verwendet werden können, weil sie im Frühjahr zu feucht sind, zeigen eine verhältnismäßig dichte Grasnarbe, die aus Halophyten, wie Lygeum spartum und andern Gräsern, besteht. Auch im Hochsommer gleichen diese Flächen von fern Wiesen, „allein deren fahles Grün vermag das Auge ebensowenig zu erfreuen, wie die düstere oder helle Färbung der übrigen Steppengefilde" (Willkomm). Sie dienen allgemein als Schafweide.

Die Spartgrassteppe war einst weit verbreitet, kommt aber heute in der Mancha in größerer Ausdehnung nur noch im Osten vor. Die starren Büschel des Espartograses (Macrochloa tenacissima Kth.) stehen getrennt voneinander auf kleinen Erdhügelchen und erreichen bis $\frac{1}{2}$ m Durchmesser und $^{2}/_{3}$ m Höhe. Dazwischen wachsen häufig Cistrosen, Ginster, Thymian, Centaurea, Artemisia und andere Pflanzen. „Wenn das Espartogras alljährlich blühte“, sagt M. Willkomm[1]), „so würde seine Formation wegen der langen, fahnenförmigen, silberglänzenden Rispen wenigstens in der Nähe einen anmutigen Anblick gewähren. Man findet aber immer nur einzelne Stöcke in Blüte. Da nun das Gras die etwa dazwischen wachsenden Pflanzen überragt und verdeckt, so bilden die von ihm bald in ziemlich dichtem Bestande, bald nur gruppenweis bedeckten Flächen eintönige (bräunlich-, gelblich-, graulich-grüne), in der Ferne schwärzlich erscheinende Grasfluren, die bei Wind gleich Kornfeldern auf- und niederwogen.“ Das Spartgras erreicht in der Mancha nicht die Länge wie in der Provinz Murcia, auch nicht in regenreichen Jahren, soll aber mindestens ebenso fein und dauerhaft sein. Es wird in den Provinzen Cuenca und Albacete zu Körben, Seilen, Matten usw. verarbeitet, hatte dort jedoch früher viel größere wirtschaftliche Bedeutung als jetzt.

Das Tafelland des Campo de Montiel und die Silurberge des Campo de Calatrava gehören pflanzengeographisch zur submontanen Bergregion. Auch diese ist auffallend baumarm. Wohl gibt es im Campo de Calatrava an den unteren Teilen der Hänge Olivenplantagen, hier und da auch Bestände von Eichen und Eichengestrüpp, aber im allgemeinen sind die Berge kahl. Aus einiger Entfernung wirken sie wie mit gelblichgrüner, grauer oder bräunlicher Farbe gleichmäßig angestrichen. Im Campo de Montiel sind in der Gegend von Lezuza, El Ballestero und Robledo Reste einst ausgedehnter Eichenwaldungen erhalten. Sonst ist auch hier die Landschaft oftmals so weit das Auge reicht, ohne Bäume. Große geschlossene Waldungen gibt es dagegen in der niederschlagreichen Sierra de Alcaraz. Sie wären wirtschaftlich von größerer Bedeutung, wenn sie nicht so abseits lägen.

Sehr häufig sind immergrüne Gestrüppformationen in der submontanen Bergregion vertreten. Typische Macchie habe ich nirgends gesehen, wohl aber kommen Halbstrauch- und Zwergstrauchformationen in großer Ausdehnung vor. Die Halbstrauchsteppe überzieht im Campo de Montiel in Höhen von 800—1000 m riesige Flächen steinigen, unkultivierten Landes (Tafel 20, Abb. 1). Sie besteht nicht nur aus Halb-

[1]) Willkomm, 38, S. 151.

sträuchern, aber halbstrauchige Labiaten spielen die hervorragendste Rolle. Rings um die Lagunen von Ruidera sind die Hochflächen in meilenweiter Erstreckung mit solchen „Tomillares" (von Tomillo = Thymian) bestanden. Die Sträucher sind dort 1—1½ m hoch und stehen ziemlich locker. Es überwiegen Thymian, Lawendel und Rosmarin, dazwischen wachsen Büschel von Heidekraut und Spartgras; auch wilde Oliven kommen hier und da vor. Die Landschaft ist eine öde, nur von einigen Köhlern bewohnte Wildnis von düsterer, schmutzigbläulichgrüner Farbe und gewährt nur zur Hauptblütezeit im Juni einen freundlichen Anblick.

Im Campo de Calatrava ist auf Schiefer- und Quarzitboden die immergrüne Zwergstrauchformation weit verbreitet. Sie bildet ein fuß- bis kniehohes Gestrüpp, das sich besonders aus Arten der Gattung Cistus, span. jara, zusammensetzt. Neben den in mehr oder minder dichtem Bestand wachsenden Cistussträuchern beteiligen sich auch andere niedrige Immergrünsträucher, besonders Wachholder, an dieser Formation. Ganze Hänge sind mit solchen „Jarales" überzogen.

Schließlich gibt es im Campo de Calatrava auch ausgedehnte Weidetriften (Pastos), niedrige, rasenartige Bestände aus Gramineen und ausdauernden, im Frühling und Anfang Sommer blühenden Kräutern, die aber keine zusammenhängende Decke bilden, sondern punktweise verteilt sind, so daß der Geröllboden überall zutage tritt. Die Pastos dürften vielfach die Stelle von ehemaligem Busch oder Wald einnehmen. Sie dienen als Weide, und auf ihnen grasten einst hauptsächlich die großen Wanderherden der Merinoschafe. Wo die Silurberge höher aufragen und felsige Kuppen und Kämme bilden, gehen die Jarales und Pastos oben in eine Mischformation über. Zwischen den Felsen und Quarzitblöcken wachsen vereinzelte Grasbüschel, Kräuter und niedrige Holzgewächse.

Die wirtschaftlichen Verhältnisse.

Die Mancha ist, zusammen mit den Ebenen Altkastiliens, die Hauptkornkammer Spaniens und einer seiner bedeutendsten Weinlieferanten. Die natürlichen Steppenformationen sind im Laufe der Jahrhunderte mehr und mehr dem Kulturland gewichen. In der eigentlichen Mancha, dem Tertiärtafelland, nimmt dieses heute etwa zwei Drittel, im Campo de Montiel etwa die Hälfte und im Campo de Calatrava ein Drittel bis ein Viertel der Gesamtfläche ein.

Der Getreidebau erlebte in den fruchtbaren Ebenen der Mancha während der Maurenzeit seine erste Blüte. Die fleißigen ackerbautreibenden Mauren hatten große Flächen gerodet und besiedelt. Aber der lange hin- und herwogende Kampf der Reconquista verwüstete und entvölkerte das Land, auch erschwerte das Räuberunwesen dem Landmann das Dasein. So gewann die Viehzucht, die ursprüngliche Wirtschaftsform, wieder die Oberhand. Die Hirten waren beweglicher und konnten in Kriegszeiten der Gefahr ausweichen. Auch sagte das Hirtenleben mit seinen Gefahren, mit seinem Kampf gegen Räuber, wilde Tiere und gegen die Elemente dem freien, einer stetigen und intensiven Arbeit abgeneigten Kastilier mehr zu als der Ackerbau. Große Herden von Wanderschafen durchzogen alljährlich das Land und grasten an den Ufern des Guadiana und auf den Pastos der Bergländer. Die Herdenwirtschaft genoß ausgedehnte, von der Krone anerkannte Vorrechte. Die Herdenbesitzer und Viehzüchter wurden gegenüber dem Ackerbauer begünstigt, und immer wieder hören wir von Klagen des Landmanns über die Schäden, welche seinen Feldern durch die wandernden Herden zugefügt wurden. Die Viehherden, besonders Schafe, aber auch Ziegen, Maultiere, Pferde und Rinder, bildeten den Reichtum des Landes. Wolle war der Hauptausfuhrgegenstand, und die Wollindustrie beschäftigte einen großen Teil der Stadtbevölkerung.

Dennoch waren zur Zeit der wirtschaftlichen Blüte Spaniens im 16. Jahrhundert auch die Erträge des Ackerbaus bedeutend. Das ersehen wir z. B. aus der Geschichte des Fuggerschen Handels in Spanien. Das augsburgische Handelshaus hatte Karl V. große Summen geliehen, und um seine Schulden zu begleichen, verpachtete der Kaiser den Fuggern die Einkünfte der Maëstrazgos, d. h. der Großmeistertümer der drei geistlichen Ritterorden Santiago, Calatrava und Alcantara. Zu den Besitzungen der beiden erstgenannten Orden gehörte auch der größte Teil der westlichen Mancha. Die Haupteinnahmen flossen den Fuggern aus den Quecksilbergruben von Almaden zu; ein anderer Teil wurde in Geld erhoben, und der Rest bestand in Naturalien, vor allem Wein und Gerste, die als Zehent von allem entrichtet werden mußten, was im Gebiet der Maëstrazgos angebaut wurde. Nach K. Häbler[1]) handelte es sich um mehrere 100000 Scheffel, die in jedem Jahr abzuliefern waren. Auch eine ganze Anzahl von Wind- und Wassermühlen wurde nach dem Pachtvertrag den Fuggern überlassen.

Im 17. und 18. Jahrhundert hatte zwar die Zahl der Wanderschafe abgenommen, aber die Begünstigung der Herdenbesitzer, welche in

[1]) K. Häbler, 17, S. 83.

der alten Organisation der Mesta zusammengeschlossen waren, dauerte fort. Der Ackerbau litt außerdem unter dem wirtschaftlichen Verfall Spaniens, der Unsicherheit des Landes, sowie durch die zunehmende Entvölkerung infolge der Auswanderung nach den Kolonien. Der Grundbesitz war nach und nach in den Händen des Adels und der Geistlichkeit zu ungeheuren Komplexen vereinigt worden.

Erst 1837 wurden die Vorrechte der Mesta abgeschafft. Seitdem ist die Viehzucht stark zurückgegangen, und der Ackerbau konnte sich freier entwickeln. Neben dem Getreidebau gewann der Weinbau immer mehr an Bedeutung. In den letzten Jahrzehnten vor dem Weltkrieg hat gerade der Weinbau einen ganz gewaltigen Aufschwung genommen und großen Reichtum ins Land gebracht. Auch heute noch dehnt er sich auf Kosten des Getreidebaus immer mehr aus.

So hat in der Mancha, wie in anderen Steppengebieten der Erde, im Laufe der Zeit eine intensivere Nutzung des Bodens Platz gegriffen. Die ursprüngliche, naturgegebene Wirtschaftsform, die Kleinviehzucht, wurde durch den Anbau zurückgedrängt.

Getreide- und Weinbau sind heute die beiden wichtigsten Wirtschaftszweige der Mancha. Wie in Altkastilien wird zwischen der tierra de campos, dem Getreideland, und der tierra del vino, dem Weinland, unterschieden.

Die Hauptanbaugewächse der tierra de campos sind Weizen und Gerste, vor allem Weizen. In den Bergländern von Calatrava und Montiel überwiegen Roggen und Hafer. Das Weizenland nimmt in der ebenen Mancha, besonders im Osten und Norden, auf Mergel- und Kalkboden riesige Flächen ein. Im Frühling und Frühsommer gewähren die grünen Saaten und wogenden Kornfelder einen freundlichen Anblick; aber die abgeernteten graugelben Stoppelfelder, auf denen nichts zu sehen ist, als gelegentlich einige weidende Ziegen, und das graue Pflugland im Herbst sind so ziemlich das Ödeste, was man sich denken kann (Tafel 16, Abb. 1).

Die Wirtschaftsweise ist noch durchaus extensiv. Das Korn steht dünn und ist niedrig im Halm. Künstlicher Dünger wird ziemlich reichlich verwendet, aber die Bearbeitung des Bodens läßt zu wünschen übrig. Moderne Maschinen sind wenig im Gebrauch, obgleich auf den sehr großen, tischebenen, hindernisfreien Flächen die denkbar beste Verwendungsmöglichkeit dafür wäre. Zum Pflügen benutzt man vielfach noch den altertümlichen Hakenpflug, span. arado. Gedroschen wird allgemein mit dem uralten Dreschschlitten, einem etwa 1,5 m im Geviert großen Hartholzbrett, das unten mit Feuersteinsplittern, welche hochkant und parallel zu einander und zur Fahrtrichtung stehen, besetzt ist. Der Arbeiter steht beim Dreschen auf dem Brett und läßt sich von dem Maultier, das er am Zügel führt und am Schwanz gepackt hält, im Kreise herumziehen. Die Dreschplätze liegen am Rande der Ortschaften; der Boden besteht aus festgestampftem Lehm oder Steinpflaster. Mitunter sind die runden Plätze durch einen Ring aus hochgestellten Steinplatten abgegrenzt. Draußen vor den Ortschaften wird auch das Getreide nach biblischer Weise im Winde geworfelt. Es ist gar kein Zweifel, daß durch einen rationelleren Betrieb des Getreidebaus der Ertrag ganz erheblich gesteigert werden könnte, denn der Mergelboden ist sehr fruchtbar und Mißernten durch ungenügenden oder unzeitigen Regen sind verhältnismäßig selten. Die afrikanischen Wanderheuschrecken, welche gelegentlich in großen Schwärmen auftreten und große Verheerungen anzurichten vermögen, sind gottlob seltene Gäste.

Mühsamer und weniger lohnend ist der Getreidebau im Silurbergland von Calatrava. Er beschränkt sich dort nicht auf die Täler und die fruchtbaren vulkanischen Böden, sondern steigt an den Hängen der Schiefer- und Quarzitberge mehr oder weniger hoch empor. Nachdem der Busch gerodet ist, müssen die Steine zusammengelesen werden. Sie werden zu Wällen angehäuft, die in den merkwürdigsten Windungen verlaufen und von Ferne seltsamen Schriftzeichen gleichen. Solche Hieroglyphenberge sind für das Silurbergland sehr bezeichnend. Trotz dieser mühsamen Arbeit sind die Äcker oft nichts anderes als Geröllfelder, und man wundert sich, daß sie überhaupt einen Ertrag geben.

Der Weinstock ist in der ganzen Mancha verbreitet, wird aber in besonders ausgedehntem Maße im Westen und Südwesten kultiviert Das Hauptweinzentrum ist der Bezirk von Valdepeñas-Manzanares, der einen in ganz Spanien bekannten und beliebten Tischwein erzeugt. Die östliche Mancha ist — aus klimatischen Gründen — bedeutend weinärmer. Fährt man mit der Bahn von Alcázar nach Albacete, so erblickt man auf der Strecke von Campo de Criptana zum Záncara und weiter bis Socuéllamos zu beiden Seiten fast nicht anderes als einförmige graugrüne Weinfelder. Auch östlich Villarobledo ist der Weinbau noch sehr bedeutend, aber von Minaya an überwiegt durchaus die Getreidesteppe. Im Campo de Calatrava ist der Weinbau im allgemeinen auf die Tertiärbecken und die breiten Talböden beschränkt. An dem gestuften Abfall des Triastafellandes von Montiel reicht er bis etwa 850 oder 870 m aufwärts. Die Umgebung von Infantes, welches in 880 m Höhe auf der untersten Stufe liegt, ist schon reine Ackerbausteppe ohne Wein und Oliven. Die Höhengrenze ist allerdings hier durch die Verheerungen der Phylloxera herabgedrückt worden. In sporadischen, kümmerlichen Beständen kommt die Weinrebe an geschützten Plätzen auch noch auf dem 900—1000 m hohen Plateau des Campo de Montiel vor, und an den Hängen südlich von Alcaraz habe ich sie sogar noch in fast 1100 m Höhe angetroffen!

In den Ebenen der Mancha hat, wie schon erwähnt, der Weinbau in den letzten 30—40 Jahren sehr zugenommen. Er ist heute viel weiter verbreitet, als auf den aus den 80er Jahren stammenden Blättern der spanischen topographischen Karte 1:50000 angegeben ist. Wo früher Ackerland oder Ödland war, breiten sich heute üppige Weinfluren aus. Eine starke Belebung erfuhr der Weinbau in den 90er Jahren, als die französischen Pflanzungen von der Reblaus verheert wurden und Frankreich auf den Import spanischer Weine angewiesen war. Damals sind sogar alte Olivenplantagen der Rebe zum Opfer gefallen. Vom volkswirtschaftlichen Standpunkt ist diese Umstellung nicht zum Vorteil für Spanien, denn Spanien hat einen Überfluß an Wein, muß dagegen in trockenen Jahren viel Weizen einführen. Aber der Weinbau hat viel Geld ins Land gebracht. In guten Jahren rechnet man mit einer Verzinsung von 14%.

Die Weinrebe ist in der Mancha ein Gewächs der Ebene; sie gedeiht auf fast jedem Boden, auch sandigem, der für Weizen untauglich ist. Die Niederungen der Flüsse werden gemieden, ebenso die heißen Sonnenhänge. Wo der Boden sehr steinig und die Wärmestrahlung des Bodens zu stark ist, werden die Steine zusammengelesen und zu hohen Pyramiden aufgetürmt, so z. B. in den campos del vino zwischen Quintanar und El Toboso und in der Gegend von Cinco Casas und Tomelloso (Tafel 20, Abb. 2). Mitunter errichtet man aus den Steinen in kunstvoller Weise haushohe, kegelförmige Bauten mit einem Wohnraum in der Mitte, in dem die Arbeiter sich während der heißen Mittagszeit aufhalten und ihre Geräte unterstellen.

Der Weinbau wird in der Mancha ohne besondere Sorgfalt und ebenfalls durchaus extensiv betrieben. Die Stöcke werden nicht aufgebunden, sondern wuchern als Büsche am Boden. Sie stehen in langen parallelen Reihen, die gewöhnlich 2 m voneinander entfernt sind, so daß im Durchschnitt auf 4 qm eine Pflanze kommt. In der Provinz Ciudad Real wird der Wein sehr häufig mit Oliven zusammen kultiviert. Im Sommer sind die bläulich-grünen Büsche mit einer dicken Staubschicht bedeckt, aber darunter quellen die Trauben in üppigster Fülle. Gegen Ende September, nach den ersten Herbstregen, welche den

Trauben die letzte Reife geben und sie vom Staub reinwaschen, beginnt die Weinlese, an der sich auch die Frauen beteiligen. Sie dauert etwa einen Monat. Dann werden die Ziegen auf die abgeernteten Felder getrieben. Der Ertrag ist von Jahr zu Jahr großen Schwankungen unterworfen, aber die Gefahr der Mißernte doch im allgemeinen geringer als beim Getreide. Große Verheerungen hat in den letzten Jahrzehnten die Phylloxera angerichtet. Immer wieder sieht man auf einer Reise durch das Land ausgedehnte Bestände mit braunverfärbten und schlaff herabhängenden Blättern. Der Ersatz durch die widerstandsfähige amerikanische Rebe ist kostspielig; denn bis sie nach 4 Jahren den ersten Ertrag gibt, belaufen sich die Unkosten für jede neue Pflanze auf 5—6 Peseten.

Die Provinz Ciudad Real hat unter allen Provinzen Spaniens die größte Weinbaufläche (1920: 150663 ha) und der Hauptteil davon entfällt auf die Mancha[1]). Im Verhältnis zur gesamten Kulturfläche ist allerdings das Areal des Weinbaus (24,6%) geringer als das der Provinzen Barcelona (53,1%) und Tarragona (27,4%). Und auch hinsichtlich der Produktion steht Ciudad Real, infolge der geringen Pflege der Kulturen, weit hinter anderen Weinbaugebieten Spaniens zurück. Das zeigt der Vergleich mit den beiden eben genannten Provinzen, welche nach Ciudad Real die größte Weinbaufläche in ganz Spanien aufweisen[2]).

	Weinland ha	Trauben Ztr.	davon für Weinbereitung bestimmt: Ztr.	Ertrag an Weinmost hl
Ciudad Real	150 663	5 948 851	5 937 211	3 571 043
Barcelona	116 280	8 237 230	8 203 330	6 431 612
Tarragona	81 250	4 106 290	4 063 590	2 726 233

Ciudad Real produziert nur 39, Barcelona dagegen 70,7 und Tarragona 50,6 Zentner Trauben pro Hektar.

Am berühmtesten ist die Weingegend von Valdepeñas und Manzanares. Allein im Bereich von Valdepeñas gibt es gegen 40 Millionen Rebstöcke. Die Gemarkung Manzanares produziert alljährlich gegen 1 Million arrobas (= 16 Millionen Liter) Wein. Bedenkt

[1]) Ganz Spanien hat rund 1 300 000 ha Weinland.

[2]) Die Zahlen der Tabelle gelten für 1920 (nach dem Handbuch „España". Calpe Verlag. Barcelona 1925. S. 183.)

man, daß in guten Jahren die arroba mit 7 Peseten bezahlt wird, so gibt das eine Vorstellung, wieviel Geld der Weinbau alljährlich ins Land bringt. Der Reichtum fließt allerdings nur in wenige Taschen, nämlich die der Grundbesitzer, der Bodegabesitzer und der Weingroßhändler. Die Trauben sind zur Erntezeit erstaunlich billig, und mitunter sieht sich die Regierung gezwungen, einen Mindestpreis festzusetzen, damit die Weinbauern nicht allzusehr gegenüber den Fabrikanten benachteiligt sind. So wurde beispielsweise im Jahre 1927 verfügt, daß das Pfund Trauben nicht unter 10 Centimos (= 6 Pf.) verkauft werden durfte. Der in der Mancha hergestellte Wein ist zum Teil sehr schwer und alkoholreich; die leichteren Sorten enthalten 10—12%, die schwersten 15—16% Alkohol. Die minderwertigen Sorten werden gebrannt. Nur ein Teil des Mancha-Weins wird im Lande getrunken, der meiste geht nach auswärts, vor allem nach Madrid. Er wird fast ganz im ersten Jahr konsumiert, denn zum Lagern eignen sich nur ganz wenige Sorten. Der älteste Wein, der mir in einer großen Bodega in Manzanares kredenzt wurde, war 10 Jahre alt.

Neben Weizen, Gerste und Wein treten die anderen Kulturen an Ausdehnung und Bedeutung sehr zurück. Der Ölbaum hat ungefähr dieselbe Verbreitung wie der Wein. Er kommt in der ganzen Mancha vor, aber in größeren Beständen doch nur im Westen und Südwesten. In der Mancha der Provinz Albacete ist das Klima für die Olivenkultur ungünstiger als in der Provinz Ciudad Real, und zwar nicht wegen des geringeren Niederschlags im Winter, sondern wegen der niedrigeren Temperaturen. Albacete ist in allen Monaten kühler als Ciudad Real und hat vor allem im Winter auch niedrigere Minima[1]). Aus demselben Grund kommt der Ölbaum auf dem Hochland von Montiel nur in einzelnen kümmerlichen Exemplaren vor. In der Provinz Ciudad Real ist die Umgebung von Manzanares, Valdepeñas, Daimiel und Almodovar del Campo sehr reich an Ölbäumen (Tafel 21, Abb. 1). Es gibt dort große alte Bestände, die von ferne Wälder vortäuschen. Die Bäume werden entweder allein oder mit Getreide zusammen kultiviert. In der Nähe von Valdepeñas findet man auch die sonst seltene Kombination mit Weinreben; sie ist aber nur ein Übergang zum reinen Weinbau, der die Olivenkultur schon stark zurückgedrängt hat. Im Campo de Calatrava gehen die Olivenpflanzungen gelegentlich bis 800 und 820 m Meereshöhe hinauf. In den Tälern und an den unteren Hängen, selbst dort, wo der Boden nichts weiter als ein Geröllfeld ohne eine Spur von Ackerkrume ist, gibt es große Plantagen.

[1]) Vgl. S. 157.

Der Ölbaum wird in der Mancha nicht wie in Andalusien als Baum mit Stamm und Krone, sondern als hoher Busch, der schon unmittelbar vom Erdboden ab in mehreren starken Ästen auseinanderstrebt, gezogen. Im Frühjahr wird die Erde rings herum gelockert und gedüngt; die Ernte ist im Dezember und Januar.

Wie der Ölbaum sind auch der Feigen-, Mandel- und Maulbeerbaum im wesentlichen auf die südwestliche Mancha beschränkt; sie sind wirtschaftlich ohne Bedeutung.

Eine Kulturpflanze, die besonders in der östlichen und nordöstlichen Mancha, den Provinzen Albacete und Cuenca, angebaut wird, ist der Safran (Crocus sativus). Diese weißblühende kleine Lilienart ist ein Kind der vorderasiatischen Steppe und dort zuerst kultiviert worden. Im 10. Jahrhundert wurde sie durch die Araber[1]) nach Spanien gebracht und dort alsbald in so umfangreichem Maße angebaut, daß das ganze Mittelalter hindurch, bis in die Gegenwart, Spanien fast ganz Europa mit diesem beliebten Gewürz und Färbmittel versorgte. In neuerer Zeit ist die Kultur zurückgegangen. Die Gesamtanbaufläche in Spanien beträgt heute 12548 ha, und davon entfällt der größte Teil auf die Mancha. Die Hauptmärkte für Safran sind Cuenca und Albacete. In der Calle Abelardo Sánchez in Albacete hängt fast Haus bei Haus ein Schild mit der Aufschrift: „Se compra Azafran" heraus. Auf dem Schild ist eine kleine Safranblüte abgebildet oder eine Wage, deren eine Schale mit den bräunlichen Blütennarben gefüllt ist. Von Cuenca und Albacete wird der Safran nach allen Teilen Spaniens und ins Ausland, besonders nach China, verschickt. Die Zwiebeln werden im Mai gepflanzt. Erst nach den ersten Herbstregen schießen die Pflanzen, ähnlich unserem Frühlingskrokus, schnell aus dem Boden, und zur Erntezeit im Oktober sind Hunderte von Frauen und Kindern damit beschäftigt, die langen, dünnen, in drei Fäden auslaufenden Stempel aus der Blüte zu ziehen. Der hohe Preis des Safrans ist die Ursache, daß er früher und wohl auch heute noch gelegentlich mit den pulverisierten Blüten des Saflors und anderer Pflanzen gemischt und verfälscht wird.

Alle die bisher genannten Kulturpflanzen gedeihen auf unbewässertem Boden (campo seco). Künstliche Bewässerung spielt in der wasserarmen Mancha eine geringe Rolle, fehlt aber keineswegs ganz. Zwei Methoden sind zu unterscheiden: Flußbewässerung und Brunnenbewässerung.

---

[1]) Der Name Safran leitet sich von dem arabischen Wort zahafaran her, welches mit asfar = gelbsein zusammenhängt.

Flußbewässerung gibt es nur an den wenigen ausdauernden und wasserreicheren Flüssen. Der Júcar führt zwar viel Wasser, ist aber in den Provinzen Cuenca und Albacete aus zweierlei Gründen für die künstliche Bewässerung von geringem Wert, erstens, weil die „Comunidad de regantes de la Acequia Real del Júcar de Valencia“ von König Jakob I. her alte verbriefte Rechte auf das Júcar-Wasser hat und die Ableitung verbietet, und zweitens, weil das Tal nur hier und da genügend Raum bietet. Immerhin gibt es einige Huertas mit Getreide, Gemüse, Obst und Textilpflanzen. Der von rechts in den Júcar mündende, 25 km lange Canal de Maria Cristina (1818 vollendet) wurde angelegt, um die früher fieberverseuchte Gegend von Albacete zu sanieren; er dient aber heute auch zur Bewässerung von etwa 350 ha Land. Albacete besitzt im Westen und Nordwesten der Stadt ausgedehnte Berieselungsfelder. Üppiggrüne Huertas mit Birn- und Apfelbäumen, Aprikosen-, Quitten-, Nuß- und Feigenbäumen, Patatas- und Maisfeldern und vielerlei Gemüse, wie Erbsen, Bohnen, Tomaten, Pfeffer usw., enthalten die Täler des Rio Jardín (Rio de Balazote) und Rio de Alcaraz. An den Lagunen von Ruidera sind nur etwa 10 ha bewässert. Der 56 km lange Canal del Gran Prior, welcher das Wasser des oberen Guadiana vom Austritt in die Mancha-Ebene bis nach Argamasilla leitet, bewässert 700—800 ha. Mit dem Bau wurde 1783 begonnen, der Graben ist aber unvollendet geblieben und heute in sehr schlechtem Zustand. Er gehört dem Staat, die Nutznießer haben 5% des Huerta-Ertrages an den Staat zu zahlen[1]). Von den Zuflüssen des Guadiana bajo sind der Záncara und Gigüela überhaupt nicht für Bewässerung geeignet, andere, wie der Rio Azuer nur im Winter und Frühjahr. Nur der Guadiana selbst und der Jabalón können das ganze Jahr über, im Frühling zur Bewässerung von Gerste und Weizen, im Sommer von Patatas, Panizo, Mais usw., benutzt werden. Der letztere bewässert etwa 400 ha (besonders im Bezirk Montiel), der erstere innerhalb der Provinz Ciudad Real insgesamt etwa 800 ha. So spielt die Flußbewässerung in der Mancha nur eine geringe Rolle. Selbst bei Anlage von Stau- und Sammelbecken käme wegen der Durchlässigkeit und dem mangelnden Gefälle des Bodens eine Flußberieselung in größerem Umfang nicht in Frage.

Viel besser eignet sich das zweite Verfahren, die Brunnenbewässerung, bei dem das in der Tiefe überall reichlich vorhandene Grundwasser zur Berieselung kleiner, 1—2 ha großer Parzellen benutzt

---

[1]) Lit.-Nr. 25, S. 58.

wird. Solche Brunnen, man nennt sie Norias oder „Norias árabes", sind in der Mancha, besonders der westlichen und südwestlichen, und in den Tälern des Campo de Calatrava außerordentlich häufig (Fig. 5). Das Wasser wird in Tonkrügen geschöpft, welche an einer Kette ohne Ende befestigt sind, und diese wird durch Göpelantrieb in Bewegung gesetzt (Tafel 21, Abb. 2). So wird das Wasser aus 3, 6, 10, ja 15 und sogar 20 m Tiefe heraufgeholt und entweder direkt oder von einem Sammelbecken (alberca) aus auf die Felder geleitet. Der Arbeiter zieht frühmorgens hinaus zur Noria, spannt das Maultier vor den Göpel, und das Tier, dem die Augen verbunden sind, läuft dann stundenlang im

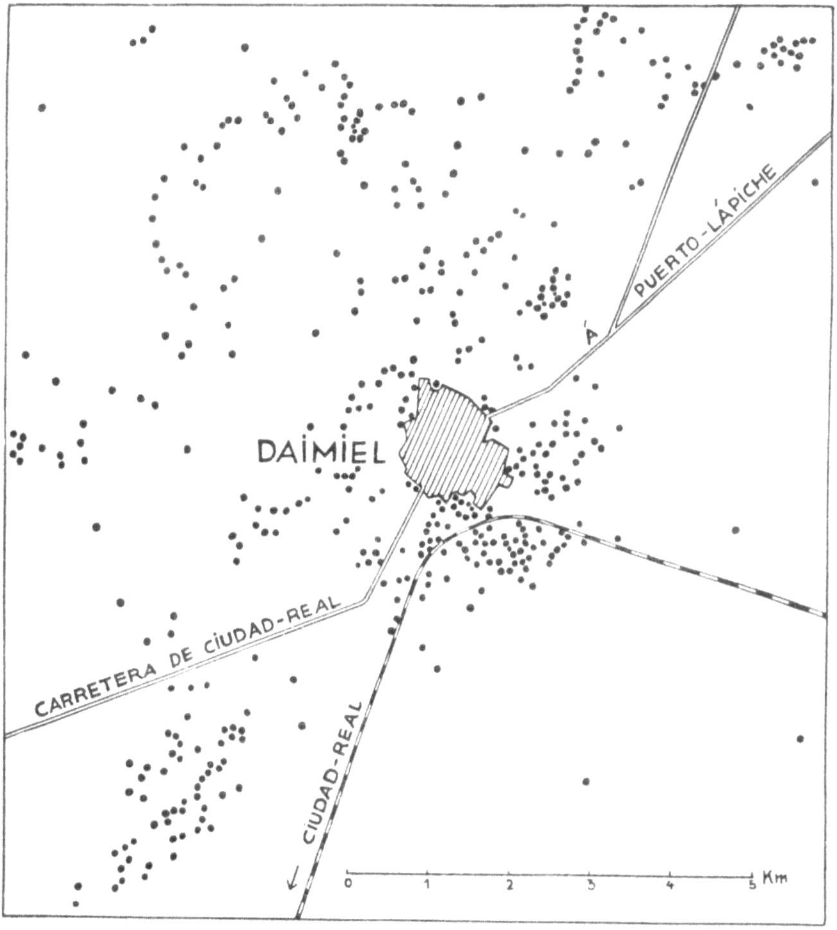

Figur 5. Die Norias in der Umgebung von Daimiel. Jeder Punkt entspricht einem Schöpfbrunnen.

braucht. Die Ergiebigkeit der Norias ist sehr verschieden. Eine gut gehaltene Noria von 10—12 m Tiefe mit zwei Maultieren, welche sie mit vierstündiger Ablösung 16 Stunden am Tag in Bewegung setzen, fördert während dieser Zeit etwa 100 cbm Wasser, also 1,75 Liter in der Sekunde.[1]) Neuerdings werden mitunter Benzinmotore, seltener Windmotore verwendet. Die Noria wird gewöhnlich etwas erhöht angelegt, damit das Wasser das erforderliche Gefälle hat. An der Sonnenseite stehen als Schattenspender Pappeln, Ulmen, Eschen oder Feigenbäume, mitunter auch Dickichte aus spanischem Rohr (Arundo Donax L.), das 3—4 m Höhe erreicht, und daneben liegt die einfache weißgetünchte casa der Arbeiter.

Auf alte Kulturzusammenhänge weist die Tatsache hin, daß die spanische Noria, was auch J. Brunhes[2]) erwähnt, eine überraschende Ähnlichkeit mit der „saquieh“ Oberägyptens hat. Die ausführliche Beschreibung, welche C. B. Klunzinger[3]) von dieser gibt, ist fast Wort für Wort auf die Noria anwendbar, nur daß es in Ägypten ein anderes Tier, ein Büffel, Kamel oder Esel ist, welches mit verbundenen Augen „planetenartig in seiner streng begrenzten Zirkelbahn“ herumläuft, und daß die Brunnenanlage von anderen Bäumen, nämlich meistens Sykomoren, beschattet wird. Der wohlige Schatten inmitten sengender Glut, das plätschernde, Kühle verbreitende frische Brunnenwasser, das stille Kreisen des Zugtiers, das gemächliche Klappern der Zahnräder und das mehr oder weniger melodische Knarren und Stöhnen der Balken erregen, sagt Klunzinger, das Gefühl eines tiefen idyllischen Friedens.

Das durch Norias bewässerte Land der Mancha wird mit Getreide und mancherlei Gemüse, aber höchst selten mit Obstbäumen bepflanzt (Figur 6). Ein Hauptanbaugewächs ist der Panizo, eine Getreideart, die 1,10—1,20 m hoch wird und im Halm an Mais erinnert. Die Frucht wird gemahlen und dient, vermengt mit Häcksel, als Viehfutter. Mais, der ebenfalls nur auf bewässertem Boden gedeiht, wird seltener angebaut. Sehr häufig sind Felder mit Anis, der im Januar gesät und im August geerntet wird, und Alfalfa. Dazu kommen die verschiedensten Gartenfrüchte und Gemüse: Patatas, Tomaten, Zuckermelonen, Wassermelonen, Süßkartoffeln, Kürbis, Melanzane (Eierpflanze), Artischocken,

---

[1]) Lit. 25, S. 60.

[2]) J. Brunhes, L'irrigation dans la Péninsule Ibérique et dans l'Afrique du Nord. 1902. S. 319.

[3]) C. B. Klunzinger, Bilder aus Oberägypten, der Wüste und dem Roten Meere. Stuttgart 1877. S. 133—134.

Judías (Bohnen), Guisantes (Zuckererbsen), Garbanzos (Kichererbsen), Pfeffer, Knoblauch, Zwiebeln, Wurzeln, Mohrrüben, Rettich, Mangold. Die Bewässerungsgräben werden mit Vorliebe auf beiden Seiten mit Sonnenblumen bepflanzt. Man rechnet, daß das bewässerte Land sich mit 4—5% verzinst, ein magerer Verdienst, wenn man die Mühe und Arbeit bedenkt! In der Mancha der Provinz Cuenca gibt es nur reichlich 300 Norias, in der Mancha von Albacete einige hundert mehr. Viel, viel zahlreicher sind sie aber im Westen. Von den 30000 ha, welche

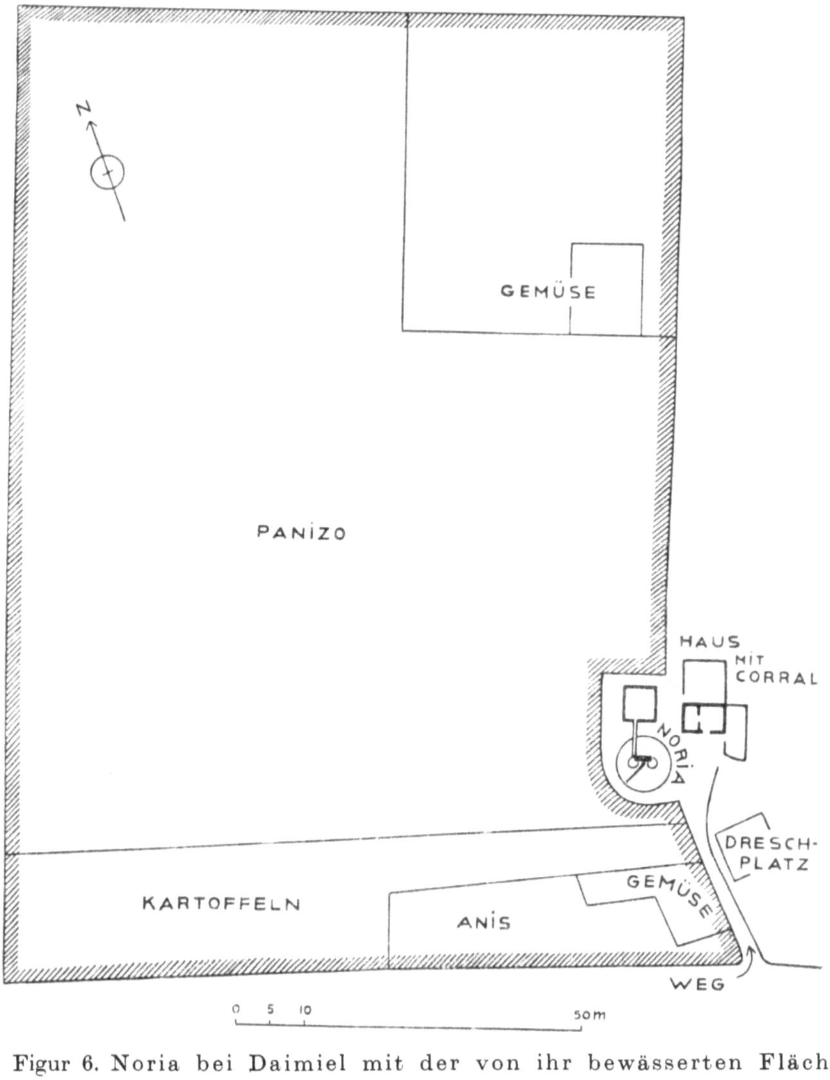

Figur 6. Noria bei Daimiel mit der von ihr bewässerten Fläche.

der campo de regadio in der Provinz Ciudad Real im Jahre 1918 umfaßte, wurden 26500 allein durch Norias bewässert. In dem Munizip Ciudad Real gab es 1918 nicht weniger als 5276, Almagro 4030, Manzanares 2584, Daimiel 2558, Valdepeñas 2027, Alcázar 1960 Norias[1])! Insgesamt gibt es in dem zur Provinz Ciudad Real gehörigen Teil der Mancha rund 19000 Norias. Sie liegen oft so dicht beisammen, daß ein Berieselungsfeld unmittelbar an das andere grenzt. Ihre Zahl war früher noch größer; man sieht in der Provinz Ciudad Real, besonders in der Umgebung von Daimiel, zahlreiche abmontierte, die dem Wein- oder Getreidebau Platz gemacht haben.

Das nicht der Kultur unterworfene Land dient vornehmlich der Viehzucht, und zwar die Pastos der Schafzucht, die Zwerg- und Halbstrauchsteppe der Ziegenzucht. Die Schafe — vorwiegend Merinos — werden der Wolle und des Fleisches wegen gehalten und liefern den vorzüglichen, seit alters berühmten Schafkäse der Mancha, von dem Cervantes schreibt, daß Therese Panza dem Boten an die Herzogin einen solchen als Geschenk mitgibt. Die Ziegen sind die Milchlieferanten der Dörfer und Städte. Wo es bessere Weiden gibt, wie an den Ufern des Guadiana oder an einigen Lagunen im Campo de Calatrava grasen Stierherden; aber sonst sieht man selten Rinder. Die Pferdezucht ist sehr zurückgegangen, da das Pferd als Reit- und Zugtier kaum noch verwendet wird. Das eigentliche Lasttier ist der Esel und das wichtigste Zugtier das Maultier, welches in der westlichen Mancha seit dem Altertum in hervorragender Qualität gezüchtet wird.

Große Herden von Wanderschafen durchzogen einst die Mancha, und die von ihnen benutzten, gesetzlich reservierten Wege, die cañadas, cordeles und veredas, sind noch heute, nachdem die großen Wanderungen längst aufgehört haben, auf lange Strecken gut erhalten. Für die „cañadas reales" war, nach A. Fribourg[2]), eine Breite von 90 varas (= 75 m), für die cordeles eine solche von 45 varas (= 37,50 m) und für die veredas von 25 varas (= 20,80 m) vorgeschrieben, aber in der Praxis hielt man sich selten daran. Die Routen verlaufen in der Mancha im allgemeinen von Südwesten nach Nordosten. Die cañadas der westlichen Mancha waren Abzweigungen der „Soriana". Sie wurden von Herden benutzt, welche vom oberen Tajo oder dem nordiberischen Randgebirge, besonders den wichtigen Sommerweiden in der Gegend von Soria kamen, über Sigüenza nach Neukastilien zogen und die Winterweiden der westlichen Mancha und des Campo de Calatrava auf-

[1]) Lit. 25, S. 67.

[2]) A. Fribourg, 15, S. 235 Anm. — Vgl. auch O. Quelle, 29, S. 75.

suchten. Die eigentliche Mancha-Route ging von der Serrania de Cuenca aus und führte durch die mittlere und östliche Mancha, teils in südwestlicher Richtung auf das Hochland von Montiel und nach Andalusien, teils nach Südosten durch die Pforte von Chinchilla auf die Winterweiden des murcianischen Tieflandes.

Auf diesen Wegen zogen die Herden zweimal im Jahr durch das Land, einmal von Süden nach Norden, einmal von Norden nach Süden, und jedesmal war eine Strecke von 250—300 km zurückzulegen. Sie kamen Ende Oktober auf den Winterweiden der Mancha, Andalusiens und Murcias an, blieben dort den Winter und brachen von Mitte Mai an, bald nach der Schur, wieder nach dem Norden, den Hochländern von Cuenca, Soria und Segovia auf, wo den Sommer über günstigere Weidegelegenheit ist als in dem sonnenverbrannten, trockenen Süden. Man betrachtete diese durch den scharfen Wechsel von Klima und Vegetation verursachten langen Wanderungen als vorteilhaft für die Erzeugung einer guten und starken Rasse und damit für die Gewinnung einer guten Wolle. Wie J. Klein[1]) nachgewiesen hat, wurde die Transhumanz in Spanien schon in iberischer und gotischer Zeit betrieben, die Mauren aber haben sie vervollkommnet, auch die berühmte Merino-Rasse eingeführt[2]), und in christlicher Zeit wurde sie in großartigster Weise ausgebaut und organisiert.

Die Reise dauerte jedesmal mehrere Wochen. Auf den cañadas, die durch kultiviertes Land führten, wurden täglich 24—28 km, in unkultiviertem Land 8—10 km zurückgelegt. An den Hauptcañadas waren bestimmte Zollstellen (puertos) eingerichtet, wo von den Herden auf dem Weg nach Süden ein königlicher Zoll, das „servicio y montazgo" erhoben wurde. Die Herdenbesitzer erkauften damit das Vorrecht, daß sie die Weideländereien zu festgesetzten Preisen pachtweise überlassen bekamen. Im Gebiet der Mancha befanden sich solche königlichen Zollstellen in Alcázar de San Juan, Villarta de San Juan, Socuéllamos und Chinchilla.

Alle Herden eines Besitzers bildeten seine „cabaña". Sie stand unter dem Befehl eines Oberhirten (mayoral) und war in Herden (rebaños) von je rund 1000 Stück untergeteilt, die von Unterhirten geleitet wurden. Zu jeder rebaño gehörten 5 Hunde. Diese Schäferhunde waren kurzhaarige, muskulöse, ausdauernde Tiere, stark genug, um die Herde gegen Wölfe und Räuber zu verteidigen. Velasquez hat sie auf mehreren

---

[1]) J. Klein, 24, S. 15.

[2]) Nach J. Klein wahrscheinlich zur Zeit der Almohaden von dem nordafrikanischen Stamm der Beni-Merines.

seiner Bilder dargestellt. Die Hirten waren beritten und mit Schleudern bewaffnet, und wenn sie die Weideplätze wechselten, führten sie auf ihren Maultieren und Karren alle Nahrungsmittel und Geräte mit, die sie für sich, für die Hunde und Schafe brauchten.

Dem Landmann wurde durch die wandernden Riesenherden, die neben den cañadas das Getreide abfraßen und zertraten, großer Schaden zugefügt, und der seßhafte Ackerbauer lebte in fortwährendem Zwist mit dem beweglichen Viehzüchter, wobei aber der erstere fast immer den Kürzeren zog. Die Herdenbesitzer waren in der allmächtigen „Mesta" zusammengeschlossen, einer Organisation, welcher König Alfons XI. im Jahre 1347 weitgehende Vorrechte gegeben hatte und die von der Krone seitdem immer wieder begünstigt wurde. Eigene Richter wachten darüber, daß die alten Vorrechte nicht verletzt wurden. Dem Bauer, sagt A. Fribourg[1]), blieb keine Wahl, als zu schweigen oder auszuwandern, wenn die Riesenherden des Adels, der Kirche und Klöster, wie die der Ritterorden von Santiago und Calatrava, sein Land verwüsteten.

Die großen Wanderherden, von denen jede 10000 Schafe zählte, mit den Hirten und Hunden müssen einen eigenartigen Anblick geboten haben. Don Quijote sieht einmal zwei solche Herden auf verschiedenen Wegen auf sich zukommen und hält die in Staubwolken gehüllten und langsam sich fortwälzenden Massen für gewaltige Kriegsheere, die sich „in der Mitte der großen Ebene" eine Schlacht liefern wollen. „Siehst Du jene Staubwolke, Sancho, die sich dort erhebt? Ein mächtiges Heer erregt sie, welches, aus verschiedenen und zahlreichen Völkern geworben, uns von dort entgegenzieht". Und Don Quijote zählt die Völkerschaften auf, aus denen es sich zusammensetzt: „In jener Schar dort ziehen diejenigen, die die kristallenen Gewässer des ölbekränzten Betis trinken, die Männer, die ihr Gesicht in den Wellen des prächtigen, goldführenden Tajo waschen, andere, die die heilsamen Wasser des göttlichen Genil genießen, die die tartessischen Fluren, an Triften reich, bewohnen, diejenigen, die sich auf den himmlischen xerenischen Wiesen ergötzen, die Marchaner, reich und bekrönt von rötlichen Kornähren, die dort mit Erz bekleidet, Nachkommen aus dem Blut der alten Goten, diejenigen, die sich im Pisuerga baden, berühmt wegen seines anmutigen Stromes, andere, die ihre Herden auf den ausgebreiteten Fluren des gekrümmten Guadiana weiden, der berühmt ist wegen seines verborgenen Laufs usw."

---

1) A. Fribourg, 15, S. 235.

Die Weiden des Ordensgebietes von Calatrava machten nach J. Klein[1]) etwa ein Sechstel der ganzen südlichen Weideregion aus. Auf ihnen weideten im Jahre 1560 nicht weniger als 53451 Wanderschafe und dazu kamen noch die vielen Standschafe („estantes"). Das war aber doch nur ein geringer Teil aller in der Mesta vereinigten Wanderschafe, deren Zahl zur Hauptblütezeit der Mesta (1477—1563) zeitweise über 3 Millionen betrug. Am Guadiana sollen allein eine halbe Million Schafe geweidet haben[2]).

Die Zahl der Wanderschafe ging im 17. und 18. Jahrhundert und besonders im 19. Jahrhundert, nachdem im Jahre 1837 die Vorrechte der Mesta abgeschafft waren, mehr und mehr zurück. In neuerer Zeit aber erlebte die Transhumanz eine Wiederbelebung dadurch, daß die Eisenbahngesellschaften sich erboten, den Transport der Schafe zu einem ermäßigten Tarif zu übernehmen. Die alten cañadas werden heute nur noch bis zur nächsten Eisenbahnstation benutzt; dort werden die Tiere in besonders dafür eingerichtete zweietagige Transportwagen verladen und in wenigen Tagen in die Nähe der Winter- bzw. Sommerweiden befördert. Die allgemeinen Routen der Transhumanz haben sich damit naturgemäß gänzlich verschoben.

Das unkultivierte Land ist, auch wenn wir von seiner Verwendung als Kleinviehweide absehen, nicht ohne Nutzen für den Menschen. Die Monte-Vegetation liefert seit uralten Zeiten Feuerungsmaterial, in einigen Gegenden wird etwas Bienenzucht betrieben, in anderen Spartgras gewonnen. An jagdbaren Tieren gibt es Hasen, Rehe, Wildschweine, ferner Dachse, Wildkatzen und Füchse und an den Lagunas allerlei Vogelwild. Der Bär ist verschwunden, ebenso der Wolf, der aber noch in der benachbarten Sierra Morena vorkommen soll.

Die Jagd war einst eine beliebte Unterhaltung der Hidalgos, und von Don Quijote heißt es, daß er ein eifriger Schütze war. Auf der Hetzjagd zu Pferde verwendete man zum Greifen von Hasen und Füchsen den berühmten Windhund der Mancha, von dem ja auch Don Quijote ein Exemplar besaß, wie der Leser gleich im ersten Satz des Romans erfährt. Diese Tiere sind noch heute sehr beliebt und in jedem Dorf anzutreffen. Der geradezu beängstigend schlanke Körper hat am meisten Ähnlichkeit mit dem des englischen glatthaarigen Windhundes (grey hound). Die Windhunde sind echte Steppentiere. Sie jagen bekanntlich nicht mit der Nase, sondern mit dem Gesicht und sind daher nur in weitem, übersichtlichem Gelände, wie den Mancha-Ebenen oder den Kirgisen-

[1]) J. Klein, 24, S. 60.

[2]) Nach K. Häbler, 18, S. 25 Anm.

steppen, wo der russische Windhund (Barzoi) als Jagdtier dient, verwendbar.

An Bodenschätzen ist die Mancha arm. In dem Gebiet der Tertiärablagerungen gibt es eine Anzahl Gips-, Ton- und Kalk-, im Triasgebiet Sandstein-Brüche, und im Campo de Calatrava wird ein vorzüglicher Basaltschotter gewonnen. Zwischen Ciudad Real und Manzanares treten in flachliegenden miozänen Tonen lagerartige sedimentäre Vorkommen von Manganoxyden auf, die 40—60% Mangan liefern, aber wegen ihres Phosphorgehaltes schwer verwertbar sind[1]). Die in derselben Gegend vorkommenden ausgedehnten fluviatilen Lehmschichten, welche aus der Verwitterung und Zersetzung von Basalten hervorgegangen sind, enthalten in unregelmäßiger Verteilung Körner, Knollen, Schnüre und Linsen von Psilomelan. Sie ergeben aufbereitet, nach F. Schuhmacher, 36—54% Mangan und sind leicht zu gewinnen, aber niemals besonders beachtet worden. Schließlich wären noch die Thermal- und Mineralquellen im jungvulkanischen Gebiet von Calatrava zu erwähnen.

Sehr wichtige Bergbaudistrikte liegen an der Peripherie der Mancha: Im Südwesten die ehemals sehr bedeutenden Bleigruben von Horcajo und San Quintin und die uralten, berühmten Quecksilbergruben bei Almadén, Gargantiel und Almadenéjos mit ihrem einzig dastehenden Reichtum. Ferner im Becken von Puertollano die erst 1873 entdeckten Steinkohlenlager, welche etwa 500000 t jährlich liefern. An der Südabdachung der Sierra Morena liegt das Ganggebiet von Linares und La Carolina-Sta Elena, einer der wertvollsten Bleibezirke der ganzen Welt. Es gehört zu der gewaltigen Blei-Silber-Zone, welche in einer Länge von über 200 km und in beträchtlicher Breite durch den ganzen mittleren und östlichen Teil der Sierra zieht. In der Nähe von Alcaraz (bei San Juan de Alcaraz) gibt es Zinkbergwerke und im Südosten, bei Hellin, bedeutende Schwefellager, die dort in miozänen Kalken, Gipsen und Mergeln auftreten.

Die Siedelungen der Mancha.

Jede Landschaft pflegt, den besonderen klimatischen und orographischen Verhältnissen und den zur Verfügung stehenden Baustoffen entsprechend, ihren eigenen Siedlungstyp hervorzubringen. In ihm prägt sich nicht nur die Hauptbeschäftigungsweise der Bevölkerung

[1]) F. Schumacher, Übersicht über die nutzbaren Bodenschätze Spaniens. Intern. Bergwirtschaft. Heft 1. 1926. S. 24—25.

aus, sondern auch deren Veranlagung, Kunstsinn und Kunstbedürfnis, ihr Anspruch an Wohnkultur, Bequemlichkeit und Sauberkeit und schließlich ein gutes Stück ihrer Geschichte.

Die Dörfer und Städte der Mancha sind echte Steppensiedlungen: weiträumig, mit flacher, horizontaler Profillinie, öde, staubigschmutzig, einförmig wie die Landschaft, in der sie liegen, aber interessant durch ihre Eigenart und mancherlei historische Erinnerungen.

Die Mancha ist, wie bei einem Steppenland mit extensiver Wirtschaft nicht anders zu erwarten, im allgemeinen nur dünn besiedelt. In der Getreidesteppe der östlichen Mancha wohnen 15—25 Menschen auf 1 qkm, im Campo de Montiel sogar weniger als 15. Stärker bevölkert ist die Weinbausteppe der westlichen und südwestlichen Mancha. Dort beträgt die Volksdichte 25—40 Einwohner auf 1 qkm und in dem Hauptweinbaugebiet sogar über 40. Im Südwesten und Nordosten grenzt die Mancha an Landschaften, die noch schwächer bevölkert sind. Das Bergland zwischen dem Guadiana und den Montes de Toledo ist eine menschenleere Einöde mit wohl höchstens 10 Einwohnern auf 1 qkm. Th. Fischer nennt es eines der größten Despoblados Spaniens. In der Serrania de Cuenca ist die Volksdichte nur wenig größer (etwa 12 Einw./qkm). Auch mit den Ebenen Altkastiliens verglichen ist die Mancha keineswegs besonders dünn bevölkert. Was aber hier den Eindruck der Menschenarmut besonders verstärkt, ist die auffallend geringe Zahl der Siedlungen. Die Bevölkerung ist in einigen wenigen großen Städten und stadtähnlichen Dörfern, zwischen denen weite, menschenleere Räume liegen, zusammengedrängt. Einzelsiedlungen sind selten. Im Durchschnitt kommen auf ein Blatt der span. top. Karte 1:50000, d. h. auf 504 qkm, 3 Ortschaften, also je eine auf 168 qkm. Auf dem Blatt Sotuélamos (Nr. 763) gibt es keine Ortschaft, weder ein Dorf noch eine Stadt, sondern nur ganz vereinzelt einmal eine Casa, Molino oder Venta, so daß das Blatt nach einem Hügel benannt werden mußte. Auch auf dem Blatt Los Romeros (Nr. 761) nördlich von Manzanares fehlt jeder größere Ort, und auf dem Blatt La Alameda de Cervera (Nr. 739) gibt es nur an einer Stelle eine Ansammlung von einigen wenigen ärmlichen Häusern. Auf den vier aneinanderstoßenden Blättern Los Romeros, Tomelloso, Sotuélamos, La Alameda de Cervera, also auf einer Fläche von 2016 qkm, sind nur zwei große Ortschaften und einige wenige Einzelsiedlungen verzeichnet.

Die Ortschaften liegen 10, 15, ja 20 km voneinander entfernt. Staubige, schnurgerade Straßen, die so langweilig sind, so endlos scheinen wie die Ackerfurchen zu beiden Seiten oder die schnurgeraden Zeilen der Wein- und Ölbaumpflanzungen, verbinden sie miteinander. Eine einsame, öde Venta, die zugleich Verkaufsladen, Wirtschaft und Herberge ist, bietet auf diesen langen Strecken gewöhnlich die einzige Möglichkeit zum Rasten. Des Verkehr ist gering. Alles reitet oder fährt, und die einzigen Fußgänger, denen man begegnet, sind die Zivilgardisten, die hier, wie in ganz Spanien, für die Aufrechterhaltung der Ordnung sorgen. Man sieht sie nie anders als zu zweien, weshalb sie vom Volk allgemein „la pareja“, das Paar, genannt werden. Der eine geht auf der rechten, der andere auf der linken Seite der Straße. Lange Karawanen aus schweren zweiräderigen Karren, die mit Plantüchern bespannt sind, bewegen sich langsam die Straße entlang. Jeder Wagen wird von 4—6 voreinandergespannten Maultieren gezogen, und an der Spitze marschiert, als das ruhigste und gescheiteste Tier, der Leitesel. Trupps von Landarbeitern reiten auf ihren Maultieren und Eseln hinaus aufs Feld, lassen die Beine über die Packtaschen baumeln und summen eine copla vor sich hin. Gelegentlich jagt mit furchtbarem Lärm und Gestank, kilometerlange Staubfahnen hinter sich ziehend, ein Fordautomobil die Straße entlang, aber es dauert lange, bis es eine Wagenkarawane überholt hat, denn die Fuhrleute liegen unter ihren Zelten sämtlich in tiefem Schlaf.

Außer den vereinzelten Ventas und Straßenwärterhäusern (casas de camineros) gibt es wenig Einzelsiedlungen. In der Getreidesteppe der östlichen Mancha kommen gelegentlich Einzelhöfe (quintenas), die von Pächtern bewirtschaftet werden, vor (Tafel 22, Abb. 1). Sie liegen meist ohne eine Spur von Grün mitten in der öden, grauen Steppe und machen von außen den Eindruck einer wehrhaften Burganlage, ähnlich unserem fränkischen Gehöft. Die niedrigen, graufarbenen Wohn- und Wirtschaftsgebäude bilden ein Rechteck mit einem Hofraum in der Mitte und turmförmigen Aufbauten an den Ecken. Wo Lücken vorhanden sind, sind die Seiten des Rechtecks durch hohe Mauern ergänzt. Die Außenseiten sind gewöhnlich fensterlos, und nur ein einziges verschließbares Tor pflegt ins Innere des Gehöftes zu führen.

In den Einöden des Berglands von Calatrava und Montiel trifft man hier und da einmal eine einsame Eremita oder die ärmliche Hütte eines Hirten oder Köhlers. Wo ständig fließendes Wasser vorhanden ist, wie am Guadiana und Júcar, gibt es Wassermühlen (Getreidemühlen, Ölmühlen, Walkmühlen[1]), auf den Anhöhen in der Nähe von Ortschaften Windmühlen.

---

[1]) Die Walkmühlen, welche Don Quijote eine so große Beunruhigung einflößten, werden diejenigen am Guadiana alto gewesen sein, in welchen noch bis vor kurzem die Wolle der ganzen Gegend verarbeitet wurde.

Die Windmühlen sind noch heute eine Eigentümlichkeit der Mancha, obgleich ihre Zahl gegen früher sehr zurückgegangen ist und sie keineswegs auf diesen Teil Spaniens beschränkt sind. Don Quijote sieht einen Schwarm von 30—40 Windmühlen, die er für Riesen mit langen Armen hält, auf dem Felde stehen. So viele gibt es heute kaum noch in der ganzen Mancha. Obgleich man denken sollte, daß in dem flachen, offenen, wasserarmen Land mit fast stets bewegter Luft der Wind als die billigste und bequemste Kraft geschätzt wäre, sind die Windmühlen doch größtenteils durch Dampf- und Wassermühlen ersetzt. Am häufigsten sind sie heute und waren sie früher in der Umgebung von Campo de Criptana; dort mag Don Quijote seinen heldenhaften Kampf ausgefochten haben. Sechs oder sieben sind noch im Betrieb, die übrigen halb oder ganz abmontiert (Tafel 23, Abb. 2 und Tafel 22, Abb. 2). Auch bei Alcázar de San Juan und auf den Höhen bei Herencia gibt oder gab es eine größere Zahl. Andere habe ich bei Villarobledo, Quintanar de la Orden, Valdepeñas, Almagro und Moral de Calatrava gesehen. Die Windmühlen der Mancha sind zylindrische Steinbauten mit drehbarer, kegelförmiger Haube, an welcher die mit Tüchern bespannten Flügel befestigt sind. Die Flügel sind etwas nach vorn gebogen, also gerade entgegengesetzt, wie sie Doré auf seinem bekannten Bilde gezeichnet hat.

Die zahlreichen casas de labor (Arbeiterhäuser), die man auf den Feldern und in den Weingegenden sieht, dürfen nicht zu den Einzelsiedlungen gezählt werden, da sie nicht dauernd bewohnt sind, sondern nur zum Aufenthalt der Arbeiter über Tag und zum Aufbewahren von Geräten dienen. Es sind gewöhnlich schmucklose, weißgetünchte, viereckige Hütten, ohne Fenster und mit nur einem Raum im Innern. Daneben befindet sich der corral für die Maultiere und Esel. Bei Alcázar de San Juan haben sich einige altertümliche Formen erhalten: runde, schneeweiße Lehmhütten mit bienenkorbähnlicher Kuppel, ohne Fenster und mit nur einer Türöffnung (Tafel 24, Abb. 1). Als Tür benutzt man gern alte Dreschschlitten. Etwas geräumiger sind die casas der Norias, in welchen sich die Arbeiter einen großen Teil des Jahres regelmäßig tagsüber aufhalten und wo sie zur Erntezeit mitunter auch die Nacht verbringen. Sie sind mit zwei oder mehreren Räumen, Herd, Lager und Stallungen versehen.

Die bezeichnende Siedlungsform der Mancha ist das große, geschlossene, stadtähnliche Dorf oder die dorfartige Stadt mit 5000—20000 Einwohnern (Tafel 24, Abb. 2). Eine Hauptursache der lokalen Zusammenballung der Bevölkerung ist der Trinkwassermangel. Die Wasserfrage war von jeher eine große Kalamität in der Mancha und ist auch heute noch durchaus nicht überall zur Zufriedenheit gelöst. Denn es sind keineswegs nur dort Ortschaften entstanden, wo gutes und reichliches Wasser vorhanden war. Viele behalfen sich mit Zisternen, andere mußten das Wasser stundenweit in Fässern oder in Ziegenhäuten herbeischaffen. So wurde z. B. das Wasser für die große Stadt Tembleque von dem benachbarten Dorf Romeral geholt, wo das Wasser auch nicht gut, aber genießbar war[1]). Wo die obere Kalksteinschicht der Tertiärformation erhalten ist, befindet sich an deren Basis über den Gipsmergeln ein wichtiger Wasserhorizont, der brauchbares, wenn auch mitunter etwas verunreinigtes Wasser, die sog. „aguas gordas", liefert. Wo aber die Kalkbänke fehlen, ist man noch heute vielmals auf das schlechte, bittere Grundwasser der Gipsmergel angewiesen. Größeren Orten wie Manzanares, Alcázar de San Juan, Valdepeñas, La Solana u. a. wird das Wasser durch Pumpwerke oft von weither, meistens aus den quellreicheren Bergländern der Umgebung, zugeführt. So kommt das Wasser für Manzanares aus 17 km Entfernung. Auch wo moderne Leitungen vorhanden sind, sollte man niemals das Wasser ungekocht genießen, denn Typhus kommt in allen Orten gelegentlich vor. Wie für andere Teile Spaniens gilt besonders für die Mancha, daß der Wein reichlich und gut, das Wasser aber knapp und schlecht ist.

Eine weitere Ursache der Zusammendrängung der Menschen in einzelnen volkreichen Siedlungen war das Schutzbedürfnis in Kriegszeiten und gegen die Räuberbanden, welche von der Sierra Morena her die Ebenen der Mancha heimsuchten. Die nach allen Richtungen offene Landschaft bietet nirgends einen natürlichen Schutz. So waren die Menschen gezwungen, sich zu gemeinsamer Abwehr oder im Schutz einer Burg zusammenzuschließen. Und oft ist die Mancha von Kriegsheeren durchzogen worden, denn von ihr strahlen wichtige Wege nach allen Richtungen: nach Estremadura, Andalusien, Murcia, Valencia und dem Norden Neukastiliens (Toledo-Madrid) aus. Alle großen Kriege, welche um die Herrschaft in Spanien geführt wurden, haben auch die Mancha berührt. Die entscheidenden Schlachten wurden allerdings nicht in der Mancha selbst, sondern gewöhnlich an der Peripherie, in der Nähe des Ein- bzw. Ausgangs der strategisch wichtigen Pässe und Zugangswege, geschlagen. Harte Kämpfe sind in der Römerzeit um Alarcos, in der Maurenzeit um die

---

[1]) 39a, S. 58, Anm.

Burg Calatrava la Vieja, die beide den Guadiana-Weg nach Westen beherrschten, geführt worden. Die Entscheidungsschlacht des spanisch-christlichen Kreuzheeres gegen die Almohaden, durch welche das Hochland endgültig den Mauren entrissen wurde, fand im Süden des Despeñaperros-Passes bei Las Navas de Tolosa (16. Juli 1212) statt. Etwa 50 km südlich davon, bei Bailén, liegt jenes denkwürdige Schlachtfeld, wo die napoleonische Armee zum ersten Mal besiegt wurde und der französische General Dupont d'Etang sich am 22. Juli 1808 mit 17000 Mann den Spaniern unter Castaños ergeben mußte. Den Ostausgang der Mancha sperrte früher das viel umkämpfte Chinchilla. Weiter gegen den Rand des Hochlands hin, bei Almansa, wurde am 25. April 1707 die österreichische Armee vom Herzog von Berwick geschlagen und damit Spanien für Philipp V. gewonnen. In der Nähe von Ocaña, im Norden der Mancha, kämpften die Spanier am 19. November 1809 gegen das von Mortier befehligte Franzosenheer. Der unglückliche Ausgang der Schlacht öffnete den Süden Spaniens den Franzosen, und schon 1810 hatten diese den Guadalquivir erreicht.

Notwendiger noch als gegen gelegentlich durchziehende Kriegsheere war der gemeinsame Schutz gegen die fortwährende Belästigung durch räuberische Überfälle. Das Räuberunwesen hatte sich besonders nach der Reconquista entwickelt. Die Unsicherheit war so groß, daß die durch die Maurenkriege verwüsteten Gebiete lange verödet, unbebaut und unbewohnt blieben, trotz aller Bemühungen der Herrscher und trotz der Freiheiten, die diese den Neuansiedlern gewährten. Vagabunden, Verbrecher, Abenteurer, heruntergekommene Hidalgos, denen es nach der Befreiung des Landes an Betätigungsmöglichkeit fehlte, raubten Herden und Ernten und belästigten Handel und Verkehr, ohne einen Unterschied zwischen Christen und Moros, Hirten, Bauern und Kaufleuten zu machen. Sie schlossen sich zu Banden zusammen, und unter dem Namen „Golfines" erlangten diese solche Macht, daß sich die Städte zu gemeinsamem Schutz verbanden. So entstanden seit dem Ende des 13. Jahrhunderts Vereinigungen einzelner Ortschaften, die sog. Hermandades oder Brüderschaften, Organisationen, die sich allmählich über ganz Kastilien ausbreiteten. Gestützt auf eine gut disziplinierte Polizeitruppe, sorgten sie für Ruhe und Ordnung im Lande und schützten sie die Städte zugleich gegen die Übergriffe des Adels und des Klerus. Die von Ferdinand und Isabella ins Leben gerufene politisch-militärische Organisation der Santa Hermandad wurde i. J. 1498 ihrer politischen Funktionen entkleidet, hat aber als politische Einrichtung noch lange fortbestanden. Aus ihr ist die heutige Elitetruppe der Guardia civil, welche die Hauptstütze der öffentlichen Ordnung und Sicherheit in Spanien bildet, hervorgegangen.

Mit am längsten in Spanien hat sich das Räuberunwesen in der Sierra Morena zu erhalten vermocht. Hier, in dem „Schwarzen Gebirge", war es, wo Don Quijote 12 Menschen, „die wie die Perlen eines Rosenkranzes mit den Hälsen auf eine große eiserne Kette gereiht waren und an den Händen Handschellen trugen," zur Freiheit verhalf, aber dann zum Dank dafür von den Viehdieben und Straßenräubern selbst ausgeplündert wurde und sich schleunigst aus dem Staube machen mußte, um nicht den Scharen der Santa Hermandad, vor denen besonders Sancho einen gewaltigen Respekt zeigt, in die Hände zu fallen. Die zerklüftete, waldreiche, unwegsame Sierra Morena hat bis in das 19. Jahrhundert hinein allen möglichen Elementen, die mit den Gesetzen in Konflikt geraten waren, sichere Schlupfwinkel geboten, von denen aus die Ebenen der Mancha und Andalusiens, wie auch die sie verbindenden Pässe unsicher gemacht wurden. Die Ansiedlung Deutscher in der Sierra Morena um 1780 unter Karl III. hatte nicht nur den Zweck, das öde Land zu kultivieren, sondern auch dem Räuberunwesen ein Ende zu machen. Während der Bürgerkriege im 19. Jahrhundert sammelte sich von neuem allerlei Gesindel in der Sierra Morena an, das noch in der 2. Hälfte des 19. Jahrhunderts seine Streifzüge in die Mancha hinein machte. Die volkstümlichste Gestalt war der Räuberhauptmann Moraleda, von dem ebensoviele waghalsige, wie edelmütige Taten erzählt werden. Er galt als Freund und Beschützer der Armen. Einmal gelang es ihm und seinen Genossen sogar, einen Eisenbahnzug in der Mancha anzuhalten. Die Reisenden wurden mit vorgehaltener Pistole, aber im übrigen mit der Höflichkeit eines Caballero um ein Almosen gebeten.

Die Orte der Mancha sind mit wenigen Ausnahmen alt; viele stammen aus der Maurenzeit oder sind doch damals emporgeblüht; einige lassen sich sogar bis in die römische Zeit zurückverfolgen. Aber die Hauptwachstumsperiode der Städte setzte doch erst im 19. Jahrhundert mit der Ausbreitung des Getreide- und Weinbaus, der Verbesserung der Verkehrsverhältnisse und der Hebung des Wohlstandes ein. Siedlungen mit römischen Erinnerungen sind u. a. Chinchilla (röm. Saltigi), das ein wichtiger Knotenpunkt des römischen Verkehrsnetzes war, ferner Puerto Lápiche (korrumpiert aus Portus lapidum), El Toboso, Campo de Criptana, Consuegra (röm. Consabron oder Consabura), Almagro, Infantes, Montiel, Lezuza (röm. Lebinosa). Der Campo de Montiel hieß in römischer Zeit Campo Laminitano und hatte seinen

Namen von der Stadt Laminium, welche im Süden von Carpetanien, 7 mp (= 10,37 km) westlich der Quelle des Anas (Guadiana) lag. Die wichtige römische Siedlung Oretum, von Ptolemäus und Plinius „Oretum Germanorum“ genannt, lag am linken Ufer des Jabalon bei der Eremita Azuqueza, 4½ km südöstlich Granátula de Calatrava. Sie wurde während des maurischen Einbruchs zerstört und nicht wieder aufgebaut. Historisch interessant ist ferner das alte Laccuris, im Mittelalter Alarcuris genannt, welches auf einem Hügel am linken Ufer des Guadiana, 7 km westsüdwestlich von Ciudad Real, gelegen, eine wichtige Pforte im Westen der Mancha beherrschte. Im Jahre 1195 wurde hier Alfons VIII. von Kastilien von den Almohaden besiegt. Die Burg wurde später von den Christen zurückerobert, aber nicht wieder aufgebaut. In der Eremita de Alarcos sind interessante römische und arabische Gegenstände aufbewahrt, die dort gefunden wurden, und viel mag noch unter den kaum berührten Trümmern der benachbarten Burg verborgen sein.

Zahlreiche Gelände-, Fluß- und Städtenamen erinnern an die maurische Siedlungsepoche. Arabisch sind z. B. die Namen der Ortschaften: Albacete (arab. al-Basîta), Alhambra (Medînat al-hamrâ, d.h. „die rote Stadt“, so genannt nach der Farbe des Bodens), Almagro (Milagro), Almodóvar, Alcázar (al-Kasr). Die Burg Calatrava, arab. Calat-Rabah, d. h. „Burg in der Ebene“, lag auf einer ganz flachen Erhebung am linken Ufer des Guadiana nordöstlich Ciudad Real und war eine wichtige Festung der Mauren, als sich diese vor den vonNorden andrängenden Christen auf die Guadiana-Linie zurückziehen mußten. Sie ist im 12. Jahrhundert heiß umkämpft worden. Im Jahre 1146 wurde sie durch Alfons VIII. von Kastilien dem Reiche von Córdoba entrissen, konnte aber nur mit größter Mühe gehalten werden. Zu ihrem Schutz wurde i. J. 1158 der berühmte, nach ihr benannte Calatrava-Ritterorden gestiftet. Dennoch ging im Jahre 1197 die Burg an die Mauren verloren, und erst durch den Sieg bei Las Navas de Tolosa im Jahre 1212 gelangte sie endgültig in den Besitz der Christen. Seitdem wurde Calatrava la Vieja Etappe, die Ordensritter siedelten nach Calatrava la Nueva, welches der neuen Grenze näher lag, über, und die alte Burg am Guadiana wurde zur Ruine. Innerhalb des alten Mauerrings, dessen Ausdehnung noch einen Begriff von der Bedeutung der Festung gibt, pflügt der Manchego heute seinen Acker. Die Burg Calatrava la Nueva, welche im Süden des Ojailéntals einen wichtigen, nach Süden führenden Gebirgspaß beherrschte, ist sehr viel besser erhalten. Ihr gegenüber liegen die Trümmer der Burg Salvatierra, welche ebenfalls eine Zeitlang die Residenz der Ordensmeister von Calatrava war.

Durch den lange hin- und herwogenden Kampf zwischen Christen und Mauren waren viele der einst blühenden maurischen Städte verwüstet und verödet. Nach der endgültigen Befreiung Neukastiliens ging das Bestreben der Landesherren dahin, neue Siedler herbeizuziehen und die Städte und Dörfer wieder mit Menschen zu füllen. Die Unsicherheit im Lande, die Übergriffe des Adels, die Lasten, welche den Städten von Seiten der weltlichen und geistlichen Herrscher auferlegt wurden, nachdem man ihnen zunächst allerlei Freiheiten und Vorrechte gewährt hatte, ferner die wie Pilze aus dem Boden schießenden Klöster, alles das hemmte lange den Wiederaufstieg. Dennoch erholten sich die Städte langsam, und zur Zeit des wirtschaftlichen Hochstandes Spaniens, in der ersten Hälfte des 16. Jahrhunderts, erreichten sie der Einwohnerzahl, der Entwicklung von Handel und Industrie und dem Wohlstand nach einen zweiten Höhepunkt. Neue Ortschaften waren aber doch nur wenige hinzugekommen. In der 2. Hälfte des 16. und im 17. Jahrhundert dauerte die Blüte wenigstens äußerlich fort; sie dokumentiert sich in manchen schönen baulichen Erinnerungen an die architektonische Glanzzeit Spaniens. Aber in Wirklichkeit hatte schon der Abstieg begonnen. Handel und Industrie gingen zurück und mit ihnen der Wohlstand, während die Zahl der Klöster weiter zunahm und auf dem Lande immer noch an der extensivsten Form der Wirtschaft, der Kleinviehzucht, festgehalten wurde. Besonders verhängnisvoll war die starke Auswanderung. Die Mancha-Orte teilten das Schicksal der meisten kastilischen Städte, sie verarmten, verödeten, und ganze Stadtteile verfielen. Die fortgesetzten inneren Wirren in der ersten Hälfte des 19. Jahrhunderts, unter denen auch die Ortschaften der Mancha zu leiden hatten, vervollständigten den Ruin. Erst in der zweiten Hälfte des 19. Jahrhunderts trat eine Wandlung zum Besseren ein. Der Übergang zu einer intensiveren Nutzung des Bodens hatte ein Anwachsen und eine Neubelebung der Siedlungen zur Folge, und mit der wirtschaftlichen Entwicklung hob sich der Wohlstand.

Viel hat zur Hebung des Landes der Ausbau des Verkehrsnetzes beigetragen. Zwei wichtige Eisenbahnlinien, welche allerdings trotz ihrer Bedeutung immer noch eingleisig sind, führen mitten durch die Ebene der Mancha. Die eine verbindet das Hochland mit Andalusien, indem sie den seit uralten Zeiten begangenen Engpaß von Despeñaperros (Tafel 23, Abb. 1) benutzt. Die andere zweigt bei Alcázar de San Juan ab und strebt der Pforte der Mancha im Südosten zu. Von

Chinchilla sendet letztere einen Strang über Hellin und das Segura-Tal abwärts nach Murcia und Cartagena, einen zweiten über Almansa nach dem Rand des Hochlands bei La Encina, wo sich der Schienenweg abermals gabelt und eine Linie in südöstlicher Richtung das Vinalapó-Tal abwärts nach Alicante, eine andere nach Nordosten über Játiva in das valencianische Tiefland zieht. Mit dem Norden Neukastiliens und dem politischen, wirtschaftlichen und kulturellen Zentrum des Binnenlandes, Madrid, ist die Mancha durch den von Alcázar de San Juan über Aranjuez führenden Hauptstrang verbunden. Eine andere Linie geht weiter westlich von Madrid nach Ciudad Real und setzt sich von dort über Puertollano in das Bergwerksgebiet von Almadén und nach Estremadura fort. So besitzt die Mancha nach allen Seiten gute Verbindungen. Die Linien fließen auf der hindernislosen Ebene der Mancha wie in einem zentral gelegenen großen Saal zusammen. Vorteilhaft ist besonders die Mittellage zwischen dem Zentrum und den peripheren Gebieten. Von den letzteren sind die östlichen Randlandschaften enger mit Neukastilien verknüpft als Andalusien; denn nach dort führen mehrere ziemlich breite und bequeme, von Natur vorgezeichnete Wege hinab, während der Verkehr mit Andalusien fast allein auf den Engpaß von Despeñaperros angewiesen ist. Auch werden die mediterranen Küstenstädte schneller erreicht als Cádiz oder Huelva.

Von den Hauptlinien zweigen in der Mancha mehrere Seitenäste ab. Einer führt nach Cuenca, ein anderer von Villacañas nach Quintanar de la Orden, ein dritter von Cinco Casas nach Tomelloso, ein vierter von Manzanares über Daimiel-Almagro nach Ciudad Real, ein fünfter von Puertollano über Almodóvar del Campo nach S. Quintin und schließlich eine Kleinbahn von Puertollano nach Valdepeñas. Das ganze Gebiet von der Linie Quintanar de la Orden—Tomelloso bis zur Ostgrenze der Mancha ist, mit Ausnahme der nach Chinchilla führenden Linie, noch ganz ohne Bahnen. Am entlegensten ist der Campo de Montiel. Alcaraz ist, in der Luftlinie gemessen, 65 km von der nächsten Bahn entfernt. Eine Verbindung von Chinchilla über Alcaraz nach Baeza ist schon lange geplant.

Viel ist in den letzten Jahrzehnten für den Ausbau und die Verbesserung des Straßennetzes getan worden, und damit hat auch der Kraftwagenverkehr stark zugenommen. Eine ganze Anzahl von Kraftwagenlinien vermitteln den Personenverkehr mit den größeren Ortschaften abseits der Eisenbahn. Wie überall in Spanien triumphiert auch in der Mancha der Fordwagen.

In der Mancha liegen die Dörfer und Städte regellos und ohne natürlichen Schutz in der offenen Ebene. Sie entstanden vor allem dort, wo brauchbares Trinkwasser und gutes Ackerland vorhanden waren. Für andere war die günstige Verkehrslage oder der Schutz durch eine maurische Palastburg (alcázar) oder ein Castillo bestimmend. Die unmittelbare Nähe der Flüsse eignete sich meistens nicht für die Besiedlung, da die Flüsse von breiten, zur Regenzeit sumpfigen Niederungen begleitet zu sein pflegen. Die von den Mäandern des eingetieften Júcar umflossenen Sporne boten stellenweis gute Schutzlage. Mit Vorliebe liegen die Siedlungen am Abhang oder auf dem Rücken von Hügeln, wo sich solche über die Ebene erheben. Den höchsten Punkt krönt dann eine Kapelle, eine Kirche, die Ruine eines Kastells oder einer Windmühle.

Auf der Hochfläche des Campo de Montiel sind die Siedlungen gewöhnlich an die wasserreichen Quelläste geknüpft; sie bevorzugen außerdem die Nestlage, um gegen die rauhen Winde geschützt zu sein. Gegen den Rand der Schichttafel hin liegen die Siedlungen auf Spornen oder Ausliegern (z. B. Alhambra), auf Schicht-Terrassen oder an Flüssen, deren Wasser zum Mühlenantrieb oder zur Bewässerung benützt werden kann. Im Campo de Calatrava sind die Siedlungen an die Täler mit Wasser und fruchtbarem Boden gebunden. Keine einzige größere Ortschaft dieses Gebiets hat Berglage. Eine ganze Anzahl von Siedlungen liegt dort, wo Mineral- oder Thermalquellen dem Boden entspringen, wie schon die Namen erkennen lassen: Fuensanta, Fuencaliente, Villar del Pozo, Villanueva de la Fuente, Los Hervideros, Pozuelo de Calatrava. Seltsam ist der Name des Ortes Tirteafuera im Campo de Calatrava, der übersetzt soviel wie „Packdichfort“ (tirte afuera) bedeutet. Sehr komisch ist auch der Name der in der Nähe von Ciudad Real gelegenen Stadt Miguelturra („Michel röstet“ oder „Michel brät auf Kohlen“). Beide werden im Don Quijote-Roman (47. Kap.) erwähnt.

Aus größerer Entfernung betrachtet, verwächst die Mancha-Stadt in Farbe und Form völlig mit der Landschaft. Die gleichmäßig hohen, enggebauten Häuser verschmelzen zu einer einförmigen, grauweißen Masse, deren flache Profillinie eine sanfte Bodenschwelle vortäuscht. Die Ruinen eines Castillos oder Klosters auf dem höchsten Punkte der Stadt sehen aus wie die natürlichen Felsbildungen der Sierren des Hochlands. Nur die stattliche Kirche erhebt sich hoch über die Ebene der Dächer; sie zeigt dem Reisenden schon aus weiter Ferne das Ziel, welches er erst nach vielen Stunden erreicht.

Hält man von dem Kirchturm Umschau, so erblickt man ein Meer von flachgiebeligen Dächern, die fast ausnahmslos mit den plumpen, braunroten, sog. arabischen Hohlziegeln gedeckt sind, unter sich (Tafel 28, Abb. 2). Nur wenige Gebäude, ein altes Kloster, eine große Bodega oder der runde Stierkampfzirkus, heben sich aus der Masse heraus. Nirgends sieht man eine Spur von Grün, weder im Innern der Stadt, noch an ihrer Peripherie. Mit geschlossener, scharfer Umrißlinie grenzt sie unmittelbar an die Steppe. Die Straßen sind nur im Stadtinnern gewunden und verhältnismäßig schmal, sonst aber geradlinig und auffallend breit. Der Grundriß ist im Einzelnen sehr verschieden. Die meisten Orte sind vom Stadtkern nach allen Seiten gewachsen und haben dadurch einen mehr oder weniger kreisförmigen Umriß und ein Straßennetz, das an ein Spinngewebe erinnert oder Schachbrettform hat, erhalten (Figur 7). Planmäßige Gründungen gibt es meines Wissens nicht. Die Mancha-Orte, zumal die in der Ebene gelegenen, nehmen einen im Verhältnis zur Einwohnerzahl großen Raum ein.

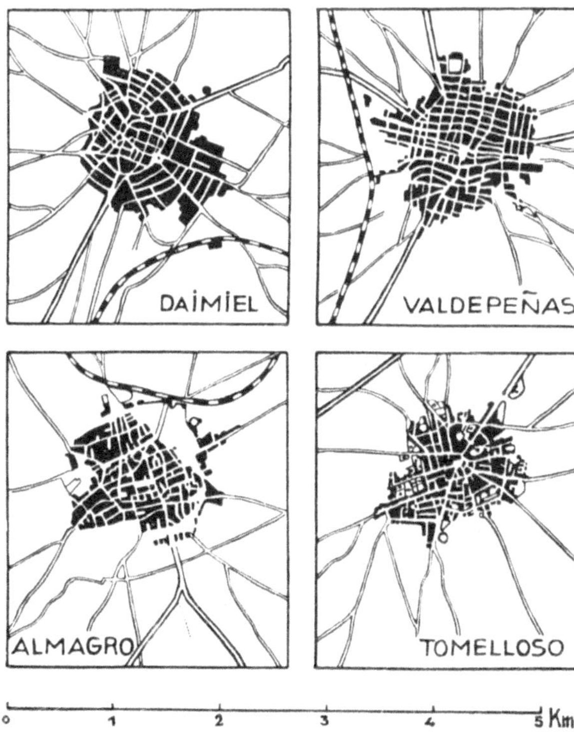

Figur 7. Grundriß einiger Mancha-Städte.

Die niedrige Bauweise, die breiten Straßen, die eingeschalteten Plätze und die zahlreichen Höfe, alles läßt erkennen, daß die Steppe Raum genug bot.

Den Mittelpunkt des Ortes bildet der für alle spanischen Städte bezeichnende Stadtplatz, die „Plaza Mayor", häufig „Plaza de la Constitución" genannt. Er hat gewöhnlich eine streng symmetrische, quadratische oder rechteckige Form und ist rings von geschlossenen Hauswänden begrenzt. An der einen Seite liegt das Rathaus oder die Kirche als der das Ganze beherrschende und zusammenfassende Hauptbau (Figur 8). Einmündende Straßen sind vielmals von Häusern über-

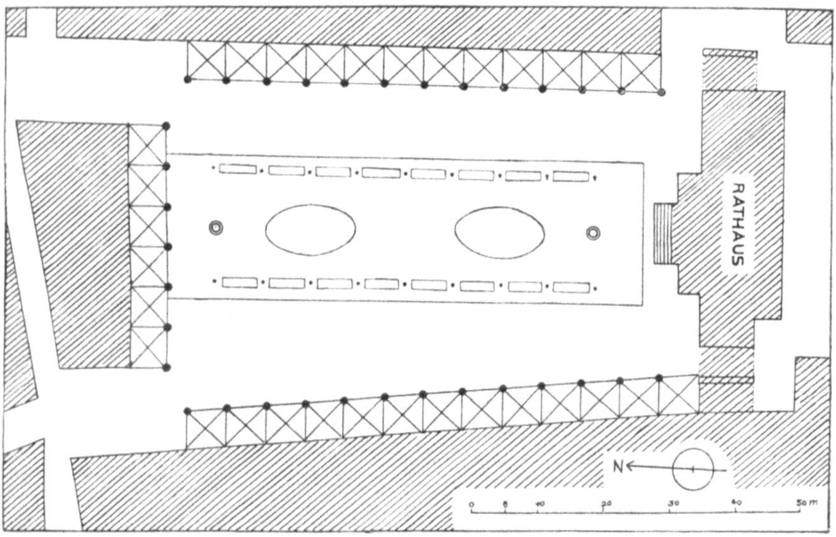

Figur 8. Die Plaza de la Constitución in Ciudad Real mit Rathaus, Arkaden und Anlagen.

brückt oder winklig abgebogen, so daß der Platz einen vollständig geschlossenen Eindruck macht (Tafel 25, Abb. 1 und 2). Häufig führen rings um die Plaza schattige Arkaden mit schönen Säulenreihen, ähnlich den südtiroler Laubengängen. Die oberen Stockwerke sind mit Fenstertüren und Balkonen oder Loggien versehen. Mitunter laufen die Balkone oder überdachten Gänge an der ganzen Häuserfront entlang (Tafel 25, Abb. 2). Die Häuser stehen eng aneinander, mit der Traufseite zum Platz und sind selten höher als zwei Stockwerke. Sie ähneln einander nach Höhe, Baustil und Bemalung. An der Dachkante ist mitunter ein Gesims angebracht, sonst aber fehlt jeder besondere

Fassadenschmuck, so daß das Rathaus oder die Kirche als architektonische Schaustücke stark zur Geltung kommen. Die Platzfläche ist gepflastert. Hier und da hat man in neuerer Zeit den Versuch gemacht, sie durch Bäume und gärtnerische Anlagen oder durch Bänke, Kandelaber, Denkmäler, Brunnen und dergl. zu schmücken.

Die meisten Plätze haben im 16. oder 17. Jahrhundert ihre Form und bauliche Ausgestaltung erhalten. Die symmetrische Form, die Geschlossenheit und die einheitliche architektonische Behandlung erwecken den Eindruck eines Festraumes. Und in der Tat diente die Plaza früher nicht nur für Marktzwecke, sondern auch für feierliche Aufzüge und Festlichkeiten, wie Turniere, Autodafés und Stierkämpfe. Sogar an der dem Platz zugekehrten Seite der Kirche sind Logen angebracht, von denen aus den Veranstaltungen zugesehen werden konnte, und noch heute sind z. B. in Manzanares und Solana an der Kirchenmauer die Nummern der Sitzplätze zu lesen (Tafel 26, Abb. 1). Nur in wenigen kleinen, entlegenen Orten wird die Plaza noch für den Stierkampf benutzt; in den größeren hat man dafür seit langem besondere Gebäude errichtet. Die Plaza de la Constitución in Almagro soll bis zum Jahre 1818, diejenige in Manzanares bis etwa 1850 als Arena gedient haben.

Jeden Morgen, auch Sonntags, findet von 6 oder 7 Uhr an auf der Plaza der Markt statt. Dann herrscht dort ein buntes, erregtes Leben und Treiben. Die Straßenzugänge werden während der Marktzeit durch Ketten für den Wagenverkehr gesperrt. Da sieht man ganze Berge von Melonen, Tomaten, Weintrauben und sonstigem Obst. Andere verkaufen roten Pfeffer, Zwiebeln, Erbsen, Bohnen, Süßkartoffeln, Knoblauchschnüre. Auch Fleisch, Geflügel, Eier und Fische werden feilgeboten. An der Kirchenmauer stehen in langen Reihen die zweiräderigen, mit Plantüchern überspannten Karren. Am Boden hat ein Töpfer seine Sachen ausgebreitet oder ein Spartgrasflechter Körbe, Matten und Alpargatas zum Verkauf ausgelegt. Der Markt dauert bis gegen 10 Uhr, dann leert sich der Platz, und während der heißen Mittags- und Nachmittagsstunden ist er wie ausgestorben. An der Sonnenseite spannt man zwischen den Säulen der Arkaden Tücher aus, um die Hitze und den Staub abzuhalten. Erst in den Abendstunden belebt sich der Platz von neuem. Dann versammelt sich dort die männliche Bevölkerung, steht in Gruppen beisammen, promeniert auf und ab oder sitzt vor den Cafés und Casinos.

Um die Plaza herum liegt das Geschäftsviertel mit den Läden, Büros, Cafés, Casinos und den Wohnungen der eigentlich städtischen

Bevölkerung. Daran schließen sich nach außen, bei weitem den größten Raum einnehmend, die Wohnbezirke der Landarbeiter und Bauern, mit schmucklosen, niedrigen Häusern und breiten, oft ungepflasterten Straßen, und vor dem Ort liegen die Dreschplätze. Zahlreiche breit ausgefahrene und ziemlich willkürlich verlaufende Feldwege, von denen jeder seinen besonderen Namen hat, führen nach allen Richtungen hinaus auf die Steppe. Ihre Zahl ist erstaunlich groß (Figur 9).

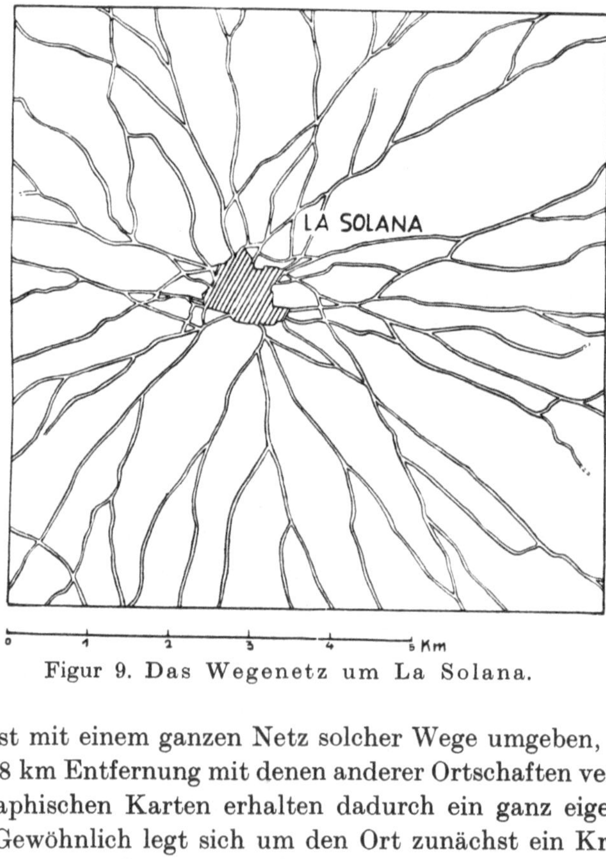

Figur 9. Das Wegenetz um La Solana.

Jeder Ort ist mit einem ganzen Netz solcher Wege umgeben, das sich in 6, 7 oder 8 km Entfernung mit denen anderer Ortschaften verknüpft. Die topographischen Karten erhalten dadurch ein ganz eigenartiges Aussehen. Gewöhnlich legt sich um den Ort zunächst ein Kranz von Ackerland, dann erst kommen die Weinfelder (Figur 10).

Die großen Straßen, die Carreteras, gehen selten durch die Ortschaften hindurch, sondern berühren sie nur an der Peripherie. Ebenso die Eisenbahnen. Der Bahnhof liegt stets mehr oder weniger weit von der Stadt entfernt, mitunter ist er aber durch ein neues Viertel mit ihr verbunden. Auch die Plaza de Toros, falls die Stadt überhaupt eine solche besitzt, hat man an die Peripherie gelegt, wobei sorgfältig darauf Bedacht genommen ist, daß die Arena nicht von Häusern, Hügeln oder Bäumen aus eingesehen werden kann. Ferner befindet sich der Friedhof stets draußen vor dem Ort.

Das Straßenbild ist in den Vierteln der landwirtschaftlichen Be-

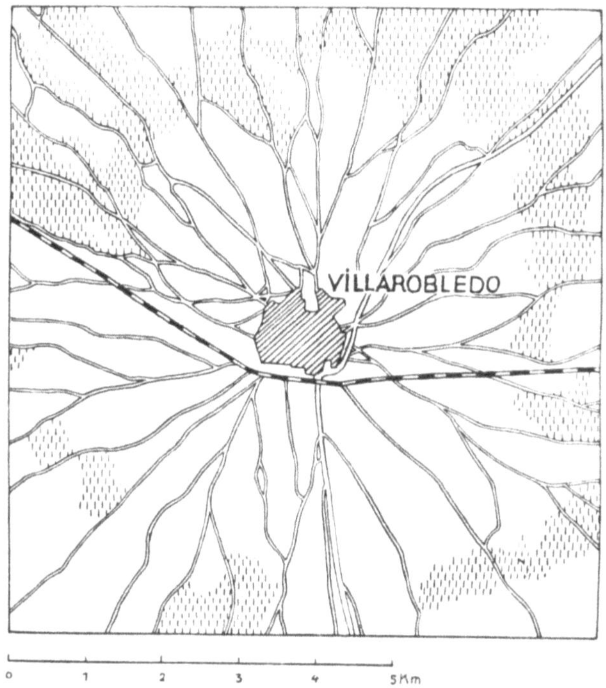

Figur 10. Der Kranz von Weinfeldern und das Netz der Feldwege um Villarobledo. Die weiß gelassenen Flächen sind Getreideland.

völkerung von einer geradezu erdrückenden Öde (Tafel 27, Abb. 1 und 2), aber auch in den anderen Stadtteilen einförmig und im allgemeinen ohne besondere Reize. Selbst der Paseo, die auch in der Mancha niemals fehlende Renommierstraße, auf welche der ganze Ort stolz ist, macht nur einen recht bescheidenen Eindruck, wenn man ihn auch durch Steinbänke, Kandelaber, Alleenbäume (Akazien, Schwarzerlen und dergl.) zu verschönern versucht hat. Er verläuft gewöhnlich aus dem Innern der Stadt in der Richtung gegen den Bahnhof.

Die Häuser sind schmucklos, aus rohen Feldsteinen errichtet und von außen und innen verputzt und weiß gestrichen. Die einzigen nicht verputzten Häuser pflegen die aus mächtigen Quadern erbauten

Kirchen und Klöster zu sein, die sich daher schon durch die düstere Farbe von der Umgebung abheben. Im allgemeinen herrscht der weißgraue Anstrich durchaus vor. Nur wo ein oder mehrere Stockwerke aufgesetzt sind, verwendet man auch andere Farben, besonders Hellgrün, Rosa und Hellblau. Die Fenster sind mitunter blau umrahmt (z. B. in El Toboso), die Fensterläden und Balkone gewöhnlich grün gestrichen. Das Baumaterial ist je nach der Gegend verschieden. In dem Tertiärgebiet der ebenen Mancha verwendet man Kalkstein, Lehm und Gips. Die einfachen Häuser und die nie fehlenden hohen Hofmauern werden aus luftgetrockneten Lehmsteinen (Adobe) erbaut oder in der Weise hergestellt, daß man eine Masse aus Gips, Lehm und kleinen Steinen in feuchtem Zustand zwischen Brettern feststampft und trocknen läßt. Die nach diesem Verfahren errichteten Wände sehen aus, als ob sie aus einzelnen Platten von $\frac{1}{2}$ m Höhe und $\frac{3}{4}$—1 m Breite zusammengesetzt wären. Wo die triasischen Sandsteine und Tone vorkommen, wie besonders im Campo de Montiel, haben die Ortschaften eine rotbraune Farbe. Auch Alcázar de San Juan unterscheidet sich dadurch auffallend von den weißleuchtenden Siedlungen des Tertiärgebiets (z. B. Villacañas, Quero, Quintanar de la Orden, El Toboso). Im allgemeinen sind die Mancha-Orte mit möglichst geringer Verwendung von Holz gebaut.

Die Fassaden der Häuser sind gewöhnlich ganz schmucklos, was immerhin noch angenehmer berührt als die Zuckerbäckerarchitektur an den protzigen Gebäuden reichgewordener Weinfabrikanten und Grundbesitzer. Bei den besseren Bürgerhäusern beschränkt sich der Schmuck auf die schön geschmiedeten Gitter an den Fenstern des Erdgeschosses und auf den Hauseingang mit der geschnitzten oder getäfelten Tür, dem blanken Messinggriff und dem nie fehlenden, oft kunstvoll gearbeiteten Türklopfer aus Messing. Architektonisch am reizvollsten sind, neben den Kirchen und Klöstern, die ehemaligen Wohnsitze alter kastilischer Adelsgeschlechter mit den schön gearbeiteten, wappengeschmückten Portalen (Tafel 33, Abb. 1). Der schlichte Stil mit dem spärlichen, aber sehr wirkungsvollen Schmuck atmet ganz den Geist des genügsamen, stolzen kastilischen Rittertums (Tafel 28, Abb. 1). Almagro, Solana, Chinchilla, Alcaraz, Manzanares sind reich an solchen Erinnerungen, und auch in den Straßen anderer Städte, z. B. Albacete, Infantes, Ciudad Real, El Toboso stößt man hin und wieder auf Spuren der traditionsreichen Vergangenheit. Leider ist vieles zerstört, verfallen und verwahrlost. Die Wappenbilder sind mitunter derart überschmiert, daß unter der dicken Kruste kaum noch etwas zu erkennen ist. Die Kirchen und Klöster bergen im Innern reiche Schätze der Skulptur und Malerei, aber von außen sind auch sie meist sehr schlicht gehalten, mit Ausnahme der reich verzierten Portale. Bezeichnend für eine ganze Reihe von Städten (z. B. El Toboso, Quintanar de la Orden, La Puebla de Almoradiel, Argamasilla de Alba) ist der kahle, fensterarme, quadratische Kirchturm mit der von einer Brüstung umgebenen Plattform und dem aufgesetzten Glockenstuhl.

Der inneren Anlage nach sind die Mancha-Häuser sehr verschieden. Die Wohnungen der städtischen Bevölkerung sind vielmals, aber keineswegs immer, nach dem Muster der in Andalusien sehr verbreiteten Patio-Häuser gebaut (Tafel 28, Abb. 2; Tafel 29, Abb. 1). Das Patio-Haus ist wie das antike Atrium-Haus im Viereck angelegt und umschließt einen Hofraum, der durch alle Stockwerke hindurchgeht und den Eindruck einer großen Halle macht. Alle Zimmer des Erdgeschosses münden auf diesen Patio, und diejenigen der oberen Stockwerke gehen auf die ihn rings umgebenden Galerien hinaus (Tafel 29, Abb. 1). Der Patio ist der Hauptaufenthaltsraum der Familie und zumal während der heißen Mittagszeit eine willkommene, ja die einzige Zufluchtstätte, wo es einigermaßen erträglich ist. Der Fußboden ist mit Marmorplatten, die Wände sind mit farbigen Kacheln (Azulejos) belegt. Das Innere ist mit Blumen und Blattgewächsen geschmückt; rings herum stehen bequeme Liegestühle und Tische mit den nie fehlenden, rotbraunen Wasserkrügen aus porösem Ton und den ebenfalls niemals fehlenden zahlreichen Spucknäpfen. Zum Schutz gegen die Sonne können Tücher ausgespannt werden. So sind die Patios oft recht hübsch und behaglich eingerichtet, wenn auch selten ein solcher Geschmack und Luxus entfaltet wird wie in Andalusien. Mit der Straße ist der Patio durch einen verbreiterten Flur verbunden. In der heißen Mittagszeit sind die nach außen gehenden Türen gewöhnlich noch durch Tücher, die Fenster durch Läden und Jalousien abgedichtet, um das Eindringen von Staub und Hitze zu verhindern. Am Abend ist dagegen alles geöffnet, und man kann dann von der Straße her frei in den Patio blicken. In den besseren Häusern bewohnt man im Sommer die unteren Räume und den Patio, im Winter die heizbaren Räume des ersten Stockwerks. Es ist erstaunlich, daß diese Hausform sich auch auf dem Hochland Neukastiliens eingebürgert und seit alter Zeit erhalten hat, denn sie ist in der Mancha keineswegs in dem Maße klimabedingt wie z. B. in Andalusien. Der Patio schützt zwar in ausgezeichneter Weise gegen die sommerliche Hitze, bietet aber in den kühlen und regenreichen Monaten einen höchst unbehaglichen Aufenthalt.

Die Häuser der landwirtschaftlichen Bevölkerung zeigen, den besonderen Bedürfnissen entsprechend, eine andere Anlage. Sie sind fast immer nur eingeschossig; der Patio erweitert sich zum Hof. In Figur 11

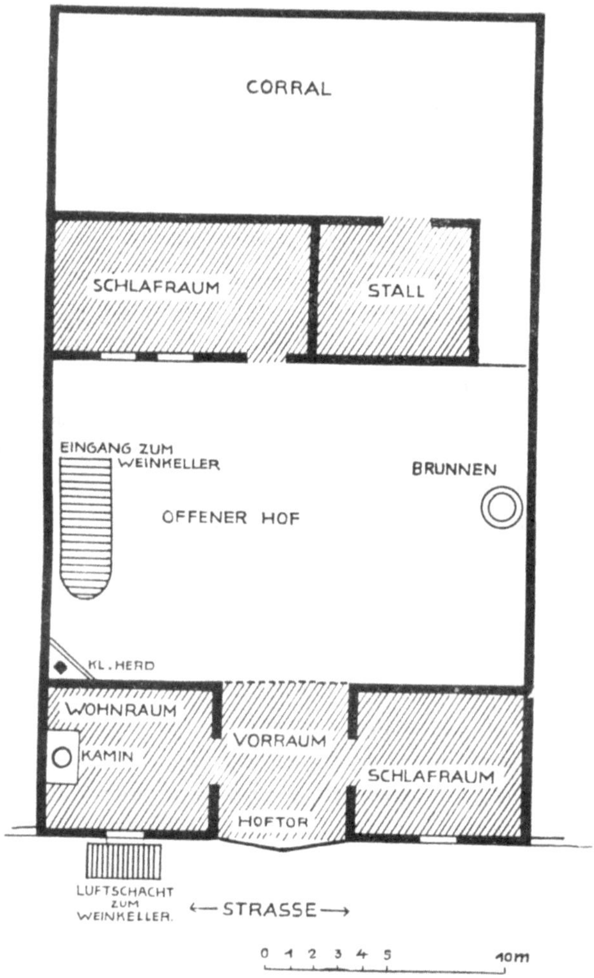

Figur 11. Typ des eingeschossigen Hauses („Corral-Haus") der Landwirtschaft, vornehmlich Weinbau treibenden Bevölkerung in Tomelloso.

ist der Grundriß eines kleinbürgerlichen Hofhauses in Tomelloso wiedergegeben, wie er in dieser oder ähnlicher Form auch in anderen Orten der Mancha immer wiederkehrt. Von der Straße tritt man durch das Tor, welches breit genug ist, um einen Karren hindurchzulassen, in den überdachten, nach hinten offenen Vorraum. Auf der einen Seite von diesem liegt die Schlafstube, auf der anderen ein mit einem Kamin versehener Raum, der zugleich als Küche und Wohnzimmer dient. Im Sommer hält man sich über Tag gewöhnlich in dem schattigen und luftigen Vorraum auf. Hinter dem parallel zur Straße liegenden Wohngebäude folgt der rechteckige Hof. Er ist auf den beiden Längsseiten von hohen, weißgetünchten Mauern und auf der Rückseite durch ein zweites Gebäude begrenzt, welches außer einem weiteren Schlafraum die Stallungen für die Esel, Maultiere, Schweine, Hühner, sowie Vorratskammern für Stroh und Korn enthält. Dahinter kommt abermals ein ummauerter rechteckiger Platz, der teils als Waschplatz und zum Aufbewahren von Dünger und Brennmaterial, teils als corral dient. In dem Hof, der mitunter durch Blumen und Blattgewächse oder sogar durch einen schattenspendenden Baum (Feigen- oder Quittenbaum) geschmückt ist, befindet sich der Brunnen und in der einen Ecke ein kleiner offener Herd. Außerdem führt von hier aus ein schräger Schacht in den 4—5 m unter der Erde liegenden Weinkeller, der in mächtigen, reihenweis aufgestellten Tonkrügen (tinajas) das köstliche Produkt der Mancha enthält. Der Weinkeller reicht gewöhnlich bis zur Mitte der Straße. Viereckige, durch Eisengitter verschlossene Schächte in der Decke, die auf den Bürgersteig hinausgehen, lassen Licht und Luft eindringen. Schächte im Boden sorgen für den Ablauf von Regen- und Sickerwasser. In den Weingegenden sind die Kellerräume riesengroß; die Ortschaften sind dort vollständig unterminiert, und auf den Bürgersteigen zu beiden Seiten der Straße folgen die Kellerschächte in 5—6 m Abstand aufeinander.

Noch eine andere Wohnform, die in den Trockengebieten Spaniens weit verbreitet und dem Klima und Boden vortrefflich angepaßt ist, muß erwähnt werden: die Höhlenwohnungen[1]). Der Lage nach kann man zwei Typen unterscheiden, nämlich solche, welche in ebenem Gelände angelegt, und solche, welche seitlich in den Hang gegraben sind.

Die Höhlen (silos) des berühmten Troglodytenviertels von Villacañas gehören dem ersten, in Spanien sonst ziemlich seltenen Typ an (Tafel 29, Abb. 2; Tafel 30, Abb. 1). Sie liegen in den Gipsmergelschichten der Tertiärebene im Nordwesten, Westen und Südwesten der eigentlichen Stadt. Der unterirdische Wohngürtel von Villacañas umfaßt schätzungsweise 400—600 Höhlen mit sicher über 2000 Be-

[1]) Über die Verbreitung von Höhlenwohnungen in Spanien und in den anderen Mittelmeerländern vergl. meinen Aufsatz in Pet. Geogr. Mitt. 1930 (im Druck).

wohnern. Es sind nur ärmere Leute, die dort wohnen, meistens Landarbeiter, die ein wenig Getreide-, Wein- oder Gemüseland und einige Haustiere, einen Esel oder ein Maultier, vielleicht auch einige Schweine, Ziegen, Kaninchen und Hühner besitzen. Sie graben sich ihre Wohnstätten selbst. Da der Boden, ähnlich dem Löß, sich leicht bearbeiten läßt und gut standfest ist, braucht man nur ganz wenig Baumaterial. Die Wohnungen sind also sehr billig. Sie sind aber auch sehr praktisch und angenehm zum Aufenthalt. Im Sommer ist über Tag die Temperatur in den Höhlen mehrere Grad niedriger als in den gewöhnlichen oberirdischen Wohnungen, und im Winter ist man gegen die Kälte dort unten viel besser geschützt als oben. Es wäre falsch, diese Wohnform als eine besonders primitive zu betrachten und daraus auf einen kulturellen Tiefstand der Bevölkerung zu schließen. Die Höhlenwohnungen von Villacañas sind, wie aus der folgenden Beschreibung hervorgeht, umfangreiche Anlagen, deren behagliche innere Einrichtung und Sauberkeit oft mehr Wohnkultur verraten, als die oberirdischen Wohnungen derselben Ortschaft.

Der Anblick, den die Höhlenstadt bietet, ist höchst eigenartig. Der kahle, durchwühlte Boden mit den vielen Stolleneingängen erinnert an ein Feldlager im Stellungskrieg. Die weißgekalkten, runden Kamine, die hier und da zwischen den gelbbraunen und rötlichen Erdhaufen aufragen, sehen von Ferne wie Grabsteine aus. Einige Feld- und Fußwege führen mitten hindurch.

Der unterirdischen Ausdehnung jeder einzelnen Höhle entspricht an der Oberfläche ein Hofraum von meist rechteckiger Form (Figur 12). Er ist durch einen 1—2 m hohen Wall begrenzt, der aus der ausgehobenen Erde aufgeführt ist. Der Zugang liegt an der einen Ecke. An der anderen befindet sich der ummauerte Dungplatz. Auf der Langseite des in Figur 12 dargestellten Hofraums ist in dem Wall eine Nische mit einer kleinen offenen Herdstelle eingemauert, die, meist nach der Sonnenseite offen, vor allem im Winter an sonnigen Tagen zum Aufenthalt benutzt wird. In der Mitte des Hofes führt ein schräger Schacht mit sauber gemauerten, flachen Stufen zu dem 4—5 m unter der Oberfläche gelegenen Boden der Höhle hinab. Mitunter macht dieser Eingangsstollen einen rechtwinkligen Knick, zum Schutz gegen das Eindringen von Staub. Die untersten Stufen sind überwölbt; außerdem sind als Sonnenschutz häufig noch Matten über den Schacht gespannt. An der Oberfläche ist das Stollenloch von einer kleinen Mauer eingefaßt, die an der schmalen Stirnseite etwa 1 m hoch und meistens an der weißgetünchten Vorderwand mit aufgemalten

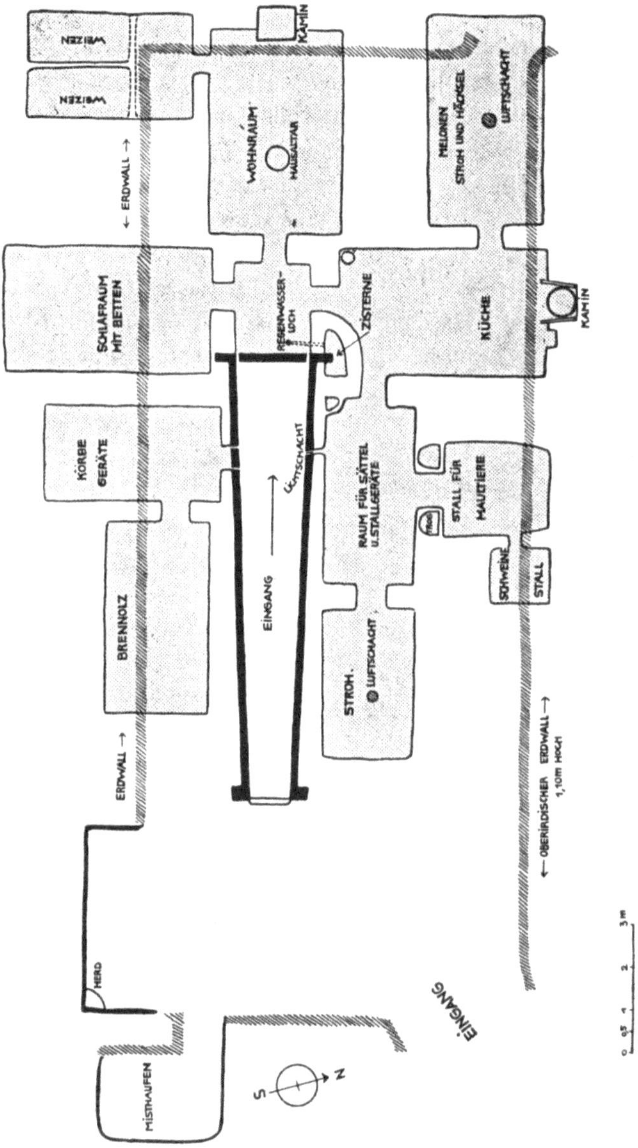

Figur 12. Grundriß einer Höhlenwohnung in Villacañas.

oder plastischen Ornamenten geschmückt ist (Figur 13). Einige Ornamente erinnern an Sonnensymbole, wie man sie in den verschiedensten Kulturkreisen findet. In der Tiefe des Stollens führen — in stets gleicher Anordnung — drei Öffnungen in das Innere der Höhle.

Niedrige Schwellen verhindern das Eindringen von Regenwasser in die Wohnung. Statt Türen sind häufig nur Vorhänge oder Matten angebracht. Durch die mittlere Öffnung gelangt man über einige Stufen hinab in einen Raum, der gewissermaßen als „gute Stube" dient und als Hauptschmuck gewöhnlich einen kleinen Altar enthält. Der Eingang rechts führt in die Küche, welche stets auch als Wohnraum benutzt wird. Das Mobiliar der Küche besteht aus einigen Stühlen und geflochtenen Matten. In der Wand sind Nischen ausgehöhlt, die zur Unterbringung des Küchengeräts dienen. Von dem offenen Herd steigt der Rauch in den Kamin, der sich auf der Oberfläche inmitten des Hofraums als ein etwa 2 m hoher, runder, weißgetünchter Turm erhebt. Ein solcher Kamin befindet sich auch in der „guten Stube". Neben dem Herd liegt der Handblasebalg und das als Brennholz dienende Gestrüpp (Zweige von Macchiensträuchern und Rebstöcken). An der Wand hängt die altertümliche Öllampe. Wasserkrüge aus porösem Ton stehen in der Ecke. In der Küche befindet sich auch der Brunnen, der 4, 5 oder mehr Meter tief bis zum Grundwasser hinabreicht. Das Regenwasser, welches sich im Eingang fängt, wird in einem kleinen Schacht am Boden des Stollens gesammelt.

Figur 13. Häufig wiederkehrende Verzierungen an den Eingängen zu den Höhlen von Villacañas.

An die Küche schließen sich kleinere und größere Räume zum Aufbewahren von Getreide, Gemüse, Brennholz, Stroh, Geräten, sowie Stallungen für Esel, Schweine, Hühner, die ebenfalls unter der Erde leben, an. Gegenüber der Küche liegen auf der andern Seite des Stollens der Schlafraum und noch andere kleine Wirtschaftsräume.

So gibt es Höhlenwohnungen mit 7—10 Kammern. Jede Höhle wird von einer Familie bewohnt, jede hat auch ihre Hausnummer. Trotzdem keine eigentlichen Fenster vorhanden sind, ist es doch im Innern keineswegs finster, da die Wände immer schneeweiß gekalkt sind und genügend Licht durch die meist offenen Türen, die Kamine und Lichtschächte eindringt. Einige haben sogar elektrisches Licht. Rühmenswert ist die Sauberkeit. Der Fußboden ist mitunter mit Fliesen belegt, meistens besteht er aber nur aus gestampftemLehm. Er ist stets sauber gefegt, und immer steht ein Kübel mit Kalkmilch zum Tünchen der Wände bereit. Die Bewohner sind fortwährend mit Putzen und Anstreichen beschäftigt. Die drei Haupträume sind etwa 2 m hoch, die andern niedriger. Die Decke ist gewöhnlich leicht gewölbt.

Ein anderer Ort der Mancha mit vielen Höhlen ist die Bergstadt Chinchilla. Im Gegensatz zu Villacañas sind dort die Höhlen seitlich in den Hang gegraben, auch sind sie viel ärmlicher und weit weniger umfangreich (Tafel 30, Abb. 2). Sie liegen besonders am West- und Südhang des Berges und zwar reihenweise in Terrassen übereinander. Als Decke benutzt man die härteren Gesteinsbänke der wagerecht liegenden Kreidekalke; sie ist nur 1—2 m mächtig. Von oben sind die Wohnungen überhaupt nicht sichtbar, und häufig erkennt man erst an dem seltsam geformten, weißgetünchten Schornstein, der unvermittelt aus dem Boden aufragt, daß man auf dem Dach einer Höhle steht. Die Vorderseite der Höhlenwohnung pflegt aufgemauert zu sein; mitunter ist auch ein kleiner Vorbau vorhanden. Durch eine zweiteilige Tür, deren obere Hälfte gewöhnlich als Fenster geöffnet bleibt, tritt man ins Innere (Figur 14). Der erste Raum dient zugleich als Küche und zum Wohnen. Er ist in ähnlicher Weise ausgestattet wie der entsprechende Raum der Höhlenwohnungen von Villacañas und enthält wie dieser einen Kamin, Nischen für Küchengeräte, für Wasserkrüge und Ölkannen, einige Stühle, Matten usw. Hinter der Küche liegt der Schlafraum, der überhaupt kein direktes Licht erhält, und daneben verschiedene Stallungen und einige Löcher zum Aufbewahren von leña (Brennholz), baja (Häcksel), Getreide, Melonen usw.

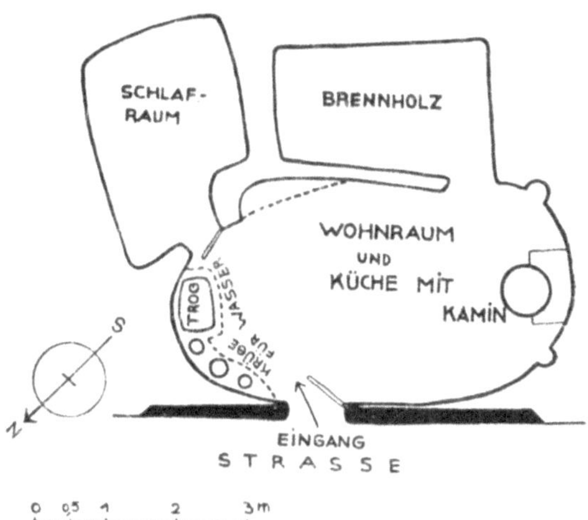

Figur 14. Grundriß einer Höhlenwohnung in Chinchilla.

In Campo de Criptana gibt es in den höher gelegenen Teilen der an einem flachen

Hang sich aufbauenden Stadt eine Kombination von oberirdischen und unterirdischen Wohnungen (Figur 15). Von der Straße kommt man durch ein Tor in den ummauerten Hofraum, der an den Seiten von Wohnräumen und Stallungen begrenzt ist. Auf der Rückseite des Hofes liegt die ebenerdig in den Hang gegrabene Höhle mit der Küche und sonstigen Räumen. Die vorderen Gebäude und der Hof scheinen erst später der Höhle angegliedert worden zu sein.

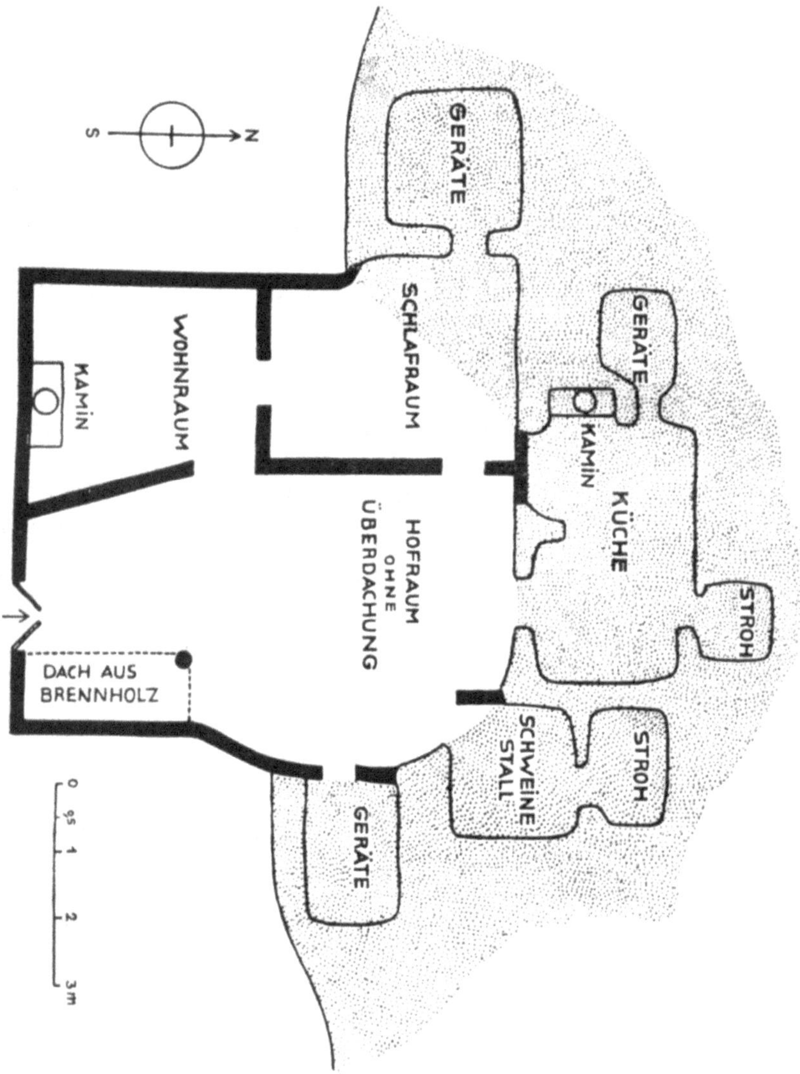

Figur 15. Grundriß einer Höhlenwohnung mit Vorbau in Campo de Criptana.

Die Höhlen in anderen Orten der Mancha sind bald nach diesem, bald nach jenem Schema gebaut.

Im Straßenbild der Mancha-Städte prägt sich unverkennbar der vorwiegend landwirtschaftliche Charakter der Bevölkerung aus. Durch die Dorfstraßen, in deren Schmutz sich Schweine, Hühner und Hunde tummeln, treibt der Ziegenhirt seine Herde. Esel, deren Packtaschen mit Melonen, Tomaten oder Gemüse gefüllt sind, wirbeln Staubwolken auf. Einige sind mit Gestrüpp, das als Brennholz dient, so hoch beladen, daß von den Tieren nichts als die langen Ohren und die Schwänze sichtbar sind. Auf den von 4—6 Maultieren gezogenen zweiräderigen Karren werden Öl-, Wasser- oder Weinfässer transportiert und bringt der Landmann Getreide, Stroh oder Trauben vom Felde heim. Zur Zeit der Getreideernte sind dem Staub feine Strohteilchen beigemengt, die in Wolken durch die Straßen jagen und für die Augen besonders unangenehm sind. Man sieht dann kaum einen Menschen ohne entzündete Augen. Zur Zeit der Weinernte durchzieht die Straßen ein säuerlicher Trebergeruch. Die Kaufläden sind ganz auf die Bedürfnisse der Landarbeiter eingestellt. Ein über der Tür ausgehängter Besen zeigt an, daß dort Wein ausgeschenkt wird, ein Brauch, der ja auch in Süddeutschland üblich ist. Ist der Besen mit einem schwarzen Tuch umwickelt, so bedeutet es Rotwein (vino tinto). Den Höhepunkt des Jahres bildet die Feria, der Vieh- und Krammarkt. Sie findet gewöhnlich zwischen der Weizen- und der Weinernte, also im September, statt und dauert stets mehrere Tage. Von weither strömt dann die Bevölkerung zusammen, und die Ferias einiger Orte, wie die von Albacete, Ciudad Real, Almagro u. a., haben als Schaf-, Maultier- und Eselmärkte über die Grenzen der Mancha hinaus Bedeutung. Natürlich werden dann auch Corridas abgehalten, denn ohne den Stierkampf ist eine Feria nicht denkbar. Die Corridas von Albacete und Ciudad Real erfreuen sich eines besonderen Rufes, wenn sie auch nicht mit denen von Aranjuez und Hellin konkurrieren können, wo die berühmtesten Stierkämpfer auftreten.

Fabriken treten im Stadtbild kaum hervor; sie sind selten, fehlen aber doch nicht ganz. Es sind fast nur solche Industrien vorhanden, welche durch die Landwirtschaft und Viehzucht bedingt sind. Bodegas, d. h. Weinkeltereien, gibt es in jeder Stadt der Mancha, die größten in Valdepeñas und Manzanares. In dem letztgenannten Ort wurde mir eine Bodega gezeigt, die jährlich gegen 300000 arrobas (etwa 3450 hl) Wein erzeugt. Häufig sind auch Destillerien, Mehlfabriken, Mineralwasserfabriken, Ölpressen, Kalkbrennereien und Gipswerke. In jedem

Ort gibt es ferner Lagerhäuser für Getreide und künstlichen Dünger. Die Wollindustrie ist, mit der Schafzucht, gegen früher stark zurückgegangen. Die Spartgrasflechterei hat noch heute eine gewisse Bedeutung. In Albacete wurden früher Messer, Dolche und Degenklingen hergestellt, u. a. auch die in ganz Spanien gebräuchlichen langklingigen Messer, welche als Mordwaffe berüchtigt sind. Was man aber jetzt dem Reisenden dort auf dem Bahnhof anbietet, ist ganz minderwertige, wahrscheinlich aus Mitteleuropa stammende Ware.

Eine Hausindustrie, welche in der Mancha schon seit Jahrhunderten betrieben wird, ist die Spitzenfabrikation. Es gibt sie heute noch vornehmlich im Campo de Calatrava, so in Almagro, Moral d. C., Argamasilla d. C. und La Calzada d. C. Aus dem Don Quijote-Roman erfahren wir, daß auch Sanchita, die Tochter Sanchos, Spitzen klöppelte. Die Muster haben sich seit Jahrhunderten in den Familien vererbt. Berühmt sind besonders die riesengroßen, prächtigen, handgeklöppelten Seidenmantillas, an denen viele Jahre gearbeitet wird und die dann zu hohen Preisen, besonders nach Südamerika, verkauft werden. Den Hauptverdienst allerdings haben die Zwischenhändler. In einigen Orten, wie z. B. Moral d. C., wird fast Haus bei Haus geklöppelt. Tagsüber geschieht das im Patio, in den Abendstunden dagegen auf der Straße. Dann sitzen Frauen jeden Alters, vom fünfjährigen Kind bis zur Großmutter, mit ihren Klöppelkissen auf kleinen Stühlen vor den Häusern, und ihr Mundwerk geht dann ebenso geschwind wie ihre Klöppel.

Eine andere Industrie, die von altersher in der Mancha heimisch ist und seit Jahrhunderten nach denselben primitiven Methoden betrieben wird, ist die Herstellung der großen Tongefäße, der sog. Tinajas, in welchen der Wein vergoren und aufbewahrt wird. Die Hauptfabrikationsplätze sind Villarobledo und Mota del Cuervo, in deren Nähe ein besonders gut geeigneter tertiärer Ton gewonnen wird[1]). Die Tinajas gleichen großen, dickbauchigen Amphoren; sie laufen unten spitz zu und haben oben eine verhältnismäßig kleine Öffnung (Tafel 31, Abb. 2). Die Höhe schwankt zwischen 1 und 4 m; die gebräuchlichsten fassen 2000—3000 Liter; es gibt aber auch solche bis 450 arrobas (= 5175 l) Inhalt. Die Herstellungsweise ist geradezu prähistorisch zu nennen; denn man verwendet keine Drehscheibe und benutzt als einziges Instrument eine mit Riemen an der Hand befestigte Holzspachtel,

[1]) Im nördlichen Neukastilien ist Colmenar de Oreja (nordöstlich Aranjuez) durch seine Tinajas berühmt. Sie werden dort in ganz derselben Weise hergestellt wie in der Mancha (vgl. 39c, S. 81ff.).

die sog. astilla. Es wird unten an der Spitze angefangen und ein ringförmiger Streifen nach dem andern aufgesetzt. Nach dem Formen kommen die Gefäße in 6—7 m hohe Öfen, die mit Gestrüpp geheizt werden (Tafel 32, Abb. 1). Es wurde mir gesagt, daß es allein in Villarobledo gegen 100 solcher Öfen gibt. Jeder faßt 20—25 Tinajas, einige große und zahlreiche kleine. Das Brennen dauert 7 Tage. Nachdem die Gefäße innen noch mit Pech verstrichen sind, kommen sie zum Versand. Auf besonders konstruierten, niedrigen Wagen, die von 5 oder 6 Maultieren gezogen werden, schafft man sie zur Bahn, von wo aus sie in alle Teile Spaniens verschickt werden. Die Tinajas bilden einen wichtigen Artikel des Binnenhandels, denn wenn auch in den Bodegas häufig außerdem Holz- und Zementgefäße verwendet werden, so sind doch die Tonkrüge heute noch allgemein verbreitet. Der Preis beträgt etwa 0,80 Pts für 1 arroba (= 11,5 Liter) Rauminhalt, so daß also eine Tinaja von 300 arrobas (= 3450 l) gegen 240 Pts kostet.

Es würde zu weit führen, die bisher allgemein charakterisierten Mancha-Städte im Einzelnen zu beschreiben, auch wäre es eine ständige Wiederholung, denn die meisten sind sich zum Verwechseln ähnlich. Einen Siedlungsmittelpunkt von überragender Größe gibt es ebensowenig wie einen naturgegebenen Mittelpunkt. Die volkreichste Stadt ist Valdepeñas mit 25000 Einwohnern (Tafel 24, Abb. 2). Sie war noch zu Anfang des vorigen Jahrhunderts eines der vielen unbedeutenden Mancha-Dörfer, ist aber dann mit dem Weinbau mächtig aufgeblüht. Auch Orte wie Manzanares (15000 Einwohner) und Tomelloso (21000 Einwohner) verdanken dem Weinbau ihren Aufschwung. Hat Manzanares noch eine gewisse Tradition, so ist Tomelloso eine in wenigen Jahrzehnten großgewordene, dorfähnliche Stadt, nüchtern und ohne jede Kultur. Es leben dort viele reiche Grund- und Bodegabesitzer, aber die Straßen und die Fondas des Ortes spotten jeder Beschreibung. Das abseits der Bahn gelegene, einst blühende Infantes mit den vielen Klöstern und ruinenhaften architektonischen Schönheiten ist dagegen mehr und mehr verkümmert und heute ohne Leben und Bedeutung. Der vollständige Name dieser Siedlung ist eigentlich „Villanueva de los Infantes“. Er geht auf den Infanten Heinrich, einen Sohn des Königs Ferdinand I. von Aragón, zurück, der im Jahre 1421 das ärmliche Dorf zur Stadt erhob. Die früher an dieser Stelle gelegene, von den Mauren zerstörte Siedlung hieß Moreleja. Alcázar de San Juan (16000 Einwohner), eine ebenfalls alte, aber schmutzige und öde Stadt, die nach einer alten Maurenburg benannt ist und einst der Hauptsitz der Ritter vom Orden des San Juan war, hat als Bahnknotenpunkt verkehrsgeographische und industrielle Bedeutung erlangt. Puertollano (20000 Einwohner) ist die einzige Bergwerkstadt unseres Gebiets; sie hat sich mit dem Kohlenbergbau seit den 80er Jahren des vorigen Jahrhunderts entwickelt. Puertollano ist als Paßsiedlung an einer wichtigen Lücke des Quarzitrückens entstanden, der die breite Senke des Rio Ojailén im Norden begrenzt, und noch jetzt sind zu beiden Seiten des Passes, der heute von der nach Ciudad Real führenden Bahn benutzt wird, Reste der alten Befestigungswerke erhalten. Südlich der schmutzigen und lebhaften, schon ein wenig andalusisch anmutenden Stadt liegen im Tal des Rio Ojailén, umgeben von Weizen-, Wein- und Olivenfeldern, düstere Fabrikgebäude, qualmende Schlote und rauchende Schutthalden. Orte wie Daimiel (16000 Einwohner), Almodóvar del Campo (über 12000), Campo de Criptana (11700), La Solana (11000), Quintanar de la Orden (8200), Villarobledo (14000), La Roda (8500), Almaguer (6300), Villacañas (7700), San Clemente (5400), Moral de Calatrava (7900 Einwohner) und die vielen kleineren Ortschaften haben nur provinzielle Bedeutung und leben fast ausschließlich von den Erzeugnissen und Bedürfnissen der Landwirtschaft und Viehzucht.

Von den zwei Provinzhauptstädten Ciudad Real und Albacete, die beide ohne natürlichen Schutz inmitten derEbene liegen, ist erstere das Zentrum der westlichen, letztere das der östlichen Mancha.

Ciudad Real ist die ältere von beiden. Als nach der endgültigen Vertreibung der Mauren das eroberte und neu zu besiedelnde Land von Räuberbanden heimgesucht wurde, faßte Alfons der Weise den Entschluß, hier eine große und feste Stadt als Schutz und Bollwerk zu schaffen. Von nah und fern wurden Siedler herbeigerufen, und in wenigen Jahrzehnten entwickelte sich in der zweiten Hälfte des 13. Jahrhunderts aus dem früheren Dorf eine ansehnliche Stadt. Sie erhielt den Namen Villareal. Auch die wenigen Bewohner des zerstörten Alarcos siedelten nach dort über. Dank ihrer militärischen Bedeutung und der ihr von der Krone gewährten Privilegien, sowie als Zentrum des Schaf- und Maultierhandels gelangte die Stadt zu hoher Blüte. Johann II. von Kastilien veränderte ihren Namen in Ciudad Real (1420). Im Jahre 1477 wurde sie von dem Calatrava-Ritterorden, der mit der Krone in dauernder Fehde lag, bis er schließlich der Krone einverleibt wurde, zerstört, aber 1489 durch die Katholischen Könige wieder aufgebaut. Aus dieser Zeit stammen auch die zum Teil noch heute erhaltenen Stadtmauern mit ihren 6 Toren und den vielen Wachttürmen, deren es einst 130 gegeben haben soll. Nach einer zweiten Blütezeit im

16. Jahrhundert, ging die Stadt im 17. und 18. Jahrhundert mehr und mehr zurück. Sie hat sich als Provinzhauptstadt, Verkehrsknotenpunkt, Garnison und Markt seit Mitte des vorigen Jahrhunderts zwar etwas erholt, besitzt auch eine Reihe moderner Verwaltungsbauten, die ihr einen repräsentativen Anstrich geben, ist aber nicht wieder zu regerem Leben erwacht. Die Einwohnerzahl beträgt nur gegen 19000. Mit Ausnahme der Bahnhofsanlagen liegt die ganze Stadt innerhalb des alten Mauerrings, ja, dieser erscheint viel zu weit für die heutige Siedlung (Fig. 16). Es wäre allerdings falsch anzunehmen, daß jemals das gesamte Gelände innerhalb der Mauern bebaut war. Man ließ genügend Platz, um bei Gefahr auch die Schafherden, welche den Hauptreichtum der Stadt bildeten, aufnehmen zu können. Aber das bebaute Terrain war doch einst größer, besonders im Norden, gegen die im Mudéjarstil errichtete Puerta de Toledo hin.

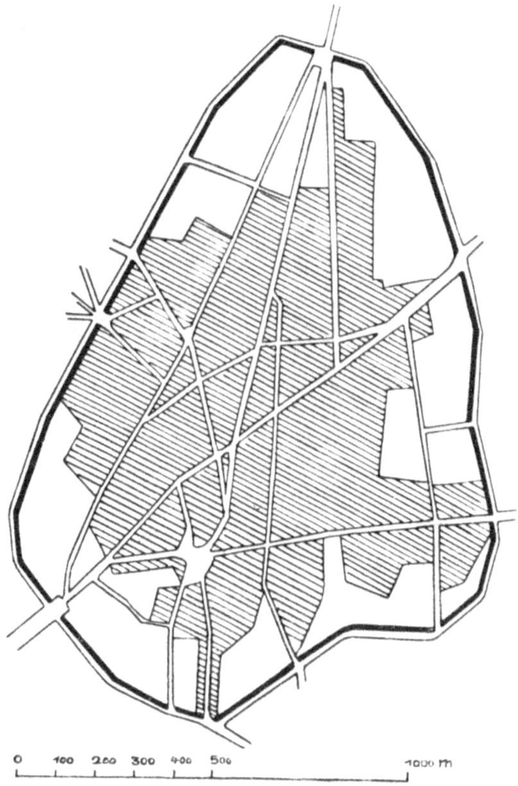

Figur 16. Stadtplan von Ciudad Real. Innerhalb der Stadtmauer sind nur die schraffierten Flächen überbaut.

Historisch und stadtgeographisch interessanter, auch einst bedeutender als Ciudad Real, aber heute von ihr überflügelt, ist deren alte Rivalin Almagro. Dieser Ort bestand schon in maurischer Zeit. Daran erinnern nicht nur der Name, sondern auch die für den maurischen Stadtgrundriß bezeichnenden Sackgassen. Zur Zeit der Reconquista entvölkert, wurde er wie Ciudad Real nach der Schlacht bei Las Navas neu besiedelt. Zahlreiche Ritterfamilien des Calatrava-

Ordens, der Almagro zu seinem Hauptsitz und als Hauptquartier bei kriegerischen Unternehmungen, sowie als Haupthandelsplatz erkor, ließen sich dort nieder. Schon zur Zeit Alfons X. (1252—1284) sollen dort über 300 Ritterfamilien ansässig gewesen sein. Als der Orden seine Macht verloren hatte und die Ritter an den Hof zogen, schien Almagro dem Verfall überliefert. Aber es behielt seine Bedeutung als Markt- und Industrieplatz. Die Nähe der Quecksilbergruben des Bezirks von Almadén und der Bleigruben von Horcajo und San Quintin zog Kaufleute, Unternehmer und Spekulanten, vornehmlich Fremde, herbei. Das Augsburger Handelshaus der Fugger, denen Karl V. im Jahre 1525 zur Begleichung ihrer Forderungen an die Krone die Einkünfte der Großmeistertümer der drei Ritterorden Santiago, Alcantara und Calatrava verpachtete und die von 1525—1646 ausschließlich die Almadén-Gruben in Händen hatten, besaßen in Almagro ihr eigenes, zur Pacht der Ordensländereien gehöriges palastähnliches Gebäude, welches den Beamten als Unterkunft diente. Noch heute ist die alte San Salvador-Kirche (jetzt Santuario de San Blas) erhalten, welche von den Fuggern im Jahre 1572 ausgebaut und innen mit Gemälden, Glocken, goldenem Kelch usw. reich ausgestattet wurde. Inschrift und Wappen über dem Portal erinnern an diese älteste fromme Stiftung des mächtigen deutschen Handelshauses auf spanischem Boden.

Auch Almagro hat den wirtschaftlichen und kulturellen Niedergang Spaniens seit dem 17. Jahrhundert mitgemacht. Es wurde entvölkert, verödete und verarmte und ist auch heute nur noch ein Schatten früherer Größe (8700 Einwohner). Aber zahlreiche architektonische Schönheiten an Kirchen, Klöstern, Ritter- und Patrizierhäusern sind als Zeugen der glanzvollen Vergangenheit überliefert und geben dem Stadtbild einen besonderen Reiz. Sie stammen großenteils aus dem 16. Jahrhundert, der Zeit der architektonischen Erneuerung Almagros.

Wie im Westen der Mancha Almagro durch Valdepeñas, Ciudad Real und andere Städte überflügelt worden ist, so im Osten die alte Bergstadt Chinchilla durch die neue Provinzhauptstadt Albacete.

Albacete ist ein Ort mit wenig Tradition und historischem Interesse. Weder zur Maurenzeit, noch im späteren Mittelalter erlangte es größere Bedeutung. Im 15. Jahrhundert wird Albacete als ein „aldea oscura é ignorada“ bezeichnet, und noch vor 100 Jahren war es nichts weiter als ein unwichtiger Etappenort an der von Kastilien nach Murcia führenden Straße. Den Anstoß zu seiner Entwicklung gab die Erhebung zur Provinzhauptstadt im Jahre 1833. Bei der Neueinteilung des Reiches wurden Teile von Cuenca, Murcia und der Mancha, die zu weit von ihren alten Zentren entfernt lagen, zu einer neuen Provinz von der halben Größe Belgiens zusammengefaßt, und als Hauptstadt wurde, in Ermangelung einer geeigneteren Siedlung, das ziemlich zentral gelegene Albacete bestimmt. Der eigentliche Aufschwung aber setzte erst vor einigen Jahrzehnten ein. Heute ist Albacete eine lebhafte, betriebsame und saubere Stadt mit 23000 Einwohnern, die in raschem Wachsen begriffen ist. Die glänzenden Verkaufsläden, großen Hotels, die neuen großzügigen Anlagen für die Feria, die gepflegten Paseos und Anlagen, die pompösen öffentlichen Gebäude, der Prunkbau der neuen Plaza de Toros usw., alles das gibt Albacete, eigentlich als der einzigen Stadt der Mancha, einen modernen, fast großstädtischen Anstrich.

Das abseits der Bahn auf steiler Bergeshöhe gelegene Chinchilla, die uralte, den Ostausgang der Mancha beherrschende Feste[1]), ist dagegen eine sterbende Stadt (Tafel 31, Abb. 1). Sie ist von Albacete, deren Einwohner in früheren Jahrhunderten mehr als einmal in ihren Mauern Schutz gesucht haben, überflügelt worden und seitdem völlig erstarrt. Keine Stadt der Mancha trägt so mittelalterliches Gepräge und keine ist so reich an reizvollen Stadtbildern. Die Stadtmauern und -tore, die entzückende Plaza mit dem prachtvollen Rathaus und den schönen Giebelbauten (Tafel 26, Abb. 2), die engen Treppenstraßen mit den wappengeschmückten Häusern alter Rittergeschlechter, alles ist noch fast unberührt geblieben. Und eindrucksvoll ist der Blick von der Höhe des höhlenreichen Burgbergs auf die meerweite Ebene der Mancha.

La Mancha.

Die Heimat des Don Quijote und Sancho Panza.

> „Auf diesem Weg, durch diese Ebenen, zu dieser selben Stunde, streifte an einem glühenden Julimorgen der große Ritter von der traurigen Gestalt; nur wenn man diese Weiten durchmißt und sich von der Stille durchdringen läßt, unter dem Eindruck der Herbe dieser Landschaft, wird man seine schmerzliche Erscheinung innig und tief lieben lernen."
>
> Azorin, Auf den Spuren Don Quijotes.

Miguel de Cervantes Saavedra hat um 1600 — es muß in der Zeit zwischen 1599 und 1603 gewesen sein — die Mancha bereist.

---

[1]) Der arabische Geograph Edrisi (12. Jahrh.) nennt „Medina Chinchilla" eine Stadt „von mittlerer Größe, die von einer großen und uneinnehmbaren Burg geschützt wird".

Auf seinen Streifzügen, die er in amtlichem Auftrag, als „administrador militar", unternahm und die ihn kreuz und quer durch das Land führten, hatte er Gelegenheit, die Mancha und die Manchegos gründlich kennen zu lernen. In Argamasilla de Alba soll er eine Zeitlang eingesperrt worden sein, aus welchem Anlaß, ist nicht mit Sicherheit zu sagen. Nach der einen Erklärung geschah es deshalb, weil er das Wasser des Guadiana, welches die Bewohner des Ortes für die Bewässerung ihrer Gärten brauchten, für den Betrieb von Pulvermühlen verwenden wollte. Im Gefängnis von Argamasilla soll Cervantes mit der Niederschrift seines berühmten Romans begonnen haben.

Seit dem Erscheinen des Romans, im Jahre 1605, sind über dreihundert Jahre verflossen. Vieles ist seither in La Mancha anders geworden. Das Land hat sich in ein reiches Weizen- und Weinland verwandelt, es ist von Bahnen und Straßen durchzogen, die Bevölkerungszahl auf das Doppelte und Dreifache gestiegen. Alte, traditionsreiche Städte sind Ruinen geworden, andere, wie Argamasilla de Alba, haben kümmerlich ihr Dasein gefristet, und wieder andere, wie Tomelloso, sind neu erblüht. Windmühlen und wandernde Schafherden würde Don Quijote heute nur noch selten in La Mancha antreffen, aber welch herrliche Gelegenheit zu ruhmreichen Abenteuern würden ihm Eisenbahnen, Telegraphenstangen und Fordautomobile bieten!

Mag sich auch das Bild im Einzelnen noch so sehr verändert haben, der Gesamteindruck und die Stimmung der Landschaft sind doch dieselben wie vor dreihundert Jahren. Noch heute ist La Mancha das Land der endlosen Weite, der öden Einförmigkeit und unbarmherzigen Schattenlosigkeit, der Hitze und des Staubes. Noch immer umgibt die türkisfarbenen, klaren Seen von Ruidera dieselbe traurige, düstere Einsamkeit, und noch immer verschluckt die Ebene das Wasser des Guadiana, um es an anderer Stelle wieder ans Tageslicht zu fördern. Auch die Menschen sind im Grunde dieselben geblieben. In dem Brief an die Herzogin erzählt Therese Panza allerlei Dorfneuigkeiten. „Heuer gibt es kein Oel, auch kann man keinen Tropfen Essig im ganzen Dorf haben, Sanchita klöppelt Spitzen und verdient jeden Tag acht volle Maravedis, der Brunnen auf dem Markt ist ausgetrocknet" usw. Was gäbe es heute aus El Toboso Wichtigeres zu berichten? Und wenn Sanchita heute lebte, hätte sie gewiß auch keinen sehnlicheren Wunsch, als in einer eigenen Kutsche fahren zu können, zum Neid aller Nachbarinnen.

Cervantes verschweigt uns im ersten Satz seines Romans mit Absicht den Namen des Heimatortes seines Helden. Und auch am

Schlusse heißt es: „Dieses Ende nahm der scharfsinnige Edle von La Mancha, dessen Geburtsort Cide Hamete nicht genau hat angeben wollen, damit alle Flecken und Dörfer in La Mancha miteinander streiten können, ihn zu dem ihrigen zu machen, wie die sieben Städte Griechenlands um den Homer stritten". Es konnte in der Tat gleichgültig sein, aus welchem Dorf der Mancha Don Quijote stammte, denn ein Ort sieht aus wie der andere, grenzenlos langweilig, mit breiten Straßen, durch die der Staub jagt, mit schmucklosen Häusern, gegen deren Wände die Sonne prallt, und mit immer denselben Menschen. Aber nur La Mancha konnte seine Heimat sein. Dieses Land, das voll Erinnerungen ist an die ruhmreiche Zeit der Reconquista, dessen Boden durchtränkt ist von dem Blut und dem Ruhm der Ordensritter von Calatrava, Santiago und San Juan, das aber zu Cervantes' Zeit keine andere Gefahr mehr bot als vielleicht eine Begegnung mit Räubern und Wegelagerern, war ganz der rechte Schauplatz für die Abenteuer eines Nachkommen jener edlen Geschlechter. Die ausgedörrte, öde, entsagungsvolle Mancha, wird sie nicht geradezu verkörpert in der tragisch-komischen Erscheinung des Ritters von der traurigen Gestalt? Nur eine solche durch ihre Öde fast grotesk anmutende Landschaft konnte einen Sonderling vom Schlage des Don Quijote hervorbringen. Wer die Mancha nicht nur flüchtig durchstreift, sondern ihre wahre Seele zu erfassen sucht, wird erkennen, daß sie wohl öde und einförmig, aber nicht ohne Reiz ist. Die endlose Weite und strenge Hochlandnatur geben ihr einen Zug von herber Schönheit und Erhabenheit. Und so ergeht es uns beim Lesen des Don Quijote-Romans. Je mehr man sich in ihn vertieft, desto mehr tritt alles Groteske und Komische zurück und desto tiefer wird die Bewunderung für die edle Persönlichkeit, die Weisheit und Lebensauffassung des Hildago.

Don Quijotes Geist ist durch die Lektüre schwülstiger Ritterromane verwirrt und der Wirklichkeit entrückt. Er beschließt, das Leben eines fahrenden Ritters zu führen und die Welt von allem Bösen und Schlechten, von allen vermeintlichen oder tatsächlichen Übeln zu befreien, zum Wohle der Menschheit, zu seinem Ruhm und zur Ehre seiner Dulcinea. Sein Tatendrang, sein lebhafter Geist ertragen nicht die drückende Atmosphäre von Stille, Einsamkeit, Tatenlosigkeit, die ihn in der Mancha umgibt. Er durchbricht sie und schafft sich selbst die Abenteuer, welche die trostlos einförmige Wirklichkeit ihm nicht zu bieten vermag. Und die Natur unterstützt seine erregte Phantasie. Denn die Steppe, dieses Land ohne Maßstab, ebenso unermeßlich im stechenden Glanz der Sonne, wie im grauen Dunst des Staubes und im Dunkel der Nacht, ist das Reich der Täuschungen und Visionen. Du glaubst in der Ferne Wälder zu erblicken und findest doch nur niedriges Buschwerk. Berge schrumpfen zu Hügeln zusammen, Schlösser zu elenden Hütten. Auch Don Quijote unterliegt diesen Sinnestäuschungen. Sie nehmen bei ihm groteske Formen an und setzen sich in seinem närrischen Kopf so fest, daß er die Wirklichkeit nimmer zu erkennen vermag: die schmutzige Venta bleibt das stolze Schloß, die Schafherde das gewaltige Kriegsheer.

Don Quijote war ein Hidalgo, ein „hijo de algo", d. h. wörtlich übersetzt: „Sohn von jemand". Die Hidalgos gehören dem niederen Adel an und stammen aus alten christlichen Familien, die sich rein von Mauren- und Judenblut erhalten haben. Sie sind aus dem Volke hervorgegangen und echte Söhne des rauhen kastilischen Hochlandes und der Steppe. Ihre Vorfahren waren Hirten und Viehzüchter, Menschen, die ein freies, halb nomadisches Dasein führten und nichts besaßen als ihre Herde, die in beständigem Kampfe mit Räubern und wilden Tieren, mit Wind und Wetter lebten, die abgehärtet und kriegerischen Sinnes, aber jeder geregelten Arbeit abhold waren. Und auch den Hidalgos lagen diese Eigenschaften eines kriegerischen Herrenvolkes im Blute. Sie waren die geborenen Eroberer und Krieger, die dem Könige und der Kirche Länder eroberten, mit glänzenden soldatischen Eigenschaften, voll Ruhmsucht und Abenteuerlust, mit einem bis auf die Nadelspitze getriebenen Ehrgefühl, ritterlich, gastfrei, abgehärtet, aber zur Arbeit zu stolz und zu träge. Der Krieg war ihr eigentliches Element:

„Mein Geschmeide sind die Waffen,
Kämpfen ist mein Zeitvertreib."

In Friedenszeiten füllten sie ihr Leben mit Turnieren, Rauf- und Liebeshändeln aus. Nach der Reconquista siedelten sie sich in den Städten und Dörfern an; einige wandten sich auch dem Räuberhandwerk zu. Die Eroberung Amerikas bot ihnen neue Betätigungsmöglichkeiten, und viele versuchten als Conquistadoren ihr Glück. Die meisten Hidalgos waren im 15. und 16. Jahrhundert an den Hof gezogen, und nur wenige blieben in den Städten und Dörfern der Provinz zurück. Einer von diesen war Don Quijote. Er war, wie die meisten Hidalgos, verarmt und führte ein müßiges Dasein. „Eine Olla[1]) mit etwas mehr Kuh- als Hammelfleisch darin, die meisten Abende Gulasch mit den Überbleibseln vom Mittag, jämmerliche Knochenreste am Samstag,

[1]) Olla ist ein Gericht aus mehreren Fleisch- und Gemüsesorten.

Linsen am Freitag, ein Täubchen als Zugabe am Sonntag, das verzehrte volle drei Viertel seines Einkommens," und der Rest ging für Kleidung drauf. Er vertreibt sich die Zeit mit dem Lesen von Ritterromanen, und die Ruhmsucht und Abenteuerlust seiner Vorfahren stecken ihm im Blute. Jahraus, jahrein ist er Zeuge, wie die Hirten ihre Schafherden an seinem Dorf vorbeitreiben, und das mag ebenfalls dazu beigetragen haben, seine Wander- und Abenteuerlust zu wecken.

Ist Don Quijote, obgleich karikaturhaft verzerrt, der Vertreter der Hidalgos und, im weiteren Sinne, des freien Hirten- und viehzuchttreibenden Steppenvolkes, so verkörpert Sancho Panza den Typus des einfachen kastilischen Bauern, der an der Scholle haftet und an seinem Besitz klebt, der in Zufriedenheit und Genügsamkeit seinen Acker bebaut und seine Oliven erntet, kurz, der in allem das Gegenteil ist von Don Quijote, dessen Herrennatur er sich aber ohne weiteres unterordnet. Nur ungern beteiligt er sich an dem entbehrungs- und gefahrenreichen Wanderleben seines Herrn, aber er tut es aus Bauerntreue. Er ist bequem und um sein leibliches Wohl besorgt; er ist furchtsam, gutmütig und einfältig, besitzt aber eine gute Portion Bauernschlauheit und Mutterwitz.

So ist es der uralte und überall wiederkehrende Dualismus der Steppenbevölkerung, der sich in den zwei Hauptgestalten des Romans ausprägt: der Gegensatz zwischen dem Krieger, Hirten und Jäger auf der einen und dem Ackerbauer auf der anderen Seite. Sie sind voneinander verschieden wie der stolze Rosinante von dem braven Esel, auf denen Ritter und Schildknappe im Staub der Mancha nebeneinander her reiten. Als Cervantes lebte, gehörte die Steppe noch dem ursprünglichen Beherrscher, dem Krieger, Hirten und Viehzüchter, und der Bauer mußte sich ihnen fügen. Aber in den letzten 100 Jahren hat der Ackerbauer die Mancha für sich erobert.

Wir sehen die beiden über die Ebene der Mancha reiten: Don Quijote, „nicht mit Fett überladen und hager von Gesicht," auf seinem Rosinante, von dem berichtet wird, daß er mehr Furchen in den Seiten hatte als ein neugepflügter Acker, und den wohlbeleibten Sancho mit dem Schnappsack und dem Weinschlauch auf seinem Grautier. Es mag Täuschung sein, aber tatsächlich glaubt man den zwei Menschentypen, welche jene beiden — ins Komische verzerrt — repräsentieren, in der Mancha besonders häufig zu begegnen: einem schlank gebauten, schmalgesichtigen, langköpfigen mit scharfem Profil und einem untersetzten, mit breitem Gesicht und rundlichem Schädel[1]).

[1]) Der erstere ist viel häufiger. Entsprechen sie vielleicht der iberischen (westmediterranen) und keltischen Rasse?

Grundverschieden wie nach Gestalt, Rang und Herkunft sind Don Quijote und Sancho in ihrem Charakter und ihrer Lebensauffassung. Don Quijote ist der Idealist und Illusionist, Sancho der Materialist und nüchterne Tatsachenmensch. Auch darin sind sie echte Söhne der Mancha. Wer die Manchegos in ihrem Tun und Treiben, im privaten und öffentlichen Leben beobachtet, wird immer wieder überrascht sein von dieser Eigenart ihres Wesens, von diesem merkwürdigen Pendeln zwischen zwei Polen [1]). Aber das ist nicht nur eine Eigentümlichkeit der Manchegos, sondern des Kastiliers überhaupt, ja des ganzen spanischen Volkes. Don Quijote und Sancho leben noch heute, in untrennbarer Verknüpfung, im Wesen des spanischen Volkes fort, und so gewinnen diese beiden Typen, abgesehen von dem Allgemein-Menschlichen, weit über die Grenzen der Mancha hinaus psychologische Bedeutung und auch geographisches Interesse.

Der spanische Volkscharakter vereinigt in sich Gegensätze, wie man sie sich nicht größer denken kann. Auf der einen Seite: höchster Idealismus und Unrealismus, unbegrenztes Selbstvertrauen, Stolz, Tapferkeit, Uneigennützigkeit und ein blindes, spontanes Einsetzen für hohe, oft unerreichbare Ziele, für unrealisierbare Ideen, mit Mitteln, die oft ganz unzureichend oder verkehrt sind. Für letztere Eigenschaft hat der Spanier selbst den Ausdruck „Quijotismus“ geprägt. Auf der anderen Seite dagegen: eine ausgesprochen materielle Einstellung, ein bequemes Dahinleben von einem Tag zum andern, ein Mangel an höheren Zielen, bei allem, was getan wird, darauf bedacht, es in bare Münze umzusetzen, ferner auch Skepsis, Fatalismus, Resignation und ein allzu geringes Vertrauen auf die eigene Kraft. Man könnte meinen, daß sich die scharfen Gegensätze, welche Spanien, dieses Brückenland zweier Erdteile, klimatisch, landschaftlich und kulturell zeigt, auf die Wesensart der Bevölkerung übertragen haben.

---

[1]) Was im übrigen den Charakter der Manchegos betrifft, kann ich mich dem ungünstigen Urteil M. Willkomms (37, II, S. 136), daß die Bewohner der abgelegenen Mancha-Dörfer ein „roher, unfreundlicher Menschenschlag, wenig intelligent, bigott und abergläubisch“ seien, keineswegs anschließen. Gewiß sind sie — wie alle Kastilier — viel zurückhaltender und ernster als etwa die Andalusier; aber der Fremde wird überall höflich und entgegenkommend behandelt. Gastfreundschaft und Hilfsbereitschaft, diese bei Steppenvölkern häufig anzutreffenden und sicherlich mit durch die Natur des Landes entwickelten Eigenschaften, sind auch hier alte Tradition. Den Grad der Intelligenz darf man natürlich nicht nach der Zahl der Analphabeten beurteilen, wie Sancho beweist. Diese ist allerdings, selbst für spanische Verhältnisse, sehr groß. Nach dem Zensus 1910 können in der Provinz Albacete 74,85%, Ciudad Real 73,37%, Cuenca 69,01% und Toledo 67,28% der Bevölkerung weder lesen noch schreiben. Für ganz Spanien ist der Prozentsatz 59,35.

Deutlich offenbart sich jene Eigenart in der Geschichte Spaniens. Immer wieder sehen wir, wie das spanische Volk, von hohen Ideen getrieben, sich mit unvergleichlichem Mut, aber oft blindlings und ohne die richtige Erkenntnis der eigenen Kraft und des Umfangs der Aufgabe in die kühnsten und verwegensten Abenteuer stürzt. Kein Land hat aus Idealismus so viele Opfer gebracht wie das spanische. Kein Volk, sagt A. Ganivet mit Recht, besitzt auch für ideale Schöpfungen solche natürlichen und geläuterten Anlagen wie das spanische. Aber immer wieder erlahmt jäh die Kraft, und das Volk sinkt in Apathie und Tatenlosigkeit zurück.

Durch die ganze spanische Geschichte, von der Reconquista bis zur Gegenwart, gehen höchster Idealismus und krasser Materialismus als grelle Gegensätze nebeneinander her — wie Don Quijote und Sancho. Von Freiheitsdrang und Glaubenseifer beseelt haben die Spanier in jahrhundertelangen Kämpfen ihre Halbinsel von den Ungläubigen befreit — aber mancher hat sich dabei mit dem Hab und Gut der vertriebenen Moriscos und Juden bereichert. Erfüllt von Ruhmsucht und beherrscht von dem Gedanken, die Neue Welt der Krone Spaniens und der Katholischen Kirche zu unterwerfen, haben die spanischen Eroberer in Süd- und Mittelamerika mit beispielloser Zähigkeit und Todesverachtung gekämpft — aber beispiellos war auch die Ausbeutung der Kolonien. Gegenreformation und Inquisition verfolgten das hohe Ziel, die Menschheit zum rechten Glauben zurückzuführen — sie dienten aber auch den Machthabern dazu, sich ihrer Feinde zu entledigen und sich die Taschen zu füllen. Don Quijote träumt von der Aufrichtung eines neuen spanischen Kolonialreichs in Afrika und von dem Ziel, alle iberischen Staaten unter Führung Spaniens zu vereinigen — aber Sancho hat für diese Ideen wenig Verständnis und berechnet nur den materiellen Vorteil, den er daraus ziehen könnte. Weder die Utopien Don Quijotes, noch der Utilitarismus Sanchos konnten dem Lande zum Wohle gereichen, sie wurden vielmehr ein schweres Hemmnis für sein Gedeihen.

Don Quijote zieht sich, nachdem er im Kampf überwunden ist, freiwillig in sein Heimatdorf zurück und hofft auf die Zukunft. An Sancho Panza hat sich, unter dem Einfluß der edlen Größe seines Herrn, allmählich eine Wandlung, eine Läuterung seines Charakters vollzogen: er wird der treue, ergebene, ja selbstlose Diener seines Herrn. Don Quijote wird noch auf seinem Sterbebett aus einem Toren zu einem Verständigen; er wird sich seiner Wahnidee bewußt. Sein Idealismus wird nicht gebrochen, aber er erkennt den richtigen Ausgleich zwischen Ideal und Wirklichkeit. Auch im spanischen Volke müssen sich diese Wandlungen vollziehen, soll Dulcinea, das einst so herrliche und mächtige Spanien, entzaubert werden.

Literatur.

1. Angot: Régime des pluies de la Péninsule ibérique. Annales du Bur. Centr. Mét. de France. 1893. I. Mém. Paris 1895.
2. Blásquez, A.: La Mancha en tiempo de Cervantes. 2. Aufl. 1928.
3. Blásquez, A.u. Aquilera, D.: Historia de la provincia Ciudad-Real desde los tiempos mas remotos hasta la invasion de los Árabes. Bol. de la R. Soc. Geogr. Bd. 38. (1896).
4. Caballero, F.: Mapa del campo de Montiel. Bol. de la R. Soc. Geogr. Bd. 47 (1905). S. 76—77.
5. Calderon: Ensayo orogénico sobre la Meseta central de España. Ann. Soc. esp. hist. nat. Bd. XIV. S. 131—172.
6. Centenario de la aparicion del Quijote. Bol. d. l. R. Soc. Geogr. 1905.
7. Cereceda, J. D.: Nota preliminar sobre las relaciones de la red hidrográfica y del relieve en la Meseta de la Península Ibérica. Bol. R. Soc. Hist. Nat. Madrid 1912. S. 524—540.
8. Cereceda, J. D.: Una excursion por los alrededores de El Salobral (Albacete). Bol. R. Soc. Esp. Hist. Nat. XI. (1911).
9. Cereceda, J. D.: Ensayo acerca de las regiones naturales de España. 1921.
10. Cervantes Saavedra, M. de: Leben und Taten des scharfsinnigen Edlen Don Quijote von La Mancha. 2 Bde. Nach der Übersetzung von J.-L. Tieck. Mit Steinzeichnungen von H. Klemm. Berlin-Grunewald.
11. Cortázar, D. de: Descripcion física, geológica y agrológica de la provincia de Cuenca. Mem. Com. Mapa geol. de Esp. 1875.
12. Cortázar, D. de: Reseña física y geológica de la provincia de Ciudad Real. Bol. Com. Mapa Geol. d. E. Bd. VII (1880). S. 289—329.
13. Depéret: Sur les bassins tertiaires de la Meseta espagnole. B. S. Géol. Fr. 1908.
14. Fischer, Th.: Die Iberische Halbinsel. In A. Kirchhoffs „Länderkunde von Europa" II, 2. 1893.
15. Fribourg, A.: La transhumance en Espagne. An. de Géogr. XIX (1910). S. 231—244.
16. Escauriaza, R. de: La culture du safran en Espagne. Inst. Int. d'Agr. Revue int. de renseignements agricoles. Neue Serie IV. (1926) S. 10—20.
17. Häbler, K.: Die Geschichte der Fuggerschen Handlung in Spanien. Sozialgeschichtl. Forsch. H. 1. (1897).
18. Häbler, K.: Die wirtschaftliche Blüte Spaniens im 16. Jahrhundert und ihr Verfall. Hist. Unters, herausgeg. v. J. Jastrow. Heft IX. (1888).
19. Hatzfeld, H.: „Don Quijote" als Wortkunstwerk. Teubners Hisp.-amerik. Studienbücherei. Herausgeg. v. F. Krüger (1927).
20. Hellmann, G.: Feuchtigkeit und Bewölkung auf der Iberischen Halbinsel. Nied. Met. Jahrb. (1876).
21. Hellmann, G.: Regenverhältnisse auf der Iberischen Halbinsel. Zeitschr. Ges. f. Erdk. Berlin. XXIII (1888)

22. Hervás y Buendia: Diccionario histórico, geográfico etc. de la provincia de Ciudad Real.
23. Jaccaci, A. F.: Au pays de Don Quichotte. Le Tour du Monde (1897).
24. Klein, J.: The Mesta. A study in spanish economic history 1273—1836. Harvard Econ. Studies XXI (1920).
25. Medios que se utilizan para suministrar el riego a las tierras y distribución de los cultivos en la zona regable. 2 Bde. Herausgeg. vom Ministerio de Fomento, Dir. Gen. de Agric., Minas y Montes. Madrid 1918.
26. Memoria Resumen de los trabajos de avance catastral llevados á cabo en la provincia de Albacete. 1909.
27. Pacheco, H.: La llanura Manchega y sus mamíferos fósiles. Mus. Nat. Cienc. Nat. 1921.
28. Penck, A.: Studien über das Klima Spaniens während der jüngeren Tertiärperiode und der Diluvialperiode. Z. Ges. f. Erdk. zu Berlin. XXIX (1894).
29. Quelle, O.: Die Herdenwanderungen in Spanien. Pet. Mitt. Bd. 56 II. (1910).
30. Quelle, O.: Anthropogeographische Studien aus Spanien. Mitt. Geogr. Ges. Hamb. 1917.
31. Reyes Prosper, E.: Las Estepas de España y su Vegetacion. Madrid 1915.
32. Rosenstein, A. B.: Die Temperaturverhältnisse von Mittel- und Südspanien. Archiv d. D. Seewarte. Bd. 34. Hamburg 1911.
33. Staub, R.: Gedanken zur Tektonik Spaniens. Vierteljahrsschrift d. Naturf. Ges. in Zürich. 71. Jahrg. (1926).
34. Unamuno, M. de: Das Leben Don Quijotes und Sanchos. 2 Bde. D. Übersetz. München 1926.
35. Vidal y Careta, Fr.: Causas de la esterilidad de la Mancha. B. S. G. Madrid 1909. S. 174—179.
36. Villar, E. H. del: Avance geobotánico sobre la pretendida estepa central de España. 1925.
37. Willkomm, M.: Die Pyrenäische Halbinsel. 3 Abt. 1884.
38. Willkomm, M.: Grundzüge der Pflanzenverbreitung auf der Iberischen Halbinsel. 1896.
39. XIV. Intern. Geologen-Kongreß. Madrid 1926.
   a) E. Dupuy de Lome und P. de Novo, Geologischer Führer auf der Bahnstrecke Madrid—Sevilla.
   b) E. Hernández-Pacheco und N. Puig de la Bellacasa, Geol. Führer von Despeñaperros.
   c) E. u. F. Hernández-Pacheco, Aranjuez und das Gebiet im Süden von Madrid.

Eindrücke und meteorologische Erfahrungen auf der Weltfahrt des Luftschiffs „Graf Zeppelin“.

von

Heinrich Seilkopf, Hamburg, Deutsche Seewarte.

Wenn man von den sich der Elektrizität bedienenden Mitteln des Nachrichtenverkehrs absieht, ist das Luftfahrzeug das schnellste Verkehrsmittel. Die Eigengeschwindigkeit des Luftschiffes mit 110 bis 130 km/h. beträgt das 2- bis 2½-fache einer Schnelldampfergeschwindigkeit von 28 Knoten; selbst wenn man unter Berücksichtigung des Windeinflusses im ungünstigen Falle nur mit einer Reisegeschwindigkeit von 96 km/h. rechnet, ist das Luftschiff noch immer doppelt so schnell als die „Bremen“ mit 26 Knoten; tatsächlich hat der „Graf Zeppelin“ auf der Weltfahrt aber eine mittlere Geschwindigkeit über Grund von 114 km/h. entwickelt, obwohl vielfach nur mit 4 Maschinen gefahren worden ist. Die Eigengeschwindigkeit des Flugzeugs mit 150 bis 200 km/h. ist 3- bis 4-mal so groß wie die des 28-Knotenschiffes; mit Reisegeschwindigkeiten von 126 bis 176 km/h. ist das Flugzeug 2½- bis 3½-mal schneller als die „Bremen“. Bei der starken Forderung der Neuzeit nach schnellsten Verkehrsverbindungen der Wirtschafts- und Kulturzentren der Welt untereinander ist daher das Luftfahrzeug berufen, die erdgebundenen Verkehrsmittel in der Weise zu ergänzen, daß es auf weiten Strecken hochwertige Transporte mit hoher Geschwindigkeit übernimmt. Während aber das Flugzeug auf Strecken oberhalb von 2000 km kaum noch zahlende Nutzlast trägt, kann ein Luftschiff, wie etwa der „Graf Zeppelin“ eine zahlende Ladung von 10 t über 15000 km schleppen. Wenn man die größere Betriebssicherheit des Luftschiffs und seiner Maschinen gegenüber den heutigen Flugzeug-Zellen und -Motoren bei Dauerbeanspruchungen und die ideellen Werte einer Luftschiffsreise ganz außer Ansatz läßt, so kommt — rein verkehrsmäßig gedacht — dem Luftschiff ein Verkehr zu über sehr weite Erdstrecken, über Weltmeere und Festländer hinweg. Diese verkehrsmäßigen Voraussetzungen weisen das Luftschiff auf den Weltluftverkehr.

Der Welt müssen jedoch die großen Verkehrsmöglichkeiten des Luftschiffs nicht durch theoretische Betrachtungen, sondern durch die Tat gezeigt werden. Der Luftschiffbau Zeppelin, der zur Zeit noch einzige Träger der Verkehrsluftschiffahrt überhaupt, entschloß sich daher im Jahre 1929, sein Luftschiff „Graf Zeppelin" zu einer Fahrt um die Welt anzusetzen. Der Luftschiffbau Zeppelin ließ sich hierbei auch von dem Gedanken leiten, daß auf dieser Verkehrserkundungsexpedition gleichzeitig wertvolle betriebs- und fahrtechnische Erfahrungen eingebracht werden konnten, die der Weiterentwicklung des Luftschiffs überhaupt wie der Planung künftiger Luftschiffslinien zugutekommen. Es war ferner zu erwarten, daß auf der Fahrt durch verschiedenste Klimagebiete der Erde meteorologische Erfahrungen gesammelt werden konnten, die im Fahrbetriebe später wieder angewendet werden können.

Die Wahl des Reiseweges für eine Weltumsegelung konnte in großen Zügen nicht schwer fallen: Da auf jeder Erdhalbkugel zwischen 30 und 60° Breite sich Gürtel westlicher Winde hinziehen, wurde die Fahrt zunächst in den Westwindgürtel der Nordhalbkugel gelegt. Sodann sollte die Weltfahrt möglichst viele Kulturzentren der alten und der neuen Welt berühren, um deren Verbindungsmöglichkeiten mit dem Luftschiff zu beweisen. Es galt mithin die Kultur- und Verkehrsgebiete Mittel- und Westeuropas, Ostasiens, Nordamerikas auf der pazifischen und der atlantischen Seite zu verbinden. Und schließlich mußten die wenigen vorhandenen Luftschiffhäfen und -Ankerplätze als Stützpunkte der Weltfahrt benutzt werden. In außerordentlich dankenswerter Weise haben Japan und die Vereinigten Staaten die Weltfahrt besonders dadurch unterstützt, daß sie die Luftschiffhäfen Kasamigaura bei Tokio und Lakehurst N. Y. sowie den Flugplatz Mines Field bei Los Angeles mit ihrer gesamten Bodenorganisation zur Verfügung gestellt haben; während in Kasamigaura und Lakehurst Luftschiffhallen zur Aufnahme des „Graf Zeppelin" bereit standen, war in Los Angeles ein kurzer Ankermast vorhanden, an den das Luftschiff zur Ergänzung von Betriebsstoff und Gasinhalt gelegt werden konnte. Die überflogenen Länder haben überhaupt der Weltfahrt eine sehr wesentliche, dankbar anzuerkennende Hilfe gewährt, vor allem auch dadurch, daß sie ihren Nachrichten- und Wetterdienst zur Verfügung gestellt haben. Rußland, Japan und die Vereinigten Staaten haben durch drahtlos ausgestrahlte Sonderwetterberichte die Fahrt ganz bedeutend unterstützt. Dankbar ist hier auch der Unterstützung von Schiffen Deutschlands, Japans und der Vereinigten Staaten zu gedenken, die auf den weiten Ozeanstrecken das Luftschiff mit Wettermeldungen versorgt haben. Besonders ist hier der Dampfer „Resolute" der Hamburg-Amerika Linie zu nennen, der auf der atlantischen Teilstrecke in weitgehendem Maße Schiffswettermeldungen gesammelt und übermittelt hat.

Für die Weltfahrt stand dem Luftschiffbau das im Jahre zuvor fertiggestellte Luftschiff „Graf Zeppelin", das die Baunummer LZ 127 trägt, als Fahrzeug zur Verfügung. Es ist nach den bewährten Baugrundsätzen des Luftschiffbaus Zeppelin erbaut: Längsträger und Ringe aus Leichtmetall (Duraluminium) bilden das Gerippe eines annähernd stromlinienförmigen Rumpfes, das zur Erzielung der nötigen Steifigkeit durch Draht verspannt ist. Am spitz auslaufenden Heck sind an das Rumpfgerippe vier Leitwerksflächen angefügt, zwei vertikale und zwei horizontale, an die das Seitenruder mit je zwei Flächen oben und unten und das Höhenruder mit je zwei Flächen backbord und steuerbord angebracht sind. Jede Leitwerksfläche bildet mit der zugehörigen Ruderfläche einen in der Schiffslängsrichtung stromlinienförmigen Hohlkörper. Rumpfgerüst, Leitwerks- und Ruderflächen sind mit einer Außenhaut aus Baumwollstoff überzogen, die mehrfach lackiert und mit Aluminiumpulver zum Zurückwerfen der Strahlung möglichst metallglänzend gemacht ist. Im Rumpfe liegen zwei Laufgänge, von denen der eine in der Nähe des Kieles von der Bugspitze bis in die untere Leitwerksfläche führt, während der zweite, der Achsiallaufsteg, etwas unterhalb der Längsachse des Rumpfes aufgehängt ist. Am unteren Laufgang als Betriebsgang sind die zeltähnlichen Schlaf- und Aufenthaltsräume für die Besatzung, ein Teil des Brennstoffes in Form von Benzin, der Wasserballast, das Frischwasser und der Proviant untergebracht. Der übrige Teil des Rumpfes wird von den Gaszellen eingenommen. Oberhalb des Achsialsteges hängen die Traggaszellen, die mit Wasserstoffgas gefüllt sind. Selbsttätige Überdruckventile und vom Führerstand aus zu betätigende Manöverierventile sorgen gegebenenfalls für ein Abblasen überschüssigen Gases. Zwischen dem Achsialsteg und dem unteren Laufgang hängen die Brenngaszellen, deren Inhalt, ein von der J. G. Farben geliefertes Gas, die Motoren treibt. Die Verwendung von Brenngas als Motorenantriebsmittel, die auf dem LZ 127 erstmalig erfolgt, hat für den Fahrbetrieb und die Wirtschaftlichkeit eines Luftschiffs außerordentliche Bedeutung. Sofern Benzin oder andere flüssige Brennstoffe als Betriebsmittel dienen, wird das Luftschiff mit steigendem Brennstoffverbrauch während der Fahrt leichter und leichter sodaß, für das Landungsmanöver das Schiff durch Abblasen von Traggas wieder schwer gemacht werden muß. Nach langen Fahrten muß deshalb eine große Gasmenge abgeblasen werden. Wird aber nach dem von Dr. Lempertz vom Luftschiffbau Zeppelin ausgearbeiteten Verfahren ein Brenngas vom spezifischen Gewicht der Luft als Betriebsmittel für die Motoren verwendet, so ändert sich infolge des Betriebsstoffverbrauchs der Auftrieb nicht. Für den Gashaushalt ist dies namentlich auf sehr großen Fahrten, wie auf der Weltfahrt, ausschlaggebend. — Am Rumpfgerippe des Luftschiffes hängen die 5 stromlinienmäßig verkleideten Maschinengondeln, eine mittschiffs nach dem Heck zu, je zwei auf Backbord- und Steuerbordseite. Die Maschinengondeln enthalten je einen 12-Zylinder-Maybach-Motor von 550 PS Nennleistung, hinter ihnen laufen die Propeller. Zum Anlaufen der Maschinen wird Benzin benötigt, dessen Menge im übrigen als Notballast dient, während sonst mit Brenngas gefahren wird. Der einwandfreie Lauf der Maybach-Motoren während der mehr als 12 Fahrtage hat sehr wesentlich zur glatten Durchführung der Weltfahrt beigetragen. Vor den Maschinengondeln und hinter der Bugkappe wächst aus dem Rumpfe die Führer- und Fahrgastgondel heraus. In ihr ist vorn zunächst der Führerstand oder Steuerraum untergebracht, in dem sich mittschiffs der Seitenruderstand, auf Backbord der Höhenruderstand befinden. Dort sind ein Anschützscher Kreisel- (Tochter-) Kompaß, Fluidkompaß, Geschwindigkeitsmesser, Höhenmesser, Höhenschreiber, Variometer, Aßmannsches Aspirations-Psychrometer eingebaut. Dahinter folgt der Navigationsraum, gewissermaßen das Kartenhaus des Schiffes, mit Tischen für die Navigationskarten und die Wetterkarten, mit Peilscheiben und Abtriftmesser. Hinter dem Navigationsraum liegen, durch einen Mittelgang voneinander getrennt, der Funkraum und die elektrisch betriebene Küche. Strom für F-T-Station, Küche und Lichtnetz liefern ausschwenkbare, durch Fahrstrom-Windräder getriebene Generatoren. Auf Funkstation und Küche folgen der große 5×5 m Bodenfläche messende Aufenthalts- und Speiseraum für die Fahrgäste, die beiderseits eines Mittelganges angeordneten 10 Kabinen mit je 2 Betten und Waschräume für die Fahrgäste, sowie ein Raum für den Kreisel-(Mutter-)Kompaß. Bemerkenswert sind vielleicht noch die Abmessungen des Schiffes: Die Länge des Schiffes vom Bugscheitel bis zur Heckspitze beträgt 235 m, mit Mastfesselgeschirr 236,6 m, der größte Durchmesser des Rumpfes

30,5 m, die größte Höhe des Luftschiffs 34,4 m. Mit einem Nenngasinhalt von 105000 m^3 ist es beträchtlich größer als sein Vorgänger LZ 126, die jetzige „Los Angeles“ der amerikanischen Marine. Zur Zeit wird es an Größe nur von den im Herbst und Winter 1929 fertiggestellten englischen Luftschiffen R 100 und R 101 übertroffen.

Die Führung des Luftschiffes und die Expeditionsleitung lag bis Lakehurst in den bewährten Händen des Altmeisters der Luftschiffsführung, von Herrn Dr. Eckener, dem die Herren Kapitän Dipl. Ing. Lehmann, Kapitän Flemming und Kapitän v. Schiller als Wachkapitäne zur Seite standen. Auf der letzten Etappe der Weltfahrt Lakehurst—Friedrichshafen übernahm an Stelle des in den Vereinigten Staaten zurückgebliebenen Herrn Dr. Eckener Herr Kapitän Lehmann die Führung. Als Navigationsoffiziere wirkten die Herren Wittemann, Pruß, Samt und Ladewig; die Maschinenanlage unterstand Herrn Siegle als leitendem Ingenieur. An Bord befanden sich auf den 4 Etappen der Weltfahrt Friedrichshafen—Friedrichshafen einschließlich der Besatzung 61, 59, 57, 63 Personen, von denen 20 Fahrgäste waren. Verfasser hat an der Fahrt Friedrichshafen—Friedrichshafen auf Anforderung des Luftschiffbaus Zeppelin zum Zwecke des Wetterdienstes an Bord und meteorologischer Studien teilgenommen.

Dem Luftschiffbau Zeppelin und ganz besonders Herrn Dr. Eckener auch an dieser Stelle für die Teilnahme an der ein gewaltiges Erlebnis bedeutenden Weltfahrt tiefgefühlten, herzlichsten Dank zum Ausdruck zu bringen, ist dem Verfasser erste Pflicht.

Durch die drei Zwischenlandeplätze in Kasamigaura bei Tokio, Los Angeles und Lakehurst zerfiel die Weltfahrt in vier Teilstrecken; in zwei festländische und zwei ozeanische. (Fig. 1) Der Start zur ersten Etappe nach Tokio erfolgte am 15. August 1929 um 4.35 Uhr.

In den vorangegangenen Wochen von den Vorbereitungen zur Fahrt völlig in Anspruch genommen, hatten wohl viele von uns die Gesamtstrecke Abschnitt für Abschnitt mit ihren fahrtechnischen, geographischen und meteorologischen Möglichkeiten vor Augen; doch erst die scherzhafte Bemerkung des Kapitäns v. Schiller kurz nach dem Start: „Nächste Station Tokio“ brachte wieder zum Bewußtsein, welche gewaltige Erdstrecke eigentlich vor uns lag. — Wir fuhren in einen prachtvollen Sommermorgen hinein. Flache Bodennebel, die hier und da in den Tälern Süddeutschlands lagerten, erhöhten nur den Reiz der Morgenstimmung, ohne die Ortung wesentlich zu erschweren. An den Dampf und Rauch der Lokomotive eines bei Biberach nordwärts fahrenden, rasch überholten Zuges schloß sich ein 2 km langer Nebelstreifen an, indem offenbar das Eindringen von Dampf und Rauch in die gesättigt feuchte Luftschicht genügte, den Kondensationsvorgang

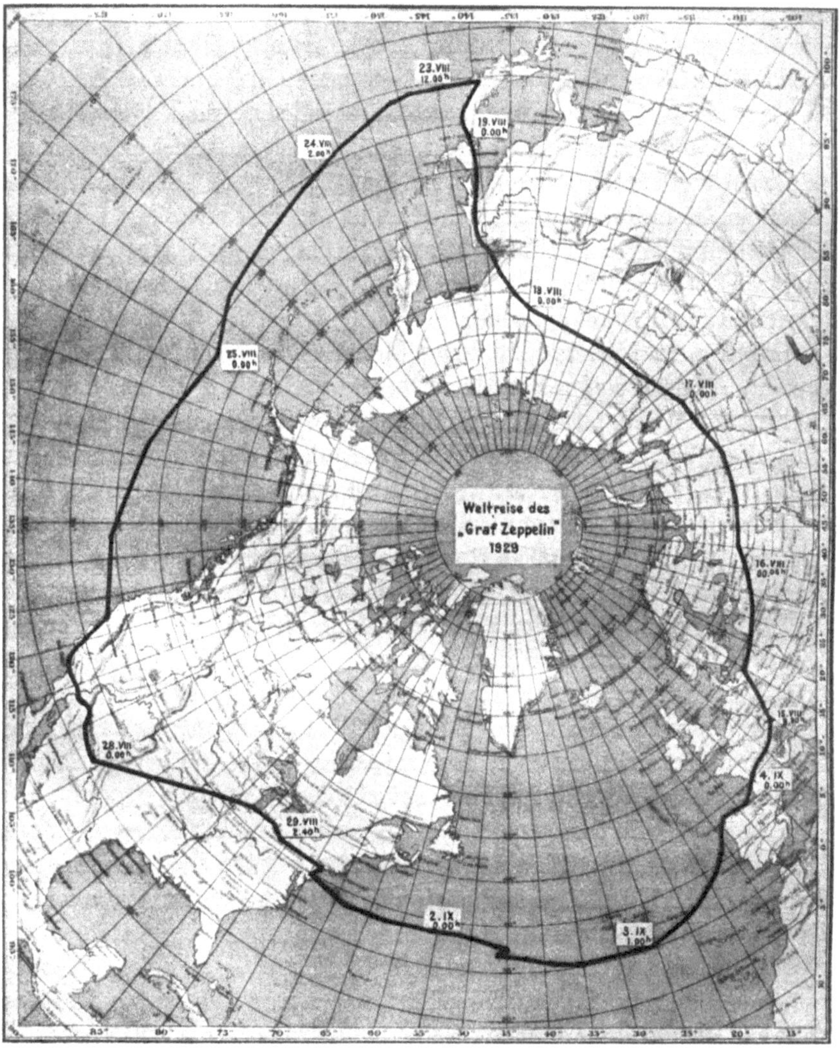

Fig. 1. Karte der Weltreise des Luftschiffs LZ 127 „Graf Zeppelin".

auszulösen, vielleicht auch die aus dem Schornstein entweichenden Verbrennungsgase Kerne für die Kondensation lieferten. Nach der Donau zu schloß sich vorübergehend die Nebeldecke nahezu völlig;

bei steigender Sonne löst sich jedoch der Nebel auf, zunächst zu Dunst, aus dem Nürnberg um 6,43 Uhr heraustrat. Über Bayreuth ging es dann in 750 m Höhe über die Wasserscheide der Mittelgebirge zwischen Frankenwald und Fichtelgebirge in Richtung auf Hof; Schneeberg und Ochsenkopf traten im Osten klar in allen Einzelheiten hervor. Dann wurde Kurs über Leipzig auf Berlin genommen, das um 10,45 Uhr überflogen wurde. Nach dem Passieren der Reichshauptstadt wurde nach Stettin gesteuert, um dem Nordosten unseres Vaterlandes einen Besuch abzustatten; dem Nordosten, der nach dem Kriege und den unmittelbar folgenden Monaten kein Luftschiff mehr gesehen hatte. In rührender Begeisterung wurde in Stettin, Danzig, Königsberg, Tilsit dem Schiffe zugejubelt; wehmütige Erinnerungen rief das Glockengeläut der Marienkirche in Danzig hervor.

Hatten in Süd- und Mitteldeutschland schwache südöstliche Winde geweht, so drehte nördlich der Elbe der Wind auf N, nördlich von Berlin auf NW, später in Hinterpommern auf WzN. Über Pillau hatten wir jedoch bereits wieder SE. Wir durchfuhren damit zwischen einem Hochdruckgebiet über Nordwestdeutschland und einem Hochdruckgebiet über Rußland einen flachen Tiefausläufer, der sich über Hinterpommern auch durch starke Haufenschichtwolken bemerkbar machte; über den Höhen der Pommerellen standen sogar Wolken vom Gepräge der Böencumuli. Über der Danziger Bucht trieben jedoch unter uns nur niedrige, zerrissene Fetzenwolken in 300 m Höhe im ablandigen Winde auf See hinaus. Im Raume von Königsberg-Tilsit wurde noch einmal starke Böenbewölkung passiert. Bei Rossieny klarte es abermals auf; ein südwestlicher Wind, dessen Geschwindigkeit bis auf 28 km/h. zunahm, ließ das Schiff rasche Fahrt machen.

Wir standen auf dem planmäßigen Flugwege nach Moskau, der unter Umgehung Polens südlich von Dünaburg die Düna überschreitet und dann nach ESE abbiegt. Da zeigte die Abendwetterkarte, die ich auf Grund der von der Funkstelle aufgenommenen europäischen und sibirischen Wettermeldungen von 18 Uhr M. G. Z. zu zeichnen hatte, daß das russische Hochdruckgebiet sich nordwärts verlagert hatte, während sich im Süden, vom Schwarzen Meere her, tiefer Luftdruck ausbreitete. Auf dem Kurse über Moskau mußten wir daher sehr bald Gegenwind erhalten. Der verantwortliche Führer, Herr Dr. Eckener, beschloß daraufhin, von dem Moskaukurse abzudrehen und auf Nordostkurs zu gehen, um in der kräftigen, fördernden Südweströmung zu bleiben und später auf der Nordseite des Hochdruckgebiets westliche bis nordwestliche Winde zu erreichen. Die Fahrt wurde darauf auf Wishni Wolotschek, Wologda, Wjatka angesetzt.

Am folgenden Morgen standen wir bei heiterem, sichtigen Wetter über den Waldgebieten Nordrußlands. Die südwestliche Strömung erreichte zeitweise 36 km/h., so daß, obwohl zur Schonung von Motoren und Brennstoffvorräten mit nur 4 Maschinen gefahren wurde, flotte Fahrt über Grund gemacht wurde.

Das flache, aus 700—1000 m Höhe eben erscheinende Land mit seiner ungeheuren Waldbedeckung und spärlichen Besiedlung läßt bereits etwas von Asiens Großräumigkeit ahnen. Die Eindruck ist ähnlich dem, den man auf der Flugstrecke von Königsberg nach Moskau erhält, an der freilich Sümpfe, verlandende Seen und Moore stärker als hier im Norden hervortreten. Vereinzelt erscheinen die von Waldbränden herrührenden grauen Brandflecke in den weiten Waldflächen der nordrussischen Taigalandschaften. Um 11,15 Uhr (9,15 Uhr M. G. Z.) überschreiten wir die von Wjatka nach Kotlas führende Bahn 40 km nördlich der Stadt, gegen 13 Uhr den Wjatkafluß. Im Osten tauchen die Ketten des Uralgebirges auf. Während im Fahrtabschnitt bei hoher Cirrusbewölkung, unter der nur vereinzelt kleine Cumuli treiben, heiteres, sichtiges Wetter herrscht, steht voraus über dem Gebirge ein dickes Dunstband. In enggeschlungenen Mäanderschleifen winden sich Flüsse talwärts; die Konkaven ihrer Windungen sind zuweilen mit dicht an dicht zusammengeschobenen, behauenen und stromab treibenden Baumstämmen erfüllt. Um 15 Uhr wird die Kama zwischen Perm und Tcherdyn überquert.

Der Ural wird in 1250—1300 m Höhe über dem Meere überflogen. Beim Überqueren erinnert er an die höheren von unseren Mittelgebirgen; den gleichen Eindruck hat man vom Boden aus, wenn man ihn etwas weiter südlich mit der transsibirischen Eisenbahn überschreitet. Die Hänge sind dicht mit Nadelwald bestockt. Im Norden treten größere Erhebungen heraus, deren Gipfel oberhalb von unserer Fahrthöhe liegen. Im östlichen Teile vom Ural wüten gewaltige Waldbrände. Solange die Sicht noch einen Überblick gestattet, kann man bis zu 12 Brandherde erkennen. Dichter hellgrauer Qualm quillt empor; an einzelnen Stellen kann man auch die Flammen emporzüngeln sehen. Deutlich ist beim Anfahren auszumachen, wie sich der Rauch unterhalb einer in 1500 m Höhe gelegenen Temperaturumkehrschicht seitlich ausbreitet. Wir fahren in die Rauchmassen hinein, die zunächst durch Brandgeruch deutlich ihre Herkunft verraten. Jede Sicht nach unten und voraus ist genommen. Bald verliert jedoch die atmosphärische Trübung das Gepräge von Rauchballen und Rauchschwaden, der Brandgeruch hört auf, und die Erscheinung unterscheidet sich nicht mehr vom normalen Dunste, wie er bei Hochdruckwetter häufig unterhalb der Inversionen herrscht. Die bei dem Verbrennungsvorgang entstehenden stark hygroskopischen Abgase dürften Kerne für die Kondensation der Luftfeuchtigkeit liefern, so daß sie sich Wasserdampfmolekeln anlagern. Zu einer sichtbaren Kondensation mit Tröpfchenbildung (Nebel) kommt es nicht, sondern nur zur Dunstbildung.

Starke Dunsttrübungen infolge von Taiga- (Wald-) Bränden können bei sommerlichen Trockenzeiten den zentralen Teilen des Luftweges nach Ostasien geradezu das Gepräge geben. Sie sind auch gelegentlich des Ostasienfluges der Deutschen Luft Hansa im Sommer 1926 in Sibirien beobachtet und untersucht worden[1]). Die Ursache für die großen Waldbrände ist in längerer Trockenheit zu suchen, die den im russischen und sibirischen Wald unbewacht weiterbrennenden Lager- und Rodungsfeuern größereAusbreitung gestattet. Trockenzeiten stehen aber in Zusammenhang mit Hochdruckwetterlagen. Ist auf diese Weise Hochdruckwetter eine Voraussetzung für die Entstehung der Waldbrände, so schafft der thermische Aufbau der Hochdruckgebiete mit seinen, den vertikalen Luftaustausch verhindernden Temperaturumkehrschichten die Bedingungen dafür, daß sich Rauch- und Dunstmassen längere Zeit in den untersten Schichten der Atmosphäre halten können, ohne zerstreut zu werden. In unserem Fall ist die Temperaturumkehrschicht in 1500 m deutlich durch die seitliche Ausbreitung des Rauches erkennbar gewesen.

In 200 km Entfernung von den Taigabränden herrscht noch immer dicker Dunst mit einer Sichtweite von nur 2 km. Erst gegen Abend nimmt die Sicht rasch zu, so daß das Rauch- und Dunstgebiet einen Durchmesser von 250 km hat.

Östlich des Ural wird ostnordöstlicher Kurs gesteuert, der annähernd dem Größtkreise nach der als Ansteuerungspunkt in Nordostsibirien in Aussicht genommenen Stadt Jakutsk entspricht und gleichzeitig in günstiger Weise die Nordseite des südlich von uns ostwärts wandernden Hochdruckgebietes mit zunächst noch südwestlicher, später über West auf Nordwest drehender Strömung hält. Abends um 22,10 Uhr steht das Luftschiff in der Nähe des Zusammenflusses vom Ob und vom Irtysch, um von dort aus Kurs nach ENE auf die Untere Tunguska zu nehmen.

---

[1]) Grundzüge der Flugmeteorologie des Luftwegs nach Ostasien. „Aus dem Archiv der Deutschen Seewarte". Hamburg 1927, Nr. 3, S. 6—8.

Nach dem Aufhören des Dunstes wächst die Sichtweite sehr rasch; aus 800 m Höhe beträgt sie etwa 50 km. Die leichte Cirrus-Bewölkung nimmt gegen Abend ab, so daß wir eine klare Nacht mit außerordentlich durchsichtiger, aus WNW vom Eismeer heranströmender Luft haben. Die Sterne kommen fast aus der Kimm heraus; im Norden verrät ein rötlicher Schein die Nähe des Gebietes der Mitternachtssonne. Unter uns liegt ein eigenartiges Landschaftsbild: Wir fahren über die weiten Flächen der Sumpftaiga Westsibiriens: Allenthalben ist der Sumpfurwald mit Wasserflächen durchsetzt. Teils sind es kreisrunde Seen, teils ist es ein Gewirr von größeren und kleineren unregelmäßig gestalteten Seen und Tümpeln, teils schieben sich schmale Landstreifen, phantastisch geformt, in große Wasserflächen ein. Strömung ist in dem Wasser nicht auszumachen, offenbar ist auf weiten Gebieten gar kein Gefälle vorhanden. Die Landstreifen sind dicht mit Wald bekleidet; die Bestände sind größtenteils aus Nadelholz, vorwiegend Larix sibirica, zusammengesetzt, in das Birken eingesprengt sind. Auf den flachen Gewässern heben sich stellenweise aus dem grün erscheinenden Wasser ganz hell kleine Inseln und Bulte von Seggen und Weißmoos heraus, von oben wie Polster von Schimmelpilzen auf faulendem Wasser erscheinend. (Abb. 1 auf Tafel 34). Vegetation und Uferformen verraten vielfach starke Verlandung der Gewässer.

Die Formen der Gewässer hängen eng mit der Gefrornis des Bodens in diesen winterkalten Gebieten zusammen (Turuchansk, Mitteltemperatur der Monate Dezember bis Februar −26,1°). Ob es sich hierbei zwar um den in einer gewissen Tiefe ständig gefrorenen Boden, um echten Eisboden handelt, ist zweifelhaft. Die Karte Nr. 33 im Atlas von Sydow-Wagner allerdings zieht die Südgrenze des Eisbodens zwischen Ural und 77° E. Lg. etwa längs des 61. Breitenkreises. Indessen bezweifelt Schostakowitsch[1]) in seiner Untersuchung über den Eisboden Sibiriens dessen Vorkommen in dem Gebiete westlich von Turuchansk. Die Bildung der runden Seen (Abb. 2 auf Tafel 34) — der Umriß ist oft erstaunlich gleichförmig rund — führt Anger auf die im Boden sich vorfindenden Eislinsen zurück, die bei ihrem Anwachsen den Boden hügelförmig aufwölben und dadurch die Verankerung des Wurzelwerks im Boden lockern. Durch das weitere Anwachsen des Hügels mit Eiskern werden die Bäume auf ihm schließlich gefällt oder vielleicht auch durch Stürme umgelegt, so daß eine Lichtung im Walde entsteht. Beim Auftauen der Eislinse sinkt der Boden

[1]) W. B. Schostakowitsch, Der ewig gefrorene Bodens Sibiriens. Zeitschrift der Gesellschaft für Erdkunde zu Berlin, 1917, S. 394—427.

in sich zusammen unter das Niveau des ungestörten Bodens, während sich in dem entstandenen Loch rasch Wasser ansammelt. An anderen Stellen bilden sich im Eisbodengebiet durch ähnliche Aufeisbildungen walzenförmige Erhebungen, die auch auf unserer Abb. 2 auf Tafel 34 zu erkennen sind.

Im Raume zwischen dem nahezu ostwestlich strömenden Ob und dem unteren Jenissei südlich vom Tasbusen zwischen 62 und 64° N. Br. überqueren wir in den Vormittagsstunden vom 17. August Gebiete, die bereits das Gepräge der Tundra tragen: Zwischen weiten Wasserflächen ziehen sich in auffallend paralleler Anordnung ganz flache, nur sehr wenig über den Wasserspiegel ragende Erdstreifen hin, die keine oder nur noch ganz vereinzelt verkümmerte, kleine Bäume tragen, sonst aber mit Riedgräsern, Moospolstern, hier und da mit Sträuchern bewachsen sind. (Abb. 1 auf Tafel 35) Im Morgenlichte gewähren die in rötlichen, gelblichen und grünlichen Farbtönen aus dem den hellen Morgenhimmel widerspiegelnden Wasser sich heraushebenden Vegetationsstreifen einen prachtvollen Anblick. Auch größere, zusammenhängende Landflächen dieses Gebietes sind nur mit niedriger Vegetation bestockt. (Auf der Abbildung rechts im Vordergrund und links im Hintergrund). Die Erscheinung der streifenförmigen Anordnung des Tundrabodens wird ebenfalls auf den Eisboden zurückgeführt. Unter der Einwirkung des unten gefrorenen Bodens und des oberflächlichen Auftauens und Wiedergefrierens entstehen infolge der Ausdehnung beim Gefrieren in der oberflächennahen Schicht Bewegungen, die zur Bildung paralleler Bodenwülste führen[1]).

In einer Hinsicht freilich hat das sonst so eigenartige Sumpftaiga- und Tundragebiet enttäuscht: Hatte man einst die lebenswarmen Schilderungen eines Alfred Brehm von der Tundra und ihrer Tierwelt gelesen, so rechnete man mit einem reichen Tierleben dort. Doch trotz aufmerksamer Beobachtung habe ich dort nur eine Kette von 5, 6 Enten zwei große weiß erscheinende Vögel, anscheinend Schwäne und, östlich vom Jenissei einen sich zu uns heraufschraubenden Bussard ausmachen können.

Östlich vom Jenissei ändert sich das Gepräge der Landschaft rasch: Der Eintritt in das mittelsibirische Bergland ist unverkennbar. Sümpfe und Seen treten bald zurück; dafür werden die Flüsse von toten Armen, Altwässern begleitet, an denen die Sumpftaiga sich ostwärts vorschiebt. Das flache Mittelgebirge wird dagegen von Bergtaiga be-

[1]) S. Passarge, Morphologie der Erdoberfläche, Breslau 1929, S. 49/50.

deckt, die großenteils wesentlich lockerer und lichter ist, als die zwischen den Wasserflächen zusammenhängende Sumpftaiga Westsibiriens. Sehr charakteristisch heben sich an vielen Stellen talwärts gerichtete dunkle Vegetationsstreifen von dem hellen Gelbgrau des Bodens ab, die das vom Bergrücken sich senkende Geäder der Rinnsale kennzeichnen. Zwar sind innerhalb dieser von dichterer Waldvegetation gebildeten Streifen keine Wasseradern wahrzunehmen. Zur Zeit der Schneeschmelze oder der Regenfälle dürfte aber innerhalb dieser Streifen der Wasserabfluß erfolgen, so daß dort zeitweilig stärkere Bewässerung kräftigeren und dichteren Pflanzenwuchs ermöglicht. Auch die flachen Bergrücken selbst sind durch stärkere Vegetation ausgezeichnet, da das geringe Gefälle auf ihnen einen langsameren Wasserabfluß und damit eine stärkere Ausnutzung des Wassers durch die Vegetation ermöglicht. Abb. 2 auf Tafel 35 gibt ein anschauliches Beispiel hierfür: Der Rücken des Berges zieht sich im Bilde von rechts unten nach links oben hin, um oberhalb der Bildmitte nach rechts oben abzubiegen; der steile linke (westliche) Hang und z. T. auch der flachere rechte (östliche) Hang weisen die talwärts gerichteten Vegetationsstreifen auf. Die dunkleren Teile der Aufnahme geben über das Bergland ziehende Wolkenschatten wieder; über den Berg gleitet auch der Schatten des Luftschiffs. Die Beobachtung der Zeit, die der Luftschiffschatten zur Verschiebung um seine Länge braucht, gestattet übrigens eine leichte Feststellung der Fahrt über Grund, die Beobachtung seiner Verschiebung relativ zu seiner Achse die Feststellung des Luvwinkels.

Vom Jenissei an ändert sich auch das Wetter. Bereits am Jenissei treiben in geringer Höhe zerrissene Fetzenwolken, dabei jedoch den eigentlichen Flußlauf freilassend. Stärkeres Ansteigen des Geländes und größere Reibung über dem Berglande bringen die aus W bis WNW heranströmenden Luftmassen zum Aufsteigen; es bilden sichTurbulenzwolken und schließlich auftürmende Cumulusformen, aus denen sogar vereinzelt leichter Regen fällt. In Front dieses Luftkörpers liegt eine starke Regenbö, die sich quer zu unserem, dem Laufe der Unteren Tunguska folgenden Kurs von Süden nach Norden erstreckt, soweit der Blick reicht. Dichte, sehr dunkle Wolkenmassen liegen dort, wo kältere westnordwestliche Strömung sich unter wärmere Luft schiebt. An der Unteren Tunguska unter 103° 20′ E. Lg. wird die Böenfront passiert: In wenigen Augenblicken wird das Schiff infolge des stark aufsteigenden Luftstroms von 1100 auf 1250 m emporgerissen; auf Steuerbord hängt ein dichter grauer Vorhang starken Regens in die Landschaft hinein. Von dem Wolkenmassiv, dessen Unterseite dicht über der Fahrthöhe sich befindet, hängen stellenweise Wolkenfetzen bis 600 m herab, bis 200 m über Grund. Mit dem Passieren der Front wird das Profil des Böenkragens klar erkennbar; sprungartig steigt die Temperatur von 7° auf 14°. Wir fahren in den wärmeren Luftkörper hinein. Gleichzeitig geht die Sichtweite herunter; während sie vorher bis 100 km betragen hat, sinkt sie bis auf 27 km; es wird etwas dunstig. Der Wind schläft nahezu ein. Jedoch bleiben noch immer Haufenschichtwolken und höhere Altocumuluswolken übrig. Weiterhin werden Tafelberglandschaften überflogen. Weit im Süden tauchen recht regelmäßig geformte Bergkegel auf, die vulkanischen Ursprungs sein könnten.

Am vierten Fahrttage, am 18. August wird in der Frühe (6,45 Uhr) Jakutsk, die Hauptstadt der Jakutenrepublik überflogen, über der ein dem Andenken der in Sibirien in russischer Kriegsgefangenschaft verstorbenen Deutschen gewidmeter Kranz sowie Post abgeworfen wird. Jakutsk weist die typische Anlage russischer Kolonisationsstädte mit breiten, rechtwinklig sich kreuzenden Straßen auf, niedrige Holzhäuser, ein paar weiß heraufleuchtende Kirchen mit Gruppen von grünen Zwiebeltürmen. Östlich der Lena wird südöstlicher Kurs gesteuert; um 9 Uhr wird der Aldan, um 9,42 Uhr der Maja-Fluß passiert. Höher steigen die Gebirge an, die in 1300 m überflogen werden. Die Vegetation geht zurück, nur die Täler weisen noch lichte Bergtaiga auf. Der Trockencharakter des Gebiets ist unverkennbar.

Um die Mittagszeit werden in eindrucksvoller Fahrt bei sonnigem, heiteren Wetter die Ketten der ostsibirischen Randgebirge überflogen. Es handelt es sich um die, meist dem Stanowoigebirge zugegerechneten Dschugdschurkette[1]) und Aldankette, deren Gipfel vielfach über unserer Fahrthöhe von 1720 bis 1760 m liegen. In den höheren Lagen sind vereinzelte Schneeflecke zu erkennen. Es überwiegen durchaus die abgerundeten, geglätteten Formen alter Kettengebirge (Abb. 1 auf Tafel 36); namentlich die einzelnen Zügen vorgelagerten Ausläufer sind flach abgerundet. Seltener finden sich Steilhänge von schroff abfallenden Graten. Mit Annäherung an das Meer nimmt die Waldbestockung der unteren Lagen wieder zu. Auch Cirro-Stratus-Bewölkung im Südosten deutet die Nähe des Ozeans an, über dem mehrere Tiefdruckgebiete liegen. In der Höhe ist es noch immer recht warm, in 1720 m werden 13° gemessen.

---

[1]) A. Schultz, Sibirien. Breslau 1923. S. 30. Danach kann als Stanowoi-Rücken im engeren Sinne nur die höchste Kette zwischen dem Weißen Urjum und dem Oberlauf der Seja bezeichnet werden.

Bald taucht zwischen einzelnen Bergzügen voraus die blaue Kimm auf; um 15,24 Uhr wird die Küste bei Port Ajan überflogen. Es ist eine Steilküste, bei der die Abrasion wohl noch immer recht wirksam ist, da der sehr stark zum Meere abfallende Abrasionsstreifen sehr hell, anscheinend wenig von atmosphärischen Einflüssen berührt, sich recht markant von den oberen mit Vegetation bekleideten Teilen der Abhänge abhebt. An einigen Stellen springen Gebirgsausläufer halbinselbildend in das Meer vor. Auf den Luvseiten der Halbinseln liegen, in blendendem Weiß wundervoll gegen das helle Blau des Meeres kontrastierend, Nebelbänke, die stellenweise bis über die Halbinseln treiben und auf den Leeseiten wasserfallähnlich überhängen (Abb. 2 auf Tafel 36). Auch die weit draußen im Ochotskischen Meer gelegene Skantarski-Insel trägt eine Nebelmütze, aus der der kegelförmige Gipfel herausragt. Das Ochotskische Meer ist seiner häufigen und dichten Nebel wegen berüchtigt; sie verdanken ihr Entstehen im wesentlichen dem relativ kalten Wasser, über das in der wärmeren Jahreshälfte häufig warme südöstliche Luftströmung hinweggeht. Die mit dieser Luftströmung verfrachteten feuchten Luftmassen werden auf diese Weise in den unteren Schichten bis unter den Kondensationspunkt abgekühlt, so daß sie ihre Feuchtigkeit in Form von Nebeldecken ausfällen. Auch auf unserer Fahrt über das Ochotskische Meer überfliegen wir zwei Gebiete mit dichten Decken sehr niedriger Wolken, die teilweise in SSE—NNW peilenden Reihen angeordnet sind.

Mit südöstlichem Generalkurse wird am Abend vom 18. August der Tartarengolf, die Meerenge zwischen Sachalin und dem Festlande angesteuert. Stark konvergierende Cirren und unklarer Horizont deuten im SW über der Amurmündung ein Teiltief an, das uns über dem Ochotskischen Meer auch südöstliche Gegenwinde bringt. Mit Ansteuern des Tartarengolfs verschlechtert sich für uns das Wetter. Voraus haben wir eine sehr bemerkenswerte Wetterlage: Wir fahren in den Einflußbereich eines Taifuns hinein! Schon vor unserer Abfahrt in Friedrichshafen hatten telegraphisch übermittelte, kurze Klartextberichte aus Japan die Lage mehrerer Taifunzentren gemeldet. Auf der Fahrt über Rußland und Sibirien gestatteten die von der F-T-Station des Luftschiffs aufgenommenen planmäßigen Sammeltelegramme des russischen Netzes, auf Grund der Stationsbeobachtungen die Wetterkarte terminmäßig zu entwerfen; über die postalische Hauptfunkstelle Norddeich übermittelte Klartextberichte des Seeflugreferats der Deutschen Seewarte unterrichteten weiterhin über die Entwicklung der Wetterlage über Sibirien und Ostasien. In der Nacht vom 17. zum 18. gelingt es auch, einen Klartextbericht des japanischen Wetterdienstes aufzunehmen. Die auf Grund der aufgenommenen Funksprüche — noch im Gebiet der Unteren Tunguska — entworfene Wetterkarte (Fig. 2) zeigt folgendes Bild: Ein Taifun hat bereits die japanische Inselwelt überschritten und liegt mit einem Kern von 745 mm ostnordöstlich von Hokkaido, während ein zweiter, von der

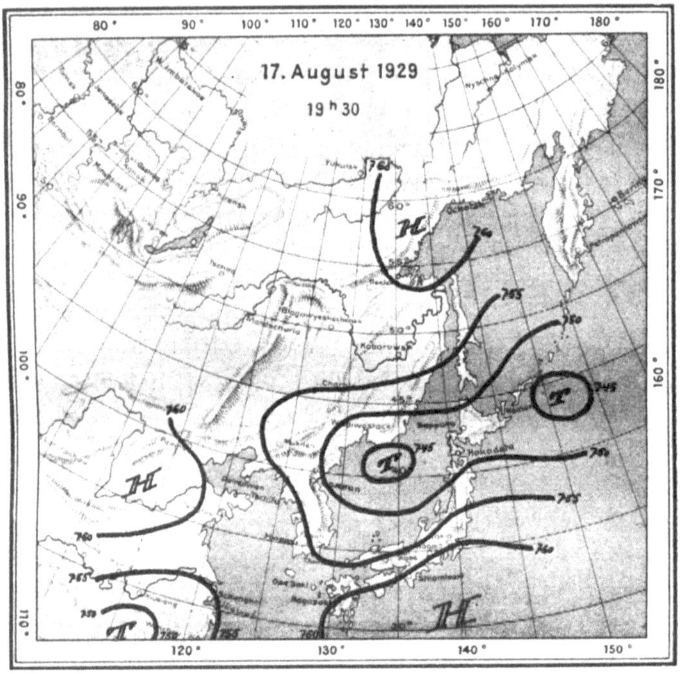

Fig. 2. Taifunwetterlage über Ostasien am 17. 8. 1929. Ein Taifun, im Luftdruckfelde als Tiefdruckgebiet von 745 mm erscheinend, liegt bereits nordöstlich von Hokkaido, während ein zweiter Taifun über der Japanischen See in der Tiefdruckrinne zwischen dem pazifischen und einem festländischen, über Nordchina gelegenen Hochdruckgebiete folgt.

Chinasee heraufgekommener Taifun von ebenfalls 745 mm über dem Japanischen Meere etwa im Raume zwischen der Oshima-Straße und dem Wladiwostock-Golfe sich befindet und in der Tiefdruckrinne zwischen dem nordpazifischen Hochdruckgebiet und höherem Druck über dem Festlande ostnordostwärts zieht; ein weiterer Taifun folgt in der gleichen Tiefdruckrinne von der chinesischen Küste her. Als wir später in Japan waren, wurde uns immer wieder betont, wie besorgt man gerade des zweiten Taifuns wegen gewesen wäre. Auch an Bord war die Schiffsleitung zeitweilig in Sorge, freilich in einem ganz anderen Sinne: Fürchtete sie doch, daß der Taifun schneller auf den Pazifischen

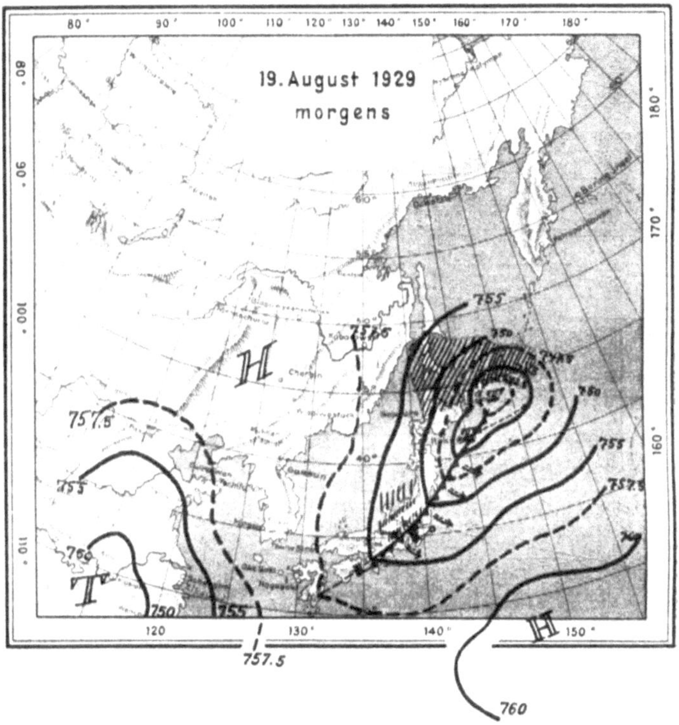

Fig. 3. Taifunwetterlage über Ostasien am 19. 8. 1929, morgens. Der zweite, von der Japanischen See heraufgezogene Taifun hat den ersten Taifun erreicht und ist als Teiltief östlich der Tsugarustraße in dessen Strömungssystem aufgenommen worden. Wettermeldungen von Stationen auf Hondo deuten eine Konvergenzlinie längs der Ostküste der Japanischen Inseln an.

Ozean hinausziehen würde, als daß die auf seiner Rückseite zu erwartende, kräftige, nördliche bis nordwestliche Strömung ausgenutzt werden konnte. Diese Befürchtung ergab sich namentlich auf Grund einer Wetterkarte vom 18., die nach japanischen Stationsmeldungen gezeichnet war. Die japanischen Beobachtungen zeigten allenthalben bereits nördliche bis nordwestliche Winde und ein Druckgefälle von der Korea-Straße nach Nordosten, nach dem ersten Taifunzentrum zu, so daß daraus geschlossen wurde, der zweite Taifun läge bereits auf dem Pazifischen Ozean. Indessen zeigt ihn die nach aufgefangenen Klartextberichten des Japanischen Meteorologischen Zentralobservatoriums in Tokio am Morgen vom 19. August entworfene Wetterkarte (Figur 3) erst hart östlich von Hokkaido in rascher Abwanderung nach ENE, nunmehr im Strömungssystem des ersten Taifuns als Teiltief schwimmend. Das dicht schraffierte Gebiet der Wetterkarte soll das Gebiet zusammenhängenden, dichten Regens auf der Nord- und Nordwestseite der Taifune andeuten, während lockere Schraffur über Hondo auf Schauer hinweisen soll. Eine Böenlinie ist östlich von Japan als sehr wahrscheinlich angenommen.

Mit Annäherung an den Taifun verschlechtert sich am späten Abend vom 18. das Wetter im Tartarengolf erheblich. Von der engsten Stelle des Golfes an kommt die Wolkendecke bis 400 m herab, während unten Nebelschwaden treiben. Und um Mitternacht setzt ungewöhnlich starker Regen ein, der schließlich durch die Bugkappe des Luftschiffs hindurchdringt und in den Steuerraum von oben hineinläuft. Es wird versucht, höher zu gehen, um dort gegebenenfalls etwas besseres Wetter zu finden. In 1700 m herrschen nur 6°; sonst ist keine Änderung festzustellen. Auch bei niedrigerem Fahren in 200 m, 300 m bleibt es das gleiche. Doch stürmischer nördlicher Wind von 15—16 m/sec. läßt uns rasche Fahrt voraus machen. Das Schiff liegt ausgezeichnet dabei, kein Rollen oder Stampfen ist wahrzunehmen, nur eine leichte, kaum merkliche Unruhe in ungeordneter Bewegung um die drei Achsen. Wetterleuchten ist nicht zu beobachten; ein vorübergehendes Abdrehen nach Steuerbord bis auf SSW-Kurs bringt handlicheres Wetter, so daß noch der Generalkurs ohne wesentliche Abweichung durchgehalten werden kann.

Am Morgen vom 19. August stehen wir auf der Westseite der Insel Hokkaido. Dort ist durch den Stau der nördlichen bis nordwestlichen Strömung alles grau in grau, tief hängen von den Bergen die Regenwolken herab.

Doch als wir die Oshima-Halbinsel überschreiten, klart es auf der Leeseite mit einem Schlage auf: Die Sonne bricht durch; unter uns haben wir ein entzückendes Landschaftsbild: Am bergigen Hange hier und da japanische Siedlungen und Dörfer mit kleinen Holzhäusern; im Tale eines Flusses Viereck an Viereck mit hellgrünen Reisfeldern. Doch noch einmal geht's auf das Meer, diesmal auf den Pazifischen Ozean hinaus, um wohl gegen Mittag wieder an die Küste Hondos zu kommen.

Einen stärkeren Gegensatz zwischen der Fahrt über Sibiriens Einöden und der Fahrt längs der Japanischen Ostküste kann man sich kaum vorstellen: Dort Landschaften wie die Sumpftaigagebiete, die Tundrenflächen, die ostsibirischen Gebirge, die Asiens Großräumigkeit eindrucksvoll offenbaren. Viele Hunderte von Kilometern das gleiche Bild, großzügig und einheitlich. Hier bunt wechselnde Landschaftsbilder, fast möchte man von manchen Gebieten sagen: Kleinlandschaften, die innerhalb eines kleinen Flußtales vom waldbedeckten Hang zu Terrassenfeldern, zu Reisfeldern im Talgrunde, zur Fischersiedlung mit trocknenden Netzen an der sandigen Mündung sich ändern. Dort Menschenleere; jede der spärlichen Siedlungen erscheint wie verirrt in der urwüchsigen Natur: Vom Ural bis zum Ochotskischen Meere haben wir von menschlichen Siedlungen nur wahrnehmen können eine Siedlung (Nowo Barkowa) mit Funkstelle am Jenissei, zwei oder drei Hütten an der Unteren Tunguska, auf dem gleichen Flusse ein paar Boote, im Jakutenlande an zwei Stellen gezähmte Renntiere, die Stadt Jakutsk. Das war alles auf rund 4000 km Fahrt! Hier in Japan überall, wo es das Gelände einigermaßen zuläßt, dichte Bebauung, enge Siedlungen; in den Tälern ist oft jedes Fleckchen Land der Kultur nutzbar gemacht.

Zunächst fahren wir zwischen 39° 40′ und 38° 10′ N. Br. an typischer Riasküste (Abb. 1 auf Tafel 36) entlang, die anschaulich lehrt, wie das Meer in die Bergtäler eingedrungen ist; vorgelagerte Bergrücken liegen jetzt als Inseln abgesprengt in Verlängerung der landfesten Bergzüge. Einzelne Inseln, wie Idusima und Oginohama (Abb. 2 auf Tafel 36) sind großenteils bebaut: Feld reiht sich an Feld, jedes mit Gebüsch- und Baumreihen eingefaßt, Landschaftsbilder die an die heimische Knicklandschaft Holsteins erinnern. Gegen die Abrasionsküste schlägt mit weißen Schaumfahnen der Pazifische Ozean. Im Inneren flacher Buchten bauen sich Ortschaften auf. Südlich von 38° 10′ N.Br. zieht sich in glattem Verlauf die Küste hin; die anrollende Dünung erzeugt hier langgestreckte weiße Brandungsstreifen. Wird etwas landein gehalten, so erkennt der Blick senkrecht nach unten das Wasser zwischen den sorgfältigen Reihenpflanzungen der Reisfelder oder die kleinen Kanäle, die für die Wasserzufuhr zu den Feldern sorgen. Im Inneren erheben sich die vulkanischen Berge, größtenteils dicht mit Wald bedeckt. Um 16,45 Uhr stehen wir über Lagunenlandschaften; auf dem Wasser liegen Flugboote, dahinter Flugzeughallen, die Luftschiffhalle von Kasamigaura.

Doch erst geht es noch nach Tokio. Aus dem Kranze der Vorstädte mit dicht gestellten Holzhäusern wächst die City heraus: Hohe Geschäftshäuser, Banken, öffentliche Gebäude, nach dem Erdbeben von 1923 größtenteils neu errichtet. Gewaltige Menschenmengen auf Straßen, auf Brücken, auf Häusern winken dem deutschen Luftschiff zu. Weiter nach Süden steuernd überfliegt das Luftschiff Jokohama, in dessen Hafen zahlreiche Schiffe großenteils auf der Reede liegen. Über Tokio zurückkehrend wird wieder Kasamigaura angesteuert, wo ebenfalls eine gewaltige Menschenmenge unser harrt. In einem glänzenden Landungsmanöver führt Dr. Eckener das Schiff den Haltemannschaften der japanischen Marine zu. Um 18,24 Uhr sind wir nach einer Fahrzeit von 101 h 49, min. gelandet.

Zunächst offizielle Begrüßung durch die Spitzen der Behörden und den Deutschen Botschafter. Während dann die Fahrgäste sich nach Tokio begeben, folgen Dr. Eckener, die Kapitäne und die Besatzung des Schiffes der liebenswürdigen Einladung des Admirals der japanischen Luftstreitkräfte der Marine zu einem japanischen Essen in einem Teehaus des Nachbarstädtchens Tutiura. Am folgenden Tage hatte ich das Glück, zu dem Teil der Besatzung zu gehören, der Herrn Dr. Eckener nach Tokio begleitete. Ein großer Empfang mit anschließendem Frühstück in dem kurz zuvor eingeweihten schönen Luftfahrtmuseum durch die Kaiserlich Aeronautische Gesellschaft, in dessen Verlauf der Besatzung die Goldene Medaille der Gesellschaft verliehen worden ist, die Begrüßung durch den Ministerpräsidenten vor der deutsche und japanische Flaggen schwingenden Jugend Tokios in einem Park, das große, von den Ministerien gegebene Festessen im Imperial Hotel, die Festvorstellung im Kaiserlichen Theater kennzeichnen äußerlich die Aufnahme. Allenthalben merkte man aber, daß uns Freude an der Durchführung der großen Kontinentüberquerung im Luftschiff und ehrliche Begeisterung entgegenschlug.

Anderntags (21. August) hatte ich mich zu dem Japanischen Meteorologischen Zentralobservatorium zu begeben, um den Dank der Schiffsleitung für die Unterstützung durch Wetternachrichten abzustatten und die Versorgung mit weiteren Wettermeldungen zu besprechen. Der Direktor des Observatoriums Professor Okada und der Abteilungsvorstand Professor Fushiwara führten mich auf das Liebenswürdigste und stellten mir alles erbetene Material zur Verfügung. Leider mußte ich gegen Mittag bereits zur Bahn, da bei der ursprünglich für die kommende Nacht geplanten Weiterfahrt des Luftschiffs am Nachmittag das Aerologische Observatorium Tateno aufzusuchen war, und ich zum Abendwetterdienst auf der Flugwetterwarte Kasamigaura sein mußte. Unser interessierter Reisebegleiter Korvettenkapitän Fuijoshi, der uns auf der Fahrt Friedrichshafen—Tokio eine wertvolle Hilfe war, fuhr mich von der kleinen Bahnstation Arakawaoki nach Tateno hinaus, wo der Direktor Dr. Oishi uns bereitwilligst durch das Observatorium führte. Für den Abendwetterdienst stellte Kapitän Ota die Flugwetterwarte Kasamigaura zur Verfügung. An allen Stellen war man stets eifrig bemüht, uns jede nur irgend mögliche Unterstützung zu gewähren.

Die ursprünglich für die Nacht vom 21. zum 22. vorgesehene Abfahrt verzögerte sich jedoch. Als am frühen Morgen des 22. August gestartet werden sollte, ereignete sich bei dem Aushallen des Luftschiffes ein kleines Mißgeschick: Ein im Verhältnis zu den Abmessungen der Halle großes Luftschiff wird nämlich nicht unmittelbar von den Haltemannschaften in die Halle und aus der Halle geführt, vielmehr laufen, um ein völlig hallenrechtes Ein- und Aushallen zu gewährleisten, vom Hallenboden weit auf den Platz Schienen beiderseits hinaus, in denen Laufkatzen gleiten; die Laufkatzen, in mehreren Paaren beiderseits des Schiffes, werden einerseits je durch eine Gruppe von Mannschaften gezogen, während sie andererseits durch Trossen mit dem Rumpfgerüst verbunden sind. Auf diese Weise wird das Luftschiff aus der Halle gefahren, bis es genügend frei von der Halle die übrigen Aufstiegsmanöver ausführen kann. Beim Aushallen in Kasamigaura hakte nun eine der achteren Katzen dort, wo ihre Ausfahrschiene die Hallentorschiene überkreuzt. Hierdurch wurde die von dieser Katze zum Schiffe führende Trosse steif geholt, so daß das bereits mit einem gewissen Beharrungsvermögen voraus laufende Schiff mit einem Ruck zum Stehen kam und achtern gestaucht wurde. Die achtere Maschinengondel I schlug auf den Boden auf, so daß die von der Gondel zum Rumpfgerüst hinauf führenden Versteifungsstreben geknickt wurden. Das Luftschiff mußte infolgedessen wieder völlig in die Halle zurückgeführt werden. Ein Mißgeschick, wie es auch in Friedrichshafen schon vorgekommen ist. Wäre sofort geeignetes Reservematerial vorhanden gewesen, wären die Streben in wenigen Stunden ausgewechselt gewesen. So aber war es erst möglich, in den frühen Nachmittagsstunden vom 23. August wieder zu starten. Abermals wurden wir inzwischen im Offizierskasino des Flughafens Kasamigaura auf das Liebenswürdigste aufgenommen.

Am 23. März kurz nach $15\frac{1}{2}$ Uhr wird die Küste mit rein östlichem Kurse überflogen. Wie auf dem Anmarsch nach Kasamigaura geben uns japanische Flugzeuge in größerer Zahl das Geleit bis auf den Ozean hinaus. In klarem Sonnenschein liegt in hellblauen Farbtönen der Pazifische Ozean vor uns. Die Wetterkarten in Japan hatten bereits erkennen lassen, daß ein Kaltlufteinbruch über die Japanischen Inseln hinweggeschritten war, dessen Front östlich voraus liegen mußte. Es war damit zu rechnen, daß über der warmen Kuro-Schio-Strömung in der Kaltluft das vertikale Temperaturgefälle zunahm, so daß stark aufquellende Cumulo-Nimbus-Wolken und wahrscheinlich auch Gewittertätigkeit zu erwarten waren. Ein Versuch, die Böenfront etwa auf einem weit nach Süden ausholenden Kurse zu umfahren, war nicht ratsam, da im Raume zwischen den Bonininseln und der Insel Kiu-Shiu bereits ein neuer Taifun gemeldet war, so daß ein derartiger Marsch bei nordöstlicher Zugrichtung des Taifuns in die kräftige Oströmung auf dessen Nordseite geführt haben könnte. So mußte versucht werden, mit östlichem Generalkurse die Böenfront an einer möglichst dünnen Stelle zu durchstoßen. In der Abenddämmerung tauchen dann auch hohe Böenwolken vor uns auf, und bald zeigt sich an Backbord voraus Wetterleuchten. Ein vorübergehendes Abdrehen auf ESE bringt uns an eine dünne Stelle der Gewitterfront. Das Passieren eines Gewitters bringt für ein derartiges Luftschiff keine wesentliche Gefahr, wenn richtig gefahren wird. Im Kriege sind wiederholt Zeppelinluftschiffe von Blitzen getroffen worden, ohne Schaden zu nehmen. Nur der L 10 ist auf der Höhe von Cuxhaven infolge eines Blitzschlages abgebrannt; L 10 fuhr dabei aber oberhalb seiner Prallhöhe, so daß aus den Überdruckventilen Wasserstoffgas abblies und über den First des Schiffes eine Knallgasfahne nach achtern lief, die durch die Entladung entzündet worden ist. Sonst wirkt das gut leitend verbundene Metallgerippe der Luftschiffe Zeppelinscher Bauart als Faradayscher Käfig, der Entladungen nicht in das Innere, an den hochentzündlichen Gasinhalt und Betriebsstoffvorrat gelangen läßt. Erforderlich ist jedoch, in genügendem Abstand unterhalb der Prallhöhe zu fahren, um ein Abblasen auf alle Fälle zu vermeiden. In unserem Fall geht es in nur 200 m Seehöhe unter den Gewitterwolken hindurch; wieder hebt uns der starke, aufsteigende Luftstrom rasch empor, in wenigen Augenblicken um 120 m. Auf Backbord zuckt es nicht nur ausgedehnt in den gewaltigen Wolkenmassiven, bald schlagen auch Blitzbündel in das Wasser hinein. Häufig aufleuchtende Flächenblitze zeigen über den Cumulo-Nimbus-Türmen weitausladende Schirme hoher Eiswolken. Kräftige südwestliche Strömung und eine Fahrt mit allen 5 Maschinen lassen uns jedoch bald das schwere Frontgewitter durchstoßen und überholen. Am Morgen vom 24. löst sich die Bewölkung auf; wir fahren in den „warmen Sektor“ eines nördlich von uns gelegenen Tiefdruckgebiets hinein, dessen Hauptböenfront wir am Abend zuvor passiert hatten. Drahtlose Umfragen der Bordfunkstelle nach Wettermeldungen haben das erfreuliche Ergebnis, daß nach und nach am 24. vormittags die Wetterbeobachtungen von 10 Dampfern aus dem westlichen Teile vom Pazifischen Ozean eingehen; für den Teil östlich vom 180. Längengrad wird ein Klartextbericht vom Weather Bureau in San Franzisko übermittelt. Die Teilnahme der Dampfer ist sehr anerkennenswert; jeder gibt, was er nur kann: Wind und Wetterzustand können alle beobachten, die Mehrzahl meldet dazu noch den Barometerstand. Andere geben ihre Temperaturablesungen herauf, einige auch Angaben über Seegang und Dünung. Auf diese Weise gelingt es, Karten zu entwerfen, die Dr. Eckener seinen Entschlüssen zu Grunde legen kann (Fig. 4, Karte vom 24. 8. morgens): Am Westabhange des umfangreichen mittelpazifischen Hochruckgebietes zieht sich demnach eine Rinne tiefen Luftdrucks mit mehreren Tiefdruckkernen hin, die mit der Tiefdruckrinne im Osten Japans in Verbindung steht. Von dem nördlichsten der gezeichneten drei Kerne streicht die bereits überholte Böenfront südwestwärts; in der östlichen Strömung auf seiner Nordseite herrscht schlechtes Flugwetter mit Regen und Nebel. Nördlich des Mittelpazifikhochs liegt ein Tief im Alaskagolf, während ein zweites südlich der Beringstraße anscheinend rasch südostwärts vordringt. Herr Dr. Eckener beschließt daher, den Nordabhang des umfangreichen Hochdruckgebiets anzusteuern, um in der dort zu erwartenden zunächst südwestlichen, später nordwestlichen Strömung das Hoch mit günstigem Rückenwind nördlich zu runden.

Im „warmen Sektor“ haben wir am 24. vormittags eine prachtvolle, sonnige Fahrt. Ein großer Wal furcht, hohe Fahrt ostwärts laufend, das Meer. Der stets beobachtend am Fenster stehende Polflieger Sir Hubert Wilkins, der als Fahrgast an Bord ist, macht einen großen Sonnenfisch aus. Doch bald ist dieser Abschnitt durchmessen. Wir kommen in die östliche Strömung mit abnehmender Temperatur im Osten der warmen Front. Dort schiebt sich die warme Strömung auf die davorliegenden kälteren Luftmassen, so daß ausgedehnte Gebiete mit Regen und Nebel entstehen. Und Regen und Nebel geben von dort an unserer Fahrt bis 8 Stunden vor San Franzisko das Gepräge. Die Navigation ist außerordentlich erschwert; verschwindet vorübergehend die Nebelbank unter uns, so wird mit Hilfe von Peilbomben die Abtrift bestimmt. Dann wird wieder versucht, über den Nebel zu kommen, um

Sonne oder Sterne zur Standortsbestimmung zu „schießen“, was jedoch nicht immer gelingt. da vielfach ausgebreitete Wolkendecken über dem Nebel liegen. Trotzdem klappt die Navigation ausgezeichnet, indem wir trotz der schweren Fahrbedingungen die kalifornische

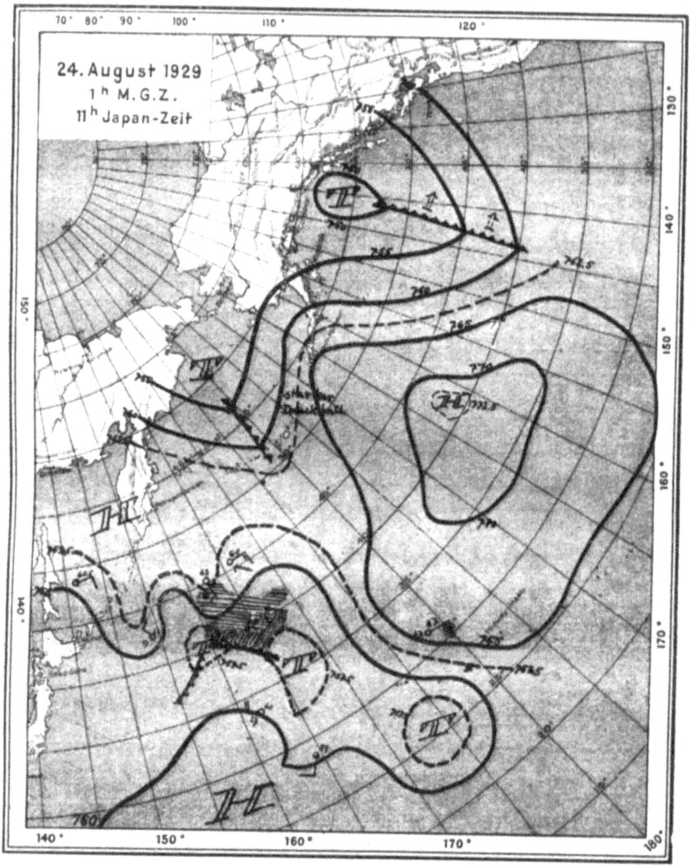

Fig. 4. Wetterlage auf dem Pazifischen Ozean am 24. 8. 1929. Im Osten wird die Wetterlage nach einem Klartextfunkspruch vom Weather Bureau in San Francisko durch ein umfangreiches Hochdruckgebiet über den mittleren Teilen, durch Tiefdruckgebiete über der Beringsee und dem Alaskagolf gekennzeichnet. Im Westen lassen aufgefangene Schiffswettermeldungen eine Tiefdruckrinne erkennen, deren nördliches Tief (Kern auf etwa 40° N. Br., 158° E. Lg.) dem Luftschiff eine Gewitter-Böenfront, einen warmen Sektor und Aufgleit-Regen und Nebel nordöstlich der Warmfront gebracht hat.

Küste an der für die Ansteuerung vom Goldenen Tor bestimmten Stelle erreichen. Fahren wir für kurze Zeiten im Sonnenschein über dem Nebelmeer, so bieten sich wieder schöne Bilder, namentlich wenn die farbigen Beugungsringe der Aureole um den Luftschiffschatten über weiße Nebelballen gleiten. Doch bald fahren wir wieder in grauem Wetter mit Regen, tieftreibenden Wolkenfetzen um uns.

Während dieser Schlechtwetterfahrt geht das Leben an Bord seinen gewohnten Gang. Die Küche sorgt für ausgezeichnete Verpflegung mit zweimaligem, erstklassigen, warmen Essen, mit Morgen- und Nachmittagskaffee. Die Presseberichterstatter senden Funksprüche über Fahrtverlauf und Eindrücke an die heimischen Schriftleitungen, schreiben Berichte. Da und dort klappern die Schreibmaschinen. Die Übrigen sehen zum Fenster hinaus, führen Tagebuch, schreiben Postkarten zum nächsten Postabwurf.

Am Vormittage vor dem Erreichen der Kalifornischen Küste klart es auf, so daß wir den Rest der Pazifischen Fahrt bei sonnigem Wetter zurücklegen können. Ein japanischer Dampfer „Hakutatsu Maru“ grüßt durch Flaggensignal herauf; wir dippen erwidernd die Flagge. Mit sinkender Sonne geht es, von zahlreichen Flugzeugen begleitet, durch das Goldene Tor in die weite Bucht von San Franzisko hinein. Das Pazifische Geschwader mit Großkampfschiffen, Kreuzern, Torpedobooten und Tendern ankert vor San Franzisko; das Flaggschiff blinkt mit dem Scheinwerfer einen Willkommensgruß herauf. Im Hafen heulen die Dampfpfeifen zahlreicher Schiffe; von der Stadt her dringt Begrüßungsjubel herauf. (25. August 17,45 Uhr). Nach einer S-Schleife über der Stadt wird bei Sonnenuntergang durch das Goldene Tor wieder auf den Ozean hinaus gesteuert, um längs der Küste Kurs auf Los Angeles zu nehmen. Hier und da leuchten die Drehfeuer der Leuchttürme auf, mit ihren langen Armen landein über die Baumkronen der Küstenwaldungen streifend. Hell erleuchtet liegt das Schloß des Zeitungsmagnaten Hearst da.

Um 1,30 Uhr am 26. stehen wir über Los Angeles. Der Anblick der Stadt ist märchenhaft; es scheint von weitem, wie es ein Zeitungsberichterstatter in richtigem Gefühl ausgedrückt hat, als ob der Sternenhimmel auf Erden gefallen ist. Bei klarer Luft liegen die langen Straßenzüge der Stadt, ihrer Vororte, ihrer Nachbarorte durch endlos erscheinende Lichterreihen gekennzeichnet vor uns. Mit nur drei Maschinen langsame Fahrt machend, geht es über den ganz weitzügig gebauten, locker bebauten Städtekomplex, um zur Landung den Morgen abzuwarten.

Als der Morgen mit dem bräunlichen Rot der Wüstenluft im Osten aufsteigt, wird über dem Meer das Luftschiff abgewogen, wird durch Gasziehen und Ballastabgabe Gewicht und Auftrieb den Landungsverhältnissen angepaßt. Dann in niedriger Fahrt über Öltanks hinweg; schwerer Ölgeruch strömt durch die Fenster herein. Das Luftschiff wird in den Platz hineingedrückt; um 5,16 Uhr sind wir auf dem Flugplatz Mines Field bei Los Angeles gelandet nach einer Fahrt von 79 Stunden und 3 Minuten.

Matrosen bringen das Schiff an den kurzen Ankermast, an dessen Spitze es mit dem Mastfesselgeschirr am Bug vertäut wird. Vom Mast aus beginnt sofort die Nachfüllung von Traggas und Brenngas. Im übrigen ruht dabei das Luftschiff nicht unmittelbar auf dem Boden, vielmehr ist es auch achtern vertäut, indem an der achteren Maschinengondel ein schwerer Schlepp- oder Anker-Wagen befestigt ist. Um den Anker- oder richtiger wohl „Vertäu"-Mast ist das Luftschiff drehbar, wobei eine Gruppe von Matrosen den Schleppwagen auf einer kreisförmig um den Mast führenden Bahn hin und herfahren muß, den Schwankungen der Windrichtung folgend. Auf diese Weise schwoit das Luftschiff an dem Ankermast wie ein Schiff um die Boje, dessen Heck von einem Schlepper herumgelegt wird. Da in Los Angeles ein Wechsel von Land und Seewind auftritt, mußte das Luftschiff während der Liegezeit zweimal gedreht werden.

Am Vormittag vom 26. August konnte ich in die Stadt hineinfahren, die mich bei flüchtiger Durchfahrt in ihrer uneinheitlichen Bauweise enttäuscht hat: Straßenzüge mit prunkvollen Villen oder bungalowähnlichen Häusern, gepflegten Gärten und schönen Palmenalleen wechseln rasch mit niedrigen, schmutzigen Hüttenkomplexen ab. Am Nachmittag mußte ich bereits wieder in Mines Field sein, um mit der Flugwetterwarte Fühlung zu nehmen und die Übermittelung der Wetternachrichten für die Weiterfahrt vorzubereiten. In außerordentlich entgegenkommender Weise haben sich die beiden Meteorologen der amerikanischen Marine und des den Luftverkehr nach dem Osten versehenden T. A. T. (Transcontinental Air Traffic) bemüht, uns mit Wetterkarten und Wetternachrichten zu versehen. Wiederholt vom Nachmittage bis spät in die Nacht hinein haben beide Herren den weiten Weg von der Wetterwarte bis zum Schiff gemacht. Am Abend sind uns stündliche Streckenmeldungen von der Flugstrecke nach El Paso übermittelt worden, die einen Gewitterzug jenseits der Randketten erkennen ließen.

Bereits in der folgenden Nacht wird weitergefahren. Um 0,15 Uhr am

27. August erfolgt der Aufstieg zu der zweiten Festlandsüberquerung Auch sie sollte überreich an Eindrücken werden! — Zunächst geht die Fahrt noch einmal auf das Meer hinaus, um den steilen Anstieg über die höheren Randgebirge im Osten von Los Angeles zu vermeiden. Erst auf der Höhe von San Diego wird landein gedreht, um 2,15 Uhr wird die Küste überflogen. Nachts kündet Wetterleuchten den schon gemeldeten Gewitterzug an. In östlicher Fahrtrichtung wird um $5^3/_4$ Uhr Ft. Yuma passiert. Dann geht es mit zunächst ostnordöstlichem, dann ostsüdöstlichem Generalkurs über die Hochwüsten vom südlichen Arizona und von Neu-Mexiko hinweg, über die Moharewüste, dann über die Gilawüste. Es sind wieder großartige Landschaftsbilder, die unter uns abrollen. In gelbgrauen Farbtönen dehnt sich die Wüste aus. Grünlich-graue Gebüschstreifen verraten Rinnsale, die in Regenzeiten Wasser führen. An einzelnen Stellen zeigen sich auch die hellen Sandbetten völlig ausgetrockneter Wasserläufe. Einzelne Gebirgsketten und Gebirgsstöcke mit stark verwitterten Formen scheinen den Hochwüsten aufgesetzt zu sein, manchmal fast das Gepräge von Inselbergen tragend. Dabei dürften jedoch die weiten, flachen Talmulden und ebenen Wüstenflächen zwischen den Gebirgen vom Abtragungsschutt der verwitterten Gebirge aufgeschüttet sein, während die Gebirgskerne bei dieser Abtragung noch übrig geblieben sind. Vereinzelt deuten die Formen vulkanischen Ursprung an, so dort, wo Pfropfen von Eruptivgesteinen aus den Bergen gepreßt erscheinen, vielleicht aber auch als härtere Kerne bei der Abtragung des lockeren Mantels herausgespült worden sind. Östlich vom Tuscon-Abschnitt nimmt die Vegetation auf weiten Strecken langsam zu, Säulen- und Kandelaber-Kakteen sind zwischen niedrigem Gestrüpp erkennbar. Auffällig ist auch hier, wie die Vegetation sich in Streifen anordnet und damit plastisch den Talweg des zu Regenzeiten abfließenden Wassers kennzeichnet. In diesen Abschnitten treten jedoch die Vegetationsstreifen besonders in den weiten Talmulden hervor, während die Berghänge unregelmäßig bewachsen sind, so daß sie gelegentlich wie gefleckt erscheinen. Dort, wo die Vegetation auch außerhalb des Bereiches der Wasseradern etwas stärker ist, ohne geschlossene Bestände zu bilden, erscheint die „Fleckung" des Landschaftsbildes auch in den Ebenen; von oben ein eigenartiger Anblick. Halbwüsten leiten allmählich zu Steppenlandschaften über.

Von 9 Uhr ab bilden sich Haufenwolken mit horizontaler Basis. Ein kräftiger östlicher Wind bläst dem Luftschiff entgegen; mit zeitweise 36 km/h. hält er die Fahrt voraus etwas auf. Bei der hohen

Temperatur — in einer Höhe von 1650 m haben wir noch 26° — infolge der starken Einstrahlung und der kräftigen Luftbewegung ist es selbst in Fahrthöhen von 1600—1800 m noch recht böig. Jedoch stampft das Luftschiff in durchaus weichen Bewegungen und nicht in dem Maße, wie etwa selbst ein größeres Seeschiff in stürmischer See.

An der Southern Pacific Railway, der wir zeitweilig folgen, gruppieren sich um die Bahnhöfe Siedlungen, Ortschaften, Straßen — in typisch amerikanischer Art rechtwinklig kreuzend angelegt. An einzelnen Stellen sucht man, scheinbar nur mühsam, kleine parkähnliche Anlagen zu schaffen. Weiter östlich, nach El Paso zu, treten schon hier und da Matten und Wiesen auf, aus denen Teppiche gelber Blumen aufleuchten. Bei El Paso durchbricht der Rio Grande del Norte eine Gebirgskette; leider stehen gerade an der Durchbruchsstelle Fabriken, deren Schlote Qualm in das Tal legen. El Paso ist im übrigen eine Überraschung: Im Steppengebiete eine große Stadt mit Wolkenkratzern in der City, auch sonst schönen Gebäuden und weiten Straßenzügen. Die Vorstadt südlich des Rio Grande liegt bereits in Mexiko. Auf unserer Fahrt in der Nähe der mexikanischen Grenze haben uns vorher lange Zeit ein Flugzeug mit den Hoheitsabzeichen der Staaten, ein anderes mit mexikanischen Abzeichen begleitet, wobei wohl beide Maschinen nicht immer die Grenze innegehalten haben. — Östlich von El Paso ziehen sich Felder und Wiesenlandschaften am Flusse hin.

Von El Paso an wird Kurs nordostwärts genommen, um zu versuchen, auf die Nordseite eines Hochdruckgebiets zu kommen, das vom Seengebiet südostwärts vorzustoßen scheint, und um auf diese Weise den mittleren Westen und das Seengebiet zu besuchen. Nordöstlich von El Paso muß auf 2260 m gegangen werden, um die NW-SE streichenden Gebirgsketten zu überfliegen. Am späten Nachmittag vom 27. ragen einige niedrige Vulkankegel aus der Hochebene heraus; an anderen Stellen zeigen sich Cañonbildungen an Geländestufen oder kleinen, ausgetrockneten Flußläufen.

Am Morgen vom 28. August haben wir auf unserer Fahrt nach NE stark dunstiges Wetter; die Sichtweite beträgt zeitweise nur 1 km. Auch über Cansas City, das um 8,40 Uhr passiert wird, ist es noch stark dunstig. Von dort geht es auf Chikago zu; hinweg über fruchtbare Gebiete, deren Maisfelder aber Spuren von stärkerer Trockenheit zu tragen scheinen. Um 16,22 Uhr wird Chikago erreicht: Lokomotiven pfeifen, die Dampfpfeifen und Sirenen der zahlreichen, großen Fabrikanlagen gehen, die Dampfer im Hafen beteiligen sich, Kraftwagen hupen, ein gewaltiger Begrüßungslärm schlägt von unten herauf und gibt Kunde von stürmischer Anteilnahme an dem Ereignis der Weltfahrt des „Grafen", wie das Luftschiff drüben häufiger genannt wird. Hohe Wolkenkratzer, vielfach oben dicht mit winkenden Menschen besetzt, kommen unserer Fahrthöhe von 500 m doch schon merklich näher; sie gewähren namentlich vom Michigansee aus einen eindrucksvollen Anblick. Endlos erscheinende Züge von Kraftwagen rollen auf dem Michigan-Boulevard. Mit sinkendem Tag wird über See und Staat Michigan gefahren. Voraus tasten Scheinwerfer auf einem Wolkenkratzer von Detroit Horizont und Himmel nach uns ab. Dort wieder verschwenderische Lichtfülle, eine Gruppe von Wolkenkratzern, verhältnismäßig eng konzentriert, ragt aus der City heraus. In Cleveland wird der Flugplatz überflogen, auf dem die „Los Angeles", der 1924 nach den Vereinigten Staaten überführte frühere LZ 126, deutlich erkennbar am Ankermast liegt.

Der anbrechende 29. August findet uns bereits kurz vor New Vork. Um 6 Uhr wird New-York erreicht, um 6,40 Uhr die Freiheits-Statue überflogen. Aus Dunst und Rauch heraus bohren sich Wolkenkratzer aufwärts. In flotter Fahrt geht es südwärts; bald stehen wir über den lichten Strandwaldungen von New Jersey. Die gewaltige Halle von Lakehurst taucht vor uns auf. Schwer läßt sich das Schiff zunächst in die durch nächtliche Ausstrahlung erkaltete, dichte Bodenluft hineinzwingen, doch kräftige Matrosenarme ziehen es bald an den Haltetauen herunter, so daß wir um 7,12 Uhr nach einer Fahrt von 59 h. 39 min. gelandet sind. Offizielle Begrüßung hier wie in Kasamigaura und Los Angeles. Die Fahrgäste begeben sich gleich nach New York zurück.

Nach kurzer Rast in Lakehurst fuhr ich nachmittags nach Washington, das von dem etwas abseits gelegenen Lakehurst nur nach mehrmaligem Umsteigen zu erreichen ist. Bei strömendem Regen kam ich abends in der Hauptstadt der Vereinigten Staaten an. Am folgenden Morgen ging ich zum Weather Bureau der Vereinigten Staaten, um dem Leiter des Instituts Professor Marvin den Dank für die Unterstützung durch die Übermittelung der Wettertelegramme abzustatten. Er und die beiden Meteorologen des Wetterdienstabteilung Mitchell und Weightman nahmen sich meiner in liebenswürdigster Weise an. Leider konnte ich nur den Vormittag auf dem Wetterbüro zubringen, da ich am Nachmittag bereits nach Lakehurst zurückkehren mußte. Denn zum Abendwetterdienst mußte ich auf der Flugwetterwarte, dem Aërological Observatory der Navy in Lakehurst sein, dessen beide

Meteorologen Reichelderfer und O'Brien mir in gleicher Weise bereitwilligst jede Hilfe und Unterstützung zuteil werden ließen. Namentlich der folgende Tag brachte enge Zusammenarbeit mit den Herren des Observatoriums. Nur allzu schnell verging die Zeit in Lakehurst, wo wir im Offizierskasino gastfreie Aufnahme gefunden hatten.

Am 1. September um 7,18 Uhr startet „Graf Zeppelin" zur letzten Weltfahrtetappe Lakehurst—Friedrichshafen. Die Führung hat Herr Kapitän Dipl. Ing. Lehmann übernommen, da sich die Verhandlungen von Herrn Dr. Eckener in den Staaten etwas länger hinziehen, so daß deren Beendigung nicht abgewartet werden kann.

Noch nicht eine Viertelstunde nach dem Aufstieg wird die Küste bei Seaside Park überflogen. Um nicht in den Einflußbereich eines im Raume von Neufundland gelegenen Sturmtiefs mit einem bis zum 40° N. Br. reichenden Ausläufer zu kommen, schlägt Kapitän Lehmann zunächst ostsüdöstlichen Kurs ein. Eine lebhafte zunächst westnordwestliche, später mehr westliche Strömung von 30—45 km/h. läßt uns am ersten Fahrttage bei vielfach sonnigem Wetter und zerrissen treibenden Wolken schnelle Fahrt ostwärts machen. Um Mitternacht stehen wir bereits auf 38° 10′ N. Br., 48° 42′ W. Lg.

Die planmäßigen Sammeltelegramme des amerikanischen Wetterbüros, ein aufgefangener Klartextbericht des Seeflugreferats der Deutschen Seewarte, vor allem aber von Schiffen unmittelbar übermittelte Wettermeldungen liefern Grundlagen für die laufende Zeichnung der Wetterkarten; vor allem gibt der Dampfer „Resolute" der Hamburg- Amerika Linie (Kapitän Kruse) in dankenswerter Weise uns zahlreiche, von ihm gesammelte Dampfermeldungen herauf. Die Abendwetterkarte vom 1. September mit der synoptischen Beobachtungszeit 18 Uhr M. G. Z. (Fig. 5.) zeigt neben dem nordwärts ausgewichenen Neufundland-Labradortief und einem weiteren Tief über dem europäischen Nordmeer ein sehr entwickeltes Tief im Raum zwischen den Azoren und den Britischen Inseln, dessen Kern Barometerstände von 750 mm aufweist. Auf seiner Rückseite ist ein Einbruch kalter Luft erkennbar, so daß im Entwurf der Karte eine von dem Kern des Tiefs weit südwestwärts reichende Böenfront angenommen wird.

Um den Witterungsverlauf bei Annäherung an diese Front zu beobachten, begebe ich mich um 1,30 Uhr wieder nach vorn in den Steuerraum. Harmloses Stratusgewölk zieht zeitweise an den Sternen vorüber. Um 2 Uhr Ortszeit mache ich eine Terminablesung und stelle wieder ein drahtlos über Norddeich an die Seewarte zu übermittelndes

Wettertelegramm zusammen. Gerade als ich das Telegramm zur Funkstelle bringen will, ruft der Seitenrudergänger „Wetterleuchten voraus“ so daß „Wetterleuchten im Osten“ dem Telegramm noch angefügt werden kann. Als ich nach wenigen Minuten wieder nach vorn komme, hat der wachhabende Kapitän v. Schiller nun auch Wetterleuchten im

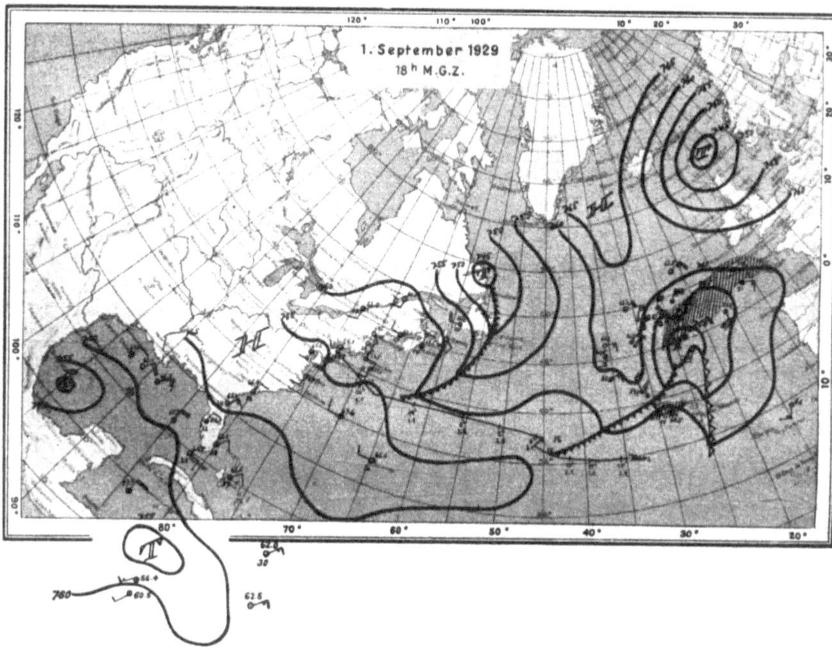

Fig. 5. Wetterlage auf dem Nordatlantischen Ozean am 1. 9. 1929. Labradortief mit weit südwärts greifendem Ausläufer. Schiffswettermeldungen zeigen ein zweites Tiefdruckgebiet im Raume nördlich der Azoren mit einer nordost-südwestlich sich erstreckenden Böenfront, an der sich in der Nacht vom 1. zum 2. 9. ausgedehnte Frontgewitter entwickeln.

Südosten beobachtet. Die Beobachtungen zeigen zwei getrennte Entladungsherde im E und in SE, so daß die Möglichkeit des Durchbruchs zwischen beiden in ostsüdöstlicher Fahrtrichtung noch zu bestehen scheint. Doch rasch ändert sich das Bild: Kurz vor 2,30 Uhr kann ich in dem schwachen Sternenlicht die ersten Cumulo-Nimbustürme voraus ausmachen, unter denen wir jedoch bereits in wenigen Augenblicken sind. Dicke Regensträhnen schlagen vorn gegen die Zellonscheiben. Und lebhaftes Blitzen voraus, auf Steuerbord und etwas weiter abliegend auch auf Backbord beginnt, so daß der hinzugekommene

Führer des Schiffes Kapitän Lehmann Gegenkurs befiehlt. Mit Hartsteuerbord drehen wir aus der Gewitterfront heraus. Nach 5 Minuten Fahrt nach WNW kommen auf Steuerbord die ersten Sterne durch. Wir haben quer zu unserem Kurs eine von NE nach SW reichende Front, hinter der nun unser Kurs zurückgestaffelt wird. In einigem Abstand laufen wir hinter der starken Gewitterfront nach WSW und schließlich nach SW. Es ist ein prachtvoller Anblick, wie auf Backbord längs der Front lebhaftes Blitzen die hochreichenden Cumulo-Nimbuswolken erleuchtet. Gegen 4 Uhr lassen die elektrischen Entladungen auffallend rasch nach, und um 4,45 Uhr kann die Front in ganz geringer Höhe durchstoßen werden. Wir gehen von SW- wieder auf E-Kurs, wobei ein gewaltiges Cumulo-Nimbus-Massiv, das den südlichsten Entladungsherd enthalten hat, etwa den Mittelpunkt unserer Drehbewegung darstellt. Die aufgehende Sonne beleuchtet hell von Osten die Böenwolken. Der ganze 2. September bringt dann auf der Südseite des Ozeantiefs schöne Wolkenformationen: Über hochtürmenden Cumuluswolken finden sich Decken und Bänke mittlerer Wolken, an anderen Stellen ranken in phantastischen Formen Eiswolken empor, während auf dem hellblau erscheinenden Wasser violette Wolkenschatten treiben.

Am 3. September um 14,22 Uhr wird nach einer Fahrtzeit von 53 Stunden und 50 Minuten die spanische Küste bei Kap Finisterre erreicht. Dort an der Nordwestecke Spaniens fällt dichter Nebel auf See ein, der auch die Küste verhüllt, das Innere des Landes aber freiläßt. Das Luftschiff muß bis auf 750 m wieder heraufgehen. Erst an der Biskayaküste klart es wieder auf. In allen Einzelheiten tritt die Riasküste heraus. Bei völliger Dunkelheit wird Santander um 19 Uhr überflogen, um den dort auf seiner Sommerresidenz weilenden König von Spanien zu begrüßen. Von dort geht es quer über den Biskayabusen mit Generalkurs Bordeaux. Die französische Küste wird um 22 Uhr bei Arcachon erreicht. Hellgrün leuchten die Brandungsstreifen längs der Küste in lebhaftem Meeresleuchten aus dem tiefen Dunkel der Nacht heraus, als Abschiedssignal vom Ozean. —

Über Frankreich haben wir noch eine prachtvolle Nacht- und Morgenfahrt; weitgedehnt, hellerleuchtet, mit breiten Straßenzügen und schönen Bauten liegt zunächst Bordeaux da. Im Morgengrauen haben wir noch eine ungewöhnlich klare Alpensicht: Aus der Gegend von Dijon und Besançon treten die Ketten vom Montblanc bis zu den Glarner Alpen in allen Einzelheiten mit Gipfeln und Firnfeldern heraus. Doch bald nach Sonnenaufgang verschleiert sich rasch das Bild.

Dann geht es der Heimat zu; Basel wird um 7,08 Uhr, Konstanz um 8,14 Uhr, Friedrichshafen um 8,18 erreicht. Glockengeläut begrüßt das Schiff, gewaltige Menschenmengen jubeln ihm zu. Um 8,45 ist LZ 127 „Graf Zeppelin“ glatt gelandet. Die Weltfahrt ist beendet. In einer reinen Flugzeit von 20 Tagen, 4 Stunden und 14 Minuten sind 34200 km zurückgelegt worden. Für die, die das Glück hatten, an der Fahrt unter der genialen Führung von Dr. Eckener und unter seinen Kapitänen Lehmann, Flemming und v. Schiller teilzunehmen, ist sie ein ganz großes Erlebnis.

Mit Begeisterung hat Deutschland, mit steigender Anteilnahme wohl die Welt den Verlauf der Fahrt verfolgt. Hoffentlich bleiben Begeisterung und Interesse für das deutsche Luftschiff wach, damit einst die deutsche Flagge führend auf den Weltluftschiffslinien ist!

Das Meßtischblatt Ratzeburg

in landschaftskundlicher Darstellung

von

K. O. Börner, Hamburg.

Inhaltsverzeichnis.

Einleitung.

Vorliegende Arbeit verdankt ihre Entstehung der Frage, ob landschaftskundliche Forschung und Darstellung auch auf kleinstem geographischem Raume zu wertvollen wissenschaftlichen Tatsachen und zu neuen Problemen für andere wissenschaftliche Disziplinen führen kann.

Einer Anregung von Herrn Professor Dr. S. Passarge folgend, wurde die jungdiluviale Landschaft um Ratzeburg gewählt und zuerst das Augenmerk auf einen Durchschnitt durch Grund- und Endmoränenlandschaft mit vorgelagertem Sandr gerichtet, der hier nahezuliegen schien. Verschiedene Gründe führten aber dazu, die Arbeit auf ein Meßtischblatt zu beschränken. Zunächst erschien diese Grundmoränenlandschaft keineswegs nur als eine beim Abschmelzen des Inlandeises liegen gebliebene Aufschüttung, sondern von so eigenartigem Gepräge in Aufbau und Form, daß für eine landschaftskundliche Darstellung die Einbeziehung weitererMeßtischblätter unnötig und unzweckmäßig erschien. Als weiterer Grund kam hinzu, daß in dem Meßtischblatt Ratzeburg eine nach Norden, Westen und Süden gut begrenzte Landschaft vorliegt.

Das Gebiet wurde zu allen Jahreszeiten begangen und in zahlreichen Lichtbildern aufgenommen, welche zum Teil bei der Zeichnung der Bildskizzen benutzt wurden. Den Ausgangspunkt für die Kartenskizzen bildeten das topographische und geologische Meßtischblatt.

Grundlegend für die Arbeit waren vor allem die landschaftskundlichen Werke von Professor S. Passarge, die mit der übrigen benutzten Literatur am Schlusse verzeichnet sind.

Die Arbeit gibt im ersten Abschnitt eine analytische Darstellung der geographischen Räume nach den Einzelwissenschaften; die Landschaftssynthese verbindet die Landschaftsräume zu Teillandschaften, die im dritten Teile einer landschaftskundlichen Beschreibung unterworfen werden. Diesem beschreibenden Hauptteil folgt die Diagnose der Landschaft. Sie untersucht die gestaltenden Kräfte im Zusammenhang mit den von ihnen abhängigen Erscheinungen. Die historische Landschaftskunde versucht, die Entwicklung der Kulturlandschaft aus der Urlandschaft darzustellen und behandelt den Menschen in der Urlandschaft.

Herrn Professor S. Passarge möchte ich an dieser Stelle für die vielseitigen Anregungen und die stete Förderung der Arbeit meinen verbindlichsten Dank aussprechen. Auch Herrn Dr. Schwantes habe ich zu danken, der mir über die landschaftlichen Verhältnisse der altpaläolithischen Fundstätten am Schalsee bereitwilligst Auskunft gegeben hat.

Lage, Größe und Begrenzung des untersuchten Gebietes.

Das Meßtischblatt Ratzeburg reicht von 53° 42′ n. Br. bis 53° 48′ und von 28° 20′ ö. Lg. bis 28° 30′. Da das Gradfeld unter der Breite 53°—54° = 7384 qkm umfaßt, so ist das Blatt etwa 123,06 qkm groß. Davon kommen auf die Wasserflächen 16,163 qkm, etwas weniger als $^1/_7$ der Gesamtfläche.

Dieser Teil des deutschen Kulturflachlandes gehört zum Übergangsgebiet zwischen ozeanischem und binnenländischem Klimagebiet der Mittelgürtel mit der Besonderheit, eine 40—50 m hohe Grundmoränenplatte zwischen Nord- und Ostsee zu bilden. Die Entfernung von der Travemünder Bucht beträgt 20 km, von der Elbmündung bei Cuxhaven 129 km. Die tiefe Rinne desRatzeburger Sees teilt die Landschaft in einen Westflügel von 4,88:11,15 km und in einen Ostflügel von 4,38:11,15 km Größe. Der Große Ratzeburger See ist 9 km lang und hat 1,875 km größte Breite; die Uferlänge beträgt 25,5 km und die Wasserfläche 13,97 qkm nach Messung auf dem Meßtischblatt. Im Norden wird die Grundmoränenlandschaft begrenzt durch die tonigsandige Lübecker Tiefebene (15—20 m ü. N. N.), einen eiszeitlichen Stausee, der sich in die sandige Senke des Stecknitztales fortsetzt, die eine westliche Begrenzung des Gebietes darstellt. Der Boden des ehemaligen Stausees greift im N und NW auf das Meßtischblatt über. Im O fehlt eine natürliche Grenze zwischen Meßtischblatt Ratzeburg und Meßtischblatt Carlow. Im S tritt die baltische Hauptendmoräne an die Grenze des Blattes heran, im O in Gestalt einiger flacher Hügel auf dieses übergreifend. Von einer der Höhen im NO des Blattes (vgl. Tafel 39) erblickt man im N über den Boden des ehemaligen Lübecker Stausees hinweg, die bewaldeten Höhen der Großen Baltischen Endmoräne. So liegt also unser Gebiet zwischen den beiden Baltischen Endmoränen. Eine teilweise Begrenzung bilden ganz im SW der Behlendorfer und im SO der Mechower See. — Verkehrstechnisch liegt das Gebiet abseits wichtiger Hauptverkehrslinien. Die Lübeck-Büchener Eisenbahn durchnscheidet es in nordsüdlicher Richtung fast in der Mitte und die Oldesloe-Hagenower Kleinbahn im SW. Nur eine chaussierte Hauptstraße verbindet Ratzeburg mit Lübeck. Diese verhältnismäßig isolierte Lage ist nicht ohne Bedeutung für die Unveränderlichkeit und Ursprünglichkeit des landschaftlichen Charakters und der Wirtschaft dieser Gegend.

I. Analyse der geographischen Räume.

A. Morphographisch-orographische Übersicht.

Wir nehmen unseren Standpunkt im N auf dem Hochufer des Blankensees bei der Tüschenbeker Windmühle (35 m ü. N. N.). (Tafel 39 und Fig. 1!)

Unser Blick nach N (Fig. 1) schweift über eine weite Ebene, deren flache Bodenwellen sich nicht über 15 m über N. N. erheben. Zwischen den Bodenwellen erstrecken sich einzelne, flache, nasse Wannen. Die Wasserfläche zu unseren Füßen rechts ist der Blankensee. Das Nordufer des Sees weist ganz flache Dünenkuppen auf, die mit lockerem

Trockengrasrasen bedeckt sind. Am Horizont im Norden erheben sich über den bläulichen Dunstschleier in 9 km Entfernung die spitzen Türme von Lübeck. —

Die Ebene greift nach Westen aus, wo sie in $3^3/_4$ km Entfernung den Blattrand erreicht, etwa bei dem Orte Beidendorf. Links, nahe unserem Standorte, liegt das Dorf Blankensee in zerstreuter Bauweise.

Fig. 1. Blick von der Tüschenbeker Mühle nach N. Unten rechts der Blankensee. Am Horizont die Türme von Lübeck. m vermoortes Ufer.

Einige Meter nur hinter unserem Standorte liegt die Tüschenbeker Windmühle, und der vor uns steil zum Blankensee abfallende Hügelrücken zieht sich in annähernd gleicher Höhe $1\frac{1}{2}$ km nach O, wo er vor Groß-Grönau die Grenze des Meßtischblattes erreicht; nach WSW erstreckt er sich noch $1^3/_4$ km weit und bricht dann ab, nachdem er bereits an einer Stelle, 0,750 km von unserem Standorte bis auf 15 m eingesunken ist.

Die Ebene greift um diesen letzten Hügelrücken nach S. herum und hat dort, von N nach S gemessen, eine Breite von 4,3 km. Sie geht in die flache Mulde des Klempauer Moors über und zieht sich zu beiden Seiten des Aue-Baches nach Osten, dann nach Ost-Nordost, südlich an der Hügelgruppe vorbei, auf derem Nordrande wir stehen, sie von dem übrigen Hügelgebiet im S trennend, und erreicht mit dem Aue-Bach bei Gr. Grönau wieder den Rand des Meßtischblattes.

Diese isolierte Hügelgruppe besteht aus gestreckten Rücken, die von

ONO nach WSW ziehen, im O ihre höchste Erhebung haben und nach W abfallen; jedoch kommen auch die entgegengesetzten Verhältnisse vor: der Hügelrücken ,welcher die höchste Kuppe (34,8 m) trägt, dacht nach O ab. Fig. 23 zeigt die Hügelrücken von S gesehen. Zwischen die Rücken sind nasse Mulden eingesenkt; doch kommt es auch vor, daß parallele Rücken mit konvexen Hängen aneinanderstoßen.

Aus der flachen Mulde des Klempauer Moors (10—8 m ü. N. N.) erheben sich einige inselartige Schwellen bis 18 und 22,9 m. Auf das Klempauer Moor folgt im O die Aue-Niederung bis zum Dorfe Gr. Grönau; hier trifft sie auf eine breitere flache Schwelle, die sich nach S verschmälert und bis zum Nordufer des Ratzeburger Sees streicht. Auf ihr geht die Chaussee von Gr. Grönau nach Gr. Sarau. Östlich dieser Schwelle dringt die Ebene des Lübecker Stausees mit der Niederung der Wakenitz und dem Kammerbruch in unser Gebiet ein; letzterer wird nach O hin durch die flache Schattiner Schwelle begrenzt, während die Lenschower Schwelle in Form eines Dreiecks in den Winkel zwischen Wakenitz und Schattiner Bach vorstößt.

Die südliche Begrenzung des Klempauer Moors ist die langgstreckte Klempauer Schwelle, die nach S allmählich bis zur Isohypse 20 m ansteigt. Südlich von dieser Höhenlinie erhebt sich die Grundmoränenlandschaft in langgstreckten Hügelrücken von vorwiegend nordost-südwestlicher Richtung, die sich in mehreren parallelen Reihen von Tüschenbek 10 km weit bis zum Nordwestende des Behlendorfer Sees hinziehen. Drei Hügelzüge von verschiedener Höhe lassen sich unterscheiden.

Am schärftsten ausgeprägt ist der östliche, westlich Tüschenbek in 20 m Höhe beginnende, der im Hellberg, nordwestlich von Gr. Sarau zu 45,3 m Höhe ansteigt; von annähernd gleicher Höhe ist der nur 600 m von ihm entfernte Susberg am Wege von Gr. Sarau nach Klempau. Weiter nach S erreicht der Höhenzug im Hohen Buchberg westlich Pogeez die bedeutendste Höhe auf dem westlichen Teile des Meßtischblattes, 75,3 m. In einer Entfernung von $1^1/_4$ km von ihm tritt noch einmal der Klosterberg mit 70,5 m zwischen Gr. und Kl. Disnack hervor. Bis hierher war die Richtung des Hügelzuges süd-südwestlich gerichtet; beim Klosterberg tritt eine Richtungsänderung nach SW ein und ein allmähliches Abfallen der Kammlinie bis auf 64,7 m nordwestlich von Kulpin. Bis zur Grenze des Gebiets im SW hat der ganze Höhenzug eine Länge von $9^3/_4$ km; zwischen Klosterberg und Tüschenbek dacht er sich etwas unregelmäßig nach O zum Ufer des Großen Ratzeburger Sees ab, regelmäßiger nach W zur Senke des parallel nach NNO fließenden Auebaches. Der südliche Teil vom Klosterberg an fällt zur Senke jenes Baches ab, der aus dem Kolksee südwestlich von Gr. Disnack kommt und geht nach O in die Kulpiner Hochfläche über, die $3^1/_4$ km bis nach Einhaus ungefähr die gleiche Höhe von 50 m hat; nur am Süd- und Ostrande wird sie um 2—4 m überschritten. Am Südwestrande dieser Hochfläche findet sich unterhalb eines Terrassensteilhanges der Spiegel des Behlendorfer Sees im Niveau 38,5 ü. N. N. Östlich von Behlendorf ist in 2 km Entfernung in die Kulpiner Hochfläche die flache Mulde von Harmsdorf eingesenkt, deren Boden 40 m Höhe nicht übersteigt. Aus ihr zieht nach NNO das Einhäuser Tal mit dem Kulpiner Bach (28 m ü. N. N.), das nach starker Verengerung in einer rundlichen Mulde südlich von Buchholz endet, nachdem es bei Einhaus eine tiefe Bachschlucht zum Ufer des Ratzeburger Sees entsendet hat. Die Kulpiner Hochfläche setzt sich östlich von der Harmsdorfer Mulde fort bis zum Seeufer. Von der Hochfläche und dem Tüschenbek-Behlendorfer Hügelrücken fallen an ihrer Ostseite eine Anzahl Bachschluchten zum Seeufer hinab, bei Einhaus, südlich und nördlich von Buchholz und südlich und nördlich von Pogeez.

Nach W dacht sich der Tüschenbek-Behlendorfer Hügelrücken kürzer ab zu einer 7 km von NNO nach SSW verlaufenden schmalen Wiesensenke. Sie hat bei Gr. Disnack eine Talwasserscheide. Der südliche Teil dieser Senke, in dem südwestlich von Gr. Disnack der Kolksee liegt, dringt bei Gr. Disnack nach NW vor und unterbricht dadurch den zweiten Hügelrücken, der sich parallel dem ersten von Klein Sarau 5 km nach SSW erstreckt. Er hält sich in seinem nördlichen Teile in 40 m Höhe und steigt im S. auf 45 m an. Von seiner fast 2 km breiten westlichen Abdachung wird durch eine zwischen Kl. Sarau und Klempau verlaufende Senke ein kurzer dritter Hügelrücken abgetrennt, der im Marienberg südlich vom Vorwerk Klempau 31,9 m und einen Kilometer südlicher noch 35,1 m Höhe erreicht; noch weiter südlich geht er in die Westabdachung des Kl. Sarauer Hügelrückens über, der eine abermalige Gliederung durch eine schmale Bachsenke erfährt, welche die Straße quert, die von Gr. Disnack nach W verläuft.

So gliedert sich der Westflügel des Meßtischblattes Ratzeburg in eine 10—15 m hohe Ebene, aus welcher eine Hügelgruppe bis zu 35 m Höhe aufragt. Südlich von dieser Ebene ziehen in gleicher Richtung drei Hügelrücken von NNO nach SSW, durch schmale Senken von einander geschieden, ein westlicher von 35 m Höhe, ein mittlerer mit einer Erhebung bis zu 45 m und der Tüschenbek-Behlendorfer Hügelrücken,der im Hohen Buchberg mit 75,3 m die größte Höhe westlich des Ratzeburger Sees erreicht. Die Südostabdachung des Hügelrückengebietes geht in die Kulpiner Hochfläche von durchschnittlich 50 m Höhe über, die durch die Harmsdorfer Mulde mit Kulpiner Senke und das Einhäuser Tal gegliedert wird (vgl. Tafel 39).

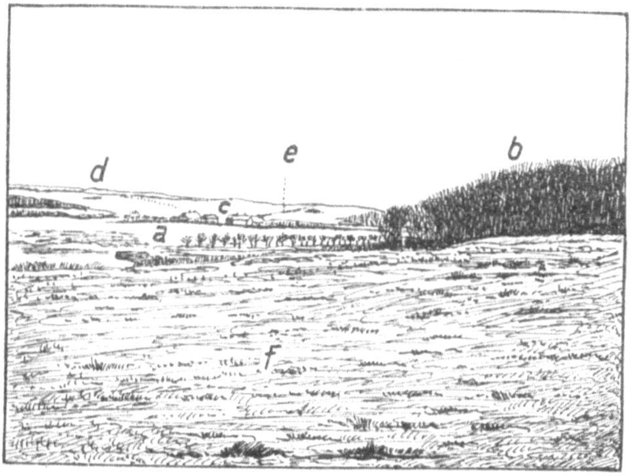

Fig. 2. Torfwiesen-Muldensenke von Neuhof. a = Torfgründige Sauergras-Wiese; b = Mechower lehmige Waldplatte; c = Arbeiterhäuser des Gutes Neuhof; d = lehmigtoniges Knickfelder-Hügelland; e = Weg nach Thandorf; f = lehmiger Weizenstoppel; rechts von e ein Söll.

Die nördliche Ebene dringt in Form schmaler Uferleisten zu beiden Seiten des Ratzeburger Sees nach S. in die Grundmoränenlandschaft ein.

Der Ostflügel der Landschaft steigt von der nördlichen Tiefebene, wie die morphographische Karte zeigt, ganz allmählich nach SO an zu einem breiten Hügelrücken, der die gleiche Erstreckung von NO nach SW hat wie die Hügelrücken des Westflügels; er erreicht östlich von Utecht in zwei Kuppen, die aber wegen her größeren Breite des Rückens in der Landschaft nicht scharf hervortreten[1]), eine Höhe von 82 und 83 m. Der Rücken von durchschnittlich 70 m Höhe bedeckt eine Fläche von 7,81 qkm, das Vierfache des gleichen Höhenniveaus auf der West-

---

[1]) Figur 2, bei d. —

seite. Der Hügelzug geht mit seinem Südost-Hang bis zu einer Linie Thandorf—Neuhof. Der Hügelrücken wird nicht von durchgreifenden Senken in parallele Züge geteilt, sondern in seinem Höhengebiet durch flache Mulden in drei unregelmäßige Kuppen zerlegt, die nach allen Seiten kurze Rücken vorschieben, so daß durch diese Sporne alle Hänge gelappt erscheinen. Nur der Nordwesthang wird durch die Senke des Schattiner Baches gegliedert, die im Westen von einem $2^1/_4$ km langen Hügelzuge begleitet wird, der im Süden 65, im N 50 m Höhe erreicht und in einem nach O offenen Bogen von 1,5 km westlich von Sülsdorf bis fast zur Nordgrenze des Gebietes verläuft. Nordöstlich von Utecht werden durch drei tiefe Bachschluchten schmale Rücken abgegliedert, und dieser Wechsel von kurzen Hangmulden mit dazwischen vorspringenden Hügelspornen kennzeichnet das östliche Hochufer des Ratzeburger Sees von Utecht bis Römnitz.

Durch eine Senke zwischen Thandorf und Neuhof wird ein breiter Hügel von 50 m Höhe abgegliedert vom Hügelrückengebiet im Norden, auf dem ein schmaler Rücken von 62 m Höhe 800 m weit in nordsüdlicher Richtung sich erstreckt.

Eine flach muldenformige Senke, die sich von Neuhof nach SO zieht, trennt das nördliche Hügelrückengebiet von dem südlichen Teile des Ostflügels, der ein welliges Gebiet, die Hochfläche von Bäk-Mechow darstellt; sie ist die östliche Fortsetzung der Kulpiner Hochfläche und wird durch das Bäktal, die Mechower Seemulde und die Bachsenke nordwestlich von Schlagsdorf in drei Teilgebiete zerlegt. Der nördliche Teil, der sich sanft zum Hochufer des Ratzeburger Sees abdacht, erreicht eine Höhe von 62 m, während der Teil südlich des Bäktales nur am Südrande 50 m erreicht. Und der dritte Teil, der Schlagsdorfer Rücken, der bis an das Nordufer des Mechower Sees vordringt, erreicht kaum 45 m Höhe. Wie die morphographische Karte zeigt, dringen auch im südlichen Teile des Ostflüges überall Hügelsporne von den Hochflächen in die Mechower Mulde und die Schlagsdorfer Senke vor und gestalten dadurch ein unruhiges Oberflächenbild, in dem aber Breiten- und Längenausdehnung der Hochflächen fast gleich sind.

So besteht also die Grundmoränenlandschaft östlich des Ratzeburger Sees im Norden aus einem breitgeböschten, nordöstlich—südwestlich verlaufenden Hügelrücken von 83 m Höhe, von welchem nordwestlich durch den Schattiner Bach ein schmaler Hügelzug abgegliedert ist, während einer südlich vorgelagerten rundlichen Kuppe ein nordsüdlich sich erstreckender schmaler Hügelrücken von 62 m Höhe aufgesetzt ist. Südlich und südöstlich schließen sich die Hochflächen von

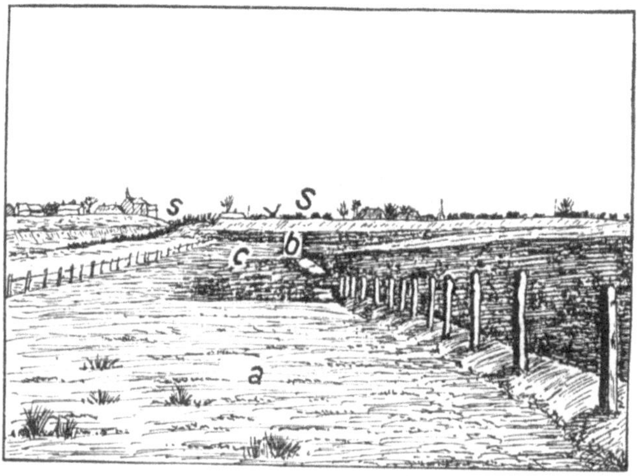

Fig. 3. Vermoorte Ackermulde. Blick auf Schlagsdorf nach O. S = Siedlungsrücken; s = Wasserriß im Hügelkamm; a = Binsenbüschel-Sauergraswiese; b = vermoortes Ackerland; c = abflußlose Wiesenmulde mit stagnierenden Tümpeln und eingeschwemmtem Humus.

Bäk, Mechow und der Schlagsdorfer Rücken an. Fig. 2 gewährt einen Blick über die Neuhofer Senke und auf das nördliche Hügelrückengebiet (bei d). Fig. 3 zeigt den Schlagsdorfer Rücken (bei S).

B. Die Hohlformen.

1. Täler.

Das Einhäuser Trockental erstreckt sich von Buchholz nach Einhaus und verläßt unser Gebiet südlich von Harmsdorf; es hat Muldenform und wird in nördlicher Richtung vom Kulpiner Bach durchflossen.

Das Bäktal beginnt als Abflußgraben des Sees in der Mechower Seemulde; daran schließt sich ein tief eingeschnittener Bachgraben und eine Wiesenmulde (ehemaliger Teichboden) mit Bachgraben (Fig. 4). Derartige Wiesenmulden (ehemalige Stauteiche) folgen noch eine zweite und dritte. Das 6. Talstück (Fig. 5) ist ein Sohlental mit zwei Terrassen und zwei Abrutschnischen; daran schließt sich eine tiefe Bachsohlenschlucht mit Stauteich; sein Abflußgraben mündet in den fünften und letzten Teich, dessen Wasser die vor kurzem abgebrannte Pfaffenmühle in Betrieb setzte. Die fünf Stauteiche entsprechen fünf

Fig. 4. Alter Teichboden im Bäktal. a = Sauergras-Wiesenmulde; b = Bachgraben; m = Dorf Mechow; t = altes Teichufer (Diluvial-Terrasse).

Querstufen, die der Bach in Schnellen überwindet. Er mündet dann in den Ratzeburger See. Vom Ausfluß aus dem Mechower See (31,4 m ü. N. N.) bis zum Eintritt in den Ratzeburger See (4,5 m ü. N. N.) hat der Bäk auf 3 km Länge ein Gefälle von 30′ 49,5″; im letzten Kilometer

Fig. 5. Abrutschnischen im Bäktal. Ts = Obere Terrasse; Ts[1] = untere Terrasse; m = Bachsohle mit Bachgraben; N = zwei Abrutschnischen.

fällt die Talsohle von 25 m auf 4,5 m, was einem Gefällswinkel von 1° 8,75″ entspricht.

Das Tal des Schattiner Baches im Nordosten des Meßtischblattes (Fig. 6) ist unsymmetrisch gebaut: der West- und Nordwesthang ist ziemlich flach und ungegliedert, der Ost- und Südosthang sind steil geböscht und durch kurze Hangschluchten gegliedert. Das Tal beginnt als Bachgraben auf der Hochfläche westlich von Sülsdorf, darauf folgt ein 600 m langes Kerbtal, dessen Erosionskurve von 60 m auf 40 m heruntergeht, und an welches sich ein Sohlental von 1,5 km Länge anschließt. Das Tal mündet in die nördliche Ebene aus.

2. Muldensenken.

Die Klempauer Muldensenke beginnt südlich von Beidendorf und erstreckt sich in 1 km Breite 3,5 km weit von WSW nach ONO bis Hornstorf, wo der Hügelsporn, der das Dorf trägt, in westsüdwestlicher Richtung in sie eindringt, so daß die Senke mit einem nördlichen und einem südlichen Teil das Dorf umfaßt. Der nördliche endet an der Hügelgruppe bei Blankensee, der südliche geht östlich von Hornstorf über in die

Muldensenke der Grönau, welche durchschnittlich nur 0,2 km breit, sich 2 km lang bis nach dem Dorfe Gr. Grönau erstreckt; sie vereinigt sich mit der

Tüschenbeker Muldensenke, die von dem Nordende des Tüschenbeker Sees nach N sich erstreckt. Ihre östliche Begrenzung ist die Grönauer Schwelle; an deren Ostfuße liegt

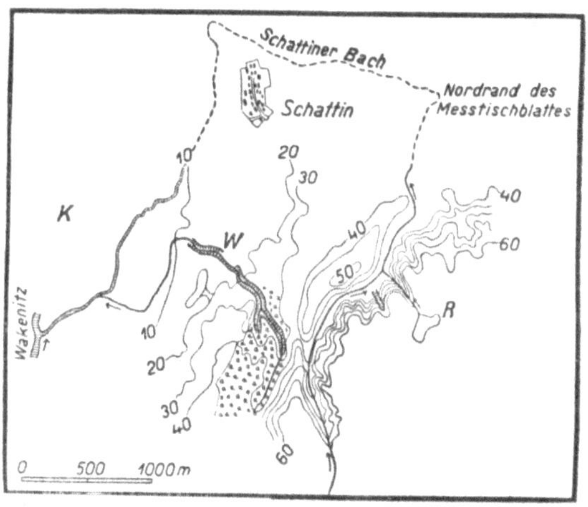

Fig. 6. Unsymmetrisches Tal des Schattiner Baches. R = Randgraben einer nassen Wiese; W = Wasserriß gegen NW.; K = Kammerbruch.

die Wakenitz-Niederung, welche in 2 km Länge und 1 km Breite zu beiden Seiten der Wakenitz bis zum Nordufer des Ratzeburger Sees nach S vordringt. Im N. wird sie durch die Schwelle von Lenschow in die Niederung der Wakenitz und des Schattiner Baches gegliedert.—

Die Neuhofer Bach-Muldensenke beginnt flach schüsselförmig bei dem Gute Neuhof. Hier ist sie 400 m breit, erstreckt sich 1,5 km nach SO bis zur Einmündung der Schlagsdorfer Normal-Senke (s. u.) und wendet sich 1 km weit nach S, wo sie mit der Mulde des Mechower Sees sic

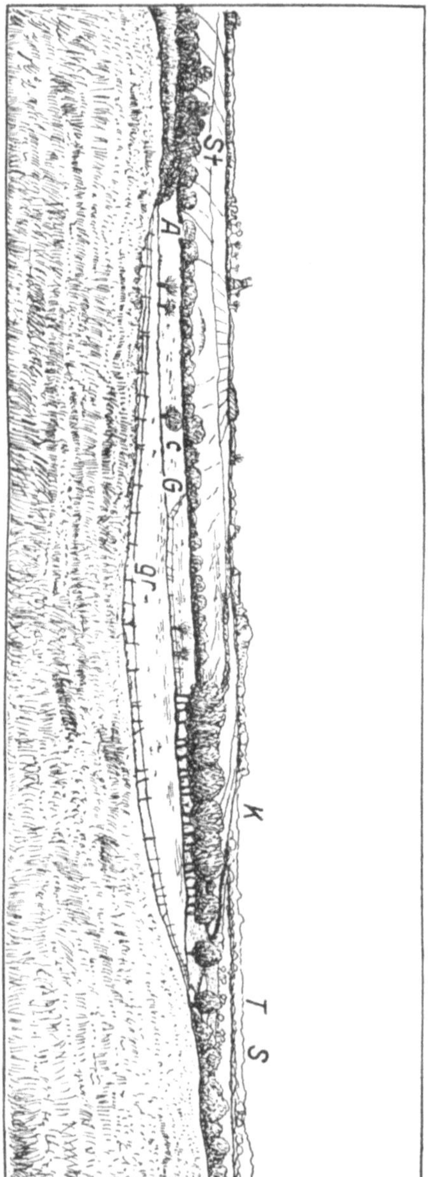

K = Dorf Kulpin; S = Sammelmulde; G = künstliches Grabensystem; St = Einengung der Senke (Grundwasserstau); A = Abzugsgraben; gr = Gramineen; c = Cyperaceen; bei K tritt der Abfluß des Kulpiner Teichs in die Sammelmulde S ein. T = Tümpel.

3. Normalsenken.

Eine besondere Art von Hohlformen, die für das Gebiet bezeichnend sind und eine gewisse Regelmäßigkeit in ihrem Bau erkennen lassen, wurde von mir Normalsenken genannt; denn das Charakteristische ihres Baues kehrt auch in Gebieten von abweichenden Oberflächenformen wieder. Senken, die von der hypothetischen Grundform der Normalsenke abweichen, sind entweder Täler, Muldensenken (s. o.), oder mit Wasserrissen zu einer Gruppenform vereinigt (s. u.).

Eine Normalsenke von großer Regelmäßigkeit ist die von Kulpin-Harmsdorf (Fig. 7 und 8). Sie beginnt nordwestlich von dem Dorf Kulpin als Sammelmulde für Niederschlagswasser und austretendes Grundwasser (S); die natürlichen Wasserläufe der

Senke sind in ein künstliches Grabensystem (G) gebracht worden zum Zwecke einer geordneten Bewässerung. Unterhalb des Grabennetzes treten die Hänge, welche die Senke begleiten, näher zusammen und engen sie ein (Bei St.). Das hat Grundwasserstau zur Folge; dieses tritt oberflächlich aus und muß durch einen künstlich vertieften Abzugsgraben weitergeleitet werden. Wo dieser Eingriff des Menschen unterbleibt, stagniert das angesammelte Wasser in Schilf- oder Binsentümpeln

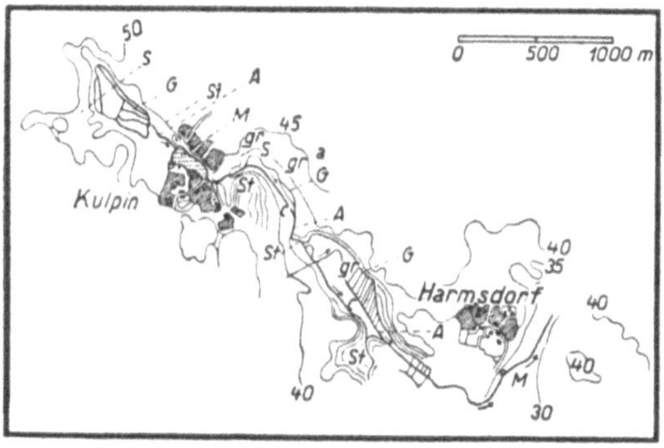

Fig. 8. Kulpin-Harmsdorfer Normalsenke. S = Sammelmulde; G = künstliches Grabensystem; St = Einengung der Senke (Grundwasserstau); A = zentraler Abzugsgraben; M = Mündungsteich; c = Cyperaceen; gr = Gramineen; a = Standpunkt, von dem aus Fig. 7 gezeichnet ist.

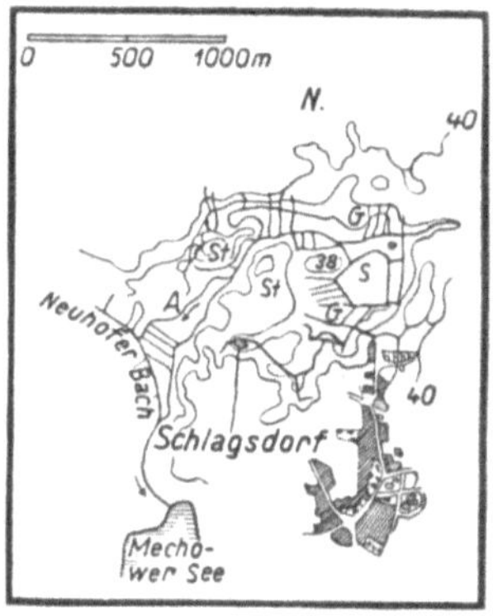

Fig. 9. Normalsenke des Schlagsdorfer Baches. — S = Sammelmulde; St = Grundwasserstau; G = Künstliches Grabensystem; A = Abzugsgraben. Höhenlinie 40 m.

mit Erlenbruchufern, um dann in einen Teich oder eine anschließende Senke von tieferem Niveau einzufließen (östlich von Dorf Kulpin, bei K auf Fig. 7). Es folgen also aufeinander: Einzugs- oder Sammelmulde, natürliches oder reguliertes Grabennetz, Einengung der Senke mit Grundwasserstau und natürlicher oder künstlich vertiefter Abzugsgraben. Mündet dieser in einen Teich ohne Abfluß oder in einen größeren selbständigen Wasserlauf, so liegt eine einzelne Normalsenke vor; Die Karte auf Tafel 40 zeigt uns drei zusammenhängende Normalsenken, also ein Normalsenkensystem.

Von ganz ähnlichem Bau ist das Normalsystem des Auebaches, nur daß die südliche Senke schmal (Rinnensenke) und nur die 2. und 3. Muldensenken sind; in der letzteren sind außerdem die Teilstücke stark verkürzt. Es mag darauf hingewiesen werden, daß die Normalsenke des Auebaches dem Gebiet der Hügelrücken, die strenger regelmäßig gebaute von Kulpin-Harmsdorf dem Hochflächengebiet angehört.

Die dritte Normalsenke ist die des Schlagsdorfer Baches, die breitmuldenförmig entwickelt ist (Fig. 9).

4. Wasserrisse und Bachschluchten.

An kleineren Hohlformen treten drei verschiedene Kategorien auf, der einfache Graben, die Bachschlucht in Form eines kleinen Kerbtals und die Sohlenschlucht; jede Form kann mit in der Horizontalen gestreckter oder mäandrierender Erosionskurve auftreten. Diese drei Grundformen treten in verschiedener Aufeinanderfolge und in verschiedenem Niveau zu Gruppenformen zusammen und können auch miteinander verschmelzen.

A. Grundformen.

α) Der Graben findet sich an zahlreichen Stellen in der Landschaft, dauernd oder nur periodisch Oberflächen- oder Grundwasser führend. Beide Formen sind rund um den Kolksee, südwestlich von Gr. Disnack vertreten, bei Neuhof (Fig. 10 bei A, seitlich von B), bei Utecht, westlich von Pogeez (hydrol. Karte) und zwischen Buchholz und Kl. Disnack. Oft ist die natürliche Form künstlich verändert.

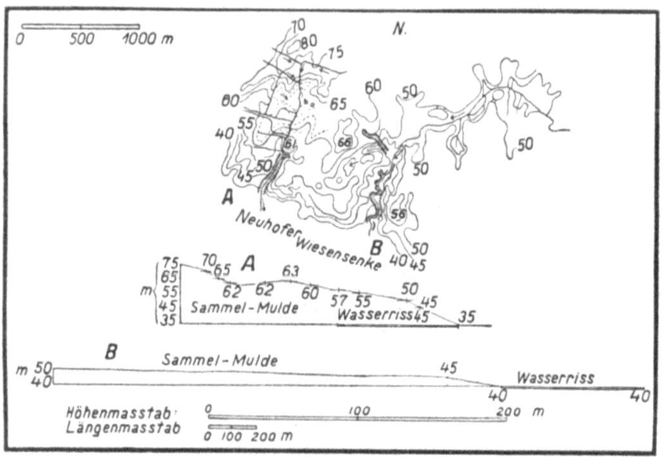

Fig. 10. Zwei Wasserrisse bei Neuhof.
A an der Ausmündung eines Ackergraben-Systems; kleines Einzugsgebiet, starkes Gefälle; B an der Ausmündung des Thandorfer Baches; großes Einzugsgebiet, geringes Gefälle.

β) Die Quellnische ist an den Hängen der Bachschluchten häufig; in locker gefügter Anordnung[1]) am Südostufer des Ratzeburger Sees im Steinort. Dort geht die Quellnische in ein kurzes Grabenstück über, das oft nur 0,60 m breit, aber 1,50 m tief ist.

γ) Die Bachschlucht ohne Sohle.

In Figur 13 ist die einzige im Bartelsbusch, 2 km südwestlich von Gr. Disnack gelegene Bachschlucht dargestellt; sie ist, wie die Karte zeigt, mit dem Grabennetz der höher gelegenen Äcker verbunden worden. Figur 25 zeigt zwei Stufen am Südhang der Schlucht. Die obere Hälfte der Schlucht besitzt Mäander, der untere Teil ist gestreckt.

Eine ähnliche Bachschlucht finden wir 1 km südlich von Pogeez. Am Ausgange treten die Hänge auseinander, die Bachschlucht ist geöffnet. (Vgl. die Sohlenschlucht von Gr. Disnack auf Fig. 11!) Im

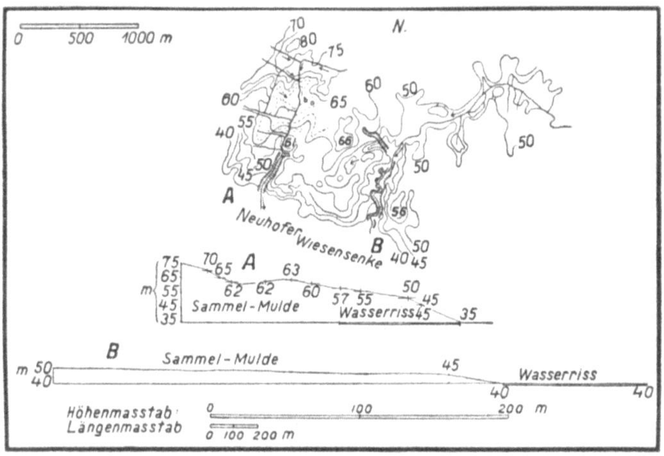

Fig. 11. Gr. Disnacker Bachschlucht.
a) Langsame Strömung bei hohem Wasserstande; Wiesenniederung und Bachschlucht in gleichem Niveau. Erosion bei starkem Gefälle an der Ausmündung in die Aue-Senke. b) Bei fallendem Wasserspiegel Überflutung der Sohlenleisten, Ausspülung der Stirnseiten (bei x). c) Wasserbewegung in den Bachschlingen. Im Zustande a) Bodenbewegung in Richtung der langen Pfeile; im Zustand b) Wirbel bei y; im Zustand c) Wirbel bei z.

Bartelsbusch brechen die Hänge der Bachschlucht ab, d. h. sie fallen nach der Senke hin ab, in welche die Schlucht mündet, letztere ist eine geschlossene. Andere, aber ganz ähnlich gebaute Bachschluchten von geringer Ausdehnung finden sich am Südosthang des Schattiner Baches, bei Campow und Utecht.

[1]) Beschrbd. Ldschkd. 1929 S. 46.

b) Gruppenformen.

Die Sohlenschlucht kommt stets nur in Verbindung mit anderen Grundformen vor. Es vereinigen sich zunächst eine größere Anzahl von Bachschluchten zu einem System.

α) Bachschluchtensystem von Utecht. (Fig. 12.) Dieses setzt sich aus drei Haupt- und vier Nebenschluchten zusammen. Die erste Hauptschlucht, von W angefangen, beginnt als Nebenschlucht mit flacher Gehängemulde in 60 m Höhe, wendet sich als Kerbschlucht nach W, wendet sich in 40 m Höhe nach SW und behält diese Richtung in einer Länge von 0,750 km bis zum Ausgang, der sich nicht trichterförmig erweitert, sondern mit abfallenden Hängen in eine flache Wiesenmulde übergeht. Dieser Hauptteil ist Sohlenschlucht, die Sohle sehr unregelmäßig gestaltet, mit schmalen, in der Bachrichtung gestreckten Leisten, dann wieder mit breiteren, buchtförmigen Sohlenleisten, die der mäandernde Bach umfließt. 0,275 km vor dem Ausgange mündet eine kurze grabenartige Hohlform von W ein. Talmäander und Sohlenmäander laufen in dieser Hauptschlucht wie in den anderen unregelmäßig zueinander.

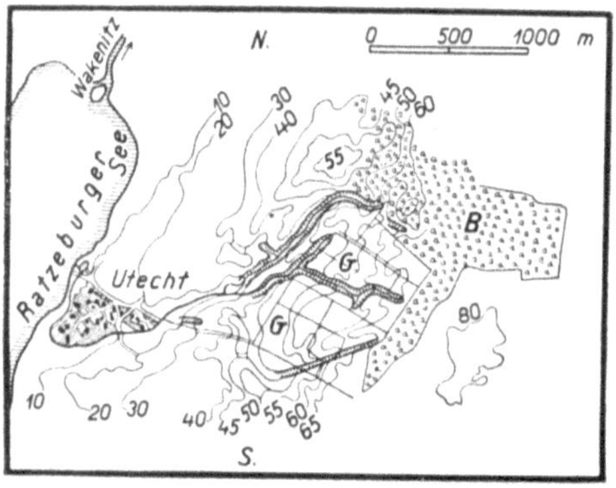

Fig. 12. Utechter Bachschluchten. G = Ackergrabensystem; B = Laubwaldkuppe „im Braken“ mit Laubunterholz über naßgründigem Moderboden.

Die zweite Hauptschlucht läuft der ersten parallel, beginnt ähnlich, aber erst in 50 m Höhe, endet neben der ersten und ist nur halb so lang wie diese. Ihre Sohle ist ganz unregelmäßig zerspült, mit kleinen Buckeln, wassererfüllten Tümpeln und schmalen Rinnen; die Schluchtwände treten teilweise, auch noch am Ausgange, der nicht erweitert ist, eng zusammen. Wo die Hänge auseinander treten, erhebt sich aus der Sohlenfläche ein länglicher schmaler Rücken.

Die dritte Hauptschlucht vereinigt sich mit der zweiten, indem sie in der Mitte fast unter rechtem Winkel in diese einmündet. Ihr Gefällswinkel ist 2^0 34′ und ihre Hänge fast gerade. Sie entsteht aus der Vereinigung zweier grabenartiger Nebenschluchten. Südlich von diesem Schluchtensystem und ohne morphologische Beziehung zu ihm verläuft ein auffallend gerader, enger und tiefer trockner Graben zwischen

Isohypse 65 und 45 m in einer Länge von 0,725 km von ONO nach WSW.

β) Wasserrißsystem von Gr. Disnack. (Fig. 11 und 13.) Es setzt sich aus vier aufeinander folgenden Abschnitten zusammen, aus einer Sohlenschlucht von 4—5 m Tiefe und 6—8 m Breite mit von Bachwasser erfüllter Sohle (infolge künstlicher Stauung — hydraulischer Widder), einer flachen Wiesenmulde mit Bachgraben, die

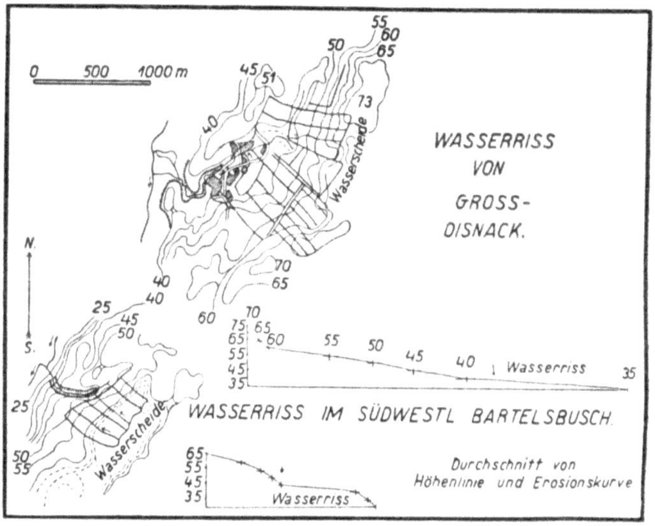

Fig. 13. Zwei Wasserrisse.

Sammelmulde für den dritten Teil, eine Sohlenschlucht ist, an welche sich als vierter Abschnitt eine Bachschlucht in Kerbtalform anschließt. (Mündungsschlucht.) Der zweite Abschnitt ist nach W trichterförmig verengt (Fig. 13) und leitet den Bach in die Sohlenschlucht, in welcher er an der Seite des Steilhanges mäandriert, wo die Sohle horizontal, also ohne Böschungssohle, nicht wie an der Nordseite mit einer solchen, an den Schluchthang grenzt. Die Bachschlingen greifen, wie die Skizue zeigt, in die Böschungssohle ein. Schluchtmäander und Sohlenmäander korrespondieren also auch hier nicht miteinander. Auf die Sohlenschlucht folgt als vierter Abschnitt eine gestreckte Bachschlucht mit beiderseits gleich geböschten Steilhängen; eine Sohle ist nur angedeutet und das Gefälle stark. Der Ausgang ist trichterförmig erweitert, indem die Schluchthänge nach N und S auseinander treten und die hohe Ostflanke der Niederung bilden, in welche der DisnackerWasserriß mündet.

γ) Pogeezer System. (Hydrol. Karte Fig. 20). Es besteht aus zwei Wasserrissen auf zwei Stufen übereinander, aber derselben Stromlinie eines Baches angehörend. Südwestlich von Pogeez beginnt der erste grabenförmige Wasserriß bei Isohypse 50 m; in 40 m Höhe mündet er in eine flache Mulde, in welcher der 2. Wasserriß beginnt und mit trichter-förmiger Erweiterung in 35 m Höhe in einer flachen Hangmulde endet.

δ) Buchholzer System. Auf der hydrologischen Karte erkennen wir 1 km südlich von Buchholz die Verschmelzung zweier Bachschluchten von gewöhnlichem Bau mit einer Quellnische dazwischen zu einem Bachtalkessel, in welchem sich die Wasserläufe zu einem Bach vereinigen, der durch den verengten Kesselausgang den Ratzeburger See erreicht. Als Zerstörungsform tritt das gleiche System im Dorfe Buchholz auf und in zierlicherer Form 0,3 km nördlich von Buchholz in Seeufernähe.

ε) Zerschluchtung von Gehänge in Maulbeerblatt-Form. Diese eigentümliche Form zeigt Skizze 1 am Schattiner Bach und der Steinort. Sie ist überhaupt in der Diluviallandschaft verbreitet[1]).

ζ) Zerstörungsformen.

Manche Wasserrisse sind in Teilstücke zerrissen; so östlich von Neuhof (Fig. 10 bei B), oder es fehlt ein Stück Hanggesimse, z. B. nördlich von Utecht (Fig 6) und nordöstlich von Klein-Disnack.

5. Seemulden und Seebecken.

In seiner Arbeit über die Seen Mittelholsteins unterscheidet Wegemann Rinnen, Kessel und flache Pfannen (Überspülungen des kuppigen Geländes). In einer anderen Einteilung, die Rinnenseen mit Auskolkung, Endmoränenstauseen, evtl. mit Kessel, Kombination von Rinnen- und Stauseen, sich kreuzende Seenrinnen und Einsturzseen (durch Auslaugen permischer Salzhorste) unterscheidet, tritt der morphogenetische Gesichtspunkt stärker hervor, wie in den Erläuterungen zum Meßtischblatt von C. Gagel, welcher den Ratzeburger und Mechower See als alte Gletschertore bezeichnet. Nach der zuerst erwähnten Klassifizierung von Prof. Wegemann kommen alle drei Formen auf Meßtischblatt Ratzeburg vor. Es sind zu unterscheiden die den See umgebende Hohlform und das mit Wasser gefüllte Seebecken. Beide können in ihrer Form übereinstimmen oder verschieden sein. Beim R. S. sind Seemulde und Seebecken langgestreckte Rinnen.

---

[1]) In wundervoll regelmäßiger Ornamentik auf Meßtischblatt Buxtehude im 10 m-Niveau am Kliffrande der Elbtalung.

Der Mechower See hat ein rinnenförmiges Becken in rundlicher Mulde. Der Behlendorfer See ist ein Rinnensee in einer unsymmetrischen Mulde mit kliffartigem Hochufer im Nordosten und sanftem Uferhang im Südwesten. Der kleine See im Bartelsbusch liegt in einem Kessel mit Flachboden, in welchen das kesselförmige Becken eingesenkt ist (Kolksee). Der Tüschenbeker See ist ein Rinnensee auf einer Talwasserscheide zwischen zwei Senken der Hügelrückenzone; er kann also als gemeinsame Sammelmulde zweier Senken angesehen werden, von denen die südliche dem Charakter einer Normalsenke nahekommt. Beidendorfer See und Blankensee sind flache Wannen in einer Ebene.

Nach dem Verhältnis zu ihrem Wasserlauf sind R. S., Kolksee und Mechower See Durchgangsseen[1]), Blankensee und Behlendorfer See Endseen und der Beidendorfer See ein Blindsee[2]). Der Tüschenbeker See ist ein Quellsee. — Drei Seebecken weisen einige Besonderheiten der Form und Lage auf, das des Ratzeburger, Mechower und Behlendorfer Sees. Alle drei Becken erreichen am Ende des 2. Drittels ihrer Länge die größte Tiefe. Der Seegrund senkt sich beim Behlendorfer wie beim Mechower See von NW nach SO um 0,70 m; aber in derselben Richtung nur bis zur tiefsten Stelle gemessen (zwei Drittel der Länge) im Mechower See um 4,2 m, was einem Gefällswinkel von 10′ 54″ entspricht, der mit dem Gefällswinkel der Neuhofer Senke fast genau übereinstimmt. Im Behlendorfer See sind die entsprechenden Zahlen 12,2 m und 39′ 58″. Der Seegrund des Ratzeburger Sees senkt sich von Rotenhusen bis in die Gegend von Kalkhütte um 22,1 m, in einem Gefällswinkel von 13′ 45″. Mechower und Ratzeburger See haben einen Schuttkegel am Nordwestufer, der Behlendorfer See im Südosten.

Während die Rinnen des Ratzeburger und Tüschenbeker Sees der Richtung der Hügelzüge folgen, laufen die des Mechower und Behlendorfer Sees im rechten Winkel dazu. Den Rauminhalt des Ratzeburger Seebeckens habe ich nach den Isobathen des geologischen Meßtischblattes auf 155 Millionen 305000 cbm berechnet. Davon ist ein Raum von 95 Millionen cbm Kryptodepression[3]). Ihre Oberfläche (9,9 qkm) verhält sich zur Gesamtfläche des Sees (13,97 qkm) wie 1:1,41, ihr Raumgehalt zum ganzen Seebecken wie 1:1,63. Es liegen also fast $^2/_3$ dieser Hohlform unter Meeresniveau.

---

1) Grundlagen d. L. I, S. 82.

2) Beschrb. Ldschftskd. 1929. S. 84 u ff.

3) Prof. Wegemann, Kiel. Die Heimat 1915.

6. Die abflußlosen Tümpel, Senken, Mulden und Kessel. (Fig. 3, 14 und 15.)

Nach einer Zählung auf dem Meßtischblatt sind etwas über 300 geschlossene Hohlformen vorhanden, die teils trocken in Ackerflächen liegen, teils mit Wasser gefüllt und abflußlos sind. Die gestreckten

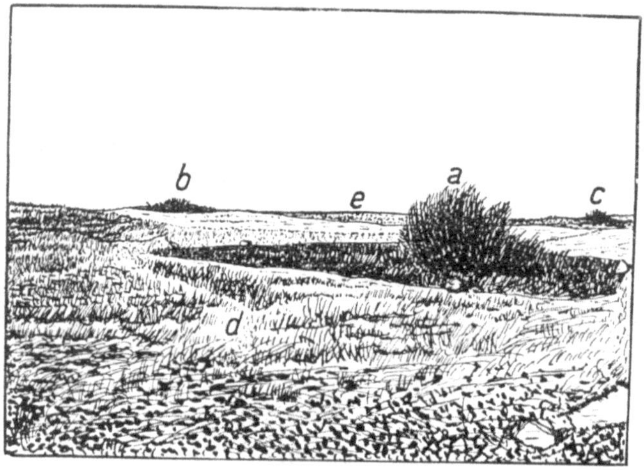

Fig. 14. Drei Sölle (abc) in der Ackerfläche des Knickfelder- Grundmoränenflachlandes von Bäk-Mechow (verlandete Weidenbuschtümpel). — e = Kohlfeld; d = Weizenstoppel.

Formen können einen Längendurchmesser von 100 m erreichen; eine sehr häufig in jedem Niveau vorkommende Kleinform ist oft nur 3—4 m im Durchmesser und kreisrund.

Einen allgemeinen Überblick über die Morphographie des Gebietes gewähren die fünf Profile, die entsprechend den Schnittlinien auf der Höhenschichtenkarte 1:25000 gezeichnet sind.

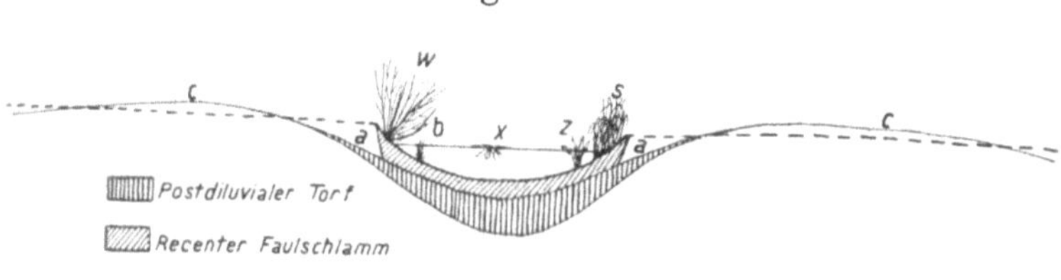

Fig. 15. Querprofil eines abflußlosen Tümpels.
a = angepflügter Boden; b = Binsen; c = abgepflügter Boden; s = Schilfsaum; w = Weidenbusch; X = Schwimmpflanze; z = im Schlamm wurzelnde Pflanze.

C. Geologischer Bau (Fig. 16).

1. Das Diluvium.

Die Ebene im Nordwesten besteht aus Talsanden, Beckensanden und Beckentonen, den Bildungen des Lübecker Stausees über Geschiebemergel in Wechsellagerung. Der ganze übrige Teil des Gebietes ist eine mächtige Geschiebemergeldecke, in welche spärliche Sandnester eingebettet sind. Letztere treten nach NW zu häufiger auf, schon in der Gegend von Gr.Disnack und nördlich davon bei Kl. Sarau.

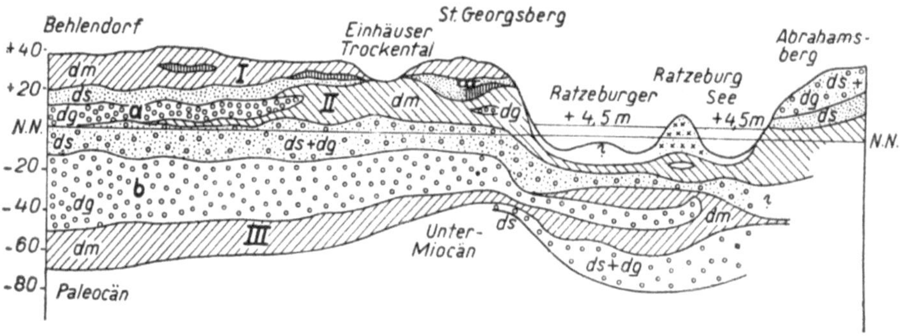

Fig. 16. Profil durch den südl. Teil des Meßtischblattes. (Nach C. Gagel u. P. Friedrich; stark schematisiert.) I—III Glaziale; a—b Interglaziale.

Auf dem Wege von Kl. Sarau nach Klempau, kurz vor der Schmiede fand ich im Geschiebelehm der Straße eine dichte Packung von groben Geröllen bis über 10 cm Durchmesser. Der Geschiebemergel ist überhaupt nicht gleichartig; bei Behlendorf-Kulpin tritt er in der Ackerhochfläche stark tonig auf, südöstlich von Bäk (Fig. 17) als wenig entkalkter Geschiebemergel, während im allgemeinen die Geschiebemergeldecke überall zu Lehm verwittert ist. Nordöstlich von Utecht fehlen unterm Oberen Geschiebemergel die Unteren Sande, und die Unteren Tone dringen in den Oberen Geschiebemergel ein, ihn stark durchsetzend. Dieser tonige Lehm tritt in einer großen Fläche hoch in der Landschaft hervor (Fig. 17). — Die Mächtigkeit des Oberen Geschiebemergels, der Bänke von Ton und Sand enthält, die aber bald auskeilen, beträgt durchweg 5—7 m, sodaß man im allgemeinen auch auf horizontale Lagerung schließen kann. An einzelnen Stellen ist die Mächtigkeit bedeutend größer[1]), in Holstendorf 27 m, bei Behlendorf 23 m,

[1]) C. Gagel, Erläuterungen S. 40 u. ff.

bei Neuhof 20 m, in Blankensee 21,1 m unter 5,75 m Talsand, bei Klein Sarau 20 m.

Unter dem Oberen Geschiebemergel, der unter der Verwitterungsrinde 14—22 % Kalk enthält, liegen die Unteren Sande, der Haupt-Grundwasserträger. Sie sind auch stark kalkhaltig. Wo sie kalkfrei sind, nimmt Geheimrat Gagel eine interglaziale Verwitterungsschicht an, da in solchem Falle die eingelagerten Kiesbänke in ihren Feldspäten meistens eisenschüssig verwittert sind.

Als Ausspülungsprodukt alter und junger Geschiebemergel lagert geschichtet und gebändert im Bereiche der Unteren Sande der Tonmergel, der also ihren Quellhorizont trägt und, da er unter der erwähnten interglazialen Verwitterungsschicht liegt, von C. Gagel als älterer Ton, also wahrscheinlich zur zweiten oder Hauptvereisung gehörig, angesehen wird. Tonbänkchen in höherem Niveau sind unsicherer

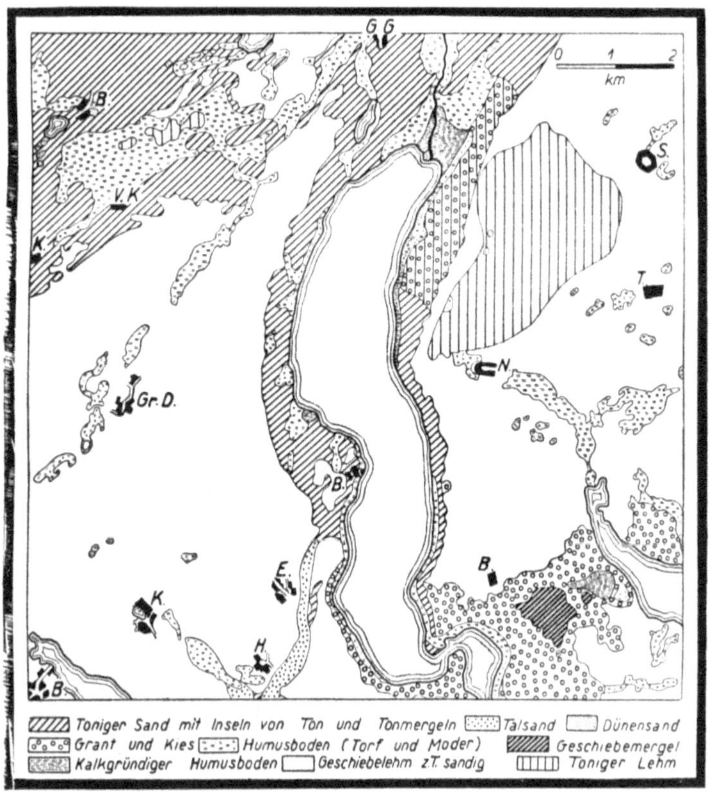

Fig. 17. Bodenkarte.

Herkunft. So ist im Dorfe Bäk vor 50 Jahren Ton gegraben worden zur Herstellung von Töpferwaren. —

Unter den Unteren Tonen ist bei St. Georgsberg und bei Behlendorf der Untere Geschiebemergel gefunden worden und unter ihm im sandigen Kies bei St. Georgsberg ein Dreikanter aus nordischem Quarzit, der eine untere Verwitterungszone erkennen läßt (I. Interglazial) über Unterstem Geschiebemergel. Letzterer wurde bei Behlendorf in einer Mächtigkeit von 20 m erbohrt.

Die Schichtenfolge dreier ungeschichteter Geschiebemergel mit zwei geschichteten sandig-kiesigen Trennungsschichten, die an einigen wenigen Stellen interglaziale Verwitterungszonen aufweisen, haben zur Annahme dreier Vereisungen geführt, die durch zwei Zwischeneiszeiten unterbrochen waren. Unser Gebiet ist von der jüngsten Vereisung noch betroffen worden[1])

Über Oberem Geschiebemergel lagern an einigen Stellen Obere Sande (Campower Weg bei Bäk), an deren Unterkante wenig ergiebige Quellen hervortreten.

Im Südosten des Gebiets verrät sich die Nähe der südlichen Endmoräne in der Einlagerung von Kies und Grand in die Grundmoräne (Fig. 17). Der Kies am nördlichen Ostufer des R. S. ist Auswaschungs-Produkt des Oberen Geschiebemergels.

2. Das Alluvium[2]).

Von Alluvialbildungen finden sich Abschlämmassen an den Ausgängen der Wasserrisse bei Utecht, Gr. Disnack im Bartelsbusch, östlich von Einhaus und vor der Bäkmündung. Die Bachsohlen bestehen aus tonig-sandigen Abschlämmassen, die zum Teil aus Abrutschmassen hervorgegangen sind. Sie entsprechen in ihrerZusammensetzung ihrer Herkunft aus Oberem Geschiebemergel und werden auch als Wiesenlehm bezeichnet (nördlich von Buchholz). Östlich von Einhaus am Westufer des Ratzeburger Sees entstammt der Wiesenlehm dem Unteren Geschiebemergel, der hier ansteht[3]). Überall sind die Abschlämmassen mit mehr oder weniger Humus durchsetzt oder davon bedeckt. Eine ältere Abrutschmasse bildet die Schluchtsohle eines kurzen Quellbaches am Südostufer des Ratzeburger Sees nördlich des Abrahamsbergs im Niveau einer 20 m-Terrasse. Auch an anderen

---

[1]) Prof. Dr. K. Gripp: Über die äußerste Grenze der letzten Vereisung in Nordwest-Deutschland. 1924.

[2]) v. Fischer-Benzon, Die Moore d. Pr. Schlesw.-Holst. 1891.

[3]) Erläuterungen etc. S. 52.

Steilhängen des Seeufers finden sich Abrutschmassen. Nicht selten hat Quellfurchung solche Massen zu flachen Schuttkegeln ausgebreitet, in zierlicher Kleinform am Nordwestufer des Mechower Sees.[1]) An den Bachsohlenmäandern finden sich zierliche Uferwälle als jüngste Alluvialbildung. —

In den Mulden- und Rinnensenken und den verlandeten Buchten der Seen liegen die bedeutendsten Alluvialbildungen des Gebiets, die

Fig. 18. Neuhofer Wiesensenke. (Westl. Teil.)
a) Abrißstufe; b) Laubwaldkuppe im lehmig-tonigen Knickfelder-Hügelland östl. v. Utecht; c) Arbeiterhäuser des Gutes Neuhof; d = Kopfweidengruppe.

Moore. Im Kammerbruch liegt der Torf unter Erlenbruch über Wiesenkalk und stark mit ihm durchsetzt, im Klempauer Moor unter Rasendecke. Am Seeufer bei Utecht liegt Torf, stark mit Kalk durchmischt, und südöstlich von Mechow und am Seeufer nördlich von Buchholz liegt Torf über Seekreide, die zum Teil eine Bildung kalkinkrustierender Pflanzen (Algen, Characeen, Potamogeton u. a.) ist. Im Kammerbruch ist der Kalk vorwiegend aus Conchylienschalen entstanden. Der Torf ist in den Torfwiesen und Senken ein krümeliger Fasertorf, gebildet aus den Wurzeln verschiedener Carexarten, bedeckt von humosem Sand und Lehm mit verschiedenem Tongehalt.

[1]) Am Westufer der Küchenseens hat Grundwasserfurchung auf der Hochterrasse eigentümliche Alluvialformen geschaffen: zwischen engen und metertiefen Quellenfurchen isoliert emporragende Binsen- und Erlenbruchinseln von geringem Durchmesser.

Die Mächtigkeit des Torfes beträgt im Wakenitz- und Kammerbruch 3,7—5,2 m; in seinem nördlichen Teile sind an dem vertorftenPflanzenfilz außer dem Caricetum auch Phragmites, Alnus, Betula und Salix beteiligt.

Im Untergrunde liegt grünlicher bis brauner Lebertorf, der nach dem Trocknen hart und schwarz wird. In feuchtem Zustande ist er elastisch. Trockner Lebertorf quillt durch Wasseraufnahme wieder auf, ohne immer seine frühere Elastizität wieder zu erlangen. Er enthält neben tonigen und humosen Bestandteilen eine mikroskopische Algenflora und Krustaceenfauna nebst deren Exkrementen. Das Chlorophyll der pflanzlichen Bestandteile läßt sich mit Alkohol ausziehen und die Lösung zeigt die bekannte rote Fluorescenz. Im Spektrum ist die Absorption in Rot erkennbar. Alkoholische Auszüge gewöhnlichen Torfs fluoreszieren grau[1]).

Eine Torfdecke aus krümeligem Fasertorf liegt auf der oberen Uferterrasse des Ratzeburger Sees im SO (Fig. 19); die Niederterrasse ist ebenfalls vermoort oder aus humosen Abschlammassen gebildet.

Die letzte Alluvialbildung sind Kupstendünen unter Grasfilz im Kiefernwalde bei Blankensee und Beidendorf.

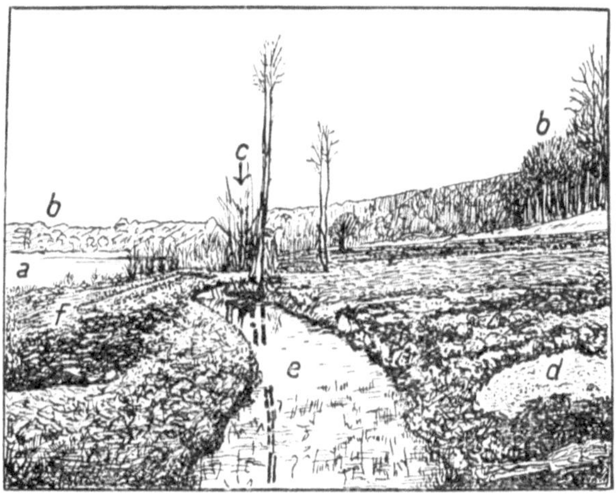

Fig. 19. Vermoorte Hochterrasse am Ostufer des R. S. — a = Seespiegel; b = Buchenwaldsteilhang; c = Ausgang des Bäktales; d = torfige Ackerfläche; e = Erlenbach-Randgraben; f = Sauergras-Wiesenhang.

[1]) J. J. Früh, „Kritische Beiträge zur Kenntnis des Torfs.“ Geol. Reichsanstalt 1885. Heft 4. S. 704—705.

D. Hydrographie.

1. Das Grundwasser.

Mit dem Nachweis dreier verschiedenaltriger Geschiebemergel ergeben sich zwei Grundwasserstockwerke, das obere in den Unteren Sanden und das untere unter dem Unteren Geschiebemergel. Das Wasser in beiden ist artesisch gespanntes oder Druckwasser[1]). In Bohrungen trat das Grundwasser hervor

beim Gasthof zum Weinberg . .	35,0 m unter Flur	+ 14,0 m ü. N. N.
beim Schießplatz Hundebusch .	19,6 m unter Flur	+ 17,4 m ü. N. N.
bei der Aktienbrauerei	3,0 m über Flur	+ 11,4 m ü. N. N.
in der Meierei	3,0 m über Flur	(stündlich 15 cbm)

Das tiefere Grundwasserstockwerk unter dem Unteren Geschiebemergel wurde erbohrt im Gymnasium Ratzeburg bei —76 m, im Seminar bei —65 m, in der Aktienbrauerei bei —53 m und in der Meierei bei —48 m. In der Aktienbrauerei lieferte es 1 m über Flur 27 cbm Wasser pro Stunde[2]). Sand und Steine wurden aus dem drei zölligen Rohr in der Aktienbrauerei mit ausgeworfen.

Das obere Grundwasserstockwerk ist durch die tiefe Rinne des R. S. angeschnitten, so daß an beiden Ufern, am stärksten zwischen Römnitz und Kalkhütte, ein kräftig ausfurchender Quellhorizont zutage tritt. (An beiden Ufern des Küchensees fließt das austretende Grundwasser in offenem Bachgraben auf der Uferterrasse und treibt mehrere Mühlen.) Austretendes Grundwasser hat zwischen Abrahamsberg und Bäkschlucht die Terrasse und ihre humose Decke zerschnitten. In St. Georgsberg werden hydraulische Widder zum Heben austretenden Grundwassers benutzt.

Wo obere Sande als Endmoränensande den Oberen Geschiebemergel bedecken, treten an ihrem Grunde, wenn sie angeschnitten werden, Quellen zutage. Manche Brunnen sind in dieses oberste Grundwasser eingetrieben worden und genügen bescheidenen Anforderungen. Sie zeigen natürlich größere Abhängigkeit von den Niederschlägen als die unteren Grundwasserstockwerke, die mit dem Wasser der Seen in Verbindung stehen und deren Nährgebiet nach Ansicht P. Friedrichs (a. a. O. S. 5) die breite südliche Endmoräne ist. Die Verbindung des Großen Ratzeburger Sees mit dem untersten Grundwasserstockwerk ergibt sich aus der geringen Schwankung des Seespiegels, die auch in

---

1) Keilhack, Grundw. u. Quellenkd. 1912 (S. 71).

2) Prof. Dr. Friedrich, Grundwasserverh. d. Stadt Lüb. u. Umgeb. 1917. S. 30 u. 31.

dem niederschlagsreichen Jahr 1927 kaum mehr als 10 cm betrug. Zeitweiliger Windstau muß dabei außer Betracht bleiben. Da durch kiesige Faciesbildungen auch die beiden untersten Grundwasserträger mit einander in Verbindung stehen können (Fig. 16) wie mit dem Wasser der Seen, so befindet sich der Grundwasserhaushalt des Meßtischblattes in einem sehr stabilen Gleichgewicht und insofern in relativer Unabhängigkeit von den Niederschlägen, die kaum das Seenniveau beeinflussen, als starke und anhaltende Regen nur sehr langsam und in verhältnismäßig geringem Maße sich in einer Änderung des Grundwasserstandes bemerkbar machen,. Davon ausgenommen sind diejenigen Brunnen, die in den Oberen Sanden liegen oder solche im Hügelrückengebiet. Im Hügelrückengebiet senkt sich der Grundwasserspiegel auf beiden Seiten mit dem Hang und liegt in den Senken nahe der Oberfläche.

Eine eigentümliche Erscheinung ist am Ihlensee, südlich des Bäktales zu beobachten. Unabhängig von den Niederschlägen schwillt er zuweilen stark an. Da er dort liegt, wo die südliche Endmoräne mit ihren Kiesen und Granden in unser Gebiet eindringt, scheint sich die Ansicht Friedrichs zu bestätigen (s. o.), daß diese das Nährgebiet für den Grundwasserhaushalt der nördlich anschließenden Grundmoränenlandschaft ist. Die südliche Endmoräne hat infolge ihrer Position gegen die Südwestwinde erheblich höhere Niederschläge als das Gebiet nördlich von ihr, und es dringt ein höherer Anteil derselben in den Boden ein.

Die Temperatur des Grundwassers in den oberen Sanden, in der Quelle am Wege von Bäk nach Mechow gemessen, schwankte Sommer und Winter 1927/28 zwischen + 6,5 und + 7,5° C. Der Quellhorizont der Unteren Sande zwischen Abrahamsberg und Bäktal auf der Seeuferterrasse lieferte das gleiche Resultat. Bemerkenswert ist, daß dort von zwei Rinnsalen das eine immer 1° C wärmer war als ein nur einige Meter davon entferntes.

Dieses Grundwasserstockwerk liegt im Bereich der 20 m-Terrasse, daher wird das unter dem Geschiebemergel des II. Glazials liegende nicht allzuweit vom Seegrunde entfernt sein. Die Temperatur dieses untersten Grundwassers liegt beim Jahresmittel des Gebiets oder darüber. Grundwasseraustritt am Seegrunde, beispielsweise in der tiefen Rinne des R. S. am Ostufer bei Kalkhütte, müßte in einer Temperaturerhöhung im Winter zum Ausdruck kommen, zumal das Tiefenwasser dieser Rinne an der langsamen Bewegung des Oberflächenwassers nach N kaum beteiligt sein wird. Daher war anzunehmen, daß

Temperaturmessungen in dieser Rinne bei starkem Frost einigen Aufschluß über die Frage geben würden, ob Grundwasser in erheblicher Menge austritt. Am 30. Dezember 1927 hatte der R. S. eine Eisdecke von 10 cm Dicke. Ich ließ mir 4^h p. m. 400 m westlich vom Ufer bei Kalkhütte das Eis aufhauen und lotete eine Tiefe von 23,37 m. Die Lufttemperatur betrug —6° C bei SO-Wind, die Wassertemperatur[1]) in 23 m Tiefe +0,76° C, in 15 m Tiefe + 0,80° C, bei 7 m + 0,80° C und 1,5 m unter der Eisdecke ebenfalls + 0,80°. Am Vormittage des gleichen Tages ergab eine Messung nördlich vom Königsdamm in Ratzeburg: Lufttemperatur —5,2° C, Wassertemperatur in 9 m Tiefe + 0,76° C, in 7 m Tiefe + 0,76° C in 5 m Tiefe + 0,70° C bei 3 m + 0,60° und 1 m unter der Eisdecke + 0,60° C[2]). Die Temperatur am Seegrunde war also an beiden Stellen gleich, + 0,76° C. Die um 0,2° C höhere Temperatur des oberflächlichen Seewassers bei Kalkhütte führe ich auf Wärmestrahlung zurück, da das Eis an dieser Stelle glasklar war, während beim Königsdamm das Eis trübe und dicht mit Eisnadeln vom Rauhreif der Uferbäume bedeckt war. Bei der geringeren Wassertiefe, 9,3 m, mußte sich die abkühlende Wirkung der Eisdecke fühlbar machen. Als zweiter Umstand kommt der Zufluß von Wasser aus dem Küchensee (Blatt Mölln) nach N in Betracht; denn der Küchensee nimmt die starken Grundwasserströme der Mühlenfließe, die oben erwähnt wurden und den Wassergraben der Bahn nach Thurow auf, die Wasser von etwa + 6° C führen. Die Lotungsstelle nördlich vom Königsdamm wird von dem Wasser des Küchensees, das weiter westlich einfließt, nicht beeinflußt. Ich möchte daher annehmen, daß in der tiefen Rinne bei Kalkhütte Grundwasser in nachweisbarer Menge nicht austritt. Es sind noch zwei Erwägungen möglich, die zu Gunsten dieser Annahme sprechen. Es könnten, wie Gagel annimmt, die Schichten der II. Vereisung in den See als einer präglazial vorhanden gewesenen tiefen Rinne einfallen, so daß vielleicht das untere Grundwasserstockwerk garnicht erosiv angeschnitten ist. Von den Umwohnern des Sees wird oft die Behauptung aufgestellt, er friere an manchen Stellen im Winter nicht zu wegen warmer Quellen am Seegrunde. Auch am 30. Dezember 1927 wollte der Förster in Kalkhütte die Eisdecke an der Lotungsstelle nicht betreten, da sie am 28. noch durch das Plätschern vieler Hunderter Enten offen gewesen war. Das Eis hatte

---

[1]) Vergleiche die Tabelle!

[2]) Das Thermometer, das auch im Hamburger Hygien. Institut gebraucht wird, wurde 15 Min. in der betr. Wasserschicht gehalten u. behielt 2 Min. dieselbe Temperatur.

dann aber an dieser Stelle die gleiche Stärke von annähernd zehn Zentimetern.

2. Das Oberflächenwasser. (Fig. 20.)

Das Niederschlagswasser sammelt sich zu einem Teil in den Hohlformen, um langsam in den Boden einzudringen, zum Teil fließt es durch Gräben, Rinnsale und Bäche ab, und ein geringer Anteil dringt

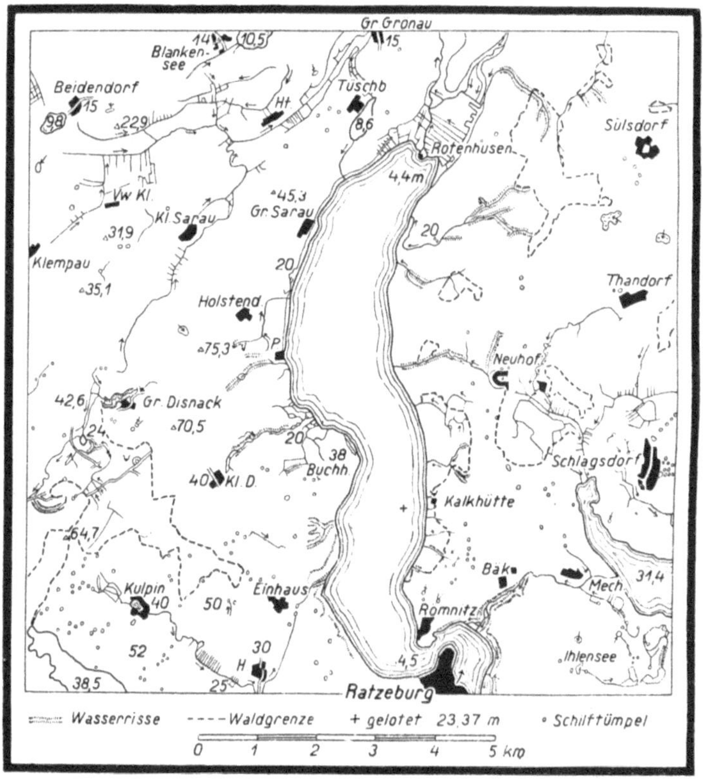

Fig. 20. Hydrologische Karte. Höhen in m über N. N.

ohne weiteres in den Boden ein[1]). An den Seen, Tümpeln und Teichen ist bemerkenswert, daß sie sich in jeder Höhenlage vorfinden, Sölle und Tümpel unter 15 m und über 80 m ü. N. N. Der große Ratzeburger See liegt in 4,4—4,5 m Höhe, der Tüschenbeker 8,6, der Beidendorfer

[1]) Bei einem rohen Versuch in einem Glastrichter drangen durch eine 100 qcm große und 1 cm dicke Schicht frischen Geschiebemergels von 100 ccm Brunnenwasser 1,50 ccm in 24 Stunden.

9,8, der Blankensee 10,5, der Kolksee südwestlich von Gr. Disnack 24, der Mechower 31,4 und der Behlendorfer 38,5 m hoch. Das Niveau aller Seen verändert sich nur innerhalb enger Grenzen, auch bei stärksten Niederschlägen, die namentlich im Frühsommer fallen. Der Beidendorfer See hat nur Zufluß, der Tüschenbeker nur Abfluß. Der Mechower See hat Zufluß aus der Neuhofer, Thandorfer und Schlagsdorfer Senke und aus einer Anzahl höher gelegener Seen außerhalb des Blattes. Sein Abfluß zum Ratzeburger See ist der Bäk. Der Ratzeburger See entwässert durch die Wakenitz in die Trave, der ganze Ostflügel des Blattes südlich einer Linie Sülsdorf-Gr. Sarau gehört zu seinem Einzugsgebiet, während das Gebiet des Schattiner Baches in die Wakenitz entwässert. Vom Westflügel der Landschaft entwässert der Teil, welcher östlich des Hügelzuges Tüschenbek-Behlendorf liegt, in den Ratzeburger See; der Teil westlich dieses Rückens und nördlich von Gr. Disnack durch Auebach und Grönau in die Wakenitz außerhalb des Blattes. Das Gebiet westlich und südwestlich von Gr. Disnack entwässert in den Elb-Travekanal.

An Wasserläufen sind vorhanden

a) das System der kurzen Uferbäche am Ratzeburger See,

b) dessen Ufergräben-System am Westufer.

c) Die Bachsysteme der Grönau, des Auebaches, des Kulpin-Einhäuser Baches, des Bäk, des Neuhofer Baches und das Bachgrabensystem des Kolksees.

Die Hauptwasserscheiden sind der Tüschenbek-Behlendorfer Hügelzug, der Sülsdorf-Neuhofer Höhenrücken und die Wasserscheide zwischen Gr. Disnack und Klempau, die nordwestlich von Gr. Disnack Talwasserscheide ist.

Als Nebenwasserscheiden sind aus Tafel 1 zu erkennen die mittleren Teile der Hochflächengebiete von Klein Disnack-Kulpin, Bäk-Neuhof und südlich des Bäktales.

Außer den natürlichen Wasserläufen besteht noch ein künstliches Grabensystem, das ganz unregelmäßig und außer den Abschnitten, wo Grundwasser austritt, nur periodisch Wasser zuführt.

Die Menge des fließenden Wassers ist gegenüber dem Wasser der Seen überhaupt außerordentlich gering. Auch in den natürlichen Wasserläufen mit Ausnahme des Bäk kommt es in den Monaten Februar, März, April, Mai und November oft zum Aufhören jeder Fließbewegung; in den Senken kommt es sogar dann infolge von Stauung und unter dem Einfluß des Windes zu einer sehr langsamen rückläufigen Bewegung. Darauf ist wohl auch die unzutreffende Bezeichnung der Fließrichtung im Bachgrabensystem des Kolksees auf dem Meßtischblatt zurückzuführen. — Das Ratzeburger Gebiet erhält eine nicht unerhebliche Wassermenge aus Seen der Blätter Carlow, Seedorf und Mölln. Der Mechower See erhält die Abflüsse des Großen Sees, des Schlagsbrügger, Lankower und Gramm-Sees. Daher führt der Bäk von allen Bächen des Meßtischblattes die größte Wassermenge. Weit bedeutender ist aber der Zufluß des Schaalsee-Kanals in den Küchensee, welcher mit dem Großen Ratzeburger See in Verbindung steht. Durch die Kanalisierung wird das Wasser des Schaal-Sees (35 m ü. N. N.) durch denPipersee (36 m) und den Salemer See (37 m) zum Südendc des Küchensees (5 m ü. N. N.) geführt. Als das damit betriebene Kraftwerk bei Farchau eröffnet wurde, standen die Wiesen und Stege am Küchensee 30—50 cm unter Wasser; in Lübeck mußte in die Wakenitz ein zweiter „Düker" eingebaut werden, um denWasserstand auch im Ratzeburger See wieder auf die normale Höhe zu bringen.

Der überbrückte Abfluß aus dem Küchensee in den R. S. hat 5,25 m Breite, 1,50 m mittlere und 1,25 m randliche Tiefe und eine, mittlere Fließgeschwindigkeit von $^2/_9$ Sekundenmetern. Daraus ergibt sich eineWasserführung von 1,5939 cbm pro sec., 5738,04 cbm pro Stunde und 137712,96 cbm pro Tag. so daß das leer gelaufene Seebecken in 3 Jahren 1 Monat und 3 Tagen durch diesen Zufluß wieder gefüllt wäre.

Der westliche Abfluß aus dem Küchensee bei der Badeanstalt wird durch Wind beeinflußt und ist stark bewachsen; ich habe daher seine Wasserführung nicht berechnet. Die Wasserstandsschwankungen am Wakenitz-Pegel bei Rotenhusen waren 1927

im Januar	zwischen	3,63	und	3,81 m	= 0,18 m
„ Februar	„	3,64	„	3,80 m	= 0,16 m
„ April	„	3,42	„	3,46 m	= 0,04 m
im Jahr	„	3,40	„	3,88 m	= 0,48 m

Dabei kommt Windstau mit in Frage; denn die Aufzeichnungen in Rotenhusen vermerkten bei hohem Wasserstande in der Rubrik „Wind", regelmäßig „stürmisch", leider ohne Angabe derWindrichtung. Über die Tiefenverhältnisse der Seen vergleiche man die morphographische Karte.

Bezüglich des Verhältnisses zu den Oberflächenformen ist festzustellen, daß weitaus die meisten Wasserläufe in den Senken fließen, das Bachnetz auf den Hochflächen große Lücken aufweist und außer dem Bäk nur die Uferbäche des Ratzeburger Sees einschneiden. Kein einziger Bachlauf quert einen der langgestreckten Hügelrücken; es besteht also absolute Abhängigkeit der hydrologischen Verhältnisse von den morphologischen Verhältnissen bezüglich des Oberflächenwassers und vom geologischen Bau bezüglich des Grundwassers. Das periodisch mit dem Niederschlagsmaximum im Sommer auftretende Hochwasser und das Schneeschmelzwasser im Frühjahr laufen in den Bachgräben schnell ab, stehen aber lange in Teichen und Tümpeln; auch im Kammerbruch und in den tiefer gelegenen Teilen der Senken steigt das Wasser und tritt über die Grabenränder, die Torfwiesen sind wie ein Schwamm vollgesogen. —

E. Die Pflanzendecke (Fig. 21).

Nach roher Schätzung ist etwa $^1/_6$ der Landoberfläche des Meßtischblattes mit Wald bedeckt, $^1/_{10}$ mit Torfwiesen und Erlenbruch, und der Rest ist Feldfläche, die außerhalb der Gutsbezirke oder Domänen (o. K.) durch Knickfelderung (K.) geteilt ist. Die Buschwälle tragen in buntem Wechsel die verschiedensten Strauchpflanzen: Quercus, Carpinus, Fagus. Cornus, Corylus, Rhamnus frangula, Sambucus, Viburnum, Prunus spinosa, Crataegus, Rubus fruticosus und idaeus, Salix, Alnus und Lonicera neben Humulus als Schlingpflanzen.

1. Die Walddecke.

Der größte Forst ist der Bartelsbusch im Südwesten. Er erfüllt den Kessel des Kolksees und zieht sich in einem 1 km breiten Streifen nach SO über die Kulpiner Hochfläche, wo er in der Erstreckung von SW nach NO eine Breite von 2 km hat, um dann im Südosten in zwei unregelmäßigen Vielecken sehr an Flächeninhalt zu verlieren. Seine größte Länge von SO nach NW ist etwas mehr als 4 km. Er bedeckt als Buchenwald mit wenig Unterholz die trockenen Hänge um den Kolksee und rahmt auch die Senke ein, die von ihm nach N und S sich erstreckt; in ihrer Nähe wird der Waldboden feuchter, und hier mischt sich unter die Buchen des Hallenwaldes ein Gebüschunterholz aus Eschen, Espen ,Erlen, Bruchweiden, Haselnußsträuchern und Ebereschen, das in dichter Formation den Kolksee umgibt, dessen torfige Ufer nur durch das Wurzelgeflecht dieser Buschdickung einen Zugang zum See ermöglichen. Zwischen den Buchen der Hänge stehen eine geringe Zahl dickstämmiger Eichen. Auf der Hochfläche sind in den Waldboden eine Anzahl vermoorter flacher Wannen und Mulden eingesenkt, in denen eine Sumpfflora gedeiht. Sie sind von Laubgebüsch umgeben und werden durch ein teils natürliches, teils künstliches Grabensystem in den Kolksee und die nach SW ziehende Senke entwässert. Die zahlreichen dickstämmigen Eichen in dem hoch gelegenen Teile des Bartelsbusches sind sehr häufig dicht mit Epheuranken bedeckt. Es finden sich Epheustämme von mehr als 10 cmDurchmesser.

Der mittlere Teil des Bartelsbusches berührt im SW mit einem quadratischen Streifen von 0,6 km Breite den Behlendorfer Buchenwald, der sich in einem 0,25 km breiten Streifen vom Behlendorfer See 1,5 km nach N erstreckt.

Nordwestlich von Gr. Disnack liegt jenseits der Wiesensenke ein dreieckiges Laubwaldstück, in dessen mittlerem Teil eine abflußlose Waldwanne eine reiche Gebüsch- und Sumpfvegetation hervorgerufen hat.

Die Müssenwiese und Aue-Senke (Fig. 21) haben am Uferhang der

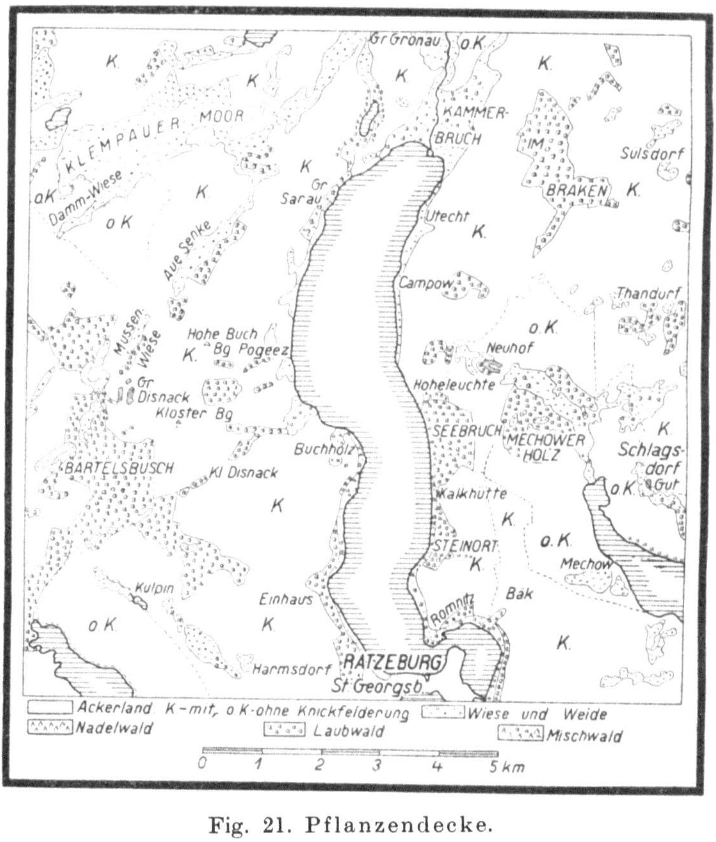

Fig. 21. Pflanzendecke.

Ostseite einen Buchenhochwald, am Hangfuß beiderseits Erlen- und Weidengebüsch mit einzelnen hochstämmigen Eichen und Buchen. — Auf dem Osthang des Höhenrückens zwischen Buchberg und Klosterberg liegen noch ein größeres und ein kleineres Laubwaldstück, und Laubgebüsch erfüllt auch zum Teil die Wasserrisse, die sich von hier nach O zum Seeufer hinabziehen, wie auch die Wasserrisse bei Gr. Disnack und südwestlich davon im Bartelsbusch.

Auch die längliche Seemulde von Tüschenbek ist an den Hängen mit Buchenhochwald, am Hangfuß und der nördlich und südlich anschließenden Bachgrabensohle mit Laubgebüsch bedeckt, vornehmlich sehr dicht stehenden Eichenbüschen mit langen dünnen Stämmchen. Nordöstlich und südöstlich des Tüschenbeker Sees liegen noch zwei kleine Nadelwaldstücke. Südlich des Beidendorfer Sees liegt ein Kiefernwald auf mit Grasfilz bewachsenem Dünensand[1]). Ein ähnlicher Kiefernwald über gleichem Boden begleitet als schmaler Streifen den Fahrweg von Blankensee nach Beidendorf eine kurze Strecke. Im weiteren Verlauf ist dieser Weg auf beiden Seiten von einem breiten Laubgebüsch-Streifen flankiert, der mit seinen wechselnden Buscharten den Eindruck eines Waldrestes macht.

Nördlich von der Klempauer Mulde liegen dann noch zwei kleine Nadelwälder, ein Laubwald, und in der Nordwestecke des Gebiets ein Mischwald. Auch die Klempauer Mulde und auch die Wiesensenke der Grönau sind von Laubgebüsch umrahmt, letztere etwas spärlicher als erstere, die namentlich im Südwesten von einem breiten Gebüschstreifen aus Erlen, Eichen, Weiden, Ebereschen und Haselsträuchern umgeben ist.

Die ganze nordwestliche Ebene ist übrigens mit zahlreichen einzelnen hochstämmigen Laubbäumen geschmückt, die besonders auf die Buschwälle der Felder verteilt sind und in Gruppen zwischen den Häusern des weitläufig gebauten Dorfes Blankensee stehen. (Vgl. Fig. 1.) Diese Bäume und Baumgruppen sind vorwiegend Eichen. Die Ufer des Ratzeburger Sees sind beiderseits mit Laubwald bedeckt, der aber am Westufer nur von St. Georgsberg im Süden bis Buchholz reicht. Bei St. Georgsberg zieht er sich vom Uferhang auf die Grundmoränenplatte hinauf, wo er ein längliches Viereck von 0,8 km in nordsüdlicher Richtung und 0,4 km Breite bildet. Der Waldboden ist hier naßgründig, teils mit Laubgebüsch, teils mit langem, büschelig wachsendem Gras bedeckt. Der Laubwaldstreifen, welcher den Hang nach Norden hin

[1]) Fig. 17.

begleitet, dringt nördlich von Einhaus 0,4 km nach W vor und ist 1 km südlich von Buchholz 0,350 km weit unterbrochen.

Der nördliche Teil des Westufers ist waldfrei. Die Wakenitz-Niederung ist in zerstreuter Anordnung, am Rande streifenförmig mit Laubgebüsch bedeckt; es sind vertreten Erlen, Weiden, Birken und Zitterpappeln. —-

Östlich vom Ratzeburger See liegen drei große Waldgebiete, nordöstlich von Utecht der Forst „Im Braken", an der Neuhofer Senke das Mechower Holz und am See der Seebruch und Steinort. Der Laubwald „im Bracken" ist ohne Knickwälle; auf dem naßgründigen Boden wechseln Graswuchs und Laubgebüschunterholz zwischen vermoorten flachen Wannen mit Sumpfflora. Buchenwald herrscht vor, doch finden sich einige dickstämmige Eichen, in prächtigen Exemplaren auch außerhalb des Forstes, der also offenbar früher eine größere Ausdehnung hatte; ein schmaler Waldstreifen dringt nach S vor und ein Stück von 0,5 km Breite gegen O.

Das Mechower Holz ist ein Buchenhochwald mit wenig Eichen, der auch einige nasse humose Wannen enthält, aber sonst trockengründig ist und wenig Unterholz hat . Auch am Fuß seines Hanges an der Neuhofer Senke fehlt der Laubgebüsch-Streifen. Das gegenüberliegende schmälere Waldstück ist in seinen hoch gelegenen Teilen ohne viel Unterholz; der Boden ist mit Büscheln langen Grases, das sich im Herbste rot färbt, dicht bedeckt. Der zur Neuhofer Mulde geneigte Waldhang ist naßgründig und trägt dichtes Laubgebüsch.

Der Seebruch ist auf der Grundmoränenplatte ein Buchenhochwald mit moosig-grasigem Boden und hat nur am Waldrande etwas Buschvegetation. Er ist von Entwässerungsgräben durchzogen, die sich als vegetationslose Kerbschluchten zum See hinabziehen. Hier am teilweise sandigen Hang sind Nadelwaldschläge vorhanden, die mit Laubgebüsch abwechseln. Auch am Nordrande, wo der Boden feinsandig wird, schließt sich ein Fichtenschlag an den Seebruch an. Am Flachufer des Sees geht der Waldhang in ein Erlenbruch mit viel Graswuchs zwischen Wassertümpeln über.

Im Steinort ziehen sich über die steilen Waldhänge tiefe Bachschluchten, die mit dichter Buschvegetation erfüllt sind. Der moorigtiefgründige Waldboden trägt an den Quellhorizonten eine Sumpfwaldflora mit Arum, Asarum, Paris, Actaea, Convallaria und Equisetum maximum. Am Flachufer stehen in einem Schilfsumpf Erlen und Weiden, während bei Kalkhütte auf dem Flachufer ein hochstämmiger Erlenbruchwald beginnt. Ein solcher tritt am Campower

Ufer wieder auf, wo er mit Espen, Ebereschen und Weißdorn gemischt ist. Erlen und Weiden, letztere als Kopfweiden und Buschweiden treten überall am Flachufer der Ostseite auf, bald zerstreut, bald in dichterer Formation, besonders südlich des Steinort ganz am Ufer entlang an der Bäkschlucht vorbei bis zum Ende des Sees am Königsdamm. Von Römnitz an ist das Steilufer wieder mit Buchenhochwald bedeckt.

Außer den größeren Forsten und zusammenhängenden Waldstreifen sind kleinere Waldstücke über die Grundmoränenlandschaft zerstreut. Sie lehnen sich meistens an nasse Wiesensenken an oder sind auch von ihnen umgeben, besonders bei Neuhof, Thandorf, Sülsdorf, Campow und am Schattiner Bach. Die zahlreichen einzeln stehenden Laubbäume auf den Knickwällen, an Straßenkreuzungen und auf den Sohlen der Bachschluchten, die übrigens mit Laubgebüsch meist dicht erfüllt sind, sind Eichen. Die Reihenbäume an den Fahrwegen sind meistens „geköpfte“ Weiden und Zitterpappeln. Eine „schöne“ Ausnahme macht die prachtvolle Allee alter Espen an der Hochstraße von Tüschenbek nach Gr. Sarau.

2. Wiesen und Weiden.

Die Hochflächen und Hügelrücken der Grundmoränenlandschaft sind mit Feldern bedeckt, daher sind eigentliche Wiesen mit Dauerrasen auf Bachsenken, Muldensenken und kleinere flache Wannen zwischen den Feldern beschränkt. Nach der Nähe des Grundwassers sind es Sauergras- oder Süßgraswiesen. Ein Teil dieser Wiesen sind periodisch oder dauernd Weiden, während Dauerweiden im Gebiet der Felder gewöhnlich mehrere Jahre, im nordöstlichen Teil des Meßtischblattes auch länger, unterhalten werden.

a) Sauergraswiesen.

Bei nahem Grundwasserstand setzt sich der Rasen aus Carexfilz (Caricetum) mit Moos, Binsen und wasserliebenden Phanerogamen zusammen (Cirsium, Menyanthes, Orchis u. a.). Durch Düngung nach Vertiefung der Gräben stellen sich Süßgräser, und bei Vorhandensein von Kalk im Untergrunde (Kammerbruch, Mechow;) Kleearten ein.

Die Sauergraswiese nimmt das tiefere Niveau der Bachsenken ein an der Aue, in der Müssenwiese, der Grönau, der beiden Tüschenbeker Seeabflüsse, der Wakenitzniederung, des Kammerbruchs, der Neuhofer Muldensenke, des Kulpiner Baches, des Bäk und aller schlecht gedüngten und ungenügend entwässerten flachen Wannen auf allen Seiten des Gebietes. Die Sauergraswiese ist aus wirtschaftlichen

Gründen Rinder- selten Schafweide oder Mähwiese. (Fig 7 bei c.) Ihre Charakterpflanze ist in den Senken im Gebiet der Hügelrücken Cirsium oleraceum. —

b) Gramineenwiesen.

Sie nehmen das höhere Niveau der Senken und flachen Wannen ein, namentlich dort, wo an Stelle des in den Senken vorherrschenden torfgründigen Bodens der Lehmboden tritt. Sie sind als Mähwiesen oft eingezäunt. Gut entwässerte und gedüngte flache Wannen sind durchweg Gramineenwiesen. Charakterpflanze ist neben den verschiedenen Arten Gramineen (Phleum!) Lychnis flos cuculi. —

c) Weiden.

Jahreszeitlich und periodisch dienen alle Rasenflächen der Senken als Viehweide. Das Klempauer Moor ist westlich des Bahndammes

Fig. 22. Blick von Gr. Sarau nach W. auf die Kulturhügelrücken; a = Stoppelfeld; b = Heuernte c = Sauergraswiese; d = Ackerfeldhang; e = Binsen; f = Knickwall; w = Kopfweidengraben.

mit Ausnahme tiefer liegender Flächen eine gedüngte Gramineenwiese, die als Mähwiese dient und nach der Heu- resp. Grummeternte als Weide benutzt wird; dasselbe gilt von der Dammwiese bei Klempau und der Müssenwiese. Felder werden oft, nachdem sie 5—7 Jahre Getreide oder Feldfrüchte getragen haben, auf einige Jahre in Dauerweide gelegt. Der gute Boden bei tiefem Grundwasser liefert reichen Graswuchs, so daß einzelne Weiden der Heuernte dienen. (Fig. 22 bei b.) Die Klempauer Moorwiese östlich des Bahndammes ist infolge der Vertiefung des Bachgrabens trotz des Torfgrundes eine Mischgraswiese aus Süß- und Sauergräsern, zu denen sich Krautwuchs gesellt, besonders Kompositen und Chenopodiaceen. Als Charakterpflanzen können hier Carduus crispus und Lappa major Gaertn. (Arctium Lappa L.) bezeichnet werden, wie Cirsium oleraceum für die Sauergraswiesen neben den Carexarten.

3. Die Felder.

Die weiten Ackerflächen der Hügelzüge und Hochflächen sind vielfach durch Buschwälle oder Knicks gefeldert. Im Bereiche der großen Güter und Domänen ist die Knickfelderung beschränkt, das gezogene Netz ist weitmaschiger, oder die Knickfelderung fehlt ganz (o. K. auf Fig. 21). In der sandig-tonigen Ebene im Nordwesten tragen die tonigen Äcker Weizen und Roggen, die sandigen Kartoffeln. Im Gebiet der Hügelzüge herrscht der Getreidebau vor, Roggen, etwas Weizen und Hafer und Kartoffeln; auf den großen ebenen Flächen der Güter und Domänen herrscht der Roggenbau vor, auf trocknen Schlägen werden Kartoffeln gebaut, auf den feuchteren vielfach Kohl. Die Weidewirtschaft ist zwar im ganzen Gebiet vorhanden, war aber 1927 im Nordosten der Grundmoränenlandschaft gegenüber der Anbaufläche für Getreide und Feldfrüchte auffällig vorherrschend. Außer Roggen, Hafer, Gerste, Weizen, Dinkel (Triticum spelta), Kartoffeln und Kohl wird auf Sandboden im Nordwesten und gelegentlich auf Lehmäckern anderer Gegenden und am Rande der torfigen Senken zuweilen Buchweizen gebaut. Flachs habe ich nirgends beobachtet, kommt aber auch zuweilen in geringem Umfange zum Anbau. Der Obstbau wird vernachlässigt und ist auf die Dorfgärten beschränkt.

4. Die Dorfgärten.

In den vielfach recht zerstreut angelegten Dorfsiedlungen sind in der Regel Obst- und Gemüsegarten vereinigt; im Hausvorgarten werden vorwiegend Blumen gezogen, Dahlia variabilis und zahlreiche Arten von Astern beherrschen das Bild. Der große Komposthaufen und ein üppiges Unkrautdickicht mit Lappa major, Eriophorum angustifolium, Atriplex und vor allem Artemisia vulgaris und absinthium fehlen wohl keinem Dorfgarten[1]). Güter und Domänen besitzen in der Regel besondere Obstgärten.

5. Das Ödland.

Bei nahem Grundwasser entstehen im Bereiche der Senken Buschdickungen aus Erlen und Weiden mit Wollgräsern, Binsen, Schilf und Rohr, Igelkolben, Pfeilkraut und Laichkraut am und im Wasser, das sich angesammelt hat. Solche unbenutzte Flächen zwischen den Kulturländereien finden sich zahlreich, wenn sie auch nicht umfangreich sind und durch Gewinnung von Schilf nützlich werden können. Zum Ödland gehören auch die Teile des Kammerbruchs, deren Caricetum noch schwimmt und daher nicht betreten werden kann. — Zwischen den Buckeln der Äcker liegen oft vermoorte abflußlose Mulden, in denen Getreide und Feldfrüchte verkümmern und ganz vergehen, z. B. westlich von Schlagsdorf und am Südrande des Behlendorfer Sees. Stärker vertreten sind Ödlandflächen auf dem Sand- besonders dem Dünenboden der nordwestlichen Ebene und treten auch in der Pflanzendecke deutlich hervor. Das Nord- und Nordwestufer des Blankensees hat Dünensandboden mit teilweiser Kiefernbedeckung und einer Bodenflora aus Trockengräsern. Südlich vom Wege von Blankensee nach Beidendorf ist der Dünenboden im Kiefernwalde unter einem feinfädigen Grasfilz versteckt; zwischen den Wagenspuren sind Streifen von Heidekraut erhalten geblieben. Vor Beidendorf liegt an der Südseite des Weges ein Brachacker mit lockerem Kümmergraswuchs und dicht vor Beidendorf sind die Dünen durch den Wind entblößt; auch der Uferstreifen um den Beidendorfer See muß als Ödland bezeichnet werden, wenn auch an der Südseite ein wenig ansehnlicher Kiefernwald steht. An diesen Kiefernwald lehnt sich an seinerSüdseite noch ein Gebiet kuppiger Dünen mit lockerem Kümmergraswuchs, ferner einige nasse Wannen mit geschlossenem Binsenwuchs wie nördlich von Dorf Blankensee. Eine Leitpflanze des Ödlandes um Beidendorf und Kennzeichen seiner Unfruchtbarkeit ist neben Calluna und Spartium scoparium der Mäuseklee, Trifolium murinum in geschlossenen Beständen am Wege und auf den Sandflächen.

6. Die Schelfvegetation der Seen und Teiche.

Sie setzt sich zusammen aus Phragmites, Typha, Equisetum, Butomus, Sparganium und Sagittaria. Sie ist aber selbst im Ratzeburger See, wo der Schilfgürtel nur auf kurze Strecken geschlossen ist, sehr spärlich. In Tümpeln leben wasserliebende Umbelliferen.

[1]) Besonders in Blankensee!

7. Die schwimmenden Phanerogamen.

Sie fristen nur ein kümmerliches Dasein zwischen und am Außenrande der Schilfvegetation. Sie setzen sich aus Nuphar, Nymphaea, Potamogeton, Hydrocharis, Lemna und Batrachium zusammen, die aber nirgends häufig sind.

8. Schwimmende Thallophyten.

Nicht ganz schwimmend, aber auf nassem Boden und auf von Wasser umspielten Wurzeln haften verschiedene Lebermoose. Stehende Tümpel tragen Decken von Fadenalgen, die Wasserfäden der Bachschnellen spielen mit den Fäden der an Steinen, Stämmen oder Stegbalken festgewachsenen Cladophora. Wenn der Wind aus Osten am Seeufer bei Mechow Wellenbewegung hervorruft, entstehen oft über faustgroße Schaumballen, die in der Strandlinie zuletzt einen geschlossenen Schaumstreifen bilden. Dieser Schaum enthält zahlreiche Arten von Desmidiaceen, Chroococcaceen, Rivulariaceen, die den Bäkbach hinabschwimmen und sich in Schaummassen von ansehmlicher Größe (15:40:60 cm) eine Zeit lang schwebend erhalten, bis sie entweder schon in den Stauteichen oder erst im Ratzeburger See absterben und nach Auflösung der Schaumklumpen untersinken, um der Bildung von Faulschlamm und Lebertorf zu dienen. Schon vom Mai ab treibt der Westwind an der Ostseite und der Südwind an der Nordseite des Ratzeburger Sees große Massen sogenannter Wasserblüte in Ufernähe zusammen. Sie besteht aus Desmidiaceen, aus Arten der in dem erwähnten Schaum enthaltenen Familien und im Frühsommer besonders aus der Familie der Nostocaceen.

F. Bodenarten (Fig. 17).

1. Die Bodenarten der Grundmoränenlandschaft zerfallen in zwei Hauptkategorien, in Böden der Höhen, worin die Hügelzüge eingeschlossen sein sollen und Böden der Senken. Die Böden der Höhen stellen die Geschiebelehmdecke dar, die aus dem Geschiebemergel hervorgegangen ist. Dieser Boden ist in seinen Bestandteilen ungleichartig. Er ist nach den Angaben des geologischen Meßtischblattes und den Erläuterungen oberflächlich entkalkt; aber diese Entkalkung ist dem Grade nach verschieden weit vorgeschritten. So wird der Acker in der Gemeinde Gr. Disnack wenig gekalkt, da er genügend Kalk enthält und das Kalken die Erträge erfahrungsgemäß wenig beeinflußt (nach Angabe von Hofbesitzer Wulf, Gr.D.). Dagegen erfordert

der stark tonige Boden südlich von Kulpin viel Kalk. Überhaupt ist die Verschiedenheit in der chemischen Beschaffenheit auf kurze Entfernungen sehr groß; bei St. Georgsberg ist der Kalkgehalt der Ackerkrume 0,74%, bei Harmsdorf 0,21% und bei Behlendorf 0,28%; der Tongehalt = 1,58%, 2,29 und 1,96%; der Humusgehalt = 0,83, 2,27 und 2,64%.

Auch die Körnung des Höhenbodens ist entsprechend dem Sand- und Tongehalt sehr wechselnd. Südlich von Kl. Sarau und westlich des Auebaches ist der Lehm stärker sandig, wie auch um Harmsdorf, südöstlich von Kulpin und nordwestlich von Sülsdorf. Der hoch aufragende Rücken zwischen Neuhof und Sielsdorf ist fast Tonboden. Zwischen Ratzeburger See und Mechower See werden eine größere und eine kleinere Insel von Geschiebemergel von kiesig-sandigem Boden umgeben, der aber an manchen Stellen lehmig zu verwittern beginnt (in seinen Feldspäten).

Westlich der tonigen Platte nördlich von Neuhof liegt ein kiesiger Flachhang als Auswaschungsprodukt des Geschiebemergels (Erläuterungen S. 48); der kiesige Boden im SO des Blattes ist aber auf Annäherung der südlichen Endmoräne zurückzuführen. Der Boden der Senken ist sandiger Ton, toniger Sand, Sand mit mehr oder weniger Humus und Torfboden. Der sandige Ton oder tonige Sand, zuweilen humos, findet sich innerhalb der Grundmoränenlandschaft nur als Abschlämm- resp. Einschlämmasse vorzugsweise in den Wasserrissen und als Schuttkegel vor ihren Ausgängen in die Bachsenken und zum Ratzeburger See. Als sandige Fazies des Diluviums nimmt der sandige Ton und tonige Sand im Wechsel mit Inseln von Tonmergel auf den Ufern des Ratzeburger Sees je einen Streifen ein, der am Westufer, wie die Fig. 17 zeigt, erheblich breiter ist als am Ostufer. Hier ist bei Gr. Sarau im Unterboden Ortstein gefunden worden.

Reiner Talsand erfüllt nur das Einhäuser Tal und einen kleinen Teil der Harmsdorfer Mulde.

Der Boden der Bachsenken und Muldensenken ist ein krümelig faseriger Rasentorf, der im Kammerbruch, nordwestlich von Buchholz und bei Mechow mit Nestern von Molluskenkalk durchsetzt ist und teilweise über Seekreide liegt, oder, wie nordwestlich von Buchholz, auch von ihr bedeckt ist. Im Klempauer Moor ist der Torf schon in geringer Tiefe strukturlos, aber mit Holzresten durchsetzt.

Der Boden um den Kolksee bis zur Geschiebelehm-Stufe ist ein in Zersetzung begriffener Torf, der als Moder zu bezeichnen ist[1]).

[1]) Grundlagen d. L. III. S. 134.

2. Die Bodenarten der nordwestlichen Ebene, die dem Lübecker eiszeitlichen Stausee morphogenetisch angehört, sind Sand und Dünensand, toniger Sand, sandiger Ton und Tonmergel in buntem Wechsel. Felder, die sich an die Nordflanke des Klempauer Moors anlehnen, sind recht sandig, was in dem Kümmergraswuchs der Brache in Erscheinung tritt, während der tonige Sand und sandige Ton für Kartoffel- und Getreidebau gleich wertvoll ist. Ein sehr feiner toniger Sand findet sich auf den Bodenschwellen, welche die Senken der nordwestlichen Ebene begrenzen und in sie eindringen. Sie sind auf Tafel 39 und 40 gut erkennbar und auf der landschaftskundlichen Karte mit a bis d bezeichnet. Sie liegen westlich und südlich des Klempauer Moors (a), westlich von Tüschenbek (b), südlich von Gr. Grönau (c), zwischen Wakenitz und Schattiner Bach (c) und als Flachhang gegen den Kammerbruch und das Nordende des Ratzeburger Sees (d).

Unter der Rasendecke der Wiesen nordwestlich von Beidendorf und westlich von Blankensee liegt krümeliger Fasertorf; ein kleines Verlandungsgebiet am Westufer des Blankensees hat Faulschlamm- und Moderboden (Fig. 1 bei m).

II. Landschaftssynthese. (Tafel 40.)

Die geographischen Räume des untersuchten Gebiets schließen sich zu Teillandschaften mit ihren Landschaftsteilen zusammen.

Der ganze Nordrand des Meßtischblattes Ratzeburg ist eine teils sandige, teils tonige Kulturparklandebene von schwach welliger Oberfläche, die mosaikartig von kleinen Laub- und Nadelwäldchen und von Feld- und Wiesenflächen durchsetzt ist. Zwischen den Feldstücken und Wiesen ziehen sich Knickwälle hin, die mit Laubgebüsch bewachsen sind; einzelne starke Laubbäume, meistens Eichen, ragen aus diesen Buschwällen auf. Zwei Flachstrandseen, der Blankensee im Osten und der Beidendorfer See im Westen, sind in die Ebene eingesenkt. (Bild 1.)

Der mittlere Teil dieser Ebene stößt an eine südlich angrenzende Gruppe von lehmigen Kulturhügelzügen, die sich in ihrer Längserstreckung zum Teil in nordöstlicher, zum Teil in südwestlicher Richtung abdachen. Sie geht im Westen in die 1 km breite Torfwiesen-Muldensenke des Klempauer Moors über, welche mit ihrer nordöstlichen Fortsetzung, der Torfwiesen-Muldensenke der Grönau jene Hügelgruppe von der im Süden 30—40 m aufragenden Grundmoränenlandschaft trennt. Diese bildet mit ihrer sanften Nordabdachung, die sich aus lehmigen und feinsandig-tonigen Kulturbodenschwellen zusammensetzt, die südliche Umrandung der langgestreckten Wiesenmulde. Diese letztere gehört mit der isoliert aufragenden Hügelgruppe und der nördlich anschließenden Kulturparklandebene zur ersten Teillandschaft des Gebietes, dem sandig-tonigen Kulturflachland.

Die Grundmoränenlandschaft, die den ganzen übrigen Teil des Gebietes einnimmt, wird durch einen Waldsteilhang-Rinnensee, den sog. Großen Ratzeburger See, in einen West- und einen Ostflügel geteilt. Den nördlichen Teil des Westflügels bilden drei lehmige Knickfelder-Hügelzüge, die als zweite Teillandschaft von dem sich im Süden anschließenden ebenen Knickfelder-Grundmoränenflachland zu unterscheiden sind, das durchschnittlich 50 m über dem Spiegel des Ratzeburger Sees liegt. Die Lehmhügelzüge sind durch Sauergras-Torfwiesensenken von einander getrennt, mit einer Anzahl Waldplatten bedeckt und an mehreren Stellen ihrer West- und Ostflanke von Bachschluchten zerschnitten, die mit Laubgebüsch erfüllt sind.

Eine lehmige Laubwaldplatte mit vermoorten flachen Tümpeln und einem vertorften Waldkessel mit Kolksee zieht sich über die zweite und dritte Teillandschaft hinweg (Bartelsbusch).

Auch der Ostflügel der Landschaft ist in seinem südlichen Teile ein Knickfelder-Grundmoränenflachland, aber von welliger Oberfläche und durch das Bäktal und die Mechower Seemulde gegliedert (Tafel 40). Im Norden erhebt sich jenseits der Neuhofer Torfwiesen-Muldensenke das tonige Knickfelder-Hügelland von Sülsdorf. (Fig. 18.)

Der Waldsteilhang-Rinnensee als selbständige Teillandschaft ist durch die Torfwiesen-Muldensenke der Wakenitz mit dem Kammerbruch, die ein Landschaftsteil des sandig-tonigen Kulturflachlandes ist, mit letzterem verbunden.

Das Meßtischblatt Ratzeburg läßt sich also in folgende sechs Teillandschaften gliedern, die wieder eine Anzahl Landschaftsteile umfassen:

A. Das nördliche sandig-tonige-Kulturflachland.

B. Die lehmigen Knickfelder-Hügelzüge zwischen Tüschenbek und Behlendorf.

C. Der Waldsteilhang-Rinnensee (Großer Ratzeburger See).

D. Das ebene Knickfelder-Grundmoränenflachland von Kulpin.

E. Das wellige Knickfelder-Grundmoränenflachland von Bäk-Mechow.

F. Das tonige Knickfelder-Hügelland von Sülsdorf.

III. Physiographie der Landschaft.

A. Das sandig-tonige Kulturflachland des Lübecker Beckens.

Das Gebiet ist auf der landschaftskundlichen Karte (Tafel 40) mit I. bezeichnet, die Kulturbodenschwellen, welche es begrenzen und gliedern mit a bis d. Die Bezeichnungen der übrigen Landschaftsteile ergeben sich aus dem der Karte beigefügten Index.

Der ehemalige Lübecker Stausee hat hier Sand, Ton und Tonmergel abgelagert. Während auf sandigem Ton und Tonmergel Feldfrüchte verschiedener Art neben Getreide, besonders Roggen, gebaut werden, trägt der Sandboden, besonders Dünensand, westlich und nördlich vom Dorfe Blankensee und südlich von Beidendorf, Kiefernwald mit Laubunterholz über feinfädigem Grasfilz. Dazwischen verstreute Wiesenstücke, Waldplatten, Baumgruppen und einzelne Eichen verleihen dem ebenen Landschaftsteil des Kulturflachlandes den Charakter eines Kulturparklandes. Als Landschaftsteile 1. Ordnung treten ferner hinzu die drei Torfwiesenmulden von Klempau, Grönau und der Wakenitz mit den Kulturbodenschwellen als Uferstreifen und der isolierten Gruppe lehmiger Knickfelder-Hügelzüge. So zerfällt das sandige tonige Kulturflachland des Lübecker Beckens in folgende Landschaftsteile.

1. Die sandig-tonige Kulturparkland-Ebene. (Fig. 1.)

Dieser Landschaftsteil von vollkommener Ebenheit, der auf Tonmergel Getreidefelder von großer Üppigkeit, auf tonigem Sand reiche Kartoffeläcker aufweist, zwischen denen überall Knickwälle mit Büschen und einzelnen Laubbäumen hinlaufen, schließt noch drei Waldinseln ein und am Westrande eine grabendurchsetzte Wiesenniederung. Die Waldinsel in der Nordwestecke des Meßtischblattes ist von Nadelwald umrandeter Laubhochwald; das kleine rechteckige Waldstück westlich Blankensee trennt die Parklandebene von südlich davon liegenden Kulturwiesen. Auffällig ist der große Gegensatz in der Fruchtbarkeit: neben üppigen Feldern plötzlich ein flacher Binsentümpel oder ein Streifen kümmerlicher Schaftrift mit lockerer Trockengrasdecke. Es sind unfruchtbare Sand-Inseln in einem reichen Tonmergelgebiet; sie häufen sich östlich Beidendorf und nordwestlich Blankensee; was sich aber zwischen diesen beiden Gebieten nach Nordwesten ausdehnt, ist ein parklandartiges reiches Anbaugebiet mit zerstreuten Baum- und Buschinseln.

2. Der Blankensee-Beidendorfer Weg.

Dieser Fahrweg, der sich von Blankensee aus nach WSW zieht, ist insofern ein interessanter Landschaftsteil, als ihn auf der Nordseite ein Buschwaldstreifen von oft mehr als 3 m Breite begleitet, dessen Laubgebüschbestand fortwährend wechselt; bald sind es Eichen, bald Kiefern, bald Haselbüsche. Dann wechseln Eichenbusch-Knick, Fichtengebüsch und Haselbüsche auf beiden Seiten. Gegen Beidendorf zu wachsen am sandigen Wege Streifen von Heidekraut, Ginsterbüsche (Sparthium scoparium!) und Mäuseklee. Die an heißen Sommertagen wohltuend schattige und stets wechselnde Gebüschumrahmung hört 1 km vor Beidendorf auf. Hier greift die sandig-tonige Kulturparkland-Ebene, die nach rechts zwischen den Lücken des Laubgebüsches mit ihren Getreidefeldern, Buschwällen und Laubwaldinseln gelegentlich sichtbar war, mit einer sandigen Kümmergrastrift über den Beidendorfer Weg nach S hinaus bis an eine Diluvialterrasse, die einen ostwestlich langgestreckten Sandhügel umzieht (N. P. 22,9 m) am Nordrande der Klempauer Moorwiesenniederung. Die Kümmergrastrift enthält zwei trockene und zwei nasse Wiesenmulden.

3. Die Flachstrandseen von Blankensee und Beidendorf. (Tafel 40 und Fig. 1)

a) Der Blankensee; er ist eine flache Randmulde mit unterbrochenem Uferschilfgürtel aus Phragmites und Typha. Das Nordufer ist niedriges Dünenflachland mit lockerem Kümmergraswuchs unter Kiefernwald. Das Südufer ist ein steilgeböschter Kulturhügelhang mit Getreidefeldern. Auf seinem Lehmrücken liegt die zu Tüschenbek gehörende Windmühle. Das Ostufer des Sees ist flache Bruchwiese, das Westufer eine verlandende Erlenbruchwiese mit Schilfsaum am See, Moderboden am Ufer (Fig. 1, m) und alten Torfgräben in der anschließenden ertragreichen Kulturwiese, die sich an beiden Ufern des in den See mündenden Baches nach W fortsetzt und von schönem Eichenwald und -gebüsch umrahmt ist. Auf dem sanft ansteigenden Hang, nordwestlich vom See liegt die bäuerliche Kleinsiedlung Blankensee in zerstreuter Bauweise. In den Vor- und Hintergärten der Höfe sieht man Blumenbeete (Astern, Levkojen u. a.), Beerensträucher und breite Unkrautdickungen aus Verbascum, Urtica, Lappa, Artemisia, Ballota, Lamium und Senecio, die in ihrer bunten Mischung und ihrem üppigen Wuchs, veranlaßt durch den nie fehlenden großen Dunghaufen, von einer gewissen eigenartigen Schönheit sind.

b) Der Beidendorfer See oder Klempauer Hof-See. Während der Blankensee 10,5 m hoch liegt und 2,8 m größte Tiefe hat, ist dieser kaum 2 m tief und liegt 9,8 m über NN. Diese flache Wanne oder Schilfsaum-Teichmulde hat im Osten und Norden eine Uferumrandung von Trockengrastrift mit Binsenbüscheln (vgl. Tafel 40!), an welche sich westlich ein sandiges Feldstück und nördlich ein Feldhang schließt, der in eine Kultur-Niederungswiese übergeht. Das Südufer ist niedriges Dünenflachland mit Kiefernhochwald über lockerem Kümmergraswuchs.

4. Die Waldplatten.

a) Die Mischwaldplatte im NW, am Rande des Meßtischblattes ist mit Laubunterholz über grasigem Waldboden in ihren Außenpartien vorwiegend Nadelwald, im Mittelteile vorwiegend Laubwald.

b) Die Kiefernwaldplatte westlich von Blankensee stellt am Wege nach Beidendorf ein überwachsenes Dünengebiet dar. Die flachkuppigen Dünen unter feinfädigem Grasfilz mit Brombeer- und Vogelbeergebüsch erstrecken sich westsüdwestlich -ostnordöstlich.Aufschlüsse fehlen. Dieser Kiefernwald grenzt im Süden an Wiesen- und Getreideflachland, dieses wiederum an die Erlenbruchsenke im Verlandungsgebiet des Blankensees.

c) Die Kiefernwaldplatte an der Kreuzung der Lübecker Bahn mit dem Beidendorfer Wege. Die Bodenformation ist Brombeerdickung mit Geißblattgeranke und Weidenröschen (Epilobium angustifolium) zwischen Adlerfarn über moosigem Grasfilz. Das Unterholz besteht aus Buchen-, Eichen- und Vogelbeergebüsch neben Rhamnus frangula. Der am Bahngeleise sich hinziehende Nadelwald enthält nicht weit vom Bahnwärterhaus eine Felsenkammer der jüngeren Steinzeit. Der von ONO nach WSW gerichtete Steingang ist 8,20 m lang und wird von vier Decksteinen auf dreizehn Tragsteinen gebildet, die in zwei parallelen Reihen mit etwa 10 cm breiten Lücken nebeneinander stehen. Die Tragsteine sind etwa 0,5:1,0:1,5 m groß, die beiden größten Decksteine 1:2:3 und 1,2:2,0:2,5 m. Es ist heller und roter Granit. Der erste Deckstein, von W an gezählt, ist stark grubig angewittert, mit großflächigen roten Feldspatkristallen zwischen den Gruben. Er hat oben eine schüsselförmige Vertiefung. Der zweite und größte Deckstein ist wenig angewittert, fast glatt, aber ohne Schliffflächen und zeigt auf seiner runden Oberfläche ein Abplatzen von 2 Zoll dicken rundlichen Schalenstücken; oben trägt er einen eigenartigen zapfenförmigen Vorsprung von etwa 50:3:13 cm. Die

Unterseite ist flach konkav mit scharfem Rand. Der Verwitterungszustand der übrigen Granitblöcke ist sehr verschieden; ein Tragstein ist kreuz und quer von anscheinend durchgehenden Sprüngen durchsetzt. Das Grab ist in der flach muldenförmigen Vertiefung eines sandigen Hügels angelegt; der Rand des Hügels liegt mit den Decksteinen in gleichem Niveau. Eine Reihe im Boden steckender, großer Blöcke bildet einen spitzen Winkel mit dem Grabgang, und ein unregelmäßiger Kreis aus kleineren Blöcken umgibt die Felsenkammer in der Nähe des Hügelrandes. Auf der Sohle des Grabganges liegen einige kleinere und größere Blöcke, die jedoch nur wenige Zentimeter aus dem Boden aufragen.

Dem Felsengrab gegenüber, nördlich vom Beidendorfer Wege liegt eine bogenförmige Waldinsel, deren nordöstlicher Teil Nadelwald ist; der sich anschließende, nach SW gerichtete Waldteil, ist Laubholz über grasigem Boden (Tonmergel).

d) Der moosig-grasfilzige Kiefernhochwald im Süden des Beidendorfer Sees hat Eichengebüsch-Unterholz.

Der südwestliche Teil ist flachkuppige bewachsene Düne, die zum Teil unter lockerem Rasen verschiedener Dünengräser liegt; der Wind hat einige Kuppen angeschnitten und flache Mulden ausgeblasen, in denen das nahe Grundwasser eine Sumpfbvegetation hervorruft. (Fig. 21 und Tafel 40).

5. Die Torfwiesenmulde des Klempauer Moors.

Eine moorige Niederungswiese über krümeligem Fasertorf zieht sich kilometerbreit vom Beidendorfer See bis zu dem Hügelsporn, auf dem Hornstorf liegt (Tafel 39). Der hohe Damm der Lübecker Bahn trennt einen kleineren östlichen Teil von dem größeren westlichen ab. Dieser letztere ist durch Düngung in eine ertragreiche Gramineenwiese verwandelt worden. Der ansteigende Rand der Mulde ist an der Nord- und Südseite eine Süßgrasrieselwiese mit einer unterbrochenen Laubgebüsch-Umrahmung, namentlich gegen Westen, wo eine lehmige Bodenschwelle beginnt, aus Eichen, Birken, Ebereschen und Erlen. —

Der kleinere östliche Teil der Torfwiesen-Mulde ist Dauerweide mit Schilfwuchs an den Gräben (Glyceria und Phragmites), mit Binsenbüscheln und Krautwuchs aus Chenopodiaceen, Polygonaceen und Kompositen (Bidens, Tanacetum, Cirsium, Artemisia, Lappa, Tragopogon, Cichorium, Solidago, vor allem aber Carduus). Eine Gramineen-Mähwiese ist die Dammwiese, die als schmaler Streifen zwischen Dorf Klempau und dem Vorwerk Klempau in südwestlich-nördlicher Richtung bis zum Klempauer Moor sich erstreckt.

6. Die Torfwiesen-Mulde der Grönau.

Diese flache, torfgründige Mulde ist eine alte Kulturwiese zu beiden Seiten der Grönau, die sich von Hornstorf bis Gr. Grönau erstreckt und bei Gewitterregen im Bereich der Bachufer überschwemmt ist. Eine Gebüsch-Umrandung beschränkt sich auf wenige Erlen- und Weidenbüsche. Vor Grönau steht sie in Verbindung mit der Senke des Abflußgrabens aus dem Tüschenbeker Teich, einer flachen Kulturwiesensenke mit Hügelhangstufe.

7. Der Tüschenbeker See.

Er ist ein Waldsteilhang-Rinnensee mit Laubgebüsch-Bruch-Ufer und schmalem, unterbrochenem Schilfsaum. Im Süden schließt sich eine verlandete Sauergras-Wiesensohle an mit einem Abflußbach, der von Laubgebüsch-Bruch umgeben ist. Das Niveau des Seespiegels liegt 1,9 m tiefer als das des Blankensees und 4,2 m höher als der Spiegel des Ratzeburger Sees. Der Tüschenbeker See ließe sich also bei seiner Tiefe von 6,8 m nicht ganz durch einen Abflußgraben trockenlegen, wie etwa der Mechower See.

8. Die Knickfelder-Lehmhügelzüge (Fig. 23).

Zwischen der Grönau und dem Blankensee sind dem sandig-tonigen Kulturflachland ostnordöstlich-westsüdwestlich gestreckte Hügelzüge

Fig. 23.
Knickfelder-Lehmhügelzüge bei Blankensee.
a = Tüschenbeker Mühle vor Blankensee; b = Feldhang; c = Sauergras-Wiesensenke d = Knickwälle.

aufgesetzt. Nach N ist diese Hügelgruppe, gekrönt von der weithin sichtbaren Tüschenbeker Windmühle, steil geböscht; es muß aber zweifelhaft bleiben, ob diese Steilböschung die ursprüngliche Form ist; denn im allgemeinen sind Nord- und Südböschung dieser gestreckten Hügel zwar etwas konvex, aber ziemlich sanft abfallend, während die Ost- oder Westflanke steiler geböscht ist. Die Form ist also schweinsrückenähnlich und auch von Geheimrat Gagel so bezeichnet worden. Der Kamm der Hügel geht über die 30 m-Höhenlinie etwas hinaus, die Senken zwischen den Hängen nicht unter 20 m herunter. Da der höchste Punkt der Hügelkämme bald in O, bald im W liegt, entwässern auch die zwischen den Längsflanken liegenden Senken nach verschiedenen Seiten oder werden durch einen quer verlaufenden Hügel abflußlos. Die Hauptentwässerung erfolgt nach W und SW in das Klempauer Moor. Südlich Blankensee tritt in einem schmalen Quellhorizont an einem Hügelhang Grundwasser aus, wodurch ein hängender Sauergraswiesen-Streifen mit Binsenbüscheln gebildet worden ist. Ein lang gestreckter, nach SW in die Niederung der Grönau vordringender Hügelsporn trägt in Hügelrückenlage und zerstreuter Anlage die bäuerliche Kleinsiedlung Hornstorf. Nordöstlich davon liegen zwei Hügelgräber der Bronzezeit. —

Zwischen Blankensee und Hornstorf ist zwischen die gestreckten Rücken ein breitflächiger Buckel eingefügt, der auf lehmigem Boden reiche Kornernten liefert. Er fällt ziemlich steil zur Hornstorf-Klempauer Moorniederung ab.

Nach O zur Grönau hin, fallen die knickgefelderten Lehmhügel sanft ab, an ihrem Fuß zieht eine unterbrochene Reihe von Weidenbüschen hin gegen Gr. Grönau, während auf dem Kamm eine Reihe freistehender, hoher Eichbäume mit runden Kronen weithin sichtbar ist.

9. Süßgraswiesenmulden mit sandig-tonigem Boden. (Landschaftskundliche Karte, Tafel 40)

Zwischen Blankensee und Gr. Grönau sind zwischen die Knickfelder-Lehmhügelzüge sechs größere sandig-tonige Wiesenmulden eingesenkt, die bei reichlicher Düngung mit Thomasmehl und Kainit Süßgräser mit Wiesenklee (Trifol. pratense) hervorbringen, sich aber bei ungenügender Düngung infolge des nahen Grundwasserstandes mit Sauergräsern bedecken, zu denen sich Moose gesellen. In Beziehung zu dem 8. Landschaftsteil müssen diese Wiesenmulden als Landschaftsteile zweiter Ordnung bezeichnet werden.

10. Die Torfwiesenmulde der Wakenitz mit dem Kammerbruch (Fig. 21).

Diese Niederung setzt sich nach N über die Grenze des Gebietes fort und geht nach S in den Wiesenflachhang des nördlichen Ratzeburger Sees über. Gegen O wird sie begrenzt durch einen knickgefelderten Hügelhang, im Westen durch einen wenig gegliederten Feldflachhang mit zwei Kiefernschlägen, einen im Süden und einen gegenüber der Einmündung des Schattiner Baches in die Wakenitz. Wo der Rand der Niederung in den begrenzenden Feldhang im W übergeht zieht sich ein breiter Laubgebüschstreifen von S nach N am Rande der Niederung hin. Diese selbst ist eine grabendurchsetzte Bruchwald-Niederung, aus welcher sich grüne Wiesenflächen, von Buschreihen umrahmt, abheben. Nach Boden und Pflanzendecke lassen sich vier Landschaftsteile zweiter Ordnung abgliedern.

a) Eine kalkgründige Niederungswiese (Tafel 40). Sie reicht vom Nordufer des R. S. bis zum Südende des Kammerbruchs, wo dessen Laubgebüsch beginnt. Sie ist durch parallele Gräben in schmale Streifen gegliedert, die sich vom Ostrande bis zur Wakenitz ziehen. Über diese greift die Niederungswiese mit kalkgründigem Boden hinüber, am Westufer einen Bruchwaldstreifen aus Erlen und Weiden bildend (Fig. 21).

b) Der Kammerbruch, in seinem zentralen Teile ein unzugängliches, schwimmendes Magnocaricetum-Torfmoor, das allmählich verlandet, schließt sich nördlich an, durchflossen vom Schattiner Bach. Da von N her ein sandig-toniger Flachhang in den Kammerbruch eindringt, wird der Wiesenuferstreifen mit Erlen- und Weidenbruch am Ostufer der Wakenitz vom Kammerbruch getrennt.

c) Die Weidenbruchniederung; sie bildet das nördliche Westufer der Wakenitz und unterscheidet sich vom Erlenbruch des Ostufers durch Vorherrschen von Betula, Salix und Populus tremula. Es erfreut das Auge im Frühling durch leuchtende, hellgrüne, graugrüne und rotbunte Farben, die sich vom Dunkel des Erlenbruchs am östlichen Ufer vorteilhaft abheben. Am ansteigenden Hang im Westen geht eine tiefgelegene Erlenbruchrandwiese in Kulturland über, das die Begrenzung gegen die Weidenniederung bildet.

d) Das Erlenbruch-Flachufer des Ratzeburger Sees. Es stellt das Übergangsgebiet von der Wakenitzniederung zum Wiesenflachufer des Sees dar. Es reicht von der Mündung des Tüschenbeker Baches bis Rotenhusen (Fig. 20). Es ist eine, von S nach N allmählich sich verbreiternde Binsenbüschel-Sumpfwiese, die, nach W ansteigend, in feinfädigen Trockengrasrasen auf Feinsandboden übergeht. Dementsprechend folgt hier auf eine Sumpfwiesenflora mit Orchis, Lychnis, Cardamine, Rhinanthus, Ajuga, Juncus, Equisetum, Eriophorum, Comarum, Carex, eine Trockengrasflora mit Saxifraga und Cynoglossum.

11. Die lehmigen und feinsandig-tonigen Bodenschwellen. (Vgl. Tafel 40.)

Das Lübecker Becken ist, wie die landschaftskundliche Karte zeigt, in zum Teil streifenförmiger Anordnung umschlossen von sandig-lehmigen Bodenschwellen und in verzahnter Anordnung von solchen durchsetzt. Die ersteren bilden den Fuß der sich im S und O erhebenden Hügelgebiete (a, a, b, d, d auf Tafel 40!), die letzteren (c, c) dringen als flache Schwellen von N her in das Lübecker Becken ein. Von diesen sechs Landschaftsteilen zweiter Ordnung sind zwei (a) lehmig, die anderen feinsandig-tonig und zum Teil steinfrei. Die Pflanzendecke besteht aus Getreide, Kohl und Kartoffeln, und die Felder grenzen zuweilen mit einem Wiesenstreifen an die Niederung.

a) Die lehmige Bodenschwelle von Dorf Klempau. Sie ist ein breiter Feldhügel, der den Winkel zwischen der Dammwiese (Fig 21) und dem Westrande der Klempauer Moorniederung ausfüllt, zuletzt in Kultur genommen wurde und noch nicht knickteilig gefeldert ist. Sie enthält als Landschaftsteile dritter Ordnung einen Nadelwald, zwei Niederungswiesen und zwei Weidenbuschtümpel mit Schilfsaum (Sölle) und vermoortem Grunde, welche dem sandig-tonigen Kulturflachlande fehlen; zu diesem Teil der Bodenschwelle von Dorf Klempau, der einen Landschaftsteil zweiter Ordnung bildet, gehört ein zweiter um Dorf Klempau, südwestlich von der Dammwiese, der sich von dem ersteren durch Knickfelderung unterscheidet.

b) Die lehmige Bodenwelle beim Vorwerk Klempau. Vom Südende der Dammwiese bis zum Eintritt des Auebaches in die Klempauer Niederung zieht sich ein 400 m breiter, nach SO sanft ansteigender Kulturflachlandstreifen hin, der im SW aus breiten Feldstücken gebildetes fruchtbares Getreideland ist, nach NO hin in kleinere rechteckige Feldstücke mit verschiedener Pflanzendecke übergeht. Davon springt eine Feldinsel ins Klempauer Moor vor. Einige Schilftümpel mit Weidenbusch sind auch auf dieser Bodenschwelle vorhanden.

c) Die steinfreie, tonige Kulturbodenschwelle von Tüschenbek. Sie ist in Form eines rechtwinkligen Dreiecks mit der Hypothenuse gegen die Grönau gelagert und streckt einen 600 m langen und nur 130 m breiten Rücken in die Torfwiesen-Muldensenke der Grönau nach N vor.

d) Die steinfrei feinsandig-tonige Kulturbodenschwelle von Gr. Grönau (c auf Tafel 40). Sie ist im N steil nach W und ganz flach nach O geböscht und fällt im Südzipfel beiderseits steil ab zum Tüschenbeker Teich und zum Erlenbruchufer des Ratzeburger Sees. Auf dem Kamm der Schwelle zieht die Straße von Gr. Grönau nach Ratzeburg. Der Kirchturm des als Straßendorf angelegten Kirchdorfes Gr. Grönau ist fast genau auf der Nordgrenze des Blattes gelegen und ein wichtiger Orientierungspunkt in der Landschaft, da er weithin sichtbar ist.

Die Schwelle trägt als Landschaftsteile niederer Ordnung zwei größere Schilftümpel mit Weidenbüschen und zwei Nadelwäldchen von 250:100 und 100:50 m Ausdehnung. Das letztere bedeckt im Süden den Flachhang unweit des Seeufers.

e) Die steinfreie, feinsandig-tonige Kulturland-Schwelle von Lenschow. Sie hat die Form einer Zunge, welche, sich nach S verschmälernd, in die Wakenitz-Niederung vordringt. Nach O dacht sie sich etwas flacher als nach W ab und enthält auf dem Flachhang beiderseits einen Schilftümpel mit Weidenbusch in der Kulturlandschaft.

f) Der sandig-kiesige Knickfelder-Flachhang. Er stellt die Ostumrandung der Wakenitz-Niederung dar und endet gegen Osten an der Isohypse 20 m, die von Utecht bis zum Nordrande des Blattes ziemlich gradlinig verläuft (d auf Tafel 40). Landschaftlich wird der Flachhang mit dem sandig-tonigen Kulturflachlande, also der ersten Teillandschaft des Gebiets dadurch verbunden, daß östlich von der Isohypse 20 m das tonige Knickfelder-Hügelland (VI. Teillandschaft) ziemlich steil ansteigt (Tafel 39). Bodenkundlich unterscheidet sich dieser Flachhang von den anderen Bodenschwellen, da er zwar hie und da sandig-tonige Decken aus gleichen morphogenetischen Gründen aufweist wie das ganze Lübecker Becken, aber[1]) andererseits als Abrasionsterrasse vorwiegend kiesig-lehmig ist. Diese Terrasse liegt im gleichem Niveau mit der vertorften Terrasse am Hochufer des R. S. im SO.

Der knickgefelderte Flachhang ist nach N zu verbreitert und tritt hier fast bis an das Ufer des Schattiner Baches heran (Tafel 39), das hier nur eine schmale Niederungswiese bildet. Außer einer flachen Süßgraswiesen-Mulde und einem flachen Wasserriß mit schmaler Bachsohle sind keine Landschaftsteile niederer Ordnung vorhanden.

[1]) Nach C. Gagel, Erläuterungen S. 48.

B. Der Waldsteilhang-Rinnensee.

(Großer Ratzeburger See.)

Der 9 km lange und 1 bis 2 km breite See, zwischen 30 bis 50 m hoch aufragende steile Uferhöhen bis auf ein Niveau von 4,5 m über NN. eingesenkt, gehört mit seinen prachtvollen Buchenwaldhängen, den Bruchwaldstreifen und Wiesenufern zu den reizvollsten Landschaften des norddeutschen Flachlandes. Auf seinem Spiegel schimmern im Frühsommer alle Schattierungen von Grün und im Herbst das Rotbunt der Wälder und das Braungold des Uferschilfs. Lieblich und anmutig ist er durch die Klarheit seines Wassers und den oft unbewegten Spiegel, aber auch eindrucksvoll, wenn ein Gewittersturm seine Tiefen aufwühlt, oder wenn im Winter eine Decke glitzernden Eises die verschneiten Uferhänge verbindet.

Fährt man auf der Wakenitz, dem Abfluß des Sees nach N zur Trave, in südlichem Kurs in den Ratzeburger See, so erblickt man als Fortsetzung des nördlichen Flachlandes einen schmalen Flachuferstreifen mit einem zum Teil hochwaldbedeckten Steiluferhang darüber. Die kilometerbreite Wasserfläche hat bis zur 9 km entfernten Stadt Ratzeburg weder Inselbildung noch Schwimmpflanzenvegetation, da Flachboden nur in Ufernähe vorhanden ist. Sehr charakteristisch springen zwei Halbinselbildungen im Süden in den See vor, diejenige, auf welcher Ratzeburg liegt und der Schwalkenberg, Ratzeburg gegenüber am Ostufer. Dieser ist ein 15 m hoher, sandig-kiesiger, mit kurzem Rasen bedeckter Kegel, der Eichbäume und verkümmertes Weidengebüsch trägt. Die Landschaft gliedert sich in die Seefläche, den sandig-tonigen Wiesenflachhang, den sandig-tonigen Waldsteilhang, die humos-sandig-tonige Uferwiese und den sumpfigen Uferbruchwald.

1. Die Seefläche.

Von N her scheint der See zunächst in nordnordöstlich-südsüdwestlicher Richtung sich erstrecken zu wollen, wendet sich aber dann nach einer buchtartigen Verbreiterung am Westufer in einem Bogen zurück, dessen letzter Teil bei Buchholz südsüdöstliche Richtung hat. Diesem nördlichen Bogen, der die größere Hälfte des Sees einnimmt, entspricht ein ähnlicher südlicher mit einer etwas flacheren Ausbuchtung gegen W. An diesen schließt sich ein dritter Bogen, der die Halbinsel der Stadt Ratzeburg umfaßt, eine Ausbuchtung gegen O hat und am Königsdamm endet, der die ursprüngliche Insel, auf der Ratzeburg liegt, mit dem Ostufer verbindet. Weder Inseln noch Schwimmpflanzendecke unterbrechen die selten bewegte Wasserfläche, deren schmaler Flachwasserstreifen (Schelf) nur bei Utecht und vor der Bäkmündung einen breiteren Schilfsaum aufweist, während sich in der westlichen Ausbuchtung der nördlichen Seehälfte ein zwar geschlossener aber schmaler Schilfkranz am Wiesenflachufer entlangzieht. Das Wasser ist von großer Klarheit, und bei sonnigem Wetter gewährt der blaue Spiegel des Sees einen freundlichen Anblick. Das Wasser der Oberfläche ist nur in langsamer Bewegung nach N (etwa $^1/_{10}$ sm).

2. Der Waldsteilhang.

a) Am Westufer. Von St. Georgsberg bis 800 m südlich von Buchholz trägt der Steiluferhang einen Buchenwald mit wechselndem Laubgebüschunterholz über einer Laubdecke und zerstreuten Grasflächen. An drei Stellen hat der Waldsteilhang eine Lücke (vergl. die landschkdl. Karte!) gegenüber dem Schwalkenberg, bei Einhaus und 0,8 km südlich von Buchholz. Dort durchschneiden drei Wasserrisse den Steilhang. Gegenüber dem Schwalkenberg ist es eine Gebüschschlucht mit spärlichem Wasserlauf. Bei Einhaus durchbricht eine Schlucht mit Bachschnellen den stark gelichteten Waldsteilhang, und südlich von Buchholz münden drei Bachschluchten in ein Bachwiesental, das sich beim Ausgange in den See trichterförmig verengt. Darauf folgt ein Knickfelder-Steilhang, um Buchholz wieder ein breiter Waldsteilhang, dann bis Pogeez ein knickgefelderter Kulturhang. Von Pogeez bis zur Einmündung des Pogeezer Baches ist das Hochufer ein nur wenig gegliederter Feldhang; dann senkt sich das Hochufer, und es folgt auf einen knickgefelderten Flachhang ein Wiesenflachhang, dann ein Siedlungsgartenhang, ein Feldhang, ein Wiesenhang von je 0,5 km Länge und ein Mischwaldhang. Dann ist das niedrige Hügelgelände 1 km lang von Nadelwald mit einzelnen Laubbäumen bedeckt.

b) Am Ostufer. Vom Königsdamm bis Römnitz ist der Waldsteilhang stark zerschluchtet und geht nach O in die Kulturhochfläche über. Zwischen Bäkschlucht und Königsdamm ist dem Buchenwaldsteilhang eine Torfacker-Hochterrasse mit Erlenbruchrandgraben und einzelnen Kopfweiden vorgelagert; ihr Gartenhang mit moorigem Boden fällt zum Sumpfwiesen-Flachufer sanft ab. Bachschluchten als Landschaftsteile zweiter Ordnung zerschneiden die Terrasse, welche als Landschaftsteile dritter Ordnung einen Schlammtümpel mit Weidenbusch und ferner Weidenbusch- und Erlenbruchgräben enthält, welche dieTerrasse in Feldstücke gliedern. Ein Teil der Terrasse ist eine von Schilf umrandete Sauergras-Torfwiese (Fig. 19). Nördlich vom Abrahamsberg (zwischen Bäkschlucht und Königsdamm) haben Abrutschmassen in einer Bachschlucht eine Erlenbruchsohle gebildet, die mit Schilfstreifen durchsetzt ist. Der Bachlauf, welcher aus der Schlucht kommt, durchschneidet die Erlenbruchsohle.

Einen Kilometer nördlich vom Königsdamm durchbricht die Bäkschlucht den Waldsteilhang als Buchenwald-Sohlenschlucht. Ihre Erlenbruch-Bachsohle ist von Grundwasserrinnsalen durchfurcht, die Eisenockerbildung zeigen und Erlensumpfinseln umfließen, in denen das satte Grün und Gelb der Sumpfdotterblume (Caltha palustris) und die zarten Glocken der Buschwindröschen (Anemone nemorosa) den Einzug des Frühlings feiern, wenn auf den windigen Hochflächen von Bäk und Römnitz noch die Schneeflocken spielen. Der Bäk überwindet fünf Querstufen, hinter denen heute noch zwei von Laubwald umgebene Teiche aufgestaut sind, in Schnellen; drei ehemalige Teichböden sind heute Binsenbüschel-Sauergraswiesen.

Kurz vor Römnitz liegen hinter dem das Seeufer bildenden Waldsteilhang tiefe, vermoorte, abflußlose Waldkessel, deren Wassertümpel von einem Dickicht aus Weidengebüsch und Schilf umgeben sind; auch dichtstehende niedrige Fichten hindern die Annäherung an das grün schillernde, schlammige Wasser des Tümpels.

Bei Römnitz ist der Waldsteilhang durch einen Feldsteilhang unterbrochen, an dessen Fluß ein sumpfiger Sauergras-Wiesenstreifen entlang zieht und den kleinen Kegel des Schwalkenberges wie einen Inselberg vom Uferhang trennt. Darauf folgt weiter nördlich ein durch Bachläufe und Grundwasserfurchung tief zerschluchteter Waldsteilhang, auf dessen tiefgründigem Moderboden ein Sumpfwaldflora gedeiht mit Glyceria nemoralis, Arum, Asarum, Actaea spicata und Equisetum maximum. Die Grundwasserfurchung hat hier ebenfalls Abrutschung eines 8 m hohen und 5 m breiten Hangstücks herbeigeführt. Auf den S t e i n o r t folgt ein Wiesensteilhang mit dem Forsthaus Kalkhütte, an den sich sogleich der Waldsteilhang des S e e b r u c h s anschließt.

Der Waldsteilhang ist hier moosig-grasig mit einem Kiefernschlag am Steilabfall zum Erlenbruchufer und Laubgebüsch am östlichen Waldrande. Einzelne kleine Fichtenschläge sind in den Laubwald eingefügt. Der Waldhang endet bei Hoheleuchte und geht in einen flacher geböschten Feld- und Wiesenhang über, der sehr feinsandig ist und 400 m von Hoheleuchte entfernt von einer engen Bachschlucht mit gewaltigen Steinblöcken durchschnitten wird. Die Uferterrasse ist bis über Utecht hinaus Wiesen- und Feldhang; letzterer ist knickteilig gefeldert und hat in einer grasigen Senke einen Tümpel mit Busch- und Kopfweiden.

Auf den erwähnten Bachgraben bei Hoheleuchte folgt ein Laubhochwald von 300 m Länge, dann Getreidefelder mit Kopfweiden- und Erlenrandgraben; das Knickgebüsch besteht aus Haseln, Rüstern, Eschen und Bruchweiden.

Nördlich von Campow wird das Ufer ein Feld- und Wiesenflachlang, und am See zieht sich bis Utecht ein Sandstrand hin mit einzelnen großen Blöcken. Im Dorfe Campow ist die Grundmoräne steiler zum Strande geböscht, trägt oben Gärten mit Sommerlauben, und der Strand ist nach Utecht zu ein sumpfiger Erlenbruch unterhalb der mit Laubwald und Laubgebüsch über Grasboden bedeckten Terrasse, die an die Vorgärten der Bauernhäuser grenzt.

Zwischen Utecht und dem See liegt ein Wiesenflachufer.

3. Der Wiesenflachhang.

a) Am Westufer. Von St. Georgsberg bis zur ersten Bachschlucht zieht sich am Fuß des Waldsteilhanges ein Weidenbruch-Wiesenhang hin; darauf folgt ein Erlenbruch-Sauergraswiesenhang, der von Buchholz bis Pogeez mit Busch- und Kopfweiden durchsetzt ist. Bei Pogeez beginnt eine 1 km lange Kümmergrastrift; wo sie endet, zieht eine grasige Trockenrinne mit deutlichem Stufenrand durch Weidenbruchgebüsch zum Seeufer herab. Von hier ab wechseln Feld- und Wiesenflachhang, der mit dem Wechsel von Ton und Sand bald Kümmergrastrift, bald Gramineen-Mähwiese ist, bis zur Wakenitz-Niederung.

b) Am Ostufer. Der Flachhang ist am Ostufer reicher gegliedert als am Westufer. Vom Königsdamm bis Römnitz ist der Flachhang bald bedeckt mit Sauergras- und Torfwiesen, bald mit Gärten und mit Weiden- oder Erlenbruch. Den Schwalkenberg umgibt ein Wiesenflachhang. Von Römnitz bis Kalkhütte geht der Wiesenhang allmählich in einen Weiden-Erlenbruch- und Schilfssumpf über, der den Waldsteilhang im Steinort begleitet. Im Seebruch ist der Flachhang ein Erlen- und Grasbruch mit Sumpfgräsern um kleine Wassertümpel. Von Campow ab ist der Wiesenhang nur sehr schmal und trägt bei Campow Ebereschen, Eschen, Rüstern, Weißdorn, Haselbüsche und Zitterpappeln. Epheugerank ziert hier Rüstern, Eschen und Weißdorn, aber nicht Populus tremula[1]). Auf die krautige Kulturwiese mit

[1]) Es sind junge Bäume mit glatter Rinde; an älteren Stämmen mit Streifenborke ist oft Epheubewachsung vorhanden, z. B. in den Utechter Bachschluchten.

einer Riesenulme bei Campow folgen nach Utecht und darüber hinaus Feld- und Wiesenhänge mit Kopfweiden im Wechsel.

4. Die Uferwiese.

Fast am ganzen Ostufer vom Königsdamm über Römnitz bis nach Utecht fehlt die eigentliche Uferwiese; der Flachhang am Fuße des Waldsteilhanges geht unmittelbar in das Bruchufer über, wo Ufergebüsch aus Weiden und Erlen mit Schilfwuchs den sumpfigen Boden bedecken oder direkt im seichten Wasser stehen.

Anders entwickelt ist die Westseite; hier folgt auf den Flachhang eine vollkommen ebene Uferwiese, die durch Abschlemmassen mehr oder weniger tonig, immer aber gleichzeitig humos-sandig ist. Die Stelle mit Wiesenkalk über Torfgrund 1 km nördlich von Buchholz wurde bereits erwähnt. Die Sauergras-Uferwiese ist von verschiedener Breite und schließt gegen den See mit einem Schilfgürtel ab, der vielfach unterbrochen ist. Der Sauergrasrasen mit Krautwuchs von großer Üppigkeit ist am ganzen Westufer eine Mähwiese über Torfgrund. Bei Gr. Sarau beginnt eine Sumpfwiese auf Sandgrund, in welcher die breitblättrigen Cariceten gegenüber den schmalblättrigenArten zurücktreten und eine blumenreiche Sumpfwiese aus wasserliebenden Phanerogamen allmählich in die Kümmergrastrift des feinsandigen Flachhanges übergeht.

5. Der Uferbruchwald.

Sowohl der Waldsteilhang, wie auch der Flachhang am Ratzeburger See zeigen zum Teil die Formation eines Bruchwaldes, da an vielen Stellen ein Quellenhorizont in Erscheinung tritt, besonders auf dem Flachhang am Westufer zwischen St. Georgsberg und Buchholz und auf dem Waldsteilhang im Steinort. Aber es sind immer nur die Stellen um den Grundwasseraustritt, die bruchartige Beschaffenheit besitzen. Ein ausgeprägter Bruchwald, wenn auch nur als schmaler Uferstreifen entwickelt[1]), begleitet den Waldsteilhang im Seebruch und den etwas flacheren Hang von Campow ab. Im Steinort ist der Waldsteilhang durch eine Stufe, die durch Quellbäche in schmalen und metertiefen Rinnen zerfurcht wird, vom ebenen Bruchwaldufer abgesetzt. Der Sumpfbruchwald mit Erlen und Weiden, mit reichem Kraut- und Graswuchs zwischen schwarzen Moortümpeln, liegt kaum ein halbes Meter über dem Niveau des Seespiegels und die Schilfinseln des Bruchwaldes gehen in den Schilfsaum des Sees über.

---

[1]) Wesentlich umfangreicher u. von besonderer Eigenart durch Grundwasserfurchung auf der Terrasse am Westufer des Küchensees südl. v. Ratzeburg.

Der Bruchwald, welcher beim Dorfe Campow den schmalen Ufersaum bedeckt, ist viel weniger abwechslungsreich. Gleichmäßiger hoher Graswuchs bedeckt den sumpfigen Boden, aus dem die armdicken Erlenstämme in Gruppen mit gleichem Abstande von Gruppe zu Gruppe sich erheben, als ob sie gepflanzt wären. Der gleichmäßig sumpfige Boden hat weder Tümpel noch Schilfinseln, modernde Äste bedecken die hindurchziehenden schmalen Fußsteige, und der ebene Bruchwaldboden setzt in scharfem Winkel gegen den lehmigen Flachhang ab. —

C. Die lehmigen Knickfelder-Hügelzüge.

Als Landschaftsteil des Lübecker Beckens (Fig. 23) traten uns bereits knickgefelderte Lehmhügelzüge zwischen Hornstorf und Blankensee entgegen, die durch Senken voneinander getrennt sind, aber auch mit konvexen Hängen, einen trockenen Raumwinkel bildend, zusammenstoßen; die ferner mit steiler Böschung auftauchen, um bald flach abzusinken, also eine relativ geringe Länge aufweisen, und endlich war die sinkende Kammlinie wiederholt nach entgegengesetzten Seiten gerichtet. In diesen wesentlichen Zügen des Aufbaues unterscheidet sich diese im Lübecker Becken isoliert aufragende Hügelgruppe von den drei langgestreckten Hügelzügen, die sich im ganzen parallel zu einander zwischen Tüschenbek und Behlendorf von NNO nach SSW fast 10 km weit (im östlichsten der drei Züge) erstrecken. Sie nehmen die Mitte des Westflügels der Landschaft ein, werden nach NW hin niedriger und gehen nach SO in das ebene Knickfelder-Grundmoränenflachland über. Zwischen dem östlichsten Höhenzuge (Tüschenbek-Behlendorf) und dem von Kl. Sarau liegt eine 3,5 km lange Torfwiesensenke, welche die Senke des Auebaches und den Waldkessel des Kolksees mit seiner südwestlich anschließenden Torfwiesensenke enthält. Der davon westlich liegende Teil des Hügelrückengebietes wird durch zwei kurze Senken gegliedert, die von S und N her vordringen und an der lehmigen Laubwaldplatte nordwestlich von Gr. Disnack enden. Die nördliche Senke enthält einen periodisch Wasser führenden Bach. Über die Hügelrücken sind flache, humose Wiesenmulden und lehmige Laubwaldplatten in größerer Zahl verteilt, und rechtwinklig zur Richtung der Hügel schneiden sich Bachgräben und tiefe Buchenwald-Sohlenschluchten ein, so daß sich sieben verschiedene Landschaftsteile unterscheiden lassen:

1. Die drei lehmigen Knickfelderhügelzüge.
2. Die Sauergras-Torfwiesensenken.

3. Flache tonig-humose Wiesenmulden mit Tümpeln.
4. Die lehmigen Laubwaldplatten.
   a) Trockene lehmige Laubwaldhänge ohne Unterholz.
   b) Trockene lehmige Laubwaldplatte mit Laubgebüsch-Unterholz.
   c) Lehmige Laubwaldplatte mit Laubunterholz und vermoorten, flachen Tümpeln.
5. Der vertorfte Waldkessel des Kolksees.
6. Sandig-tonige Bachgräben mit Gebüsch.
7. Buchenwald-Sohlenschluchten mit humos-sandig-tonigem Boden und mit Bach.

1. Die lehmigen Knickfelder-Hügelzüge.

a) Der Tüschenbek-Behlendorfer Kulturhügelzug. Er beginnt bei Tüschenbek 0,5 km breit, durch quer laufende Knickwälle in breite Feldstücke geteilt, die meistens Getreide aufweisen, aber nach einigen Jahren in Weide gelegt werden. Je weiter der Hügelzug nach SW vordringt, desto breiter und höher wird er, im Hohen Buchberg 75,3 m; die Knickfelderung wird enger, die Feldstücke kleiner. Da das Kammprofil eine unregelmäßige Wellenlinie bildet, liegen die eingeebneten Feldstücke, die sich an beiden Seiten den Hang hinabziehen, in verschiedenem Niveau, sind durch die Knickwälle voneinander getrennt und nur zugänglich durch das Lattentor vom Feldwege aus (Fig. 22 und 24). Die Wellenform der Kammlinie ist aus der Entfernung noch gut erkennbar. Im Querprofil hat der Hügelzug an den Flanken ebenfalls eine Einbuchtung, so daß sich parallel zum Kamm eine flache Längsmulde am Hang entlang zieht. Wo der Rücken breiter hingelagert ist, sind in die Hangdelle flache Wiesenmulden ein-

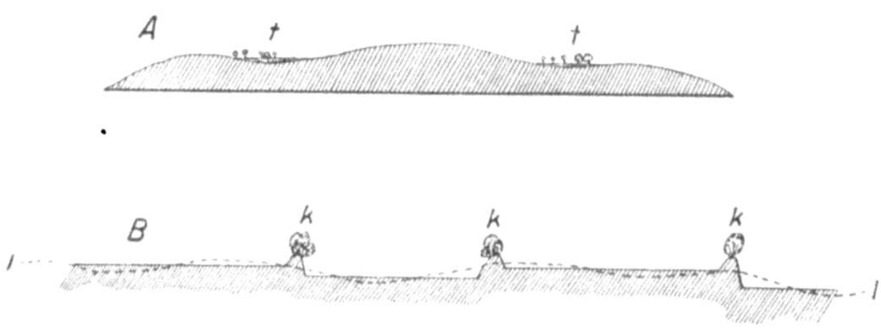

Fig. 24.
A = Querprofil eines Hügelrückens; bei t Schilftümpel mit Kopfweiden.
B = Längsprofil eines Hügelrückens; l = alte Kammlinie; wagerechte Linien = Stufenlage der Feldstücke durch Pflugbau; k = Knickwälle.

gesenkt. Der untere Hang der Feldstücke weicht bei nassem Wetter oft breiartig auf, so daß die Wagen bis zu den Achsen einsinken. Auch die Nähe desGrundwassers macht sich am unteren Hang oft bemerkbar, Binsenbüschel und Caricetum stellen sich ein, und wir haben den Tatbestand einer „hängenden“ Sauergraswiese. Dem entsprechend zieht sich zuweilen das Grabengebüsch etwas den Hang hinauf, namentlich wenn sich am Hangfuß ausgetretenes Grundwasser und Oberflächenwasser sammelt, so daß der Gebüschstreifen sich verbreitert. Diese Erscheinung ist allgemein am Westhang, wo die Senke, welche den Hügelzug begleitet, als bedeutsamer Landschaftsteil entwickelt ist, während sie am Osthang nur in Form kleinerer Wiesenmulden und -Senken auftritt.

Zwischen Groß- und Klein Disnack ist der Kamm im Klosterberg noch 70,5 m hoch und wendet sich von seiner zuletzt rein südlichen Richtung in scharfem Winkel nach SSO. An dieser Stelle ist, wie am Hohen Buchberg, die Böschung sehr steil. Bald trägt der Hügelzug hohen Buchenwald und dringt mit dieser Waldbedeckung bis zum Nordwestende des Behlendorfer Sees vor.

b) Der Knickfelderhügelzug von Klein Sarau. Er beginnt als schmaler Rücken 1 km südlich von Hornstorf am Auebach und zieht sich in gleicher Breite über Kl. Sarau in allmählichem Abfall nach SW bis in die Gegend der Müssenwiese, wo eine breite, flache Laubwaldmulde in ihn eingesenkt ist. Am Südrande dieser Waldmulde beginnt ein schmaler Rücken, der von 42,6 m Höhe in seiner südlichen Verbreiterung bis zu 45 m ansteigt. Er ist überall durch Knickwälle feldstreifig geteilt.

c) Der westliche (Klempauer) Knickfelderhügelzug. Von einer Bachwiesensenke westlich von Kl. Sarau zieht ein dritter Kulturhügelzug 3 km weit nach SW bis zur Grenze des Gebietes. Er ist ganz unregelmäßig knickteilig gefeldert, da eine Anzahl abflußloser Dellen zu umgehen sind. Einige vertiefte Gräben dienen der Entwässerung, zum Teil in einen Teich hinein; drei andere abflußlose Tümpel liegen im nördlichen Teile, und im letzten südlichen Drittel drei kleinere und eine etwas größere Laubwaldplatte. Der Hügelzug erhebt sich im Marienberg auf 31,9 m und 1 km weiter südlich auf 35,1 m. Die unregelmäßige Linienführung der flachen Hügel stört den Charakter eines einheitlichen Hügelzuges von bestimmter Richtung, den die geradlinig nach NO verlaufende Isohypse 20 m andeutet.

Die vorherrschende Richtung von NO nach SW in den charakteristischen Linien des Landschaftsbildes wird zum morphogenetischen Problem des ganzen Gebietes.

2. Die Sauergras-Torfwiesensenken.

Der östliche der drei Hügelzüge hat an seinem Osthang zwei kurze Sauergrastorfwiesensenken aufzuweisen. Etwa 250 m südsüdwestlich von Gr. Sarau, zwischen dem Rücken, auf dem die Ratzeburger Chaussee nach S zieht, und dem im W sichtbaren Hügelzuge (Fig. 22) liegt eine torfgründige Sauergraswiesenmulde (Sammelmulde) mit Kopfweiden-Bachgraben und Ackerfeldgebüschrand, die sich nach S allmählich senkt (Tafel 39 und 40), naßgründiger wird mit Weidengebüsch und sich dann über eine trocknere Wiesenschwelle hinweg, die durch Annäherung der beiderseitigen Hügelhänge sich bildete, als Mähwiesenhang, durch die Chaussee geteilt, an einer Hangstufe vorbei durch Erlen- und Weidengebüsch zum Seeufer hinabzieht. —

Eine ähnliche torfgründige Wiesensenke, aber mit Gramineenrasen und Wiesenbachentwässerung zieht westlich Buchholz, parallel mit der Lübecker Bahn nach N und geht in eine trichterförmige Wiesenbucht über, die mit sanftem Hang zum Seeufer abfällt. —

Eine zusammenhängende Reihe von torfgründigen Sauergraswiesensenken zieht am Westhang des ersten der drei Hügelzüge entlang von 1 km südlich von Hornstorf bis zur Klein Berkenthin-Ratzeburger Straße. Sie beginnt mit einer, im W von Laubwald begrenzten, torfgründigen Sauergrasmuldensenke am Hangfuß des Hellbergs. Wiesengräben teilen sie in rechteckige Streifen, die nach O von einem Knickwall umrahmt sind. Der Klein Sarauer Bach zieht an ihrem Südwestrande entlang zur Grönau. Ein Hügelsporn des Hellbergs, den die Straße nach Hornstorf benutzt, tritt bis an das Bachufer heran, so daß die Senke unterbrochen ist. Südlich davon sehen wir eine zweite rundliche Mulde, die von W den Abfluß einer Torfwiesen-Bachgrabensenke erhält und in ihr eigenes verzweigtes Grabensystem aufnimmt. Der Boden der Senke ist nach W geneigt, dort naßgründiger mit Sauergrasrasen, aber am Fuß des östlichen Hanges mit einer Süßgras-Mähwiese und einem Weidenbuschtümpel am Hangfuß. An den Wiesengräben stehen kurzstämmige Kopfweiden. Wo die beiderseitigen Hügelhänge die torfgründige Sauergraswiesensenke in charakteristischer Weise verengen (nordöstl. v. Kl. Sarau!), nimmt die Naßgründigkeit und der Laubgebüschwuchs zu und geht in einen langgestreckten Laubwaldhang über, der bis an den Bachgraben herantritt und sich 1 km weit nach S erstreckt bei einer Breite von 300 m. Die Wiese ist durch Seitengräben gut entwässert. Eine abermalige Verengerung der Senke südlich von Kl. Sarau läßt nur Raum für drei kleine Torfwiesenmulden und der Bach fließt zwischen dem östlichen und westlichen Feldhang. Er kommt aus der Müssenwiese, die sich als dritte Normalsenke (vgl. die Morphographie im analytischen Teil!) südlich anschließt und am Osthang ebenfalls von einem Laubwaldhang begleitet wird. Die Verbindung mit den Bachgräben der Senke nördlich des Gr.Disnack-Kählsdorfer Weges, die das Meßtischblatt verzeichnet, ist nicht mehr vorhanden. Der Disnacker Bach fließt am Ausgange der hier herabkommenden Schlucht nach S zum Kolkseegrunde. Allerdings liegt nördlich des Weges eine torfige Sauergraswiese, die sich nach N in zwei Streifen gabelt; der eine erstreckt sich zur Müssenwiese, der andere zu einem Walde im NW. Beide entwässern aber nach S zum Kolksee durch einen künstlich vertieften Bachgraben; die zugehörige Sauergras-Torfwiese auf der zahlreiche Kratzdisteln (Cirsium) mit ihren gelbgrünen Blütenständen auffallen, ist auf beiden Seiten von einem Buchenwaldhang begleitet, der auf der Ostseite der Senke eine kleine Waldwiese umschließt und mit dem Bartelsbusch zusammenhängt.

Der Wiesenbach zieht in 30 m Abstand am Kolksee in einem ganz flachen, fast versiegtem Bett vorbei und mündet in den westlichen Abflußgraben dieses Faulschlammteiches, der viel wasserreicher ist und oft eine Fließgeschwindigkeit von $1/2$—1 sm hat; er geht durch die Berkenthiner Torfwiesen-Mulde zum Elbtravekanal. Ein anderer Bachgraben mündet von N in den Kolksee und durchschneidet einen selbstgeschaffenen 3 m langen Schuttkegel. —

Nordwestlich von der Müssenwiese liegt zwischen dem mittleren und dem westlichsten der drei Hügelzüge ein durch ein Grabensystem entwässertes, torfgründiges Sauergraswiesenstück, von dem sich eine sandig-tonige Wiesensenke an Kl. Sarau westlich vorbei bis zur Klempauer Schmiede erstreckt. Der Wassergraben führt bei Gewittergüssen reichlich Wasser und verliert sich in trockenen Zeiten hinter dem Knickwall, der die Senke durchzieht, und der Wassertümpel bei der Schmiede ist dann ein stagnierendes Sumpfloch mit einer grünen Decke von Lemna major, minor und trisulca. Der Weg bei der Schmiede durchschneidet die Senke und diese zieht sich als schmale Weidengebüsch-Wiesenmulde über die Klempauer lehmige Bodenschwelle zur Torfwiesen-Mulde des Klempauer Moors. —

Zwei Kilometer westlich von Gr. Disnack zieht der Abfluß eines Schilftümpels durch eine grasige, sandig-tonige Ackerhangmulde an zwei anderen Tümpeln vorbei nach Süden. Diese schmale Senke ist die Fortsetzung der Senke, die sich zur Klempauer Schmiede hinzieht und beide würden ohne die dazwischen liegende Laubwaldplatte bezüglich der Struktur der Landschaft der Müssenwiese und den nördlich und südlich sich anschließenden Senken entsprechen.

3. Flache, tonig-humose Wiesenmulden mit Tümpeln.

Wo der Rücken des Tüschenbek-Behlendorfer Hügelzuges sich höher erhebt und breiter wird, wird auch die erwähnte Hangmulde an manchen Stellen tiefer und breiter und nimmt rundliche Form an; es entstehen Tümpel, die mit Wasser gefüllt oder schon vermoort sind, inmitten flacher, mit tonig-humosen Abschlämmassen erfüllter Wiesenmulden, mit Schilfkranz und Weidenbusch oder einer Sumpfvegetation, unter welcher die Binsen dominieren. Manche dieser flachen Mulden bilden nur eine humose Delle im Acker, wo das Getreide verkümmert (vgl. Fig. 3). Solche Landschaftsteile finden sich an beiden Hängen über die ganze Länge des Hügelzuges verteilt[1]). Einige von größerer Ausdehnung sind Sauergraswiesen, z. B. westlich und nordwestlich des Hohen Buchbergs; auch Sauergraswiesen mit abflußlosen Weiden- und Binsentümpeln kommen vor, z. B. südlich von Gr. Disnack.

4. Die lehmigen Laubwaldplatten.

a) Trockene lehmige Laubwaldhänge. Der Osthang der großen Sauergras-Torfwiesensenke des Auebaches ist trocken, lehmig und fast ohne Unterholz; das gilt auch von den Hängen, die den Waldkessel des Kolksees umgeben. Einzelne Bachgräben gliedern diese Hänge, führen aber nur periodisch Wasser, und zwar Grundwasser, das als dünner Wasserfaden in dem weit größeren Graben herunterrieselt. Südlich des Kolksees ist ein solcher Hanggraben oben zirkusartig geschlossen; ein dünner Grundwasserfaden tritt in halber Höhe des Hanges aus und mündet unten auf dem flachen Waldboden, wo ein größerer Haufen abgeschwemmten Bodens am Ausgange des Bachgrabens aufgehäuft ist und schon dickstämmige Buchen trägt. Der Osthang am Kolksee hat einen ständig Wasser führenden Bach, dessen tiefer schmaler Graben viel Abschlämmassen mit trockenem Laub abwärts führt, so daß an verschiedenen Stellen Lattenroste eingebaut sind, um das Verstopfen des Bachgrabens bei Gewittergüssen zu verhindern. Bei trocknem Wetter sind solche lehmige Waldhänge oft vom Winde blankgefegt, da Moos und Bodenvegetation fehlen. Der lichtvolle obere Waldrand hat oft Laubgebüsch.

b) Trockene lehmige Laubwaldplatten mit Laubunterholz. Auf dem Rücken der Hügel hält sich Niederschlagswasser länger, es bildet sich Moos- und Grasvegetation mit einzelnen Kräutern und Stauden und verstreutes Laubgebüsch aus Espen, Haseln und Eber-

---

[1]) Profil Fig. 24.

eschen. Diese Formation findet sich dort, wo am Kessel des Kolksees der Steilhang in den Hügelrücken übergeht und in dem Walde, welcher zum Behlendorfer See hinabzieht.

c) Lehmige Laubwaldplatten mit Laubgebüsch-Unterholz und vermoorten flachen Tümpeln und Randgräben. Eine solche liegt zwischen dem mittleren und westlichen (Klempauer) Knickfelderhügelzug, westlich von der Müssenwiese in einer Größe von etwa einem Quadratkilometer. Sie enthält viel Unterholz, am Waldrande sehr dicht stehend, mehrere vermoorte Schilftümpel und im zentralen Teile eine abflußlose trockne Waldwanne, in deren südwestlichen Teil ein vertorfter Tümpel mit Binsen und Weidengebüsch eingesenkt ist. Auch nordöstlich davon, etwa 300 m entfernt, liegt ein solcher vertorfter Tümpel mit Ufer-Laubgebüsch und Grasbüscheln. — Auch der Teil des Bartelsbusches, welcher den Rücken des Tüschenbek-Behlendorfer Hügelzuges bedeckt, hat den gleichen Charakter, aber keine eigentlich vertorften, sondern nur vermoorte und flache Tümpel mit Grasbüscheln, Espen, Bruchweiden und Schilfbüscheln am Rande der Tümpel, die meistens in das Grabensystem des Forstes entwässern, aber stark versumpft sind. Der Laubwaldplatte des Bartelsbusches fehlen die alten Knickwälle; sie ist also wohl alte Markwaldung, hat aber in einigen Randteilen Anflugswald über ehemaligem Ackerboden.

Die Naßgründigkeit ist südlich von Gr.Disnack in einerWaldmulde sehr groß. Niedergebrochenes Holz liegt am Rande größerer Tümpel, aus denen Inseln mit dichten Büscheln von Sumpfgras aufragen, und Buschdickichte umsäumen die bei anhaltendem Regen sich stark vergrößernden Wasserflächen. Die Eichen sind hier starkstämmig und zahlreich, oft mit dichtem Efeugeranke vom Boden an bis durch die ganze Krone. Ein Stück germanischen Urwaldes, in dem nur die suhlenden Wildschweine fehlen.DieKastanienbäume an der Waldstraße passen schlecht in dieses Waldbild.

5. Der vertorfte Waldkessel des Kolksees.

Er ist in den südlichen Teil der ausgedehnten Sauergraswiesen-Senke eingefügt, nach N geöffnet und an den übrigen drei Seiten von ziemlich steilen Laubwaldhängen mit Laubgebüsch am Waldrande umgeben. Der Kolksee ist ein fast kreisrunder trüber Tümpel ohne Schwimmpflanzen, 12—14 m breit, 4—6 m tief, mit Faulschlamm über Torfgrund. An der Nord-, Ost- und Südseite ist er mit Erlenbruchwald mit zahlreichen Espen, Eschen und einzelnen hochstämmigen Eichen umgeben gleichfalls über Torfgrund, der oberflächlich zu schlammigem Moder geworden ist. Vom Kolksee ist ein Abflußgraben tief ausgehoben. der den Teich nach SW entwässert. Auf dem ausgehobenen Erdwall, neben dem Graben, wachsen Buchen von mindestens hundertfünfzigjährigem Alter. Auf einer Karte von 1729 ist aber schon dieser nach SW gehende Abfluß verzeichnet. Die Entwässerung nach N, die das Meßtischblatt angibt, ist also nicht zutreffend. Der von N einmündende Wiesenbach hat einen 3 m langen, sandig-tonigen Schuttkegel in den Teich vorgeschoben, der von Osten einmündende Waldhangbach einen etwas kleineren. Das Erlenbruchufer rutscht an mehreren Stellen in den Teich, große Uferbüsche sind an der Westseite in das Wasser gefallen, und an der Ostseite hängen Buschmassen schief über dem Wasserspiegel. Die Wassertemperatur war am 7. April 1928 vom Grunde bis zur Oberfläche $+ 6\frac{1}{2}^0$ C bei $+ 13^0$ C Lufttemperatur. Die ebene torfige Sohle des Waldkessels, in welche der verhältnismäßig tiefe Kolksee eingesenkt ist, ist in einer 0,50 m hohen Stufe vom lehmigen Waldhange abgesetzt.

Etwa 50 m nordöstlich vom Kolksee hat sich ein flacher Binsentümpel ohne Abfluß, mit Schilfrand und reichlichem Kraut- und Graswuchs auf kleinen Erhebungen, die über das Wasser ragen, neuderdings gebildet.

6. Gebüschgräben mit sandig-tonigem Boden.

Außer den bereits erwähnten Waldhang-Bachgräben ist eine Anzahl sandig-toniger Bachgräben südlich von Holstendorf vorhanden, die vom Osthang des längsten Hügelzuges dem Westufer des Ratzeburger Sees zustreben. Sie fallen in der Landschaft durch die Buschreihe auf, die aus ihnen aufragt; es sind meistens Erlen oder Weiden. Auch in den anderen Teillandschaften tritt dieser Landschaftsteil auf, ohne irgend ein anderes landschaftliches Merkmal aufzuweisen; oft sind diese Gräben versiegt und fast zugefallen oder zugepflügt, zuweilen aber auch dem Entwässerungsgraben-System der Felder künstlich eingefügt.

7. Laubwald-Sohlenschluchten mit Bach und sandig-tonigem Boden.

Vom Ost- und Westhang des östlichen Hügelzuges kommen mehr oder weniger tief eingeschnittene Laubwald-Bachschluchten herunter, die entweder nur Kerbschluchten sind oder eine sandig-tonige Bruchwaldsohle haben, in die sich der Bach eingeschnitten hat.

a) Nach O ausmündende Schluchten. Westlich Pogeez kommt aus einer Quellnische am Waldrande der Pogeezer Bach, tritt in eine sandig-tonige Wiesenmulde ein und wendet sich in einer flachen Rinne nach N, dann nach O zum Ratzeburger See. Das Bachtal ist wenig typisch entwickelt.

Aus einem Randgraben einer südwestlich von Pogeez gelegenen lehmigen Laubwaldplatte entwickelt sich ein Bachgraben, der in einer flachen, sandig-tonigen Wiesenmulde endet. Aus ihr entwickelt sich eine gewundene Bachschlucht mit Sohle, von Laubgebüsch zwischen hochstämmigen Eichen erfüllt. Sie öffnet sich auf einen Feldhang, über welchen der Bach in einerLaubwaldrinne denUferhang desSees erreicht, wo er in das Grabensystem einer sandig-tonigen Sauergraswiese eintritt, die am Seeufer torfgründig ist. — Aus den Feld-, Wiesen und Bruchwaldgräben des Dorfes Kl. Disnack entwickelt sich ein Bach, der nordöstlich des Dorfes eine Laubwaldplatte in gewundenem Laufe durchfließt, um zwei kurze Bachschluchten zu bilden, die durch eine von N einmündende Bachrinne von einander getrennt sind, dort, wo der südliche Steilhang der Bachschlucht fehlt, d. h. in einen Flachhang übergegangen ist. Die Bachschlucht läuft aus in einen flachen Sauergraswiesen-Bachgraben, der in das System der Uferwiesengräben eingefügt ist.

Das Feldgrabensystem ist teilweise mit dem Bach der Sohlenschlucht verbunden, zum Teil entwässert es selbständig direkt nach O zum Ratzeburger See.

b) Nach W. gerichtete Laubwald-Sohlenschluchten. Ein typischer Landschaftsteil ist die Bachschlucht von Gr. Disnack und etwas anders gebaut die im südwestlichen Bartelsbusch.

Nordöstlich von Gr. Disnack (Fig. 13) durchfließt ein Quellbach eine flache lehmige Wiesenmulde und nimmt im Dorfe den Abfluß eines stagnierenden Tümpels auf, der nur gelegentlich etwas Zufluß aus Ackergräben östlich des Dorfes empfängt. Noch im Dorfe, westlich der Straße, schneidet sich der Bach ein und bildet eine breite Buchenwaldschlucht, in welcher der Bach zu 2—3 m breiten Tümpeln sich erweitert, die durch kurze Grabenstücke verbunden sind, offenbar durch menschliche Einwirkung. Eine ungestörte Naturform ist aber die Erlenbruch-Sohlenschlucht, die sich, nachdem der Bach mäandrierend einen lehmigen Wiesenflachhang überwunden hat, unmittelbar anschließt (Fig. 11). Die etwas verbreiterte Bachschlucht hat einen nördlichen Flachhang und einen südlichen Steilhang, so daß die humos-sandig-tonige Erlenbruchsohle nach S geneigt ist und der Bach seine Mäander näher dem Steilhang ausgebildet hat; die quer gerichteten Sohlenleisten sind außerordentlich lang und gestreckt. Starkstämmige Erlen stehen in Gruppen am Ende der Sohlenleisten, ihr Wurzelwerk hängt frei in den Bachgraben. —

Diese Erlenbruch-Sohlenschlucht hat an den Hängen und auf der Sohle zwischen starken Erlen, Espen und Ahorn zahlreiche, infolge der Beschattung dünn aufgeschossene Stämmchen von Haseln, Erlen, Eschen und Eichen. Von den Lehmhängen der Schlucht, die, soweit die Erlenbruchsohle reicht, in gleichem Niveau liegt und bei starken Gewittergüssen mit Wasser von Hang zu Hang gefüllt ist, sind an mehreren Stellen Bodenmassen in die Bachsohle gerutscht. Starke Stämme stehen senkrecht auf dieser Abrutschfläche und bilden erst in 1 oder 1 ½ m Höhe einen stumpfen Winkel, um senkrecht zum Lichte emporzustreben. —

Die Erlenbruch-Sohlenschlucht geht in eine Kerbschlucht mit geringen Anfängen von Sohlenbildung über. Die Erosionskurve senkt sich hier, das Gefälle wird größer. Die Steilhänge der Schlucht sind beiderseits gleich geböscht und gestreckt. Der letzte Teil der Bachschlucht hängt, und der Bach überwindet die Stufe bis zur Sohle der Wiesensenke in einigen kurzen Schnellen durch ein Gewirr von Büschen mit unterspülten Wurzelballen umgestürzter Bäume und einem üppigen Rasen leuchtend grüner, das Wasser liebender Pflanzen. Einen kleinen sandig-tonigen Schuttkegel hat der Bach in die Sauergraswiesensenke hinausgebaut.

Diese nimmt zwei Kilometer weiter nach SSW die Laubwald-Bachschlucht des Bartelsbusches auf, die enger und tiefer als die von Disnack ist, der Erlenbruchsohle entbehrt und so dicht mit dünnstämmigem Erlen-, Eichen-, Ahorn-, Hasel- und Espengebüsch bewachsen ist, daß auch an sonnigen Sommertagen in der Schlucht starkes Dunkel herrscht. Die haustiefe Schlucht hat außer dem dichten Laubgebüsch auf Hangstufen und am Bachufer dickstämmige Eichen und Buchen (vgl. Fig. 25). Aus kleinen Quellnischen der ziemlich gestreckten Schluchthänge rieseln dünne Wasserfäden und bilden kleine Sumpftümpel am Hangfuß mit üppigem Krautwuchs. Der Ausgang der Bachschlucht zur Wiesensenke ist dicht mit Laubgebüsch bewachsen, zwischen dem der schmale Wasserlauf in einigen Windungen, den Wiesenflachhang der Senke überwindet.

Das Randgebüsch der Bachschluchten ist so dicht, daß diese interessanten Landschaftsteile davon ganz maskiert werden. Dringt man in das Gebüsch ein, so gelangt man über die steile Böschung ins tiefe

Dunkel der Schlucht, deren Stille nur durch das leise Murmeln des Baches gestört wird. Kein Vogelgezwitscher ist zu hören, und auch das Wild scheint diese Bachschluchten zu meiden, man findet darin keine Spuren. — Der Anfang der zuletzt beschriebenen Bachschlucht ist eine Haselbruch-Sumpfmulde, die ihr Wasser aus dem Grabensystem des

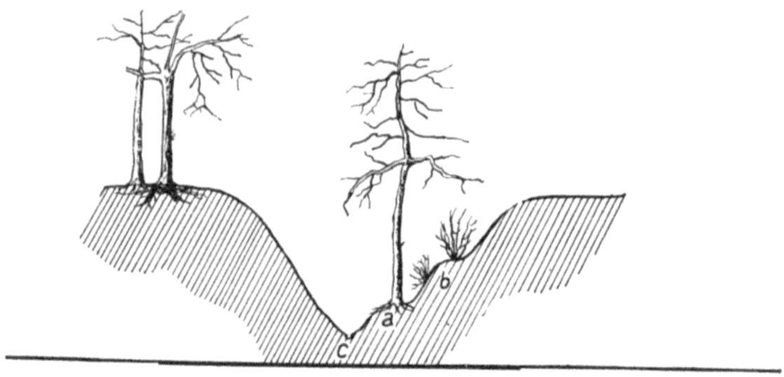

Fig. 25. Profil der Schlucht im Bartelsbusch. a = Untere Hangstufe mit Stammeiche. b = Obere Hangstufe; c = Bachgraben.

Bartelsbusches erhält und ziemlich steil zum Grunde der Bachschlucht abfällt. Beide Bachschluchten sind an das Feldgrabensystem des westlichen Hügelhanges angeschlossen wie die Bachgräben am Osthang, und bei starken Gewitterregen erhalten sie plötzlich viel Oberflächenwasser, während das ständig rieselnde Wasser fast ausschließlich ausgetretenes Grundwasser ist (Fig. 13).

D. Die ebene Knickfelder-Grundmoränenplatte von Kulpin.

Blickt man vom Klosterberg (Tafel 39 und Fig. 21) nach S, so dacht sich vor uns der Rücken des Hügelzuges gleichmäßig ab, so daß unser Standpunkt sich wenig über die nach S und SW sich erstreckende Ebene erhebt. Nach SW ist alles Waldbedeckung bis zum Horizont; den Behlendorfer See können wir in dem Dunstschleicr wohl vermuten, aber nicht sehen, während der Kirchturm von Behlendorf im SW eben erkennbar ist und im S die Windmühle von Kulpin. Auch das weiße Schloßgebäude hebt sich vor dem Behlendorfer Walde, der eben jenseits der Südgrenze des Blattes liegt, deutlich ab. Weiter nach links ist der Blick frei über die bis zum Horizont im SSO sich erstreckende Ebene, die von zahllosen Buschwällen gegliedert ist. Einzelne Bäume und

Baumgruppen sind über die weite Kulturfläche zerstreut, und gegen SO, wo wir St. Georgsberg nach der Karte zu suchen haben, ragen einzelne Schornsteine auf, und dahinter wird das Bild von ausgedehntem Hochwald begrenzt. Weiter östlich schimmert der Spiegel des Ratzeburger Sees zwischen Baumreihen, Feld- und Waldstücken hervor. Kehrt der Blick über die weite Kulturfläche allmählich zu unserem Standorte zurück, so erscheinen am Horizonte einzelne rote Dächer, die zu Harmsdorf oder Einhaus gehören mögen, weiter links gegen Osten am Hochufer des Sees und fast im Laubwald versteckt, einzelne Häuser von Buchholz. Aber kaum 1 km entfernt gegen SO liegt inmitten ausgedehnter Felder, in einer flachen Mulde, rechts und links von Laubwald umrahmt, das Dorf Klein Disnack. Das ganze Knickfelder-Grundmoränenflachland bietet auch in seinen verschiedenen Farben ein sehr wechselvolles Bild, besonders im Frühsommer durch die leuchtend grünen Saatfelder, die, von dunklen Buschwällen umrahmt, über das weite Grundmoränenflachland bis an den Horizont im Süden verstreut sind; aber nicht minder im Spätsommer, wenn das Goldgelb der Kornäcker im Wechsel mit dem verschiedenen Grün der Kohl- und Kartoffelfelder, dem Fahlgelb des Rapses in der Umrahmung der grünen und hie und da weißblühenden Buschhecken wie ein bunter Mantel die Landschaft bedeckt.

Die Teillandschaft ist gegliedert durch die sandig-lehmige Flachmulde von Harmsdorf, die mit einer Sauergrastorfwiesen-Senke bis Kulpin vordringt und durch das sandigeMuldentrockental vonEinhaus; randständig ist der Kulturflachhangsee von Behlendorf mit Bruchwaldinsel. Dazu kommen noch als Landschaftsteile der östliche Teil des Bartelsbusches, eine lehmige Laubwaldplatte mit vermoorten flachen Tümpeln und Laubgebüsch über tiefgründigem Moderboden, eine lehmige Laubwaldplatte mit Laubgebüsch und Grasdickungen und einige kleinere Laubwaldplatten. Im Knickfelderflachland liegt eine Anzahl abflußloser, flacher, sandig-toniger Wiesenmulden mit Schilftümpeln, einige sind vertorft.

1. Die sandig-lehmige Feld- und Wiesen-Flachmulde von Harmsdorf.

Während das Grundmoränenflachland durchweg 50 m hoch liegt, geht der Boden dieser Mulde bis auf 30 m herab und hat hohen Grundwasserstand; drei Schilftümpel mit Weidengebüsch liegen im Dorfe, das unmittelbar an eine vertorfte Sauergraswiese grenzt. Südlich des Dorfes liegt ein niedriger Sandhügel, mit Heide und Trockengras bewachsen. Die Anbaufläche der Mulde ist knickteilig eng gefeldert.

2. Die Kulpiner Sauergrastorfwiesen-Senke. (Normalsenke)

Blickt man vom Ostufer des Behlendorfer Sees nach N, so erscheint das Grundmoränenflachland vollkommen eben bis zur Kulpiner Mühle, wo es zur Kulpiner Torfwiesensenke abfällt. Links im Hintergrunde ist der östlichste der drei Hügelzüge, der den Forst Bartelsbusch trägt, sichtbar. Nehmen wir nun unseren Standpunkt nördlich von der Kulpiner Windmühle, an der Straße von Harmsdorf nach Kulpin und Berkenthin (Figur 8), so liegt die Sauergras-Torfwiesensenke gerade vor uns. Obwohl der gegenüberliegende Rücken nur einen Hang besitzt, zeigt seine Kammlinie doch das typische Profil der Hügelzüge in der III. Teillandschaft, und der Aufbau der Senke zeigt den Charakter einer typischen Normalsenke viel reiner und schärfer ausgeprägt als die Senke des Auebaches. Figur 8 läßt nordwestlich von Dorf Kulpin das durch die Isohypse 50 m rundum geschlossene Sammelbecken S mit dem künstlich veränderten Grabensystem G erkennen; bei St. tritt die typische Verengerung der Senke ein, und der Abzugsgraben A führt das Wasser in den Endteich des Dorfes Kulpin. Diese Normalsenke ist mit ihrer flachen Sohle etwas nach S geneigt, und an der Südseite ist das Grundwasser nahe; die Wiese eine Sauergraswiese über Torfgrund und hat Binsenvegetation in Büscheln. Der nördlich ansteigende Teil des Wiesenbodens hat Gramineenrasen (gr) und wird als Mähwiese verwertet, die Sauergraswiese als Weide. —

Der Typus dieser Normalsenke wiederholt sich am Ausgange des Dorfes Kulpin, indem ein Abfluß des Dorfteiches (bei K Fig. 7) in ein zweites Sammelbecken (S) eintritt, wo Oberflächen- und Grundwasser einen periodischen Tümpel (T) gebildet haben. Der Kopfweiden-Bachgraben teilt den Rasenboden in eine Cyperaceen- (c) und eine Gramineenwiese. Grundwasserstau durch Einengung der Senke (bei St) ruft eine reiche Erlen- und Weidenbuschvegetation, zuweilen Tümpelbildung hervor, die oft durch Phragmites und Typha gekennzeichnet bleibt, wenn das Wasser wieder abgezogen ist. Es bleibt dann ein Schilfsumpf mit Erlen und Weiden zurück. Auch ohne menschlichen Eingriff tritt ein solcher Wechsel ein im Landschaftsbilde; die Lebensdauer solcher veränderlichen Landschaftsteile ist sehr verschieden.

Wie Kartenskizze Nr. 8 zeigt, schließt sich an die in Bild 7 dargestellte Normalsenke eine dritte von gleichem Bau mit einem Mündungsteich (M) südlich von Harmsdorf an. Diese Gruppenform ist das Quellgebiet des Kulpiner Baches, der von Harmsdorf ab das sandige Mulden-Trockental von Einhaus durchfließt.

3. Das sandige Wiesen-Muldentrockental von Einhaus.

Dieses im Niveau von 28 m über NN. gelegene Muldental ist eine sandige Wiesenmulde mit nahem Grundwasser, wenig in der Gesamtlandschaft hervortretend; aber östlich von Einhaus ist der Westhang der Wiesenmulde ein etwas höher ansteigender Laubgebüschsteilhang, an dessen Fuß der Kulpiner Bach in einen langgestreckten Schilftümpel mit Kopf- und Buschweiden mündet. Dieser führt sein Wasser heute unter dem Eisenbahndamm hindurch in die Laubgebüsch-Bachschlucht von Einhaus und über Schnellen in die Gräben der Uferwiese.

Das sandige Wiesenmuldental zieht nach N weiter und endet 1 km südlich von Buchholz in der bereits erwähnten Gruppenform dreier Laubwald-Bachschluchten mit Bachwiesental.

4. Der Behlendorfer Kulturflachhang-See mit Bruchwaldinsel.

Er ist landschaftlich der schönste unter den kleinen Seen des Blattes; die Erlenbruchwald-Insel liegt allerdings außerhalb des Gebietes dieser Arbeit. Die Seemulde gleicht den Hohlformen der umgebenden Landschaft, so daß der See den Eindruck eines Ausfüllungssees macht. Das Westufer trägt Laubhochwald; das Nordufer ist eine scharf abgesetzte lehmige Terrasse mit schmalem Sandstrand. Das flache südliche Wiesenufer ist ausgebuchtet, und eine solche Bucht erstreckt sich verlandet bis zu den Arbeiterhäusern des Gutes Behlendorf; sie hat eine Abrißstufe am Feldhang und beginnende Hochmoorbildung durch Sphagnummoose. Diese Verlandungsbucht umgibt in zwei Zungen einen Laubgebüschhügel mit uralten Stammeichen, an deren Fuß große Findlingsblöcke eine alte Kultstätte bezeichnen. Die östliche Verlandungsbucht geht in eine humose Ackermulde über, in welcher um einen Weidenbusch herum die Saat verkümmert. Der Behlendorfer See ist fischreich. —

5. Die lehmige Laubwaldplatte mit vermoorten flachen Tümpeln.

Der Ostteil des Bartelsbusches liegt auf dem ebenen Grundmoränenflachland, hat viel tiefgründigen Moderboden und flache Tümpel mit Gras- und Schilfinseln, zahlreiche starkstämmige Eichen mit Epheugeranke, die aber nicht den charakteristischen rundkronigen Wuchs mit weit ausladenden Ästen zeigen wie auf den Heidehöfen. Gegen den Nordostrand des Forstes stehen geschlossene Eichenbestände mit nach oben strebenden Ästen als charakteristische Waldform.

Der Nordostrand zeigt landschaftlich eine gewisse Eigenart. Der Hochwald tritt vielfach zurück, ein Laubgebüsch als Anflugswald mit Dickungen von Weiden und Schilf, die vermoorte Randtümpel umgeben, tritt an seine Stelle und gestattet nur selten einen Durchblick in den dahinter liegenden Hallenwald. Am Rande einiger flacher Randtümpel bilden tiefe Moospolster und Binsenbüschel ein unsicheres Ufergelände. Diese naßgründige Laubgebüschzone begleitet den Waldrand der Nordostseite einige Kilometer weit.

Einen Kilometer nordöstlich von Kulpin liegt in einer Verschmälerung des Waldes eine vertorfte flache, abflußlose Waldwanne.

Auch hier im östlichen Bartelsbusch findet sich Stangenunterholz aus Haseln, Erlen, Espen, Weiden und Ebereschen.

6. Eine lehmige Laubwaldplatte mit Gebüsch und Grasdickungen

bedeckt die Geschiebemergelkuppe von St. Georgsberg. Unter dem Gebüsch herrschen Hasel und Hainbuchen vor; der stark tonige Boden, auf dem bei Regenwetter sich Wasserlachen zwischen den breiten Bündeln langen Grases bilden, wird gegen den Seehang hin in Streifen kiesig. Die Platte erhebt sich 40 m· über den Spiegel des Ratzeburger Sees, und der Buchenwald setzt sich als 150 m breiter Streifen parallel dem Seeufer über Einhaus hinaus nach Norden fort. Die Eiche ist nur in wenigen starken Exemplaren vertreten; am Waldrand ist das Unterholz dichter, im Zentrum der Laubwaldplatte fehlt es fast ganz.

7. Das ebene Grundmoränen-Ackerland.

Durch die Harmsdorf-Kulpiner Senke und die nach SO vordringende lehmige Laubwaldplatte des Bartelsbusches wird das Grundmoränenflachland in drei große, von Knicks durchzogene Ackerflächen mit Getreide (im S Weizen), Kartoffeln, Raps und Kohl geteilt. Der südliche Teil, mit schwerem tonigem Boden wird nur durch wenige Knickwälle in eine Anzahl großer Feldstücke geteilt (Gut Kulpin); nördlich der Senke wird die Knickfelderung dichter, und ganz auffallend schmal sind die Feldstücke um Einhaus und östlich von Kl. Disnack. Bemerkenswert ist die Richtung der Knickwälle, welche übereinstimmt mit derjenigen, welche die Oberflächengestaltung des ganzen Gebietes beherrscht, von NNO nach SSW, obwohl sie auf der IV. Teillandschaft wenig hervortritt. Im Gebiet der Hügelzüge (T. III.) verlaufen die Feldstreifen quer zur Kammlinie der Hügel, hier quer zur Fallinie der Abdachung, die gegen SO gerichtet ist. Der Verlauf der Knickwälle entspricht also den Oberflächenformen, nicht der Windrichtung.

8. Die sandig-tonigen Wiesenmulden mit oder ohne Schilftümpel.

Auf dem Grundmoränenflachland ist die Zahl der abflußlosen Dellen groß. Die meisten sind Ackermulden, die in der Landschaft wenig hervortreten, oft durch sauren Humus und Verkümmerung des Getreides. Einige sind Wiesenmulden mit oder ohne Schilftümpel, z. B. westlich und südlich von Kl. Disnack.

9. Vermoorte Schilftümpel mit Kopf- und Buschweiden.

Die ganze Fläche der IV. Teillandschaft ist mit weit über fünfzig rundlichen oder länglichen Tümpeln bedeckt, die von der Größe eines Dorfteiches bis herab zu der eines Wasserloches in der Ackerfläche, am Rande der Feld- und Wiesenstücke verteilt sind. Manche haben außer einem Weidenbusch, einer alten Erle oder Kopfweide keinen Pflanzenwuchs, sind dann in der Regel seicht und haben tonigen Boden. Andere sind tief, am Grunde vermoort oder vertorft, haben Uferschilfsaum und wurzelnde und schwimmende Vegetation von Phanerogamen und Algen und oft einen Kreis alter Kopfweiden. Sie werden geologisch als Sölle bezeichnet, solange ihr Uferrand geschlossen ist. Viele sind durch Sinken des Grundwasserspiegels oder durch Drainage trocken geworden und mit Weidengebüsch oft ganz ausgefüllt. Wo der Uferrand abgegraben ist, um eine Wageneinfahrt zu schaffen, hat man es in der Regel mit einer alten Mergelgrube zu tun; denn auch auf dem schweren Boden südlich von Kulpin wird seit Jahrzehnten gekalkt. Es ist nicht unwahrscheinlich daß man in entwässerten Söllen nach Mergel gegraben hat. —

Wiesenmulden von größerer Ausdehnung sind wohl auch die Siedlungsflächen von Harmsdorf, Kulpin und Klein Disnack mit ihren verschiedenen Dorfteichen und Restwiesen am Dorfrande, die zum Teil auf Torfgrund liegen wie westlich von Harmsdorf. —

E. Welliges Knickfelder-Grundmoränenflachland von Bäk-Mechow.

Das Grundmoränenflachland im SW findet östlich des Ratzeburger Sees eine Fortsetzung in einem Gebiete großer Flächen gleicher Höhe, wie die morphographische Karte zeigt. Zwischen Ratzeburger See, Mechower See und der Neuhofer Torfwiesen-Mulde nimmt das Niveau

40—50 m die größte Fläche ein. Das Bäktal teilt diesesGebiet in einen Nord- und Südflügel, von denen der nördliche in breiter Ausdehnung sich zwischen 50—60m erhebt und in einigen Kuppen und einem nordöstlich-südwestlich streichenden Rücken südwestlich vom Mechower Holz 62 m Höhe erreicht. Der Südflügel wird dadurch gegliedert, daß die sandig-kiesige Seemulde von Mechow und die Bäktalung buchtig in die Hochfläche eindringen; dieser sind außerdem im Südosten drei kleinere Rücken aufgesetzt, die sich bis zu 56 m Höhe erheben. So ergibt sich eine wellige Oberflächenform dieses Grundmoränenflachlandes, während im mittleren Teile, wie ein Blick vom Dorfe Bäk nach N und nach S zeigt, mehr der ebene Charakter der Landschaft hervortritt. Das ganze Gebiet wird von Feldern eingenommen, die im mittleren Teile und im S durch Buschwälle geteilt sind, während die Knickfelderung im Bereich der Güter Neuhof, Römnitz und Mechow, also im N, O und W fehlt. Der Westrand dieser Kulturlandschaft wird von Buchenhochwald eingenommen, der im Steinort stark zerschluchtet ist, und vom Südrande der Neuhofer Senke springt eine lehmige Waldplatte nach S vor. So ergeben sich folgende Landschaftsteile 1. Ordnung: 1. Die lehmige, knickgefelderte Kulturplatte; 2. die Neuhofer Torfwiesenmulde; 3. die sandig-kiesige Seemulde von Mechow; 4. das humos-sandige Wiesenbachtal des Bäk; 5. zwei lehmige Waldplatten mit spärlichem Gebüsch-Unterholz; 6. zerschluchtetes Waldhügelland mit tiefgründigem Moderboden.

1. Die lehmige knickgefelderte Kulturplatte.

Südlich des Bäktals finden sich zahlreiche Bodenwellen und Mulden mit abflußlosen Tümpeln, die meistens einen Schilfkranz und mehrere Weidenbüsche am Ufer aufweisen. Der größte dieser Tümpel im Süden hat schlammigen Boden mit Buschästen, die das Ausfischen mit Netzen unmöglich machen. Irgend welchen Busch- oder Schilfwuchs weist dieser Teich sonst nicht auf; das Ufer wird nur von einem Streifen Binsen und Equisetum umsäumt. Wegen des massenhaften Auftretens von Egeln heißt der Teich im Volksmunde Ihlensee. Sein Wasserstand wird zuweilen plötzlich höher, ohne daß in der Umgegend Regen gefallen ist, es muß also ein Grundwasseraustritt erfolgen. Dann fließt das Wasser durch einen Graben in einen benachbarten Teich und aus diesem in die torfgründigen flachen Wiesenmulden im Südosten. Der Boden ist teils lehmig, teils kiesig, teils sandig, und dem entspricht das Pflanzenkleid, das z. B. auf der ausgedehnten Fläche des Exerzierplatzes aus Kümmergrasrasen besteht, der als Schafweide dient. Hier sind die Spuren ehemaliger Knickwälle mit Gräben am Feldwege noch erkennbar. Außer einigen Trockenfeldmulden und zwei flachen Torfwiesenmulden, die in den Mechower See entwässern, liegt südlich vom Anfangsteil des Bäkbaches eine kalkgründige Torfwiesenmulde mit Weidenbusch-Randgraben, dessen Schilfwuchs sich in die Sauergraswiese, dort wo sich Wasser ansammelt, ausbreitet. —

Nördlich vom Bäk steigt das Knickfelder-Grundmoränenflachland einen Kilometer weit allmählich an mit sanfter Böschung nach W zum Ufer des R. S. Weidenbuschumgebene Sauergraswiesenmulden bedecken Teile der Dorfgemarkung Bäk, die nördlich des Dorfes durch Buschwälle in schmale Streifen zerlegt ist. Auf den ausgedehnten Ackerflächen westlich vom Bäk-Neuhofer Wege fallen zahlreiche Sölle als Landschaftsteile zweiter Ordnung auf, besonders im Herbst und Winter, wenn der dunkle Weidenbusch, der am Grunde oder am Rande des Sölls wurzelt, sich von der hellen Umgebung scharf abhebt. Diesen Eindruck gibt Fig. 14 wieder. Die drei Weidenbuschtümpel sind verlandet; nur bei anhaltenden Regengüssen sammelt sich in ihnen etwas Oberflächenwasser. Der Weidenbusch steht randlich oder zentral neben Binsen, Simsen und Seggen und etwas Moos, meistens Hypnumarten; häufig sind die Rollsteine am Grunde aufgehäuft, die man auf dem Weizenacker aufgelesen hat. Einen Söll östlich von Römnitz, der noch mit Wasser gefüllt ist, stellt die schematische Querschnittskizze Nr. 15 dar. Gekennzeichnet sind die Sölle gegenüber den Mergelgruben durch den unverletzten Uferrand und ihre Lage inmitten der Ackerfläche. Die Vegetation ist oft überaus üppig; Kormophyten und Thallophyten sind in zahlreichen Gattungen und Arten vertreten; besonders Weidenbusch- und Schilfvegetation sind oft so üppig, daß man von dem grünlichen Wasser des Tümpels und seinen Schwimmpflanzen nichts sehen kann. Das Astgewirr der sperrig wachsenden Weidenbüsche wird als Nistgelegenheit von kleinen Singvogelarten bevorzugt. Die für die Torfbildung ungeeignete heutige Vegetation bildet eine Faulschlammschicht auf altem Torfgrunde.

Neben diesen reich bewachsenen Söllen liegen andere inmitten von Sauergraswiesenmulden (z. B. in Römnitz), die außer einer Einfassung von Kopfweiden oder einem einzelnen Weidenbusch keine Vegetation aufweisen; 1,5 km nördlich von Bäk senkt sich das Grundmoränenflachland in ganz flachen Wellen, die gegen die Neuhofer Senke hin höher werden und nordwest-südöstlich streichen, also im rechten Winkel zu der westlich des Ratzeburger Sees so charakteristischen Richtung der Hügelzüge. Der Abfall zur Neuhofer Senke ist zuletzt ziemlich steil (Fig. 18).

Die Wege durch das Gebiet sind bei Regenwetter grundlos, tief zerfahren, und wenn im Winter solche Wege mit einer tiefen Wagenspur neben der anderen hart gefroren sind, dann zieht man es vor, daneben über den gepflügten Acker zu marschieren. Eingefaßt sind die Wege von tiefen Gräben, hinter denen sich Knickwälle hinziehen mit Haseln, Ahorn, Erlen und Weiden; in den Knickwällen der Felder stehen häufig einzelne dickstämmige Eichen, auch im Buschwerk an den Wegkreuzungen.

2. Die Neuhofer Torfwiesen-Mulde.

Das Gut Neuhof liegt zwar in der Senke zwischen Teillandschaft V und VI der landschaftskundlichen Karte, aber auf einer Schwelle als Talwasserscheide zwischen zwei Senken. Die Torfwiesen-Mulde beginnt mit einer randlichen Stufe am Osthang der erwähnten Schwelle (Fig. 18) und bildet zunächst eine breite, flache Mulde, deren Sauergrasrasen bei starken Niederschlägen mit flachem Wasser bedeckt ist, das mit dem über die Ufer getretenen Kopfweiden-Bachgraben einen kleinen See bildet. Die beiden Quellarme dieses Baches liefern nur wenig Wasser, etwas mehr der Thandorfer Bach, der von N in die Sammelmulde einmündet. Drei parallele Längsgräben mit zahlreichen Quergräben verteilen das Wasser in der Wiesensenke, die sich 1 km südöstlich von Neuhof durch Annäherung der beiden Hänge etwas verengt, dann aber sich mit der breiten Torfwiesensenke des Schlagsdorfer Baches zu einer weiten Talaue vereinigt. Hier liegt an der Nordseite eine flache Bodenschwelle; auf dieses trockene Plätzchen haben sich zahlreiche Maulwürfe zurückgezogen, da die tieferen Stellen der Senke im Frühjahr unter Wasser stehen. Sobald das Wasser abgezogen ist, bedeckt ein dichter Teppich eingetrockneter Fadenalgen (Desmidiaceen) den Rasen, das sog. Wiesentuch, auf weite Strecken und schimmert in der Entfernung silberweiß durch den feinen Tonstaub, der sich aus dem Wasser darauf abgesetzt hat. Den Faden hafteten kleine Kalkkügelchen an, die bei einem Zusatz von HCl unter dem Mikroskop lebhaft aufbrausten. Der nördliche Hang der Neuhofer Senke zwischen Thandorfer und Schlagsdorfer Bach ist mit naßgründigem Buchenhochwald bedeckt, der am unteren Hang Schilftümpel mit Weidenbüschen und sehr dichtes Laubgebüsch-Unterholz hat, während der Hallenwald des oberen Hanges wenig Laubgebüsch über dichtem Grasboden aufweist. Die Rispen dieses langen Waldgrases haben im Herbst eine schöne rote Farbe. Den Südhang der Senke bedeckt der Mechower Wald, aus welchem an zwei Stellen Wasser in die Wiesensenke fließt, am westlichen Waldrande und im mittleren Teile der Senke. diese nimmt vom Einflußgebiet des Schlagsdorfer Baches ab die Richtung gegen Süden und wird durch die Annäherung der gegenüberliegenden Hänge schmaler. Die Wasser der beiden Senken werden durch einen Abzugsgraben in den Mechower See geleitet. Die im mittleren Teile um 1 m höher als im Anfangsteil liegende Senke ist 1928 durch Vertiefung des Abzuggrabens fast trockengründig gesorden und dürfte sich durch Düngen mit Kalk, Kainit und Thomasmehl in eine ertragreiche Süßgraswiese verwandeln lassen. Der Torfgrund wird durch Trockenheit und Wärme unter dem Einfluß von Luft und Bodenbakterien in Zersetzung übergehen. — Zwischen Neuhof und dem Ratzeburger See liegt als Landschaftsteil 2. Ordnung eine kleine Torfwiesenmulde, deren Wiesenbach zwei Quellbäche aufnimmt, zuerst eine von Laubgebüsch und Laubwald umschlossene, sandig-tonige Wiesenmulde durchfließt, bevor er in eine tiefe, mit viel Geröll erfüllte Bachschlucht eintritt, um endlich über einen selbstgeschaffenen sandig-kiesigen Schuttkegel zwischen spärlichem Schilfwuchs den Ratzeburger See zu erreichen. Die Bachsohlenschlucht ist mit Laubgebüsch, namentlich Haseln und Eichen, umgeben. Ganz vom Niederschlag abhängig ist die Wasserführung periodisch wechselnd.

3. Die sandig-kiesige Seemulde von Mechow.

Die Umgebung des Mechower Sees bildet eine flache Mulde, die von den umgebenden Hochflächen um 10—20 m überhöht wird. Der Westhang der Mulde, auf dem das Dorf Mechow liegt, fällt flach zum Seeufer ab; am jenseitigen Ufer streicht ein Hügelzug von SO nach NW, der sich als ziemlich steiler Felderhang zum Seeufer herabsenkt. Dieses ist flach und bewachsen mit spärlichem Schilfsaum und wenigen Kopfweiden. Auf dem tonigkiesigen Strande liegen vereinzelte Rollsteine. Auf dem westlichen Flachhang der Seemulde liegen noch eine Anzahl Landschaftsteile niederer Ordnung. Am Südostrande des Dorfes Mechow grenzt eine flache, kalkgründige Torfwiesensenke an den Bäk, der hier nur Abflußgraben des Sees ist; der Graben ist vertieft worden, und der graumergelige Boden ist mit großen Blöcken aus rotem und weißem Granit, Porphyr und grünlichem Sandstein neben dem Graben aufgehäuft. Diese Vertiefung des Abflußgrabens soll den Seespiegel um 0,50 m senken zur Verbesserung des umliegenden Kulturlandes und der in nassen Jahren fast unzugänglichen Sumpfwiesen der Neuhofer, Thandorfer und Schlagsdorfer Senke, in denen oft das Heu verfault ist. Eine schmale sandig-tonige Sauergras-Wiesensenke grenzt im

NO an das Dorf. Beide Wiesensenken sind von einem Kopfweidenrandgraben begrenzt und mit einem Streifen Laubgebüsch umgeben. Die Gräben enthalten auch Schilfstreifen zwischen dem Weidengebüsch. Eine kleinere sandig-tonige Sauergraswiese mit Kopfweidenrandgraben folgt auf die kalkgründige Torfwiese gegen SO; sie nimmt den Abfluß dreier grabenverbundener Schilftümpel auf. Eine vierte Sauergraswiese mit Schilftümpel und von einem Kopfweidengraben begrenzt, aber mit Torfgrund, folgt südöstlich am Rande des Gebiets (vergl. Tafel 40!).

Am nordwestlichen Seeufer spült am Fuße einer Terrasse, die von einer Pappelallee gekrönt wird, austretendes Grundwasser in einem weichen naß-tonigen Flachufersaum kleine tonige Schuttkegel in den See hinaus. In einer flachen Wegmulde des anschließenden Hanges, der durch Drainröhren in den See entwässert wird, sind mächtige Granitblöcke in großer Zahl zusammengetragen.

Das Nordufer des Sees springt mit einem Trockengras-Sandhügel in den See vor neben dem Mündungsgraben der Neuhofer Senke; dieser Stelle gegenüber liegt, dem Nordostufer genähert, eine kleine Weidenbusch-Schilfsauminsel mit einer hochstämmigen Eiche.

Die spärliche Ufervegetation verleiht diesem Flachhangsee den Charakter der Eintönigkeit und Reizlosigkeit, der sich besonders im Spätherbst und Winter in der Landschaft ausprägt, wenn auch noch der Uferschilfsaum abgemäht und die geringe Schwimmpflanzendecke in Ufernähe abgestorben ist. Landschaftlich ist daher der Mechower See als Kahlufer-Flachböschungsee zu bezeichnen[1]).

---

[1]) Nach landschaftskundlichen Gesichtspunkten wären die Seen des Gebietes wie folgt zu gliedern.

1. Flachhangseen. (Fl. = Böschungsseen.)
   - a) Kahlufer = Flachböschungssee. (Mechower See.)
   - b) Kulturflachhangsee mit Bruchwaldinsel (Behlendorfer See).
   - c) Erlenbruchufer = Flachhangsee. (Nördlicher R. S.)
   - d) Flachstrandsee mit Trockengrasdrift-Ufer. (Beidendorfer See.)
   - e) Flachstrandsee mit Dünenflachufer und Feldsteilhang-Ufer. (Blankensee.)
2. Steilhangseen. (Steiluferhangseen.)
   - a) Laubgebüsch-Steilhangsee. (Endsee im Einhäuser Tal.)
   - b) Waldsteilhang-Rinnensee. (Südlicher Ratzeb. See.)
   - c) Waldsteilhang-Rinnensee mit Laubgebüsch-Bruchufer. (Tüschenbeker See.)
   - d) Waldkessel-Erlenbruchsee. (Kolksee im Bartelsbusch.)

4. Humos-sandiges Wiesenbachtal mit Buchenwald-Sohlenschlucht und Teichen.

Dieser interessante Landschaftsteil verbindet die beiden größten Seen des Gebiets miteinander, den Mechower und Ratzeburger See und ist dadurch ausgezeichnet, daß auf einer Länge von 3 km der landschaftliche Charakter wiederholt wechselt. Die ersten 0,650 km sind ein einfacher Wiesenbachgraben von kaum 1,5 m Tiefe; daran schließt sich ein etwas tiefer eingeschnittener Kopfweiden-Bachgraben von 0,4 km Länge. Dann tritt der Bäk in eine Sauergraswiesenmulde, an derem Südrande er in einem Kopfweiden-Bachgraben bis zum Staudamm beim Gut des Bauernvogts im Dorfe Bäk fließt. Hier treibt er ein kleines Sägewerk. Ein Aufstauen des Bachwassers bis zur Füllung des alten Teichbodens, der heute Sauergraswiese ist (a auf Fig. 4), findet kaum mehr statt, da in dem frisch ausgehobenen Graben genügendWasser für den Betrieb des Sägewerks vorhanden ist. Seitlich am Wege liegen hier alte Tongruben, die früher einer keramischen Industrie dienten. Der alte Bachgraben ist abgeschlossen und stagniert eine 50 m lange Strecke, erfüllt von einer üppigen Busch- und Schilfvegetation neben einer alten Stammeiche. Das Bächlein stürzt durch eine Wiesenbachschlucht mit Weidengebüschufer, die ihm neben dem alten Bachgraben angewiesen ist, und tritt dann in den Abschnitt des Bäktals, der auf Fig. 5 dargestellt ist, ein Wiesenbachtal mit zwei in Abrutschung begriffenen vermoorten Erlenbruch-Quellnischen und zwei Uferhangterrassen beiderseits über der Bachsohle (m) mit Kopfweiden-Bachgraben. — Dieser interessante Talabschnitt geht abermals in eine Sauergraswiesenmulde mit Staudamm über. Der Bach stürzt schäumend durch eine enge Wiesenhangschlucht mit einigen großen Steinblöcken im Dorfe Bäk hinab in den fünften Abschnitt des Bäktales, die Buchenwald-Sohlenschlucht mit Teichen. Die Hangterrassen des vorhergehenden Talabschnittes, die an der Nordseite eine Obstbaum-Anpflanzung tragen, setzen sich in den letzten Talabschnitt fort. Sein lehmiger Waldsteilhang geht am Fuß in eine vermoorte Erlensumpfsohle über, die von Quellwasserrinnen zerfurcht ist. Nachdem der Bach die künstliche Querstufe in mehreren Schnellen durch ein Geröll- und Blockbett überwunden hat, fließt er mäandrierend in einem schmalen und seichten Bette, das von einer dichten Laubgebüsch- und Sumpfvegetation zwischen schlanken Erlenstämmen dem Blick entzogen ist. Im ersten Frühling wächst auf der Erlenbruchsohle des Baches ein frischgrüner Teppich mit den gelben Blüten von Caltha und Ranunculus ficaria; neben den noch kahlen Ruten des dichten

Zweiggewirrs sind Espe und Weide mit glänzend silbrigen, später leuchtend gelben Kätzchen geschmückt. Die Blätter von Myosotis palustris und einiger anderer Sumpfgewächse zeigen auch im Winter in den Wasserrillen des schwarzen Sumpfbodens bei einer Wintertemperatur des Grundwassers von + 6,5^0 C ein frisches Hellgrün. — Während die oberen drei Stauteiche heute leer sind, ist der vierte, in den der Bach nun eintritt, ein Schilfinselteich mit Buchenwaldsteilhang. In seinem stillen Wasser spiegelt sich im Frühling das erste frische Grün der Laubwaldkronen, und zwischen den spangrünen Schilfinseln ziehen plätschernde Enten silberne Furchen durch das schwarze Wasser. Der Staudamm ist von hochstämmigen Erlen bestanden, die sich über den Wasserspiegel neigen. Unterhalb des Dammes fließt das Wasser in mehreren Armen durch einen 2 m tiefer liegenden Erlenbruch, um sich nach kurzem Laufe in den Erlenbruch-Faulschlammteich der jetzt durch Feuer zerstörten Pfaffenmühle zu ergießen. Bei Hochwasser wird in Rinnsalen des seichten Teiches der Faulschlamm fortgespült, und der sandig-tonige Teichgrund wird dann sichtbar. Der Mühlengraben ist durch Holzwände eingefaßt und mündet ohne Ufervegetation nördlich der Pfaffenmühle in den Ratzeburger See, während unterhalb des Staudammes ein Erlenbruchsumpf mit Schilfstreifen in den See vordringt.

5. Laubwaldplatten mit spärlichem Unterholz auf Lehmboden.

Das Mechower Holz ist eine lehmige Buchenwaldplatte von etwa 1 qkm Größe, an die Neuhofer Senke grenzend; der Waldboden ist grasig, das Unterholz spärlich. Alte Knickwälle und Furchen zeigen an, daß alter Ackerboden nachträglich (gegen Mitte des 18. Jahrhunderts) in Forst gelegt worden ist. Das Meßtischblatt macht diese Tatsache nicht kenntlich. Ein Teil des Waldes hat keine Feldmarken, besonders im SW; dort liegt eine nasse Erlenbruchmulde mit viel Gebüsch und am südöstlichen Waldrande ein vermoorter Binsentümpel. Im ganzen liegen fünf größere torfgründige, nasse Wannen im Walde selbst und drei kleinere in der Nähe des südlichen Waldrandes. Mit steilem Hochwaldhang und Laubgebüsch-Fuß grenzt das Mechower Holz an die Neuhofer Senke, in die auch das weitmaschige Grabennetz des Forstes entwässert. Einzelne gewaltige Stümpfe lassen vermuten, daß auf dem Boden des heutigen Forstes eine alte Markwaldung lag, die durch Rodung beschränkt und zum Teil in Ackerland gelegt wurde. Bevölkerungsrückgang gab wieder Veranlassung zur Waldlegung. Die Buche herrscht durchaus vor. —

Eine ganz ähnliche Waldplatte, aber mit dichterem Gebüsch am Waldrande ist der Seebruch, westlich vom Mechower Holz, etwa 1,5 km lang und bis zum Waldsteilhang des R. S. fast 250 m breit. Er besteht aus Buchen und einigen starken Eichen; die Douglasfichten am Campow-Mechower Wege sind eine neuere Anpflanzung. Der Seebruch ist von zahlreichen Wassergräben durchzogen, von denen zwei mit der Annäherung an den Seeufer-Hochwaldhang sich zu Bachschluchten ohne erhebliche Vegetation entwickeln; sie führen periodisch viel Wasser, das Granitblöcke von 0,40 m Durchmesser im Bachbette bewegt hat.

6. Zerschluchtetes Waldhügelland mit tiefgründigem Moderboden.

Dieser Landschaftsteil ist ebenfalls Buchenwald mit einzelnen starken Eichen. Die Waldhänge sind steil, am Fuß tiefgründig-moderig. Die steilwandigen Bachschluchten sind mit dichter Laubgebüsch-Vegetation erfüllt, führen wechselnde Wassermengen und versiegen zeitweilig. Auf einzelnen Waldlichtungen findet sich starker Graswuchs.

F. Das tonige Grundmoränen-Knickfelder-Hügelland von Thandorf-Sülsdorf.

Ein Blick nach N über die Neuhofer Senke hinweg (Fig. 18) zeigt eine ansteigende Landschaft, die nordwestlich von Thandorf die Höhe von 83 m über NN. erreicht. Einzelne Rücken treten aber kaum hervor; überall steigt der lehmig-tonige Knickfelderhang ganz allmählich an. Die Senken haben mehr Mulden- als Talform, so daß an die Stelle der Kulturhügelzüge im NW hier ein breitkuppiges Kultur-Hügelland tritt, das durch breite Mulden gegliedert ist. Zwischen diesen Mulden liegen lehmig-tonige Kulturplatten: im S das Schlagsdorfer Kulturhügelland, die Mitte und der N wird von der Thandorf-Sülsdorfer Kulturplatte eingenommen, und der Westen besteht aus dem lehmig-tonigen Knickwall-Feldhang von Campow-Schattin. Diese drei Landschaftsteile erster Ordnung sind durch kleinere Kulturplatten und Senken als Landschaftsteile zweiter Ordnung gegliedert. Neben sie tritt als Landschaftsteil erster Ordnung, weil ungegliedert und selbständig neben den drei Kulturplatten einen großen Teil der VI. Teillandschaft einnehmend, die tonige Laubwaldkuppe des „Braken". In den lehmig-tonigen Knickwall-Feldhang von Campow-Schattin ist als Landschaftsteil zweiter Ordnung eingefügt die Gruppenform der lehmig-tonigen Bruchwald-Bachschluchten von Utecht. Ferner sind als Landschaftsteile zweiter und dritter Ordnung, je nach ihrer Lage zu anderen Landschaftsteilen, über die ganze Teillandschaft zerstreut torfgründige, abflußlose Wiesenmulden und vertorfte abflußlose Schilf- und Weidentümpel.

1. Die lehmig-tonigen Kulturplatten.

a) Das Schlagsdorfer Kulturhügelland.

Es wird begrenzt im S durch die Mechower Seemulde, im N durch die Thandorfer Wiesenbachgrabensenke. Gegen W umfaßt es noch das knickfreie Kulturland nördlich von Neuhof und reicht im O bis zum Kartenrande. Fünf Landschaftsteile zweiter Ordnung gliedern es.

α) Der Siedlungsrücken von Schlagsdorf.

Hinter dem Hügelzuge, der die Mechower Seemulde im O begrenzt, zieht sich eine Torfwiesensenke von N nach S. In gleicher Richtung liegt östlich davon ein langgestreckter Hügel, der auf seinem Rücken das Straßendorf Schlagsdorf trägt, im Südteil festungsartig auf einem einzelnen Hügel die Kirche. An den Hängen liegen, im W wenig, im O stark knickteilig gefeldert, die Kulturländereien. Sechzehn kleinere und größere Schilftümpel sind auf den Siedlungsraum verteilt. Die Straße nach Thandorf folgt der Kammlinie des Hügels. Im nördlichen Teile des Dorfes geht der Weg nach Neuhof ab, vorbei an einer großen Sandgrube, die im Niveau von 40 m den Rest einer Erosionsschlucht darstellt, an derem Ostausgange ein größerer Schilftümpel liegt.

β) Die vermoorte Feldmulde (Fig. 3).

Sie liegt westlich des Siedlungsrückens und ist vollkommen abflußlos; der Grund, durch eingeschwemmten Humus schwarz gefärbt, zeigt neben einer Binsenbüschel-Sauergraswiese mehrere stagnierende Tümpel. Überschreitet man den Südrand dieser Feldmulde, so kommt man in

γ) Die Schlagsdorfer Torfwiesensenke.

Sie hat im nördlichen Teil noch einige Torfgruben und zieht sich als grabendurchsetzte Sauergraswiesensenke am Fuße des Siedlungsrückens, der durch sie scharf hervortritt, am Gute vorbei nach S, in eine nach SO weiterziehende große Mähwiese übergehend. Als der

Wasserstand in der Senke höher war, mag sie bei der Verteidigung des festungsartig liegenden Dorfes gegen einen von W heranziehenden Feind von Wert gewesen sein.

δ) Die Schlagsdorfer Weidenbachgraben-Senke.

Sie trennt den südlichen Teil des Schlagsdorfer Kulturhügellandes von der nördlich davon und höher gelegenen Schlagsdorfer Kulturplatte. Morphographisch ist sie eine Normalsenke (Fig. 9), landschaftskundlich eine Torfwiesen-Mulde mit Kopfweiden-Bachgraben. Sie zieht sich bogenförmig um einen Feldhügel; ihr Grabensystem steht in Verbindung mit den Knickwallgräben, die von dem Kulturfeldhang an der Nordseite der Senke herabkommen. Der Sammelgraben wendet sich da, wo die Senke durch zwei flache Rasenhügel stark eingeengt wird, als Schlagsdorfer Weidenbachgraben nach SW zum Grabensystem des Neuhofer Baches. Der Weidenbachgraben ist schmal und tief, und so dicht mit Buschweiden bestanden, daß von der Wasserfläche nichts zu sehen ist, wenn die Weiden Blätter tragen Er zieht schnurgerade durch die Binsenbüschel-Torfwiese zur Neuhofer Senke. Am 28. März 1927 war keine Fließbewegung im Wasser des Grabens, und auch bachabwärts stagnierte das Wasser in den Gräben; eine Erlenbruch-Sumpfwiese lehnt sich an den Hügelfuß des Mechower Waldes, wo die Schlagsdorfer Senke in die Neuhofer Senke übergeht.

ε) Die Schlagsdorfer Kulturplatte.

Ihre Lage und Begrenzung ist aus Tafel 40 und Fig. 17 und 21 leicht festzustellen. Sie liegt zwischen Schlagsdorfer und Thandorfer Bach. Ihr westliches Drittel gehört zu Gut Neuhof und ist daher nicht knickteilig gefeldert. Die Kulturplatte besteht aus Feldern und Trockenweiden mit zwei Schilftümpeln an dem gegen Schlagsdorf gerichteten Hang. Zwischen den Getreide- und Kleeäckern liegen sechs kleinere und größere Wiesenstücke und zwei Laubwaldplatten mit Unterholz im Norden des Landschaftsteiles und östlich der Thandorfer Straße.

b) Die Thandorf-Sülsdorfer Kulturplatte.

Sie liegt nördlich der Thandorfer Senke und östlich des Forstes „im Braken“.

α) Die Thandorfer Wiesenbachgraben-Senke.

Sie zieht in einem Bogen um die Schlagsdorfer Kulturplatte, ist flachmuldenförmig, mit einem Kleeacker, zwei Trockenwiesen und einer

Bachgrabensumpfwiese. Dazwischen sind Ackerflächen, knickteilig gefeldert, eingefügt, und der Nordhang der Senke ist Laubhochwald. Der die Senke entwässernde Thandorfer Bach (Kartenskizze Fig. 10) mündet durch einen gewundenen, tiefeingeschnittenen, mit Gebüsch erfüllten Graben bei den Arbeiterhäusern von Gut Neuhof in das Grabensystem der Neuhofer Senke.

β) Der Sülsdorf-Thandorfer Kulturhügelrücken.

Er liegt als höchster Teil der ganzen Grundmoränenlandschaft zwischen 60 und 80 m über NN. Mit Ausnahme eines kleinen Stückes Binsenbüschel-Ödland neben einem Schilftümpel am Westausgange von Thandorf wechseln zu beiden Seiten der Straße nach Sülsdorf knickteilig gefeldertes Ackerland mit Dauerweide und einigen verstreuten Flächen Wiese und Laubwald. — Östlich von Sülsdorf, aber in Dorfnähe, zieht sich eine nasse Wiese um einen Laubhochwald, in welchem eine alte Bauernbefestigung (Bauhof) liegt. Ein rechteckiges Waldstück ist von einem Wall umgeben, hinter dem wohl in unruhigen Zeiten, das Vieh in Sicherheit gebracht wurde. Vor diesem Wall liegt ein fast halbkugeliger Hügel von etwa 4 m Höhe, der von einem Wassergraben umgeben ist. Die Sage behauptet, der Raubritter Plötz habe hier gehaust. Da die Anlage bei ihren geringen Dimensionen zu keiner Zeit irgend einen Verteidigungswert besessen haben kann, vermute ich in ihr eine Richt- oder Kultstätte aus frühester Zeit. —

Es fällt auf, daß auf dem ganzen Kulturhügelrücken von Thandorf-Sülsdorf die Dauerweide im Vergleich zu den Getreideäckern eine bei weitem größere Fläche einnimmt als in anderen Teilen der Landschaft. Die Ursache, daß die Viehhaltung den Körnerbau so stark zurückgedrängt hat, dürfte mehr in der wirtschaftspolitischen Lage als in agronomischen Verhältnissen zu suchen sein.

γ) Das Erlenbruch-Wiesental mit Kopfweiden am Schattiner Bach.

Nördlich von Sülsdorf senkt sich die Thandorf-Sülsdorfer Kulturplatte über den sanften Hang einer Trockenweide in das Quelltal des Schattiner Baches. Dieser beginnt in einer flachen Quellnische des Buchenhochwaldes „im Braken", fließt über eine Waldwiese und tritt dann in ein landschaftlich reizvolles Erlenbruch-Wiesental mit Kopfweiden-Bachgraben, der sich dann an einem Trockenweidehang hinzieht bis zu einem Laubhochwald. Der nur periodisch Wasser führende Bach, der auch nur zuweilen aus den Trockentälchen des Waldhanges Zufluß erhält, verläßt hier das Gebiet in nördlicher Richtung.

c) Der lehmig-tonige Knickwall-Feldhang von Campow-Schattin.

Er zieht sich westlich des Braken und des Schattiner Baches von der Neuhofer Senke nach NNO bis zum Rande des Gebietes. Er wird durch einen nach NW gerichteten Wasserriß aus dem Braken (Fig. 6) und durch die Utechter Mulde in einen nördlichen, mittleren und südlichen Hang gegliedert. Er ist durch eine Stufe von dem kiesigen Flachhang (d auf Tafel 40) abgesetzt. Um Campow und Utecht ist der Feldhang durch einige Ackermulden und Rücken gegliedert. Östlich von Campow liegt eine kleine vertorfte Sauergraswiesensenke und eine kleine Sumpfwiese, welcher ein Grabenwässerchen entspringt. Dieses nimmt einen Bach auf, der aus einem Waldstück südöstlich von Utecht kommt. Letzterer entsteht aus zwei Quellbächen, von denen der südliche am Talschluß-Steilhang einer Waldmulde entspringt, während der nördliche der Abfluß einer Sauergraswiese ist. Eine etwas nördlicher liegende Sumpfwiese ist abflußlos.

2. Die tonige Laubwaldkuppe mit Laubgebüsch über naßgründigem Moderboden.

Da die Knickfelderung fehlt, dürfte dieser Forst, „im Braken" genannt, der Rest einer alten Markwaldung sein. Die Bodenbedeckung wechselt zwischen Graswuchs und Laubgebüsch. Der Boden ist überall naß und humos, und einige abflußlose, flache Wannen und Sumpfwiesendellen sind im Walde vorhanden. Außer durch die beiden Schattiner Bäche (Fig. 6) und die Utechter Bachschluchten wird die Entwässerung durch Waldrandgräben bewirkt. Einzelne dickstämmige Eichen außerhalb des Waldes zeigen an, daß er ehemals größere Ausdehnung hatte. Er dringt mit einem schmalen Streifen nach S in das Kulturland von Utecht ein, und ein größeres rechteckiges Waldstück dringt nach O vor.

3. Die Bruchwald-Bachschluchten von Schattin und Utecht.

Östlich von Utecht führt ein Weg den Campow-Schattiner Kulturfeldhang allmählich hinan, zuerst über eine Kümmergrastrift; vorbei an einem Binsentümpel mit Rohrkolben zur Mündung dreier gegenseitig genäherter Bachschluchten. Diese enden in einer Sauergras-Binsenbüschel-Senke mit Kopfweidengraben. Tonige Schuttfächer sind durch das Bachwasser in die Senke vorgeschoben. Die beiden westlichen Laubwald-Bachschluchten mit Bachmäandern sind nur durch einen schmalen Rasenhügel getrennt. Südlich dieses Rückens laufen drei eng mäandrierende Bäche in tief und schmal eingeschnittenen Geröllbetten mit großen Blöcken fast parallel nebeneinander her. —

Der nasse, tiefgründige Waldmoderboden neben den Bachschluchten trägt eine üppige Krautvegetation mit Orchis, Arum, Sanicula, Aquilegia, Asparagus Stellaria u. a.; die Steilwände der Schluchten sind mit dichtem Gebüsch bedeckt, und starke Äste und einzelne ganze Bäume sind quer in die Bachschlucht gefallen, in der Halbdunkel herrscht. —

Das ganze Gebiet westlich des Braken ist durch sechs Waldbachgräben tief zerschluchtet. Aus dem tonigen Naßboden des Braken tritt je ein Abflußgraben in die Bachschluchten ein. Ihr Laubhochwald mit seinem Laubgebüsch-Unterholz in den Bachschluchten und am Schluchtrande wird von flachen Kulturhügelrücken überhöht, die Binsenbüschel-Triften und knickteilig gefeldertes Ackerland sind, so daß sich die tief eingeschnittenen sechs Bachschluchten mit ihren Laubkronen wie große Raupen über den Knickwall-Feldhang von Campow-Schattin hinabziehen.

Genau östlich von Utecht beginnt am Westrande eines südsüdwestlich gerichteten Waldstückes ein enger und tiefer, ganz von Laubgebüsch erfüllter Bachgraben, der nur periodisch Wasser führt und dicht vor Utecht in eine Binsenbüschel-Wiesenmulde mit Kopfweiden flach ausmündet. —

Der nördliche Teil des Braken quert mit einer tonig-mergeligen Laubwald-Bachschlucht den Schattiner Knickwallfeldhang. Der Bach bildet unterhalb des Hangfußes einen Wiesenbachgraben im sandigkiesigen Knickfelder-Flachhang, der zu den Bodenschwellen des sandigtonigen Kulturflachlandes gehört.

4. Torfgründige, abflußlose Wiesenmulden.

Sie finden sich in den Gemarkungen von Sülsdorf, Campow und Thandorf; die größten dieser Art Landschaftsteile sind auf der landschaftskundlichen Karte dargestellt. Das durch Drainage vielerorts bewirkte Sinken des Grundwasserspiegels hat die eine und die andere in Süßgraswiesenmulden verwandelt. Viele bilden mit ihrer Waldumrahmung anmutige Landschaftsteile.

5. Vermoorte, abflußlose Schilf- und Weidentümpel.

Sie gleichen vollkommen dem Landschaftsteil, der auf der lehmigen knickgefelderten Kulturplatte von Bäk-Mechow festgestellt und charakterisiert wurde (Fig. 14 und 15). Auf Figur 2 ist rechts vom Wege nach Thandorf ein solcher Tümpel zu erkennen, wie er sich, von weitem gesehen, in der Landschaft heraushebt durch seinen kugelrunden Weidenbusch, der oft mitten im Tümpel steht. Dieser ist in vielen Fällen eingetrocknet und füllt sich nur gelegentlich mit Niederschlagswasser, das sich auf dem undurchlässigen Torfgrunde oft solange hält, bis es im Winter gefriert und bei anhaltendem Froste im Ostwinde verdunstet. —

IV. Diagnose der Landschaft.

Normen und Modifikationen.

A. Das Klima.

Das untersuchte Gebiet gehört landschaftskundlich zu den Mittelgürteln und zwar zum Mischwaldgebiet (deutscher Untertypus) des mitteleuropäischen Klimatyps[1]). Die sich aus dieser Zugehörigkeit ergebenden geographischen Erscheinungen sind bei mittlerer Stärke der klimatischen Kräfte von solcher Art, daß sie sich im ganzen Gebiet finden, so daß dem Typus mittlerer Kraftwirkungen ein Typus geographischer Erscheinungen entspricht, die von Prof. Passarge für den Wirkungsbereich jener Kräfte als Normen bezeichnet werden.

Es sei hier darauf hingewiesen, daß geographische Faktoren, z. B. die Lage zum Meer, zum Gang der Sonne, zum Meeresniveau und zu den Windregionen gegenüber dem Klima das Primäre sind. Dem ist Rechnung getragen durch die nach dem Gesichtspunkt der Lage in allen seinen Beziehungen erfolgte Einordnung der Landschaftsräume durch die Vergleichende Landschaftskunde. So stellt in landschaftskundlicher Betrachtung und Darstellung das Klima den primären Faktor landschaftlicher Gestaltung dar, der in der Bewässerung, der Bodenbildung, der Pflanzendecke zur Auswirkung kommt. Diese wird aber außerdem beeinflußt von Kräften sekundärer Art, die sich aus der besonderen Struktur der Landschaft ergeben und zu Abänderungen geographischer Erscheinungen führen. Diese direkt von der Landschaft abhängigen Erscheinungen werden von Passarge als Modifikationen bezeichnet. Die Begriffe Normen und Modifikationen beziehen sich aber auch auf die Kräfte selbst, infolge aller möglichen Wechselwirkungen. So ergeben sich neben dem Klimatypus des Landschafts-

[1]) Prof. Dr. S. Passarge, Vergleichende Landschaftskunde, Heft 3 die Mittelgürtel. S. 10, 12, 20 u. ff.

gürtels das regionale und das Ortsklima, die Ortsvereine der Pflanzendecke und Modifikationen der Verwitterungsvorgänge. —

Für das untersuchte Meßtischblatt Ratzeburg war die diagnostische Haupt- und Kernfrage, in welcher Art der allgemeine Klimatyp durch den Faktor der Lage zur Nord- und Ostsee (regionales Klima) und die Abweichung davon durch besondere Verhältnisse der Landschaft modifiziert ist (Lokalklima).

A. Thraen[1]) hat das regionale Klima, soweit es in dem Einfluß der Nord- und Ostsee auf die Niederschläge in der Norddeutschen Tiefebene besteht, untersucht. Es sind 109 Orte bezüglich ihrer pluviometrischen Koeffizienten verglichen worden, um den Einfluß der beiden Randmeere überhaupt und auf die jährliche Periode der Regenfälle nachzuweisen. Durch Vergleichung von Orten gleicher Seehöhe stellt er fest, „daß Stationen größerer Seenähe durchweg höheren Niederschlag haben, sogar — innerhalb gewisser Grenzen — ohne Rücksicht auf die Seehöhe". Die Nordsee hat infolge ihres reinozeanischen Charakters den größeren Einfluß auf die Höhe des Niederschlags. Aus der Tatsache, daß an zweiter Stelle die Ostseeküste nördlich von Königsberg steht, folgert Thraen, daß der zweitstärkste Faktor für die Niederschlagshöhe die Exposition gegen die Westwinde ist. Als Faktor dritter Stärke folgt die Nähe des offenen Ozeans. Ferner sind die Stationen im Luv des baltischen Landrückens bevorzugt gegenüber den in Lee gelegenen, und eine Lage in Lee und gleichzeitig in Seeferne bedingt eine Zone allergeringsten Niederschlags im ganzen deutschen Gebiet. Diese allgemeinen Feststellungen stimmen überein mit der Darstellung auf G. Hellmanns Regenkarte (Klimaatlas v. Deutschland 1921).

Nach diesen Gesichtspunkten haben die von mir ausgewählten Grenzstationen des Meßtischblattes eine Lage „auf der Scheide zwischen der echtozeanischen Nordsee und der Ostsee mit dem Charakter eines Binnenmeeres". (Thraen.) Es sind die Orte Zarrentin, Gadebusch, Rothenhusen, Nusse, Reeke, Lübeck und Travemünde. Die Grenzorte des Meßtischblattes haben infolge dieser Lage eine normale Regenhöhe und dürften daher zur klimatischen Charakterisierung des Meßtischblattes bei dem Mangel von im Gebiet gelegenen Stationen (nur Rothenhusen!) wohl geeignet sein; auch bezüglich der Periodizität des Regenfalles dürfte das zutreffen; denn Hellmann sagt, „daß die Grenzkurven zwischen den Gebieten der verschiedenen monatlichen Maxima nur ungefähre

---

[1]) Annalen d. Hydrogr. 1915, S. 497 u. ff.

sind, und daß in Wahrheit ganz allmählich Übergänge von dem einen ins andere Gebiet stattfinden müssen".

Die mittlere Seehöhe des Meßtischblattes Ratzeburg beträgt auf dem Westflügel = 40 m, auf dem Ostflügel = 50 m ü. NN.

Lage der Stationen zum Meßtischblatt Ratzeburg.
Entfernung vom Blattrande.

Station	Seehöhe	nach der Länge	nach der Breite
Zarrentin	40 m	9,215 km östlich	8,560 km südlich
Gadebusch	35 m	31,331 km östlieh	auf gleicher Breite mit Ratzeburg
Rothenhusen ..	5 m	im Gebiet gelegen!	
Nusse	35 m	9,215 km westlich	2,675 km südlich
Reeke	10 m	11,058 km westlich	2,140 km nördlich
Lübeck	3 m	aufgleicher Länge	4,280 km nördlich
Travemünde...	3 m		10,165 km nördlich

Auf dem Blatt ist 1' Länge = 1,843 km, 1' Breite = 1,070 km.

Die Niederschläge:

Station	Seehöhe	Niederschlag	Station	Seehöhe	Niederschlag
Travemünde..	3 m	604 mm	Gadebusch ..	35 m	648 mm
Lübeck	3 m	625 mm	Nusse	35 m	702 mm
Rothenhusen	5 m	609 mm	Zarrentin	40 m	645 mm
Reeke	10 m	677 mm	Meldorf im Bereich d. Nordsee	5 m	772 mm

Die drei ersten Stationen zeigen, daß Höhe und Annäherung an die Ostsee fast ohne Einfluß sind. Reeke hat infolge seiner Exposition gegen den Westwind auf dem östlichen (!) Hochufer der Trave fast 70 mm Regen mehr. Nusse scheint gegen Reeke durch die Höhe bevorzugt zu sein. Da lokale Verhältnisse und böiger Wind während des Regenfalles aber die Resultate beeinflussen, dürfen geringe Abweichungen in der Regenhöhe nicht in Betracht gezogen werden. — Von besonderer Beweiskraft für die Abhängigkeit klimatischer Erscheinungen von der Landschaft ist eine vergleichende Betrachtung der Periodizität des Regenfalles[1]).

[1]) Hann-Süring, Lehrb. d. Meteor. III. Aufl. S. 346 u. ff.; IV. Aufl. S. 358.

A. Angot hat Vergleichswerte gebildet zwischen periodischer und unperiodischer Verteilung der Regensummen auf die einzelnen Monate. Bei unperiodischer Verteilung kommen auf einen Monat von 30 Tagen in Tausendteilen der Jahresmenge $\frac{1000.30}{365} = 82{,}19$, auf 31 Tage $= 84{,}93$ und auf den Februar $= 76{,}71$. Die Differenz der wirklich beobachteten Monatsmittel von diesen Zahlen wird von Angot der écart pluviometrique relatif, der relative Exzeß des Regenfalles genannt. Man kann auch den Quotienten oder relativen pluviometrischen Koeffizienten bilden. Ist er größer als 1, so ist der Monat relativ naß, ist er kleiner als 1, relativ trocken. Ist er 0,50, so fällt in dem Monat nur die Hälfte des Regens, die bei unperiodischer Verteilung fallen würde. Die Tabelle auf der folgenden Seite bringt für die von mir ausgewählten sieben Stationen die Zusammenstellung dieser Werte. A. Thraen hat 109 Stationen im Bereich der Nord- und Ostsee berechnet und für dieses größere Gebiet aus seiner Tabelle Schlußfolgerungen gezogen, die sich auf folgende Punkte beziehen: 1. Im Herbst und Winter ist die Küste regenreicher als das Binnenland. 2. Vom Frühjahr ab erfolgt eine Umkehr in dem Sinne, daß die Niederschläge nach dem Binnenlande hin zunehmen (der sog. Sommertypus). 3. Winter und Frühling sind im allgemeinen regenärmer als Sommer und Herbst.

Zwanzigjährige Mittel der Niederschlagshöhe (Beobachtungs-

Ort	Jan.	Febr.	März	April	Mai	Juni	Juli	Aug.
Travemünde	0,87	**0,78**	0,87	0,80	0,84	1,11	*1,45*	1,38
Gadebusch	0,96	0,88	0,96	**0,78**	0,85	1,04	*1,41*	1,32
Rotenhusen	0,86	**0,72**	0,84	0,83	0,93	1,20	*1,38*	1,34
Lübeck	0,99	0,84	0,91	**0,82**	0,84	1,10	*1,32*	1,31
Zarrentin	0,87	0,83	0,92	**0,80**	0,95	1,13	*1,36*	1,31
Reeke	0,92	**0,82**	0,84	0,85	0,91	1,06	*1,42*	1,32
Nusse	0,99	0,91	0,87	**0,79**	0,93	1,01	*1,35*	1,25

Betrachten wir die Tabelle unseres Grenzgebiets, so fallen erhebliche Unterschiede auf. Die Abweichungen der einzelnen Stationen von einander sind allerdings unerheblich, wodurch die Auswahl der Stationen gerechtfertigt erscheint, denn es geht mit Sicherheit daraus hervor, daß die klimatischen Faktoren auf allen Stationen in nahezu gleichem Sinne wirksam sind. Aber zu den Feststellungen Thraens über das ganze von ihm untersuchte Gebiet ergeben sich für das Meßtischblatt

Ratzeburg Anomalien, welche den Wert landschaftskundlicher Erwägungen und die Bedeutung der Lage klar hervortreten lassen.

Daß der Juli, wie auf der ganzen nördlichen Halbkugel der regenreichste Monat ist, gilt auch für unser Gebiet; aber die Umkehr vom Wintertypus (Küste regenreicher) zum Sommertypus(Binnenlandregen reicher) ist hier nicht nachweisbar. Der Sommertypus ist im Juli von Lübeck aus landeinwärts vorhanden, ebenso im Mai und im August (mit Ausnahme von Nusse!); im Juni haben aber die Binnenstationen Nusse und Gadebusch die relativ geringsten Niederschläge. Daß die Küste im Winter regenreicher ist als das Binnenland trifft nur für den Oktober ganz zu; im November sind zwei Binnenstationen (Reeke und Nusse) regenreicher als Travemünde. Eine Tatsache lassen die pluviometrischen Koeffizienten ohne weiteres erkennen, daß die Monate Juni bis Oktober relativ feucht, die Monate November bis Mai relativ trocken sind. Diese Tatsache ist landschaftskundlich von erheblicher Bedeutung, da die Grundwasserverhältnisse davon beherrscht werden. Im April 1928 war der Spiegel des Ratzeburger Sees, der nach meinen Beobachtungen jährlich um 10—20 cm schwankt, bereits wieder so niedrig, wie seit 15 Jahren nicht, (nach den Angaben von Förster Möller in Kalkhütte) und die Stauteiche des Bäk hatten sehr wenig Wasser. Auch der Wasserstand

nach „relativen pluviometrischen Koeffizienten“.
zeit 1891 bis 1910)

Sept.	Okt.	Nov.	Dez.	Jahr	Fr.	Somm.	Hbst.	Wint.
1,06	1,14	**0,77**	0,91	11,98	0,84	1,31	0,99	0,85
1,04	1,01	**0,76**	0,96	11,97	0,87	1,26	0,94	0,94
1,11	1,12	**0,71**	0,91	11,95	0,87	1,31	0,98	0,85
1,04	1,11	**0,75**	0,94	11,97	0,85	1,24	0,98	0,93
1,07	0,93	**0,74**	0,89	11,95	0,89	1,27	0,97	0,87
1,04	1,09	**0,78**	0,93	11,98	0,88	1,27	0,97	0,89
1,05	1,08	0,82	0,93	11,98	0,87	1,21	0,98	0,94

in einer Anzahl Brunnen war sehr niedrig, die Wiesensenken relativ trocken. Diese Tatsachen korrespondieren mit den Niederschlagsverhältnissen, wie sie aus der Tabelle der relativen pluviometrischen Koeffizienten erkennbar sind. Mit Ausnahme von Nusse ist der November der trockenste Monat; an zweiter Stelle steht für die küstennahen Stationen, mit Ausnahme von Lübeck, der Februar, für die mehr binnenländischen der April. Die Austrocknung des Bodens und

Senkung des Grundwasserspiegels durch Abfließen aus Quellen und Flüssen, die Ramann für das Norddeutsche Tiefland gegen den Herbst hin annimmt (Ramann, Bodenkunde III Aufl. Berlin 1911 S. 364 u.ff.), verschiebt sich also für unser Gebiet gegen den Winter hin und hat zu Beginn der wärmeren Jahreszeit ihren Höhepunkt erreicht (s. oben!). Die Wintertrockenheit hat eine Ursache in der relativ geringen Schneedecke; denn reiche Schneelagen geben viel Schmelzwasser an den Boden ab, während gleichzeitig der oberflächliche Abfluß gehemmt, und der Verdunstungsfaktor, der nach Ramann (a. a. O. S. 364) die jährlichen Grundwasserschwankungen beherrscht, durch die Temperatur in der Nähe des Eispunktes herabgesetzt ist. Nach G. Lachmann und G. Schwalbe (Meteor. Ztschr. Bd. 33, 1916 Heft 7) verlaufen die Schneelinien wie die Winter-Isothermen (trifft aber nur für Dezember und Januar zu!), und die Jahressumme von 40 Schneetagen entspricht der Nullgradisotherme des Januar (Schwerin = 40,5 Tage mit Schneedecke), so daß die Zahl der Tage mit Schneedecke in unserm Gebiet sich der Zahl 40 nähert. Nach Hellmann (Klimaatlas, Berlin 1921) kommen auf das Lauenburger Gebiet 30—40 Schneetage mit mindestens 0,1 mm Schmelzwasser.

Da die Wolkendecke die Verdunstung beeinflußt, so sei die Bewölkung hier angegeben. Nach den Isonephen 0—10 beträgt die mittlere Bewölkung im Januar 7,0; Februar 7,5—7,0; März 7,0—6,5; April 6,0; Mai 6,0—5,5; Juni 5,5; Juli 6,4; August 5,95; September 5,8; Oktober 6,92; Nov. 7,3; Dezember 8,0; Jahr 6,5. — Die trockene Periode (November bis Mai) hat also starke Bewölkung und geringe Verdunstung, die relativ feuchte Periode aber (Juni bis Oktober) geringe Bewölkung und daher starke Verdunstung. Für Anreicherung der Grundwasserflöze könnte das Zusammentreffen von Trockenperiode und geringer Verdunstung und andererseits von feuchter Periode mit starker Verdunstung als kompensatorisch und daher als das Gleichgewicht des Grundwasserhaushalts fördernd gewertet werden; es kommt aber in Betracht, daß die Sommerregen als Zyklonalregen reichlich Niederschlag ergeben, so daß trotz geringer Bewölkung und gesteigerter Verdunstung die Periode der Sommerregen die Zeit der Anreicherung der Grundwasserflöze ist. Diese endet im November, und da die Verausgabung aus dem Grundwasserhaushalt das ganze Jahr gleichmäßig erfolgt — sie ist durchaus landschaftlich bedingt (cfr. unter „Hydrologie" weiter unten!) — so beginnt theoretisch vom November ab das Sinken des Grundwasserspiegels und muß im Monat Mai zum tiefsten Stand des Grundwassers führen.

Der Wert landschaftskundlicher Erwägungen für die Erklärung meteorologischer Verhältnisse kann an dem Beispiel von Travemünde nachgewiesen werden. Die Abweichung vom Sommertypus ist für diesen Ort höchst bezeichnend; denn obgleich es Küstenstation ist, ist sein Koeffizient für Juli und August überhaupt der höchste im Vergleich zu allen anderen Stationen. Das kann nur durch seinen landschaftlichen Charakter erklärt werden, der durch drei Wassersektoren sowohl die Gewitterwirkung wie auch die Steigungsregen begünstigt; denn der exzessive Regenfall tritt besonders im Juli und August ein, wobei noch zu erwägen ist, daß Travemünde mit 604 mm den absolut geringsten Niederschlag unter den verglichenen Stationen hat.

Recht scharf tritt die Bedeutung der Exposition gegen den Regenwind bei den Stationen Reeke und Nusse hervor. Beide haben infolge ihrer Annäherung an die Nordsee (Thraen) die höchsten Niederschläge mit 677 mm (Reeke) und 702 mm (Nusse). Da aber Lübeck zur Nordsee durchaus den gleichen Abstand und doch nur 625 mm Niederschlag hat, muß die lokale Lage von Bedeutung sein. Reeke liegt auf einer Bodenschwelle zwischen dem Travetal und der Travekanal-Talung am Rande der Lübecker Mulde und Nusse in 35 m Höhe, umgeben von feuchten Niederungen und zwei kleinen Binnenseen. Beide Stationen haben daher relativ hohen Niederschlag bei vorherrschendem Südwestwinde im Januar, Nusse auch im Februar, wo alle anderen Stationen ein Minimum haben; und im November, dem trockensten Monat des ganzen Jahres, haben Reeke und Nusse den höchsten Niederschlag unter allen Stationen; es herrscht dann reiner SW-Wind vor. Für Nusse ist der April bei vorherrschendem NNW der trockenste Monat des ganzen Jahres. —

Gadebusch sind gegen Nordwesten Höhen von 76 m über NN. vorgelagert; es hat in den Monaten, in denen der NW-Wind vorherrscht, im April, Mai und Juni, im Regenschatten dieser Hügel den relativ geringsten Niederschlag. Der landschaftliche Charakter und die Exposition zu den Regen- und Trockenwinden muß also für unser Gebiet als wichtiger klimatischer Faktor gewertet werden.

Einer besonderen Betrachtung soll Rotenhusen unterworfen werden, um die landschaftliche Bedingtheit klimatischer Modifikationen zu erweisen. Rotenhusen hat im Januar, Februar und März den geringsten Niederschlag unter den ausgewählten Stationen, obgleich die vorherrschende Windrichtung west-südwestlich bis südwestlich ist; unter vorwiegend trocknen Winden (NNW bis NW im Juni) hat Rotenhusen den höchsten pluviometrischen Koeffizienten unter allen sieben

Stationen und neben Travemünde die höchste Schwankung vom Mai zum Juni. Das ist nur durch lokale Einflüsse der Lage zu erklären, zumal Zarrentin in gleicher Seeuferlage an zweiter und Travemünde an dritter Stelle steht. Das Ansteigen der Wassertemperaturen in Bruch und See in Verbindung mit zyklonaler Luftbewegung führt, wenn nicht zu häufigeren, so doch zweifellos zu ergiebigeren Regenfällen. Wenn die Angleichung der Wassertemperatur an die Lufttemperatur erreicht ist, kann dieser lokale Faktor sich in seinem Einflusse auf die Niederschläge nicht mehr steigern, daher bleibt Rotenhusen im Juli mit seinem relativen pluviometrischen Koeffizienten hinter Travemünde, Recke und Gadebusch zurück, während die Summe aus Juni und Juli die aller anderen Stationen übertrifft. Ein weiterer Beweis für die Bedeutung der Lage dieses Ortes ist das langsame Abklingen des Niederschlagsmaximums von Juli bis Oktober infolge der hohen Wärmekapazität des Süßwassers (vgl. die Tabelle: Gang der Temperatur im Wasser der Landschaft!). — Rotenhusen hat im August den zweithöchsten Koeffizienten nach Travemünde, im September den weitaus höchsten vor allen anderen Stationen und steht im Oktober mit Travemünde und Lübeck noch an der Spitze. Nach meinen Temperaturmessungen (vgl. die Tabelle!) ging die Lufttemperatur von Ende Oktober bis Ende November von + 15° C bis auf ± 0° C und die Wassertemperatur in 2 m Tiefe von + 11° C bis auf + 6° C herunter, wodurch der absolute Feuchtigkeitsgehalt der Luft herabgesetzt wird. So wird durch den Faktor der Seeuferlage in Verbindung mit der Nähe des Kammerbruchs die Tatsache verständlich, daß Rotenhusen im November den weitaus niedrigsten Koeffizienten von allen Stationen und das Hauptminimum des Niederschlags für das ganze Jahr hat. Es tritt in Rotenhusen vom Oktober zum November eine derartige Abnahme der Niederschlagshöhe ein (Schwankung des Koeffizienten = — 0,41), wie sie bei keiner Station zu irgend einer Zeit des Jahres vorhanden ist (Travemünde: Oktober—November = — 0,37). Die drei Seeufer-Stationen Rotenhusen, Zarrentin und Travemünde haben dementsprechend den niedrigsten pluviometrischen Koeffizienten (0,91, 0,89, 0,91 vor 0,93, 0,94, 0,96) im Dezember (Eisdecke!). Es mag im Zusammenhang damit darauf hingewiesen werden, daß im Monat des tiefsten Minimums, also im November, der SW-Wind vorherrscht wie auch beim Minimum des Februar und ferner darauf, daß keine Station die Koeffizienten 0,72 und 0,71 aufzuweisen hat. Rotenhusen hat also bei seiner Lage zwischen Bruch und See die tiefsten Niederschlagsminima des Gebiets in Abhängigkeit vom Gang der Temperatur im Wasser. Die klimatische Forschung würde bei der Verteilung einer größeren Anzahl Stationen über das Gebiet nach landschaftskundlichen Gesichtspunkten noch genaueren Einblick in die Bedeutung landschaftskundlicher Zusammenhänge gewähren, namentlich auch die Bedeutung orographischer Kleinformen erkennen lassen.

Die herangezogenen Tatsachen haben gezeigt, daß die Normen des regionalen Klimas der Norddeutschen Tiefebene, wie es A. Thraen charakterisiert hat, durch die Eigenart der Landschaft in Oberflächenform und Wasserverhältnissen modifiziert werden. Diese klimatischen Modifikationen stehen wieder in Wechselwirkung zu den Grundwasserverhältnissen, der Verwitterung, der Bodennutzung, zu Verkehr und Siedlung.

Der Nebel in der Landschaft.

Zu den Atmosphärilien, die das Landschaftsbild bestimmen, gehört auch der Nebel. (Vgl. K. H. Soltau, Geogr. Verbrtg. u. Bedeutung des Nebels in Schleswig-Holstein. Breslau 1927.) Die Momente, die für unser Gebiet landschaftsbedingt für die Nebelbildung sind, liegen in der eigenartigen Landschaftsstruktur und den hydrologischen Verhältnissen. Neben Hochflächen und langen Hügelrücken liegen feuchte Wiesensenken und tief eingesenkte Seen. Zeitlich kommen hinzu die Temperaturdifferenzen zwischen Wasser und Land, Wasser und Luft und die Temperaturschichtung der Luft selbst. (Vgl. W. Köppen, Land- und Seenebel, Annalen der Hydrogr. 44, 1916.)

Vier Fälle kommen in Verbindung mit dem Landschaftscharakter in Betracht: I. Wärmeüberschuß des Oberflächenwassers gegenüber den umgebendenLandflächen. Darauf zurückzuführen sindHerbstnebel und Morgen- und Abendnebel im Sommer an klaren Tagen. II. Warme ozeanische Luft über ausgekühlter Landfläche ergibt Winternebel, besonders über Schneedecke. III. Temperatur-Inversion der Luft erzeugt Nebel zu allen Jahreszeiten. Als Sonderfall (K. Wegener, Entstehung des Nebels, Ann. d. Hydr. 1922 S. 209—211) kommt die adiabatische Expansion der Luft in Frage, d. h. diejenige Druckänderung, bei der der Wärmegehalt in Kalorien sich nicht ändert, wohl aber das Volumen zu und der Druck abnimmt. So kann bei Westwind die Luft am hohen Ostufer des Ratzeburger Sees aufsteigen und bei entsprechender Feuchtigkeit in Nebelschwaden über die Hochfläche treiben. Diese Art Nebelbildung liefert keine geschlossene Decke, wenn der Gradient nicht außerordentlich niedrig, also die Luftbewegung nicht zu gering ist. Auch am Westufer habe ich ähnliche Beobachtungen gemacht. Im Oktober sah ich Nebelschwaden aus der Bachschlucht am R. S. bei Einhaus heraufkommen und durch das Einhäuser Trockental gegen Harmsdorf nach SW ziehen, wo sie sich gegen 8½ Uhr auflösten. IV. Eine im Winter sehr häufige Erscheinung, der Rauhreif, ist ganz landschaftsbedingt. Sie tritt auch bei trockenem Wetter und Ostwind auf. Eine Lichtbildaufnahme am 4. Dezember 1927, 10 Uhr a. m. zwischen Bäk und Neuhofer Senke überzeugte mich von der Einwirkung dieser Erscheinung auf die photographische Platte. Es war klarblauer Himmel und Sonnenschein, scharfer SO bei — 2° C, und der zerfurchte Lehmweg war hartgefroren, Rasen, Getreidestoppel und Rübenfeld stark bereift, dichter Rauhreif auf den Knickbüschen. Der Photographie fehlten die scharfen Einzelheiten, trotz Anwendung von Gelbscheiben und Blende 22. Die feinen Dunstballen aus dem nahen Grundwasser, das auch bei hartem Winterfrost in einer Temperatur von + 6½° C an zahllosen Stellen, namentlich in den Ackergräben austritt, werden zu feinsten Eisnadeln, die zwar die Atmosphäre wenig trüben, aber durch Absorption der ultravioletten Strahlen, die kräftig auf die photographische Platte wirken, auch den besten Belichtungsmesser irreführen.

Auf Temperatur-Inversion beruhen die im Gebiete häufigen sommerlichen Abendnebel über feuchten Wiesen und Mooren, wenn der Boden durch Ausstrahlung in die klare Luft abkühlt und die Luftschichten einige Meter über dem Boden einen Wärmeüberschuß gegenüber den unteren Luftschichten haben. Ähnliche Verhältnisse liegen vor bei Nebelschwaden über Waldstücken und Getreidefeldern nach Regenfällen.

Dichte, nässende Nebel, die für die Weidewirtschaft von Bedeutung sind, habe ich im Beobachtungsjahr 1927/28 wenig bemerkt, und nach den Auskünften der Landleute soll dieser Nebel in der Ratzeburger Gegend nicht häufig sein. Nach Dr. Burghardt[1]), „Flugmeteorologische Erfahrungen im Winterluftverkehr" ist der November besonders reich an Nebeltagen (normal 12 Nebeltage, für Hamburg 10,5), von denen 60% sog. Mischungsnebel sind; diese bestehen in horizontal nebeneinander geschichteter Warm- und Kaltluft, die ohne Temperaturinversion in gleichmäßiger Temperaturabnahme bis zu einer Höhe von 3000 m hinaufreicht. Dieser Mischungsnebel ist ein außerordentliches

[1]) Dritte Beilage der Hamburger Nachrichten, Sonnabend, d. 28. Jan. 1928.

Hindernis für den Luftverkehr; ein besonderes Kennzeichen ist, daß er näßt. Es ist mir nicht bekannt, ob er im untersuchten Gebiet häufig ist; nach Burghardt sollen Wärme- oder Kälteeinbrüche im März, April und November stets diesen Mischungsnebel hervorrufen.

Im April ist, wie im Mai und Juni die relative Feuchtigkeit weit unter dem Jahresmittel, im November etwas darüber. Da aber der November der trockenste Monat des ganzen Jahres ist, Rotenhusen an der Grenze von Kammerbruch und Ratzeburger See das tiefste pluviometrische Minimum hat und die stärkste Abkühlung des Oberflächenwassers in diesen Monat fällt, da ferner die relative Feuchtigkeit der Luft im Dezember und Januar am höchsten ist, möchte ich aus allen diesen Tatsachen schließen, daß die größte Zahl der Nebeltage in unserem Gebiet, abweichend von den Angaben Dr. Burghardts, in die Monate Dezember und Januar fällt. Es würde das übereinstimmen mit den Feststellungen Soltaus (a. a. O.) für Neumünster. Dort fielen in den Jahren 1900—1920 von 46,7 Nebeltagen des Jahres auf die Monate

Januar:	Februar:	März:	April:	Mai:	Juni:
7,1	7,0	5,0	2,2	0,9	0,1
Juli:	**August:**	**Sept.:**	**Okt:**	**Nov.:**	**Dez.:**
0,4	0,9	3,0	5,0	6,7	8,4

Die Temperaturverhältnisse.

Nach dem Klimaatlas von Hellmann betragen die Temperaturmittel für das Lauenburger Gebiet im

Januar	Februar	März	April	Mai	Juni
0°bis—1° C.	+ 1° bis ± 0°	+ 2° bis + 3° C.	fast + 7° C.	fast + 12° C.	15°—16° C.

Juli	Aug.	Sept.	Okt.	Nov.	Dez.	Jahr
fast + 17° C.	fast + 16° C.	+ 13° C.	+ 9° C.	nahe an + 4° C.	nahe an + 1° C.	nahe an + 8° C.

Jahresschwankung = $17^1/_3$° C.

Die Wassermassen des großen Ratzeburger Sees und der übrigen Seen nebst den nassen Senken üben eine ausgleichende Wirkung aus, indem das Mittagsmaximum herabgedrückt, die Minima morgens und abends erhöht werden. Die Wirkung dürfte um 1° C herum schwanken, da nach meinen wiederholten Messungen das Maximum am Mittag auf den hochgelegenen Feldern im Sommer durchschnittlich zwei Grad höher ist als über dem See und in der Uferzone, zu welcher infolge der Insellage die Stadt Ratzeburg gehört. Die relativ hohe Temperatur des Seewassers bis in den Oktober dürfte eine Erhöhung des Monatsmittels in gleichem Betrage herbeiführen, während eine geschlossene Eisdecke wie im Dezember 1927 das Monatsmittel erheblich herabdrückt. Die Monatsmittel des Februar und März dürften durch die gleiche Ursache relativ niedrig gehalten werden. Da der relative Feuchtigkeitsgehalt der Luft in den Monaten Oktober bis Februar erheblich über dem Jahresdurchschnitt liegt (um 5%), so ist die Äußerung der Anwohner des Sees in Bäk, Kalkhütte, Campow und an anderen Orten, der Winter sei besonders rauh, auf das physiologische Kältegefühl zurückzuführen, da die Temperaturen des Gebiets keine Anomalie aufweisen.

Die klimatisch-meteorologische Bedeutung der Kleinformen in diesem orographisch unruhigen Gebiet, also der Zusammenhang von Klima und Landschaft, die Bodenbildung unter dem Einfluß des Temperaturganges in Luft, Oberflächen- und Grundwasser, wie im Boden selbst können erst genauer erkannt werden, wenn eine größere Zahl von, unter Berücksichtigung landschaftskundlicher Gesichtspunkte eingerichteten, Stationen im Gebiet vorhanden ist.

B. Die Ausgestaltung der Landschaft.

Die Vollformen der Grundmoränenlandschaft sind im Wesentlichen das Ergebnis von Ausschmelzung und Aufschüttung während der Diluvialzeit, also Vorzeitformen. Auch die unmittelbaren Erosionswirkungen des Schmelzwassers aus der Zeit irgend eines Rückzugsstadiums müssen als Vorzeitformen gelten, z. B. hat wohl das Schmelzwasser vom Eisrande der nördlichen Endmoräne bedeutende Ausspülungen bewirkt, die aber durch Oszillationen des Eises wieder verändert wurden, bis mit dem endgültigen Rückzug des Eises bis nach Mittelschweden die umgestaltenden Kräfte sich so verminderten, daß die Formen stabil wurden. Die Gegenwartskräfte haben im Laufe langer Zeiträume, die mit einiger Wahrscheinlichkeit (de Geer) auf 15000 Jahre geschätzt werden, Vorzeitformen umgestaltet und Gegenwartsformen geschaffen.

Auffallend in der Landschaft sind besonders die Hügelzüge, die als Kulturlandschaften durch den Pflugbau und die Weidewirtschaft beeinflußt worden sind. Ihre Kammlinie war ursprünglich eine Wellenkurve. Durch Einebnung mittels des Pfluges kamen die Feldstücke in verschiedenes Niveau, so daß der Knickwall einen vollkommenen Abschluß gegen das Nachbargrundstück bildete. Der Zugang wurde vom Feldwege her geschaffen (vgl. Fig. 24!). Die Wellenlinie des Querprofils wurde durch besondere Zufälle erhalten. Die im Hang unterhalb des Rückens vorhandene Delle blieb erhalten, da der einscharige Pflug nicht parallel zum Kamm, sondern nur den Hang hinab und wieder herauf geführt werden kann. Wird der Acker am Hang in Weide gelegt, so liegt die erste Grasnarbe auf weichem Grunde, und die Weidetiere grasen den Hang entlang, die vorhandene Delle erhaltend und oft zu einer Stufe vertiefend. Der zweischarige Motorpflug nivelliert die Hänge zu einer gleichmäßigen, schwach konvexen Form.

Außerordentlich zahlreich sind Abrutschmassen, die an Alter und Umfang sehr verschieden sind. Wo sie als Abrutschnische eine an Umfang bedeutende Bucht im Gehänge, z. B. zwischen Königsdamm und Bäkschlucht am Steilufer des R. S. im SO zurückgelassen haben, und wo die Abrutschmasse selbst durch Gegenwartskräfte schon wesentlich umgestaltet wurde, muß eine Vorzeitform angenommen werden. So ist an der erwähnten Stelle am Ausgange eines Bachtales aus Abrutschmassen eine vollkommen ebene Sohle entstanden, von Erlenbruch mit Schilfwuchs bedeckt, und der unbedeutende Wasserlauf hat sich bereits einige Dezimeter in diese Sohle eingeschnitten. Die Sohle ist Vorzeitform, der Erlenbruch mit Bachrinne ist Gegenwartsform, der kleine Schuttkegel an der Bachmündung eine Arbeitsform. An zahlreichen Stellen, z. B. am Seeufer bei Campow, Einhaus und an vielen anderen Uferstellen des R. S. sind die Abrutschmassen als Stufen am Hang stehen geblieben, desgleichen gehören die als Jetztzeitformen zu bezeichnenden Stufen zu den nie fehlenden Kleinformen in den zahlreichen Bachschluchten, in denen die Quellfurchung an den Hängen bis heute noch fortdauert, wenn auch nur periodisch. Auch an den Steilhängen des R. S. sind diese Arbeitsformen heute noch zahlreich z. B. im Steinort und im Seebruch.

Alle schon erwähnten Terrassenformen[1]) sind Vorzeitformen; die vermoorte Terrasse am SO-Ufer des R. S. ist als Zerstörungsform wie in ihrer Torfdecke Vorzeitform[2]). — (Fig. 19.)

Eine ganz junge Form ist die Abrißstufe am Rande ehemaliger Niederungsmoore (Fig. 18). Sie findet sich fast immer da, wo ein

---

[1]) Figur 4.

[2]) Die Bezeichnung „altalluvial" im Sinne von postglazial ist wohl gerechtfertigt; aber landschaftskundlich muß der Begriff „Vorzeitform" gelten, da weder Kalk noch Torf sich unter den heutigen Verhältnissen bilden können.

lehmiger Feldhang an eine torfgründige Sauergraswiesensenke stößt. Das Niederungsmoor berührte im ausgebildeten Zustande mit seiner randlichen Oberfläche die untere Grenze des Lehmhanges. Die Torfrasendecke kann dabei schon eine solche Festigkeit erreicht haben, daß sie als Mähwiese oder Viehweide bewirtschaftet werden kann. Als dann aber durch Drainage und Vertiefung der Wiesengräben, auch aus Ursachen allgemeiner Art der Grundwasserspiegel sich senkte, zog sich die Torfmasse vertikal zusammen und riß vom Lehmhang ab. Der Vorgang kann im Laufe vieler Jahre sich ganz allmählich vollziehen, ist aber darum nicht minder interessant. Die Rißwunde liegt da, wo Torf- und Lehmboden sich berühren und ist kaum sichtbar. Aber die Atmosphärilien dringen an dieser Stelle ein, der Torf wird zersetzt, die Humussäuren neutralisiert und in der Aufrißlinie eine für den Pflanzenwuchs günstige Bodenbildung eingeleitet. Daher sprießen in dieser Zone Gramineen und krautige Phanerogamen üppig empor und bilden einen Pflanzenkragen um die Wiesensenke, die Aufrißspalte immer wieder schließend, während das Niveau der Sauergraswiesen allmählich tiefer sinkt, bis der Grundwasserspiegel unter der Unterkannte der Torfdecke liegt. —

Bei plötzlichem Sinken des Grundwasserspiegels erfolgt auch die Bildung der Abrißstufe plötzlich. Der Fall dürfte aber nur durch menschlichen Eingriff herbeigeführt werden. Das trat z. B. in Kühsen am Elbtravekanal ein. Ein Fischteich sollte in seinem Niveau um 1 m gesenkt werden. Die Vertiefung des Abzugsgrabens mußte aber eingestellt werden, da der Boden der angrenzenden Wiese parallel zum Teichufer 60 cm tief aufriß und auch in der in der Nähe vorbeilaufenden Straße sich Risse bildeten. Der gleiche Vorgang zeigte sich neben dem Fischteich des Landwirts Röhrs in Lankau (Blatt Mölln), wo der Riß an der Grenze zwischen lehmigem Feldhang und Wiese entlang lief. In größerer Nähe des Teiches bildeten sich Risse von 1 m Tiefe und 0,50—0,60 m Breite, auf deren torfigem Grunde Wasser rieselte und nach einigen Wochen versiegte. Ich muß die Frage offen lassen, ob durch die Risse ein kiesig-sandiger Grundwasserträger unter dem benachbarten Lehmhange angeschnitten worden ist. Die fertige Stufe mit dem erwähnten Vegetationskragen ist sehr schön ausgebildet außer in der Neuhofer Senke in derWiesensenke des nördlichen Abflußbaches, der aus dem Tüschenbeker See kommt. In Bildung begriffen ist die Stufe an der Verlandungsbucht des Behlendorfer Sees hinter den Arbeiterhäusern des Gutes. Ob sie dort aber ganz zur Ausbildung kommt, ist fraglich, da durch Sphagnum-Arten dort die Bildung von Polstern eines künftigen Hochmoores begonnen hat.

Auch an anderen Stellen, wo unter torfigen Wiesenmulden oder -senken der Grundwasserspiegel fällt, ist die Stufe bereits vorhanden oder ihre Bildung ist durch den erwähnten Vegetationskragen angedeutet. Wo die Torfdecke auf der Lehmunterlage nicht sehr mächtig ist, kann der Betrag der Senkung neben der Stufe an Busch-Erlen direkt abgelesen werden. Sie sind mit ihren Wurzeln bis in den festen Untergrund eingedrungen und die Basis des Erlenbusches ragt, von den nun stelzenden Wurzeln getragen, zuweilen 0,50 m über das Niveau der eingesunkenen Rasenfläche empor. —

Sehr wesentliche Ausgestaltung hat die Landschaft in ihren Hohlformen erfahren. Sie sind nicht nur morphogenetisch interessante Bildungen, sondern auch Landschaftsteile von großer Schönheit, z. B. die Bachschluchten.

Die Vorzeitform des abflußlosenTümpels, der periodisch austrocknet, wird allmählich durch Einebnung mittels des Pfluges aus der Landschaft verschwinden[1]), heute ist er noch zahlreich über die Felder verstreut, und sein rundes Weidengebüsch macht ihn auf große Entfernung kenntlich. Er findet sich eigentümlicher Weise auch auf der Unterterrasse am R. S. im SO südlich der Bäkschlucht. Die gelegentlich aufgetauchte Frage, warum sich diese Tümpel, soweit sie tief und scharfrandig sind und deshalb von den Geologen als Sölle bezeichnet werden, nicht im Walde finden, dürfte sich dahin beantworten lassen, daß man bei der Waldlegung diese Tümpel im Interesse der Weidewirtschaft umging; sie liegen tatsächlich an Waldrändern sehr zahlreich und dienen dem Vieh zur Tränke. — Eine Umgestaltung der Torfwiesensenken erfolgt in der Gegenwart nur durch Vertiefung des Grabensystems, die eine Zersetzung des Torfuntergrundes allmählich herbeiführt, Moose und Sauergräser verschwinden läßt und den Gramineen günstigere Bedingungen schafft, wenn man die Humussäuren durch Kalk zum Teil (nicht völlig, was nachteilig ist, da protein-verzehrende Bakterien angereichert werden — nach Tacke, Moorversuchsstation Königsmoor) bindet. Einzelne Erlenbruchflächen in den Senken, die wohl ursprünglich durchweg Erlenbrücher waren, werden heute allmählich abgeholzt und den Weideflächen angeschlossen; auch in ihnen schont man die Tümpel als Tränkstellen.

Eine Hohlform von besonderer Eigenart ist die sandig-tonige Laubwald-Bachschlucht, die durch Einfluß des Menschen verdeckt, eingeengt, aus dem Antlitz der Kulturlandschaft gewissermaßen aus-

[1]) Fig. 15.

geschaltet, in ihrem Aufbau aber bisher wenig verändert wurde. Allerdings hat man eine, eigenartiger Weise auf breiter Kuppe beginnende schmale und tiefe Seitenschlucht zu der ersten (südlichen) Hauptschlucht bei Utecht ganz abgeholzt, um sie anscheinend auszufüllen. Im übrigen werden sie durch Gegenwartskräfte nur ganz allmählich umgestaltet. Es sind Gruppenformen aus einer Vorzeitform mit Talmäandern und einer Jetztzeitform mit Sohlenmäandern. An der Disnacker Bachschlucht sind die arbeitenden Kräfte gut zu verfolgen. Figur 13 mit der Erosionskurve läßt erkennen, daß im Einzugsgebiet starkes Gefälle herrscht, aber die Bachschlucht selbst sich in ihrem größten Teil im gleichen Niveau von 40 m hält. Bei starken Gewittergüssen und plötzlicher Schneeschmelze füllt sich die Bachschlucht mit Wasser, das nur schwache Bewegung zeigt, am Ausgange der Schlucht aber kräftig erodiert, da die letztere über der Wiesensenke hängt. Hier bildet sich auch ein sandig-toniger Schuttkegel. Figur 11 zeigt die Erosionswirkung bei verschiedenem Wasserstande. Das südliche Ufer der Schlucht ist der Prallhang der Vorzeitform; er läßt das Wasser der Bachrinne kräftig zurückschwingen. Daraus erklärt sich die Länge der Bachschlingen zu einem Teile; andererseits sind es die starken Stämme der Erlen, die in Gruppen wachsen, welche die Verkürzung der Sohlenleisten verhindern. Daß aber die starkstämmigen Erlen an Flanken und Stirn der Sohlenleisten stehen, hat seinen Grund in den ausgezeichneten Bedingungen, die durch das Wasser des Baches das an Mineral- und Huminstoffen reich ist, geschaffen werden. Man kann durch Vergleiche leicht feststellen, daß Schluchtsohlen ohne Bachmäander eine Buschvegetation aus nur dünnen Stämmchen tragen, einmal wegen des Halbdunkels, das während der Vegetationsperiode in allen Bachschluchten herrscht und wegen der Vermoorung der Sohle, die das Gedeihen der Buschvegetation, die sich dafür an den Hängen umso kräftiger entwickelt, beeinträchtigt. Andere Kennzeichen der Arbeitsform, wie sie in Fig. 11 dargestellt ist, sind sandig-tonige Aufschüttungen am Rande der Sohlenleisten zu einem Uferwall en miniature, Gleithanganschwemmungen in der Bachrinne am Ende einer Schlinge und tote Tümpel, die in Vermoorung begriffen sind, außerhalb der Sohlenmäander.

Zwei stabile Endstadien ergeben sich, solange Menschenhand nicht eingreift. Die Sohlenschlucht mit Bach in gleichem Niveau wird mit dichter Buschvegetation erfüllt bis zur Unzugänglichkeit; Unwetterkatastrophen können vom Schluchtausgange her, wo das Gefälle groß ist, rückschreitend die Sohle anfressen und nach und nach ausräumen

Es verschwindet dann die Sohle mit ihrer Buschvegetation. Dieser Zustand ist oberhalb des in Skizze Nr. 11 dargestellten Abschnittes im Dorfe Gr. Disnack vorhanden, wo die Schlucht nur noch aus einer Kette relativ breiter Tümpel besteht. Er ist ferner gegeben im Ausgangsteil der Bachschlucht des Bartelsbusches (Fig. 13); die Erosionskurve zeigt das starke Gefälle am Anfange und Ausgange der Schlucht. Das Profil Fig. 25 zeigt die ausgeräumte Schlucht, deren oberer Teil noch eine Haselbruchsohle von geringer Länge besitzt. — Das Profil zeigt gleichzeitig noch die Stufenbildung durch Rutschung infolge von Quellwasserfurchung. Die Eiche mit einem Stamm von etwa 0,60 m zeigt, daß das Alter der Stufe, die eine Länge von über 40 m hat, beträchtlich ist. Die Grundwasseraustritte sind in allen Bachschluchten vorhanden, wechseln in der Stärke jahreszeitlich, hören gegen das Frühjahr oft ganz auf und sind im Herbst und Winter am stärksten. Ausgestaltend durch Rutschungen wirken in der Gegenwart solche an hohen und steilen Hängen wie im Steinort und Seebruch. Vor manchen, nur noch periodisch einen schwachen Quellauf enthaltenden Trockenschluchten liegt eine früher ausgeführte Bodenmasse aufgehäuft, z. B. südlich des Kolksees im Bartelsbusch. Auf schöne Arbeitsformen der Rutschung, deren Endergebnis zu falschen, d. h. nicht auf Erosion beruhenden Talmäandern führt, wenn die abgerutschte Masse durch Hochwasser entfernt wird, wurde bereits hingewiesen; sie sind auf Fig. 5 dargestellt. — Die Unterschiede in der Ausgestaltung, die durch verschiedene Steilheit der Hänge bedingt sind, beruhen primär ebenfalls auf Quellfurchung; nur sekundär kommt Oberflächenwasser periodisch und wenig wirksam in Betracht. Der Faktor der Undurchlässigkeit des Bodens, der in der Urlandschaft sicher ungleich bedeutsamer zur Geltung kam, wird heute kompensiert durch ein reguliertes Entwässerungssystem, durch Bodenbearbeitung und Pflanzendecke.

An einigen Hohlformen tritt die Abhängigkeit der Ausgestaltung von den Landschaftsformen klar hervor; Einzugsgebiet und Gefälle machen die Erosionswirkung der Schmelz- oder Oberflächenwasser verständlich.

Die Erforschung der Stauchungserscheinungen oszillierender Eiswände in Verbindung mit der wesentlich anders gearteten Wirkung abschmelzender und zurückweichender Eiswände hat die Diagnose der Moränenformen soweit gefördert, daß wohl die Hügelzüge im NW als Stauchungsmoränen angesprochen werden können; sie zeigen mit ihren dazwischen liegenden Senken auffallende Ähnlichkeit mit den Bildern, die K. Gripp von seiner Spitzbergenexpedition mitgebracht hat. Ich möchte auch das Problem der Aufeisbildung bei der Ausgestaltung der Bachschluchten mit heranziehen. Es ergeben sich große Schwierigkeiten, die Terrassenbildung am Ostufer des Ratzeburger Sees mit der Entstehung der Bäkschlucht in Verbindung zu bringen. Die Terrassen des Seeufers, die bei Utecht in 28 m Höhe liegen, gehen in 20 m Höhe in die Terrassen der Bäkschlucht über. Für die Erosion der Bäkschlucht muß aber eine tiefe Erosionsbasis, etwa dem heutigen Niveau des R. S. entsprechend, angenommen werden. Fand in dieser Rinne Aufeis-Bildung statt, so konnte ihr tiefes Niveau längere Zeit bestehen, und die Schmelzwässer von der nördlichen Endmoräne fanden ihren Weg aus der Schöneberger Mulde über das untere Maurinetal, den Röggeliner und Lankower See (Blatt Carlow) in den Mechower See; ein anderer Strom ging durch die Sandgrube am Nordende von Schlagsdorf in die Schlagsdorfer Mulde (bei s auf Fig. 3) und die Neuhofer Senke, durch den Überlauf bei Gut Neuhof die westlich anschließende Bachschlucht und durch den Bäk vom Mechower See her die Bäkschlucht schaffend. Will man aber nach alter Auffassung den R. S. als Erosionsrinne mit Gletschertor gelten lassen, so mußte die Bäkschlucht schon vorher entstanden sein; denn als der Wasserstand im R. S. so hoch war, wie seine Abrasionsterrasse bei Utecht anzeigt (28 m über N. N.), konnte vom Mechower See her die Ausarbeitung der Bäkschlucht nicht mehr erfolgen, sie muß also älter sein als die Terrassen am See und in der Schlucht; die auf den hohen Wasserstand zurückzuführen sind. Dieser hohe Wasserstand hat auch die Sandstreifen auf den Äckern von Campow und Utecht herbeigeführt. So zieht sich ein durch Auswaschung hervorgerufener Streifen, der sich den Landleuten durch Unfruchtbarkeit bemerkbar macht, durch die Feldmarken von Campow und Utecht in etwa 20 m Höhe von S nach N, eine alte Strandlinie oder Wasserstandsmarke. Der Wasserstand muß sich überhaupt periodisch auf 40, 20 und 10 m befunden haben; denn die Wasserrisse enden gruppenweise in diesen Niveaus. Wenn einzelne enge und tief eingeschnittene Kerbschluchten auf breiter Hochfläche ohne Sammelmulde beginnen, fällt es schwer, sie als primäre Erosionsformen anzusehen, obgleich sie kurze Mäander aufweisen. Ich halte es für möglich, daß hier feinsandige Grundwasserträger, als sie seitlich in tieferem Niveau angeschnitten wurden, vollständig ausflossen, für spätere Erosion die Grundform schaffend. Als man beim Ablassen des Kühsener Fischteiches den Abzugsgraben vertiefen wollte (Elbtravekanal-Talung), traf man auf einen Feinsand, der im Grundwasser flottierte, so daß Menschen und Geräte sofort darin versanken. Dieser Grundwasserträger zog sich weit hin gegen die Trave-Talung. Alle auf solchen Verhältnissen beruhenden Hohlformen sind älter und als Vorzeitformen zu bezeichnen.

Eine andere Kategorie, welche die Erosionsgesetze deutlich erkennen lassen, möchte ich in ihrer Ausgestaltung wenigstens als Jetztzeitformen ansehen. Dahin gehören die auf Fig. 10 dargestellten Bachgräben. Beide sind deshalb vergleichbar, weil sie in der Erosionskurve endständig sind und auch in fast gleichem Niveau enden. Der Unterschied in ihrer Ausbildung kann also nur durch Gefälle und Wassermenge bedingt sein. Graben A hat starkes Gefälle und kleines Einzugsgebiet, also geringe Wassermenge, er ist ein gestreckter Graben von Kerbtal-Form. Im Wasserriß besteht noch starkes Gefälle (15 m auf 375 m Länge). In der Bachsohlenschlucht B ist die periodisch abkommende Wassermenge groß, das Gefälle gering, in der Bachsohlenschlucht selbst gleich Null. Es hat sich eine Sohlenschlucht mit weiten Mäandern gebildet. —

Die trichterförmigen tiefen Kessel, in welche 1 km südlich von Buchholz einige kurze Bachgräben ausmünden, dürften auf Grundwasserfurchung mit Ausfluß des feinsandigen Grundwasserträgers (am Westufer des R. S. sind Feinsande nicht selten) beruhen, sonst ist es unverständlich, warum der Wall parallel zum Seeufer bei der Erosion stehen geblieben ist. Natürlich wird man auf eine Erklärung verzichten, wenn man hier und bei ähnlichen Gebilden eine primäre Glazialform annehmen muß. —

Ganz andere Gesichtspunkte kämen in Frage, wenn im Grunde der oft kilometerlangen Bachschluchten alte Geröllbetten gefunden würden; bisher ist aber nichts Derartiges festgestellt worden.

Einen besonderen Fall der Ausgestaltung stellen die Utechter Bachschluchten dar. Wie die Fig. 12 zeigt, liegt zwar ein allgemeines Gefälle vor; aber im einzelnen ist die Tiefe und Ausdehnung der Schluchten, ihre Mäandrierung und Scharfrandigkeit, ihr Zusammentreffen unter rechtem Winkel in der Oberflächenform nicht ausreichend begründet. Es muß noch ergänzend hinzugefügt werden, daß östlich von Utecht nicht zwei, sondern drei Bachschluchten von gleicher Größe und Beschaffenheit an demselben Ort ausmünden. Die dritte ist auf dem Meßtischblatt nicht dargestellt, und die dargestellten sind stark generalisiert. Der Maßstab hat auch nicht gestattet, die reiche innere Gliederung zur Darstellung zu bringen. Der Verlauf der Schluchten, namentlich der zweiten (von N her gezählt), die dritte (bei G) fehlt, ist durchaus nicht so gestreckt, wie die Karte vermuten läßt, die Hohlform hat fast halbkreisförmige Mäander, und an zahlreichen Stellen liegen kurze Gehängeschluchten und Wandnischen mit periodisch rieselndem Wasser. An manchen Stellen erheben sich kleine scharfkantige Rücken von einigen Metern Länge und etwa 2 m Höhe aus dem Grunde der Schlucht. — Fig. 12 hat bei G zwei eng-parallele Linien, welche Weggräben darstellen. Auf dem Meßtischblatt hat dieser Weg ein Gefälle von 65 m zu 45 m an der Nordecke der zweiten Bachschlucht; das ist sicher nicht richtig; der Weg verläuft nahezu horizontal. Ich muß daher an den Verlauf der Isohypsen ein Fragezeichen machen und halte zunächst eine genaue kartographische Aufnahme in großem Maßstabe für erforderlich, bevor man eine Diagnose dieser Vorzeitform versuchen darf.

Meine Beobachtung der Landschaft fiel zum Teil in das sehr nasse Jahr 1927, in welchem westlich wie östlich des R. S. die ganze Roggenernte auf den Feldern verfaulte. Auf den Hängen der langgestreckten und teilweise ziemlich steilen Hügel war die Aufweichung des lehmigen Bodens so groß, daß die Leiterwagen bis zu den Achsen einsanken; dennoch habe ich nirgends, auch in den triefenden Bachschluchten keine Spuren von breiigem Abfließen lehmigen Bodens gesehen. Da die Disnacker Bachschlucht gelegentlich bis über die Bachsohle voll Wasser steht, „scheint“ der Böschungswinkel des Hanges sich an manchen Stellen allmählich zu verkleinern. Dafür scheint die ebene Oberfläche dieser Partien zu sprechen. Ein Gekriech von Boden außerhalb arktischer Gebiete anzunehmen, liegt auch kein physikalischer Grund vor. Jedes Erdteilchen hat am nächsten eine Stütze, Wasserrinde um Sandkörnchen vergrößert sogar den Böschungswinkel: bei geographischen Arbeiten am Sandkasten zeigt Feinsand eine dauerhafte Plastizität, wenn er feucht gehalten wird. Eine weichplastische Schicht, etwa Kalkschlamm mit Gehalt an Alkalien, ermöglicht nur dann ein aneinander Vorbeigleiten der Körnchen, wenn ihre Schwere die durch die Zwischenschicht immer erhöhte Adhäsion überwinden kann. In gemischten Böden jeder Art ist der Böschungswinkel immer größer als in solchen aus reinem Grand oder Sand. Wo allerdings Lehm auf geneigter Kiesfläche oder umgekehrt gelagert ist, treten Rutschungen ein. Für Lehm, Sand, Kies und ihre Mischungen liegt kein physikalischer Grund füt die Annahme von Erdfließen vor. Selbst aus Gletschern ausgeflossener Schlamm wird nach seiner Lagerung kaum wieder in Bewegung geraten, da er durch Oberflächenwasser niemals wieder in den Zustand der Erweichung geraten wird, den er hatte, als die Eisumrindung jedes Körnchens schmolz, die feinen Körnchen gewissermaßen im Schmelzwasser flottierten.

Die Beobachtung der Ausgestaltung des untersuchten Gebietes hat mich überzeugt, daß postglaziale Solifluktion in Moränengebieten vollkommen ausgeschlossen ist.

Über die Erosion bei der Ausgestaltung der Landschaft kann zusammenfassend gesagt werden, daß durch reine postglaziale Erosion allein die Bachschluchten und ähnliche Hohlformen nicht geschaffen sein können, da in den Oberflächenformen eine Sammelmulde und ein entsprechendes Gefälle nicht erkennbar ist und ferner die Schluchten in verschiedenem Niveau beginnen und enden und vollkommen systemlos über das Gebiet zerstreut sind und trotz gleichartigen Aufbaus der Landschaft und gleicher Gesteine diese Hohlformen in manchen Teilen des Gebietes ganz fehlen. Das Wasser muß plötzlich in großer Menge in Wirksamkeit getreten und schnell wieder verebbt sein, wie es in seltenen Fällen und in ungleich schwächerem Maße heute noch bei starken Gewittern mit sogenannten Wolkenbrüchen auftritt. Manche Formen deuten auf das Ausfließen des Grundwasserträgers und auf Quellfurchung hin. Die Landschaft muß also unter anderen klimatischen Bedingungen zur Ausgestaltung gekommen sein als die Altmoränenlandschaft, die statt systemlos angeordneter Hohlformen ausgebildete Wannensysteme und Netze von Trockentälern aufweist[1]).

C. Abhängigkeit der Hydrographie von der Landschaft.

Die Wasserläufe des Gebiets sind infolge Mangels einer durchgreifenden Erosion vollkommen unausgeglichen. Es hat sich kein Flußsystem ausbilden können. Die Bäche müssen große Umwege machen, um ihre Erosionsbasis zu erreichen. Der Schattiner Bach (Fig. 6) und der Kulpiner Bach (Fig. 20) lassen es deutlich erkennen. Nachdem die ungeheuren Schmelzwassermassen, deren Marken bis 40 m über N. N. reichen — die Hebung und Senkung, die vom Gebiet der Untertrave vielleicht bis hierher sich auswirkten, sind unberücksichtigt gelassen worden — sich verlaufen hatten nach W und S, trat eine Umkehrung der Entwässerung in Abhängigkeit von der Landschaft nach N zur Trave ein. Die Geringfügigkeit der Bewegung im Oberflächenwasser zeigt sich in der geringen Erosion und Aufschüttung, die sie zu bewirken vermag. Im südlichen Behlendorfer und im nördlichen Mechower See hat sich je ein ganz kleiner Schuttkegel gebildet. In den Ausgängen der Bachschluchten, an der Einmündung des Baches in den Kolksee ist die Aufschüttung viel bedeutender. Ein langer Bachlauf von unausgeglichener Erosionskurve leistet in Erosion und Aufschüttung viel weniger als ein kurzer Bachlauf mit starkem Gefälle.

[1]) Vgl. K. Gripp „Über die Grenzen der letzten Vereisung."

Die Seen, mit Ausnahme des Ratzeburger und Tüschenbeker Sees sind entweder abflußlos oder mit einem künstlichen Abflußgraben versehen (Mechower See). Die langgestreckten Wiesensenken haben einen großen Teil des Jahres ganz geringe Wasserführung und sehr schwaches Gefälle, so daß der Inhalt der künstlichen Grabensysteme durchweg stagniert. Viele abflußlose Tümpel trocknen aus oder verlanden durch Zuwachsen; andere werden trocken durch die immer mehr durchgeführte Drainierung z. B. die beiden Tümpel am Nordrande des Bartelsbusches südlich von Gr. Disnack. Auch die vermoorenden Mulden werden durch Drainage nach und nach beseitigt. Das wird sehr erleichtert durch die in der Landschaft gegebenen Niveauunterschiede der Senken, Tümpel und Seen.

Sehr wichtig ist die Verminderung des Grundwasserhaushalts durch das Anschneiden der Grundwasserträger auf natürlichem und künstlichem Wege. So sind es vor allem die Bachschluchten die bis in die unteren Sande, den Haupt-Grundwasserhorizont eindringen, wie auch die tiefe Rinne des Ratzeburger Sees. Hier rinnt das Grundwasser aus zahlreichen Quellen Sommer und Winter in der gleichen Temperatur von + 6 bis + 8° C. Dem Maximum und Minimum der Niederschläge folgt die entsprechende Wasserführung um etwa 4 Monate nach. Dem Maximum des Niederschlags im Juli-August entspricht die verstärkte Wasserführung der Quellen im Dezember und Januar. Während dann der Acker fest gefroren ist, murmelt das Wasser in den tiefen Ackergräben und in den Bächen der tiefen Schluchten und der Wiesensenken; die an den Ecken der Feldstücke angelegten Abzugstümpel sind dann bis zum Überlaufen gefüllt; das Wasser tritt auf den anstoßenden Acker hinauf. Vom Januar an sinkt der Grundwasserspiegel, um etwa im Mai seinen tiefsten Stand zu erreichen, wenn die Trockenperiode des Jahres (Oktober—Mai) endet und die niederschlagsreiche Zeit (Juni—Oktober) beginnt. Der langsame Ausgleich zwischen Niederschlag und Grundwasserstand scheint die Behauptung Friedrichs zu erhärten, daß der Grundwasserhaushalt der Landschaft von der im Süden (bei Mölln) gelegenen sandig-kiesigen Endmoröne beherrscht wird, deren Kiese demnach mit den unteren und untersten Sanden in unserem Gebiete in Verbindung stehen müssen. Auch das scheinbar unerklärliche Anschwellen des Ihlensees bei trockenem Wetter (südlich von Mechow) ließe sich darauf zurückführen. —

Das künstliche Ackergrabensystem verbreitet sich wie ein Netz über die ganze Landschaft und steht mit den Grabensystemen der Wiesensenken (vgl. Fig. 10, 12 und 13) und den Bachläufen der Sohlenschluchten in Verbindung. Die Gräben sind eng, aber tief und führen das Oberflächen- und Quellwasser oft in einen künstlichen Ecktümpel auf der Grenze zusammenstoßender Feldstücke.

Die Landschaft befindet sich zweifellos im Zustande allmählicher Grundwassersenkung, wie die zahlreichen austrocknenden Tümpel beweisen. Die Vertiefung der Ackergräben und der Abzugsgräben in den Senken trägt viel dazu bei. Damit verändert sich die Pflanzendecke an den Ackerrändern und in den Sauergraswiesensenken; wenn dann noch das Projekt, den Mechower See trocken zu legen, zur Ausführung kommt, d. h. an Stelle einer ausgedehnten Wasserfläche Wiesen und Felder treten, dürfte sich das Landschaftsbild außerordentlich verändern. So macht sich die Umkehr der Abhängigkeit geltend: die Änderung der hydrologischen Verhältnisse verändert auch das Landschaftsbild. Umgekehrt wird man zu einer Rekonstruktion der Urlandschaft gelangen, wenn man einen höheren Grundwasserstand annimmt, gleichgültig, ob klimatische oder tektonische Verhältnisse die Ursache waren.

Zusammenfassung:

Der durch Dauerflüsse, ausreichende Bodenfeuchtigkeit und Niederschläge zu allen Jahreszeiten als Normen charakterisierte Typus der Mittelgürtel zeigt im untersuchten Gebiete auch hinsichtlich der Hydrographie höchst interessante Modifikationen, die vom Landschaftsbau und Regionalklima abhängig sind. Die Wasserläufe zeigen in den trockneren Wintermonaten lebhafte Bewegung, und austretendes Grundwasser bildet in den Senken vielerorts kleine stagnierende Tümpel. In den niederschlagsreichen Sommermonaten kommt oft alle Bewegung des oberflächlich fließenden Wassers, von Witterungsexzessen abgesehen, zum Stillstand.

Der eigenartige Bau der Landschaft mit ihren zwei Grundwasserstockwerken und den in ungleichem Niveau gelegenen Seen und Teichen beherrscht durchaus die hydrographischen Verhältnisse, und die heutige Höhe der Niederschläge reicht nicht aus, ein ausgeglichenes Entwässerungssystem zu schaffen. Es tritt im Gegenteil ein allmählich fortschreitendes Sinken des Grundwasserspiegels ein, zum Teil beschleunigt durch menschliche Eingriffe, aber wiederum modifiziert durch den wahrscheinlichen Zusammenhang zwischen den Grundwasserträgern des Gebiets und den Kiesen und Sanden der südlichen Endmoräne. —

D. Abhängigkeit biologischer Erscheinungen von der Landschaft.

Es bot sich schon oft Gelegenheit, festzustellen, daß die Einförmigkeit einer Grundmoränenlandschaft wirklich nur eine scheinbare ist; denn die einzelnen Landschaftsteile stellen geographische Räume von sehr verschiedenem Typus dar, die man als geographische Individualitäten ansehen muß. Sie bieten dem Tier- und Pflanzenleben die verschiedensten biologischen Bedingungen. Naß- und Trockenböden, Hügelhänge in verschiedener Lage zum Gang der Sonne, zu den herrschenden Winden, Windlage und Windschutzlage, die lange Belichtung freier Hochflächen, die einseitige Belichtung der steilen Seeufer, das Halbdunkel der Bachschluchten, die moorige, sandige, lehmige und tonige Beschaffenheit der Böden bewirkt einen starken Wechsel im Pflanzenkleid mit einer großen Artenzahl. Dieser Wechsel zeigt sich auch in den Pflanzenvereinen. Der vorherrschende Laubwald ist bald lehmiger Trockenhang-Wald ohne Laubgebüschunterholz, bald Laubwald mit naßgründigem Moderboden und flachen Tümpeln mit dichtem Laubgebüsch, oder moorig-naßgründiger Laubwald mit dichtem Graswuchs aus langen Waldgräsern, die oft büschelig wachsen und sich im Herbste rot verfärben (Molinia, Melica, Phalaris, Poa). Der Bruchwald mit Erle, Esche, Eberesche, Zitterpappel und Weide ist an Naßgründigkeit und humosen Boden gebunden. Er findet sich daher in den Sauergraswiesensenken, wo das Grundwasser gestaut wird, ferner an Steilhängen mit Grundwasseraustritt z. B. im Seebruch Steinort, hier auch eine Sumpfflora aus blühenden Phanerogamen, Schilfwuchs und büschelig wachsenden Sumpfgräsern, besonders Glyceria aquatica und nemoralis, Carex-Arten, Scirpus paluster und lacustris, dazu Alisma und Eriophorum. Ein solcher Bruchwald ist ferner als Uferstreifen vom Dorfe Campow nach N in geringer Ausdehnung vorhanden, nur aus Buscherlen und dichtem Graswuchs auf naßgründigem Moderboden zusammengesetzt. —

Die Sauergras-Wiesensenken werden beherrscht von Juncaceen und Cariceten neben Glyceria und Compositen.

Im sandigen Gebiet im Nordwesten treten am Wegrande Calluna, auf sandigen Triften Trifolium murinum und Sarothamnus scoparius, der Besenstrauch, auf.

Auch Thallophyten finden besondere Bedingungen vor. Das Wasser des Großen Ratzeburger Sees gilt als besonders rein und keimfrei. Nach Generaldirektor Hencke, Lübeck, enthält es pro Kubikzentimeter nur 100 Keime. „Als nach dem strengen Frost das Oberflächenwasser in die Wakenitz hineinspülte, stieg in dieser innerhalb von vier Tagen die Keimzahl von 500 auf 285000 pro Kubikzentimeter." Aus dieser Tatsache dürfte hervorgehen, daß ein großer Teil des Seewassers Grundwasser ist. Als Nährwasser eines jungen Mineralbodens bietet das Seewasser der Algenflora eine günstige Entwicklung. So kann man beobachten, daß einzellige und wenigzellige Algen in stets wechselnden Gattungen und Arten im Flachwasser des Schelfs treiben. Die Zelluloseschleime der verquellenden Zellwände führen bei Wellenbewegung zu der schon erwähnten Schaumbildung. Darin fand ich alle Familien der Schizophyzeae vertreten, in Mehrzahl Nostoc, Rivularia und Clathrocystis. Die als Wasserblüte treibenden Thallophyten sind beteiligt bei der Bildung des Lebertorfs am Seegrunde, während Characeen die Bildung von Wiesenkalk fördern. —

Eine von der Landschaft durchaus abhängige biologische Erscheinung ist das üppige Wachstum an abflußlosen Feldrandtümpeln. An vielen Stellen sind mir derartige Erscheinungen aufgefallen, im Dorfe Kl. Sarau, westlich der Lübecker Bahn und im Dorfe Bäk am toten Bacharm auf dem Grundstücke des Bauernvogts. Während die Bildung von saurem Humus in abflußlosen Ackermulden die Pflanzenentwicklung hemmt, steht die überaus üppige Ufervegetation vermoorter Tümpel dazu in interessantem Gegensatz; denn diese Üppigkeit erstreckt sich nicht nur auf die Sumpfvegetation, sie ist das Merkmal großer Fruchtbarkeit überhaupt. Nicht alle Moortümpel zeigen dieses Wachstum, sondern ausnahmslos nur diejenigen, die am Fuße von Kulturhängen liegen. Eine bloße Einschwemmung von Dungstoffen in den Hangfuß kann nicht die Ursache sein, da diese Erscheinung dann allgemein sein müßte; es kommt vermutlich das Zusammenwirken von Kalk und eingeschwemmten Alkalien mit Humus in Betracht, das auf dem Mergelboden von Kl. Sarau gegeben ist. Die bei der Zersetzung der Pflanzenstoffe stets reichlich vorhandene Kohlensäure greift nicht nur die Karbonate, sondern auch die Silikate an, so daß ,,Alkalien und alkalische Erden als Hydroxyde frei werden und in Lösung gehen unter der hydrolytischen Wirkung des Wassers. Dabei werden zweifellos auch Bikarbonate gebildet, da das Grundwasser, um das es sich in solchen Feldrandtümpeln handelt, stets freie Kohlensäure enthält[1]). Nun hat Ramann neuerdings festgestellt, daß Bikarbonate wie Puffer auf die stärkere Zersetzung der zeolithischen

[1]) Em Kayser, Abriß der allg. u. strat. Geologie 1925. S. 106 und 109.

Silikate wirken, so daß die Ausfuhr der kolloiden Tonerdealkalisilikate, die für die Ernährung der Pflanzen sehr wichtig sind, unterbleibt[1]). Auch Humusstoffe haben die gleiche Wirkung. Für diese Verwitterungsvorgänge ist außerdem von Belang, daß in diesen stagnierenden Tümpeln das Wasser eine ziemlich hohe Temperatur hat. So kann angenommen werden, daß an den charakterisierten Orten alle für die Ernährung der Pflanzen wichtigen Stoffe zur Verfügung stehen und jenen auffallend üppigen Pflanzenwuchs hervorrufen[2]).

Eine von der Eigenart der Landschaft abhängige Erscheinung ist auch die Wintervegetation der Quellhorizonte am Steilufer des Ratzeburger Sees südlich von der Bäkschlucht, im Seebruch, Steinort, bei Campow, Einhaus und an anderen Orten, z. B. in den Quellnischen der Bachschluchten. Es sind wasserliebende Phanerogamen, an deren Gedeihen in dem $+ 6{,}5^0$ C warmen Quellwasser namentlich Wildenten lebhaft interessiert sind.

Bemerkenswert ist ferner die allgemeine, wenn auch lückenhafte Verbreitung der Eiche und Espe über das ganze Gebiet. Sie sind außerordentlich häufig vergesellschaftet mit dem Efeu. Dieser ist zweifellos ein Relikt einer postglazialen Wärmeperiode; denn er reift seine Früchte nur noch unter günstigen Witterungsverhältnissen in Norddeutschland, und zwar während und zu Ausgang des Winters, er blüht im September, ist also an den deutschen Nordwinter nicht angepaßt. Daß der Efeu die Eiche bevorzugt, dürfte seinen Grund im Bau der Rinde haben, deren Streifenborke den Kontaktreiz für die Klammerwurzeln hervorruft. Das ergibt sich aus dem Verhalten des Efeu zur Espe: die glatten Stämme der jungen Espen in den Bruchwaldstrecken bei Campow, am Kolksee, im Steinort usw. werden vom Efeu, der dort auch Crataegus Oxyacantha anfällt, gemieden. Die alten Espen dagegen, deren Rinde Streifenborke entwickelt hat, sind zahlreich von dichtem Efeugeranke bedeckt, z. B. in den Bachschluchten von Utecht, in denen eigenartiger Weise auch mannesstarke Kirschbäume wachsen.

Unter den freilebenden Tieren sind Fuchs und Dachs im Mechower

---

[1]) Em. Kayser, a. a. O. S. 109 Anmerkung. Vergleiche auch Ramann in E. Blanck, Handbuch der Bodenlehre II. S. 161 unter 3. 4. 5. — Über die Rolle der CO_2 S. 195 und 196. Ferner R. Ganssen in „Mitt. aus den Labor. der Geol. Landesanstalt 1922. Heft 4. S. 13 unten!

[2]) Eine ähnliche Erscheinung findet sich in humosen Mulden der Heidesandgebiete, wo Calluna oft in üppiges Wachstum übergeht. Dort mögen aber Wurzelsymbiose oder Bakterien eine Rolle spielen. —

Walde stark vertreten, wo namentlich der letztere sich der Schonung seitens des Försters Möller in Kalkhütte erfreut. Auch in den Knickwällen kommen hin und wieder Fuchsbaue vor. Ausgezeichneten Schutz und vor allem Winterweide findet das Rehwild am Rande der Bruchwälder und Bachschluchten, z. B. in dem zerschluchteten Waldgebiet des Steinort. Dort sah ich im Winter 1927/28 ein Rudel Rehe am Rande des Hochufers, wo es steil hinab in den Bruchwald geht. Sie hatten im Abstande von etwa 2 m von einander an fünf Stellen den Schnee und das Laub bis auf den hart gefrorenen Waldboden weggescharrt, um sich nieder zu tun. Diese Flecke waren fast genau elliptisch, 60 cm lang und 40 cm breit. Im Schneewinter sieht man zuweilen eine „geschnürte" Katzenfährte neben einer Hasenspur, und das Kaninchen kommt auch vor; aber zur Geltung kommt besonders die Vogelwelt. Die ausgezeichneten Nistgelegenheiten bieten der Singvogelwelt einen guten Lebensraum, namentlich zahlreiche Finken und Ammern sind vertreten. Die weiten Feldflächen bieten besonders den Bussarden reiche Jagdbeute. Man sieht daher fast immer einige in der Luft schweben. Dazu kommt im Sommer die Rabenkrähe und im Herbst und Winter bis zum Mai die Nebelkrähe, die sich immer mehr einzubürgern scheint und in einzelnen Exemplaren auch im Sommer hier bleibt. Die Elster wie die Schwarzdrossel streifen im Winter in kleinen Schwärmen die Knickwälle entlang, die Elstern immer mit einigem Geschrei. Im Spätsommer aber beherrscht der Feldsperling die Situation; wenn die hohen Getreidehaufen in der Nähe der Dörfer und der großen Güter mit Maschinen ausgedroschen werden, streift er in Scharen von mehreren Hunderten in der Nähe umher. Wenn im Winter die Ufervegetation zum Teil geschwunden ist, sieht man die Wasserhühner in der seichten Uferregion nach Muscheln und Schnecken tauchen. Ist ein Eisrand vorhanden, dann schwimmen sie mit ihrer Beute darauf los, erklettern das Eis und verzehren den Raub; die Schalen bleiben liegen; sie bedeckten im Winter 1927 den Rand des Eises beim Fährhause in Ratzeburg, während große Scharen der hungrigen Vögel im Abzugsgraben des Küchensees nach Beute suchten. Ist auch die Uferregion vom Eis geschlossen, dann leiden sie bittere Not. Ich habe nicht bemerkt, daß man auf den vernünftigen Gedanken gekommen wäre, sie zu füttern. Ich sah sie aber zu Hunderten im Verein mit Enten bei Kalkhütte umherschwimmen, wo sie durch Schwimmen und Plätschern das Wasser offenzuhalten versuchten. Das kleine Teichhuhn, Gallinula chlóropus und die Wasserralle, Rallus aquaticus, machen sich in der Landschaft wenig bemerkbar, fehlen aber in den

Brüchen nicht. Der Haubentaucher, Colymbus cristatus, ist im Schilfgürtel aller Seen im Sommer eine bekannte Erscheinung. Neben der gewöhnlichen Wildente sah ich im Herbst als Gast paarweise eine Entenart, die sich von dem anderen Wassergeflügel etwas abseits hielt sowohl auf dem Mechower wie auf dem Ratzeburger See. Nach dem weißen Bürzel, den weißen Seitenstreifen und dem Geklapper beim Fliegen hielt ich sie für die Schellente, Clangula clangula. Sie soll aus dem Norden als Wintergast kommen. Auch wilde Gänse und Schwäne ziehen hier durch. Den Mäusen und Maulwürfen als Bodentieren, wie auch den Regenwürmern und Maikäferlarven macht der zähe Boden das Leben schwer; sie finden sich häufiger da, wo der Boden sandig oder kiesig ist, in Seeufernähe im Norden und im sandig-tonigen Flachlande; der Maulwurf kommt zuweilen in großer Zahl an trockneren Stellen der Sauergraswiesensenken vor, z. B. in der Neuhofer Sauergras-Mulde.

E. Die Bodenbildung in den verschiedenen Landschaftsteilen.

Eine bodenkundliche Betrachtung kommt zu der Feststellung, daß nicht nur sehr verschiedene Verhältnisse der Gesteine (C. Gagel, Erläuterungen S. 56ff.), des Wasserhaushalts und der Pflanzendecke vorliegen, sondern daß die landschaftlichen Verhältnisse des Gebiets große Unterschiede in der Art und Stärke der Verwitterung bedingen müssen, da letztere von der Exposition gegen Sonne und Wind und der Lage zum Grundwasser abhängen. Denn nach Ramann sind die chemischen Vorgänge bei der Verwitterung und Bodenbildung in den verschiedenen Klimaten gleich, und unter den äußeren Bedingungen, die ihren Ablauf beeinflussen, ist die Temperatur von ihm als „Großwert“ bezeichnet worden. Die äußeren Verhältnisse, welche die Verwitterung bedingen, liegen also im Boden selbst. Darauf weist R. Ganssen im 4. Heft der „Mitteilungen aus den Laboratorien der Preußischen Geologischen Landesanstalt“ mit großem Nachdruck hin, indem er Bodenklima und Luftklima unterscheidet.

Zwei Gesteine sind es, die im Gebiet des Blattes Ratzeburg der Verwitterung und Bodenbildung unterliegen, der Geschiebemergel, der in lückenloser Decke den größten Teil der Landschaft überzieht, und die Sande und Tone des Lübecker Stausees im NW. Der Geschiebemergel ist oberflächlich in einer Zone von 1—1,5 m enteisent und entkalkt, aber in verschiedenem Maße, und auch der Gehalt an Sand, Ton und Kalk ist auf kurze Strecken sehr verschieden. Durch Kultur ist der

Oberboden bis etwa 0,50 m in sandigen Lehm oder lehmigen Sand mit einer Beimengung von Humus verwandelt. Der mehr tonige Boden im Nordwesten, bei Utecht und Behlendorf ist das Verwitterungsprodukt des Tonmergels, einer tonigen Grundmoräne; der gewöhnliche Geschiebemergel enthält weniger Ton und mehr Kalk. Im allgemeinen nehmen die tonigen Teile nach der Tiefe zu, die sandigen ab. Darin stimmen die Lehmböden der Jungmoränen und Altmoränen anscheinend überein. Die Sandböden verhalten sich umgekehrt, der Tongehalt, der grobe und ganz feine Sand nehmen nach der Tiefe ab, der mittelfeine Sand nimmt nach der Tiefe zu. (Vgl. Lief. 155, Tab. I, S. 41. Lief. 140, Tab. Ia, S. 61, 3—5; S. 64, 15—17; Blatt Harburg Tab. VII, S. 50, 1—4; Blatt Ratzeburg S. 80, 3—5.)

Wegen der Gleichartigkeit des Gesteins finden wir keinen eigentlichen „Gesteinsboden", sondern die klimatische Verwitterung und Bodenbildung, jener komplizierte, unter der Einwirkung chemischer, physikalischer und organischer Kräfte stattfindende Vorgang erfolgt im Oberboden des diluvialen Aufschüttlngsbodens[1]).

Es lassen sich folgende Böden unterscheiden:

1. Verwitterungsböden des Geschiebemergels.
2. Verwitterungsböden des Beckensandes und Beckentones im ehemaligen Lübecker Stausee.
3. Humusböden[2]).
   a) Flachmoorbildungen.
      α) In verlandenden Seebuchten.
      β) In Wiesensenken.
      γ) Auf Seeuferterrassen.
      δ) In Bachschluchten.
      ε) Im Laubhochwald.
   b) Moormergel im Kammerbruch.
   c) Verfallboden aus Moorboden (Kolksee).
4. Unterwasserböden.
   a) Seekreide.
   b) Faulschlammboden.
   c) Torf der Uferregion.
   d) Lebertorf aus Planktonschlamm.

1. Der Verwitterungsboden des Geschiebemergels.

Das Eisenoxydul des blaugrauen Mergels wird durch den Sauerstoff zu braungelbem Eisenhydroxyd oxydiert, das die relativ trocknen

[1]) Grundlagen der Landschaftskunde II. Bd. S. 132 u. ff.

[2]) Grundlagen III. S. 146 u. 147.

Hügelkuppen dunkler färbt als die feuchteren Hänge, die noch mehr graues Eisenoxydul enthalten. Die Carbonate des Kalks und der Magnesia werden durch kohlensäurehaltiges Wasser in Bikarbonate verwandelt und ausgeführt. Nach einem ganz rohen Versuch mit 100 ccm rohem Geschiebemergel sickerten von 100 ccm Wasser in 24 Stunden 1,6 ccm durch, die reich an Carbonat waren. Dieser Vorgang führt auf den Kulturflächen zu einer tiefgehenden Entkalkung und einer Anreicherung der Carbonate im Unterboden, wo sie von Baum- und Strauchwurzeln noch erreicht werden, aber nicht mehr von den Wurzeln der Feldpflanzen, so daß ein Mergeln der Äcker seit langem — wie die Mergelgruben zeigen — erforderlich wurde. Ein Teil der Carbonate wird oberflächlich fortgespült und häuft sich in den Senken als Wiesenkalk an, während durch das Sickerwasser sich an der Tiefengrenze der Verwitterungsschicht eine Infiltrationszone der Carbonate, besonders des Kalks bildet, aus welcher das Material zum Mergeln der Äcker entnommen werden könnte[1]). An der Entkalkung der tieferen Schichten arbeitet das austretende Grundwasser; dadurch ist wohl das 3—4 m mächtige Lager von Seekreide im nordwestlichen Küchensee entstanden. Auch die verlandete Bucht des Mechower Sees hat unter Torf ein Kalklager, desgleichen der südöstliche Teil des Kammerbruchs und die vertorfte Terrasse am südöstlichen Ufer des Ratzeburger Sees. Characeen und schwimmende Phanerogamen (Potamogeton) sind bei der Bildung von Kalkschlamm mitbeteiligt.

Mit dem Kalk findet auch durch das Oberflächenwasser eine Ausspülung der Tonteilchen aus dem Ackerboden statt, wodurch dieser eine für die Bestellung erwünschte, mehr sandige Beschaffenheit erhält. Die kalkig-tonigen Abschlemmassen findet man am Ausgange der Bachschluchten und in den Mündungsfächern der Bäche in den See wieder. Auch der Grund der Stauteiche des Bäk besteht aus diesem Tonschlick, der zum Vorschein kommt, wenn Hochwasser den darüber angehäuften Faulschlamm fortgespült hat.

Neben der Ausspülung der tonigen Bestandteile, die sich doch auf sandige Feinteile mit erstreckt, wie die Beschaffenheit der Abschlämmassen zeigt, kommen bei der Überführung des fetten Lehmes in lehmigen Sand auch Verwitterungsvorgänge mit in Frage. Es ist auffällig, daß die Kuppen überall ihren Lehmcharakter bewahren, die Hänge aber, namentlich die gegen Sonne und Wind exponierten, häufig sandigen Charakter angenommen haben. Ich möchte diese Tatsache

---

[1]) Nach C. Gagel, Erläut. S. 73 in 1 m Tiefe = 28,2 % $CaCO_3$.

nicht ohne weiteres auf sandige Einschlemmung durch vorzeitliche Schmelzwässer zurückführen, wenn nicht eine Abrasionsterrasse oder Wasserstandsmarke wie nördlich von Campow vorliegt; denn ganz allgemein muß die hohe Durchlässigkeit des Oberbodens, die allerdings zum Teil auf die Bearbeitung des Bodens zurückzuführen ist, auffallen. Ich habe in der Schmelzperiode dieses schneereichen Winters das Gebiet noch einmal begangen und war überrascht, nirgends Schmelzwasserwirkung zu entdecken. Auch die Wassermenge, die in den Bachschluchten abkommt, ist das ganze Jahr sehr gering. Eine Ausnahme macht höchstens der Bäk, der die gesammelten Wasser des Mechower Sees abführt. Bei langen Regenperioden ist der Oberboden wie ein Schwamm vollgesogen und tiefgründig, aber außer auf harten Wegen sieht man nirgends Wirkungen, die auf einen hohen Grad von Undurchlässigkeit schließen lassen. Im Gegenteil muß die Tatsache, daß der Boden das Schmelzwasser der hohen Schneedecke dieses Jahres[1]) fast restlos aufgesogen hat, auf eine relativ große Durchlässigkeit schließen. Ich bin geneigt, auch Verwitterungsvorgänge im Boden als Ursache anzusehen, wenn fette Lehme sandigen Charakter annehmen.

In dieser Beziehung hat R. Gansen, Berlin[2]), sehr interessante Laboratorium-Versuche durchgeführt. Aus ihnen scheint hervorzugehen, daß zeolithische Silikate hochempfindlich gegen kohlensäurehaltige Sickerwässer sind, so daß entstehende Alkali- und Erdalkalisilikate gelöst und ausgeführt werden. Andererseits soll bei semi-ariden und ariden Zuständen in tonigen, resp. feinsandigen Böden unter dem Einfluß aufsteigender alkalischer Lösungen eine Hydratation der Tonerdesilikate stattfinden, welche die Zeolithe in Krümelstruktur überführt. Bezüglich des untersuchten Gebietes muß zugegeben werden, daß die Voraussetzungen für eine Überführung des lehmigen Bodens in eine mehr sandige Struktur durchaus gegeben sind, sowohl hinsichtlich der Feinbestandteile im Boden (vgl. den Tonboden bei Leschow, Erläut. S. 61 und 63) wie auch bezüglich arider oder semi-arider Perioden des Bodenklimas (vgl. den Schluß dieses Abschnittes!).

Während also im allgemeinen die Kohlensäure-Verwitterung im Gebiete die Hauptrolle spielt und zur Ausführung der Alkali- und Erdalkalisilikate führt, gehemmt zum Teil durch Bikarbonate (Ramann), unter Hinterlassung eines tonigen Bodens, muß die Überführung lehmiger Böden in eine mehr sandige Beschaffenheit bei entsprechender

---

[1]) 1928/29.

[2]) a. a. O.

Ortslage[1]) wenigstens theoretisch als durchaus möglich bezeichnet werden.

Sie wird allerdings erst innerhalb langer Zeiträume wirksam, läßt sich aber doch vielleicht verwerten bei derErklärung des auffallend sandigen Charakters der Altmoränen[2]).

Die Umwandlung des Geschiebemergels in Geschiebelehm und lehmigen Sand wird außer durch Verwitterung hauptsächlich herbeigeführt und beschleunigt durch Bodenbearbeitung, Stalldüngung, Brache und „in Weide legen"; der dadurch geschaffene und humifizierte Lockerboden ist die eigentliche Kulturschicht, die einer pfleglichen Behandlung bedarf, so daß der Rat in den „Erläuterungen", die Mulden der Kulturflächen, die durch Einschwemmung von saurem Humus in ihrem Ertrage geschädigt werden und oft ganz ertraglos bleiben, durch Zupflügen zu beseitigen, nicht annehmbar ist; es kann nur die Drainage solcher abflußloser Mulden empfohlen werden. —

Eine Bildung von Ortstein unter sandigem Lehm wurde in Gr. Sarau auf dem Grundstück des Gastwirts Rethwisch festgestellt.

2. Der Verwitterungsboden der Beckensande und -Tone im Lübecker Becken.

Diese Teillandschaft hat in schnellem Wechsel Sand, tonigen Sand, Tonmergel und südwestlich von Blankensee, am Nordrande des Klempauer Moors einen 2 km langen Streifen von Geschiebemergel. Zwischen Blankensee und Tüschenbek liegt von letzterem noch eine ziemlich geschlossene Decke. Der Tonboden ist infolge der Unterlagerung mit Sand und der Durchmengung bei der Bestellung durchlässiger als auf dem Ostteil des Blattes, beispielsweise bei Utecht und Römnitz. Die Humifizierung des Bodens ist sehr ungleich. Unter Rasen und Kulturpflanzendecke ist die Braunfärbung am weitesten vorgeschritten, während der Tonboden mit vorwiegend künstlicher Düngung namentlich im trocknen Zustande seine blaßbraune Färbung behalten hat. Der reine Quarzsandboden, z. B. südlich des Weges Blankensee—Beidendorf ist sehr wenig humifiziert. Dort, wo bei sandigem Boden das Grundwasser nahe der Oberfläche steht, be-

---

[1]) Grundlagen III., S. 170.

[2]) Ich möchte allerdings die Frage aufwerfen, ob nicht die häufig eintretende Ausflockung der Kolloide zu Krümelstruktur führen wird, welche die Zirkulation des Bodenwassers erleichtert, damit auch die Ausführung der spezifisch leichteren Feinbestandteile und so auf rein physikalischem Wege dieses „Altern" der Moränenböden bewirkt.

obachtet man die Bildung von saurem Humus, an trockneren Stellen auch Podsol-Bildung unter Flächen mit Calluna oder Pinus silvestris. Südlich des Beidendorfer Sees liegt unter Trockengrastrift ein Dünengebiet ohne erkennbare Bodenbildung. In gleichem Zustande ist der Boden unter feinfädigem Grasfilz im Kiefernwalde bei Blankensee, während 1 km westlich bei reichlichem Krautwuchs unter Laubgebüsch der Nadelwaldboden mit einer Schicht von mildem Humus bedeckt ist. Auch im Laub- und Mischwalde fehlt die Humusdecke nicht.

Dem großen Wechsel in Bodenbeschaffenheit, Durchlässigkeit und Humifizierung entspricht die Verschiedenheit des Pflanzenkleides. dem sandigen Charakter des Gebiets zufolge spielt die tonige Verwitterung eine geringere Rolle als die Ausspülung der Carbonate durch kohlensäurehaltiges Sickerwasser und der Einfluß der Humussäuren. Weil aber der Grundwasserstrom ein geringes Gefälle hat und der sandig-tonige Unterboden wenig durchlässig ist, wird die Fortführung des Nährwassers und die Entwertung des Ackerbodens verhindert. Der sandige Boden ist für Kartoffeln sehr geeignet, und der Tonmergel, der alle Nährstoffe für Pflanzen in feinverteiltem Zustande enthält und die höchste Aufnahmefähigkeit für Stickstoff besitzt, gibt bei gründlicher Auflockerung und Humifizierung durch Stall- und Gründüngung einen hervorragenden Getreideboden ab. Als wichtiges Moment kommt der Wechsel von Ton und Sand hinzu und die Einlagerung organischer Stoffe bei der Bildung des Bodens im ehemaligen Lübecker Stausee. Die relativ hohe Fruchtbarkeit zeigt sich in den üppigen Getreidefeldern und der reichen Buschvegetation, selbst an dem sandigen Blankensee-Beidendorfer Wege.

3. Die Humusböden in den Senken und ihre Zersetzung[1]).

Nach dem Rückzuge des Eises hat in den zahlreichen Senken und abflußlosen Tümpeln die Torfbildung eingesetzt. Soweit diese Torfböden durch Austrocknung oder Sinken des Grundwasserspiegels für eine kürzere oder längere Zeit der Einwirkung des Luftsauerstoffs ausgesetzt sind, beginnt die Zersetzung, an der auch Bodenwürmer und Larven kräftig mitwirken. So findet sich Torf in sehr verschiedener Form in den verlandenden Buchten der Seen, im Klempauer Moor, im Kammerbruch, am Kolksee und in den Wiesensenken[2])[3]).

---

[1]) Passarge, Grundlagen III. S. 146 u. ff.

[2]) C. Gagel, Erläuterungen S. 49 u. ff. u. S. 86.

[3]) v. Fischer-Bentzon, Die Moore Schleswig-Holsteins. S. 46.

Im Untergrunde der Moore und Brüche findet sich häufig eine grünlich-graue schmierige Masse, die beim Trocknen biegsam elastisch wird, sich dunkel färbt, aber im vollkommen trocknen Zustande hart, amorph oder blättrig und schwarz ist, der Lebertorf. Die Bildung wird von Früh auf mazerierte faserige Pflanzenteile zurückgeführt, die im Wasser lange Zeit flottieren, ehe sie sich niederschlagen. Diese Pflanzenpartikelchen sind vermengt mit einzelligen, schleimabsondernden Algen (Wasserblüte s. o.) und Resten von höheren Pflanzen, von Pollenkörnern, Krebsschalen, Chitinpanzern, Spongillidenstacheln und Ähnlichem. Es ist wahrscheinlich, daß der Tiefenschlamm des Ratzeburger Sees eine Vorstufe der Lebertorfbildung ist. Darauf weist hin der hohe Gehalt an organischen Stoffen (11,44%), Kalk (53,29%) neben Stickstoff (0,64%) und Eisenoxyd (5,89%). Auch der als Dopplerit bezeichnete Lebertorf enthält Eisen in Form von Schwefelkieskristallen. Auch Jentzsch[1]) stellt an der Grenze des Phanerogamenrasens bis zur limnetischen Region eine Zone mit mazerierten Pflanzenteilen fest, auf die das Gebiet des Planktonschlammes folge als eines feinen Gemisches aus organischen und mineralischen Teilchen. Während dieser Planktonschlamm in seinen Eiweißbestandteilen durch Wasserpilze und Bakterien zersetzt wird und so Veranlassung zur Bildung von Sulfiden gibt, werden niedere Algen in den Bodenschlamm unverändert eingebettet, wohl infolge von Kalkinkrustierung und Schleimabsonderung, so daß im Lebertorf nicht nur alle Entwicklungszustände dieser einzelligen Algen gefunden werden, sondern es gelingt auch mit Alkohol eine Chlorophyllösung aus Lebertorf zu erhalten, die optisch der normalen Cholrophyllösung gleicht. Wenn der Phanerogamenrasen der Uferzone vertorft und zur Tiefenregion absinkt, bedeckt er den Planktonschlamm und geht teilweise in Mischung mit ihm und mit dem Kalkschlamm des Characeenrasens über. Daraus entwickelt sich der typische Lebertorf. Da er sich durch seinen Reichtum an Stickstoff von gewöhnlichem Torf unterscheidet, muß es auffallen, daß die Analyse des Tiefenschlammes aus dem Ratzeburger See nur 0,64% Stickstoff angibt. Jentzsch weist aber darauf hin, daß der Stickstoffgehalt des Lebertorfs „vielfach fest an das Chitin der Crustaceen gebunden ist".

Von den Algen der Wasserblüte, die sehr wesentlich zur Bildung von Lebertorf beitragen, wurde oben bereits berichtet. Vom 1.—3. Juni 1928 war die Bucht von Kalkhütte auf viele hundert Quadratmeter

[1]) Untergrund norddeutscher Binnenseen; Ztschr. der d. g. Gesellsch. Bd. 54 Heft 3. 1902.

mit Wasserblüte von Nostoc bedeckt, die nach wenigen Stunden untersank, so daß das Wasser bald wieder klar war. Zellen und Grenzzellen des Nostoc waren kugelig und von gleicher Größe. Diatomeen waren nur in geringer Zahl und in kleinen Formen vorhanden; zur Bildung von Kieselboden dürfte es daher kaum kommen. In den Torfböden bildet der Lebertorf durchweg die unterste Schicht, auf ihr liegt die Phanerogamen- und Characeenschicht, die das Magno- und Parvocaricetum trägt, dem sich Phragmites, Typha, Eriophorum, Cladium, Alisma u. a. zugesellen. Auf diesem Rasenmoor, das im nördlichen Kammerbruch noch auf dem Moorwasser schwimmt, siedeln sich Erlen und Weiden an, auch Birken und Kiefern. Die Ansiedlung von Erica, Myrica und Vaccinium ist von untergeordneter Bedeutung, und auch die Sphagnumarten spielen bei dem hohen Grundwasserstande keine Rolle. Sowohl das Klempauer wie das Wakenitzmoor sind Rasenmoore. Der Torf ist dunkelbraun und krümelig und wird in der Tiefe dunkler und fester und enthält viel Holzteile. Darauf folgt der Lebertorf, der zuweilen mit Tonschlamm gemischt ist und dann wohl, namentlich bei weiterer Zersetzung und Bindung der tonigen Masse an Humussäuren als Gyttja bezeichnet werden kann. Die Moosentwicklung ist früher bedeutender gewesen; heute ist das Klempauer und Wakenitzmoor eingesunken und wieder in den Bereich des Grundwassers geraten, wodurch eine starke Laubgebüsch-Vegetation aus Erlen, Weiden, Birken und Ebereschen sich entwickelt hat. Durch Vertiefung der Abflußgräben hat sich die oberste Torfschicht teilweise zu krümeliger Moorerde zersetzt, auf welcher Gramineen und Sauergräser, Disteln und andere Kompositen einen Wiesenteppisch bilden, der als Weide ausgenutzt wird. Die Mächtigkeit des Torfes wird im Wakenitzmoor mit 5,2 m angegeben. Er besteht aus Wurzelfilz und hat Kalknester aus Molluskenschalen, liegt größtenteils über Sand und im Südosten über Wiesenkalk, das Klempauer Moor über Geschiebemergel. —

Flachmoorbildungen finden sich außer in diesen beiden Rasenmooren in verlandeten und verlandenden Seebuchten. Die Seen des Gebietes sind Aufschüttungsseen[1]), denen seichtere Buchten angegliedert waren, die bei Senkung des Wasserspiegels durch Verlandung vertorften. Diese Vertorfung ist vollendet westlich vom Blankensee zu beiden Seiten des Bachgrabens, der in den See mündet. Der Torfboden trägt eine von Erlen- und Weidenbusch umrandete Kulturwiese.

Südöstlich des Dorfes Mechow ist eine ehemalige Bucht über Wiesen-

---

[1]) Grundlagen III. S. 447.

kalk vertorft, ihre südöstliche Fortsetzung bis zum Seeufer hat Tonuntergrund. Der Mechower See ist durch Vertiefung der Gräben in seinem Wasserspiegel um 0,50 m gesenkt worden, so daß im angrenzenden Torfboden infolge besserer Durchlüftung der Oberschicht die Zersetzung beginnt und je nach dem Grade der Feuchtigkeit und der Anwesenheit von Bodentieren die Bildung von Moorerde und Moder beginnt[1]). Das ganze Einzugsgebiet des Sees, also die Schlagsdorfer, Thandorfer und Neuhofer Senke wird in kurzer Zeit diese Verwitterung der Torf-Oberschicht aufweisen, die wirtschaftlich von größtem Wert ist, wenn Düngung und Ausnutzung des Bodens den veränderten Bedingungen Rechnung tragen. —

Wo die Vertiefung der Gräben und Drainage unterbleibt, wie in den Senken der Westseite des Blattes, z. B. in der Müssenwiese und nördlich des Kolksees, da geht die Torfbildung unter Wiesenrasen weiter. Cyperaceen und eine Torfwiesenflora aus Orchis, Eriophorum, Cardamine, Menyanthes und Cirsium sind das Kennzeichen dieser Bodenbildung, während Papilionaceen als Kalkliebhaber fehlen.

Am Kolksee beginnt nach Vertiefung des Abzugsgrabens die Bildung von Verfallboden (Moder) aus Torf. Auch der Torfgrund im See (Unterwasserboden) beginnt sich zu zersetzen; die Ufererlen und Uferweiden beginnen infolge dieser Zersetzung, die durch Anreicherung des Wassers mit Sauerstoff und Alkalien aus dem Oberflächenwasser und durch Abfluß des stagnierenden Wassers sowie durch Bakterien eingeleitet wurde, den Halt zu verlieren und stürzen in den Kolk.

Die vertorfte Verlandungsbucht am Behlendorfer See zeigt die Anfänge von Hochmoorbildung, die sonst im Gebiete nicht zu beobachten ist. Das SW-Ufer der Bucht ist dem Grundwasser entzogen und besitzt Polster von Sphagnum in kräftiger Entwicklung. Die Mitte der Bucht hat noch eine schmale Quellrinne mit Eisenockerbildung.

Die Humusbildung der Bachschluchten ist außerordentlich stark in den Wasserrissen nordöstlich von Utecht, und zwar auf dem Waldboden am Rande der Schluchten. Die Bewachsung mit Laubunterholz ist dicht; das Bruchholz bedeckt in faulendem Zustande in großen Massen den Waldboden, in dessen nasse Humusschicht der Fuß tief einsinkt; eine Taiga im kleinen. Der an sich saure Humus schädigt die Holzbildung und begünstigt eine üppige Krautvegetation und infolge der Beschattung das Längenwachstum der Waldgräser (Milium effusum). Das Buschholz ist dünnstämmig und reich verzweigt. Nur am Wald-

---

[1]) Grundlagen III. S. 134.

rande geht der saure Humus in milden Waldhumus über, wo Trockenheit, Sonne und Durchlüftung zur Verwitterung und Zersetzung führen. Wegen der Dichtigkeit des Laubgebüsches und der relativ hohen Temperatur des Bachwassers (im Winter + 6,5° C) ist die Luftfeuchtigkeit groß, daher auch die Fäulnis und die Bildung von Humussäuren die, an Tonsubstanzen gebunden, ausgespült und mit dem Bachwasser ausgeführt werden. Bei der niedrigen Bodentemperatur und dem hohen Feuchtigkeitsgehalt des Bodens, die den Luftsauerstoff ausschaltet, genügt aber die im allgemeinen kräftige Fäulnis durchaus nicht, die auf dem fruchtbaren Boden erzeugte Pflanzensubstanz zur Verwesung, d. h. zur Zersetzung bis zu den chemischen Endprodukten zu bringen, sondern sie wird als Humus aufgehäuft. Nun enthält zwar der Geschiebelehm genügend Alkalien um einmal die Lebenstätigkeit der Bakterien, die am Verwesungsprozeß beteiligt sind, zu erhalten und zu begünstigen und zum andern eine gewisse Sättigung des Rohhumus zu bewirken. Aber die relative Undurchlässigkeit dieses Mineralbodens (Tongebiet von Utecht auf Fig. 17) führt zu einer so hohen Anreicherung der unteren Humusschicht mit Wasser, daß die Verwesungstätigkeit der Bakterien in dem tiefgründigen Humusboden sistiert wird. Das Ergebnis ist eine nur dünne Schicht von adsorptiv gesättigtem Humus und eine starke Anhäufung von Rohhumus, dessen untere Schicht fett und speckig ist und von Ramann als Trockentorf bezeichnet wird, während er den noch verwesungsfähigen, milden Waldhumus, wie er sich in den lichteren und trockneren Randpartien des Waldes findet, Rohhumus nennt. Mit dem Wechsel der klimatischen Bedingungen im Laufe des Jahres und mit der Änderung der örtlichen Verhältnisse durch Holzschlag, Wasserableitung oder -Stauung ändert sich natürlich auch die Bodenbildung in ihrem chemisch-physiologischen Charakter, ihrem Tempo und Endergebnis. —

Auch die reiche Sumpfflora der Bachsohlen führt zur Humusbildung, wird aber ständig unterbrochen durch Berührung mit dem an gelösten Mineralien reichen Grundwasser, das adsorptive Sättigung der Humusstoffe bewirkt, und durch das Hochwasser der Bäche, das die angehäufte Pflanzensubstanz einfach fortführt. Auch die Sapropelbildung in den Stauteichen des Bäk wuird durch die gleichen Ursachen beschränkt und unterbrochen, indem ganze Rasen von Beggiatoa weggespült werden.

Der Rohhumus der Hochterrasse im SO des Ratzeburger Sees ist ebenfalls in langsamer Zersetzung begriffen. Die dazu erforderlichen Mineralsubstanzen müssen aber heute im Wege der Düngung dem Boden zugeführt werden.

Auf der Niederterrasse und im Bruchwalde des Ratzeburger Sees bildet sich saurer Humus, den die Erle anscheinend am besten verträgt; sie bildet starke Stämme im Seebruch bei Kalkhütte. (Ausfuhr für Zigarrenkistenholz.)

Im Hochwalde des Gebietes ist die Humusentwicklung verschieden nach Besonnung, Durchlässigkeit des Bodens und Böschungswinkel; es wechseln horizontale Waldflächen mit tiefgründiger Humusdecke und reicher Vegetation an stagnierenden Tümpeln und fast humusfreie trockene Lehmhänge.

Wo sich im Untergrund der Moore Humus und Kalkerde mischen, ergibt sich der Moormergel. — Da Torfbildung vorzugsweise unter Luftabschluß erfolgt, so beginnen die Humusböden zum Teil als Unterwasserböden am Grunde von Seen, Teichen und Tümpeln. Solche Unterwasserböden sind vor allem die Kalkmassen unter Torf bei Buchholz und Mechow und im Kammerbruch, ferner unter der Torfdecke der Uferzone vom Schwalkenberg über Pfaffenmühle und Bäkholz bis zum Königsdamm und von Campow über Utecht bis zum Kammerbruch. In der Uferzone 1 km nördlich von Buchholz ist Torf aus Phanerogamenrasen im Flachwasser mit Kalkschlamm überdeckt worden, und auf diesem liegt eine Decke von Rasenhumus. Durch Molluskenschalen ist die Kalkbildung im Flachwasser am kräftigsten; der hohe Kalkgehalt und die gleichzeitige Bildung von Nitraten führt hier zur vollkommenen Zerstörung der Pflanzensubstanz und zur Bildung reiner Kalkschlämme (Jentzsch). Im sauerstoffarmen Tiefenwasser entstehen unter dem Einfluß von Bakterien Zersetzungsvorgänge, die aus dem eiweißreichen Tiefseeschlamm Schwefelwasserstoff und damit Sulfide entstehen lassen, namentlich Schwefeleisen, das von Jentzsch im Plöner See in 40 m Tiefe bis zur Zone der Dreissensia polymorpha nachgewiesen wurde. Daß aber Beggiatoa alba bei der Zersetzung organischer Schwefelverbindungen beteiligt sei, halte ich nicht für zutreffend; vielmehr fällt den reinen Fäulnisbakterien (Bacterium termo) diese Rolle zu, während Beggiatoa den Schwefelwasserstoff (H_2S und H_2Sx) oxydiert, wie die Schwefelkörnchen in den Zellen beweisen.

Die Ansicht von Jentzsch, daß der Planktonfaulschlamm heilkräfig sein könnte, dürfte durch den Gehalt an Schwefelwasserstoff und kolloiden Schwefelverbindungen gerechtfertigt sein. Im Kolksee im Bartelsbusch hat der Faulschlamm eine bedeutende Mächtigkeit.

Zusammenfassung:
(Normen und Modifikationen.)

Die untersuchte Landschaft gehört zwar zum Braunerdegebiet mit humidem Klima; da aber (nach Stremme) bei 600 mm Niederschlag der Übergang vom Braunerdegebiet zum Podsolgebiet stattfindet, so ist sie auch hinsichtlich der Bodenbildung ein Übergangsgebiet. Die Norm des Lehmbodens ist die Braunerde mit Mischwaldbedeckung; dieser ist im Lübecker Becken in einzelnen Waldplatten und Gebüschformationen vorhanden, die Grundmoräne hat reinen Laubwald. Wo der Wald beseitigt ist, muß heute als Norm der Acker angesehen werden neben der Ausnutzung als Garten oder Obstanlage. Als künstliche Modifikation von nur periodischer Dauer ist in Weide gelegtes Ackerland vorhanden. Als natürliche Modifikationen kommen in den Senken die Rasenwiese aus Sauer- und Süßgräsern mit Krautwuchs vor, der Bruchwald mit Grundwasseraustritt am Fuß der Steilhänge am Seeufer und in den Senken. Da das Braunerdegebiet durch eine nur mittlere Entwicklung von Humus mit entsprechender adsorptiver Sättigung durch die in der Braunerde nicht fehlenden Alkali- und Erdalkalisilikate charakterisiert ist, stellt die starke Humusentwicklung auf dem wenig durchlässigen Tonboden nordöstlich von Utecht und unter Rasendecke in den nassen Senken ebenfalls eine Modifikation dar. Der Zersetzungs boden aus Torf in den Senken bei Neuhof und Schlagsdorf ist dagegen, wie auch der Moderboden am Kolksee, eine künstliche Modifikation, herbeigeführt durch Senkung des Grundwasserspiegels infolge der Vertiefung der Abzugsgräben für das Oberflächenwasser bei nahem Grundwasserstand. (Letzterer führt am Kolksee zu Zersetzung durch Fäulnis.) Im Lübecker Becken ist die Norm der Kulturlandschaft ebenfalls der Acker, aber auch die Wiese, wo der Grundwasserspiegel nicht zu nahe ist. Ist das jedoch der Fall, wie im Klempauer- und im Wakenitzmoor, muß die Wiese als natürliche Modifikation bezeichnet werden. Da das Lübecker Becken schon im Grenzgebiet der Bleicherden liegt (nach der Karte der klimatischen Bodenzonen in Ramann, Bodenkunde 1911), so würde Podsol zu den Normen für diese Gegend gehören. Tatsächlich ist er nur an ganz wenigen Stellen vorhanden, wo Naßgründigkeit im Wechsel mit Trockenheit zur Bildung von saurem Humus führt. Dort hat sich auch Calluna in Streifen eingefunden. Wenn Ortstein vorkommen sollte, was mir nicht bekannt ist, so dürfte er nur sporadisch zur Entwicklung kommen; denn das nahe Grundwasser, das im Unterboden vielfach mit Tonmergel in Berührung kommt und daher der Erdalkali- und Alkalisilikate nicht ermangeln wird, dürfte so hoch aufsteigen, daß die Humussäuren bereits im Oberboden neutralisiert werden, so daß es nicht zur Bildung einer Ausflockungszone im Unterboden kommt[1]). Die erwähnte Ortsteinbildung in Gr. Sarau muß als Modifikation bezeichnet werden, infolge der sandigen Fazies der Grundmoräne.

Wie in den landschaftlichen Erscheinungen sind auch in den Vorgängen der Verwitterung und Bodenbildung Normen und Modifikationen zu unterscheiden, deren Feststellung aber nur durch Spezialuntersuchungen erfolgen kann. Für die schon erörterte Frage, ob der sandige Charakter der Geschiebelehme, von primären Sandfazies abgesehen, und damit das Altern der Moränen lediglich durch Ausspülung der Feinteilchen von Ton und Sand, oder auch durch unterschiedliche Verwitterungszustände im Boden herbeigeführt wird, ist es von Wichtigkeit, die Verhältnisse des Bodenklimas im Wechsel der Witterung, namentlich, wenn sie exzessiv trocken-heiß oder kühl-niederschlagsreich ist, zu kennen und mit der Bodenanalyse in Verbindung zu bringen. Nach Ganssen (a. a. O. S. 38 und 39) liegt hydratische Verwitterung (Modifikation des humiden Typs) vor, sobald die entstehenden Verwitterungslösungen im Boden kapillar aufsteigen und zurückgehalten werden (arider Typus). Diese hydratische Verwitterung liefert chemisch fast ausschließlich Zeolithe und physikalisch einen Boden von mehr sandigem Charakter, der bei nachfolgender nasser Witterung einer erhöhten Ausspülung unterliegen würde. Bezüglich der Glazialböden äußert sich Ganssen auf S. 40 der erwähnten Arbeit folgendermaßen: „Auch die glazialen Ablagerungen werden je nach der Verwitterungsart zu humiden tonigen oder zu ariden, zeolithische Silikate enthaltenden Böden verwittern. Auch ihr Verdunstungsvermögen wird durch die Lage zur Sonne und zur herrschenden Windrichtung sowie durch die Stärke der herrschenden Winde wesentlich erhöht werden.“ Das heißt aber nichts Anderes, als daß unter dem Einfluß von Landschaftsbau und unterschiedlicher Witterung von exzessivem Charakter auch in unserem Gebiet alle Verwitterungsarten, zeitlich begrenzt und beschränkt auf bestimmte Bodenlagen, vorkommen können.

Der Sommer von 1929 brachte im Gebiet von Mai bis September kaum irgend welchen Niederschlag bei einer relativ hohen Temperatur, die sich im Juli wochenlang bei $+ 30^0$ C und darüber hielt, und auch

[1]) Vgl. auch Dr. G. Wiegner, Boden und Bodenbildung S. 55. Auch Kalkgehalt des Bodenwassers verhindert die Ortsteinbildung.

die Bewölkung war gering. Das Bodenklima hat in diesem Zeitraum auf den Hochflächen der langgestreckten Hügelzüge (Teillandschaft III auf Taf. 40) und den breiten Kuppen der Hügel im NO (Teillandschaft VI), die einer langen Besonnung ausgesetzt waren, keinesfalls einen humiden, wohl mindestens einen semi-ariden bis ariden Charakter gehabt, wobei in Betracht kommt, daß der Boden durch die Bearbeitung einen solchen Grad von Auflockerung besitzt, daß Verwitterungslösungen kapillar aufsteigen können. Bodenproben für die Bodenuntersuchungen sind bisher wohl ausschließlich nach den Gesichtspunkten der Tiefenlage und der physikalischen Beschaffenheit ausgewählt worden. Die landschaftskundliche Betrachtungsweise legt Wert darauf, daß auch die Wirkungsmöglichkeit der Klimafaktoren Sonne, Wind und Bodenfeuchtigkeit berücksichtigt wird.

Wenn nach solchen Gesichtspunkten durch fortlaufende Bodenanalysen an distinkten Örtlichkeiten die Verwitterungsvorgänge dauernd kontrolliert würden, käme wohl die gegensätzliche Wirkung trocken-heißer und feucht-kühler Sommer klar zum Ausdruck und würde auch agronomisch nicht unwichtig sein. Vor allem wären aber solche nach landschaftskundlichen Erwägungen angestellten vergleichenden Untersuchungen wichtig für die Kenntnis der Verwitterungsvorgänge überhaupt, die bekanntlich heute noch sehr umstritten sind. —

F. Wirtschaftsnormen und -Modifikationen in Abhängigkeit von Landschaft und Klima.

Die Wirtschaftsnorm der Grundmoränenlandschaft ist Landwirtschaft mit Viehhaltung. In beide greifen Landschaftsbau und Regionalklima modifizierend ein. Ohne daß sich daraus besondere Modifikationen der Wirtschaftsform (Weidelegung des Ackers) in größerer Zahl ergeben, tritt doch die Abhängigkeit von der Landschaft scharf hervor und nötigt der Betriebsweise gewisse Anpassungen auf bezüglich der Bodennutzung und der Betriebsmittel. Eine reine Modifikation sind die Ansätze industrieller Tätigkeit im Gebiet.

1. Abhängigkeit der Wirtschaft von den Oberflächenformen und dem Boden. (Vergl. Fig. 27!)

Die Ackerbestellung und die Einbringung der Ernte ist erschwert an den oft steilen Hängen der Hügelrücken-Teillandschaft im NW. Die breiten Hochflächen sind zum großen Teil in den Händen der großen Güter und Domänen; hier ist die Knickfelderung beschränkt; das Bearbeiten großer Feldstücke mit Maschinen ist bezeichnend. Man vergleiche die mit o. K. bezeichneten Flächen auf Fig. 21. Den langgestreckten Hügelzügen und breiten Hochrücken fehlt das landschaftliche Gegenstück der Talauen. So ist das Heu sparsam und infolge der Sauergräser nicht von erster Qualität. Das zwingt zur Weidewirtschaft auf Feldern. Auch die Arbeit in den Gräben der Senken, die Düngung und der Abtransport des Heues auf die Hochflächen hinauf, wo die Siedlungen liegen, muß als ein Hemmnis, das von der Landschaftsstruktur ausgeht, angesehen werden. Auch ist die Gewinnung des Heues durch die Tiefgründigkeit des torfigen Unterbodens oft sehr erschwert. In dcr Schlagsdorfer Senke hat man wiederholt die ganze Heuernte im Stiche lassen müssen. Daher sind endlich 1928 die Entwässerungsgräben und der Abzugsgraben aus dem Mechower See (Fig. 20) vertieft worden; die Trockenlegung des Mechower Sees zur Gewinnung von Weideland wird erwogen. Die Schwere und Festigkeit des Ackerbodens hat zwar den Vorteil, daß die tiefen Entwässerungsgraben-Systeme sich lange offen erhalten, andererseits braucht man aber starke Pferde und Maschinen (Motorpflüge) zur Bestellung. Da der Kalkgehalt der Böden verschieden ist, müssen manche Äcker gekalkt werden, besonders Tonböden (Utecht, Gut Kulpin und Gut Behlendorf), während auf anderen (Gr. Disnack) sich das Kalken nicht bewährt haben soll. Ganz unentbehrlich ist der Kalk in den anmoorigen Mulden und Senken in Verbindung mit Drainage. Durch letztere kann auch dem Mangel an Ödland, das man als Trift verwenden könnte (Schafe), abgeholfen werden. So ist am Rande des Bartelsbusches südlich von Gr. Disnack eine abflußlose Mulde durch Trockenlegung der landwirtschaftlichen Verwertung erschlossen worden. Südwestlich von Mechow und in der Umgebung von Groß- und Klein Sarau habe ich Schafhaltung festgestellt. Die Gemeinde Gr. Sarau verpachtet z.B. Stoppeln und Feldraine an einen Schafhalter, der die Tiere Sommer und Winter draußen weidet und anscheinend eine auskömmliche Existenz hat. — Ganz andere Verhältnisse bietet der Nordwesten, wo hoher Grundwasserstand, anmooriger Sandboden und nasse Wannen mit geschlossenem Binsenwuchs kaum Verwertung des Bodens zulassen, wenn man nicht an der Grenze zwischen den Dünen- und Lehmgebieten Ziegeleibetrieb (s. u.) einrichten will. Für Schafzucht hat das sandig-tonige Flachland bedeutend mehr Rainweide und Brachland bei dünnerer Besiedelung zur Verfügung als die Lehmgebiete, vielleicht mit Ausnahme der breiten Senke zwischen dem östlichen und mittleren

Hügelzuge der III. Teillandschaft im Gebiete der Dörfer Groß Disnack und Klein Sarau.

Zu verwundern ist, daß man noch nicht daran gedacht hat, den Mergel, der an einigen Stellen außerordentlich mächtig ist (Blankensee unter 5,75 Talsand 21,1 m Geschiebemergel, bei Klein Sarau unter 4 m Terrassensand 13 m, und im Dorfe Kl. Sarau von der Oberfläche an 20 m), genossenschaftlich zu gewinnen, neben dem Moormergel aus dem Kammerbruch und bei Mechow, da man doch erhebliche Summen für Düngekalk ausgeben muß. Die Gewinnung würde z. B. auch bei Holstendorf, wo er gleich unter der Oberfläche liegt und 27 m mächtig ist, gar keine Schwierigkeiten machen.

An Industrie gab es früher einige Ziegeleibetriebe. Sie sind wohl alle eingestellt worden, obgleich im Nordwesten Ton und Sand genügend vorhanden sind. Das Haupthindernis sind die Transportverhältnisse; bei trocknem Wetter sind die Sandwege schlecht, bei Regen die Lehmwege grundlos. Nur die Lübecker und die Behlendorfer Straße sind chaussiert. Dazu kommen die tiefen Senken und die Rinne des R. S. als schwere Verkehrshindernisse. Die Stadt Ratzeburg liegt 5 m über N. N. am See und ist durch eine Kleinbahn mit dem $\frac{1}{2}$ Stunde entfernten Bahnhof Ratzeburg verbunden. So finden sich nur Ansätze industrieller und gewerblicher Unternehmungen in der Stadt und entlang der Bahn und der Ratzeburg-Lübecker Chaussee. Auch der Holzhandel leidet durch die Schwierigkeiten des Abtransportes in dem unebenen Gelände.

Vor einem Menschenalter bestanden noch fünf Kupfermühlen an den Stauteichen des Bäk, deren Pochhämmer man angeblich in Lübeck hören konnte. Heute reicht die Wasserkraft noch für Sägereibetrieb und Kornmühle aus; letztere ist aber vor einigen Jahren abgebrannt und nicht wieder in Betrieb gesetzt worden (Pfaffenmühle). Am Wege von Bäk nach Mechow liegen noch alte, mit Gras und Binsen zugewachsene Tongruben, die früher das Material für Keramik lieferten. Während aber Oberfläche und Boden Industrie so ziemlich ausschließen oder nur Ansätze ermöglichen, die lokalen Bedürfnissen dienen, lockt die Schönheit der Landschaft in der warmen Jahreszeit zahlreiche Fremde an, die hier in staub- und rauchfreier Wald- und Seeluft sich erholen.

2. Abhängigkeit der Wirtschaft vom Regionalklima und den Grundwasserverhältnissen.

Es ist für die Landwirtschaft von außerordentlichem Nachteil, daß die Periode hohen Niederschlags (Mai—Oktober) mit ihren Maxima

(Juli—August) in die Erntezeit fällt. So ist 1927 dreiViertel der Roggenernte auf den Feldern von Kl. Sarau verfault. Selbst September und Oktober sind noch relativ naß. Die Herbst- wie die Frühjahrsbestellung findet allerdings eine günstige Wetterlage vor. Der Heuernte ist der niederschlagsreiche Juni nicht günstig, und die Grummeternte wird beeinträchtigt durch den hohen Wasserstand in den Senken, der dem Sommermaximum um einige Monate nachfolgt, so daß, wie schon erwähnt, die Gesamt-Heuernte der Schlagsdorfer Senke oft verloren ging, bevor man an die Vertiefung der Abzugsgräben dachte. Auch die Winter und Frühjahrstrockenheit ist dem Säen und Pflanzen nachteilig und vermindert die günstigeWirkung des Bodenfrostes. Lange Trockenperioden, die den Boden oft steinhart machen, sind ebenso nachteilig wie anhaltender Regen, der in Dellen und Mulden zur Vermoorung der nicht drainierten Äcker führt. So beeinflussen die Launen des Wettergottes die Erträgnisse des teilweise agronomisch ausgezeichneten Bodens in erheblichem Maße. Zu begegnen ist diesen Tatsachen nur durch eine gründliche und tiefgehende Auflockerung, so daß der kapillare Aufstieg des Grundwassers in trocknen Zeiten und das Absinken des Oberflächenwassers in der Regenperiode die Nachteile des Regionalklimas einigermaßen ausgleichen.

Die Abhängigkeit vom Wasser der Landschaft ist auffällig. Der R. S. hat infolge seiner tiefen Lage und steilen Uferhänge außer der Stadt Ratzeburg in Insellage keine Ufersiedlungen. So ist auf den Hochflächen in trocknen Sommern oft Wassermangel. Man schont daher Wassertümpel am Feldrande wegen der Viehtränke, oder man legt direkt tiefe Ecktümpel an, die schon erwähnt wurden. Auch die Zuleitung von Wasser aus größeren Tümpeln in die Viehställe ist schon durchgeführt (Römnitz), und im Disnacker Wasserriß steht ein hydraulischer Widder, der das Wasser in den Viehstall pumpt. Die Grundwasserflöze der unteren Sande sind ergiebig, und Pumpen, die so tief gehen (5—8 m durchschnittlich), haben auch in trockenen Perioden meistens noch Wasser, während Brunnen in den oberen Sanden dann versagen. Große Viehbestände im Sommer zu versorgen, kann also Schwierigkeiten verursachen. So erklärt es sich auch, daß man bei der Waldlegung die Schilftümpel gern außerhalb des Waldes gelassen hat. Für industrielle Anlagen mußte unter Umständen der II. Geschiebemergel noch durchbohrt werden, um genügende Grundwassermengen zu erhalten (Brauerei und Meierei in Ratzeburg).

G. Abhängigkeit der Siedlungen von der Landschaft.

Bei der Betrachtung der Siedlungsverhältnisse zeigen sich in erster Linie wieder die wirtschaftlichen Abhängigkeiten von der Landschaft. So finden wir die zwei bäuerlichen Kleinsiedlungen im sandig-tonigen Flachlande, Blankensee und Beidendorf in Seeufer-Lage. Die benachbarten Torfgrund-Wiesen waren in früheren Zeiten wichtige Ergänzungslandschaften durch die Torfgewinnung, die heute nicht mehr rentabel ist und nur für eigenen Bedarf noch hin und wieder betrieben wird. Bei Mechow ist die Entfernung vom See so groß, daß man auf einen wesentlich höheren Wasserstand in nicht zu ferner Vergangenheit schließen darf, worauf auch die 2 m-Terrasse am nördlichen Westufer schließen läßt. Bei solchem Wasserstande war die Neuhofer Senke eine mit Wasser erfüllte Bucht des Mechower Sees, an der Neuhof lag. Sie ist später verlandet als selbständiger See; denn ihr Ausgang liegt im 33 m-Niveau, während der Boden in der Nähe des Gutshofes nur 32 m hoch liegt. So hat man im Südosten der Senke wohl künstlich Abfluß geschaffen, um Weideland zu gewinnen. Auch alle übrigen Siedlungen lehnen sich an Wiesensenken. Hornstorf liegt auf dem Hügelsporn, der ins Klempauer Moor vordringt, und zwar an einer Stelle, wo der östliche Hügelzug mit einem Vorsprung in die Sauergrasmulde der Grönau vordringt, so daß ein Übergang über diese Senke von Hornstorf aus erleichtert ist. Bei höherem Wasserstande hat sich Hornstorf in ausgezeichneter Schutzlage befunden wie Schlagsdorf; letzteres allerdings nur einseitig gegen Westen. Dem Orte Sülsdorf fehlt die ausgesprochene Schutzlage, da es auf breiter Hochfläche liegt und die Landschaft selbst keinen Schutz bietet als die Nähe des Braken. Daß aber Schutzbedürfnis bei der Anlage des Ortes eine Rolle gespielt hat, ergibt sich daraus, daß Sülsdorf ein ausgesprochener Rundling ist, der einzige auf dem Meßtischblatt. — Eine gewisse Schutzlage hatten auch alle am oberen Rande des Steilufers den 9 km langen R. S. hinauf auf beiden Seiten gelegenen Dorfsiedlungen, wo man mittels der Wagen den See nicht erreichen, aber in Böten sich schnell in Sicherheit bringen konnte. Auch wegen des Baugrundes kamen nur Lehmflächen oder Kiesflächen (Römnitz, Mechow und Utecht) in Betracht. Die Anlehnung an die Senken entsprach dem Bedürfnis nach Wasser, Weide und Brennmaterial (Bruchwald und Torf) und die Seen haben wohl auch durch ihren Fischreichtum die Rolle von Ergänzungsformen gespielt. Das Bedürfnis nach Schutz in der Landschaft ergibt sich aus der Tatsache, daß hier Polaven und Germanen um Siedlungsraum miteinander gestritten haben.

H. Abhängigkeit der Verkehrswege von der Landschaft

Wie die Siedlungen feste Beziehungen zur Struktur der Landschaft erkennen lassen, so ist auch das Wegenetz von ganz ursprünglicher Art. Modernen Verkehrsbedürfnissen entspricht es, daß eine chaussierte und für den Automobilverkehr teilweise asphaltierte Straße parallel dem Westufer des R. S. nach Lübeck führt, vorbei an dem sehr alten Kirchdorfe Gr. Grönau in ausgesprochener Verkehrslage; ähnlich verhält es sich mit der Straße nach Berkenthin am Elbtrave-Kanal. Die Lübeck-Büchener Bahn hat Anschluß an die Bahn Hamburg-Berlin, und die Kleinbahn Oldesloe-Ratzeburg-Klein Thurow an die Strecke Hamburg-Lübeck. Das ganze übrige Wegenetz ist sehr alt und zeigt engste Anpassung an Boden und Wirtschaft in Abhängigkeit von der Landschaft (Fig. 26).

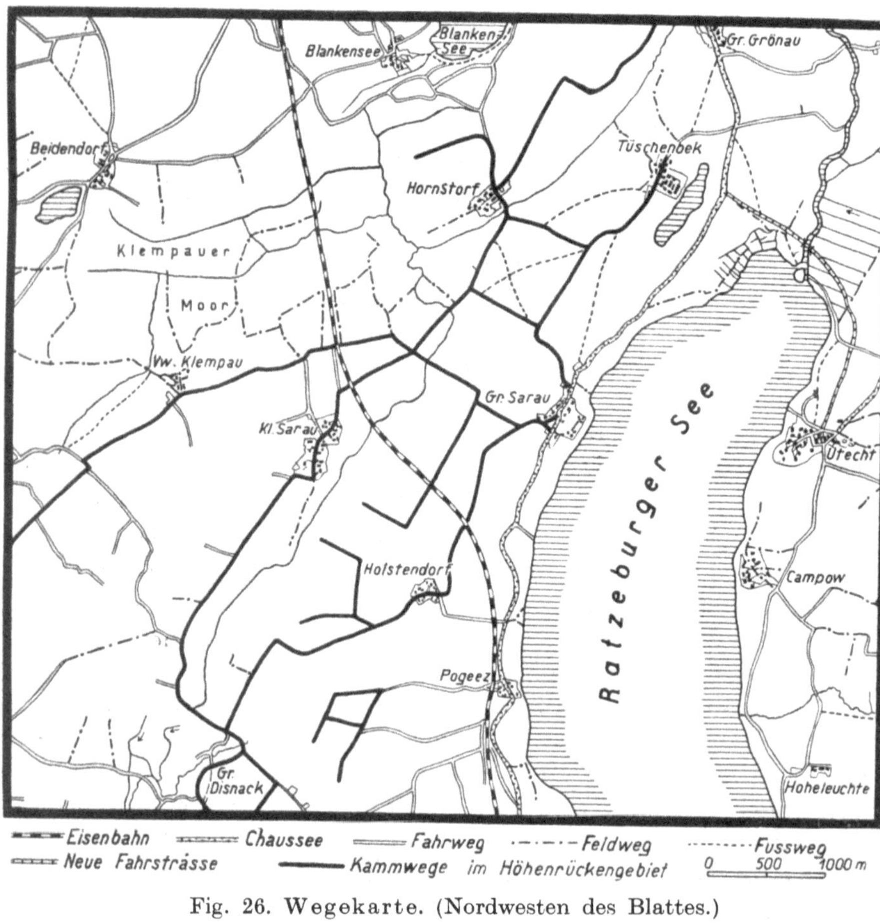

Fig. 26. Wegekarte. (Nordwesten des Blattes.)

Wege durch die Senken kamen nicht in Frage, da diese ursprünglich einen höheren Wasserstand hatten und am Rande mit Bruchwald erfüllt waren. Vor dem heutigen Zustande der Entkalkung war der Geschiebemergel, wie auch heute noch zum Teil, nach Regen grundlos. So ergab sich mit Notwendigkeit, die Hügelkämme für die Wegeführung zu benutzen, von denen das Wasser leicht abläuft oder in

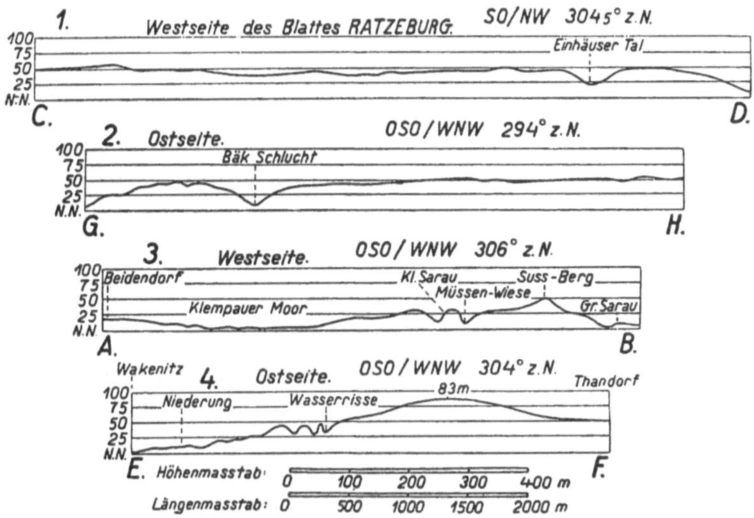

Fig. 27.
Vier Profile annähernd 90° zum Streichen der Hügelrücken.
(Vgl. die morpholog. Karte!)

Gräben abgeleitet werden kann, und der Übergang über die Senken in rechtem Winkel, wahrscheinlich anfangs über Knüppeldämme, die heute kleinen steinernen Brücken Platz gemacht haben. Wirtschaftlich praktisch war diese Wegeführung, da durch die Kammwege im Hügelrücken-Gebiet (III. Teillandschaft) die größte Zahl Ackerhufen gleichzeitig erschlossen wurde. Sie machte Feldwege, die nur diesem Zwecke dienen, entbehrlich. Die tiefe und lange Rinne des Ratzeburger Sees, die torfgründigen, tiefen Senken und die breiartige Erweichung des Geschiebelehms bei anhaltendem Regen sind schwere Verkehrshindernisse. Auch der Frost kann verkehrsfeindlich wirken, wenn der durch Regen aufgeweichte und durch tiefe Wagenspuren zerfurchte Ackerweg plötzlich gefriert. Dann ist der Weg über das gepflügte und gefrorene Ackerland zu beiden Seiten der Fahrstraße vorzuziehen und wird auch von Fußgängern vielfach dazu benutzt. Die Abneigung des Landvolkes gegen den modernen Automobilverkehr, und die Tatsache, daß selbst diese primitiven Wegeverhältnisse den lokalen Verkehrsbedürfnissen genügen, läßt erwarten, daß die landschaftliche Unberührtheit dieses Gebietes infolge seiner Abgelegenheit vom Verkehr noch lange erhalten bleibt. Außerdem wäre eine durchgreifende Verbesserung der Wege mit großen Kosten verbunden, da es an Kieslagern fehlt und auch die Findlinge nur in sehr geringer Zahl vorhanden sind. Am besten sind die Wege noch bei anhaltend trockenem Wetter, wenn sie gerade im sandig-tonigen Flachlande des Lübecker Beckens sehr zu wünschen übrig lassen.

Für Ortskundige existieren noch Fußsteige, die eine möglichst kurze Verbindung von Dorf zu Dorf herstellen, worauf das alte Wegenetz, dessen geradlinige Teilstrecken rechtwinklig aneinanderstoßen, nicht die geringste Rücksicht nimmt. —

V. Historische Landschaftskunde.

A. Entwicklung der Kulturlandschaft aus der Urlandschaft.

Die Ursprünglichkeit des Wegenetzes findet ein Gegenstück im Landschaftscharakter überhaupt, der in einer relativen Unberührtheit nach Oberflächenform und Struktur hervortritt. Die Kräfte, welche die Grundformen der Landschaft hätten völlig verändern können, scheinen mit dem schnellen Rückzug des Eises hinter das Yoldiameer versiegt zu sein. Es ist höchst unwahrscheinlich, daß Niederschlagswässer allein die tiefen Bachschluchten geschaffen haben; die Systemlosigkeit in ihrer Verteilung, ihre geringe Anpassung an die Oberflächenformen, ihre Lage in verschiedenem Niveau, das aber gruppenweise das gleiche ist, die Unausgeglichenheit aller Hohlformen, in denen zweifellos einmal größere Wassermengen geflossen sind, und endlich die auffallende Ähnlichkeit der Formen im nordwestlichen Teile der Landschaft mit den Stauchungsformen auf Spitzbergen, wie sie K. Gripp beschrieben und abgebildet hat, machen es wahrscheinlich, daß die vorliegende Landschaft postglazial keine wesentlichen Umgestaltungen mehr erfahren hat.

Anders verhält es sich mit dem Wasser der Landschaft und der Pflanzendecke, die durch Klimaschwankungen beeinflußt werden. Aus Pflanzenrelikten der Moore hat man versucht, Klimaperioden festzustellen. Namentlich die Pollenanalyse ist in letzter Zeit in ihrer Methodik außerordentlich vervollkommnet worden. Auf Grund ihrer Ergebnisse hat man postglaziale Klima- und Vegetationsperioden aufzustellen versucht, die in allgemeinen Zügen ein Bild von der Entwicklung Mitteleuropas in der Nacheiszeit geben[1]). Wenn man aber von der Struktur einer Landschaft und ihrem Pflanzenkleid, wie es heute ist, ausgeht, erscheinen einem doch die Fehlerquellen der Methode für die Darstellung der Landschaftsentwicklung eines bestimmten Gebietes so erheblich, daß man nicht darauf verzichten wird, die in der Landschaft gegebenen Faktoren heranzuziehen, soweit sie die Pflanzenökologie mitbedingen. Dahin gehören Lage zum Meer, Boden, Oberflächenform, Wasserverhältnisse und auch das heutige Pflanzenkleid, dem man doch eine gewisse Konstanz für etwa ein Jahrtausend zugestehen muß.

Wasserreiche Torfmoore bleiben lange klüftig; ihre Wasserflächen können von weit her zugewehte Pollenmassen aufnehmen, die an den Grund sinken ohne mit viel Torf bedeckt zu werden, da die Vertorfung vom Ufer aus beginnt; wenn nach langer Zeit der Torf bis zur Mitte des Beckens vorgedrungen ist, können Pollenmassen in eine Schicht gelangen, die mit anderen Torfschichten in gleichem Niveau durchaus nicht gleichalterig ist. Wenige Exemplare einer nur sporadisch in einer Landschaft vorkommenden Baumart können große Mengen Pollen in ein benachbartes Moor verstauben; manche Pollen tragen besondere Einrichtungen zur Erhöhung ihrer Flugfähigkeit, wie die Luftblasen des Kiefernpollens. Tatsächlich findet sich dieser fast in allen Horizonten einer Torfschicht. Ramann[2]) hat darauf hingewiesen, daß ein Grenzhorizont sich periodisch immer da bildet, wo das Hochmoor über die kapillare Hubhöhe des Niederschlagswassers emporgewachsen ist. Da die Temperatur-Optima des Blühens der Waldbäume relativ niedrige sind, nicht weit vom Jahresmittel ab liegen, sind Klimaschwankungen, die zweifellos oft eingetreten sind, sicherlich oft für die Zusammensetzung der Pflanzendecke wirkungslos geblieben. So kann man sagen, daß weder Grenzhorizonte, noch die Ergebnisse der Pollenanalyse allein ausreichen, ein zutreffendes Bild von der Entwicklung der Pflanzendecke eines bestimmten Gebietes zu entwerfen. Dazu ist das Vegetationsbild der verschiedenen Landschaften unter demselben Klima in derselben Region zu verschieden, wie eine genauere Betrachtung der norddeutschen Landschaft zeigt. Nicht auf die Einwirkung des Menschen ist diese Verschiedenheit vorwiegend zurückzuführen, da diese in dünn bevölkerten Gebieten nicht so durchgreifend umge-

[1]) Vgl. G. Schellenberg, Die Pollenanalyse in Dr. E. Blanck, Handbuch der Bodenlehre II, S. 139 u. ff.

[2]) a. a. O.

staltet hat, daß nicht die natürlichen Faktoren, die stetiger und länger wirken, das Übergewicht bei der Entwicklung der Landschaft behalten hätten.

Obgleich der Einfluß des Klimas auf die Zusammensetzung der Pflanzendecke ein großer und allgemeiner ist, darf man doch nicht ohne weiteres auf Ab- und Zuwanderung gewisser Baumgattungen unter dem Einfluß einer Temperaturänderung, von deren Betrag und Dauer man nichts Sicheres weiß, schließen. Wenn nicht mehrere Faktoren zusammenwirken, erzielen schon die Anpassungsfähigkeit der Pflanzen und die Beschaffenheit des Bodens, die schnellen Veränderungen nicht unterliegt, eine bedeutende Beharrungsfähigkeit eines Pflanzenvereins. Wenn man also ein Moorprofil für Klima und Pflanzenkleid ausdeutet, kann sich nur in großen Zügen ein Bild der Entwicklung ergeben, das nicht nur an sich ziemlich unsicher ist, sondern auch nicht auf größere Gebiete übertragen werden kann. Von den hohen Kiefernpollenprozenten der auf die arktische und subarktische Zeit folgenden borealen Periode schließt man auf ein trocken-warmes, kontinentales Klima und als Folge davon auf eine rasche Ausbreitung der Kiefernwälder, während Linde und Eiche langsam einwandern. Kiefer und Hasel waren schon in der subarktischen Espen- und Weidenzeit eingewandert. In der feuchtwarmen atlantischen Zeit sei die Buche zugewandert, die Eiche vorherrschend geworden. Die folgende, sehr trockene und warme subboreale Zeit sei die eigentliche Eichenzeit mit dem Grenzhorizont, und die folgende feuchtkühle subatlantische Zeit habe die Buche zum herrschenden Waldbaum gemacht; die darauf folgende Neuzeit sei wieder trockener, und Moore verheideten langsam.[1]) —

Wie unbestimmt die Charakterzüge dieser Entwicklung sind, ist an dem Beispiel der Eiche erkennbar. Sie ist durch Funde an der Untertrave und der Kieler Förde mit Kiefer und Erle zusammen für das Altneolithikum nachgewiesen; sie hat dann trotz aller Klimaschwankungen sich ständig ausgebreitet, so daß sie zur Bronzezeit der herrschende Waldbaum gewesen ist. Mit eintretender Abkühlung des Klimas und zunehmender Feuchtigkeit soll die Buche die Eiche wieder verdrängt haben; sie ist aber zweifellos noch in der vorrömischen Zeit ein Hauptbestandteil der mittel- und norddeutschen Wälder gewesen[2]).

---

[1]) G. Schellenberg a. a. O. S. 146.

[2]) Während des 30jährigen Krieges forderte Tilly viertausend Eichenstämme an zur Befestigung Ratzeburgs. Die Eiche muß also noch weitaus verbreiteter gewesen sein als heute. (F. W. J. Rieckmann, Die Domkirche z. Ratzeburg 1881. S. 38.)

Da ebenso Espe, Weide, Erle, Hasel, Linde und Kiefer alle aus der Pollenanalyse abgeleiteten Klimaschwankungen bis zur Gegenwart überstanden haben und allgemein verbreitet sind, dürfen wir wohl annehmen, daß sich die Walddecke, wenn ihr nur Bodenqualität und Luftfeuchtigkeit neben den Grundwasserverhältnissen zusagten, gegenüber den Temperaturschwankungen ziemlich widerstandsfähig gezeigt hat. Wärme- und Feuchtigkeitsschwankungen ändern zwar die Verwitterungsvorgänge im Boden, aber unter Walddecke nicht plötzlich und auch nicht gleich im ungünstigen Sinne. Wenn wir daher das Klima der Nacheiszeit als ein Abklingen des Diluvialklimas auf das Klima der Gegenwart mit seinen bekannten Schwankungen ansehen, dürfen wir eine größere Stetigkeit für die Entwicklung des Pflanzenkleides Mitteleuropas annehmen, ohne jene tiefgehenden Umgestaltungen, zu denen man gelangt, wenn man von hohen Pollenprozenten auf das Klima und wieder rückwärts auf die Ausbreitung einer Baumgattung schließt. Ein landschaftskundlicher Versuch einer Rekonstruktion der Urlandschaft und der Darstellung ihrer Entwicklung zur Kulturlandschaft wird zwar die Ergebnisse der Moorforschung nicht übersehen; aber er wird die individuellen Charakterzüge der Landschaft, welche von jener Entwicklung erhalten und überliefert worden sind, höher werten müssen, da in ihnen alle Momente und Faktoren enthalten sind, durch welche das Pflanzenkleid gestaltet wurde. Es kommen also in Betracht das heutige Vegetationsbild, die Ökologie der Baumgattungen, deren Verbreitungsfähigkeit und Anpassungsfähigkeit an die Landschaft bezüglich ihrer Lage, ihrer Wasserverhältnisse, ihrer Struktur, ihres Bodens und ihrer Tierwelt. Wenn diese die Ausgestaltung des Landschaftsbildes hinsichtlich der Pflanzendecke bedingenden Faktoren durch das Klima nicht ausgeschaltet wurden, kann sich das Landschaftsbild auch nur im Zusammenhang mit diesen Tatsachen entwickelt haben.

Es wäre bezüglich der vorliegenden Landschaft noch die Tatsache zu erwähnen, daß hier die Gattungen Sphagnum und Calluna für die Ausbildung eines Grenzhorizontes nicht in Frage kommen, weil beide nie in einem Moor mit kalkgründigem Boden wachsen, solange das Bodenwasser sich noch mit dem Oberflächenwasser mischt, der Kalk also kapillar aufzusteigen vermag. —

Als die Aufschüttungslandschaft eisfrei geworden war, besaß sie einen Mineralboden, dem wohl die bakterizide Impfung zunächst fehlte, der aber nach seiner Zusammensetzung, wenigstens für alle nicht kalkscheuen Pflanzen, einen ausgezeichneten Standort darbot. Der ersten Bewachsung stellten sich zunächst große Schwierigkeiten durch den Wind entgegen, der auf dem freien Gebiet nicht nur mit großer Kraft, sondern auch (nach Meinardus) aus Nordosten wehte, aus einer Richtung, die für die Zuführung von Pflanzensamen nicht günstig erscheint. Als er später, als das Eis imNorden vollständig geschwunden war, nach W und SW umsprang, hat sich schnell eine Pflanzendecke gebildet. Zu ihren Erstlingen dürften wohl die Kompositen gehört haben, die durch die Flugfähigkeit ihrer Samen und durch ihre Blattrosetten für die Bildung einer geschlossenen Pflanzendecke geradezu bestimmt erscheinen. Dieser Krautdecke, die wir ja auch heute noch im hohen Norden oft kräftig entwickelt finden (vgl. Prof. Tuckermann, Ost-Europa!), haben sich Gräser und Kryptogamen zugesellt, und unter den Holzgewächsen solche Gattungen, die über flugfähige Samen verfügen, wie Betula alba, Populus tremula und Salixarten. Für Alnus glutinosa kam das Wassergeflügel als Verbreiter des Samens in Betracht.

Diese Holzgewächse bildeten eine Buschvegetation in den windgeschützten Senken. Eine Lößbildung ist innerhalb der jüngsten Vereisung wohl nirgends nachgewiesen; einmal war es nur Ausblasegebiet, und es fehlten vor allem die weiten Ebenen, wo der Wind auf große Entfernungen hin jene Saigerung bewirken konnte, welche die für den Windlöß charakteristischen Korngrößen liefert. Vielleicht lag auch auf den Diluvialböden nicht jene Verwitterungsform der Gesteine vor, welche nach neueren Ansichten erst das Material für äolischen Löß zu liefern imstande ist.

Die Diluvialflächen waren also längere Zeit eine Gras- und Krautsteppe mit Laubgebüsch in den nassen Senken; der Wind hielt den Baumwuchs nieder[1]). In ein solches Gebiet sind wohl von SO her wandernde Nager und Ruminantier eingedrungen, Steppentiere, die hier eine üppige Sommerweide fanden; auf ein reines Steppenklima braucht in diesem küstennahen und Übergangsgebiete aus dem Fund von Steppentieren, die hier vielleicht nur Gäste waren, nicht geschlossen zu werden, zumal postglazial alle Seebecken, Senken und Wannen mit Wasser gefüllt waren; und wenn bis zum mittleren Neolithikum sich hier eine lichte Walddecke entwickelt hat, so ist es bezeichnend, daß man (nach Gradmann) im Neolithikum nur Waldtiere, keine Steppentiere gefunden hat.

---

[1]) Vgl. F. Kühn, Der Steppencharakter der argentinischen Pampa. Peterm. Mitt. 1829, S. 60. —

Es ist wahrscheinlich, daß der Wind die 40—60 m über dem Lübecker Becken sich erhebende Grundmoränenplatte lange Zeit waldfrei gehalten hat. Auch der hohe Kalkgehalt des Bodens wird die allgemeine Waldbedeckung anfangs erschwert haben. Erst die Ausbildung einer Humusschicht und die weitere Verwitterung des Bodens an den Uferhängen der Seen und Senken bereitete die Entwicklung des Hochwaldes vor. Diese Hänge bedeckten sich mit Bruchwaldgebüsch aus Birken, Weiden und Espen, denen sich etwas später die Schwarzerle zugesellte. Von den Mulden und Wannen aus bildete sich nun allmählich der Hochwald im Windschutz des Bruchwaldes. Die Espe als nordischer Baum scheint hier zuerst waldbildend aufgetreten zu sein, da sie kalkigen Boden verträgt und gegen den Wind durch die Eigenart ihres Laubes und die Biegsamkeit ihres Holzes widerstandsfähig ist. Sie findet sich in starken Exemplaren auf dem Hochwege von Tüschenbek nach Gr. Sarau, am Seeufer bei Utecht, bei Römnitz und Campow und überall in Forsten und Bachschluchten verbreitet.

Viel später muß die Eiche ins Gebiet eingedrungen sein, um in lichter Formation auch die dem Winde stärker ausgesetzten Hochflächen nach und nach zu erobern; denn ihr Same wird vorwiegend durch Tiere verbreitet, namentlich durch Nager, die Wintervorräte sammeln und aus Südosten in die Krautsteppe neben Horn- und Geweihtieren eingedrungen sind[1]). Jedenfalls war hier die Eiche allein imstande, infolge ihres Hartholzes und widerstandsfähigen Laubes dem Winde zu trotzen. Das ist am östlichen Steilufer des Ratzeburger Sees im nördlichen Teile des Seebruchs zu beobachten, wo ein paar starke Eichen, dem Westwind isoliert preisgegeben, unter Winddruck einen eigenen Habitus angenommen haben: der Wuchs ist niedrig und gedrungen gehalten, die Äste sind außerordentlich stark und winklig gewachsen. Die gleiche Deformation der Krone ist auch an isoliert stehenden Eichen in den Knicks der hochgelegenen Felder im NO und am Buchberge zu beobachten.

Die Hasel wird sich gleichzeitig mit der Eiche eingefunden haben, da sie denselben Verbreitungsbedingungen unterliegt. Für die Zeitbestimmung haben wir einen gewissen Anhalt in den Funden, die K. Gripp und G. Schwantes im Duvenseer Moor, 14 km westlich von Ratzeburg gemacht haben. Dort fanden sich in den Sommerwohnungen der Maglemose-Leute riesige Mengen von Haselnußschalen; es war also auf der Grenze von Ancylus- und Litorinazeit, ebenso wie heute, der

[1]) Auch in Südrußland herrscht in der Baumsteppe, aus der die Grassteppe hervorgegangen ist, die Eiche vor.

Haselnußstrauch am Rande der nassen Senken, in den Bachschluchten in der Buschformation neben Eichen, Espen, Weiden und Erlen vertreten. Durch beerenfressende Vögel mögen auch bald Sorbus, Crataegus, Cornus und Rhamnus eingeschleppt werden sein. Die Tierwelt ist heute fast verschwunden, die für die Verbreitung der Waldbäume und für die Gestaltung der Waldformation in großem Umfange ausschlaggebend war: es fehlen die großen Nager der Steppe, die Springer, die Hörnchen, welche die Waldnüsse verschleppen, die Rudel der Horn- und Geweihträger, die das Aufkommen geschlossener Wälder verhinderten, indem sie den jungen Anflugswald vernichteten. So entwickelte sich ein lichter Steppenwald über Grasboden in Anlehnung an die Bruchwälder der windgeschützten Mulden, wo noch heute die zentralen Waldgebiete in der Landschaft liegen. Im lichten Steppenwalde fand die Eiche Raum, eine weit ausladende Krone mit wagerecht abstehenden Ästen zu bilden, einen Habitus, der im geschlossenen Forst verloren geht. Die starken Eichen südlich von Gr. Disnack zeigen die durch das Wachsen in geschlossener Formation bedingte unnatürliche Entwicklung: einen Stamm von riesiger Stärke und eine relativ kleine trichterförmige Krone, in welcher dann auch der Verfall des Baumes beginnt, nicht wie bei den freistehenden Eichen, bei denen nach dreihundert Jahren der Stamm hohl zu werden beginnt. Im Spätneolithikum und zu Anfang der Bronzezeit haben die Herden der Pflugbauern die Rolle der Wildrudel übernommen, durch Weidegang den Anflugswald niederzuhalten und den Charakter des lichten Steppenwaldes der Landschaft zu bewahren.

In der Kontaktzone von Bruchwald und Steppenwald waren aber alle Bedingungen gegeben für die Entstehung undurchdringlicher Walddickungen: Windschutz, wechselnder Grundwasserstand, Besamung durch Anflug vom Bruchwald aus und Abwehr der Weidetiere durch Naßboden und Tümpelbildung. Hier bildeten sich also siedlungsfeindliche Urwaldinseln. Die gewaltigen Eichen im Bartelsbusch südlich von Gr. Disnack und im Braken mit ihrem Epheugerank über tiefgründigem Sumpfboden, mit Haufen faulenden Holzes und umgestürzten Bäumen neben buschumgebenen Schilftümpeln, das ganz ähnliche Bild in den tiefen Bachschluchten von Utecht trägt noch die Wesenszüge prähistorischer Waldentwicklung.

Die heutige Landschaft enthält dieser Darstellung entsprechend in gleicher Lage dieselben Formationen von gleicher Zusammensetzung. Um die nassen Senken zieht sich das Bruchwaldgebüsch, in dem Hasel, Weide, Esche und Espe vorherrschen, Vogelbeere, Faulbaum und

Weißdorn zerstreut vorkommen neben der Eiche. Das Steilufer des Ratzeburger Sees hat auf dem Hang Laubhochwald, am Hangfuß an vielen Stellen Bruchwald oder Bruchgebüsch. Im zentralen Teile der Grundmoränenplatte liegen drei große Waldgebiete, Forsten, die früher Markwaldungen waren und sich an nasse Senken, vermoorte Wiesenmulden und Bachschluchten anlehnen. Das knickgefelderte Kulturland zwischen den Waldplatten und den Ufern des Ratzeburger Sees, der ehemalige lichte Laubwald, ist heute noch charakterisiert durch die zahlreichen Eichbäume, die über die Landschaft zerstreut sind[1]).

B. Der Mensch in der Urlandschaft.

Die durch den Wind und wohl auch durch Abbrennen waldfreien Ufergesimse um die Seen und Senken, die vielleicht einen niedrigen Buschstreifen trugen, waren die Wohnplätze der neolithischen Fischer, Jäger und Sammler; der lichte Laubwald war Jagdgebiet und die zentralen Walddickungen auch Rückzugsgebiete bei der Annäherung feindlicher Horden, die man vom waldfreien Hochufer aus rechtzeitig wahrnehmen konnte. Auch das Ufergebüsch bot Schlupfwinkel, und der Einbaum war das unentbehrliche Verkehrsmittel, so daß sich die Horde schon aus Gründen der Sicherheit nicht weit vom Uferrande der Seen und Senken entfernen konnte. Außer Fischen boten die Seeufer auch Mollusken und Wasservögel. Auch die am Schaalsee von G. Schwantes gemachten Funde lagen am Rande einer nassen Senke[2]). Da sie sich an der Oberfläche fanden, müssen sie seit dem Neolithikum hier gelegen haben; nach ihrer Beschaffenheit gehören sie aber der Kulturstufe des Acheuléen oder Moustérien an. Es scheinen hier also Völker verschiedener Kulturstufe nebeneinander gelebt zu haben, Horden paläolithischer Restvölker neben Neolithiern von ungleich höherer Kulturstufe wie z. B. jene Maglemose-Leute im Duvenseer Moor. Es scheint, daß die Jäger und Fischer des Ostseegebietes bis ins mittlere Norddeutschland eingedrungen sind und vielleicht auch umgekehrt[3]). Vielleicht haben jene Niveauverschiebungen, die man an der Kieler Förde und an der Untertrave nachgewiesen hat, die Veranlassung dazu gegeben. Ob sie auch in der Ratzeburger Gegend sich

---

[1]) Die Kiefer ist hier auf der Grundmoräne wohl überhaupt nicht waldbildend aufgetreten. —

[2]) G. Schwantes, Die Schaalsee-Zivilisation in der Festschrift des Völkerkunde-Museums zu Hamburg 1928.

[3]) Derselbe, Deutschlands Urgeschichte. S. 66 u. ff.

ausgewirkt haben und in welchem Maße, ist schwer festzustellen. Die Terrassen im Niveau von 20—25 m südlich des Klempauer Moors und am nördlichen Ostufer des Ratzeburger Sees werden allgemein in die Abschmelzperiode verlegt. Da sie an einem Süd- und Ostufer besonders scharf ausgeprägt sind, könnten sie bei hohem Wasserstande in der Litorinazeit unter dem Einfluß starker Westwinde entstanden sein; denn das Lübecker Becken und die Rinne des Ratzeburger Sees lagen gegen die vordringende Ostsee offen da. So mögen die Jäger, Sammler und Fischer, die bis zur ausgehenden Ancyluszeit nur den Hund (Schakal) als einziges Haustier hatten, durch Änderungen der Wasserverhältnisse, die nicht bloß eine Erschwerung des Verkehrs, sondern auch eine Änderung in den Fischgründen, für Sammeltätigkeit und Jagd herbeiführten, zum Umherschweifen in diesem Gebiet gezwungen worden sein. Daß der Wasserstand in den Seebecken und Senken der Grundmoränenplatte durch jene Niveauschwankungen wesentlich beeinflußt worden ist, kann nicht angenommen werden, da sie in der Mehrzahl abflußlos waren. Sie boten den schweifenden Nomaden ziemlich gleichartige Verhältnisse, den gleichen Siedlungs-, Schutz- und Nährraum während der Zeit des Neolithikums. Die Karte der prähistorischen Siedlungen des Kreises „Herzogtum Lauenburg", wie sie nach dem Stande der archäologischen Landesaufnahme von 1927 durch A. Tode in Kiel bearbeitet worden ist, zeigt die bemerkenswerte Tatsache, daß sich an denselben Plätzen Siedlungsspuren vom älteren Mittelneolithikum bis zur Eisenzeit haben nachweisen lassen. So finden sich am Schaalseeufer Felsenkammern, Riesenbetten, Bronzegräber und Urnenfriedhöfe in einem Umkreise von kaum 5 km. Dazu kommen in dem gleichen Gebiet noch die schon erwähnten primitiven Steinartefakte eines paläolithischen Restvolkes. Daß die primitiven Jäger, die Hack- und Pflugbauern der Bronze- und Eisenzeit die gleichen Ansprüche an den Lebensraum stellen, ist umso bemerkenswerter, als doch der Abstand der Kulturhöhe der Bronzezeitmenschen von der der steinzeitlichen Jägernomaden ein sehr bedeutender ist. Die Tatsache läßt daher alle möglichen Schlüsse zu. Die Abhängigkeit vom Wasser ist eine absolute; allerdings tritt sie umso mehr hervor, je älter die Siedlung ist, also am wenigsten bei den Urnenfriedhöfen der Eisenzeit. Die Gründe liegen auf der Hand. Dem Steinzeitnomaden waren Fluß und See Fischerei- und Jagdgebiet und gleichzeitig Verkehrs- und Rückzugsstraße, und was er für sich selbst brauchte, wollte er auch den Seelen der Verstorbenen sichern, daher legte er auch die Gräber in unmittelbarer Nähe seines Wohnplatzes an. Der Bronze- und Eisenzeitmensch ist vom Manismus zum Animismus übergegangen, die Grabstätten liegen abseits von den Wohnstätten, auf Hügelkuppen, im Walde oder ohne jede Beziehung zu bestimmten Landschaftsteilen. Die Bodenqualität scheint bis zum Ausgang der prähistorischen Zeit keine Rolle gespielt zu haben. Der Feldbau lieferte wohl nur eine nebensächliche Ergänzung zum Nahrungserwerb aus Jagd, Fischfang und Viehzucht; dazu kommt in Betracht, daß der Boden allgemein von ausreichender Fruchtbarkeit und die Gegend relativ dünn besiedelt war. Sandboden scheint man hin und wieder bevorzugt zu haben wegen seiner Trockenheit und relativen Wärme, während große Gebiete schwersten Bodens fast keine prähistorischen Siedlungsspuren aufweisen. Das Gebiet des Schaalsees hat die Struktur eines Festungsgebietes; es besteht ausGrundmoränenplatten, die von Rinnenseen und Bruchwaldsenken auf allen Seiten umgeben sind. Der Reichtum an Fischen und Mollusken hat vielleicht Fischer von den Küsten der Ostsee angelockt, die dauernd hier gesiedelt haben; denn mehrere Kulturschichten der Ostseeküste, aus Jütland und von den dänischen Inseln sind in Lauenburg und Holstein nachgewiesen. Es kann daher auch vermutet werden, daß die Besiedlung um den Schaalsee und an allen anderen Orten, wo man prähistorische Funde aus allen Perioden gemacht hat, eine kontinuierliche gewesen ist und dem entsprechend die verschiedenen Kulturschichten bodenständig sind, obgleich lebhafte Beziehungen nach Süd- und Südosteuropa bestanden haben mögen; das beweist die außerordentliche Höhe der Bronzekultur, die im Norden autochthon ist. Wenn man das ästhetische Moment im bronzezeitlichen Kulturbesitz recht würdigt und ferner die Felsengräber des Mittelneolithikum vergleicht mit der Primitivität der Wohnstätten, dann liegt der Gedanke nahe, daß die Entwicklung der geistigen Kultur unter dem Einflusse eines harten Daseinskampfes der Schaffung materieller Kulturgüter weit vorausgeeilt ist. Der Abhängigkeit von der Landschaft verdankt also der Nordgermane zu einem guten Teile den hohen Wert seiner geistigen und religiösen Kultur. Es ist nicht unwahrscheinlich, daß auch der Pflugbau der Eigenart des lichten Steppenwaldes seine Entstehung verdankt (wenn er nicht aus Südosten eingeführt ist!); denn als zum Ausgang des Neolithikums die Zähmung und Züchtung fast aller Arten von Haustieren betrieben wurde, mußte auch der Anbau von Futterpflanzen vermehrt, der lichte Eichenwald gerodet werden. Es liegt nahe, daß man sich zur Entfernung der Stümpfe des Zugochsen bediente und durch die Wirkung der Bodenauflockerung, die sich durch besseres Gedeihen der Pflanzen an den Rodungsstellen verriet, auf die Erfindung des Holzpfluges gekommen ist[1]).

Auf dem Meßtischblatt Ratzeburg sind alle Perioden prähistorischer Siedlungen vertreten. Im ganzen Herzogtum Lauenburg sind nach der oben erwähnten Karte festgestellt worden: 5 Riesenbetten, 17 Felsenkammern, 21 Gebiete mit Hügelgräbern der Bronzezeit und über 80 Urnenfriedhöfe der Eisenzeit. Die Besiedlung ist also in der prähistorischen Zeit, etwa von der Spät-Ancyluszeit an eine verhältnismäßig dichte gewesen. Der Sachsenwald und das Schaalseegebiet treten in dieserBeziehung besonders hervor. Felsenbetten, Riesenbetten und Bronzegräber zeigen eine strengere Abhängigkeit vom Wasser der Landschaft, von den Flüssen, von den Seebecken und den vermoorten Niederungen, die bis zur mittleren neolithischen Zeit auch noch Seen waren. Was aber einmal besiedelt war, ist besiedelt geblieben; denn die Urnenfriedhöfe der Eisenzeit nehmen durchweg den Raum ein, den Felsengräber und Bronzegräber freigelassen haben, so daß die ersteren den Eindruck hervorrufen, als ob in ihrer verstreuten Anordnung ein neues Siedlungsprinzip zum Ausdruck käme. Das ist aber keineswegs anzunehmen. Im Gegenteil erhärtet auch die prähistorische Siedlungskarte, indem sie die dauernde Besiedlung der gleichen Landschaftsteile nachweist, die Tatsache, daß durch die oben erörterten Klimaschwankungen die Siedlungsbedingungen der Jagd- und Fischereinomaden und der Hack- und Pflugbauern keineswegs erheblich geändert wurden, daß sich vielmehr in strenger Abhängigkeit von der Entwicklung der Landschaft eine kontinuierliche Entwicklung einer autochthonen Kultur hier vollzog, die in der Bronzezeit eine relativeHöhe erreicht hat.

Auf dem Gebiet des Blattes Ratzeburg ist bisher nur westlich vom Ratzeburger See die archäologische Landesaufnahme durchgeführt worden. Da finden wir eine Felsenkammer der jüngeren Steinzeit zwischen Blankensee und Beidendorf[2]). Das Gebiet um den Blankensee mit der Hügelgruppe nördlich von der Grönau weist Hügelgräber der Bronzezeit auf. Vielleicht lagen die Pfahlbauwohnungen an den Ufern des Blankensees. Bei Klempau, Kählsdorf und Berkenthin haben sich auf dem östlichen Hochufer der Travekanal-Talung Urnenfriedhöfe der Eisenzeit gefunden, desgleichen südlich von Groß Sarau auf dem halbinselartigen Hochufer zwischen dem Ratzeburger See und einer in

---

[1]) Die dem Feldbau zugrunde liegenden religiösen Vorstellungen werden die Bronzezeitmenschen kaum an der Ausnutzung einer solchen Erfahrung gehindert haben.

[2]) Vgl. S. 306 und 307!

nordsüdlicher Richtung herabkommenden nassen Senke, die in den See mündet. Das Felsengrab liegt 15 m über NN. im Lübecker Becken und wird wohl etwas jünger als die Maglemosefunde im Duvenseer Moor sein; denn eine solche Anlage deutet immerhin auf größere Seßhaftigkeit und eine fortgeschrittene Sippenorganisation: es ist bekannt, daß in diesen Felsenkammern längere Zeit Tote begraben wurden. Die Seßhaftigkeit dieser Jäger und Fischer wurde erleichtert durch die Wintervorräte an Haselnüssen. Hackbau und Tierzucht haben sich vom Mittel-Neolithikum an immer mehr eingebürgert, so daß mit Beginn der Bronzezeit der Pflugbau einsetzte. Die seßhaften Jäger haben sich auch schon mit der Zähmung und Zucht des Rindes und anderer Haustiere befaßt, und damit scheint für dieses Gebiet um die Zeit der Maglemose-Kultur (= Spät-Ancyluszeit) die Periode der schweifenden Jäger und Fischer abgeschlossen zu sein und die der seßhaften Jäger mit Hackbau beginnt. Diese Kulturwende hat in mehrfacher Richtung umgestaltend gewirkt. Je nach Gunst oder Ungunst des Lebenserwerbs werden sich die verschiedenen Sippen mehr dem Hackbau und der Haustierzucht zugewendet haben; sie wurden seßhaft, während andere dem geliebten Waidwerk nicht entsagen wollten. Die letzteren haben ihre Wohnsitze von Zeit zu Zeit gewechselt. Damit waren Reibungsflächen gegeben, und wir können auf der Karte prähistorischer Siedlung feststellen, wie die Ackerbauer der Bronzezeit auf den Hochflächen in Schutzlage siedeln und die Bruchwaldgebiete demnach dem Jäger überlassen. Das deutsche Volkslied gibt der verschiedenen Stimmung dieser beiden Kulturträger oft genug Ausdruck. Die Trennung von Jägern und Hackbauern dürfte hier um den Ausgang der Litorinazeit erfolgt sein, wo infolge des wärmer[1]) und feuchter gewordenen Klimas die Moore sich ausbreiteten (älterer Sphagnumtorf). Dem Jäger mit seinem Einbaum bot der höhere Wasserstand wohl kaum eine Verkehrsschwierigkeit, während der Hackbauer die Hochgebiete einnehmen mußte[2]). Da später keine Periode wieder eingetreten ist, in der sich die Moore in ähnlichem Maße ausgebreitet hätten, so kann aus der horizontalen Ausbreitung des Torfgrundes in den Senken und zwar in dem Niveau über 25 m, dessen Grundwasserspiegel durch ein Vordringen des Ostseewassers in der Litorinazeit keinesfalls beeinflußt werden konnte, auf den Wasserstand in

[1]) G. Schwantes a. a. O. S. 72 und E. Blanck, Bodenlehre II S. 146.

[2]) Es ist in dieser Hinsicht bezeichnend, daß der Ratzeburger See bis heute auf 9 km Länge keine einzige Fährstelle besitzt. Das Seeufer ist größtenteils unnahbar, da Uferwege fehlen.

Seen und Senken mit ziemlicher Sicherheit geschlossen werden. Er wird angezeigt durch jene 2 m-Terrasse am Mechower See. Um den gleichen Betrag hat auch das Wasser in den Senken höher gestanden. Selbst außerhalb des untersuchten Gebietes z. B. am Kühsener See und am kleinen Lankauer See, nordwestlich von Mölln, lassen sich diese Verhältnisse nachweisen. Deshalb ist von mir der um 2 m höhere Wasserspiegel in die Karte der prähistorischen Entwicklung eingezeichnet worden. Die Verlandung der Moore und die Bildung der schon erwähnten Abrißstufe fallen also in die Myazeit. In der Litorinazeit hauste in den verlandenden Moorseen der Jäger und Fischer, stellte auch dem Wassergeflügel nach und sammelte an seichten Stellen die Muscheln und Schnecken; im Herbste sammelte er im Bruchgebüsch die Haselnüsse als Wintervorrat. Mit dem Rückgang der Wildbestände und des Fischreichstums, der namentlich durch Verlandung der Moore eintrat, verschwand der Jäger als selbständige Kulturschicht. Der Pflugbauer war im Winter selbst Jäger; er nahm die Landschaftsteile, wo der Jäger sonst gehaust hatte, für sich als Wechselformen in Anspruch; sein Aufgabenkreis und sein Selbstbewußtsein erweiterten sich. Sein inneres Verhältnis zum Wohnraum, zur „Scholle" festigte und vertiefte sich; es bildete sich in diesem Gebiete der Kulturtyp des Nordgermanen der Bronzezeit, der gleichzeitig Pflugbauer, Jäger und Krieger war. Die patriarchalische Sippe ist herrschend geworden, und die religiösen Vorstellungen zeigen eine Bereicherung und Vergeistigung, die in der Änderung der Begräbnissitten zum Ausdruck kommen. Der niedere Animismus ist überwunden und die Begräbnisstätten sind nicht mehr die Wohnstätten der Abgeschiedenen; die Seelen kommen ins Jenseits zum Gottvater, der vor allem der Gott der Helden ist. Der Heroenglaube der Germanen hatte hier seine Geburtsstätte, wenn auch animistische Vorstellungen nicht geschwunden sind, wie die Funde von Sonnenbildnissen aus Bronze zeigen. Die Kulturhöhe dieser Nordgermanen, die vielleicht identisch mit den Indogermanen sind, ist so erstaunlich, daß man sie mit der Kultur der Griechen und Römer verglichen hat, deren Ursprung man wohl von ihr ableiten kann. Es ist zweifellos, daß indogermanische Wanderzüge in der Bronzezeit bis tief nach Asien gedrungen sind; hat man doch kürzlich nördlich des Tienschan skythische Bronzegräber entdeckt[1]). So offenbart sich in diesen Zusammenhängen die Bedeutung der Landschaft für die Entwicklung von Rasse und Kultur. Die nordische Land-

[1]) A. von Le Coq, „Von Land und Leuten in Ost-Turkestan". Hinrichssche Buchhdlg. Leipzig 1928.

schaft ist bescheiden ausgestattet mit materiellen Gütern, ihr Klima ist rauh, das Landschaftsbild von bescheidenem Farbenglanz; sie erscheint daher wenig geeignet, die Empfänglichkeit der Seele für Schönheit und Formgebung zu wecken, eine Kultur des Schönen in Baukunst und Malerei hervorzurufen. Aber diese Landschaft stellte auf der Stufe der Pflugbauzeit nicht nur harte, sondern auch sehr vielseitige Anforderungen an den Menschen der Bronzezeit; die erziehliche Wirkung formte aus ihm ein zwar hartes, aber vielseitig begabtes und charaktervolles Geschlecht. Der kulturbewußte Mensch des Maschinenzeitalters bemüht sich, jene hohen Werte für sich zu erhalten oder zurückzugewinnen, durch welche die Charakterkultur der nordischen Rasse gekennzeichnet war. Die staatsmännische Weisheit müßte deshalb als ihre höchste Aufgabe betrachten, der heimischen Landschaft ihr bodenständiges Bauerntum zu erhalten.

Die Siedlungsverhältnisse, Bodennutzung und Viehhaltung haben sich seit der Pflugbauzeit über Bronze- und Eisenzeit bis zur Gegenwart kaum grundstürzend geändert; eine Umgestaltung der Landschaft durch den Menschen ist in der prähistorischen Zeit garnicht und in geschichtlicher Zeit durch Rodung, Waldlegung und Veränderung der Grundwasserverhältnisse nur in beschränktem Maße erfolgt.

Die Dorfsiedlungen des Meßtischblattes Ratzeburg liegen also wohl vielfach an den gleichen Plätzen, auf denen schon die vorgeschichtlichen Menschen siedelten. Deren Spuren werden daher schon in ältester Zeit vernichtet worden sein. Sonst wäre es unerklärlich, daß man auf dem Hochufer um den fischreichen Ratzeburger See nicht mehr prähistorische Funde gemacht hat. —

C. Geschichtliche Dokumente in der Landschaft.

Von länderkundlich-statistischem Material abgesehen, sind in der Landschaft ohne die Stadtlandschaft Ratzeburg geschichtliche Denkmäler nicht zahlreich; selbst alte Bauernhäuser sind nur spärlich vorhanden; die Güte des Bodens hat die Bauernschaft in die Lage versetzt, die Gebäude zu erneuern und zahlreiche Neubauten zu schaffen, die den Erfordernissen der rationellen Landwirtschaft und Tierhaltung entsprechen.

Als frühgeschichtliches Dokument wohl aus germanischer Zeit sind die erwähnten Hünengräber im Nordwesten anzusehen, die der Bronzezeit und der Eisenzeit angehören.

Der spätgermanischen Zeit gehört eine Kultstätte am Behlendorfer See an. Auf einem Rundhügel zwischen zwei schmalen Seebuchten am

Südufer des Sees, die heute verlandet sind, liegen in einer Gruppe im Kreise stehender Eichen zwei gewaltige Findlinge. Früher ist der Ring der Eichen geschlossen gewesen; an der offenen Südseite sieht man noch einen Eichenstumpf von 1 m Durchmesser. Der Ort bildete also früher eine in den See sich erstreckende schmale Halbinsel. Ganz ähnlich liegt eine Fundstätte 0,5 km südlich von Gr. Sarau, ein länglicher Hügelrücken zwischen der heutigen Chaussee und dem Seeufer. Die bei Häuserbauten hier gefundenen Urnen gehören der Eisenzeit an. —

Weit jünger, vielleicht aus der Zeit der Landnehmung durch die Germanen und Verdrängung der Polaven, ist der Bauhof an der Ostseite des Dorfes Sülsdorf. In dichtem Laubwalde, umgeben von nassen Wiesen liegt hier ein mannshoher Erdwall, der einen rechteckigen ebenen Platz und einen etwa 4 m hohen Rundhügel einschließt. Letzterer ist von einem drei Meter breiten, flachen Wassergraben umgeben. Da Sülsdorf als echter Rundling angelegt ist, wird diese Befestigungsanlage dazu gedient haben, nachts oder in Kriegszeiten einen Teil des Viehes zu bergen, und der Rundhügel wird den Viehwächtern als Standort gedient haben, von dem aus sie vielleicht gleichzeitig mit dem Wächter im Ring des Dorfes durch Zeichen sich verständigen konnten. Ob der Hügel zu dem erwähnten Zweck nur in Besitz genommen wurde und bereits vorher eine alte Kultstätte oder eine Begräbnisstätte war, könnte vielleicht durch eine Grabung festgestellt werden. Die Sage von einem Ritter Plötz, der hier gehaust und eine Raubburg gehabt haben soll, kann wohl dahingestellt bleiben.

Aus der Zeit des späteren Mittelalters stammen die Reste eines Schlosses auf dem Gebiete des Hofes Clempau, von dem vor hundert Jahren noch große hallenartige Räume unter der Erde und einige oberirdische Mauerreste vorhanden waren.

In die neuere Geschichte gehören die Reste einer eichenen Balkenbrücke, die Ratzeburg mit dem östlichen Seeufer verband und später durch den „Königsdamm" ersetzt wurde.

Nicht viel älter werden die Überbleibsel einer alten Befestigung auf der Insel Rotenhusen am Ausfluß der Wakenitz aus dem Ratzeburger See sein; sie hieß „Zwing den Schalk" und lag am Südende der Insel; die vorhandenen Mauerreste liegen 4 m unter dem Wasserspiegel ganz nahe dem heutigen Seeufer. Auch einige andere Bautrümmer und eine in den Giebel des Fährhauses eingemauerte Steinplatte mit Inschrift erinnern an ehemaligen Streit um diese Fährstelle.

Schlußbetrachtung.

Es kann nicht geleugnet werden, daß der Landschaftsbegriff in der wissenschaftlichen Erdkunde eine immer wachsende Bedeutung gewinnt; denn die Erforschung der wirtschaftlichen, politischen und kulturellen Bewegungen der Völker stößt immer wieder als auf die letzte Ursache auf den in sich geschlossenen Erdraum, die Landschaft, die durch ihre Lage und Struktur, durch einen Komplex darin wirksamer Kräfte bestimmenden Einfluß auf die Geschicke der Völker ausübt. Die Erforschung der Landschaft, die Landschaftskunde, ist daher die Grundlage der Länderkunde. Sie erhebt den Anspruch, ein neuer Zweig der Erdkunde zu sein. Von manchen Seiten hat man diesen Anspruch damit abzulehnen versucht, daß das Neue in der Landschaftskunde nur darin bestehe, daß die geographischen Tatsachen unter einen nicht einmal neuen, sondern bisher nur stark vernachlässigten Gesichtspunkt gestellt würden. Ganz unbeabsichtigt tritt man aber damit in die Beweisführung für die Landschaftskunde ein; denn kein neuer Zweig einer Wissenschaft ist in einem anderen Sinne „neu". Solange man die Tatsache, daß Löslichkeit schließlich nur die höchste Form der Dispersion feiner Stoffteilchen ist, vernachlässigte, gab es keine Kolloidchemie. Als man aber diesen Gesichtspunkt zum Kernstück chemischer Wissenschaft machte, stand der „neue Zweig" der Chemie da. Und sobald landschaftskundliches Denken als Kernstück geographischer Forschung und Darstellung durchgeführt wird, besteht ein neuer Zweig der Erdkunde, die Landschaftskunde, durch welche zahlreiche Probleme aufgerollt werden, „an denen die Geographie bislang mehr oder weniger vorbeigegangen ist". (Waibel.) Eine Beweisführung in diesem Sinne wird natürlich umso leichter gelingen, je größer der Landschaftsraum ist, der dargestellt wird, je reicher die Werte sind, die er umfaßt, je größer die Kraftwirkungen sind, die von ihm auf die Kultur des Menschen ausstrahlen. Daher konnte die landschaftskundliche Bearbeitung eines einzigen Meßtischblattes zu dem Problem „Landschaft und Mensch" nur einen sehr bescheidenen Beitrag liefern.

Anhang 1.

Gang der Temperatur im Wasser der Landschaft:

Dat.	Ort	Wassertiefe	Luft-Temp.	Wasser-Temp.
23. 10. 27 12^h m.	Domfähre in Ratzeburg	2 m	+ 15° C	+ 11° C
23. 10. 27 12^h m.	Domfähre in Ratzeburg	0,50 m	+ 15° C	+ 11° C
6. 11. 27 2^h p. m.	Domfähre in Ratzeburg	2 m	+ 11° C	+ 11 C
6. 11. 27 2^h p. m.	Domfähre in Ratzeburg	0,50 m	+11° C	+ 11° C
27. 11. 27. 12^h m.	Domfähre in Ratzeburg	2 m	± 0° C	+ 6° C
3. 12. 27 C 3^h p. m.	Domfähre in Ratzeburg	2 m	— 2,5° C	+ 4,5°
3. 12. 27 3^h p. m.	Domfähre in Ratzeburg	0,50 m	— 2,5° C	+ 3,5° C
3. 12. 27 3^h p. m.	Domfähre in Ratzeburg	0,20 m	— 2,5° C	+ 3,5° C
3. 12. 27 3^h p. m.	Mitte der Fährstelle	1,75 m	— 2,4° C	+ 4,5° C
4. 12. 27 $2\frac{1}{2}^h$ p. m.	Domfähre (Ufer)	0,50 m	± 0,0° C	+ 3,5° C
4. 12. 27 $2\frac{1}{2}^h$ p. m.	Domfähre (Ufer)	2,0 m	± 0,0° C	+ 4,0° C
4. 12. 27 1^h p. m.	Quelle am Wege von Bäk n. Melchow	0,40 m	± 0,0° C	+ 7,75° C
29. 12. 27 4^h p. m.	Domfähre i. Rbg.	2,5 m	— 5,75° C	+ 0,6° C
29. 12. 27 4^h p. m.	Domfähre i. Rbg.	1,0 m	— 5,75° C	+ 0,6° C
30. 12. 27 10^h a. m.	Eisdecke 50 m nördlich v. Königsdamm	9,0 m	— 5,2° C	+ 0,76° C
30. 12. 27 10^h a. m.	Eisdecke 50 m nördl. v. Königsdamm	7,0 m	— 5,2° C	+ 0,76° C
30. 12. 27 10^h a. m.	Eisdecke 50 m nördl. v. Königsdamm	5,0 m	— 5,2° C	+ 0,70° C
30. 12. 27 10^h a. m.	Eisdecke 50 m nördl. v. Königsdamm	3,0 m	— 5,2° C	+ 0,60° C
30. 12. 27 10^h a. m.	Eisdecke 50 m nördl. v. Königsdamm	1,0 m	— 5,2° C	+ 0,60 C
30. 12. 27 1^h p. m.	Eisdecke 50 m nördl. v. Königsdamm	—	— 4,7° C	—
30. 12. 27 2^h p. m.	Eisdecke 50 m nördl. v. Königsdamm	—	— 4,9° C	—
30. 12. 27 4^h p. m.	Eisdecke 400 m westl. Kalkhütte	23,37 m	— 6,0° C	+ 0,6° C

Dat.	Ort	Wassertiefe	Luft-Temp.	Wasser-Temp.
30. 12. 27 4h p. m.	Eisdecke 400 m westl. Kalkhütte	15,0 m	— 6,0° C	+ 0,8° C
30. 12. 27 5h p. m.	Eisdecke 400 m westl. Kalkhütte	1,50 m	— 6,0° C	+ 0,8° C
28. 1. 28 4h p. m.	Domfähre in Ratzeburg	Reste der Eisdecke 1,5 m	+ 3,5° C	+ 1,6° C
28. 1. 28 5h p. m.	Zwischen Abrahamsberg und Pfaffenmühle	—	+ 2,5° C	—
28. 1. 28 5h p. m.	Quelle in Bäk	0,40 m	+ 2,5° C	+ 6,5° C
28. 1. 28 4½h p. m.	Zwischen Abrahamsberg und Pfaffenmühle	Austretendes Grundwasser	+ 3,5° C	+ 8,5° C
29. 1. 28 12h m.	Zwischen Domfähre und Römnitz	13 m	+ 2,0° C	+ 1,0° C
29. 1. 28 12h m.	Zwischen Domfähre und Römnitz Dünne treibende Eisschollen	10 m	+ 2,0° C	+ 1,0° C
29. 1. 28 12h m.	Zwischen Domfähre und Römnitz	7 m	+ 2,0° C	+ 1,1° C
29. 1. 28	Zwischen Domfähre und Römnitz	5 m	+ 2,0° C	+ 1,1° C
29. 1. 28 12½h m.m.	Zwischen Domfähre und Römnitz	2 m	+ 2,0° C	+ 1,1° C
29. 1. 28 12½h p. m.	Domfähre (Ufer)	2 m	+ 2,0° C	+ 1,1° C
18. 2. 28 4h p. m.	Zwischen Domfähre und Römnitz	10 m	+ 6,0° C	+ 2,4° C
18. 2. 28 4h p. m.	Zwischen Domfähre und Römnitz	3 m	+ 6,0° C	+ 2,6° C
18. 2. 28 4h p. m.	Zwischen Domfähre und Römnitz	1 m	+ 6,0° C	+ 2,6° C
18. 2. 28 5h p. m.	Dorf Bäk	Fließendes Grabenwasser	+ 5,0° C	+ 5,0° C
18. 2. 28 5h p. m.	Dorf Bäk	Quelle 0,40 m	+ 5,0° C	+ 6,6° C
27. 3. 28 5h p. m.	Zwischen Domfähre und Römnitz	13 m	+ 7,0° C	+ 2,2° C
27. 3. 28 5h p. m.	Zwischen Domfähre und Römnitz	7 m	+ 7,0° C	+ 2,2° C
27. 3. 28 5h p. m.	Zwischen Domfähre und Römnitz	5 m	+ 7,0° C	+ 2,2° C
27. 3. 28 5½h p. m.	Zwischen Domfähre und Römnitz	0,5 m	+ 7,0° C	+ 2,2° C

Dat.	Ort	Wassertiefe	Luft-Temp.	Wasser-Temp.
29. 3. 28 1 ½h p. m.	Zwischen Abrahamsberg und Pfaffenmühle	Bach mit Wintervegetation	+ 7,5° C	+ 9 ¼° C
29. 3. 38 1 ½h p. m.	Zwischen Abrahamsberg und Pfaffenmühle	Bach am Abrah.-Berg	+ 7,5° C	+ 8 ¼° C
29. 3. 28 2h p. m.	Deutsche Seewarte in Hamburg	Elbe	+ 7,8° C	+ 7,0° C 8h a. m.
7. 4. 28 4h p. m.	Kolksee im Bartelsbusch	2 m	+ 12° C	+ 6,2° C
28. 4. 28 3h p. m.	Möllner Stadtsee	7 m	+ 18,6° C	+ 11,6° C
29. 4. 28 10h a. m.	Domfähre in Ratzeburg	0,40 m	+ 18,0° C	+ 7,6° C
29. 4. 28 12h m.	300 m westlich von Kalkhütte	0,40 m	+ 18,0° C	+ 7,6° C
29.4. 28 12h m.	300 m westlich von Kalkhütte	20,0 m	+ 18,0° C	+ 6,6° C
29. 4. 28 2h p. m.	Weg von Kalkhütte nach Ratzeburg	—	+ 23,2° C	—
29. 4. 28 2 ½h p. m.	Über dem Wasser bei der Domfähre	—	+ 21,0° C	—
29. 4. 28 2 ½h p. m.	In Ratzeburg	—	+ 21,0° C	—
19. 5. 28. 1h p. m.	Domfähre	14,0 m	+ 12,2° C	+ 10,6° C
19. 5. 28 1h p. m.	Domfähre	8,0 m	+ 12,2° C	+ 10,8° C
19. 5. 28 1h p. m.	Domfähre	1,0 m	+ 12,2° C	+ 11,0° C
19. 5. 28 2h p. m.	Bäkwald Quelle mit Wintervegetation	Oberfläche	+ 11° C	+ 9,4° C
19. 5. 28 2h p. m.	Stadt Ratzeburg	—	+ 12,4 C	—
4. 6. 28 11h a. m.	Kalkhütte 400 m westlich	22,3 m	+ 22,6° C	+ 14,2° C
4. 6. 28 11h a. m.	Kalkhütte 400 m westlich	1 m	dto.	+ 14,6° C
16. 6. 28	Straße in Ratzeburg	—	+ 10,2° C	—
16. 6. 28 5h p. m. 5h p. m.	Fährstelle am Dom	—	+ 11,6° C	—
16. 6. 28 5 ¼h	Zwischen Römnitz und Domfähre	14 m	+ 11,7° C	+ 14,2° C
16. 6. 28 5 ¼h	Zwischen Römnitz und Domfähre	0,5 m	+ 11,7° C	+ 14,4° C

Anhang 2. Literaturverzeichnis.

1. Siegfried Passarge, Grundlagen der Landschaftskunde, Bd. I—III. Hamburg 1919—20.
2. Ders., Vergleichende Landschaftskunde Heft 1—4. Berlin 1921—1924.
3. Ders., Die Landschaftsgürtel der Erde. Breslau 1923.
4. Ders., Landschaft und Kulturentwicklung. Hamburg 1922.
5. Ders., Erdkundliches Wanderbuch. Leipzig 1921.
6. Ders., Klima und Landschaftsbild. Bielefeld und Leipzig 1927.
7. Ders., Beschreibende Landschaftskunde. Hamburg 1929.
8. C. Gagel, Geol. Verhältnisse der Gegend von Ratzeburg und Mölln. Jahrb. d. geol. Ldsanst. 1903.
9. Ders., Die Entstehung des Travetals. Jahrb. d. geol. L. 1910.
10. Ders., Das Ratzeburger Diluvial-Profil — Jahrb. d. geol. Ldsanst. 1913.
11. Ders., Erläuterung zur geol. Karte von Preußen. Lieferung 140. Blatt Ratzeburg.
12. W. Wolff, Erdgeschichte und Bodengestaltung Schleswig-Holsteins. Hamburg 1919.
13. P. Friedrich, Der geol. Aufbau der Stadt Lübeck. Lübeck 1909.
14. Ders., Zur Geologie der Umgebung von Lübeck. Jahrb. d. geol. Ldsanst. 1911.
15. Ders., Grundwasserverhältnisse der Stadt Lübeck und Umgebung. Lübeck 1917.
16. K. Keilhack, Lehrbuch der Grundwasser- und Quellenkunde. Berlin 1912.
17. Hann-Süring, Lehrbuch der Meteorologie IV. Aufl. Leipzig 1926.
18. G. Hellmann, Klimaatlas von Deutschland. Berlin 1921.
19. Thraen, Einfluß der Nord- und Ostsee auf die Niederschläge in der nordd. Tiefebene Ann. der Hydrogr. 1915.
20. Ramann, Bodenkunde. Berlin 1911. III. Aufl.
21. Fel. Wahnschaffe, Fr. Schucht, Die Oberflächengestaltung des nordd. Flachlandes. Stuttgart 1921.
22. K. Gripp, Über die äußerste Grenze der letzten Vereisung in Nordwest-Deutschland. Mitt. d. Geogr. Ges. Hamburg 1924.
23. Ders. u. E. Todtmann, Die Endmoräne des Green Baij Gletschers auf Spitzbergen. Hamburg. Mitt. d. Geogr. Ges. Hamburg 1926.
24. E. Geinitz, Die spätglaziale Senkung Norddeutschlands. Abhdlg. d. Naturfges. Rostock 1912.
25. Ders., Beweise mehrfacher Vereisung Nordd. Geolog. Rundschau 1913.
26. R. v. Fischer-Benzon, Die Moore der Provinz Schleswig-Holstein. Hamburg 1891.
27. Prof. Wegemann, Kiel: Die Bedeutung unserer schleswig-holsteinischen Moore. Die Heimat, 1915, Juniheft.
28. Ders., Die Seen Mittelholsteins. Abh. d. g. L. A. Heft 64.
29. Jentzsch, Der Untergrund der norddeutschen Binnenseen. Ztschr. d. dtsch. geol. Ges. 1902.
30. Lachmann-Schwalbe, Die Höhe der Schneedecke in Norddeutschland. Met. Zeitschr. 1916.
31. G. Hellmann, Regenkarte v. Schleswig-Holstein. Berlin 1913, D. Reimer.
32. K. H. Soltau, Geogr. Verbrtg. des Nebels in Schleswig-Holstein. Breslau 1927.

33. W. Köppen, Landnebel und Seenebel. Annalen der Hydrogr. 1916.
34. Dr. Burghardt, Flugmeteorologische Erfahrungen im Winterluftverkehr. 3. Beilage der Hamburger Nachrichten. 28. 1. 1928.
35. R. Ganssen, Die klimatischen Bodenbildungen der Tonerdesilikate. Mitt. der geol. Landesanstalt 1922. Heft 4.
36. J. J. Früh, Kritische Beiträge zur Kenntnis des Torfs. Geol. Reichsanstalt 1885. Heft 4.
37. Prof. Wo. Ostwald, Grundriß der Kolloidchemie. Leipzig 1923.
38. Ders., Kleines Praktikum der Kolloidchemie. Leipzig 1926.
39. G. Wiegner, Boden und Bodenbildung. Leipzig 1924.
40. Em. Kayser, Abriß der allgem. und stratigr. Geologie. Stuttgart 1925.
41. Engler-Gilg, Syllabus der Pflanzenfamilien. Berlin 1919.
42. Wünsche-Abromeit, Die Pflanzen Deutschlands. Teubner Leipzig 1916.
43. R. v. Wettstein, Handbuch der systemat. Botanik Leipzig und Wien 1911.
44. Prantl.-Pax, Lehrbuch der Botanik. Leipzig 1916.
45. O. Zacharias, Die Tier- und Pflanzenwelt des Süßwassers. Leipzig 1891.
46. Schröder-Biernatzki, Topographie der Herzogtümer Holstein und Lauenburg. 2 Bände, Oldenburg 1855.
47. Gradmann, Das mitteleuropäische Landschaftsbild. Geogr. Ztschr. 1901.
48. Fr. Plettke, Vor- und Frühgeschichte des Regierungsbezirks Stade. Heft 4 und 5. Hansa-Antiquariat Bremerhaven 1923.
49. G. Schwantes, Aus Deutschlands Urgeschichte. Leipzig 1926.
50. Ders., Die Schaalsee-Zivilisation. Festschrift des Völkerk.-Museums, Hamburg 1928.
51. G. Kossina, Altgermanische Kulturhöhe. München 1927.

Sitzungen und Veranstaltungen der Gesellschaft.

A. Allgemeine Sitzungen.

506. Sitzung. 11. April 1929.

Vorsitz: Senator Dr. de Chapeaurouge.

Vortrag: Professor Dr. Schubring, Hamburg: „Ein Studienaufenthalt bei den Jainas in Indien“ (mit Lichtbildern).

Der Vortragende charakterisierte zunächst die Sekte der Jainas in ihrer geschichtlichen und gedanklichen Beziehung zu den Buddhisten. Mahavira, der Jina oder „Überwinder“ — ein Ehrentitel, nach dem seine Anhänger sich nennen —, war ein Zeitgenosse des Buddha (6.—5. Jahrhundert vor Chr.), wirkte im gleichen Lande (Bihar) und verkündete wie er die Selbsterlösung aus der Daseinskette durch mönchisches Leben, doch unter Zuhilfenahme der Askese. Die 1 ¼ Millionen heutiger Jainas sind über ganz Indien verbreitet, aber in der Provinz Gujarat mit der Halbinsel Kathiawar und auch in Rajputana besonders zahlreich. Durch ihre sehr ausgeprägten besonderen Anschauungen, die in der peinlichsten Schonung alles Lebendigen gipfeln, werden die Jaina-Laien von Landwirtschaft und Handwerk fort und zum städtischen Kaufmanns-, Anwalts- und Schreiberstand geführt, was eine vergleichsweise hohe Bildungsebene und ausgebreitetes literarisches Wirken im Rahmen ihrer Religion mit sich bringt. An beidem haben die Mönche und Nonnen, die ohne festen Wohnsitz leben, starken Anteil; sie vermitteln die Jaina-Ethik durch Beispiel und Predigt. Der Kultus der Laien gilt außer Mahavira auch seinen fast ganz sagenhaften Vorgängern, die in unermeßlichen Abständen erschienen sein sollen, und ist Verehrung des Übermenschen, aber kein Gottesdienst. Der Vortragende machte mit der Erscheinung und dem Leben von Mönchen und Nonnen und mit der Andacht der Laien vor den heiligen Figuren bekannt und führte zu den Tempeln und aus Zeiten der Verfolgungen stammenden Krypten in der Jaina-Hochburg Ahmedabad und nach Mount Abu in Rajputana, dessen Heiligtümer durch ihr Marmorfiligran berühmt sind. Ebenso wie alle großen indischen Religionen dank der Schichtung und Tafelbildung des Landes ihre Kultstätten in künstlichen Grotten hatten, so auch die Jainas, z. B. zu Ellora im Staat Haidarabad. Für Maisur im Süden sind Kolossalfiguren charakteristisch, die nur hier vorkommen und die größten freistehenden Monolithen Indiens darstellen. Auf Kathiawar aber liegen die zwei größten Wallfahrtsberge Shatrunjaya und Girnar, mit prächtigen, von frommer Hand stets erneuten Komplexen von Heiligtümern, wahren Tempelstädten, bedeckt. Am Schluß seiner von Lichtbildern, zum großen Teil nach eigenen Aufnahmen, begleiteten Ausführungen erwähnte der Vortragende das Verhältnis Gandhis zur Jaina-Lehre, die ihm schon im Knabenalter nahegebracht worden ist, und die er ihres sittlichen Gehaltes wegen auch heute hochschätzt. Die Schonung des Lebendigen (Ahimsa), diesen Grundzug des Hindu-Denkens, haben die Jainas bis zur Pedanterie verschärft, Gandhi hat die Gewaltlosigkeit zu einer positiven Kraft sublimiert.

507. Sitzung. 3. Oktober 1929.

(Gemeinsam veranstaltet mit dem Überseeklub Hamburg und dem Hamburger Verein für Luftfahrt.)

Vorsitz: Senator Dr. de Chapeaurouge.

Einleitend widmete der Vorsitzende dem am Vortage verstorbenen Reichsaußenminister Dr. Stresemann warme Worte des Gedenkens.

Vortrag: Regierungsrat Dr. H. Seilkopf, Hamburg, Deutsche Seewarte: „Eindrücke und meteorologische Erfahrungen auf der Weltfahrt des Graf Zeppelin" (mit Lichtbildern). Vgl. den im vorliegenden Bande erschienenen Aufsatz.

508. Sitzung. 17. Oktober 1929.

Vorsitz: Senator Dr. de Chapeaurouge.

In einer einleitenden Rede gedachte der Vorsitzende in ehrenden Worten der Verdienste der beiden verstorbenen Ehrenmitglieder der Geographischen Gesellschaft, des Geheimrats Professor Dr. Hermann Wagner, Göttingen, des Altmeisters der deutschen Geographen, und des Geheimrats Professor Dr. Hans Meyer, Leipzig, des tatkräftigen Förderers der Kolonialgeographie.

Vortrag: Professor Dr. F. Termer, Würzburg: „Landschaft und Mensch im nördlichen Mittelamerika" (mit Lichtbildern).

Der Vortragende, der im Auftrage der geographischen Gesellschaft in Hamburg von 1925—1929 zur Ausführung geographischer Forschungsreisen im nördlichen Mittelamerika sich aufhielt, schilderte zusammenfassend die hauptsächlichen Landschaftstypen der bereisten Gebiete.

Der Wechsel von Hoch- und Tiefländern, verbunden mit dem Wechsel der klimatischen Faktoren führt zur Herausbildung einer Vielzahl einzelner Landschaften, die bunt durcheinander liegen. Das Tiefland des nördlichen Guatemala mit seinem feucht-heißen Klima ist die Landschaft des tropischen Urwaldes, der auch das dort vorhandene Berg- und Mittelgebirgsland überzieht, siedelungsfeindlich und daher bis jetzt nur schwach wirtschaftlich ausgebeutet ist. Im Gegensatz dazu steht die Alta Verapaz, ein verkarstetes Gebiet, das im Umwandlungsprozeß zur Kulturlandschaft begriffen ist, während ihr Gegenstück in Chiapas wegen des trockeneren Klimas mehr zu steppenhaftem Aussehen neigt.

Die typischen Hochgebirgslandschaften weichen von denen mittlerer Breiten durch die viel höhere Lage der Baumgrenze ab und zeigen daher eher die Abtragungsformen der Mittelgebirgslandschaften gemäßigter Breiten. In ihrem Bereich sind besondere lokal auftretende Teillandschaften auszusondern, unter denen die Massenerhebung der Cuchumatanes -Scholle wie die Steppenlandschaften in den Becken der zentralenGebiete als wichtigste hervortreten. Da beide bei den heutigen wirtschaftlichen Zuständen ihrer Bevölkerungen nicht restlos deren Lebensunterhalt gewährleisten, bilden sie die Arbeiterreservoire, die die Plantagenzone an der pazifischen Küste mit Arbeitskräften versorgen.

Die Landschaft der Altos in Westguatemala wird durch ihre Lage innerhalb des vulkanischen Gebirges charakterisiert und beherbergt eine dichte Bevölkerung von Eingeborenen und Mischlingen, die als Träger einer einst blühenden Kultur noch viel vom alten Gut bewahrt haben, aber auch heute noch selbständige Herren von Grund und Boden geblieben sind, und neben dem Kleingewerbe dem Handel obliegen. Vulkane und Seen lassen sich als besondere Elemente in diesem Gebiet hervorheben, die zur pazifischen Küstenlandschaft überleiten. Als Hauptwirtschaftszone Guatemalas und Salvadors ist sie heute zu einer Kulturlandschaft umgewandelt worden, die zugleich die höchste Bevölkerungsdichte in diesen Ländern aufzuweisen hat. Die fruchtbaren vulkanischen Ablagerungen haben zu dieser Entwicklung besonders beigetragen. An die Stelle des reinrassigen Indianers tritt dort der Mischling und der Landesfremde, die beide die schnelleEntwicklung dieser Zone hervorgerufen haben.

Das Nebeneinander der alten indianisch-spanischen Mischkultur und der schnell vordringenden technischen Errungenschaften der modernen Zeit zeigt Spannungen, die zwar noch unausgeglichen sind, aber sich durch die immer schneller einsetzende Verschmelzung von selbst lockern werden.

An Lichtbildern wurden die typischen Erscheinungen der besprochenen Landschaften erläutert und daneben charakteristische Einblicke in das heutige Volksleben gewährt.

509. Sitzung. 7. November 1929.

(Gemeinsam mit dem Ostasiatischen Verein Hamburg-Bremen.)

Vorsitz: Professor Dr. Schlee.

Vortrag: Dr. Emil Trinkler, Bremen: „Wüsten und Hochgebirge Zentralasiens (Bericht über eine Forschungsreise in Chinesisch-Turkestan, im westlichen Tibet und nordwestlichen Himalaya)" (mit Lichtbildern).

510. Sitzung. 28. November 1929.

Vorsitz: Professor Dr. Schlee.

Vortrag: Professor Dr. Alfred Wegener, Graz: „Die deutsche Inlandeis-Expedition nach Grönland im Sommer 1929" (mit Lichtbildern).

Die Expedition wurde von der Notgemeinschaft der deutschen Wissenschaft ausgerüstet und bestand aus 4 alpinistisch geschulten Teilnehmern, nämlich außer dem Leiter noch aus Regierungsrat Dr. Georgi-Hamburg, Deutsche Seewarte, Dr. Loewe-Berlin und Studienat Dr. Sorge-Berlin. Sie verfügte über ein Motorboot, das von den Teilnehmern selbst bedient wurde. Zur Aufsuchung einer geeigneten Aufstiegstelle auf das Inlandeis führten die Forscher mit diesem Boot lange Erkundungsfahrten in den eisgefüllten Fjorden von Westgrönland aus, wobei sie unter mancherlei Abenteuern mit Stürmen, Riffen und Eisbergen insgesamt 2100 Seemeilen zurücklegten, eine Strecke wie von London bis New York oder von der deutsch-dänischen Grenze bis zum Nordpol.

Bei diesen Erkundungsfahrten maßen sie die heutige Lage von 10 Gletschern, wobei sich zeigte, daß die Mehrzahl stark zurückgegangen war. Darunter waren auch die schwer zu erreichenden großen Eisströme, die das Inlandeis in die berüchtigten Eisfjorde hinabsendet. Bei dem größten, dem Jakobshavner Eisstrom, konnte man nur mit Hilfe eines Klepper-Faltbootes in einer Fahrt, die durch Zufrieren des Fjordes sehr gefährlich wurde, bis zur Gletscherfront gelangen. Hier wurde auch die Geschwindigkeit der Gletscherbewegung gemessen, die mit 18 m pro Tag hundert mal größer ist als die der Alpengletscher. Auch wurde der seit Whympers vergeblichem Versuch für unbesteigbar gehaltene Umanak-Berg, das Matterhorn Grönlands, von Sorge und Georgi erstiegen, eine Tat, die in der Kolonie Umanak ungeheure Aufregung hervorrief, so daß die beiden Bergsteiger bei ihrer Rückkehr mit Böllerschüssen und Gewehrsalven empfangen und mit Hurrahrufen von den begeisterten Grönländern auf den Schultern in die Kolonie getragen wurden.

An zwei verschiedenen Stellen führte die Expedition ferner den schwierigen Aufstieg auf das Inlandeis aus und unternahm sodann auf der Oberfläche desselben nach verschiedenen Richtungen hin lange Schlittenreisen, teils mit Handschlitten und teils mit Eskimohunden als Zugtiere, wobei insgesamt eine Strecke von 850 Kilometern zurückgelegt wurde, etwa wie von Berlin nach Oberitalien. Hierbei durchquerte man an zwei Stellen die unebene und spaltendurchsetzte Randzone des Inlandeises — unter manchen Abenteuern mit und in den Spalten — und stieß noch weit in das innere Firngebiet vor, wo die Expedition schließlich in 200 Kilometer Abstand vom Rande eine Seehöhe von 2500 m erreichte.

Auf diesen Schlittenreisen auf dem Inlandeise wurden Forschungen durchgeführt, die wichtige Ergebnisse geliefert haben. An 10 Stellen wurden innerhalb der randlichen Abschmelzzone im Eise Bohrlöcher angelegt und in diese Maßstäbe versenkt, aus deren Ablesung im nächsten Jahr sich der Betrag der jährlichen Abschmelzung ergeben wird. Und im Firngebiet wurden 17 Bambusstangen aufgestellt, an denen im nächsten Jahr der Zuwachs an Schnee gemesssen werden soll.

Von den übrigen Untersuchungen, die die Forscher während ihres 9wöchigen Aufenthaltes auf dem Inlandeis angestellt haben, ist die interessanteste die von ihnen zum ersten Mal ausgeführte Messung der Dicke des Inlandeises. Die Methode ist von Dr. Mothes-Göttingen mit Unterstützung der Notgemeinschaft der deutschen Wissenschaft an Alpengletschern ausgearbeitet worden und wurde nun zum ersten Mal auf dem Inlandeis erprobt. Die Eisoberfläche wurde durch Dynamitsprengungen erschüttert, und dies künstliche Erdbeben wurde von einem äußerst empfindlichen Erdbebenregistrier-Apparat besonderer Konstruktion, der in passender Entfernung aufgestellt wurde, aufgezeichnet. Der Apparat wird dann zuerst von solchen Erschütterungswellen erreicht, die auf dem kürzesten Wege nahe der Oberfläche fortschreiten. Ein wenig später aber treffen diejenigen Wellen ein, die schräg nach unten durch das Inlandeis hindurchgehen und von dem unter dem Eise liegenden Erdboden echoartig zurückgeworfen werden. Der Zeitunterschied läßt sich aus der Registrierkurve entnehmen und dient zur Berechnung der Eisdicke.

Die Expedition hat diese Messung an vier Stellen in verschiedenem Abstande vom Rande ausgeführt.

Die größte Eisdicke, nämlich 1200 m, wurde an demjenigen Punkt gefunden, der am weitesten nach innen lag, in 40 km Abstand vom Rande. Dies ist die größte, bisher jemals gemessene Eisdicke. Außerdem zeigt diese Messung, daß die Methode auch im Firngebiet anwendbar ist. Allerdings sind hier wegen der Dämpfung der Wellen durch den Luftgehalt des Firns größere Sprengstoffmengen nötig. Bei der entscheidenden Sprengung wurden 13½kg Dynamit auf einmal zur Explosion gebracht.

Von besonderem Interesse ist aber dies Ergebnis, weil die Eisoberfläche an diesem Punkte nur 1500 m über dem Meere liegt, so daß für die Landoberfläche unter dem Eise nur 300 m bleiben. Berücksichtigt man, daß das Land an der Küste über 2000 m erreicht, so ist diese starke Senkung unter dem Eise höchst auffallend und legt die Frage nahe, ob etwa der innere Teil Grönlands, wenn man sich das Eis wegdenkt, unter dem Meeresspiegel liegt. Diese Frage läßt sich indessen erst durch eine größere Zahl von Messungen entscheiden, wie sie für das nächste Jahr geplant sind.

511. Sitzung. 5. Dezember 1929.

(Gemeinsam mit dem Überseeklub-Hamburg.)

Vorsitz: Herr Astheimer vom Überseeklub.

Vortrag: Hamburgischer Fischereidirektor Lübbert, Hamburg: „Die chilenischen Küstengewässer als Nahrungsquelle, Bericht über eine 1928/29 ausgeführte Studienreise“ (mit Lichtbildern).

Der Vortragende, der vor einem Jahre einen Ruf als Berater der chilenischen Regierung erhielt und sechs Monate als solcher in Chile tätig war, berichtete über seine Arbeiten in diesem Lande; zahlreiche Lichtbilder, welche die außerordentlichen Schönheiten der Cordilleren, der 4500 km langen Küste und des Gebirgsüberganges im Süden durch die chilenische und argentinische Schweiz zeigten, ergänzten den Bericht. Vier Monate dauerte die Bereisung der Küsten, die von Pisagus im Norden bis zur Insel Chiloe im Süden untersucht wurden. Auf dieser Küstenreise wurden mehr als 8000 km zurückgelegt, etwa 50 Fischereiplätze besucht und auf 127 Stationen eigene fischereibiologische Untersuchungen ausgeführt, die von einem auf allen Fahrten mitgeführten Motorboot aus bewerkstelligt wurden. Als Reiseschiffe in das nördliche Gebiet dienten die Hamburger Dampfer „Poseidon“ (Laeisz) und „Heluan“ (Hapag), im Süden der chilenische Marinedampfer „Micalvi“.

Mit diesen Hilfsmitteln gelang es, ein ziemlich gutes Bild von den vorhandenen Fischbeständen und den Möglichkeiten ihrer Ausnutzung zu gewinnen. Es stellte sich heraus, daß im Norden ein sehr fischreiches Gebiet vorhanden ist, das von Iquique — etwa auf 20° S. B. — nach Süden bis Coquimbo reicht; an diesen beiden Plätzen werden schon heute mit primitiven Mitteln je 2 Millionen Pfund Fische gefangen. Etwa in der Mitte dieses Gebietes liegt der Salpeterhafen Taltal, wo ungeheure Schwärme von Sardinen und Sardellen angetroffen wurden, die aber bisher der menschlichen Ernährung noch garnicht nutzbar gemacht sind. Von Coquimbo südwärts folgt eine Küstenstrecke, die nicht sehr fischreich ist und sich bis Talcahuano erstreckt; die meisten Fische liefert noch die in der Mitte dieser Strecke liegende Bucht von Valparaiso. Weiter südlich folgt ein sehr fischreiches Gebiet, das von Talcahuano bis zum Südende der großen Insel Chiloe etwa bis 43° S. B. reicht; in Talcahuano und Umgegend werden heute schon — auch hier mit sehr primitiven Methoden — jährlich 12 Millionen Pfund Fische gelandet, und zwar wird zur Hauptsache damit die Hauptstadt Santiago versorgt. Im Gebiet von Chiloe findet sich vor allem ein großer Reichtum von Austern, Mießmuscheln, anderen Muscheln und Krebsen. Auf der Robinson-Insel Juan Fernandez, die etwa 700 km westlich von Valparaiso im Pazifischen Ozean liegt, werden alljährlich 60 bis 90000 große, sehr gut schmeckende Langusten gefangen, die lebend bis nach Santiago, ja selbst bis Buenos Aires geschickt werden. In Corral bei Valdivia, einer Stadt, in der 2500 Deutsche leben, hat eine unter deutsch-chilenischer Leitung stehende Walfanggesellschaft ihren Sitz, die jährlich 300 bis 400 Wale erbeutet, die an Ort und Stelle zu Tran, Fleischmehl und Knochenmehl verarbeitet werden.

Die an der Küste von Chile in großen Mengen vorkommenden Fische sind zum größten Teil sehr wohlschmeckend und wertvoll, wenn auch von unseren nordeuropäischen Nutzfischen dort keiner vorkommt. Die Ausnutzung dieser Reichtümer des Meeres ist aber nicht möglich mit Fischdampfern und Grundschleppnetzen, deren Anwendung schon die steile, sehr schnell in große Tiefen abfallende Küste verbietet, deren Grund mit Felsen, Steinen und Pflanzen besetzt ist. Es kommt hinzu, daß Chile nur etwa 4 Millionen Einwohner hat, von denen nur 1½ Millionen in größeren Städten wohnen und als Fischverbraucher in Betracht kommen. Große Mengen von Seefischen, wie sie die Fischdampfer auf einmal anbringen, können daher im Lande überhaupt nicht abgesetzt werden, und eine Export-Industrie, die heute noch ganz fehlt, könnte nur langsam aufgebaut werden.

Der Vortragende hat daher der Regierung des Präsidenten Ibanez, der übrigens die Arbeiten des deutschen Sachverständigen mit großem Interesse verfolgte und kräftig förderte, vorgeschlagen, die bessere Ausnutzung der Küstengewässer als Nahrungsquelle in einer langsamen Modernisierung und Weiterentwicklung der bestehenden Küstenfischerei, die heute schon über etwa 3000 allerdings meistens sehr kleine und schwache Fischerboote verfügt, zu suchen. Die Ersetzung dieser Boote durch größere und seetüchtigere sowie deren Ausrüstung mit Motoren, beide unter Gewährung von Staatsdarlehen, die Erziehung der jüngeren Fischer in einer in Talcahuano zu errichtenden Fischerschule zur Anwendung von Motoren und wirksameren Fanggeräten, wie Treibnetzen, Beutelnetzen und Grundangeln, die Einrichtung einer Fischkonserven-Versuchsanstalt und -Schule am gleichen Ort, in der vor allen Dingen die Verarbeitung der an vielen Stellen in ungeheuren Mengen vorkommenden Sardinen zu Ölsardinen gelehrt werden soll, später auch die Schaffung einer fischereibiologischen Anstalt zum Studium der Lebensverhältnisse der wichtigsten Nutzfische und Schaltiere, Organisation des Fischabsatzes in den größeren Städten, das sind die Maßnahmen, die der Vortragende der Regierung empfohlen hat und die von ihr zum Programm erhoben sind. Schon sind Ende Oktober ds. Js. zwei Sachverständige, einer als Direktor der Fischereischule, der andere als Leiter der Fischkonservenversuchsanstalt von Hamburg ausgereist und inzwischen wohl in Chile eingetroffen, um mit der Arbeit zu beginnen. So besteht die Aussicht, daß es schon bald möglich sein wird, die reichen Fischbestände der chilenischen Küstengewässer mehr als bisher zu einer ergiebigen Nahrungsquelle des schönen, in einer so kräftigen Aufwärtsbewegung befindlichen Landes zu machen.

512. Sitzung. 19. Dezember 1929.

(Gemeinsam mit dem Ostasiatischen Verein Hamburg-Bremen.)
Vorsitz: Professor Dr. Schlee.
Vortrag: Dr. Helmut Anger, Königsberg: „Forschungsreisen in West- und Ostsibirien“ (mit Lichtbildern).

Die erste Reise dauerte vom Juli 1926 bis zum Januar 1927 und galt der Untersuchung des deutschen Bauerntums in Westsibirien. Auf dem Wege von Moskau nach Omsk lernte Dr. Anger auf einer Dampferreise die mittlere Wolga kennen. Südlich von Omsk, bei Pawlodar und vor allem bei Slawgorod wurden sehr viele deutsche Dörfer untersucht. Erst in den letzten beiden Jahrzehnten vor dem Weltkriege siedelten sich die deutschen Bauern, aus Südrußland und dem Wolgagebiet kommend, in den fruchtbaren Waldsteppen und Steppengebieten bei den genannten sibirischen Städten an und brachten es sehr bald zu einem gewissen

Wohlstand. Der Bürgerkrieg brachte schreckliche Not über die 500 deutschen Siedlungen Westsibiriens; in den darauffolgenden Jahren erholten sie sich wieder. Der neueste agrarpolitische Kurs: die Sozialisierung der Landwirtschaft, hat sie jetzt von neuem ins Elend gestürzt. Die deutschen Bauern Sibiriens haben sich ihre nationale Eigenart völlig erhalten und unterscheiden sich stark nach den drei Konfessionen Lutheraner, Katholiken und Mennoniten. Nach längerem Aufenthalt Dr. Angers in Nowo Sibirsk wurde im November eine Reise in den Altai und dann eine zu den deutschen Bauern auf der Steppe bei Rubzowka unternommen. Schließlich ging es noch nach Osten, zum Baikalsee.

Die zweite Reise, vom Juni 1928 bis zum März 1929, galt der Erforschung einiger Probleme des ewig gefrorenen Bodens in der Jakutenrepublik in Nordostsibirien. Mit Hilfe der deutschen Botschaft in Moskau glückte es, die sonst nicht gewährte Einreiseerlaubnis in die Jakutenrepublik zu erhalten. Die Reise, die von Königsberg aus im Flugzeug begonnen hatte, wurde mit der Bahn fortgesetzt, dann im Auto und schließlich von Katschug bis Jakutsk zu Schiff auf der Lena. Am 4. August kam Dr. Anger in Jakutsk, der Hauptstadt der autonomen jakutischen Sowjetrepublik an. Noch in demselben Monat wurden in der Taiga — dem sibirischen Urwalde — in der Nähe der Lena die ersten Erdbohrungen durchgeführt. Während des Septembers bereiste Dr. Anger teils mit den primitiven jakutischen Wagen, teils zu Pferde das Land östlich von Jakutsk bis zum Flusse Amga. Interessante Untersuchungen über den gefrorenen Boden und Bodeneis wurden angestellt, bis gegen Ende des Monats der Einzug des Winters den Bohrungen ein Ende machte. Im Winter ging die Reise in den hohen Norden nach Werchojansk, dem Kältepol der Erde. Sie wurde größtenteils mit Renntieren durchgeführt. Gewöhnlich wurde nicht übernachtet; man saß Tag und Nacht auf dem niedrigen offenen Renntierschlitten. Die größte auf der Reise erlebte Kälte betrug —60,3° Celsius. Nach längerem Aufenthalt in Jakutsk wurde am 2. Februar wieder aufgebrochen und nach 18 Tagen, hauptsächlich zu Fuß, das Goldgebiet am oberen Aldan erreicht. Von dort ging es unter mancherlei Abenteuern mit Schlitten zur Eisenbahnlinie im Amurgebiet, die am 6. März erreicht wurde.

Beide Reisen wurden von Dr. Anger mit finanzieller Unterstützung der Notgemeinschaft der deutschen Wissenschaft ganz allein durchgeführt. Es wurden zusammen 40698 km zurückgelegt. Der Vortrag wurde in wertvoller Weise ergänzt durch eine große Zahl von Lichtbildern.

513. Sitzung. 9. Januar 1930.

Vorsitz: Senator Dr. de Chapeaurouge.

Vortrag: Professor Dr. S. Passarge, Hamburg: „Südtunesien und die Atlantisfrage (mit Lichtbildern).“ Vgl. die in diesem Bande veröffentlichte Abhandlung.

514. Sitzung. 16. Januar 1930.

Vorsitz: Professor Dr. Schlee.

Vortrag: Professor Dr. Wunderlich, Stuttgart: „Danzig und der deutsche Nordosten“ (mit Lichtbildern).

Der Vortragende legte zunächst die besondere Stellung dar, welche Danzig und die angrenzenden Gebiete als Schnittpunkt zweier großer Verkehrsachsen haben. Einmal ist Danzig der unentbehrliche Stützpunkt für den Verkehr des Deutschen Reiches mit seinen östlichen Gebieten, während gleichzeitig den Weichselweg entlang das Slaventum einen Weg zum Meere sucht. Der Entscheidung dieser Frage diente ein jahrhundertelanger Kampf, dessen letzte Regelung, nämlich im Versailer Friedensvertrag, keinen der Beteiligten befriedigen kann. Die besondere Entwicklung Danzigs ergibt sich aus dem Zusammenspiel dieser Gegensätze im Zusammenhange mit den besonderen Gegebenheiten der näheren Umgebung Danzigs. An Hand zahlreicher Bilder und Karten wird gezeigt, wie die Blütezeit Danzigs immer von seiner engen Verbindung mit dem Deutschen Reiche abhängig gewesen ist. Kulturell wird jedenfalls das ganze Gebiet von der deutschen Kolonisation getragen.

Besondere Probleme sind dann noch in wirtschaftlicher Beziehung gegeben. Durch den Versailler Vertrag ist die wirtschaftliche Entwicklung Danzigs gebunden und einseitig geworden. Polen, das als wirtschaftliches Hinterland für Danzig in Betracht kommt, vermag keinen Ersatz zu bieten für die einstige Handelstätigkeit Danzigs, die sich über den ganzen Osten bis ans Kaspische Meer hinzog. Zwar hat nach dem mengenmäßigen Umsatz der Danziger Hafen in den letzten Jahren einen starken Aufschwung genommen, jedoch handelt es sich hier vorwiegend um Massengüter, die für Rechnung Polens umgeschlagen werden, während der Eigenhandel Danzig auf ein Mindestmaß zurückgeht. Danzig ist damit zum schlecht besoldeten „Pförtner“ der polnischen Industrie herabgesunken. Dabei besteht noch nicht einmal Aussicht, daß dieser Umschlag am Danziger Platz verbleibt, denn Polen verwirklicht in Gdingen bereits ein großzügiges eigenes Hafenprojekt. Wenngleich man berechtigte Zweifel darin setzen kann, daß die polnischen Absichten, die in Gdingen einen Hafen vom Umfang Danzigs im Auge haben, verwirklicht werden können, so hat Gdingen schon in seiner jetzigen Ausführung dem Danziger Handel bereits merklich Abbruch tun können. Die Gdinger Frage bereitet daher der Danziger Wirtschaft die größten Sorgen.

Deutschland ist vorläufig kaum in der Lage, seinen Landesbrüdern eine wesentliche Erleichterung zu verschaffen. Die Unterstützung, die Deutschland aber entsprechend der engen kulturellen und wirtschaftlichen Verbundenheit bieten muß, ist die ideelle Unterstützung, damit Danzig aus sich heraus Kräfte und Wege findet, gegen die unheilvolle Regelung des Versailler Vertrages anzukämpfen.

515. Sitzung. 6. Februar 1930.

(Gemeinsam veranstaltet mit dem Ostasiatischen Verein Hamburg-Bremen.)

Vorsitz: Dr. Mohr (vom Ostasiatischen Verein).

Vortrag: Walther Stötzner, Dresden: „Unter Goldgräbern und Tungusen in der Nordmandschurei“ mit (Lichtbildern).

Der nördlichste, allerletzte Zipfel Chinas, das Land im großen Amurbogen, war das Reiseziel und die völkerkundliche Erforschung von den drei Tungusenstämmen, den Solonen, den Manägiren und Biraren die Hauptaufgabe der Stötznerschen Expedition. Die Stämme waren in der Mitte des vorigen Jahrhunderts von dem russischen Reisenden von Schrenk erstmalig erwähnt worden, aber seitdem von den vielen Reisenden des fernen Ostens unbeachtet gelassen. Stötzner hat herausgefunden, daß die Angaben von Schrenks auf einem Irrtum beruhen. Es gibt nur ein einziges Tungusenvolk in der Mandschurei, die Solonen. Die Manägiren sind zu unrecht auf die Landkarten gekommen, denn dort, wo angeblich dieses Volk wohnt, ist nur der solonische Familienname Mänjäir sehr häufig und die Biraren sind auch nur Solonen, die das Birar tsiän, das Flußgebiet der Bira bewohnen. Stötzner hat zwei Sommer mit diesem Jägervolke gelebt und Material für eine umfassende Monographie über sie mitgebracht. Da die chinesische Kolonisation in der Mandschurei schon bis an ihre Jagdgründe vorgedrungen ist, dürfte ihre kulturelle Eigenart sehr bald verschwunden sein, während sie aber heute noch genau so primitiv leben, wie vielleicht vor 1000 Jahren. Ihre Frauen gelten als unrein gegenüber den zahllosen Göttern, die ihnen die Krankheiten schicken und durch das Schlachten von Opfertieren versöhnt werden müssen. Es gibt ungewöhnlich viele Schamanen unter ihnen, die es verstehen, sich durch Trommelschlagen und wirbelnde Tänze in einen bewußtlosen Zustand zu versetzen, in welchem sie mit ihren Göttern in Verbindung treten. Im Gegensatz zu den nordsibirischen Tungusen, die Hunde oder Renntiere als Zugtiere haben, sind die Solonen der einzige Pferdetungusenstamm; trotz der guten Weiden ihres Landes haben sie sich aber zur Rinder- und Schafzucht noch nicht aufraffen können.

Im Bergschutt, der die Täler ihrer Jagdgründe füllt, findet sich an vielen Stellen Gold, das von chinesischen Großunternehmern ausgebeutet wird. Stötzner war der erste Europäer, der diese Goldfelder aufsuchte und die uralten primitiven Methoden des Waschens filmte und photographierte. Wegen der Räuberbanden, die immer wieder einmal versuchen, die Kontore dieser Großunternehmer anzugreifen, sind diese durch hohe Festungsbauten geschützt worden, für die eine eigene kleine, gleichsam private Verteidigungsarmee da ist.

Im ersten Jahre war die Abreise durch Widerstände der chinesischen Behörden monatelang verzögert worden und dann erkrankten auch noch die Teilnehmer an schwerer Malaria, so daß nur wenig erreicht werden konnte. Um so erfolgreicher war aber das zweite Jahr, denn die Freunde, die Stötzner im ersten Jahre unter den Tungusen gewonnen hatte, halfen ihm nach seiner Rückkehr in das Gebiet, wo sie nur konnten. Durch monatelange Sommerregen war das Vorwärtskommen außerordentlich erschwert, und auf vielen Lichtbildern zeigte der Vortragende die Nöte der Karawane auf den ausgedehnten Steppen, die in einen einzigen, riesengroßen Sumpf verwandelt waren, in welchem Pferd und Karren bei einem letzten Vorstoße am Gangho aufwärts buchstäblich stecken blieben.

516. Sitzung. 6. März 1930.

Vorsitz: Senator Dr. de Chapeaurouge.

1. Verlesung des Kassenberichtes für 1929 durch Professor Dr. Schulz, der Bericht wurde von der Versammlung genehmigt.

2. Die satzungsgemäß ausscheidenden Vorstandsmitglieder Professor Dr. E. Koch, Direktor Ritter, Professor Dr. Schlee, Dr. h. c. R. Schlubach wurden durch Zuruf wiedergewählt.

3. Vortrag: Dr. P. Germann, Leipzig: „Die Kultur der Waldlandstämme im nördlichen Hinterland von Liberia, unter besonderer Berücksichtigung des Geheimbundwesens“ (mit Lichtbildern und Film).

Der Vortragende berichtete über seine in den Jahren 1928 und 1929 ausgeführte Forschungsreise in das nordwestliche Hinterland der Republik Liberia. Die Aufgaben und das Ziel der Expedition waren, die Stämme des Waldlandes von Nord-Liberia allgemein völkerkundlich zu erforschen und durch Photographien, Fingerabdrücke, Haarproben usw. anthropologisches Material zusammenzutragen. Kulturell gehören die erforschten Stämme, die Mendi, Gbandi, Buszi und Giszi in die Waldlandkulturen des tropischen Westafrikas, sprachlich sind sie von Norden her durch die Mande fu, die kleinere südlichere Gruppe der großen Völkerfamilie der Mandingo, beeinflußt. Bei den Stämmen spielen die Geheimbünde mit ihren Maskentänzen eine besondere Rolle. Jeder Knabe und jedes Mädchen muß die „Buschschule“, die z. B. bei den Buszi bis zu 6 Jahren dauert, durchgemacht haben, um dann in den Porobund der Männer, resp. Sandebund der Weiber aufgenommen zu werden. Durch die Geheimbünde wird das gesamte Stammesleben beherrscht. Nur wer Mitglied des Geheimbundes ist, kann im öffentlichen Leben eine Rolle spielen, nur er gilt als vollwertiges Mitglied der Gemeinde, das bei der Verteilung des Ackerlandes berücksichtigt wird, das um eine Frau werben darf und für ein öffentliches Amt in Frage kommt. In diesem Gebiet haben sich diese Geheimbünde noch in ihrer alten Reinheit und Bedeutung erhalten, während weiter im Süden die Einwirkungen von der Küste her schon zerstörend sich fühlbar machen. Die strenge Schweigepflicht über die Institutionen des Bundes, die seinen Angehörigen auferlegt ist, der Glaube an eine an den Masken, den Tanzkostümen und allen anderen Gegenständen, die mit dem Geheimbunde im Zusammenhang stehen, haftende Zauberwirkung erschweren dem Forscher das Eindringen in diese Geheimnisse oder gar den Erwerb derartiger Gegenstände für ein Museum. Trotzdem ist es dem Vortragenden gelungen, eine ganze Reihe dieser interessanten grotesken Masken und Tanzkostüme zu sammeln, wie sie bisher in keinem europäischen Museum vertreten sind. Zudem konnte ein Film hergestellt werden, der das tägliche Leben, die Handfertigkeiten und Industrien und verschiedene Maskentänze zeigt. Es konnten ferner zahlreiche Märchen niedergeschrieben und Eingeborenen-Zeichnungen von Kindern und Jugendlichen gesammelt werden.

Das Unternehmen erfreute sich der Unterstützung des Internationalen Instituts für Afrikanische Sprachen und Kulturen, das bei der Vermittlung der Einreise-Erlaubnis in Liberia behilflich war. Auch die in dem Arbeitsgebiet sitzende amerikanische Holy Cross Liberian Mission nahm sich der Expedition aufs liebenswürdigste an.

517. Sitzungen. 20. März 1930.

Vorsitz: Professor Dr. Schulz.

Vortrag: Professor Dr. Gürich, Hamburg: „Eine Kongreß- und Forschungsreise in Südafrika 1929“ (mit Lichtbildern).

Der Vortragende berichtete über seine geologische Forschungs- und Kongreßreise in Südafrika 1929, die ihm durch das Entgegenkommen der Hamburgischen Hochschulbehörde ermöglicht wurde. Veranlassung zur Reise war die paläontologische Untersuchung schwer deutbarer fossiler Reste aus ältesten Schichtgesteinen in Südwestafrika, die ihm von befreundeten Fachgenossen überlassen waren. Die Reise zur Untersuchung der Fundstellen wurde wesentlich erleichtert durch die Möglichkeit, am Internationalen Geologen-Kongreß in Pretoria teilzunehmen. Die ausgedehnten Kongreßausflüge von Kapstadt bis in das nördliche Küstenland von Natal im N. O. und bis zur Etoscha Pfanne im N. W. in Südwestafrika boten eine Überfülle vielseitigster Beobachtungen von allgemeiner Bedeutung, die durch den Vergleich mit den Erfahrungen des Vortragenden von seinen früheren Reisen 1915 und 1888/89 erhebliche Vertiefung erfahren konnten und dadurch an Interesse für die Zuhörer gewannen. Bilder aus dem Gebiete der Randkette im Süden oder der ansteigenden Kieswüste (Namib) im Südwesten ergaben eindrucksvolle Anschauung. In den Hauptstädten wurde den 400 Kongreßteilnehmern Unterkunft in Hotels und anderweitig beschafft. Einladungen durch Behörden, wissenschaftliche oder wirtschaftliche Gesellschaften vereinigten eine große Anzahl der Teilnehmer. Bei Ausflügen und bei Sitzungen konnten nur immer kleinere Kreise berücksichtigt werden. Die klimatische Eigenartigkeit des Landes, Nachtfrost und Reif im dortigen Südwinter, Schnee auf den Berghöhen im heißesten Erdteile muten fremdartig an, aber tagsüber fast ununterbrochener Sonnenschein söhnt mit allem aus. Die Wasserarmut im Lande und die Unzuverlässigkeit des jährlich zu erwartenden Regenfalls, der manchmal ganz ausbleibt, manchmal in überreicher Fülle in wenigen Stunden des Tages den Jahresbetrag liefert und dann verhängnisvolle Störungen der Erdoberfläche verursachen kann, bilden eine schwerwiegende Unsicherheit in allen wirtschaftlichen Berechnungen. Nackt und bloß erscheint das Land und doch beweisen Blütenfelder eine erstaunliche Schaffenskraft des von einem guten Regen befeuchteten Bodens. Dieses schlagartig eintretende Schwanken zwischen Wüstenöde und Tropenfülle ist für Südafrika bezeichnend. Nicht minder verblüffend ist der Reichtum des Landes an schweren Metallen und mineralischen Rohstoffen, sowie die märchenartige Geschichte ihrer Entdeckung. Bis 1928 hat die Südafrikanische Union für 20000 Millionen Mark Gold und für 5400 Millionen MarkDiamanten geliefert. Dazu kommen die Diamanten und das Kupfer in Südwestafrika und die neuen Funde von Platin in der Transvaalprovinz. Von der ehemalig so reichen Tierwelt konnten den überraschten Geologen in der Etoscha Pfanne einige letzte künstlich erhaltene Rückzugsgebiete des Wildes gezeigt werden. Von der Ursprünglichkeit der Eingeborenen ist in den entlegeneren Teilen doch noch allerhand zu sehen. Von den übrigen Teilen der Bevölkerung Südafrikas verdienen unsere deutschen Landsleute eine besondere Beachtung. In der Union allenthalben verstreut, haben sie durch Leistungsfähigkeit in allen möglichen Beziehungen sich eine erwünschte Stellung errungen und der Gefahr des Zerfließens in andere Volksgemeinschaften so ziemlich widerstanden. In viel größerer Anzahl in Südwestafrika, müssen sie der Unerbittlichkeit der Natur gegenüber hart ihre Lebensmöglichkeit immer aufs neue erkämpfen, ihre Selbständigkeit erleidet aber üblen Abbruch durch die zähen und zielbewußten Bemühungen der Mandatsverwalter.

518. Sitzung. 3. April 1930.

(Gemeinsam veranstaltet mit dem Ostasiatischen Verein Hamburg-Bremen.)

Vorsitz: Dr. Schlee.

Vortrag: Professor Dr. G. Schott, Hamburg, Deutsche Seewarte: „Geographische Charakterbilder von einer wissenschaftlichen Seereise um die Erde: Ost- und Südasien" (mit Lichtbildern).

Der Vortragende gab vier geographische Charakterbilder von seiner wissenschaftlichen Seereise um die Erde im Jahre 1929.

Behandelt wurden je zwei Gegenden von der Nordhalbkugel und von der Südhalbkugel; in Ostasien zunächst das Hinterland von Shanghai. Hier in der Provinz Kiangsu liegt inmitten eines von unzähligen Kanälen, auch dem Kaiserkanal, durchzogenen, durch Sedimente des Yang tse kiang aufgeschütteten flachen Alluviallandes, des „chinesischen Holland", die Millionenstadt Su tschou, ein Hauptsitz des chinesischen Seidenhandels, nur erst sehr wenig vom europäischen Einfluß berührt, von einer gewaltigen alten Mauer umgeben. Der Verkehr dieser Ebene geht fast ausschließlich auf dem Wasser vor sich und gibt gute Gelegenheit, chinesische Dörfer, chinesisches Leben und chinesischen Landbau zu studieren; er führt auch zum Taihu, einem See etwa viermal so groß als der Bodensee. An der Südseite des Flachlanddreiecks liegt im Mündungstrichter des Tsien tang kiang Hang tschou mit viel Seidenindustrie; nahebei, bei Haining, hat man jeden Tag zweimal die mit der Flut heranbrausende berühmte Flut- oder Sprungwelle, die eine Höhe bis zu 3,5 m besitzt und alles vor sich niederreißt. Der Redner erläuterte diese Naturerscheinung durch Wort und Bild.

In einem zweiten Teil wurde die nördliche Hälfte der japanischen Hauptinsel Hondo behandelt, insbesondere die an der Tugaru-Straße gelegenen Orte Aomori und Asamushi, wo sich eine hydrographisch-biologische Station ähnlich unserer auf Helgoland befindet. Interessant war die Ableitung der Lage der Hauptverkehrswege in dem ganzen Gebiet von Kobe über Tokyo bis Aomori aus dem geomorphologischen Aufbau des Landes.

In einem dritten und vierten Teil wurden zwei kleine in sich sehr verschiedene Sunda-Inseln, Madoera und Lombok, geschildert. Madoera, ein Teil des anschließenden nordöstlichen Java, ausschließlich aus tertiären Kalksteinen und Mergeln aufgebaut, in derVegetation stark abweichend von der regenreichen vulkanischen Südzone Javas, besitzt am äußersten Ostende großartige Seesalz-Gärten, deren Anlage und Betrieb erläutert wurde. Aus dem Salzmonopol gewinnt die niederländisch-indische Regierung jährlich etwa 9 Millionen Gulden. Lombok endlich, beherrscht von dem höchsten Vulkan des ganzen Archipels, dem Rindjani (3800 m), ist eine der landschaftlich schönsten und ethnographisch interessantesten hinterindischen Inseln. Einige 30000 vor Jahrhunderten vom benachbarten Bali eingewanderte Malaien hatten über die eigentlichen Einheimischen, die 400000 Sassaker, allmählich eine grausame Gewaltherrschaft erlangt, die zum Eingreifen der Holländer 1894 führte und viele Kämpfe verursachte. Heute herrscht Ruhe, und die Insel stellt mit ihren höchst malerischen Tempelbauten, Parkanlagen der früheren Balifürsten geradezu ein kleines Wunderland voll höchster Ackerbaukultur im mittleren Teile dar. Der Besuch in ist mancher Hinsicht lohnender, allerdings auch schwieriger als der Besuch des vom modernen Weltreiseverkehr überfluteten Bali.

B. Fachsitzungen.

79. Fachsitzung. 28. Februar 1929.

(Zugleich 15. Veranstaltung der Landesgruppe Hamburg des Verbandes deutscher Schulgeographen.)

Dr. F. Müller, Hamburg: „Bodenversetzung und Baumgestalt in deutschen Mittelgebirgen“ (mit Lichtbildern).

80. Fachsitzung. 24. Oktober 1929.

Dr. C. Rathjens, Hamburg: „Ein Ausflug in die Sahara“ (mit Lichtbildern).

81. Fachsitzung. 21. November 1929.

Professor Dr. J. Leiviska, Helsingfors: „Über die glacialen Formen Finnlands“ (mit Lichtbildern).

82. Fachsitzung. 20. Februar 1930.

(Zugleich 17. Veranstaltung der Landesgruppe Hamburg des Verbandes deutscher Schulgeographen.)

Dr. K. O. Börner, Hamburg: „Das Meßtischblatt Ratzeburg in andschaftskundlicher Darstellung (mit Lichtbildern).“

83. Fachsitzung. 1. März 1930.

Professor Dr. Granö, Åbo: „Typen und Individuen in der Geographie“ (mit Lichtbildern).

84. Fachsitzung. 9. April 1930.

(Gemeinsam mit dem Naturwissenschaftlichen Verein, Hamburg.)

Verm. Rat Nüsse, Hamburg: „Wirtschaftskarte und Luftbildkarte.“ Entstehung der topographischen Grundkarte des Deutschen Reiches 1:5000, Benutzung des Luftbildes und des Luftbildplanes für dieselbe. Verwendungsmöglichkeiten für Hamburg.

C. Ausflüge.

Am 20. Oktober 1929. Geographische Wanderung in die Geest von Süderdithmarschen. St. Michaelisdonn-Burg in Dithmarschen. (Zugleich 16. Veranstaltung des Verbandes deutscher Schulgeographen.) Führung: Professor Dr. E. Koch.

Am 11. Mai 1930. Geographische Wanderung nach Innien-Niendorf-Hohenwestedt. Tongrube Innien mit Schollen von Tertiär. Hochmoor. Altmoränen-Landschaft. Quellmoor des Farbeberges. (Zugleich 18. Veranstaltung des Verbandes deutscher Schulgeographen). Führung: Professor Dr. E. Koch.

Am 24. Mai 1930. Besichtigung des Grundwasserwerks Curslack. (Zugleich 19. Veranstaltung des Verbandes deutscher Schulgeographen).

Bericht über die Bibliothek

für die Zeit vom 1. Januar bis 31. Dezember 1929.

Der Austauschverkehr ist weiter gestiegen. Die Geographische Gesellschaft stand Ende 1929 im Schriftenaustausch mit 77 Gesellschaften, Instituten usw. in Deutschland, Österreich, Danzig (1928: 77), 206 Gesellschaften, Instituten usw. im Auslande (1928: 183), also insgesamt 283 Stellen.

An selbständigen (bibliographischen) Bänden gingen ein durch Tausch: 451, durch Kauf: 4, durch Geschenk: 112, insgesamt 567 Bände (1926 bis einschl. 1929: 2022 Bände), ferner 26 Karten.

Es wurden im Ganzen rund 700 Bände eingebunden, so daß nur noch ein kleiner Restbestand des alten ungebundenen Bestandes übrig bleibt; in Zukunft sind fast nur noch die Neueingänge zu binden.

Die Arbeit an dem systematischen Katalog konnte im Berichtsjahre neben der stark angewachsenen laufenden Arbeit nicht fortgesetzt werden.

Abrechnung der Kassenverwaltung für 1929.

Einnahmen:

Mitgliederbeiträge:			
789 ordentliche Mitglieder		RM. 7846.—	
35 Förderer		RM. 3900.—	RM. 11746.—
Zuwendungen:			
von der Hochschulbehörde		„ 6000.—	
von der Notgemeinschaft der Deutschen Wissenschaft		„ 1000.—	
von der Handelskammer in Hamburg		„ 2000.—	„ 9000.—
Verkauf von „Mitteilungen“			„ 70.80
Zinsen			„ 80.41
Inkasso von Schulgeographen-Beiträgen			3.—
Barbestand am 1. Januar 1929			„ 314.50
Debet-Saldo am 31. Dezember 1929:			
Zinsfreies Darlehen von Schlubach, Thiemer & Co.		„ 608.90	
Barbestand:			
Norddeutsche Bank	RM. 223.33		
Postscheckkonto	„ 115.04		
Kassenbestand	„ 105.91	„ 444.28	„ 164.62
			RM. 21379.33

Ausgaben:

„Mitteilungen“ Band 40:		
Druckkosten, Honorare für Aufsätze, Porto usw.		RM. 7975.03
Monatssitzungen, Vorträge u. Exkursionen:		
Saalmieten, Vortragshonorare, Reisevergütungen, Lichtbilderapparate und sonstige Unkosten		„ 3719.12
Verwaltung:		
Büro-Unkosten der Geschäftsstelle und Kasse, Telephon, Drucksachen, Porto und Sonstiges. Vertretung auf dem Geographentag in Magdeburg, auf der 60-Jahrfeier in München usw.		„ 3143.36
Bibliothek:		
Buchbinder, Bücher und Zeitschriften, Feuerversicherung, Porto usw.		„ 4001.82
Zuschüsse und Beiträge:		
Expedition Dr. Termer, Beiträge f. 1927 u. 1928	RM. 2000.—	
Verein Jordsand, Beitrag für 1929	„ 20.—	
Kulturfilmgesellschaft Urania, Beitrag für 1929	„ 100.—	„ 2120.—
dazu für fremde Rechnung:		
für die Karte von Prof. Waibel		„ 420.—
		RM. 21379.33

Vermögensstand am 31. Dezember 1929.

Barbestand:				
Guthaben bei der Norddeutschen Bank	RM.	223.33		
Guthaben auf Postscheckkonto	„	115.04		
Kassenbestand	„	105.91	RM.	444.28
Wertpapiere:				
nom. RM. 200.— Deutsche Ablösungsanleihe à 250 % mit Auslosungsscheinen	RM.	500.—		
nom. RM. 275.— Hamburger Ablösungsanleihe mit Auslosungsscheinen à 250 %	„	687.—	„	1 187.—
Ludwig Friederichsen Gedächtnis-Stiftung:				
Guthaben bei Schlubach, Thiemer & Co. am 1. Januar 1929	„	882.19		
plus 5 % p. a. Zinsen f. 1. Halbjahr 1929	„	22.05		
plus 6 % p. a. Zinsen f. 2. Halbjahr 1929	„	27.13	„	931.37
			RM.	2 562.65
abzüglich:				
zinsfreies Darlehen von Schlubach, Thiemer & Co.	RM.	608.90		
Saldo der vereinnahmten Beträge für die Karte von Prof. Waibel	„	380.—	„	988.90
			RM.	1 573.75

Hamburg, 25. Februar 1930.

Geprüft und richtig befunden:
Hans Crasemann, O. Riedel

Der Schatzmeister:
gez. R. Schlubach.

Mitgliederbestand am 31. Dezember 1929.

Ehrenmitglieder	13
Korrespondierende Mitglieder	13
Ordentliche Mitglieder, darunter 35 Förderer	824
zusammen:	850

Aus Raummangel und Ersparnisgründen wird in diesem Jahre von einer Veröffentlichung des Mitgliederverzeichnisses abgesehen.

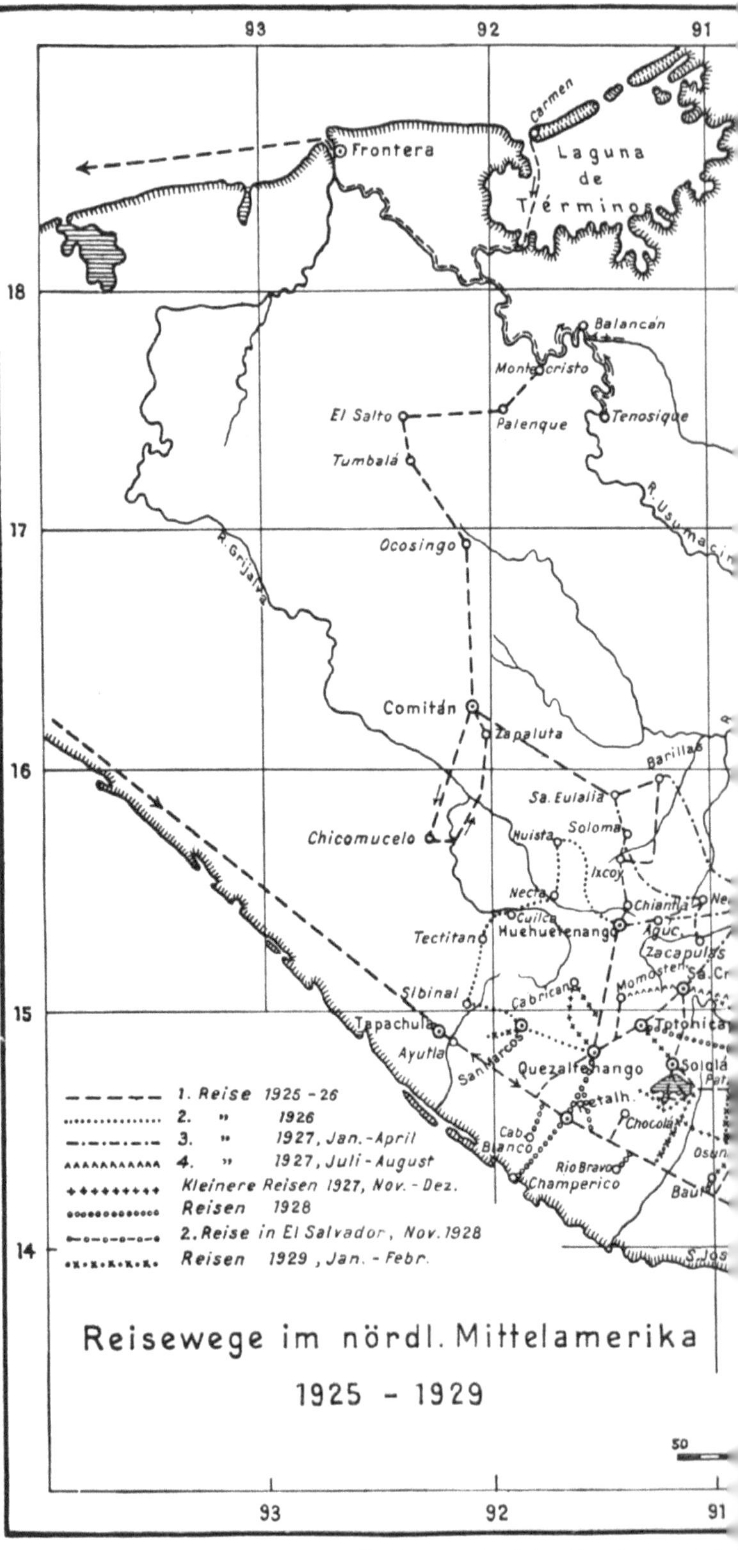

Zu Termer: Berichte über Reisen in M

l. die Berichte in Band XXXVIII bis XLI).

Aufnahme F. Termer

Abb. 1. Die Stadt Salamá. Hochbecken erfüllt mit Schuttablagerungen und äolisch transportierten Lockermassen. Am Horizont gegen Norden die Serpentinzüge der Cuesta de Cachíl (1620 m). An ihrem Fuß niedrige Anhöhen von Glimmerschiefern.

Aufnahme F. Termer

Abb. 2. Die Stadt San Vicente in Salvador mit dem 2170 m hohen gleichnamigen Vulkan im Süden. Dem Vulkan vorgelagert ein niedriger jungeruptiver Rücken.

Aufnahme F. Termer

Abb. 1. Säulenkakteen (órganos) als Zäune gepflanzt bei San Miguel in der pazifischen Niederung des östlichen Salvador.

Aufnahme F. Termer

Abb. 2. Agavenpflanzung Mayucaquín bei San Miguel im östlichen Salvador. Tufflandschaft mit jungeruptiven Gebilden. Am Horizont gegen Nordosten die jungeruptiven Massenerhebungen am Tal des Rio Torola.

Aufnahme F. Termer

Abb. 1. Die Stadt Metapán im nordwestlichen Salvador am Fuß des 2000 m hohen Cerro Brujo. In der Nachbarschaft der Stadt Kalkhöhen.

Aufnahme F. Termer

Abb. 2. Der Atitlán-See in Guatemala. Blick in die Bucht von San Lucas Tolimán, zur Linken überragt vom Cerro San Lucas, zur Rechten vom wolkenverhüllten Vulkan Atitlán. Das östliche Seebecken umrahmt von steil abfallenden andesitischen Massenerhebungen.

Abb. 1. Blick von der pazifischen Abdachung in Guatemala auf die Atitlán-Vulkane. Links der Vulkan Atitlán (3520 m), dahinter der doppelgipfelige Vulkan Tolimán (3150 m), rechts der Cerro San Lucas (2190 m). Im Vordergrunde die Kaffeeplantage El Potosí (520 m) mit jüngeren Kaffeehainen unter Bananenschatten links und älteren Hainen unter Laubschatten an den Abhängen rechts. In der Bildmitte Zuckerrohrfelder und Viehweiden (potreros). Am Fuß des Vulkans Atitlán die Kaffeeplantage San Gerónimo Miramar (870 m).

Aufnahme F. Termer

Abb. 2. Gneis- und Granitzüge im zentralen Guatemala bei San Andrés Sajcabajá (1280 m). Die völlige Entwaldung läßt die Hänge nur der Viehzucht nutzbar machen. An dem mäandernden Rio Sajcabajá Maisfelder.

phot. B. Dietrich

Abb. 1. Lianengewirr im subtropischen Galeriewald nördlich New Orleans.

phot. B. Dietrich

Abb. 3. Farnunterholz und darüber der durch Tilantien absterbende Wald.

phot. B. Dietrich

Abb. 2. Ein Bayou d. i. einer der vielen Wasserarme im Delta des Mississippi, in denen Alligatoren und Schildkröten besonders zahlreich sind.

phot. B. Dietrich

Abb. 4. Auf bislang unbekannten Bayous im südlichen Delta des Mississippi.

Aufn. Passarge

Abb. 1. Nordrand des Schott Hamēma (links), eingefaßt von der mit viel weißem Sand bedeckten Platte der Unterstufe (rechts). Dahinter die Mittel- und Oberstufe (Draa-Platte). Ganz hinten die Kreideketten der Nordseite der Schottsenke.

Aufn. Passarge

Abb. 2. Blick über das Schott Hamēma von den Höhen bei Ain Hanasch aus. Links am Horizont die Kreideketten der Südseite.

Aufn. Passarge

Abb. 1. Das Kliff aus gelbbraunem Gipslehm. Weiß die Salz- und Gipsabscheidungen. Vorn Kupsten im Melahbett.

Aufn. Passarge

Abb. 2. Das Melahbett, NW der Oase Udref. Links das z. T. mit Flugsand überschüttete Kliff, das oben aus gelbbraunem Gipslehm, unten aus blauschwarzem Gips besteht. In der Mitte ein Salzwassertümpel, rechts die Längsstufe mit Kupsten.

Aufn. Passarge

Abb. 1. Das Melahtal nördlich von der Oase Udref. Im Vordergrund die Kupsten auf der Längsstufe des Wadi Melah. Es folgt, jenseits der Rinnen des Melah der Kliffhang aus gelbbraunem Gipslehm, dann die Oberfläche der Unterstufe, auf der die Siedlungsreste von Dahret esch Schugaff liegen, zuletzt der Hang der Mittelstufe.

Aufn. Passarge

Abb. 2. Die Tafelhügel von Ain Hanasch. Vorn der Hügel Ain Hanasch selbst mit der Gipskrustendecke. Man blickt von SW nach NO. Rechts die auf der Unterstufe gelegene Palmenoase von Udref. Zwischen ihr und den Tafelhügeln das Melahtal.

Aufn. Passarge

Abb. 1. Blick von der Schule in Udref nach Osten. Vorn die Gipstuffläche mit einer Kubba (Heiligengrab). Dahinter der SO-Flügel der Oase. Dann die Mittelstufe, dahinter der dunkle Streif der Oase Auinet. Das Meer liegt dahinter, tritt aber auf der Photographie nicht in Erscheinung.

Aufn. Passarge

Abb. 2. Aufschluß in dem Weißen Gipstuff in SW. der Schule von Udref. In dem Gipstuff zahlreiche Gerölle. Seine weiße Farbe ist in dem Loch erkennbar; sonst wird sie von einer gelbbraunen Schlammkruste verhüllt.

Aufn. Passarge

Abb. 1. Bruch in dem Weißen Gipstuff am artesischen Brunnen östlich der Palmenoase von Udref. Der Brunnen ist in der Mitte des Bildes vor den Palmen als heller Fleck erkennbar. Nach links steigt der Weiße Gipstuff zur Mittelstufe an.

Aufn. Passarge

Abb. 2. Die Küstenebene südwestlich der Melahmündung. Im Vordergrund das Netz der Spülrinnen mit den auf Flugsand stehenden Zwergsträuchern. Der helle Streif im Hintergrund ist das Nordufer des Melahbettes. Dahinter liegt, rechts am Horizont, die Oase Melah.

Aufn. Passarge

Abb. 1. Das Wadi Melah von der Bahnbrücke aufgenommen. Im Bett die Halophytensümpfe. Der dunkle Streif am Horizont ist die Oase Udref (Unterstufe). Links von ihr steigt die Mittelstufe an.

Aufn. Passarge

Abb. 2. Der Gallalhügel von S. gesehen. Vorn die Oberfläche der Unterstufe mit Kupsten und nach O. gerichteten Sandzungen. Am Horizont der flache Buckel des Hügels, auf dem die helle Fläche das Scherbenfeld am „Tempel" anzeigt. Links am Horizont der Nordrand der Schottregion (Kreideketten).

Aufn. Passarge

Abb. 1. Der westliche Hohlweg im Gallalhügel. Blick nach SW über das Becken in der Richtung auf El Hamat. Ganz am Horizont links der Südrand der Schottsenke.

Aufn. Passarge

Abb. 2. Oberfläche des Scherbenfeldes auf dem Gallalhügel. Der helle Fleck zeigt den in der Tiefe liegenden Flugsand.

Aufn. Passarge

Abb. 1. Trümmerreste im Bereich des sogenannten „Tempels“ von Gallal.

Aufn. Passarge

Abb. 2. Dahret esch Schugaff — — Fundamente von Häusern.

Aufn. Jessen

Abb. 1. Die Ackerbausteppe der Mancha (Provinz Albacete).

Aufn. Jessen

Abb. 2. Das mesozoische Schichttafelland bei Alcaraz. Im Vordergrund ist die Rumpffläche des varistisch gefalteten Untergrundes entblößt.

Aufn. Jessen

Abb. 1. Die Laguna Larga bei Villarañas im Sommer. Der ausgetrocknete Seeboden ist mit einer Gips- und Salzkruste überzogen. Blick gegen Süden.

Aufn. I. Belda (Albacete)

Abb. 2. Schleite des Júcar in dem Tertiär-Tafelland bei Jorqueva (Provinz Albacete). Künstlich bewässerter und gut angebauter Talboden.

Aufn. Jessen

Abb. 1. Das Silurbergland des Campo de Calatrava südlich Fuensanta. Blick über die alte Verebnungsfläche auf der Höhe eines Quarzitrückens (780 m ü. d. M.) gegen Süden. Links eine Steineiche. Im Hintergrund das breite Tal des Rio Jabalón.

Aufn. Jessen

Abb. 2. Die Laguna de Fuentillejo, ein Maar in dem Vulkangebiet des Campo de Calatrava. Der See trocknet im Sommer aus (s. Bild). Blick gegen NW.

Aufn. Jessen

Abb. 1. Untere Stufe des Trias-Tafellands des Campo de Montiel östlich Infantes. Getreidesteppe. Links ein Restberg.

Aufn. Jessen

Abb. 2. Gemischte, lichte Pinien- und Eichenbestände auf kiesig-sandigem Boden der Mancha nördlich Albacete.

Aufn. Jessen

Abb. 1. Die Hochfläche des Trias-Tafellandes des Campo de Montiel westlich der Seen von Ruidera mit Halbstrauchvegetation (Tomillares). 900 m ü. d. M.

Aufn. Jessen

Abb. 2. Weinbau in der Mancha bei Tomelloso. Türme aus Lesesteinen.

Aufn. Jessen

Abb. 1. Ölbaumpflanzungen im Campo de Calatrava zwischen Puertollano und Almodóvar del Campo (700—800 m ü. d. M.). In der Ferne ein Maar.

Aufn. Jessen

Abb. 2. Noria (Schöpfbrunnen) mit Wasserbassin bei Daimiel.

Aufn. Jessen

Abb. 1. Gehöft in der Getreidesteppe der flachen Mancha (Provinz Albacete).

Aufn. Jessen

Abb. 2. Windmühlen im Norden von Campo de Criptana.

Aufn. Jessen

Abb. 1. Im Engpaß von Despeñaperros (Sierra Morena). Unten die Bahnlinie Madrid-Córdoba.

Aufn. Jessen

Abb. 2. Windmühle des Sr. Don Javiel Ormedo y Calonje in Campo de Criptana.

Aufn. Jessen

Abb. 1. Altertümliche Feldhütte (casa de labor) mit Corral bei Villacañas. In der Ferne moderne casas.

Aufn. Jessen

Abb. 2. Blick auf Valdepeñas von Süden.

Aufn. Jessen

Abb. 1. Die Plaza in La Solana.

Aufn. Jessen

Abb. 2. Die Plaza de la Constitución in Almagro.

Aufn. Jessen

Abb. 1. Kirche mit Loggien an der Plaza in La Solana.

I. Belda (Albacete)

Abb. 2. Die Plaza de la Constitución in Chinchilla.

Aufn. I. Beldá (Albacete)

Abb. 1. Straßenbild aus El Toboso.

Aufn. Jessen

Abb. 2. Straße in Tomelloso.

Aufn. Jessen

Abb. 1. Fassade eines früher von einem Hidalgo bewohnten Hauses in Albacete.

Aufn. Jessen

Abb. 2. Ciudad Real. Blick vom Turm der Kathedrale gegen Norden. Im Vordergrund Patio-Häuser.

Aufn. Jessen

Abb. 1. Patio eines Hauses in El Toboso. An den Schnüren werden Sonnensegel befestigt.

Aufn. Jessen

Abb. 2. Das Troglodytenviertel von Villacañas.

Aufn. Jessen

Abb. 1. Höhlenwohnungen (silos) in Villacañas.

Aufn: Jessen

Abb. 2. Höhlenwohnungen in Chinchilla (Provinz Albacete).

Aufn. Jessen

Abb. 1. Chinchilla de Montearagón (Provinz Albacete) von Süden.

Aufn. Jessen

Abb. 2. Tinajas, fertig zum Versand, auf dem Bahnhof von Villarobledo.

Aufn. Jessen

Abb. 1. Einer der Öfen in Villarobledo, in welchen die Tinajas gebrannt werden.

Aufn. I. Belda (Albacete)

Abb. 2. Manchegos aus El Toboso.

Aufn. I. Belda (Albacete)

Abb. 1. Plastik über dem Eingang eines Hauses in Alcaraz, das früher von einer Adelsfamilie bewohnt war.

Aufn. I. Belda (Albacete)

Abb. 2. Ein Ziegenhirte aus El Toboso.

Aufn. H. Seilkopf

Abb. 1. Westsibirische Sumpftaiga im Ob-Gebiet auf 61° N. Br. Lockere Bestände von Larix sibirica. Auf dem Wasser kleine Inseln und Bulte mit Seggen und Weißmoos.

Aufn. H. Seilkopf

Abb. 2. Westsibirische Sumpftaiga. Erdstreifen zwischen den Wasserflächen. Im Hintergrunde kreisrunde Seen.

Aufn. H. Seilkopf

Abb. 1. Nordsibirische Landschaft mit Tundra-Gepräge zwischen unterem Ob und unterem Jenissei südlich vom Tasbusen auf etwa 78° E. Lg. Parallele Landstreifen.

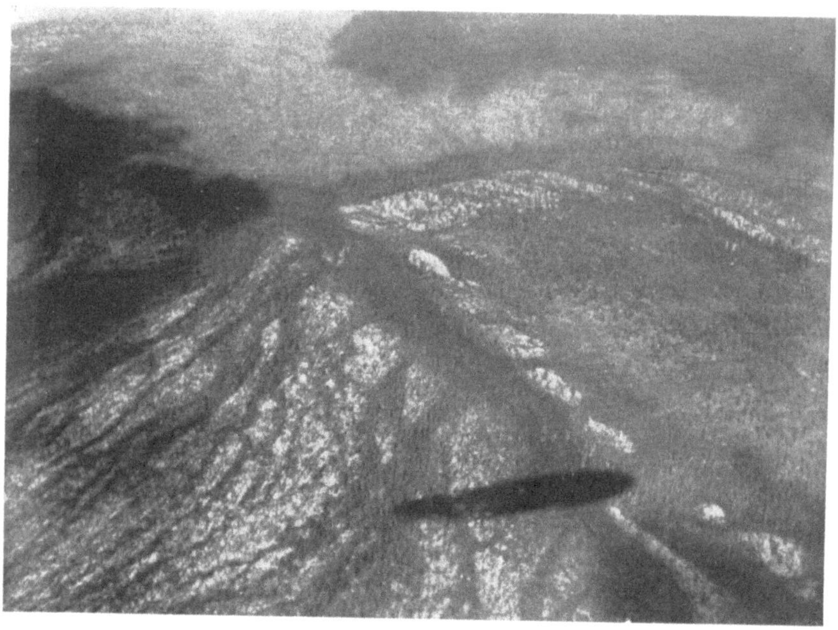

Aufn. H. Seilkopf

Abb. 2. Lichte Bergtaiga zwischen Jenissei und Unterer Tunguska. Bergrücken mit talwärts gerichteten Vegetationsstreifen, Luftschiff- und Wolkenschatten.

Aufn. H. Seilkopf

Abb. 1. Stanowoi-Gebirge (Aldan-Ketten).

Aufn. H. Seilkopf

Abb. 2. Luvseitige Bildung und leeseitiges Überfließen von Nebel an einem Vorgebirge bei Port Ajan. Küste des Ochotskischen Meeres.

Aufn. H. Seilkopf

Abb. 1. Riasküste an der Nordostseite von Hondo.

Aufn. H. Seilkopf

Abb. 2. Oginohama-Insel mit Stadt, Feldern und Feldgehölzen.

Aufn. H. Seilkopf

Abb. 1. Gila-Wüste. Rechts ausgetrocknetes Flußbett und durch Buschwerk verdecktes Flußbett. Cumulus-Wolken. Wolkenschatten auf der Landschaft.

Aufn. H. Seilkopf

Abb. 2. Steppenlandschaft mit Vegetationsstreifen in Südost-Arizona. Wegegabelung und Bahnkörper der Southern Pacific Railway. Im Hintergrund Kettengebirgslandschaften.

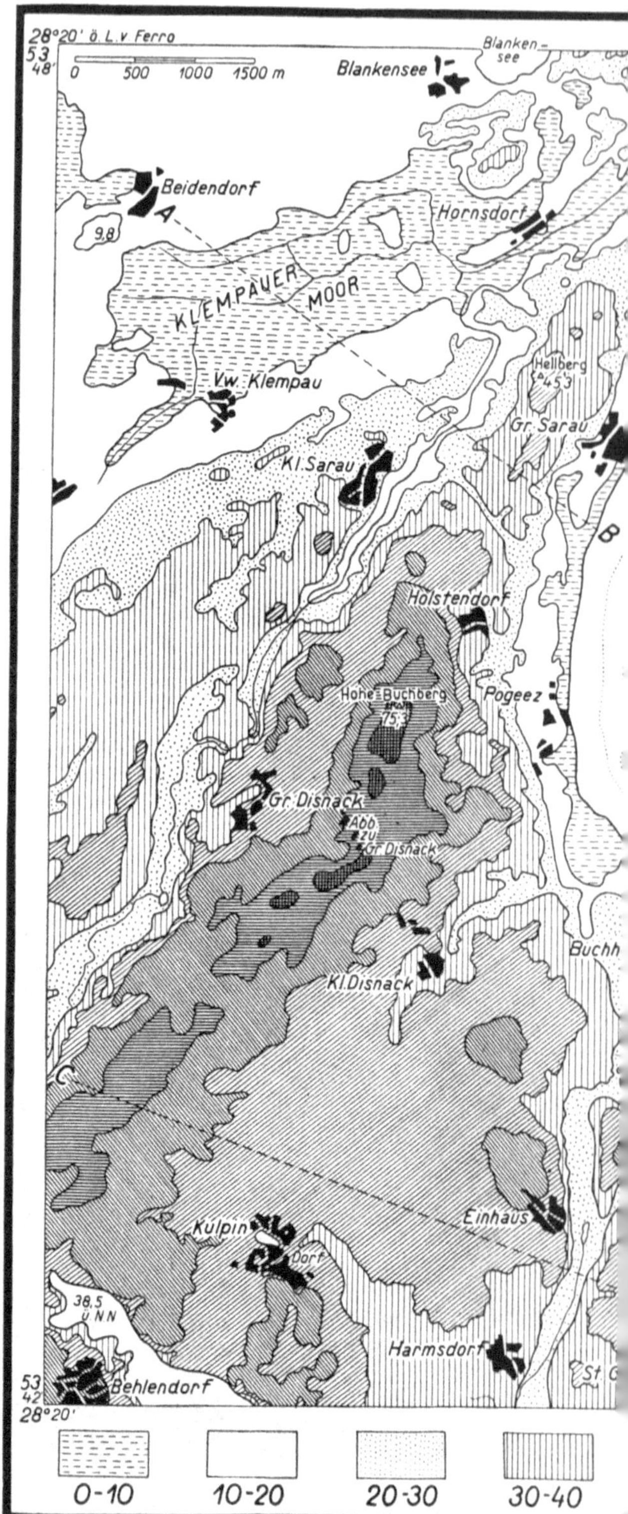
28°20' ö. L. v. Ferro
53 48'
0 500 1000 1500 m
Blankensee
Blanken-see
Beidendorf
A
9,8
Hornsdorf
KLEMPAUER MOOR
Vw. Klempau
Hellberg 45,3
Gr. Sarau
Kl. Sarau
B
Holstendorf
Pogeez
Hohe Buchberg 75
Gr. Disnack
Abb. zu Gr. Disnack
Buchh
Kl. Disnack
C
Einhaus
Kulpin
Dorf
38,5 ü. N.N.
Harmsdorf
St. G
53 42
Behlendorf
28°20'
0-10
10-20
20-30
30-40

Mor

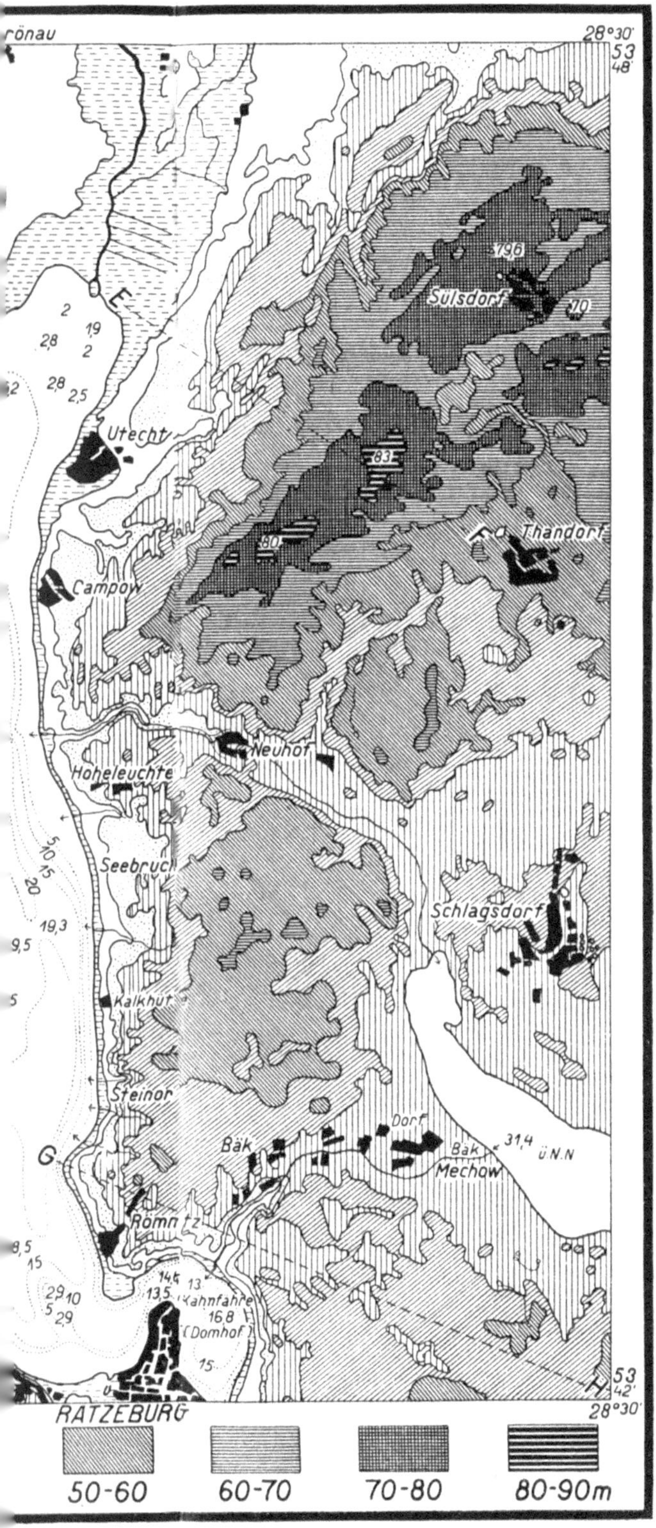

rönau
28°30'
53
48'
Utecht
E
79,6
Sülsdorf
70
83
80
Thandorf
Campow
Neuhof
Hoheleuchte
Seebruch
19,3
Schlagsdorf
Kalkhütte
Steinort
G
Bäk
Dorf
Bäk
Mechow
31,4 ü.N.N
Kahnfähre
16,8
(Domhof)
53
42'
H
RATZEBURG
28°30'
50-60
60-70
70-80
80-90m

e Karte.

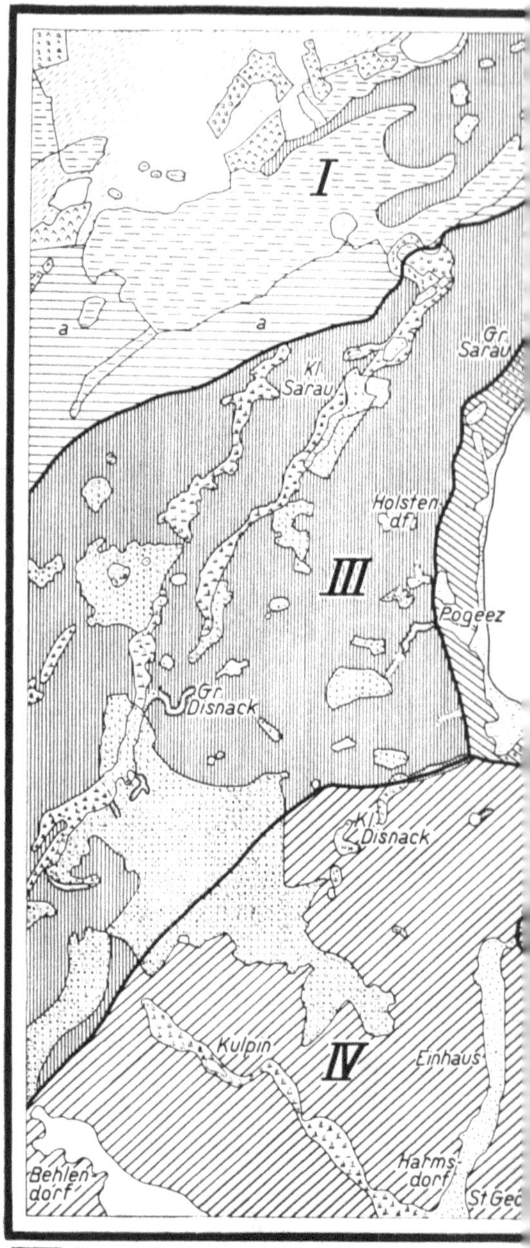

Die sandig-tonige Kulturparkland-Ebene
Nadelwaldplatte auf Dünensand und ohne D
Sandig-tonige Laubwaldplatte
Sandig-tonige Mischwaldplatte
Torfwiesen-Muldensenke
Knickfelder-Lehmhügelzüge
Sandig-tonige Süssgraswiesenmulden
Kulturbodenschwellen { a sandig-lehmig; b steinfrei-tonig; c steinfrei-feinsandig-tonig; d sandig-kiesiger Knickfeld Flachhang }
Sandig-toniger Waldsteilhang
Sandig-tonige Hänge und Wannen

0

Landsc
I = Das sandig tonige Kulturflachland . II der Wa
IV ebenes Knickfelder Grundmoränen-Flac
VI Das to

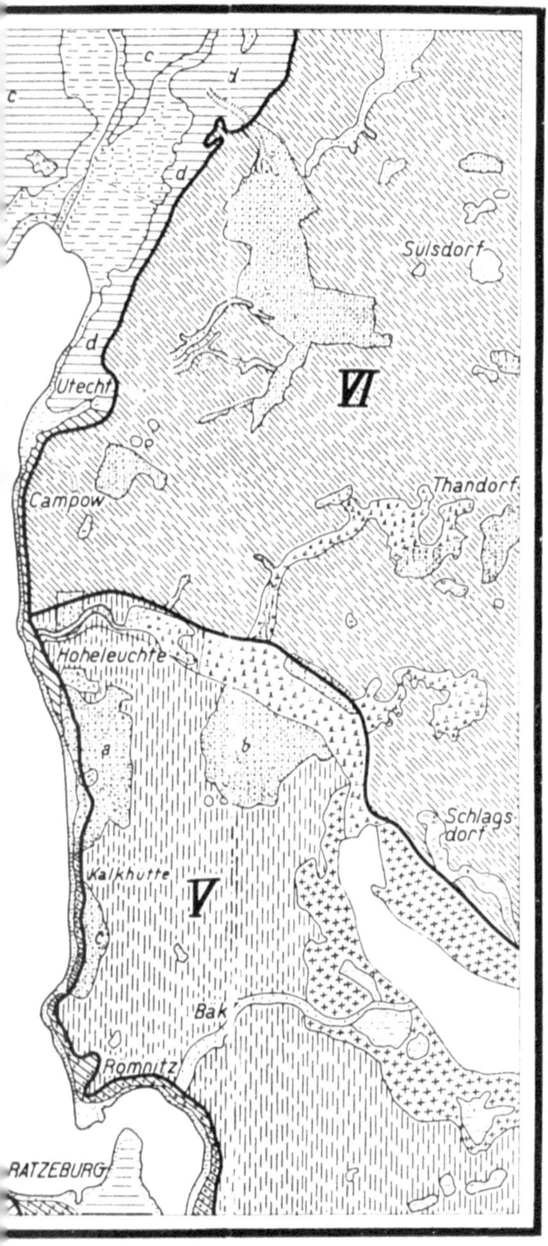

…ergras-Torfwiesensenken
…mige Laubwaldplatten
…mige Laubwaldplatten mit humosem Boden
…dig-toniger Bachgraben
…nos-sandig-ton. Laubwald-Sohlenschlucht
…diges Muldentrockental von Einhaus
…ndmoränen-Ackerland von Kulpin
… lehmige knickgefelderte Kulturplatte
… sandig-kiesige Seemulde von Mechow
…os-sandiges Wiesenbachtal (mit Sohlenschlucht und Teichen)
… lehmig-tonigen Kulturplatten v. Sülsdorf
…fgründige abflusslose Wiesenmulden

… 2000 m

…e Karte.
…nnensee; III … die leh…igen Knickfelder Hügelzüge …
…Velliges Knickfelder Grundmoränen Flachland
…der Hügelland.

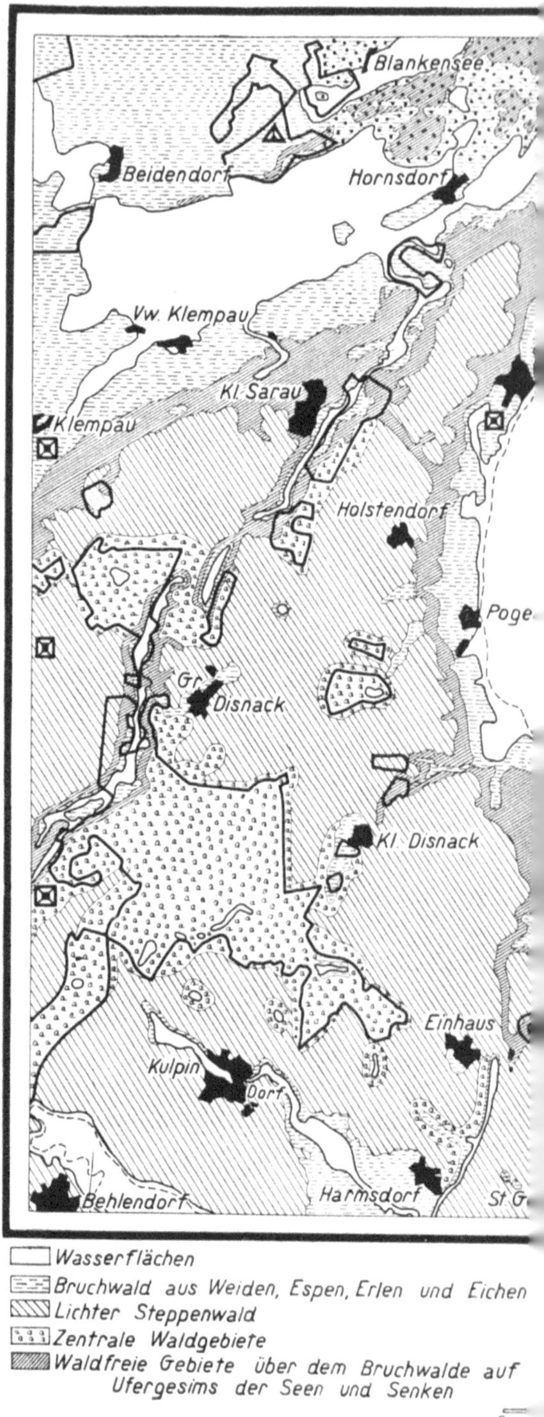

Karte zur hist

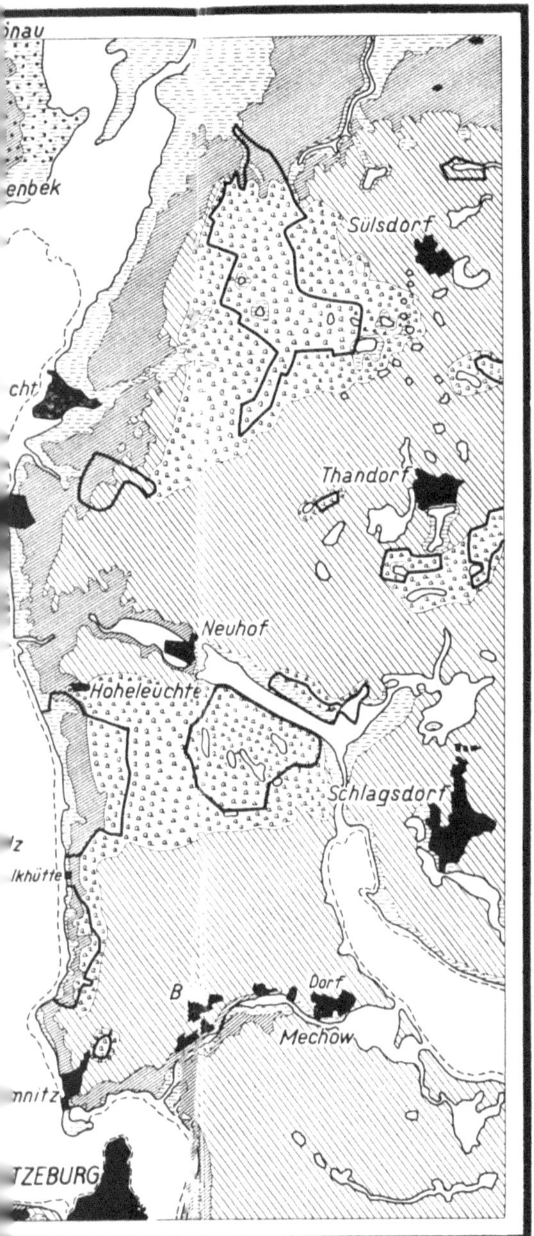

Heutige Waldgrenze
Heutige Wassergrenze
Felsengrab der jüngeren Steinzeit
Gegend mit Hügelgräbern der Bronzezeit
Urnenfriedhof der Eisenzeit
Heutige Dorfsiedlung

0 2000 m

schaftskunde.